방재기사실기

핵심요약 및 예상문제 300제 +α

집필진

김상호 상지대학교 건설시스템 공학과 교수, 공학박사
김태웅 한양대학교(ERICA) 건설환경공학과 교수, 공학박사
류재희 (주)이산 전무, 수자원개발기술사, 공학박사
안재현 서경대학교 토목건축공학과 교수, 공학박사
이영식 (주)유신 부사장, 수자원개발기술사, 방재기사
장경수 (주)이산 이사, 수자원개발기술사, 방재기사

방재기사실기

핵심요약 및 예상문제 300제 + α

제1판 발행 2019년 11월 15일
제2판 발행 2021년 06월 10일
제3판 발행 2022년 06월 10일
제4판 1쇄 발행 2023년 06월 15일
제4판 2쇄 발행 2024년 05월 15일
제5판 1쇄 발행 2025년 05월 30일

지은이	김상호 · 김태웅 · 류재희 · 안재현 · 이영식 · 장경수
펴낸이	이찬규
펴낸곳	북코리아
등록번호	제03-01240호
전화	02-704-7840
팩스	02-704-7848
이메일	ibookorea@naver.com
홈페이지	www.북코리아.kr
주소	13209 경기도 성남시 중원구 사기막골로 45번길 14 우림2차 A동 1007호
ISBN	979-11-94299-44-8 (13530)

값 37,000원

한국산업인력공단 국가자격

방재기사 실기

핵심요약 및
예상문제
300제 +α

김상호 · 김태웅 · 류재희 · 안재현 · 이영식 · 장경수 지음

북코리아

Preface

이 책의 머리말

2019년 12월 제1회를 시작으로 2024년까지 총 10회의 방재기사 실기시험이 실시되었으며, 2025년에는 제11회와 제12회 방재기사 실기시험이 예정되어 있습니다.

본 교재는 2025년부터 변경된 출제기준에 맞춰 방재기사 실기시험을 준비하는 수험생들이 좀 더 효율적으로 공부할 수 있도록 작성되었으며, 이 과정에서 방재기사의 자격으로 요구되는 관련 분야의 전문성을 학습해 나갈 수 있도록 구성되었습니다.

방재기사 실기시험을 위해서는 방재시설 특성 분석 및 계획, 방재시설 유지관리, 재해저감대책 수립, 재난예방 및 대비대책 기획, 재난대응 및 복구대책 기획, 재해유형 구분 및 취약성 분석·평가, 재해위험 및 복구사업 분석·평가, 재난피해액 및 방재사업비 산정, 방재사업 타당성 및 투자우선순위 설정 등을 학습해야 하며, 이를 위해서는 많은 노력이 필요할 수 있습니다. 특히 대학에서 강의되지 않은 실무 차원의 내용이 상당 부분을 차지하기 때문에 수험생들이 준비하기에는 벅찬 부분이 많을 것입니다.

본 교재는 이러한 어려움을 해소하고자 다음과 같은 부분에 집중해 집필되었습니다.

첫째, 관련 분야 최고 전문가들로 집필진을 구성했습니다. 학계와 업계에서 방재 부분 실무를 직접 담당하고 있는 전문가들이 각 과목별 특성을 최대한 반영한 내용과 문제를 작성했습니다.

둘째, NCS를 기반으로 출제기준이 작성된 것을 감안해서 해당 부분을 최대한 반영했습니다. 특히, 금년도 개정된 지침 등을 빠짐없이 반영해서 최신의 내용을 포함했습니다.

셋째, 각 과목별로 주요 내용을 위주로 핵심 요약을 작성했습니다. 특히 추가 설명이 필요한 부분과 중요한 사항은 따로 떼어서 수험생들이 쉽게 확인할 수 있도록 했습니다.

넷째, 충분한 수의 예상문제를 수록했습니다. 출제 가능성이 높은 부분을 중심으로 핵심 요약의 이해를 도울 수 있도록 예상문제를 만들었습니다.

다섯째, 2019년부터 2022년까지 실시된 총 6회의 실기시험 기출문제를 정리하고 해설과 답을 수록했으며, 이를 통해 출제 방향을 가늠하는 데 도움이 될 수 있도록 노력했습니다.

본 교재가 나오기까지 많은 분들의 도움이 있었습니다. 직접 집필한 저자들 모두에게 감사의 인사를 전합니다. 강의와 연구, 실무에서의 설계 등 각자의 분야에서 모두 바쁜 분들이 시간을 내어 충실하게 집필했으며, 그렇기에 본 교재의 만족도는 매우 높을 것으로 기대하고 있습니다. 교재의 편집과 교정, 출판을 담당하신 북코리아의 이찬규 사장님을 비롯한 직원 여러분에게도 진심으로 감사드립니다. 촉박한 기일과 많은 분량의 내용임에도 불구하고, 훌륭한 교재가 될 수 있었던 것은 순전히 북코리아 관계자들의 노력 덕분입니다.

방재 분야의 제도는 끊임없이 변화되고 발전하고 있습니다. 따라서 방재기사 시험 교재는 앞으로도 수정할 사항이 많을 것으로 생각됩니다. 변경되는 부분은 지속적으로 업데이트할 것을 약속드리면서 수험생 여러분들 모두 좋은 성과 얻으시길 기원합니다.

감사합니다.

2025년 6월
집필진 일동

Contents

이 책의 차례

부록

방재기사실기 국가자격시험 완벽 풀이   **561**

Exam standard

방재기사실기 출제기준

- 직무분야: 안전관리 - 중직무분야: 안전관리 - 자격종목: 방재기사 - 적용기간: 2025. 1. 1.~2027. 12. 31.	- 실기검정방법: 필답형 - 시험시간: 2시간 30분

직무내용

자연재해의 예방, 대비, 대응, 복구에 관하여 신속하고 효율적인 대책을 수립하여 인명과 재산피해를 최소화시킬 수 있는 자연재해에 대한 예측, 원인분석, 저감대책, 시행계획, 유지관리 등을 수행하는 직무이다.

수행준거

1. 방재시설에 관한 업무를 수행하기 위하여 방재법령, 재해특성, 방재시설 기능과 적용공법 특성을 파악할 수 있다.
2. 재해유형별 피해원인과 방재시설의 재해취약요인을 분석하여 재해유형별 방재시설 계획과 중장기계획을 수립할 수 있다.
3. 방재안전대책 직무를 수행하는데 있어서 발생가능한 재해유형에 대하여 재해영향성 분석을 근간으로 재해위험해소방안 또는 저감 방안을 구조적 및 비구조적으로 수립할 수 있다.
4. 방재관련 법령, 제도, 정책, 이론, 기술 등을 활용하여 예방, 대비, 대응, 복구과정에 걸친 방재안전대책업무를 기획할 수 있다.

5. 재해 피해 발생 및 예상 지역에 대하여 재해유형 구분, 재해취약성을 분석·평가할 수 있다.
6. 재해 피해 발생 및 예상 지역에 대하여 재해유형별 위험, 재해복구사업을 분석·평가할 수 있다.
7. 각종 재해위험지구 정비사업의 재난피해액산정 및 방재사업비를 산정할 수 있다.
8. 각종 재해위험지구 정비사업의 투자우선 순위 평가를 위하여 비용편익 분석을 실시하여 일반적 기준을 제시할 수 있다.

과목명	주요항목	세부항목	세세항목
방재실무	1. 방재시설 특성분석	1. 재해특성 파악하기	1. 방재시설의 조사, 계획, 설계, 시공, 유지관리를 효율적으로 수행하기 위하여 하천, 내수, 사면, 토사, 해안, 바람, 가뭄, 대설의 재해 특성을 파악할 수 있다. 2. 방재시설의 합리적인 복구대책수립을 위하여 도시, 산지, 농어촌, 해안지역에 따른 재해특성을 파악할 수 있다. 3. 합리적인 복구대책 수립을 위하여 지역의 인문, 문화재, 기후, 기상, 토질, 지질, 산림 특성을 파악할 수 있다. 4. 방재시설의 합리적인 복구대책 수립을 위하여 재해지역과 유형별 특성에 적합한 방재시설을 파악할 수 있다.
		2. 방재시설물 방재기능 파악하기	1. 하천재해의 원인분석과 합리적 대책수립을 위하여 하천시설물의 방재기능을 파악할 수 있다. 2. 내수재해의 원인분석과 합리적 대책수립을 위하여 내수방지시설물의 방재기능을 파악할 수 있다. 3. 사면재해의 원인분석과 합리적 대책수립을 위하여 사면안정시설물의 방재기능을 파악할 수 있다. 4. 토사재해의 원인분석과 합리적 대책수립을 위하여 토사재해 방지시설물의 방재기능을 파악할 수 있다. 5. 해일재해의 원인분석과 합리적 대책수립을 위하여 해안(해일)재해 방지시설물의 방재기능을 파악할 수 있다. 6. 바람재해의 원인분석과 합리적 대책수립을 위하여 바람재해 방지시설물의 방재기능을 파악할 수 있다. 7. 가뭄재해의 원인분석과 합리적 대책수립을 위하여 가뭄재해 방지시설물의 방재기능을 파악할 수 있다. 8. 대설재해의 원인분석과 합리적 대책수립을 위하여 대설재해 방지시설물의 방재기능을 파악할 수 있다. 9. 기타 재해의 원인분석과 합리적 대책수립을 위하여 기타재해 방지시설물의 방재기능을 파악할 수 있다.

과목명	주요항목	세부항목	세세항목
	2. 방재시설 계획	1. 재해유형별 피해원인 분석하기	1. 현장조사, 주민탐문조사, 재해백서, 재해피해 조사보고서의 자료를 이용하여 재해유형별 피해원인을 파악할 수 있다. 2. 현장조사, 강우량 조사, 유출량조사, 수리수문분석 결과에 따라 하천재해의 피해원인을 분석할 수 있다. 3. 현장조사, 강우량 조사, 유출량조사, 내수, 우수유출분석을 통해 내수재해의 피해원인을 분석할 수 있다. 4. 현장조사, 강우량 조사, 토질조사, 사면안정해석을 통해 사면재해의 피해원인을 분석할 수 있다. 5. 현장조사, 강우량 조사, 토질조사, 산사태 위험도, 토석류분석을 통해 토사 재해의 피해원인을 분석할 수 있다. 6. 현장조사, 조위 조사, 폭풍, 지질해일 분석을 통해 해일재해의 피해원인을 분석할 수 있다. 7. 현장조사, 바람조사, 지형분석 을 통해 바람재해의 피해원인을 분석할 수 있다. 8. 현장조사, 바람조사, 지형분석을 통해 기타 재해의 피해원인을 분석할 수 있다.
		2. 방재시설별 재해취약요인 분석하기	1. 재해위험개선지구 선정현황, 현장조사, 방재시설 위험요인 평가표를 통해 방재시설 재해취약요인을 파악할 수 있다. 2. 현장조사, 하천 방재시설, 소화시설 방재시설 위험요인 평가표를 통해 하천, 소하천 부속물의 재해 취약요인을 분석할 수 있다. 3. 현장조사, 하수도시설 방재시설 위험요인 평가표를 통해 하수도, 펌프장 재해 취약요인을 분석할 수 있다. 4. 현장조사, 수리시설 방재시설 위험요인 평가표를 통해 농업생산기반시설 재해취약요인을 분석할 수 있다. 5. 현장조사, 산사태위험지구 현황, 사방댐 현황을 통해 사방시설 재해 취약요인을 분석할 수 있다. 6. 현장조사, 급경사지 일제조사 결과, 사면재해 위험도 평가표를 통해 사면 재해 방지시설 취약요인을 분석할 수 있다. 7. 현장조사, 점검기준을 통해 도로시설의 재해 취약요인을 분석할 수 있다. 8. 현장조사, 점검기준을 만, 어항시설 재해 취약요인을 분석할 수 있다. 9. 현장조사, 점검기준을 기타 방재시설의 재해취약요인을 분석할 수 있다.

과목명	주요항목	세부항목	세세항목
		3. 재해유형별 방재시설계획 수립하기	1. 각종 설계기준을 통해 재해유형별 설계기준과 적용공법을 파악할 수 있다. 2. 재해유형별 방재시설 취약요인 분석 후 재해유형별 방재시설 계획을 수립할 수 있다. 3. 건설공사 실적공사비 적용 공종, 단가를 통해 방재시설 설치에 필요한 소요사업비를 산정할 수 있다. 4. 소요사업비 산정을 통하여 방재시설 설치에 소요되는 재원 확보 계획을 수립할 수 있다.
		4. 방재시설 중장기 계획 수립하기	1. 국가 방재 기본정책을 통해 방재시설 중·장기 정책을 파악할 수 있다. 2. 방재시설 투자 우선순위에 따라 중장기 시행계획을 수립할 수 있다.
	3. 방재시설 유지관리	1. 방재시설 유지관리계획 수립하기	1. 방재시설의 유지관리 용어와 이론, 안전 철학을 기반으로 유지관리 목표를 설정할 수 있다. 2. 방재시설 유지관리 특성과 환경에 대한 분석을 할 수 있다. 3. 방재시설의 특성과 환경 분석에 기초하여 안전점검과 기법이 포함된 유지관리 계획을 수립할 수 있다. 4. 방재시설유지관리 실태에 대한 평가를 할 수 있다.
		2. 방재시설 상시 관리하기	1. 방재시설별 특성에 따라 작성된 유지관리매뉴얼을 검토하고 안전점검에 적용할 수 있다. 2. 방재시설의 선량한 유지관리를 위해 현장점검을 실시할 수 있다. 3. 방재시설의 상시점검을 통하여 정밀점검의 필요성을 판단하여 정밀점검을 올바르게 실시할 수 있다. 4. 상시점검이나 정밀점검 결과를 토대로 점검한 자료들을 데이터베이스화하여 유지관리에 활용할 수 있다. 5. 방재시설의 점검결과 확인된 결함들을 대상으로 보수·보강할 수 있다.

과목명	주요항목	세부항목	세세항목
		3. 방재시설 비상시 관리하기	1. 방재시설이 상실한 비상상황에서 기능이나 구조적 안정성을 확보하기 위해 피해 원인과 내용과 같은 피해상황을 정확하게 조사하고 분석하여 기록할 수 있다. 2. 방재시설물의 피해로 인해 발생할 수 있는 2차 피해 확산 방지를 위한 응급조치계획을 수립하고 실행할 수 있다. 3. 방재시설 기능을 상실한 비상 상황에서 응급복구에 필요한 장비 수요를 파악하여 지원을 요청하고 지원된 장비를 복구현장에 투입할 수 있다. 4. 기능을 상실한 방재시설에 대해 신속히 응급복구계획을 수립하고 응급복구를 하여 방재시설의 기능을 회복시킬 수 있다. 5. 비상 시,방재시설현장에서 발생 할 수 있는 안전사고에 대비하여 재난현장에 적합한 안전관리 계획을 수립하고 실행할 수 있다.
	4. 재해저감대책 수립	1. 재해영향 저감대책 수립하기	1. 해당지역의 예상재해요인을 개발 전·중·후로 구분하여 예측할 수 있다. 2. 예상재해유형별 위험해소방안을 구체적으로 제시할 수 있다. 3. 사업지역에 합당한 구조적·비구조적 재해저감대책을 구별하여 적용할 수 있다. 4. 주변지역에 대한 재해영향성을 파악하여 대책을 수립할 수 있다. 5. 경제적이고 효율적인 재해저감대책을 선택할 수 있다. 6. 잔존위험요인에 대한 해소방안을 제시할 수 있다.
		2. 자연재해 저감대책 수립하기	1. 재해유형별로 자연재해저감을 위한 구조적, 비구조적 대책을 수립할 수 있다. 2. 전지역단위 저감대책을 수립할 수 있다. 3. 수계단위 저감대책을 수립할 수 있다. 4. 위험지구단위 저감대책을 수립할 수 있다. 5. 타분야 계획과 연계성을 고려하여 계획·조정·개선방안을 제시할 수 있다. 6. 위험지구별 풍수해저감을 위한 상세도서를 작성할 수 있다.

과목명	주요항목	세부항목	세세항목
		3. 우수유출 저감대책 수립하기	1. 해당지역의 배수구역과 우수유출에 따른 피해를 정량적으로 파악할 수 있다 2. 지역과 특성을 고려한 우수유출저감시설 형식을 선택할 수 있다. 3. 우수유출저감시설 설치가능 지역과 시설물을 선정하고, 저감시설 규모의 목표와 저감량을 계산할 수 있다. 4. 우수유출저감시설 설치효과를 분석하여 제시할 수 있다. 5. 소요사업비 추정 및 경제성을 분석하여 예산계획을 수립할 수 있다.
		4. 자연재해위험개선 지구 정비대책수립	1. 자연재해위험개선지구 정비계획 2. 구조적·비구조적 방안 수립 3. 수문·수리검토, 구조계산, 지반, 안전해석, 공법비교, 사업비 산정 4. 경제성 분석 및 투자우선 순위 결정
		5. 소하천 정비대책 수립하기	1. 산지, 농경지, 도시지역에 따라 다양한 소하천의 형태 및 위치에 따른 특징을 파악할 수 있다. 2. 소하천의 효율적, 경제적 저감대책을 수립하기 위해 유역 및 하천특성, 수리 및 수문량, 하천이용, 생태환경특성, 재해이력 및 하천경제성을 조사·분석할 수 있다. 3. 조사 및 측량 자료를 바탕으로 기후변화를 고려한 설계수문량을 계획·산정할 수 있다. 4. 소하천의 기존 시설물에 대한 능력을 검토할 수 있다. 5. 설계수문량을 바탕으로 소하천의 제방을 포함한 항목별 세부계획을 수립할 수 있다.
	5. 재난예방 및 대비대책 기획	1. 재난예방 기획하기	1. 재해발생 사례를 정보화하여 재해경감 기술에 응용할 수 있다. 2. 각종 행정계획 및 개발계획에서 방재정보를 발굴할 수 있다. 3. 개발사업의 조사, 설계, 시공, 감독, 유지관리에 대해 점검하고 전반적인 문제점과 대책을 제시할 수 있다. 4. 재해예방을 위해 분야별, 지역별 종합대책을 관리할 수 있다. 5. 안전관리기본 계획 수립과 집행에 기술적 지원과 관리를 할 수 있다.

과목명	주요항목	세부항목	세세항목
		2. 재난대비 기획하기	1. 재난유형별 재해취약시설 및 분야에 대한 점검 및 평가 결과에 따라 안전성 확보에 필요한 구조적 비구조적 대책을 강구할 수 있다. 2. 재난방지시설의 취약성을 파악하고 점검과 보수 보강 등 기술적 지도와 관리를 할 수 있다.
	6. 재난대응 및 복구대책 기획	1. 재난대응 기획하기	1. 재난상황에 대한 인적, 물적 피해를 예측하고 그에 적정한 안전 대책을 강구하도록 지도할 수 있다. 2. 재난 예·경보 시스템 현장 운용을 지도, 관리할 수 있다. 3. 위험구역 설정을 위한 구조적, 비구조적 안전성 판단을 할 수 있다. 4. 재난관리책임기관의 재난 예방대응에 참여하여 기술적 지원이나 조정을 할 수 있다.
		2. 재난복구 기획하기	1. 피해원인, 피해물량 등 재해조사를 할 수 있고 피해 복구계획에 반영하여 관리할 수 있다. 2. 지구단위종합복구계획 수립을 관리할 수 있다. 3. 복구사업을 위한 수방기준과 지구단위홍수방어기준, 방재기준가이드라인, 내풍설계기준 등을 적용하고 관리할 수 있다. 4. 재해로 인하여 발생 가능한 추가적인 재해위험인자를 찾아내고 대책을 강구하는 등 재해현장의 위험을 관리할 수 있다.
	7. 재해위험 및 복구사업분석·평가	1. 재해유형별 위험 분석·평가하기	1. 하천특성을 고려한 하천재해 위험요인을 분석·평가할 수 있다. 2. 하천, 우수관망현황 및 도시개발특성을 고려한 내수재해 위험요인을 분석·평가할 수 있다. 3. 자연적, 인위적 개발현황을 고려한 산사태 및 사면재해 위험요인을 분석·평가할 수 있다. 4. 자연적, 인위적 개발현황을 고려한 토사재해 위험요인을 분석·평가할 수 있다. 5. 태풍, 해일을 고려한 해안재해 위험요인을 분석·평가할 수 있다. 6. 지형적 특성을 고려한 바람재해 위험요인을 분석·평가할 수 있다. 7. 지역에 산재한 저수지 및 기타 방재시설의 재해 위험요인을 분석·평가할 수 있다. 8. 가뭄 및 대설재해 위험요인을 분석·평가할 수 있다.

과목명	주요항목	세부항목	세세항목
		2. 재해복구사업 분석·평가하기	1. 재해저감성을 평가할 수 있다. 2. 지역경제발전성을 평가할 수 있다. 3. 지역주민생활 쾌적성을 평가할 수 있다. 4. 재해복구사업의 재해경감기능, 지역경제 활성화, 주민들의 생활환경 개선, 안전복지 증진 등의 목표 달성도를 측정할 수 있다. 5. 재해복구사업의 경제성, 기능성에 대해 문제점을 찾아 개선방안을 제시할 수 있다.
	8. 재난피해액 및 방재사업비 산정	1. 재난피해액 산정하기	1. 대상도시 홍수빈도율을 산정할 수 있다. 2. 대상도시 피해주기를 설정할 수 있다. 3. 설계빈도에 따른 예상침수면적을 산정할 수 있다. 4. 인명보호 편익을 산정할 수 있다. 5. 이재민 발생방지 편익을 산정할 수 있다. 6. 농작물 피해방지 편익을 산정할 수 있다. 7. 건물, 농경지, 공공시설물 피해방지 편익을 산정할 수 있다. 8. 도시유형별 침수면적과 피해액의 연계성을 파악할 수 있다.
		2. 재해복구사업 분석·평가하기	1. 방재시설을 설계할 수 있다. 2. 설계시설에 대한 사업비를 산출할 수 있다. 3. 방재시설 설치를 이해할 수 있다. 4. 연차별 사업비 투입비율을 결정할 수 있다. 5. 연평균 유지관리비를 산정할 수 있다.
	9. 방재사업 타당성 및 투자우선순위 설정	1. 방재 타당성 분석하기	1. 연평균 사업비를 검토·결정할 수 있다. 2. 연평균 유지비를 검토·결정할 수 있다. 3. 연평균 비용을 검토·결정할 수 있다. 4. 연평균 편익을 검토·결정할 수 있다. 5. 비용·편익에 대한 현재가치를 이해할 수 있다.
		2. 방재사업 우선순위 설정하기	1. 사업시행의 타당성에 대해 경제성, 기능성을 중심으로 검토할 수 있다. 2. 최적의 저감대책을 결정하는데 필요한 평가를 할 수 있다. 3. 저감대책안에 대한 사업비를 산정할 수 있다. 4. 5년, 10년 단위의 중기, 장기계획을 수립하는데 필요한 투자우선순위를 결정할 수 있다. 5. 해당기관의 재정투입여건을 고려한 단계별·연차별 시행계획을 수립할 수 있다.

제1편
방재시설 특성 분석

재해 특성 파악하기

본 장에서는 하천재해, 내수재해, 사면재해, 토사재해, 해안재해, 바람재해로 구분되는 재해 종류별 특성을 제시하였으며, 지역별 재해의 특성을 이해하기 위해 도시지역, 산지지역, 농어촌지역, 해안지역으로 구분하였다. 또한 재해가 발생한 지역적 특성을 이해하기 위해 필요한 요소들과 재해가 발생한 지역별 그리고 유형별 특성에 맞는 방재시설을 구분할 수 있다.

1절 재해 종류별 특성의 이해

1. 하천재해

(1) 개념
① 홍수 발생 시 하천 제방, 낙차공, 보 등 수공구조물의 붕괴와 홍수위의 제방 범람 등으로 인하여 발생하는 재해

(2) 발생원인
① 집중호우로 인한 유량 급증
② 합류부와 만곡부 침식
③ 수위 급상승에 따른 제방 유실 및 붕괴
④ 제방 여유고 부족에 따른 하천 월류
⑤ 급속한 도시개발에 따른 유출량 증가

〈하천재해 사례〉

Keyword

★
재해 종류별 분류
하천재해, 내수재해, 사면재해, 토사재해, 해안재해, 바람재해

★
하천재해 개념
홍수로 인한 하천 수공구조물의 붕괴와 제방 범람 등으로 인한 재해

(3) 재해 특성

① 호안의 유실

② 제방의 붕괴, 유실 및 변형

③ 하상안정시설의 유실

④ 제방도로의 피해

⑤ 하천 횡단구조물의 피해

2. 내수재해

(1) 개념

① 본류 외수위 상승, 내수지역 홍수량 증가 등으로 인한 내수배제 불량으로 인명과 재산상의 손실이 발생되는 재해

(2) 발생원인

① 외수 증가에 따른 우수 및 하수의 역류

② 도시개발에 따른 유출량 증가

③ 배수로 및 하수도의 배수 능력 부족

(3) 재해 특성

① 우수관거 관련 문제로 인한 피해

② 외수위 영향으로 인한 피해

③ 우수유입시설 문제로 인한 피해

④ 빗물펌프장 시설 문제로 인한 피해

⑤ 노면 및 위치적 문제에 의한 피해

⑥ 2차적 침수 피해 증대 및 기타 관련 피해

3. 사면재해

(1) 개념

① 호우 시 산지사면에서 발생하는 붕괴 및 낙석에 의한 피해를 발생시키는 재해

(2) 발생원인

① 자연사면의 불안정

② 인공사면의 시공 불량 및 시설정비 미비

③ 배수 불량 및 유지관리 미흡

〈사면재해 사례〉

④ 집중호우에 의한 사면의 활동 및 낙석 발생
⑤ 급경사지 주변에 피해유발시설 배치

(3) 재해 특성

① 지반 활동으로 인한 붕괴
② 절개지, 경사면 등의 배수시설 불량에 의한 사면붕괴
③ 옹벽 등 토사유출 방지시설의 미비로 인한 피해
④ 사면의 과도한 굴착 등으로 인한 붕괴

4. 토사재해

(1) 개념

① 유역 내 하천시설 및 공공·사유시설 등이 과다한 토사유출로 인하여
침수 및 매몰 등의 피해를 유발하는 재해

〈토사재해 사례〉

★
토사재해 개념
호우 시 과다한 토사유출로 인
해 발생하는 재해

(2) 발생원인

① 강우의 강도와 빈도의 증가

② 집중호우로 인한 토사유출

③ 급경사지 붕괴로 인한 토사유출

(3) 재해 특성

① 산지 침식 및 홍수피해

② 하천 통수능 저하 및 하천시설 피해

③ 도시지역 내수침수

④ 저수지의 저수능 저하 및 이·치수 기능 저하

⑤ 하구폐쇄로 인한 홍수위 증가

⑥ 농경지 및 양식장 피해

5. 해안재해

(1) 개념

① 파랑, 해일, 지진해일, 고조위 등에 의한 해안침수, 항만 및 해안시설 파손, 급격한 해안 매몰 및 침식 등을 발생시키는 재해

(2) 발생원인

① 태풍으로 인한 해일 발생

② 지진으로 인한 해일 발생

③ 설계파를 초과하는 외력의 발생

(3) 재해 특성

① 파랑·월파에 의한 해안시설 피해

② 해일 및 월파로 인한 내측 피해

③ 하수구 역류 및 내수배제 불량으로 인한 침수

④ 해안 침식

6. 바람재해

(1) 개념

① 바람에 의해 인명피해나 공공시설 및 사유시설의 경제적 손실이 발생하는 재해

★
해안재해 개념
해안침수 및 침식, 항만 및 해안시설의 파손을 일으키는 재해

★
바람재해 개념
태풍이나 강풍에 의해 발생하는 재해

(2) 발생원인

① 태풍이나 강풍에 의해 발생

(3) 재해 특성

① 건물의 전도 및 부착물의 이탈 및 낙하

② 건물 유리창의 파손

③ 송전탑 및 전선 등의 전력·통신시설의 파손

④ 도로 및 교통 시설물의 파괴

⑤ 비닐하우스 등 농작 시설물의 파괴

7. 가뭄재해

(1) 개념

▷ 가뭄으로 인한 물 부족으로 생활·공업·농업용 용수공급률 저하로 발생하는 산업 및 생활상의 피해를 발생시키는 재해

(2) 발생원인

▷ 가뭄에 의해 발생

(3) 재해 특성

① 생활·공업용수 제한 공급 또는 공급 중단으로 인한 산업 및 생활상의 피해 발생

② 농업용수 공급 중단 등으로 인한 농작물 피해 발생

8. 대설재해

(1) 개념

▷ 대설로 인한 교통 두절, 고립, 농·축산시설 및 PEB(Pre-Engineered Building)·천막구조 시설물 붕괴 등에 의한 인명피해나 공공시설 또는 사유시설의 경제적 손실이 발생하는 재해

(2) 발생원인

▷ 대설에 의해 발생

(3) 재해 특성

① 대설로 인한 취약도로 교통두절 및 고립피해 발생

② 농·축산 시설물 붕괴피해

③ PEB(Pre-Engineered Building) 구조물, 천막구조물 등 가설시설물 붕괴피해
④ 기타 시설 피해 등

2절 지역별 재해 특성의 이해

1. 도시지역의 재해 특성

(1) 도시지역의 개념
① 인구와 산업이 밀집되어 있거나 밀집이 예상되어 그 지역에 대하여 체계적인 개발·정비·관리·보전 등이 필요한 지역
② 도시지역의 구분
  ㉠ 주거지역
  ㉡ 상업지역
  ㉢ 공업지역
  ㉣ 녹지지역

★
지역 특성별 분류
도시지역, 산지지역, 농어촌지역, 해안지역

(2) 재해 특성
① 도시화에 따른 강우 유출량 증가
② 집중호우로 인한 내수침수 피해 다수 발생
③ 내수침수 시 차량 및 지하 시설물의 피해 발생
④ 경제가치가 높아짐에 따른 피해규모 급증
⑤ 산지와 인접한 도심지에서는 산사태, 토석류로 인한 재해 발생

2. 산지지역의 재해 특성

(1) 산지지역의 개념
① 고도가 비교적 높고 경사가 가파른 사면을 가진 지역

★
도시지역 재해 특성
하천재해와 내수재해 그리고 위치에 따라 산지재해와 토사재해가 발생

〈산지 피해 사례〉

② 산지지역의 구분

　㉠ 보전산지

　　▷ 임업용 산지

　　▷ 공익용 산지

　㉡ 준보전산지

(2) 재해 특성

① 집중호우 시 산사태와 토석류 발생

② 산사태로 인한 다량의 토사와 유목 발생

③ 하천 통수 단면 부족으로 인한 하천 범람 발생

④ 교각 단면 증가로 인한 월류 발생

★
산지지역 재해 특성
산사태와 토석류 발생으로 인해 하천재해 및 토사재해 유발 가능

3. 농어촌지역의 재해 특성

(1) 농어촌지역의 개념

① 읍·면의 지역

② ①항 외의 지역 중 그 지역의 농어업, 농어업 관련 산업, 농어업 인구 및 생활여건 등을 고려하여 농림축산식품부장관이 해양수산부장관과 협의하여 고시하는 지역

(2) 재해 특성
① 집중호우 시 농경지 침수 및 농작물 피해 발생
② 강풍 및 대설로 인하여 비닐하우스와 같은 구조물 피해 발생
③ 산지 인근지역에서는 산사태로 인한 피해 발생
④ 하천 인근지역에서는 하천 범람으로 인한 피해 발생

★
농어촌지역 재해 특성
지역적 위치에 따라 하천재해,
산지재해, 토사재해 등 발생

4. 해안지역의 재해 특성

(1) 해안지역의 개념
① 바다에 근접하여 있거나 바다와 맞닿아 있는 지역

(2) 재해 특성
① 태풍 발생 시 해일 및 바람 피해 발생
② 만조 시 홍수위 증가로 인한 하천 범람 피해 발생

★
해안지역 재해 특성
해일 및 바람재해, 만조로 인한
하천재해 그리고 바다에서 발
생하는 재해

③ 선박사고로 인한 유류 유출 피해 발생

④ 기온 상승 시 적조 발생

⑤ 해저지진 발생 시 쓰나미 발생

3절 재해 발생 지역적 특성의 이해

1. 기후 및 기상

(1) 기후

① 개념

ㄱ 일정 기간 특정 지역에서의 기상현상의 평균상태를 의미

ㄴ 일반적으로 30년간의 평균을 이용

ㄷ 기후요소

▷ 기온, 강수량, 바람, 일사, 습도, 운량, 일조, 증발량 등

ㄹ 기후인자

▷ 기후요소에 영향을 미쳐 기후의 지역차를 발생시키는 원인

▷ 위도, 해발고도, 토지의 성질, 지형, 해륙의 분포 및 해류 등

② 계절별 기후

ㄱ 봄

▷ 온난건조

▷ 꽃샘추위

▷ 건조하여 산불과 가뭄이 자주 발생

▷ 황사현상

ㄴ 여름

▷ 오호츠크해 기단과 북태평양 기단의 충돌로 장마 발생

▷ 고온다습

▷ 남고북저형 기압

▷ 집중호우

ㄷ 가을

▷ 이동성 고기압

▷ 맑은 날씨

★
기후
30년 이상의 긴 기간에 대한 기상현상

★
기상
대기에서 발생하는 물리현상

ⓔ 겨울

   ▷ 한랭건조한 시베리아 기단 영향

   ▷ 서고동저형 기압

   ▷ 강한 북서풍과 한파

   ▷ 삼한사온 현상

(2) 기상

① 개념

  ㉠ 대기에서 발생하는 여러 가지 물리현상

  ㉡ 기압, 기온, 습도, 증기압, 이슬점 온도, 상대습도, 풍향, 풍속, 강수
   량, 눈덮임, 구름, 대기의 투명도, 증발량, 일조시간, 일사량, 강수
   현상, 응결현상, 동결현상, 빛 현상, 소리현상 및 기타 현상 등

② 기상의 3요소

  ㉠ 기온, ㉡ 강수량, ㉢ 바람

★
기상의 3요소
기온, 강수량, 바람

2. 토질 및 지질

(1) 토질

① 개념

  ㉠ 일정한 범위의 흙이 지니고 있는 성질

  ㉡ 흙의 조성, 구조, 물성, 역학적 성질, 압밀 등

② 지형별 토양 특성

  ㉠ 평탄지 토양

   ▷ 급경사지 토양에 비해 토양 수분함량이 높음

   ▷ 토양배수 등급이 낮음

  ㉡ 급경사지 토양

   ▷ 토양 침식이 심함

   ▷ 토심이 얕게 형성

(2) 지질

① 개념

  ㉠ 지각을 구성하고 있는 여러 가지 암석이나 지반의 성질 또는 상태

② 한반도 지질의 특성

  ㉠ 화성암과 변성암이 약 2/3 구성

ⓛ 퇴적암이 약 1/3 구성

ⓒ 암석의 연령은 약 30억 년에서부터 수천 년까지 다양

ⓔ 선캄브리아대의 암석이 약 43%

ⓜ 중생대의 암석이 약 40%

3. 산림

(1) 개념
① 산지와 그 위에서 자라는 입목·죽 등을 포괄하는 의미

(2) 소유자에 따른 구분
① 국유림: 국가가 소유하는 산림
② 공유림: 지방자치단체나 그 밖의 공공단체가 소유하는 산림
③ 사유림: 국유림과 공유림 외의 산림

(3) 목적에 따른 구분

① **도시림**
  ▷ 도시에서 국민 보건 휴양·정서 함양 및 체험 활동 등을 위하여 조성·관리하는 산림 및 수목
  ▷ 면 지역과 「자연공원법」에 따른 공원구역 및 공원보호구역은 제외

② **생활림**
  ▷ 마을숲 등 생활권 주변 지역 및 초·중학교와 그 주변 지역에서 국민들에게 쾌적한 생활환경과 아름다운 경관의 제공 및 자연학습교육 등을 위하여 조성·관리하는 산림

③ **채종림**
  ▷ 종자생산을 목적으로 하는 임야지

④ **시험림**
  ▷ 병해충에 저항성이 있는 임목이 있는 산림이나 임업 시험용으로 사용하기에 적합한 산림

★
소유자에 따른 산림 구분
국유림, 공유림, 사유림

★
목적에 따른 산림 구분
도시림, 생활림, 채종림, 시험림

4절 재해지역 및 유형별 특성에 따른 방재시설

1. 지역 특성에 따른 방재시설

(1) 도시지역 방재시설
① 제방
② 홍수방어벽
③ 배수 및 빗물 펌프장
④ 배수로 및 우수관로

(2) 산지지역 방재시설
① 사방댐
② 중력식 사방댐(콘크리트 사방댐)
③ 버팀식 사방댐(버트리스 사방댐, 스크린 사방댐)
④ 복합식 사방댐(다기능 사방댐)
⑤ 침사지
⑥ 옹벽
⑦ 낙석방지망

(3) 농어촌지역 방재시설
① 홍수 대책
    ㉠ 배수 및 빗물 펌프장
    ㉡ 배수로
② 폭염 대책
    ㉠ 환기 및 송풍시설
    ㉡ 미스트 분사 냉각팬
③ 가뭄 대책
    ㉠ 저수지 건설
    ㉡ 지하수 개발
    ㉢ 빗물 저장소

(4) 해안지역 방재시설
① 방파제
② 방사제
③ 이안제

Keyword

★
지역적 특성에 따른 발생가능 재해를 이해하고, 재해 종류별 방재시설을 검토

2. 재해 유형에 따른 방재시설

(1) 하천재해 방재시설
① 제방, 호안
② 댐
③ 천변저류지, 홍수조절지
④ 방수로
⑤ 배수펌프장

(2) 내수재해 방재시설
① 하수관로(우수관로)
② 빗물펌프장
③ 저류시설, 유수지
④ 침투시설

(3) 사면재해 방재시설
① 옹벽
② 낙석방지망

(4) 토사재해 방재시설
① 사방댐
② 침사지

(5) 해안재해 방재시설
① 방파제
② 방사제
③ 이안제

(6) 바람재해 방재시설
① 방풍벽
② 방풍림
③ 방풍망

★
재해 종류별 피해 예방을 위한
다양한 방재시설 검토

방재시설물 방재 기능 및 적용공법 파악하기

본 장에서는 방재시설물에 대한 방재 기능을 이해하고, 이를 위한 적용공법을 다루고 있다. 하천방재 시설물로는 댐, 하천제방, 천변저류지, 방수로가 있으며, 내수방재 시설물에는 유하시설, 저류시설, 침투시설이 있다. 그 외 사면방재, 토사방재, 해안방재, 바람방재, 기타방재시설물에 대한 방재 기능과 적용공법을 이해할 수 있다.

Keyword

▷ 방재시설물은 홍수, 태풍, 해일, 가뭄, 지진, 산사태 등의 자연재해에 대비하여 재난의 발생을 억제하고 최소화하기 위하여 설치한 구조물과 그 부대시설을 의미

▷ 「자연재해대책법」 제64조 제1항의 "대통령령으로 정하는 재난방지시설"을 동법 시행령 제55조에서 제시

▷ 「자연재해대책법 시행령」에서는 도시지역의 방재시설, 수해내구성 강화와 지하공간의 침수 방지를 위하여 수방 기준을 제정해야 하는 대상 시설물을 명시

▷ 방재시설의 유지·관리 평가항목·기준 및 평가방법 등에 관한 고시에서는 중앙행정기관 및 공공기관 그리고 지방자치단체별로 방재시설의 유지·관리를 위한 평가대상 시설을 명시

1절 하천방재 시설물의 방재 기능 및 적용공법

1. 하천방재 시설물의 개념

(1) 시설물의 정의
① 하천의 기능을 보전하고 효용을 증진하며 홍수피해를 줄이기 위한 시설물

★
「하천법」 제2조 제3호 참고

★
「하천법」에서의 하천시설 하천 기능을 보전하고 효용을 증진하며 홍수피해를 줄이기 위하여 설치하는 시설물

(2) 하천시설물의 종류
① 제방·호안·수제 등 물길의 안정을 위한 시설
② 댐·하구둑·홍수조절지·저류지·지하하천·방수로·배수펌프장·수문 등 하천 수위의 조절을 위한 시설

③ 운하·안벽·물양장·선착장·갑문 등 선박의 운항과 관련된 시설

④ 그 밖에 대통령령으로 정하는 시설로 하천법 시행령 제2조에서는 하천관리에 필요한 보·수로터널·하천실험장, 그 밖에 법에 따라 설치된 시설로서 국토교통부장관이 고시하는 시설

2. 하천방재 시설물의 방재 기능

(1) 댐

① 정의

    ㉠ 「하천법」, 「댐건설 및 주변지역지원 등에 관한 법률」에서 정의된 시설물

    ㉡ 산간계곡 또는 하천을 횡단으로 가로질러 저수, 취수, 토사유출 방지 등의 목적

    ㉢ 높이 15m 이상의 시설 또는 구조물의 통칭

② 분류

    ㉠ 사용 목적에 따른 분류

        ▷ 저수, 취수, 사방댐 등의 단일목적댐

        ▷ 복합적인 기능을 수행하는 다목적댐

    ㉡ 수리구조에 따른 분류

        ▷ 저수위를 조절하기 위하여 수문을 적용한 가동댐

        ▷ 수문 없이 월류시키거나 방수로를 이용하여 조절하는 고정댐

③ 방재 기능

    ㉠ 홍수 피해를 저감시키는 홍수조절 기능

    ㉡ 공공의 이익에 기여

    ㉢ 필요성, 경제성, 환경문제 등을 충분히 검토 후 설치

(2) 하천제방

① 정의

    ㉠ 「하천법」, 「소하천정비법」 등에 관한 법률에서 정의된 시설물

    ㉡ 물을 일정한 유로 내로 제한하는 인공적인 성토 구조물

    ㉢ 장소나 목적에 따라 잔디, 돌, 콘크리트 등의 호안 공작물로 보호

② 분류

    ㉠ 기능에 따른 분류

        ▷ 본제, 부제, 윤중제, 분류제, 도류제, 놀둑, 고규격 제방, 역류제,

★
댐
산간계곡 또는 하천을 횡단하여 설치한 구조물, 높이 15m 이상의 구조물

★
제방
하도 내로 물을 흐르게 하는 인공 구조물

월류제, 횡제

ⓛ 형태에 따른 분류

▷ 연속제, 산붙임제

ⓒ 구조에 따른 분류

▷ 특수제, 토제

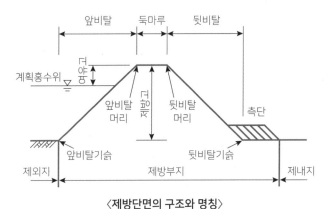

〈제방단면의 구조와 명칭〉

자료: 하천설계기준·해설, 국토교통부, 2009.

③ 방재 기능

　ⓐ 홍수에 의한 범람과 침수 예방

　ⓑ 제내지 보호

(3) 천변(강변)저류지

① 정의

　ⓐ 기존의 범람지에 제방을 쌓아 홍수 시 일시적으로 물을 가두어 두는 공간

　ⓑ 평상시에는 농경지, 주차장, 생태습지 등으로 활용

　ⓒ 홍수 시 하천의 홍수량 분담을 위하여 일시적으로 저장

② 방재 기능

　ⓐ 하도 내의 첨두홍수량을 조절

　ⓑ 첨두홍수위를 저감시키는 홍수 조절 기능

　ⓒ 하천의 월류를 대비한 보조 제방 역할 수행

　ⓓ 하류의 홍수 피해를 예방

★
천변저류지의 정의
범람 가능지역에 홍수 시 일시적으로 물을 가두어 두는 공간

〈천변저류지 개념도〉
자료: 국토교통부

(4) 방수로

① 정의

㉠ 하천에서 흐르는 유량을 일부 분류하여 호수 또는 바다로 방출하기 위하여 조성된 인공수로

② 방재 기능

㉠ 치수 공사 때 하천의 유량 조절

㉡ 홍수 때 하천 범람 방지

3. 하천시설물의 적용공법

(1) 댐

① 재료와 형식에 따른 분류

㉠ 필댐: 암석, 자갈, 토사 등의 재료들을 층다짐을 하면서 쌓아 올려 축조한 댐

㉡ 콘크리트댐

② 필댐의 분류

㉠ 재료에 따른 분류

▷ 흙댐

▷ 록필댐

㉡ 설계형식(구조)에 따른 분류

▷ 균일형

▷ 존(zone)형

★
방수로의 정의
하천의 유량을 다른 곳으로 방출하기 위한 인공수로

★
댐의 분류
- 필댐: 재료와 설계형식(구조)에 따라 구분
- 콘크리트댐: 형식에 따라 구분

▷ 코어(core)형

▷ 표면차수벽형

ⓒ 필댐의 장점

▷ 지형, 지질, 재료, 기초의 상태와 무관

ⓔ 필댐의 단점

▷ 홍수 월류에 대한 저항이 미흡

▷ 침하 불가피

★
공법에 따른 필댐의 종류
- 재료에 따라 흙댐, 록필댐
- 설계형식에 따라 균일형, 존
  형, 코어형, 표면차수벽형

공법에 따른 필댐의 종류

구분		설명
재료	흙댐	자연상태의 흙을 사용하여 최소의 공정으로 건설하는 가장 보편적인 형식
	록필댐	- 차수벽과 댐체의 안정을 위하여 여러 가지 크기의 돌로 이루어진 댐 - 최대 댐체단면의 50% 이상을 다양한 크기의 돌로 축조
설계 형식	균일형	제체 최대단면에서 사면보호재를 제외한 단면의 80% 이상 재료가 동일
	존형	몇 개의 존(zone)으로 이루어지며 코어형과 비슷하지만 투수계수가 높은 인근 가용재료로 불투수성부를 축조, 불투수성부 두께가 댐 높이보다 큰 형식
	코어형	불투수성 재료를 사용하는 차수 목적의 코어 최대폭이 댐 높이보다 작음
	표면 차수벽형	흙 이외 차수재료로 상류 사면을 포장. 포장재는 아스팔트, 콘크리트 등

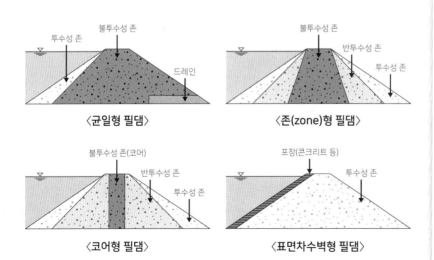

〈균일형 필댐〉 〈존(zone)형 필댐〉

〈코어형 필댐〉 〈표면차수벽형 필댐〉

③ 콘크리트댐의 분류

　㉠ 형식에 따른 분류

　　▷ 중력식

　　▷ 부벽식

　　▷ 공식

　　▷ 아치식

★
형식에 따른 콘크리트댐의
분류
중력식, 부벽식, 중공식, 아치식

형식에 따른 콘크리트댐의 종류	
구분	설명
중력식	댐에 작용하는 하중(물의 횡압력)을 댐의 자중에 의하여 저항하도록 만든 댐
부벽식	평판으로 된 콘크리트 슬라브 등을 부벽 등으로 지탱하도록 만든 댐
중공식	댐 내부를 중공으로(비워서) 설계한 것으로 내부를 너무 비우면 자중이 감소하여 저항하지 못하므로 경사를 두어 자중을 어느 정도 유지하도록 만든 댐
아치식 콘크리트댐	- 댐에 작용하는 횡압력을 댐의 아치모양 평면구조로 버티며 댐 하단부와 양안에서 하중을 지탱하도록 만든 댐 - 바닥과 양안부에 가해지는 힘이 크므로 주로 암반층에 설치 가능

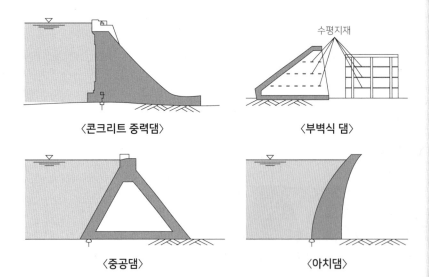

〈콘크리트 중력댐〉　　　　〈부벽식 댐〉

〈중공댐〉　　　　〈아치댐〉

　㉡ 콘크리트 중력댐 설계요건

　　▷ 안전성과 목적에 맞는 기능 확보

　　▷ 이 구축된 이후 주변 지역에 미치는 영향을 고려하여 경제적이
　　　면서도 환경에 부합되도록 설계

　　▷ 기초암반 등의 지질조건이 양호한 곳을 댐 설치 지역으로 선정

ⓒ 콘크리트 중력댐 장점

▷ 지형적인 면에서 제약이 작은 댐의 형식

▷ 제체의 축조에 사용될 골재(자갈, 모래 등)의 취득이 용이

(2) 제방

① **침투에 대한 제방의 보강공법 선정 기준**

ⓐ 홍수 특성

ⓑ 축제 이력

ⓒ 토질 특성

ⓓ 배후지의 토지 이용 상황

ⓔ 효과의 확실성

ⓕ 경제성 및 유지관리 등

침투에 대한 제방의 보강공법

구분	공법	설명
제체 침투	단면확대공법	- 제체 동수경사 저감 및 경사면 파괴 활동 안전성 증가
	앞비탈면 피복공법	- 강우나 하천수의 제체 내 침투를 방지하거나 억제
기초 지반 침투	차수공법	- 기초지반에 차수벽을 설치하여 침투파괴를 방지
	피복공법	- 제외지 쪽 고수부 표층을 불투수성 재료로 피복 - 침투유로의 연장을 통한 침투압을 저감

② **침투에 의한 제방의 피해 방지 조건**

ⓐ 제체는 전단강도가 큰 재료를 사용

ⓑ 제체 내 강우 및 하천수 유입을 차단

ⓒ 제체 내 침투한 강우나 하천수는 신속하게 배수

ⓓ 제체 및 기초지반의 동수경사를 작게 설계

(3) 천변(강변)저류지

① **천변저류지 선정 기준**

ⓐ 지형 특성을 고려한 적지 분석

ⓑ 홍수 조절 기능과 같은 수리 특성 분석

ⓒ 식생태 분석 등

② **천변저류지는 활용 목적에 따른 분류**

ⓐ 보호구역: 비홍수기에 습지와 같은 생태적으로 중요한 기능과 가치가 있는 경우

★
침투에 대한 제방 보강공법
단면확대공법, 앞비탈면 피복공법, 차수공법, 피복공법

★
천변저류지의 분류
보호구역, 완충구역, 활동구역

ⓛ 완충구역: 비홍수기에 농경지로 사용하다가 홍수기에 홍수조절 기능을 통해 첨두홍수량을 저류하는 완충지역의 역할을 하는 경우

ⓒ 활동구역: 비홍수기에 체육공원, 주차장 등 주민들의 여가 활동이나 친수공간 등으로 활용하는 경우

(4) 방수로

① 설치 위치에 따른 분류
    ㉠ 지상방수로
    ⓛ 지하방수로

② 방류장소, 방류비율, 방류되는 흐름상태에 따라 다음과 같이 구분

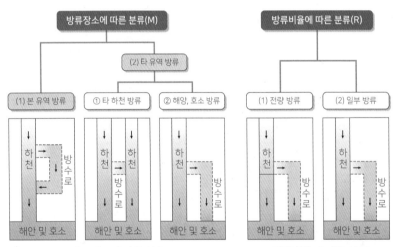

〈방류장소에 따른 분류〉　　　〈방류비율에 따른 분류〉

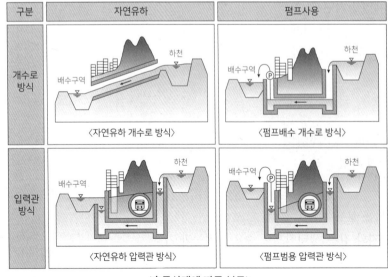

〈흐름상태에 따른 분류〉

1. 내수방재 시설물의 개념

(1) 시설물의 정의
▷ 내수배제 불량으로 발생되는 인명과 재산 피해를 방지하거나 저감하기 위한 시설물

(2) 내수배제 시설물의 종류
① 유하시설
② 저류시설
③ 침투시설

★
내수배제 불량 원인
하천의 홍수위 증가, 내수지역의 유출량 증가 등

2. 내수방재 시설물의 방재 기능

(1) 유하시설
① 정의
　▷ 집중호우로 인하여 발생한 우수를 하천에 직접 방류시키기 위한 시설물

② 종류
　㉠ 하수관로(우수관로)
　㉡ 빗물펌프장
　㉢ 고지배수로
　㉣ 배수로 및 길도랑

③ 유하시설의 기능
　㉠ 하천의 수위가 높아지면 하천수가 배수로를 타고 지표면이 낮은 지역으로 역류해 내수침수가 발생
　㉡ 이를 방지하기 위하여 하천 수문을 설치하고 배수펌프장이나 빗물펌프장으로 집수된 내수지역의 우수를 배수펌프를 이용하여 하천으로 강제 배출시키는 기능을 수행

(2) 저류시설
① 정의
　㉠ 우수가 유수지 및 하천으로 유입되기 전에 일시적으로 저류시켜 바깥 수위가 낮아진 후에 방류하여 유출량을 감소시키거나 최소화

하기 위하여 설치하는 시설물

ⓛ 유입시설, 저류지, 방류시설 등의 시설을 의미

② **사용 용도에 따른 분류**

  ㉠ 침수형 저류시설

    ▷ 공원, 운동장, 주차장 등 평상시 일반적인 용도로 사용

    ▷ 폭우 시 우수가 차오르도록 고안된 시설

    ▷ 상대적으로 저지대에 배치된 공공 시설물

  ㉡ 전용 저류시설

    ▷ 지하저류지와 같이 평상시 빈 공간으로 유지

    ▷ 강우 시 우수를 저장하기 위하여 인위적으로 설치된 시설

③ **장소에 따른 분류**

  ㉠ 지역 외(Off-site) 저류

    ▷ 현 시점에서 발생하는 초과우수 유출량을 저감시키기 위한 시설

    ▷ 대부분 공공 목적으로 설치

    ▷ 해당 배수구역의 홍수유출 해석에 의하여 시설 규모를 결정

  ㉡ 지역 내(On-site) 저류

    ▷ 개발로 인하여 증가되는 우수유출량을 상쇄시키기 위한 시설

    ▷ 홍수유출 해석 없이 개발로 인한 우수의 직접유출 증가량을 당
해지역에서 저류 또는 침투시킴

④ **지역 외 저류시설 기능**

    ▷ 배수구역 내 저지대의 침수 방지

    ▷ 비용대비 최대 효과

    ▷ 배수구역 내 다른 홍수방어시설과 연계

⑤ **저류시설의 종류**

  ㉠ 쇄석공극 저류시설

  ㉡ 운동장 저류

  ㉢ 공원 저류

  ㉣ 주차장 저류

  ㉤ 단지 내 저류

  ㉥ 건축물 저류

  ㉦ 공사장 임시저류지

  ㉧ 유지·습지 등 자연형 저류시설

★
저류시설 구성
유입시설, 저류지, 방류시설

★
장소에 따른 저류시설 분류
지역 외 저류, 지역 내 저류

(3) 침투시설

① 정의
  ㉠ 우수의 직접유출량을 감소시키기 위하여 지반으로 침투를 용이하
    게 하거나 저류하도록 만든 시설

② 침투시설의 종류
  ㉠ 침투통
  ㉡ 침투측구
  ㉢ 침투트렌치
  ㉣ 투수성 포장
  ㉤ 투수성 보도블록

③ 침투시설의 기능
  ㉠ 토양에서의 여과, 흡착 작용에 의하여 비점오염 감소
  ㉡ 대부분 당해지역(On-site)에서 발생한 우수 유출량을 해당지역에
    서 침투

3. 내수방재 시설물의 적용공법

(1) 유하시설

① 배수장에서 사용되는 펌프 본체 분류
  ㉠ 사류
  ㉡ 축류
  ㉢ 와권형

② 저양정의 양·배수 펌프 분류
  ㉠ 사류형
  ㉡ 축류형

③ 축 형식에 따른 펌프 분류
  ㉠ 횡축
  ㉡ 입축
  ㉢ 사축형

④ 빗물펌프장의 특징
  ㉠ 관거를 통하여 유입된 빗물에 협착물과 유사가 함유
  ㉡ 집수정에 집수시킨 후 하천으로 배출됨에 따라 입축형이 많이 사용
  ㉢ 양정이 7~8m 이상인 경우가 대부분이므로 사류 펌프 사용

★
빗물펌프장의 특징
빗물에 협착물과 유사 함유, 입
축형 및 사류 펌프 사용, 양정
고는 7~8m 이상

(2) 저류시설

① 우수유출 목표저감량의 발생원인

 ㉠ 강우 증가와 불투수면적 증가로 인하여 발생

 ㉡ 하도의 용량부족으로 더 이상 부담할 수 없는 유출 증가량

② 우수유출 목표저감량의 배분

 ㉠ 지역 외 저감시설

  ▷ 해당지역 외에서 발생하는 초과유출량을 저류할 수 있는 기능 수행

  ▷ 지역 외 우수유출저감시설의 규모계획

   - 해당 배수구역의 계획강우 빈도와 계획방류 빈도를 결정

   - 첨두홍수량 저감효과 확인

  ▷ 위치 선정 조건

   - 설치지점 부지면적을 고려한 충분한 저류용량 확보 가능 지역

   - 설치 시 저감효과 우수하며, 침수피해 저감효과가 있는 지점

   - 현지 여건상 시공 및 교통처리에 큰 문제가 없는 지점

  ▷ 위치 회피 조건

   - 지대가 주변보다 높은 지역

   - 설치지점 대상유역 면적이 매우 협소해 설치효과 미미한 지역

   - 사유지인 지역

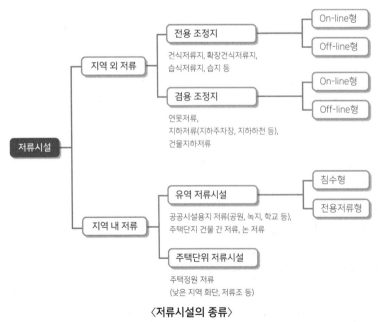

〈저류시설의 종류〉

자료: 우수유출저감시설의 종류·구조·설치 및 유지관리 기준

ⓒ 지역 내 저감시설

▷ 증가되는 우수유출량을 해당지역 내에서 저류할 수 있는 기능 수행

▷ 침투시설 또는 저류시설의 형태로 설치

▷ 지역 내 우수유출저감시설의 계획 시 고려사항

- 해당지역의 개발로 인한 유출계수 증가량

- 해당지역의 확률강우량

- 해당지역의 경사도 및 하부지반의 침투능(침투시설의 경우)

(3) 침투시설

① 침투시설의 규모 계획 시 고려사항

㉠ 투수성 보도블록, 침투집수정, 침투트렌치에 대한 유출저감량은 CN을 적용하여 산정

▷ 투수성 보도블록은 개발계획 수립 시 최악의 유출 상황을 모의 할 수 있도록 AMC-III 조건을 사용

▷ 침투트렌치는 단위길이 10m당 배수구역 면적 130m²을 기준 으로 함

▷ 침투집수정은 1개소당 배수구역 면적 130m²을 기준으로 하며, 개발계획 수립 시는 AMC-III 조건하에서 CN을 적용

ⓒ 침투시설 규모의 설정

▷ 설계침투량(m³/hr) = 단위설계침투량 × 시설 설치 수량

▷ 설계침투강도(mm/hr) = $\dfrac{\text{설계침투량(m}^3\text{/hr)}}{\text{집수면적(ha)} \times 10}$

ⓒ 침투시설의 경우 최소 설계 침투강도 10mm/hr를 만족하도록 설치

② 침투통 설치 시 고려사항

㉠ 우수관경 300mm 이하의 집수정(침투통) 대상 고려사항

▷ 적용대상 집수정의 범위

▷ 위치선정 및 설치 규모

▷ 위치선정 시 주의사항

▷ 유속 및 경사

▷ 매설 심도

▷ 기타

ⓒ 우수관로의 유속 기준

▷ 관내 침전을 방지하기 위한 목적

★
침투시설 주요사항
AMC-III 조건의 CN, 침투트렌치의 배수구역은 130m²/10m, 침투집수정은 130m²/개소

★
AMC(선행토양함수조건)
5일 또는 30일 선행 강우량에 의한 유역의 초기 토양수분량을 나타내는 지표로써 선행토양함수조건을 의미

★
CN(유출곡선지수)
미계측 유역의 토양특성과 식생피복상태 및 선행강수조건 등에 따라 유효우량을 추정하는 인자

★
최소 설계 침투강도 10mm/hr

★
우수관로 주요사항
관내 침전 방지, 유속은 최소 0.8m/sec, 최대 3.0m/sec, 최대유속 초과 시 단차공 설치

▷ 계획우수량에 대하여 최소 0.8m/sec, 최대 3.0m/sec의 유속
　　 유지

▷ 관로의 유속이 3.0m/sec를 초과할 경우에는 적절한 단차공을
　　 설치

　ⓒ 관로의 토피 기준

　　▷ 도로부의 경우, 관 상단으로부터 1.2m 이상 확보

　　▷ 보도부의 경우는 1.0m 이상 확보

　　▷ 연락관의 경우는 관 상단으로부터 0.6m 이상 확보

③ 침투트렌치 설치 시 고려사항

　ⓐ 우수관로 직경 300mm 이하의 투수관(침투트렌치) 대상 고려사항

　　▷ 적용대상 우수관

　　▷ 시설의 일반구조

　　▷ 위치선정

　　▷ 매설 심도

　　▷ 유속 및 경사

　　▷ 침투트렌치의 연장

　　▷ 침투트렌치의 종단계획

　ⓑ 침투트렌치의 최대 연장

　　▷ 청소 등의 유지관리를 고려하여 표준은 관경의 120배 이하

3절　사면방재 시설물의 방재 기능 및 적용공법

1. 사면방재 시설물의 개념

(1) 시설물의 정의
① 불안정한 자연 사면이나 인공사면의 시공 불량, 정비 미비, 유지·관리
　미흡 등에 의해 발생 가능한 사면 붕괴, 낙석에 의한 피해를 줄이고자
　설치하는 시설물

(2) 사면방재 시설물의 종류
① 옹벽
② 낙석방지망

★
사면방재 시설물
사면 붕괴나 낙석에 의한 피해
를 예방하기 위한 시설물

2. 사면방재 시설물의 방재 기능

(1) 옹벽

① 정의
  ㉠ 경사가 급한 사면에서 발생할 수 있는 지반의 붕괴를 막기 위한 구조물

② 종류
  ㉠ 구조물의 재료에 따른 분류
    ▷ 철근 콘크리트
    ▷ 무근 콘크리트
    ▷ 벽돌, 석조
  ㉡ 구조 형태에 따른 분류
    ▷ 중력식
    ▷ L자형
    ▷ T자형
    ▷ 부벽식

③ 옹벽의 기능
  ㉠ 급경사지의 토사 붕괴 방지
  ㉡ 경사지에 대지 조성
  ㉢ 땅깎기 또는 흙쌓기한 비탈면의 붕괴 방지

(2) 낙석방지망

① 정의
  ㉠ 절개지 사면에서 낙석 발생 가능성이 있을 경우 방지망을 덮어 낙석을 예방하는 구조물

② 낙석방지망의 기능
  ㉠ 사면에서 분리되어 낙하하는 암석의 운동에너지를 방지망의 포획효과에 의해 억제
  ㉡ 낙하하는 낙석이 도로 쪽으로 튀지 않고 방지망 하부로 흘러내리도록 유도
  ㉢ 절개면에서 분리된 낙석이 절개면과 방지망 사이의 마찰에 의해 붙잡아 두는 역할

3. 사면방재 시설물의 적용공법

(1) 옹벽

① 옹벽 설계 시 주의점
　㉠ 옹벽 자체에 지나친 응력이 생기지 않도록 합리적인 재료를 선택
　㉡ 옹벽이 넘어지지 않게 해야 함
　㉢ 지반의 허용 지내력 이상의 응력이 생기지 않도록 해야 함
　㉣ 옹벽 뒤 흙이 옹벽과 함께 미끄러지는 활출이 발생하지 않아야 함

② 옹벽 시공 시 고려사항
　㉠ 적재하중(주동토압)
　　▷ 옹벽 뒷면의 흙이나 위의 구조물이 옹벽을 넘어뜨리거나 앞으로 밀어내리려는 힘
　㉡ 수동토압
　　▷ 옹벽 앞면에서 주동 토압을 받는 옹벽의 움직임을 저지하는 흙의 저항력
　　▷ 지반의 지지력
　㉢ 지질의 특성
　㉣ 지하수의 위치
　㉤ 옹벽의 형태
　㉥ 옹벽의 구축 재료

(2) 낙석방지망

① 종류
　㉠ 포켓식 낙석방지망
　㉡ 비포켓식 낙석방지망

② 공법별 특징
　㉠ 포켓식 낙석방지망
　　▷ 기둥 로프, 지주, 철망과 와이어 로프 등으로 구성
　　▷ 낙하하는 낙석을 철망에 충돌시켜 낙석이 낙석방지망 하부로 흘러내리게 유도
　㉡ 비포켓식 낙석방지망
　　▷ 낙석방지망을 절개면에 부착하여 고정
　　▷ 절개면에서 분리된 낙석이 절개면과 방지망과의 마찰로 인하여 절개면과 방지망 사이에 붙잡혀 낙하하지 않도록 함

Keyword

★
옹벽 시공 시 고려사항
적재하중(주동토압), 수동토압, 지질 특성, 지하수 위치, 옹벽 형태, 옹벽 재료

4절 토사방재 시설물의 방재 기능 및 적용공법

1. 토사방재 시설물의 개념

(1) 시설물의 정의
① 토사유출로 인하여 하천시설 및 공공·사유시설의 침수나 매몰 등의 피해를 저감시키고 예방하기 위한 시설물

(2) 토사방재 시설물의 종류
① 사방댐
② 침사지

2. 토사방재 시설물의 방재 기능

(1) 사방댐

① 정의
  ㉠ 토사의 유실이 심하고 경사가 급한 하천에서 토사가 하류로 흘러가지 못하도록 인공적으로 설치한 댐
  ㉡ 토석류나 유목의 유하를 억제하여 하류지역의 피해 발생을 예방

② 형태와 재료에 따른 종류
  ㉠ 콘크리트 사방댐
  ㉡ 스크린 사방댐
  ㉢ 슬릿 사방댐
  ㉣ 버트리스 사방댐

③ 방재 기능
  ㉠ 콘크리트 사방댐: 상류에서 발생된 산사태와 토석류를 댐에 가두어 하류의 피해를 예방
  ㉡ 스크린 사방댐: 강재를 사용하여 스크린 모양으로 조립한 투과형 사방댐으로 홍수 시 급격한 토사의 유출을 방지하고, 평상시에는 퇴적된 토사를 하류로 서서히 흘려보내는 기능
  ㉢ 슬릿 사방댐: 콘크리트 기초 위에 설치하여 주로 암석을 차단하고 물과 토사는 투과시키는 기능
  ㉣ 버트리스 사방댐: 산사태나 토석류에 의하여 발생된 유목 등으로 인하여 하도의 유로가 변경되거나 교량에 걸려 통수능을 저하시켜 발생될 수 있는 피해를 방지

★
토사방재 시설물
토사유출에 의한 피해를 예방하기 위한 시설물

★
사방댐 종류
콘크리트 사방댐, 스크린 사방댐, 슬릿 사방댐, 버트리스 사방댐

〈버트리스 사방댐〉

자료: 산림청

(2) 침사지

① 정의

지표 유출수에 포함된 부유 유사를 제거하기 위한 시설물

② 침사지의 구성

ㄱ 유입조절부

ㄴ 침전부

ㄷ 퇴사저류부

ㄹ 유출조절부

③ 침사지의 기능

ㄱ 용수 내 토사를 침전시키는 기능

ㄴ 토사퇴적 방지로 인한 통수능 저하 예방

ㄷ 수로 구조물 보호 기능

3. 토사방재 시설물의 적용공법

(1) 사방댐

① 설치 유형과 목적에 따라 다음과 같이 분류

사방댐의 설치 목적에 따른 분류

유형	목적	종류
중력식	토석차단	콘크리트댐, 전석댐, 블록댐
버팀식	유목차단	버트리스댐, 스크린댐, 슬릿트댐, 그리드댐
복합식	토석 및 유목차단	다기능댐, 빔크린댐, 쉘댐, 철강재틀댐, 에코필라댐

② 사방댐의 위치

  ㉠ 상류부가 넓고 댐 위치의 계류폭이 좁은 곳

  ㉡ 지류의 합류점 부근에서는 합류점의 직하류부

  ㉢ 암반이 노출되어 있거나 지반이 암반일 가능성이 높은 곳

  ㉣ 붕괴지의 하부 또는 다량의 계상퇴적물이 존재하는 지역의 직하
  류부

(2) 침사지

① 설계순서

  ㉠ 필요성 및 설계개념 선정

  ㉡ 침사지 형태 및 위치 선정

  ㉢ 배수구역 특성 파악

  ㉣ 퇴적 유사량(부피) 결정

  ㉤ 침사지 둑의 높이 결정

  ㉥ 주 여수로 크기 및 비상여수로 폭 결정

  ㉦ 둑과 여수로의 보호장치 결정

② 퇴적(침전) 유사량 결정 요소

  ㉠ 유역의 토양손실량

    ▷ 원단위법

    ▷ 수정범용토양손실공식(RUSLE; Revised Universal Soil Loss
      Equation)

  ㉡ 유사전달률

  ㉢ 침사지 포착률

  ㉣ 퇴적토 단위중량

★
침사지 유사량 결정
토양손실량, 유사전달률, 침사
지 포착률, 퇴적토 단위중량

5절 해안방재 시설물의 방재 기능 및 적용공법

1. 해안방재 시설물의 개념

(1) 시설물의 정의

① 태풍, 폭풍으로 인한 해일, 지진으로 인한 해일, 연안 파랑 등 연안지
  역에서의 해안 침수, 항만시설 붕괴 등의 재해를 방지하기 위한 시
  설물

★
해안방재 시설물
연안지역에서 발생하는 재해
를 예방하기 위한 시설물

(2) 해안방재 시설물의 종류

① 방파제

② 방사제

2. 해안방재 시설물의 방재 기능

(1) 방파제

① 정의

　㉠ 바다로부터 파랑의 침입을 방지하고 항구 내 수면을 안정시키기
　　 위하여 해안에 쌓은 둑 형태의 시설물

　㉡ 이안제: 해빈을 보호하기 위하여 해안선에서 어느 정도 떨어진 위
　　 치에 해안선과 평행하게 설치되는 방파제

② 재료와 형식에 따른 종류

　㉠ 직립제: 콘크리트 덩어리로 직립벽을 쌓은 것

　㉡ 경사제: 사석·블록 등을 경사지게 쌓은 것

　㉢ 혼성제: 아랫부분은 경사제로 윗부분은 직립제로 쌓은 것

　㉣ 소파블록 피복제: 직립제 또는 혼성제의 전면에 소파블록을 설치
　　 한 것

　㉤ 중력식 특수방파제

　　▷ 직립소파 블록제

　　▷ 소파 케이슨제

　　▷ 상부사면 케이슨제

③ 방재 기능

　㉠ 파도에 대한 항구 보호

　㉡ 침식의 위험에 노출된 해안 보호

　㉢ 파랑에 대한 내항을 보호

(2) 방사제

① 정의

　㉠ 바닷속 모래가 항내 또는 항로에 침입하는 것을 방지하기 위하여
　　 설치하는 시설물

　㉡ 해안으로부터 바다 쪽으로 거의 직각으로 설치하는 구조물

② 방재 기능

　㉠ 해안선의 침식 방지

★
방파제 종류
직립제, 경사제, 혼성제, 소파
블록 피복제, 중력식 특수방
파제

ⓛ 얕은 수심 속 모래의 이동 방지

ⓒ 해안 수심 저하 방지

3. 해안방재 시설물의 적용공법

(1) 방파제

① 설계인자

　ⓞ 제고, 제체의 상부폭, 하부폭 결정

　ⓛ 사면 기울기 선정

　ⓒ 소파제 중량 결정

　ⓔ 케이슨 규격 결정

② 수심에 따른 기준

　ⓞ 수심이 13~15m보다 얕을 경우 경사제가 유리

　ⓛ 15m보다 깊을 경우 혼성제가 유리

③ 외력의 종류

　ⓞ 파력

　ⓛ 정수압

　ⓒ 부력

　ⓔ 자중

　ⓜ 기타(풍압력, 동수압, 표류물의 충격력, 토압 등)

6절 바람방재 시설물의 방재 기능 및 적용공법

1. 바람방재 시설물의 개념

(1) 시설물의 정의

▷ 태풍과 강풍에 의한 공공 및 사유시설물이나 인명 피해를 방지하고, 대기 오염, 황사와 같은 토사 및 먼지 이동 등의 공해를 방지하기 위한 시설물

(2) 바람방재 시설물의 종류

① 방풍벽

② 방풍림

③ 방풍망

★
바람방재 시설물
태풍이나 강풍에 의한 피해를
예방하기 위한 시설물

2. 바람방재 시설물의 방재 기능

(1) 방풍벽

① 정의
▷ 강풍에 의한 피해를 저감하기 위하여 설치되는 시설물

② 시공방법과 용도에 따른 분류
- ㉠ 수평 방풍벽
- ㉡ 수직 방풍벽
- ㉢ 원형 방풍벽

③ 재료에 따른 분류
- ㉠ 콘크리트 방풍벽
- ㉡ 플라스틱 방풍벽
- ㉢ 자연 방풍벽

④ 방재 기능
- ㉠ 강풍을 우회 혹은 차단하여 속도를 감소
- ㉡ 교량에서 강풍 차단
- ㉢ 자동차 소음 방지

(2) 방풍림

① 정의
- ㉠ 해안가나 바람이 많은 곳에 강풍을 막기 위하여 조성된 산림

② 장소와 기능에 따른 분류
- ㉠ 내륙 방풍림
- ㉡ 해안 방풍림

③ 방재 기능
- ㉠ 농작물의 바람피해를 방지
- ㉡ 과수원이나 목장, 가옥을 보호
- ㉢ 풍속 감소
- ㉣ 바람에 실려 오는 미세먼지나 오염물질 차단

3. 바람방재 시설물의 적용공법

(1) 방풍벽 성능 기준
① 교량부에서 방풍벽 높이의 80%까지 풍속이 50% 감소
② 도로의 방풍벽 높이는 도로폭의 1/8
③ 방풍벽 내부풍속은 외부풍속의 50% 이하
④ 방풍벽에 작용하는 풍압계수는 약 0.8

(2) 방풍림 설치 기준
① 방풍림의 너비는 20~40m
② 풍향의 직각 방향으로 설치
③ 방풍림 사이의 간격은 수고의 20배 정도

7절 가뭄재해방재시설물의 방재기능

1. 가뭄방재시설물의 개념

(1) 시설물의 정의
▷ 물 부족으로 인해 발생 가능한 피해를 방지하기 위한 시설물

(2) 가뭄방재시설물의 종류
① 빗물이용시설
② 저수지

2. 가뭄방재시설물의 방재기능

(1) 빗물이용시설
① 정의
    ▷ 빗물을 모아 생활용수·조경용수·공업용수 등으로 이용할 수 있도록 처리하는 시설
② 시설의 구성에 따른 종류
    ㉠ 집수시설
        ▷ 건축지붕면
        ▷ 홈통받이
        ▷ 집수관

★
빗물이용시설의 구성
집수시설, 처리시설, 저류시설,
송수 및 배수시설

ⓛ 처리시설

▷ 침전조

▷ 초기 빗물 처리장치

▷ 여과조

ⓒ 저류시설

▷ 중소형 저류조

▷ 운동장 저류

▷ 빗물 연못

ⓔ 송수 및 배수시설

▷ 급수펌프

▷ 상수보급설비

▷ 급수관

③ **방재기능**

ⓐ 물 부족에 따른 가뭄피해 저감

ⓛ 빗물의 유출 억제

ⓒ 빗물의 침투와 저류 증가

ⓔ 유출량 감소로 인한 홍수 예방

(2) 저수지

① **정의**

▷ 흐르는 물을 인공적으로 가두어 하천의 수량을 저장하는 시설물

② **저수지의 구성**

ⓐ 제당(댐)

ⓛ 여수토

ⓒ 취수시설

ⓔ 수문시설

③ **저수지의 기능**

ⓐ 가뭄 시 지표수 용수원으로 공급

ⓛ 유량조절을 통한 수력 발전

ⓒ 생활용수 및 공업용수로 사용

ⓔ 홍수조절 기능

8절 대설재해방재시설물의 방재기능

1. 대설방재시설물의 개념

(1) 시설물의 정의
▷ 대설로 인해 발생 가능한 피해를 방지하기 위한 시설물

(2) 대설방재시설물의 종류
① 도로 염수분사장치
② 도로 열선설치

2. 대설방재시설물의 방재기능

(1) 도로 염수분사장치 및 열선설치
① 정의
 ▷ 대설 등의 현상으로 교통사고를 막기 위한 시설로서 도로 노면의 결빙 발생 시 염수액을 분사 또는 열선에 의한 결빙 방지 시설
② 설치 대상지역
 ㉠ 제설취약구간
 ㉡ 터널 입·출입부
 ㉢ 교량구간
 ㉣ 도로선형상 음지구간
 ㉤ 미끄럼 교통사고 발생 다발지역 등

1 하천방재 시설물 중 그림에 표시된 제방의 명칭은?

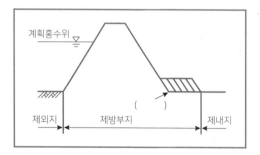

4 하천에서 흐르는 유량을 일부 분류하여 호수 또는 바다로 방출하기 위하여 조성된 인공수로는?

5 콘크리트댐은 형식에 따라 4가지로 분류할 수 있다. 이 중 3가지를 작성하시오.

6 내수방재시설물의 종류 3가지를 작성하시오.

2 재해 종류에 따른 방재시설물이 올바르게 연결된 3개를 고르시오.

> ① 하천재해 – 홍수조절지
> ② 내수재해 – 빗물펌프장
> ③ 사면재해 – 방사제
> ④ 토사재해 – 낙석방지망
> ⑤ 바람재해 – 방풍벽

7 사면방재 시설물 중 경사가 급한 사면에서 발생할 수 있는 지반의 붕괴를 막기 위한 구조물은?

8 사면방재 시설물 중 절개지 사면에서 낙석 발생 가능성이 있을 경우 방지망을 덮어 낙석을 예방하는 구조물은?

9 1. 토사방재 시설물의 종류 2가지를 작성하시오.

3 하천방재시설물 중 기존의 범람지에 제방을 쌓아 홍수 시 일시적으로 물을 가두어 두는 공간으로 평상시에는 농경지, 주차장, 생태습지 등으로 활용하는 것은?

10 토사방재 시설물 중 토사의 유실이 심하고 경사가 급한 하천에서 토사가 하류로 흘러가지 못하도록 인공적으로 설치한 댐은?

답 1. 뒷비탈기슭 2. ①, ②, ⑤ 3. 천변저류지 또는 강변저류지 4. 방수로 5. 중력식, 부력식, 중공식, 아치식
6. 유하시설, 저류시설, 침투시설 7. 옹벽 8. 낙석방지망 9. 사방댐, 침사지 10. 사방댐

11 토사방재 시설물 중 지표 유출수에 포함된 부유 유사를 제거하기 위한 시설물은?

12 해안방재 시설물의 종류 2가지를 작성하시오.

13 바람방재 시설물의 종류 2가지를 작성하시오.

14 다음은 어떤 방재시설물에 대한 설명인가?

> • 급경사지 토사 붕괴 방지
> • 경사지에 대지 조성
> • 땅깎기 또는 흙쌓기한 비탈면의 붕괴 방지

15 다음은 무엇에 관한 설명인가?

> • 공원, 운동장, 주차장 등 평상시 일반적인 용도로 사용
> • 폭우 시 우수가 차오르도록 고안된 시설
> • 상대적으로 저지대에 배치된 공공시설물

16 다음은 침투시설에 대한 설명이다. 빈칸에 적절한 값은?

> 침투트렌치는 단위길이 (①)m당 배수구역 면적 (②)m²를 기준으로 하며, 침투집수정은 (③)개소당 배수구역 면적 (②)m²를 기준으로 한다.

17 재난 및 안전관리기본법에서 명시된 방재시설이 포함된 관련 법령 5가지를 기술하시오.

답

11. 침사지 12. 방파제, 방사제, 이안제 13. 방풍벽, 방풍림, 방풍망 14. 옹벽 15. 침수형 저류시설
16. ① 10, ② 100, ③ 10
17. 소하천정비법, 하천법, 수자원의 조사·계획 및 관리에 관한 법률 시행령, 국토의 계획 및 이용에 관한 법률,
    하수도법, 농어촌정비법, 사방사업법, 댐건설 및 주변지역지원 등에 관한 법률, 어촌·어항법, 도로법, 도로법 시행령,
    재난 및 안전관리 기본법, 항만법 중 택 5

18 아래 그림과 같은 도시배수구역의 직접연결 불투수지역에 대해 배수구역 출구지점에서의 홍수수문곡선을 RRL방법으로 작성하시오. (단, 유역의 등시간선은 10분, 주어진 설계우량주상도 적용, 강우기간 내 발생하는 손실우량 무시)

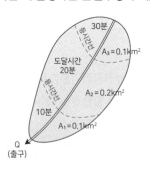

시간(분)	강우강도 (mm/hr)	출구지점 홍수량 (m³/sec)
0	0	
10	5	
20	10	
30	20	
40	30	
50	10	
60	5	
70	-	
80	-	
90	-	
100	-	

19 방재시설의 유지·관리를 위한 방재성능평가 대상 시설 중 중앙 및 공공기관 그리고 지방자치단체에서 공통으로 실시하는 하천시설 5가지를 기술하시오.

20 내수방재시설물 중 하나인 우수관로의 유속 기준은 계획우수량에 대해 최소 및 최대 얼마인가?

21 토사방재시설물인 침사지를 구성하고 있는 4가지를 기술하시오.

답

18.

시간(분)	강우강도 I (mm/hr)	소유역별 I, A_j A₁ (0.1km²)	A₂ (0.2km²)	A₃ (0.1km²)	Q = 0.2778 Σ I, A_j (m³/see)
0	0				0
10	5	0.5			0.14
20	10	1	1		0.56
30	20	2	2	0.5	1.25
40	30	3	4	1	2.22
50	10	1	6	2	2.5
60	5	0.5	2	3	1.53
70	-		1	1	0.56
80	-			0.5	0.14
90	-				0
100	-				0

19. 댐, 하구둑, 제방, 호안, 수제, 보, 갑문, 수문, 수로터널, 운하, 관측시설 중 택 5
20. 최소 0.8 m/sec, 최대 3.0 m/sec **21.** 유입조절부, 침전부, 퇴사저류부, 유출조절부

제2편
방재시설계획

본 장에서는 하천재해, 내수재해, 사면재해, 토사재해, 해안재해, 바람재해, 기타재해에 대한 피해유형과 발생 가능한 피해의 종류를 이해하고, 피해 종류별로 발생원인을 자세히 나타내고 있다.

1절 하천재해의 피해 원인

1. 하천재해의 피해 유형

(1) 하천재해 개념

① 홍수 발생 시 하천 제방, 호안, 수공구조물(통관, 통문, 수문, 펌프장 등), 하천 횡단시설물(교량, 보, 낙차공 등)의 붕괴

② 하천 수위 상승으로 인한 제방 범람 또는 붕괴로 발생하는 재해

(2) 하천재해 피해 종류

① 하천범람

② 제방 유실·변형·붕괴

③ 호안유실

④ 하상안정시설 파괴

⑤ 하천 횡단구조물 파괴

⑥ 제방도로 파괴

⑦ 저수지·댐 붕괴

2. 하천재해의 피해 원인

(1) 하천범람의 원인

① 하폭 부족

② 제방고 및 제방여유고 부족

③ 본류하천의 높은 외수위에 의한 지류하천 홍수소통 불량

④ 토석류, 유송잡물 등에 의한 하천 통수단면적 감소

⑤ 교량 경간장 및 형하여유고 부족으로 막힘 현상 발생

Keyword

★
하천재해
하천 구조물 붕괴 및 제방 범람 또는 붕괴로 발생하는 재해

★
하천재해의 종류 7가지 확인

⑥ 교량 부분이 인근 제방보다 낮음으로 인한 월류 및 범람

⑦ 하천구역의 다른 용도 사용

⑧ 인접 저지대의 높은 토지이용도

⑨ 상류댐 홍수조절능력 부족

⑩ 계획홍수량 과소 책정

(2) 제방 유실, 변형 및 붕괴의 원인

① 파이핑 및 하상세굴, 세굴 등에 의한 제방 기초 유실

② 만곡부의 유수나 유송잡물 충격

③ 소류력에 의한 제방 유실

④ 제방과 연결된 구조물 주변 세굴

⑤ 하천시설물과의 접속 부실 및 누수

⑥ 하천횡단구조물 파괴에 따른 연속 파괴

⑦ 제방폭 협소, 법면 급경사에 의한 침윤선 발달

⑧ 제체의 재질 불량, 다짐 불량

⑨ 하천범람에 의한 제방 붕괴

(3) 호안유실의 원인

① 호안 강도 미흡 또는 연결 불량

② 소류력, 유송잡물에 의한 호안 유실, 이음매 결손, 흡출 등

③ 호안내 공동 발생

④ 호안 저부 손상

〈호안 유실로 인한 제방붕괴 사례〉

(4) 하상안정시설 파괴의 원인

① 소류력에 의한 세굴

② 근입깊이 불충분

★
하상안정시설
하상세굴, 하상 저하 및 국부
세굴을 방지하거나 구조물의
보호를 위하여 설치하는 시설

(5) 하천 횡단구조물 파괴의 원인

① 교량 경간장 및 형하여유고 부족

② 기초세굴 대책 미흡으로 인한 교각 침하 및 유실

③ 만곡 수충부에서의 교대부 유실

④ 교각부 콘크리트 유실

⑤ 날개벽 미설치 또는 길이 부족 등에 의한 사면토사 유실

⑥ 교대 기초세굴에 의한 교대 침하, 교대 뒤채움부 유실 파손

⑦ 유사 퇴적으로 인한 하상 바닥고 상승

⑧ 도로 노면 배수능력 부족·

〈하천 횡단구조물의 피해 사례〉

(6) 제방도로 파괴의 원인

① 제방 유실 변형, 붕괴

② 집중호우로 인한 인접사면의 활동

③ 지표수, 지하수, 용출수 등에 의한 도로 절토사면 붕괴

④ 시공다짐 불량

⑤ 하천 협착부 수위 상승

〈제방도로 피해 사례〉

(7) 댐 및 저수지 붕괴의 원인
① 계획홍수량을 초과하는 이상호우에 대한 방류 시설 미비
② 균열 및 누수구간 발생, 여수로 및 방수로 시설 파손
③ 안전관리 소홀

2절 내수재해의 피해 원인

1. 내수재해의 피해 유형

(1) 내수재해 개념
① 하천의 외수위 상승 또는 내수지역의 홍수량 증가가 원인
② 내수 배제 불량으로 인하여 인명과 재산상의 손실이 발생되는 재해
③ 침수피해 형태로 발생

(2) 내수재해 피해 종류
① 우수유입시설 문제로 인한 피해
② 우수관거시설 문제로 인한 피해
③ 배수펌프장 시설 문제로 인한 피해
④ 외수위로 인한 피해
⑤ 노면 및 위치적 문제에 의한 피해
⑥ 이차적 침수피해 증대 및 기타 관련 피해

★
내수재해
본류 외수위 상승, 내수지역 홍수량 증가 등으로 발생하는 내수배제 불량으로 인한 재해

★
내수재해의 종류 6가지 확인

2. 내수재해의 피해 원인

(1) 우수유입시설 문제의 원인
① 빗물받이 시설 부족 및 청소 불량
② 지하공간 출입구 빗물유입 방지시설 미흡

(2) 우수관거시설 문제의 원인
① 우수관거 및 배수통관의 통수단면적 부족
② 역류 방지시설 미비
③ 계획홍수량 과소 책정

(3) 빗물펌프장 시설문제의 원인
① 배수펌프장 용량 부족
② 배수로 미설치 및 정비 불량
③ 펌프장 운영 규정 미비
④ 설계기준 과소 적용(재현기간, 임계지속기간 적용 등)

(4) 외수위로 인한 피해의 원인
① 외수위로 인한 내수배제 불량
② 하천단면적 부족 또는 교량설치 부분의 낮은 제방으로 인한 범람

(5) 노면 및 위치적 문제에 의한 피해의 원인
① 인접지역 공사나 정비 등으로 인한 지반고의 상대적인 저하
② 철도나 도로 등의 하부 관통도로의 통수단면적 부족

(6) 2차적 침수 피해 증대 및 기타 관련 피해의 원인
① 토석류에 의한 홍수소통 저하
② 지하수 침입에 의한 지하 침수
③ 지하공간 침수 시 배수계통 전원 차단
④ 선로 배수설비 및 전력시설 방수 미흡
⑤ 지중 연결부 방수처리 불량
⑥ 침수에 의한 전기시설 노출로 감전 피해
⑦ 다양한 침수 상황에 대한 발생유량 사전예측 및 대피체계 미흡

Keyword

★
빗물펌프장(배수펌프장)
하천 수위 증가나 집중호우
시 저지대 침수 방지를 위하
여 빗물을 강제로 강으로 퍼
내는 시설

1. 사면재해의 피해 유형

(1) 사면재해 개념
▷ 호우 시 자연 또는 인공 급경사지에서 발생하는 지반의 붕괴로 인한
　 재해

(2) 사면재해 피해 종류
① 지반 활동으로 인한 붕괴
② 절개지, 경사면 등의 배수시설 불량에 의한 사면붕괴
③ 옹벽 등 토사유출 방지시설의 미비로 인한 피해
④ 사면의 과도한 굴착 등으로 인한 붕괴
⑤ 급경사지 주변에 피해유발시설 배치로 인한 피해
⑥ 유지관리 미흡으로 인한 피해

2. 사면재해의 피해 원인

(1) 지반활동으로 인한 붕괴의 원인
① 기반암과 표토층의 경계에서 토석류 발생
② 집중호우 시 지반포화로 인한 사면 약화 및 활동력 증가
③ 개발사업에 따른 지반 교란
④ 사면 상부의 인장균열 발생
⑤ 사면의 극심한 풍화 및 식생상태 불량
⑥ 사면의 절리 및 단층 불안정

〈지반 활동으로 인한 붕괴 사례〉

 Keyword

★
사면재해
자연 또는 인공 급경사지에서
발생하는 지반 붕괴로 인한
재해

★
사면재해의 종류 6가지 확인

(2) 사면의 과도한 절토 등으로 인한 붕괴의 원인

① 사면의 과도한 절토로 인한 사면의 요철현상

② 사면 상하부의 절토로 인한 인장균열

③ 사면의 부실시공

(3) 절개지, 경사면 등의 배수시설 불량에 의한 붕괴의 원인

① 배수시설 불량 및 부족

② 배수시설 유지관리 미흡

③ 배수시설 지표면과 밀착 부실

〈배수시설 불량으로 인한 피해 사례〉

(4) 토사유출방지시설의 미비로 인한 피해의 원인

① 노후 축대시설 관리 소홀 및 재정비 미흡

② 사업주체별 표준경사도 일률 적용

③ 옹벽 부실시공

(5) 급경사지 주변에 위치한 시설물 피해의 원인

① 사면 직하부 주변에 취락지, 주택 등 생활공간 입지

② 사면주변에 임도, 송전탑 등 인공구조물 입지

③ 노후주택의 산사태 피해위험도 증대

④ 사면접합부의 계곡 유무

(6) 유지관리 미흡으로 인한 피해의 원인

① 토사유출이나 유실 사면붕괴 발생 시 도로 여유폭 부족

② 도로, 철도 등의 노선 피해 시 상황전파시스템 미흡

③ 위험도에 대한 인식 부족, 관공서의 대피지시 소홀

〈급경사지 주변 피해 사례〉

4절 토사재해의 피해 원인

1. 토사재해의 피해 유형

(1) 토사재해 개념
① 유역 내 과다한 토사유출 등이 원인
② 토사에 의해 하천시설이나 공공·사유시설 등의 침수 또는 매몰 등의
　 피해가 발생되는 재해

(2) 토사재해 피해 종류
① 산지침식 및 홍수피해 가중
② 하천 통수단면적 잠식
③ 도시지역 내수침수 가중
④ 저수지 저류능력, 이수기능 저하
⑤ 하구폐쇄로 인한 홍수위 증가
⑥ 주거지 및 농경지 피해
⑦ 양식장 피해

2. 토사재해의 피해 원인

(1) 산지침식 및 홍수피해 가중의 원인
① 토양침식에 따른 유출률 증가 및 도달시간 감소
② 침식확대에 의한 피복상태 불량화 및 산지 황폐화
③ 토사유출에 의한 산지 수리시설 유실

★
토사재해
토사유출에 의해 하천시설이
나 공공·사유시설 등의 피해가
발생하는 재해

★
토사재해의 종류 7가지 확인

(2) 하천 통수단면적 잠식의 원인

① 토석류의 퇴적에 따른 하천의 통수단면적 잠식

〈토사 퇴적에 의한 피해사례〉

(3) 도시지역 내수침수 가중의 원인

① 상류유입 토사에 의한 우수유입구 차단

② 토사의 퇴적으로 인한 우수관거 내수배제 불량

(4) 저수지의 저류능력, 이수기능 저하의 원인

① 유사 퇴적으로 저수지 바닥고 상승 및 저류능력 저하

② 저수지 바닥고 상승에 따른 이수기능 저하

(5) 하구폐쇄로 인한 홍수위 증가의 원인

① 하류로 이송된 토사의 하구부 퇴적에 의한 하구폐쇄, 상류부 홍수위
   증가

(6) 주거지 및 농경지 피해의 원인

① 홍수 시 토사의 유입에 의한 주거지, 농경지 피해

(7) 양식장 피해의 원인

① 홍수 시 토사의 유입에 의한 양식장 피해

〈농경지 피해 사례〉

5절 해안재해의 피해 원인

1. 해안재해의 피해 유형

(1) 해안재해 개념
① 파랑, 해일, 지진해일, 고조위 등에 의해 발생
② 해안침수, 항만 및 해안시설 파손, 급격한 해안 매몰 및 침식 등을 발생시키는 재해

(2) 해안재해 피해 종류
① 파랑·월파에 의한 해안시설 피해
② 해일 및 월파로 인한 내측 피해
③ 하수구 역류 및 내수배제 불량으로 인한 침수
④ 해안침식

2. 해안재해의 피해원인

(1) 파랑·월파에 의한 해안시설 피해의 원인
① 파랑의 반복충격으로 해안구조물 유실 및 파손
② 월파에 의한 제방의 둑마루 및 안쪽 사면 피해
③ 테트라포트(TTP) 이탈 등 방파제 및 호안 등의 유실
④ 제방 기초부 세굴·유실 및 파괴·전괴·변이
⑤ 표류물 외력에 의한 시설물 피해
⑥ 표류물 퇴적에 의한 해상교통 폐쇄

★
해안재해
해안 지역에서 발생하는 재해

★
해안재해의 종류 4가지 확인

★
파랑(wave)
풍파와 너울의 총칭

★
월파
파랑이 제방과 같은 해안 시설물을 넘어 들어오는 경우

⑦ 밑다짐공과 소파공 침하·유실

⑧ 월파로 인한 해안 도로 붕괴, 침수 등

⑨ 표류물 퇴적에 의한 항만 수심 저하

⑩ 국부세굴에 의한 항만 구조물 기능 장애

⑪ 기타 해안시설 피해 등

(2) 해일 및 월파로 인한 내측 피해의 원인

① 월파량 배수불량에 의한 침수

② 월류된 해수의 해안 저지대 집중으로 인한 우수량 가중

③ 위험한 지역 입지

④ 해일로 인한 임해선 철도 피해

⑤ 주민 인식 부족 및 사전대피체계 미흡

⑥ 수산시설 유실 및 수산물 폐사

⑦ 기타 해일로 인한 시설 피해 등

(3) 하수구 역류 및 내수배제 불량으로 인한 침수의 원인

① 만조 시 매립지 배후 배수로 만수

② 바닷물 역류나 우수배제 지체

③ 기타 침수피해 등

(4) 해안침식의 원인

① 높은 파고에 의한 모래 유실 및 해안침식

② 토사준설, 해사채취에 의한 해안토사 평형상태 붕괴

③ 해안구조물에 의한 연안표사 이동

④ 백사장 침식 및 항내 매몰

⑤ 해안선 침식에 따른 건축물 등 붕괴

⑥ 댐, 하천구조물, 골재 채취 등에 의한 토사공급 감소

⑦ 기타 해안침식 피해 등

6절 바람재해의 피해 원인

1. 바람재해의 피해 유형

(1) 바람재해 개념

▷ 바람에 의해 인명피해나 공공시설 및 사유시설의 경제적 손실이 발생

★
바람재해
바람에 의해 인명피해나 공공
및 사유시설의 피해가 발생하
는 재해

하는 재해

(2) 바람재해 피해 종류
① 강풍에 의한 피해
② 빌딩 피해

2. 바람재해의 피해 원인

(1) 강풍에 의한 피해의 위험요인
① 송전탑 등 전력 통신시설 파괴 및 정전, 화재 등 2차 피해 발생
② 대형 광고물, 건물 부착물, 유리창 등 붕괴 이탈 낙하
③ 경기장 지붕 등 막구조물 파괴
④ 현수교 등 교량의 변형 파괴 붕괴
⑤ 도로표지판 등 도로 시설물 파괴
⑥ 삭도, 궤도 등 교통시설의 파괴
⑦ 유원시설 및 유 도선 등 각종 선박 파괴
⑧ 교통신호등, 교통안전시설 파손
⑨ 차량 피해, 가설물 붕괴 및 대형 건설 장비 등의 전도
⑩ 기타 시설 피해 등

(2) 빌딩 피해의 위험요인
① 국지적 난류에 의해 간판 등이 날아가거나 전선 절단 등의 피해

Keyword

7절 가뭄재해의 피해 원인

1. 가뭄재해의 피해 유형

(1) 가뭄재해 개념
① 오랫동안 비가 오지 않아서 물이 부족한 상태 또는 장기간에 걸친 물 부족으로 나타나는 기상재해
② 수자원이 평균보다 적어서 정상적인 사회생활을 하는 데 불편이나 피해를 유발

(2) 가뭄재해 피해 종류
① 생활용수 부족에 의한 식수난 발생 등의 불편 초래
② 공업용수 부족에 의한 조업중단 등의 산업활동 지장 초래

★
가뭄재해
수자원 부족에 의해 피해가 발생하는 재해

③ 농업용수 부족에 의한 농작물 피해 발생

2. 가뭄재해의 피해원인

① 생활·공업용수 제한 공급 또는 공급 중단으로 인한 산업 및 생활상의
피해 발생
② 농업용수 공급중단 등으로 인한 농작물 피해 발생

8절 대설재해의 피해 원인

1. 대설재해의 피해 유형

(1) 대설재해 개념
▷ 농작물, 교통기관, 가옥 등이 대설에 의해 입는 재해

(2) 대설재해 피해 종류
① 도로결빙에 의한 교통사고 발생
② 교통 두절에 의한 고립피해 발생
③ 시설물 붕괴 등의 시설 피해 발생

2. 대설재해의 피해원인

① 대설로 인한 취약도로 교통 두절 및 고립피해 발생
② 농·축산 시설물 붕괴 피해
③ PEB(Pre-Engineered Building) 구조물, 천막구조물 등 가설시설물
붕괴 피해
④ 기타 시설 피해 등

9절 기타 재해의 피해 원인

1. 기타 재해의 피해 유형

(1) 기타 재해 개념

▷ 댐·저수지 및 사방댐 등 시설물의 노후화 및 능력부족으로 인해 발생하는 재해

(2) 기타 재해 피해 종류

① 댐·저수지의 노후화 및 여수로 능력부족에 의한 피해

② 사방댐의 노후화에 의한 피해

③ 교량의 노후화에 의한 피해

2. 기타 재해의 피해원인

(1) 댐·저수지 붕괴피해의 위험요인

① 계획홍수량을 초과하는 이상호우에 대한 방류 시설 미비

② 균열 및 누수구간 발생, 여수로 및 방수로 시설 파손

③ 안전관리 소홀

(2) 기타 시설물 붕괴피해의 위험요인

① 사방댐 노후화에 의한 시설물 파손

② 교량 노후화에 의한 시설물 파손

제2장

방재시설별 재해 취약요인 분석하기

본 장에서는 하천 및 소하천 부속물, 하수도 및 펌프장, 농업생산기반시설, 사방시설, 사면재해 방지시설, 도로시설, 항만 및 어항시설 등과 같은 방재시설에 대한 개념을 이해하고, 각 시설물에서 재해가 일어날 수 있는 취약요인을 제시하고 있다.

1절 하천 및 소하천 부속물 재해 취약요인 분석

Keyword

1. 하천 및 소하천 부속물의 개념

(1) 하천 부속물의 정의
① 「하천법」에 의해 하천 관리를 위하여 설치된 시설물 또는 공작물
② 하천의 기능을 보전하고 효용을 증진하며 홍수피해를 줄이기 위한 시설물

(2) 소하천 부속물의 정의
① 「소하천정비법」에 의해 소하천의 이용과 관리를 위하여 설치된 시설물 또는 공작물

2. 하천 및 소하천 부속물의 재해 취약요인

(1) 하천 및 소하천 부속물의 피해 사례
① 호안의 유실
② 제방의 붕괴, 유실 및 변형
③ 하상안정시설의 유실
④ 하천 횡단구조물의 피해

(2) 하천 및 소하천 부속물의 재해 취약요인

① 제방 및 호안
  ㉠ 제체의 누수 또는 파이핑
  ㉡ 제체의 재료 또는 다짐 불량
  ㉢ 지반의 침하 또는 활동

★
「하천법」에 의한 하천 부속물
제방, 호안, 수제, 댐, 하구둑, 홍수조절지, 저류지, 방수로, 배수펌프장, 수문, 운하, 선착장, 갑문 등

★
「소하천정비법」에 의한 소하천 부속물
제방, 호안, 보, 수문, 배수펌프장, 저수지, 저류지 등

〈제체 누수로 인한 제방붕괴 사례〉

  ㉣ 설계량을 초과하는 홍수

  ㉤ 유송잡물이나 유수에 의한 충격

  ㉥ 하천 부속 시설물과의 접속 부실 및 누수

  ㉦ 제방과 호안 재료의 노후화

  ㉧ 호안의 내부 공동현상

  ㉨ 호안의 저부(기초) 손상

② 보 및 낙차공과 같은 하천 횡단구조물

  ㉠ 유수에 의한 세굴

  ㉡ 구조물의 균열 및 파손

  ㉢ 바닥 보호공의 유실 및 세굴

  ㉣ 호안과의 접속부 부실 및 누수

③ 교량과 같은 하천 횡단구조물

  ㉠ 기초 세굴심 부족에 의한 하상세굴

  ㉡ 토사 퇴적, 유송잡물에 의한 통수능 저하

〈하상세굴에 의한 교각 침하 사례〉

ⓒ 유수 충격에 의한 교각 및 교대 콘크리트 유실

ⓔ 여유고, 경간장 등 설계기준 미준수

2절 하수도 및 펌프장 재해 취약요인 분석

1. 하수도 및 펌프장의 개념

(1) 하수도의 정의

① 하수와 분뇨를 유출 또는 처리하기 위하여 설치되는 공작물과 시설물

② 가정에서 배출되는 생활 오수나 공장의 폐수, 빗물 등을 배수하기 위하여 설치되는 공작물과 시설물

(2) 펌프장의 정의

① 자연 경사에 의해 하수를 유하시키기 어려운 경우 설치하는 양수시설

② 집중호우 시 저지대에 물이 차는 것을 방지하기 위하여 하천으로 강제 배수하는 시설

2. 하수도 및 펌프장의 재해 취약요인

(1) 하수도 및 펌프장 피해 사례

① 저지대 침수

② 하수 역류

③ 지하공간 침수

(2) 하수도 및 펌프장 재해 취약요인

① 하수도

② 설계량을 초과하는 강우

③ 하수관로의 파손, 부식 및 마모

④ 지반의 침하

⑤ 관로 내 유속의 크기

⑥ 관로 내 침전물

⑦ 하천 수위(외수위) 증가

⑧ 펌프장

⑨ 계획하수량을 초과하는 용량

⑩ 펌프장의 노후화

★
「하수도법」에 의한 시설
하수관로, 공공하수처리시설, 간이공공하수처리시설, 하수저류시설, 분뇨처리시설, 배수설비, 개인하수처리시설 등

⑪ 펌프장 고장 및 운영 미숙

⑫ 배수로 정비 불량

3절 농업생산 기반시설 재해 취약요인 분석

1. 농업생산 기반시설의 개념

(1) 농업생산 기반시설의 정의
① 농업생산 기반 정비사업으로 설치되거나 그 밖에 농지 보전이나 농업생산에 이용되는 시설물 및 그 부대시설
② 농수산물의 생산·가공·저장·유통시설 등에 필요한 영농시설

2. 농업생산 기반시설의 재해 취약요인

(1) 농업생산 기반시설 피해 사례
① 저수지 누수 및 붕괴
② 제방의 누수 및 붕괴
③ 용수로, 배수로 등 관로시설의 파손

(2) 농업생산 기반시설 재해 취약요인
① 저수지
    ㉠ 제당이나 기초의 누수나 침식
    ㉡ 취수구나 여수로의 침전물이나 부유잡목에 의한 장애
    ㉢ 유사퇴적에 따른 저수지 바닥고 상승
    ㉣ 저류량을 초과하는 홍수량의 유입
    ㉤ 상류 유역 개발에 따른 유출량 증가
    ㉥ 수문의 고장 및 오작동

② 제방
    ㉠ 제체의 누수 또는 파이핑
    ㉡ 제체의 재료 또는 다짐 불량
    ㉢ 지반의 침하 또는 활동
    ㉣ 설계량을 초과하는 홍수
    ㉤ 유송잡물이나 유수에 의한 충격
    ㉥ 하천 부속 시설물과의 접속 부실 및 누수

★
「농어촌정비법」에 의한 농업생산 기반시설
저수지, 양수장, 관정, 배수장, 취입보, 용수로, 배수로, 유지(웅덩이), 도로, 방조제, 제방 등

◉ 제방 재료의 노후화

③ 용수로, 배수로 등 관로시설

　　㉠ 토사 퇴적에 의한 통수능 저하

　　㉡ 관로 내 유속의 크기

　　㉢ 통수능을 초과하는 유입량

　　㉣ 지반의 침하

　　㉤ 관로의 파손, 부식 및 마모

4절 사방시설 재해 취약요인 분석

1. 사방시설의 개념

(1) 사방시설의 정의

① 황폐지를 복구하기 위하여 설치하는 공작물

② 산지의 붕괴, 토석·나무 등의 유출 또는 모래의 날림 등을 방지 또는
　예방하기 위하여 설치하는 공작물

③ 파종·식재된 식물

④ 경관의 조성이나 수원의 함양을 위하여 설치하는 식물

2. 사방시설의 재해 취약요인

(1) 사방시설 피해 사례

① 사방댐 토사 매몰

② 사방댐 붕괴

③ 방풍림의 전도

(2) 사방시설 재해 취약요인

① 사방댐

　　㉠ 토사 준설과 같은 유지관리 미비

　　㉡ 설계량을 초과하는 토석류의 유입

　　㉢ 토석류 유하에 따른 충격량

　　㉣ 구조물의 균열 및 파손

　　㉤ 지반의 침하 또는 활동

　　㉥ 기초 설계 및 시공 부실

★
「사방사업법」에서
사방시설인 식물
사방사업의 시행 전부터 사방
사업의 시행지역에서 자라고
있는 식물도 포함

〈과도한 토석류의 유입 사례〉

② 방풍림
   ㄱ 가뭄
   ㄴ 인위적인 벌목
   ㄷ 해안 침식

5절 사면재해 방지시설 재해 취약요인 분석

1. 사면재해 방지시설의 개념

(1) 사면재해 방지시설의 정의
① 자연 비탈면이나 인공 비탈면과 같은 급경사지에서 발생 가능한 재해를 방지하기 위한 시설물
② 사면 보강을 위한 구조물과 사면 보호를 위한 구조물로 구분

2. 사면재해 방지시설의 재해 취약요인

(1) 사면재해 방지시설 피해 사례
① 사면 붕괴
② 토석류 발생
③ 사면 붕괴로 인한 하천 폐색
④ 저수지 사면 붕괴에 따른 저수지 월파 발생

★
사면재해 방지시설
옹벽, 석축, 낙석방지망, 록 앵커, 록 볼트, 소일 네일링 등

(2) 사면재해 방지시설 재해 취약요인

① 옹벽 및 석축

　　㉠ 집중호우로 인한 지반의 활동력 증가

　　㉡ 사면의 풍화 및 식생 발달

　　㉢ 사면 배수시설 미흡 및 유지관리 불량

　　㉣ 설계량을 초과하는 붕괴량

　　㉤ 사면 위 인공구조물의 시공

　　㉥ 시설물의 관리 소홀 및 재정비 미흡

　　㉦ 시설물의 부실시공

② 낙석방지망

　　㉠ 설계 강도를 초과하는 낙석 발생

　　㉡ 낙석방지망의 재료 부실 및 제품 불량

　　㉢ 낙석방지망 고정부의 노후화

　　㉣ 시설물의 부실시공

〈낙석방지망의 부실 사례〉

 Keyword

6절 도로시설 재해 취약요인 분석

1. 도로시설의 개념

(1) 도로시설의 정의

① 도로 기반 시설물은 「도로법」 제2조의 규정에 의한 도로 및 「공공측량의작업규정세부기준」 제297조에 의한 지하 시설물을 의미

② 도로의 부속물은 도로의 편리한 이용과 안전 및 관리를 위하여 설치

★
「도로법」의 도로
차도, 보도, 자전거도로, 측도, 터널, 교량, 육교 등과 도로 부속물

하는 시설 또는 공작물

　㉠ 주차장, 버스정류시설, 휴게시설 등 도로이용 지원시설

　㉡ 시선유도표지, 중앙분리대, 과속방지시설 등 도로안전시설

　㉢ 통행료 징수시설, 도로관제시설, 도로관리사업소 등 도로관리시설

　㉣ 도로표지 및 교통량 측정시설 등 교통관리시설

　㉤ 낙석방지시설, 제설시설, 식수대 등 도로에서의 재해 예방 및 구조
　　활동, 도로환경의 개선·유지 등을 위한 도로부대시설

　㉥ 그 밖에 도로의 기능 유지 등을 위한 시설

2. 도로시설의 재해 취약요인

(1) 도로시설 피해 사례

① 도로 침수 및 파손

② 도로 유실

③ 도로 소성변형

④ 포트홀

⑤ 컬러포장의 탈리 및 탈색

⑥ 도로 부속물의 파손

(2) 도로시설 재해 취약요인

① 제방도로

　㉠ 도로의 침수

　㉡ 제체의 누수 또는 파이핑

　㉢ 제체의 재료 또는 다짐 불량

　㉣ 지반의 침하 또는 활동

　㉤ 설계량을 초과하는 홍수

　㉥ 유송잡물이나 유수에 의한 충격

　㉦ 하천 부속 시설물과의 접속 부실 및 누수

　㉧ 제방과 호안 재료의 노후화

② 일반도로 및 도로 부속물

　㉠ 도로배수시설 용량 부족

　㉡ 도로배수시설 집수구 막힘

　㉢ 도로 재료 불량

　㉣ 폭우와 폭설의 빈발

　㉤ 도로 기층 재료의 물성 약화 및 노후화

ⓑ 과중차량의 통행

ⓐ 여름철 고온현상

〈도로 침수에 의한 피해 사례〉

〈하천 유수에 의한 피해 사례〉

7절 항만 및 어항시설 재해 취약요인 분석

1. 항만 및 어항시설의 개념

(1) 항만시설의 정의

▷ 항만구역 안과 밖에 있는 다음의 시설

① 기본시설

　ⓐ 수역시설: 항로, 정박지, 선유장 등

　ⓑ 외곽시설: 방파제, 방사제, 방조제, 도류제, 갑문, 호안 등

　ⓒ 임항교통시설: 도로, 교량, 철도, 궤도, 운하 등

★
「항만법」에서의 항만
선박의 출입, 사람의 승선·하선, 화물의 하역·보관 및 처리, 해양친수 활동 등을 위한 시설과 부가가치 창출을 위한 시설이 갖추어진 곳

   ⓔ 계류시설: 안벽, 물양장, 잔교, 선착장 등

② **기능시설**

   ㉠ 항행 보조시설: 항로표지, 신호, 조명 등

   ⓛ 하역시설: 하역장비, 화물 이송시설, 배관시설 등

   ⓒ 유통시설과 판매시설

   ⓔ 선박보급시설

   ⓜ 공해방지시설

③ **지원시설**

④ **항만친수시설**

⑤ **항만배후단지**

(2) 어항시설의 정의

▷ 어항구역 안과 밖에 있는 다음의 시설

① **기본시설**

   ㉠ 외곽시설: 방파제, 방사제, 파제제, 방조제, 도류제, 수문, 갑문, 호
    안, 둑, 돌제, 흉벽 등

   ⓛ 계류시설: 안벽, 물양장, 잔교, 선착장, 선양장 등

   ⓒ 수역시설: 항로, 정박지, 선회장 등

② **기능시설**

   ㉠ 수송시설: 철도, 도로, 다리, 주차장 등

   ⓛ 항행보조시설

   ⓒ 어선·어구 보전시설

   ⓔ 보급시설

   ⓜ 수산물 처리·가공시설

   ⓗ 어업용 통신시설

   ⓢ 해양수산 관련 공공시설

   ⓞ 어항정화시설

   ⓩ 수산자원 육성시설

③ **어항편익시설**

   ㉠ 복지시설

   ⓛ 문화시설

   ⓒ 레저용 기반시설

   ⓔ 관광객 이용시설

   ⓜ 휴게시설

Keyword

★
「어촌·어항법」에서의 어항
천연 또는 인공의 어항시설을
갖춘 수산업 근거지로서 국가
어항, 지방어항, 어촌정주어항,
마을공동어항으로 구성

ⓑ 주민편익시설

2. 항만 및 어항시설의 재해 취약요인

(1) 항만 및 어항시설 피해 사례
① 해안구조물 유실 및 파손
② 방파제 및 호안 등의 유실 및 파손
③ 항만 시설물의 파손
④ 어항 시설물의 파손
⑤ 해상교통의 폐쇄
⑥ 해안 도로의 침수 및 붕괴
⑦ 해안선의 침식으로 인한 수목 및 건축물 붕괴

(2) 항만 및 어항시설 재해 취약요인
① 파랑 및 월파에 의한 반복적 충격
② 제방 기초부 세굴·유실 및 파괴·전괴·변이
③ 표류물의 지속적 충격 및 퇴적
④ 국부적 세굴에 의한 항만 구조물의 기능 장애
⑤ 근고공의 세굴

본 장에서는 하천재해, 내수재해, 사면재해, 토사재해, 해안재해와 관련된 방재시설물에 대한 주요 설계 기준과 설계요소를 다루고 있으며, 방재시설물의 계획 수립을 위한 절차와 조사대상을 제시하고 있다. 또한, 방재시설 설치에 필요한 소요사업비 산정을 위해 방재관리대책 업무의 대행비용과 자연재해저 감 종합계획에서 제시된 관련 사업비의 산출 기준과 절차를 이해할 수 있다.

1절 방재성능목표

Keyword

1. 방재성능목표

(1) 지역별 방재성능목표 설정

① 지역별 방재성능목표
- ㉠ 「자연재해대책법 시행령」 제14조의 5 규정에 따라 지방지치단체의 장이 공표한 지역별 방재성능목표 강우량
- ㉡ 배수구역 내 처리 가능한 방재성능목표를 지역별로 설정·운용
- ㉢ 홍수, 호우 등으로부터 재해를 예방하기 위한 방재정책에 적용할 강우량의 목표(시간당 강우량 및 연속강우량의 목표)

★
지역별 방재성능목표

② 방재성능목표 설정의 목적
- ㉠ 도시지역의 홍수, 호우 등에 의한 재해예방
- ㉡ 지역별 통합 방재성능 구현
  - ▷ 모든 방재시설물의 설계기준을 동일하게 설정하여 유기적인 배수 시스템 운영
  - ▷ 최근 강우자료를 반영한 확률강우량 산정 결과 적용
  - ▷ 기존 배수 능력이 부족한 시설물의 성능 개선
  - ▷ 자연배수 취약지역의 침수 발생위험 해소

★
목적
도시지역의 내수침수 발생
방지

③ 방재성능목표의 적용
- ㉠ 도시지역 내에 기설치된 방재시설에 대한 방재성능평가에 적용
- ㉡ 도시기반 계획 수립 시 계획 방재시설의 방재성능목표 부합 여부 평가
- ㉢ 방재시설의 개선대책 및 방재정책 수립 시 방재성능목표 적용

★
방재성능평가
도시지역 대상

(2) 지역별 방재성능목표 설정 기준

① 개요

- ㉠ 「자연재해대책법」 제16조의4에 따른 지역별 방재성능목표 설정 기준을 정하는 데 필요한 사항을 규정함에 목적을 둠
- ㉡ 행정안전부에서 발간한 「지역별 방재성능목표 설정 기준」의 내용을 준거하여 작성
- ㉢ 지역별(238개) 방재성능목표 강우량 산정과정은 다음과 같음

② 지점 확률강우량 산정

- ㉠ 기상청(기상자료개방포털) 종관기상관측(ASOS) 69개소 및 방재기상관측(AWS) 419개소 강우관측자료 취득(관측기간: 관측개시일~2021년)
- ㉡ 지점별 관측자료를 활용하여 재현기간 30년 빈도의 확률강우량(시간당, 2시간 연속 및 3시간 연속 확률강우량을 각각 산정) 산정

③ 지역 확률강우량 산정

- ㉠ 기상관측소 488개 지점을 기준으로 전국을 488개 티센망으로 구성
- ㉡ 전 국토를 238개 지역으로 구분하여 티센면적비 산정
- ㉢ 지점 강우량과 티센면적비를 적용하여 238개 지역 재현기간 30년 빈도 상당의 확률강우량(1, 2, 3시간) 산정

④ 지역별 방재성능목표 강우량 산정

- ㉠ 기상청(기후정보포털)에서 제공하는 기후변화 시나리오 기초자료(CMIP6, 2022) 취득
- ㉡ 488개 지점(ASOS 69, AWS 419)에 대한 미래 기후변화 할증률 산정
- ㉢ 지점 할증률과 티센면적비를 적용, 238개 지역 기후변화 할증률 산정
- ㉣ 군집화 기법을 통해 지역별 기후변화 할증률을 5단계로 구분

★
확률강우량 산정 지속기간
1시간, 2시간 및 3시간

★
재현기간 30년 확률강우량 산정

★
티센면적비 적용

★
기후변화 할증률
기본, 관심, 주의, 경계 및 심각으로 구분

할 증 률	기존	기본 5%		관심 8%	주의 10%	
	변경	기본 0%	관심 5%	주의 8%	경계 12%	심각 15%
	구간 (평균)	-3.7~0% (-1.4%)	0~5.2% (3.0%)	5.5~9.7% (7.9%)	9.8~13.5% (11.7%)	13.9~18.6% (15.9%)
	지자체수	21	87	55	54	21

ⓜ 지역별 확률강우량에 할증률 적용 후 1mm 단위로 절상

확률강우량 및 기후변화 할증률을 적용한 방재성능목표 산정(예시)

• 확률강우량(세종시, mm)

22년 ASOS			22년 ASOS+AWS			비고
1시간	2시간	3시간	1시간	2시간	3시간	
75.4	110.4	134.7	78.5	115.5	137.9	

• 기후변화 할증률(세종시, %)

22년 ASOS	22년 ASOS+AWS	비고
12	15	

• 방재성능목표 강우량(세종시, mm)

22년 ASOS			22년 ASOS+AWS			비고
1시간	2시간	3시간	1시간	2시간	3시간	
85	124	151	91	133	159	심각

• 22년 ASOS 1시간의 경우
  - 방재성능목표 = 75.4mm + (75.4mm × 12%) = 85mm(1mm 단위 절상)
• 22년 ASOS+AWS 2시간의 경우
  - 방재성능목표 = 115.5mm + (115.5mm × 15%) = 133mm(1mm 단위 절상)

⑤ 추계학적 할증률

ㄱ 향후 기왕 최대강우량을 갱신하는 극한 강우 발생에 따른 영향을 반영하기 위한 추계학적 할증률 산정 기준 마련

ㄴ 금회 방재성능목표 설정 기준값에는 2022년 극한강우가 반영되지 않아 집중호우(8월), 태풍 힌남노(9월)로 인한 피해 발생 지역 등 극한강우 반영이 필요한 지역에 적용

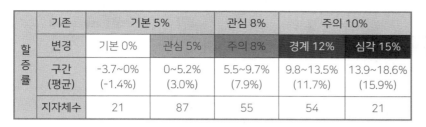

★
추계학적 할증률

구분	기왕최대강우량 대비				
	10% 갱신	20% 갱신	30% 갱신	40% 갱신	50% 갱신
향후 1회	5%	7%	8%	9%	10%
향후 2회	11%	15%	19%	23%	27%
향후 3회	17%	24%	33%	42%	52%

추계학적 할증률의 적용(예시)

- 기왕 최대강우량을 10% 단위로 갱신하는 경우에 대한 할증률을 제시하였고, 중간값에 대해서는 역거리가중평균법으로 산정 가능

- △△군의 기왕최대강우량을 16% 초과하는 경우 10%, 20%와의 편차가 각각 6%, 4%이므로 역거리 가중치는 (1/6) : (1/4) = 2 : 3
  ∴ 추계학적 할증률 = 5% × (2/5) + 7% × (3/5) = 6.2%

⑥ **지역별 방재성능목표 적용 시 고려사항**

   ㉠ 특별·광역시의 區단위 세분화를 통한 지역의 세부적인 공간적 특성을 반영하기 위해 종관기상관측(ASOS)과 방재기상관측(AWS) 자료를 활용하여 산정한 값을 모두 제시하였으며, 해당 지자체에서 지역 특성을 고려하여 각각의 기준값의 타당성 검토 후 적용 여부를 결정

   ㉡ 방재성능목표 기준값이 2017년보다 감소한 지역은 현행 유지 권고

   ㉢ 제주도의 경우 산지와 평지의 강우 특성이 다르고, 산지의 강우량이 평지에 영향을 주지 않는 지역 특성을 감안하여 ASOS값 사용 권고

   ㉣ 집중호우로 인한 피해 지역 등 2022년 극한강우의 반영이 필요한 지역에 대해 추계학적 할증률 적용 권고

   ㉤ 추계학적 할증률 적용 후에도 방재성능목표가 '17년보다 감소하는 지역은 현행('17년 ASOS 기준값) 유지 수준으로 공표·운영

⑦ **지역별 방재성능목표 공표**

   ㉠ 방재성능목표 설정 기준을 통보받은 지방자치단체의 장은 해당 지역에 대한 10년 단위의 방재성능목표를 설정·공표하여야 함

   ㉡ 지역별 방재성능목표 공표 후 5년마다 그 타당성 여부를 검토하여 필요한 경우에는 설정된 방재성능목표를 변경·공표하여야 함

   ㉢ 지역별 방재성능목표를 공표하려는 경우에는 해당 지방자치단체의 공보 또는 인터넷 홈페이지에 공고하여야 함

★
10년 단위 설정·공표 및 5년마다 타당성 여부 검토

⑧ 지역별 방재성능목표 활용

　　㉠ 지자체에서 공표한 "방재성능목표 설정 기준"보다 방재시설의 설계빈도가 낮은 경우에는 재해안정성 확보 차원에서 방재성능목표 설정 기준을 우선 적용하도록 권고

　　　▷ 「소하천정비법」 제2조제3호에 따른 소하천부속물 중 제방

　　　▷ 「국토계획법」 제2조제6호마목에 따른 방재시설 중 유수지

　　　▷ 「하수도법」 제2조제3호에 따른 하수도 중 하수관로

　　　▷ 자연재해대책법」 제55조제12호에 따라 행정안전부장관이 고시하는 시설 중 행정안전부장관이 정하는 시설

　　㉡ 기설치된 방재시설이 방재성능목표 설정 기준에 부합하지 않는 경우에는 방재성능 향상을 위한 개선대책*을 수립·시행하여야 함

　　　▷ 내수침수 등 피해가 우려되는 경우 저류시설, 침투시설, 펌프시설 등 방재성능 개선을 위한 구조적 대책

　　　▷ 구조적 대책의 즉시 이행이 어렵거나 불가항력적인 상황인 경우 예·경보시설 설치, 사전대피체계 구축 등 비구조적 대책

2. 방재시설물 특성 분석·평가방법

(1) 방재성능평가 대상 시설

① 대상지역: 도시지역

　　㉠ 주거지역: 거주의 안녕과 건전한 생활환경의 보호를 위하여 필요한 지역

　　㉡ 상업지역: 상업이나 그 밖의 업무의 편익을 증진하기 위하여 필요한 지역

　　㉢ 공업지역: 공업의 편익을 증진하기 위하여 필요한 지역

　　㉣ 녹지지역: 자연환경·농지 및 산림의 보호, 보건위생, 보안과 도시의 무질서한 확산을 방지하기 위하여 녹지의 보전이 필요한 지역

② 대상시설

　　㉠ 「소하천정비법」 제2조 제3호에 따른 소하천 부속물 중 제방

　　㉡ 「국토의 계획 및 이용에 관한 법률」 제2조 제6호 마목에 따른 방재시설 중 유수지

　　㉢ 「하수도법」 제2조 제3호에 따른 하수도 중 하수관로

　　㉣ 행정안전부 장관이 정하는 방재성능평가 대상 시설(행정안전부 고시)

Keyword

★
대상지역
주거지역, 상업지역, 공업지역, 녹지지역

★
대상시설
소하천 제방, 유수지, 하수관로, 배수펌프장, 빗물펌프장, 배수로, 우수유출저감시설, 고지배수로

▷ 「소하천정비법」 제2조 제3호에 따른 소하천 부속물 중 배수펌
프장

▷ 「하수도법」 제2조 제3호에 따른 하수도 중 하수저류시설과 그
밖의 공작물·시설 중 빗물펌프장

▷ 「도로법」 제2조 제2항에 따른 도로시설 중 배수로 및 길도랑

▷ 「자연재해대책법」 제2조 제6호에 따른 우수유출저감시설

▷ 「재해예방을 위한 고지배수로 운영관리 지침」에 따른 고지배수로

(2) 방재시설물 분석·평가 방법

① 홍수유출량 산정 모델(도시 강우-유출)

ⓙ 합리식 방법

▷ 도시지역의 계획 강우강도와 유역면적 및 유출계수를 곱하여
유역의 첨두홍수량 산정

▷ 합리식의 기본가정

- 도달시간: 유역 내 가장 먼 지점에서부터 설계지점까지 물이
유입하는 데 소요되는 시간

- 도달시간 내에서 강우 강도는 변하지 않음

- 유역 도달시간과 동일한 지속기간을 갖는 강우 조건에서 최대
홍수 발생

- 강우의 지속기간이 유역의 도달시간과 같거나 길 때 일정 강
우 강도의 강우에 의한 첨두유출량은 그 강우 강도와 직선적
관계를 가짐

- 첨두유출량의 발생확률은 주어진 도달시간에 대응하는 강우
강도의 발생확률과 동일

- 유출계수

• 각각 다른 발생확률을 갖는 강우-유출 사상과 관계없이 동일

• 동일한 유역에 내리는 모든 강우에 대하여 동일

▷ 합리식에 의한 첨두홍수량의 산정방법

- $Q_P = \dfrac{1}{3.6} CIA = 0.2778 \, CIA$

* 여기서 Q_p는 첨두홍수량(m^3/s), 0.2778은 단위환산계수, C는 유출계수, I는
특정 강우 지속기간(일반적으로 도달시간을 지속기간으로 결정)의 강우강도
(mm/hr), A는 유역면적(km^2)

ⓛ RRL 모델 방법

▷ 도시지역의 불투수 지역에서 계획 강우강도 주상도와 유역면적

★
합리식의 한계
유출수문곡선 작성 불가(첨두
홍수량만 산정 가능)

★
Q=0.2778CIA

을 곱하여 유역의 유출수문곡선 작성방법

▷ RRL 모델의 기본가정

- 소유역에서의 직접 연결된 불투수지역만 주요 강우기간 동안 직접 유출에 기여하므로 유출계수는 1.0
- 유역의 도달시간을 강우 지속기간으로 가정
- 관거 내 흐름을 정상등류로 가정하여 유출량을 Manning 공식으로 계산

▷ RRL 모델에 의한 시간별 유출량 계산방법

- $Q_j = 0.2778 \times \sum_{i=1}^{j} I_i \times A_{j+1-i}$

* 여기서 Q_j는 시간별 유출량(m³/s), I_i는 우량주상도의 I번째 시간구간의 강우강도(mm/hr), A는 j시간의 유역출구 유출량에 기여하는 소유역의 면적(km²)

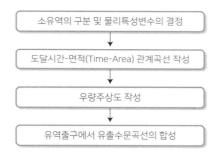

〈RRL 모델에 의한 유출수문곡선 작성 과정〉

ⓒ ILLUDAS 모델 방법

▷ RRL 모델 보완(간접연결 불투수지역을 추가 고려)하여 유역의 유출수문곡선 작성

▷ ILLUDAS 모델의 기본가정

- 단위 계산시간에서의 도달시간-누가면적 관계를 선형으로 가정
  • 간접연결 불투수지역은 투수지역에 둘러싸여 있고 간접연결 불투수지역의 총 유출용적은 투수지역에 균등하게 배분할 수 있는 것으로 가정

▷ ILLUDAS 모델의 유출계산방법

- 배수구역을 여러 개의 소유역으로 분할 후 각 배수구역에서의 투수지역 및 불투수지역에 대한 유출수문곡선 산정
- 산정된 각 유역의 수문곡선을 이용하여 하류방향의 관로를 따라 추적·합성하여 하류지점에서의 총 유출수문곡선 산정

★
유출계수
1.0

★
RRL 모델 유출해석 방법 =
T-A Method

▷ 우수관거 및 저류지의 성능평가 및 설계 가능

㉣ XP-SWMM 모델 방법

　▷ 도시지역의 강우에서 유출까지 모든 조건에 대한 해석 실시 가능
　　- 수리구조물로 인한 월류, 배수효과, 압력류, 지표면 저류 등의 수리현상을 동시 모의 가능
　　- 계획 강우강도와 유역면적 등을 고려하여 유역의 첨두홍수량 산정

　▷ Runoff 블록, Transport 블록, Extran 블록을 조합하여 부정류 해석 실시

　▷ XP-SWMM 모델의 기본가정
　　- 소유역
　　　• 강우는 공간적으로 균등하게 분포
　　　• 강우지속기간은 도달시간을 초과
　　　• 유출은 주로 지표면 유출로 구성
　　- 분할된 소유역
　　　• 각 소유역은 유사한 지표면 특성을 가짐
　　　• 지표면 흐름이 집수로에 유입할 때 수직방향으로 유입
　　　• 소유역 유출은 집수로에 유입되며 다른 유역으로는 흐르지 않음
　　　• 지표면 유로의 길이는 지표면 흐름이 집수로와 만나는 길이

　▷ 유출해석 절차

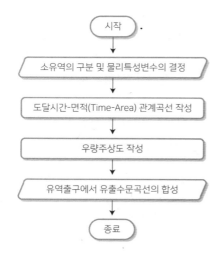

〈XP-SWMM 모델의 유출해석 절차〉

★
XP-SWMM
월류, 배수효과, 압력류, 지표면 저류 모의 가능

② 도시 강우-유출 모델의 적용
- ㉠ 관로의 저류효과와 수리학적 배수 영향, 지형여건 등을 종합적으로 고려하여 분석 모델 선택
- ㉡ 실무에서는 침수시간·침수심·침수범위를 시공간적으로 제시할 수 있는 XP-SWMM 모델을 주로 적용
- ㉢ 지형 여건 등을 종합적으로 고려
- ㉣ 입력자료가 부족할 경우 합리식 및 RRL 모델 적용

3. 지역별 통합 방재성능 평가

(1) 지역별 방재성능 평가방법

① 방재성능 평가
- ㉠ 도시지역에 설치된 방재시설 대상
- ㉡ 방재시설의 성능이 해당 지방자치단체에서 설정·공표한 「지역별 방재성능목표」에 부합 여부를 정량적으로 분석

② 연계 검토 및 활용하여야 하는 관련 제도
- ㉠ 「자연재해대책법」 제16조의4제2항에 따른 방재성능목표
- ㉡ 「자연재해대책법」 제19조에 따른 우수유출저감대책
- ㉢ 「하수도법」 제6조에 따른 하수도정비기본계획
- ㉣ 「하수도설계기준(환경부)」
- ㉤ 행정안전부장관이 정하는 방재성능 평가대상 시설(행정안전부 고시)
- ㉥ 재해예방을 위한 고지배수로 운영관리 지침(행정안전부 훈령)
- ㉦ 「자연재해대책법」 제16조에 따른 자연재해저감종합계획

(2) 지역별 통합 방재성능 평가 절차

① 지역별 방재성능목표 및 방재시설 제원 조사
- ㉠ 해당 지역의 방재성능목표(지속기간 1시간, 2시간, 3시간 강우량) 확인
- ㉡ 유역 면적과 하수관로·수로·배수펌프장·유수지·우수유출저감시설 등의 방재시설별 세부 제원과 일반 현황을 조사

② 홍수유출량 산정
- ㉠ 도시 강우-유출 모델을 활용 지속기간별 방재성능목표 강우량을 적용하여 홍수유출량을 산정

Keyword

★
XP- SWMM 모형 주로 이용

★
연계 검토 및 활용하여야 하는
관련 제도의 종류

★
방재성능목표의 지속기간
1시간, 2시간, 3시간

③ 방재성능 평가 실시
    ㉠ 산정된 홍수유출량에 대한 방재시설의 홍수처리 능력 평가
    ㉡ 지구별·방재시설별 내수침수 발생 여부 검토
    ㉢ 유출모의 결과표, 침수위험도, 방재성능 평가표 등 작성

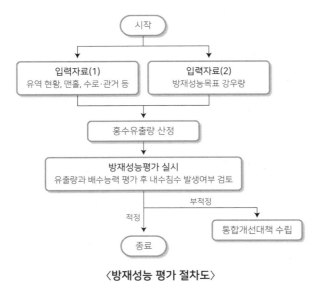

〈방재성능 평가 절차도〉

2절 재해 유형별 설계기준

1. 하천재해의 설계기준

(1) 하천 분류

① 국가하천
    ㉠ 유역면적 합계가 200km² 이상인 하천
    ㉡ 다목적댐의 하류 및 댐 저수지로 인한 배수영향이 미치는 상류의 하천
    ㉢ 유역면적 합계가 50km² 이상이면서 200km² 미만인 하천

② 지방하천
    ㉠ 지방의 공공이해와 밀접한 관계가 있는 하천
    ㉡ 시·도지사가 그 명칭과 구간을 지정한 하천

③ 소하천
    ㉠「하천법」의 적용 또는 준용을 받지 아니하는 하천

★
하천방재 시설물
하천의 기능을 보전하고 효용을 증진하며 홍수피해를 줄이기 위한 시설물

★
하천의 분류 및 개념
국가하천, 지방하천, 소하천

ⓛ「소하천정비법」제3조에 따라 그 명칭과 구간이 지정·고시된 하천

(2) 하천시설물 관련 설계기준

① 「하천설계 기준」
② 「소하천설계 기준」
③ 「댐설계 기준」
④ 「구조물기초설계 기준」

(3) 하천시설물 관련 설계요소

① **기본홍수량**

홍수방어시설의 홍수조절계획을 반영하지 아니한 자연 상태의 홍수량

② **현재홍수량**

확률강우량 30년 빈도에 의한 홍수량을 기준으로 하며, 상·하류 하천의 계획빈도, 지역특성, 지방자치단체 여건 등을 고려하여 홍수량 빈도를 상회하여 설정 가능

③ **계획홍수량**

기본홍수량을 하도 및 홍수 조절댐 등에 합리적으로 배분하여 하천시설물의 설치계획이 적절히 이루어지도록 하기 위한 홍수량

④ **설계홍수량**

수공구조물 설계를 위하여 결정된 홍수량으로 하천시설물의 설계를 위한 계획홍수량과 동일한 개념

⑤ **계획홍수위**

각종 하천부속물의 설치계획을 수립함에 있어서 기준이 되는 홍수량의 수위

⑥ **설계빈도**

수리 구조물 설계 시 규모를 결정하기 위한 기준으로서 확률적으로 접근해 산출한 수문량의 발생빈도

(4) 제방의 주요 설계기준

① **제방설계 시 고려사항**

ⓖ 하도와 제내지 상황
ⓛ 사회경제적 여건
ⓒ 하천환경
ⓔ 축제재료 및 원지반 상태

Keyword

→
하천방재 시설물 종류
방재시설 1편 2장 1절 참고

★
국가하천
100~200년

★
지방하천
50~200년

② 제방고의 설계기준
  ㉠ 제방고의 기준은 계획 홍수위
  ㉡ 제방 둑마루 표고는 계획 홍수위에 여유고를 더한 표고

계획 홍수량에 따른 제방 여유고

계획 홍수량(m³/sec)	여유고(m)
200 미만	0.6 이상
200 이상 ~ 500 미만	0.8 이상
500 이상 ~ 2,000 미만	1.0 이상
2,000 이상 ~ 5,000 미만	1.2 이상
5,000 이상 ~ 10,000 미만	1.5 이상
10,000 이상	2.0 이상

③ 둑마루 폭의 설계기준
  ㉠ 하천 제방의 최상부 폭
  ㉡ 적정 둑마루 폭의 확보 목적
    ▷ 침투수에 대한 안전의 확보
    ▷ 평상시 하천 순시
    ▷ 홍수 시의 방재 활동
    ▷ 친수 및 여가공간 마련

계획 홍수량에 따른 둑마루 폭(하천)

계획 홍수량(m³/sec)	둑마루 폭(m)
200 미만	4.0 이상
200 이상 ~ 5,000 미만	5.0 이상
5,000 이상 ~ 10,000 미만	6.0 이상
10,000 이상	7.0 이상

계획 홍수량에 따른 둑마루 폭(소하천)

계획 홍수량 (m3/sec)	둑마루 폭 (m)
100 미만	2.5 이상
100 이상 ~ 200 미만	3.0 이상
200 이상 ~ 500 미만	4.0 이상

2. 내수재해의 설계기준

(1) 내수 시설물 관련 설계기준
① 「하수도설계 기준」
② 「지역별 방재성능목표 설정·운영 기준」

③「우수유출저감시설의 종류·구조·설치 및 유지관리 기준」

④「지하공간 침수방지를 위한 수방 기준」

⑤「구조물기초설계 기준」

(2) 내수 시설물 관련 설계요소

① 일반 기준
　　㉠ 계획빈도의 홍수량에 의하여 제내지가 침수되지 않도록 설계
　　㉡ 도시구간 등에서는 내수배제시설 설계 시 환경을 고려하여 설계

② 배수펌프장의 설계기준
　　㉠ 제방으로부터 이격 거리
　　㉡ 펌프장 지반고
　　㉢ 토출암거 설치 시 수격작용 영향
　　㉣ 배수용량
　　㉤ 정전 사고 대책
　　㉥ 소음 방지 대책

③ 유수지의 설계기준
　　㉠ 유수지의 계획 홍수위와 저수위 결정 요소
　　　　▷ 유수지 규모
　　　　▷ 유역의 지형
　　　　▷ 배출 하도의 계획 홍수위
　　　　▷ 평수위
　　㉡ 유수지의 수문 운영 기준
　　　　▷ 외수위가 높을 경우 수문을 닫아 계획 내수유입량을 저류 가능
　　　　▷ 외수위가 낮아진 후 수문을 열어 내수유입량을 전량 배제 가능
　　㉢ 사업지구 내 유수지의 설치 기준
　　　　▷ 방류지점에 인접
　　　　▷ 대부분의 유출수가 저류시설에 유입될 수 있도록 계획
　　　　▷ 구조상 안전한 장소에 설치
　　　　▷ 성토면 위 설치 시 성토사면의 침식과 활동 검토
　　　　▷ 절토면 위 설치 시 지층, 침투수에 따른 침식과 활동 주의

④ 우수유출저감시설의 설계기준
　　㉠ 저감목표에 따른 분류

★
유수지 계획 홍수위는 주변 최저 지반고보다 낮게 설정

★
우수유출저감시설
우수의 직접유출량을 저감시키거나 첨두 유출시간을 지연시키기 위하여 설치하는 시설

▷ 현 시점에서 발생하는 초과우수 유출량을 저감시키기 위한 시설
- 공공 목적으로 설치
- 지역 외(Off-site) 저류시설의 형태로 설치
- 홍수유출 해석에 의하여 시설 규모를 결정
▷ 개발로 인하여 증가되는 우수유출량을 상쇄시키기 위한 시설
- 지역 내(On-site) 저류시설의 형태로 설치
- 홍수유출 해석하지 않음
- 우수의 직접유출 증가량을 당해지역에서 저류 또는 침투시킴

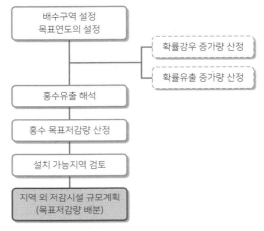

〈지역 외 저류시설 계획 절차〉
자료: 우수유출저감시설의 종류구조설치 및 유지관리 기준

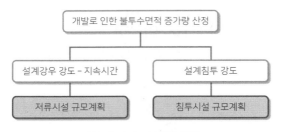

〈지역 내 저류시설계획 절차〉
자료: 우수유출저감시설의 종류구조설치 및 유지관리 기준

ⓒ 우수유출 저감대책의 고려사항
▷ 배수구역의 설정, 목표연도 설정
▷ 목표연도 확률강우량 결정(확률강우량 증가추이 적용)
▷ 목표연도 불투수면적 비율 결정(불투수면적 증가추이 적용)

▷ 홍수유출 해석(우수유출 목표 저감량 결정)

▷ 설치 가능지역의 검토

▷ 저감시설 규모계획(목표 저감량 배분)

▷ 불투수면적 증가에 따라 증가하는 우수의 직접유출량 저감을 위한 저류 및 침투량 결정

3. 사면재해의 설계기준

(1) 사면방재 시설물 관련 설계기준

① 「건설공사비탈면설계 기준」

② 「급경사지 재해위험도 평가 기준」

③ 「구조물기초설계 기준」

④ 「농어촌도로의 구조·시설 기준에 관한 규칙」

⑤ 「도로의 구조·시설에 관한 규칙」

⑥ 「도로옹벽 표준도(설계기준 및 표준도)」

(2) 사면방재 시설물 관련 설계요소

① **옹벽의 일반 기준**

㉠ 활동, 전도, 지지력과 침하 및 전체적인 안정성(사면 활동)에 대하여 안정하게 설계

㉡ 상재하중, 자중 및 토압에 견디도록 설계

② **옹벽의 설계기준**

㉠ 옹벽의 형식 결정 조건

▷ 지형조건

▷ 기초지반의 지지력

▷ 배면지반의 종류, 경사, 시공여부 및 상재하중

▷ 경제성

▷ 시공성

▷ 유지관리의 용이성

㉡ 옹벽 구조물의 안정 조건

▷ 활동에 대한 안전율은 1.5(지진 시 토압에 대해서는 1.2) 이상

▷ 옹벽 전면 흙의 수동토압을 활동 저항력에 포함할 경우 활동 안전율은 2.0 이상

▷ 옹벽 저판의 깊이는 동결심도보다 깊어야 하며, 최소 1m 이상

▷ 활동에 대하여 불안정할 경우 활동 방지벽 또는 횡방향 앵커 등

Keyword

★
옹벽 설계기준
활동, 전도, 지지력, 침하, 전체적인 안정성(사면활동)

★
옹벽에 가해지는 외력
상재하중, 자중, 토압

설치
▷ 전도에 대한 저항모멘트는 전도모멘트의 2.0배 이상
▷ 기초지반의 최대압축응력은 기초지반의 허용 지지력 이하

〈사면안정공법의 종류〉

4. 토사재해의 설계기준

(1) 토사방재 시설물 관련 설계기준
① 「사방시설 기준」
② 「사방사업의 설계·시공 세부 기준」
③ 「구조물기초설계 기준」

(2) 토사방재 시설물 관련 설계요소
① 사방시설의 일반 기준
　㉠ 사방시설은 토사량을 결정하는 지점인 계획기준점의 상류에 설치
　㉡ 토사의 생산 및 유출에 의한 토사재해를 방지
　㉢ 자체 붕괴로 인한 피해를 최소화하는 구조물

② 사방시설의 구조
　㉠ 계획 토사량 억제
　㉡ 유수에 안전
　㉢ 자연 생태계 환경을 보호

③ **사방댐의 설계기준**
  ㉠ 댐 형식 결정 요소
    ▷ 설치 위치의 지형 및 지질
    ▷ 댐 목적에 대한 적합성
    ▷ 자연친화성
    ▷ 경제성
    ▷ 안전성
  ㉡ 설계 순서
    ▷ 댐 형식 결정 → 물넘이와 본체 → 기초 → 댐어깨
④ **침사지의 일반 기준**
  ㉠ 퇴적(침전) 유사량의 결정 요소
    ▷ 토양손실량
    ▷ 유사전달률
    ▷ 침사지 포착률
    ▷ 침사지 내 퇴적토 단위중량
  ㉡ 침사지 설계 순서
    ▷ 필요성 확인 → 설계개념 선정 → 침사지 형태 선정 → 침사지
      위치 선정 → 배수구역의 특성 파악 → 퇴적 유사량(부피) 결정
      → 침사지 둑의 높이 결정 → 주 여수로 크기 결정 → 비상여수
      로 폭의 결정 → 둑과 여수로의 보호장치 결정

5. 해안재해의 설계기준

(1) 해안방재 시설물 관련 설계기준
① 「하천설계 기준」
② 「항만 및 어항설계 기준」
③ 「구조물기초설계 기준」

(2) 해안방재 시설물 관련 설계요소
① **항만 시설물의 공사용 기준면**
  ㉠ 항만 시설물의 계획, 설계 및 공사 시 기본이 되는 기준면
  ㉡ 기본수준면
② **항만시설의 설계조위**
  ㉠ 천문조와 폭풍해일, 지진해일 등에 의한 이상조위의 실측값 또는

★
퇴적 유사량 = 유역 토양손실
량 × 유사전달률 × 침사지 포
착률/침사지 내 퇴적토 단위
중량

★
토양손실량
RUSLE 방법 또는 원단위법으
로 산정

추산값에 기초하여 결정

　　ⓒ 구조물이 가장 위험하게 되는 조위

③ **방파제 설계를 위한 기본조건**

　　㉠ 항내 정온도

　　ⓒ 바람

　　ⓒ 조위

　　㉣ 파랑

　　㉤ 수심 및 지반조건

　　㉥ 친수성 및 친환경성

④ **파랑에 관한 항내 교란파 원인**

　　㉠ 항입구 침입파

　　ⓒ 항내로의 전달파

　　ⓒ 반사파

　　㉣ 장주기파

　　㉤ 부진동

★
정온도
항만의 정박지가 방파제 밖의
파도로부터 막혀 있는 정도로
정박지 안과 밖의 파고 비

3절 재해 유형별 방재시설 계획 수립

1. 하천방재 시설물의 계획 수립

(1) 계획 수립 절차

① 하천방재 시설물의 설치 목적, 규모, 위치 등 파악

② 관련 상위 계획 수집 및 분석

　　㉠「하천기본계획」

　　ⓒ「소하천정비종합계획」

　　ⓒ 자연재해저감종합계획

③ 하천재해 관련 설계기준과 법규 수집 및 분석

　　㉠「하천설계 기준」

　　ⓒ「소하천설계 기준」

　　ⓒ「댐설계 기준」

　　㉣「구조물기초설계 기준」

④ 계획 홍수위 산정
  ㉠ 흐름 종류(등류, 부등류) 결정
  ㉡ 하도 조도계수 결정
  ㉢ 기점 홍수위 결정
  ㉣ 하천구조물로 인한 수위 상승고 결정

⑤ 하천방재 시설물의 설계 방침 결정
  ㉠ 시설물의 성능목표 결정
  ㉡ 구조적 형식 결정
  ㉢ 구조적 안정성 결정

(2) 계획 수립을 위한 조사대상
① 제방 및 제방 구성요소(호안, 근고공 등)
② 하천 수공 구조물(통관, 통문, 수문, 펌프장 등)
③ 하천 횡단시설물(교량, 각종 보 등)
④ 시설물의 외관상 문제점(유실, 침하, 변형, 손실, 균열, 부식 등)

2. 내수방재 시설물의 계획 수립

(1) 계획 수립 절차
① 내수방재 시설물의 설치 목적, 규모, 위치 등 파악
② 관련 상위 계획 수집 및 분석
  ㉠ 하수도정비기본계획
  ㉡ 하천기본계획
  ㉢ 자연재해저감종합계획
③ 내수재해 관련 설계기준과 법규 수집 및 분석
  ㉠ 「하수도설계 기준」
  ㉡ 「지역별 방재성능목표 설정·운영 기준」
  ㉢ 「우수유출저감시설의 종류·구조·설치 및 유지관리 기준」
  ㉣ 「지하공간 침수방지를 위한 수방 기준」
  ㉤ 「구조물기초설계 기준」
④ 설계 홍수량을 토대로 유출량 결정
  ㉠ 하수도 시뮬레이션 모델 구축
  ㉡ 내수침수지역 특성 분석

Keyword

★
계획 홍수위
각종 하천부속물의 설치계획
을 수립함에 있어서 기준이 되
는 홍수량의 수위

⑤ 내수방재 시설물의 설계 방침 결정

    ㉠ 시설물의 성능목표 결정

    ㉡ 시설물의 용량과 배치 등 결정

    ㉢ 시설물 조합에 따른 효과 검토

(2) 계획 수립을 위한 조사대상

① 관로 특성과 연계한 배수 구역

② 하천 홍수위와 연계한 배수 구역

③ 도시지역 유출 특성

(3) 배수관망 설계 모형의 종류

① RRL 모형

② ILLUDAS 모형

③ STORM 모형

④ MOUSE 모형

⑤ SWMM 모형, XP-SWMM 모형

⑥ FFC 모형

3. 사면방재 시설물의 계획 수립

(1) 계획 수립 절차

① 사면방재 시설물의 설치 목적, 규모, 위치 등 파악

② 관련 상위 계획 수집 및 분석

    ㉠ 자연재해저감종합계획

    ㉡ 지역 안전도 진단

③ 사면재해 관련 설계기준과 법규 수집 및 분석

    ㉠ 「건설공사비탈면설계 기준」

    ㉡ 「급경사지 재해위험도 평가 기준」

    ㉢ 「구조물기초설계 기준」

    ㉣ 「농어촌도로의 구조·시설 기준에 관한 규칙」

    ㉤ 「도로의 구조·시설에 관한 규칙」

    ㉥ 「도로옹벽 표준도(설계기준 및 표준도)」

④ 사면 위험성 분석

    ㉠ 사면 규모와 토양, 식생 분석

    ㉡ 암반 불연속면 조건 분석

Keyword

★
도시유출모형 작업 순서
지형자료 구축 → 해석 모델 입
력자료 구축 → 모델 해석 →
침수구역도 작성 → 내수재해
시설물 설계

★
사면안정해석은 크게 토사 사
면안정해석과 암반 사면안정
해석으로 구분

  © 유출 및 배수상태 분석

  © 토사유출 시 영향 분석

 ⑤ **사면방재 시설물의 설계 방침 결정**

  ㉠ 시설물의 성능목표 결정

  ㉡ 사면 경사 및 최소 안전율 결정

  ㉢ 사면 안정조건 결정

(2) 계획 수립을 위한 조사대상

① 표고 분포, 경사 분포와 같은 지형 자료

② 지반의 지질 자료

③ 파괴 범위와 활동 방향

④ 파괴 심도 및 지하수위

⑤ 해당 지역의 사회 간접자본시설 현황

사면재해의 거동 양상

유형	개념도	설명
낙하		비탈면으로부터 암석이나 바위가 분리되어 떨어지는 현상
전도		경사면의 끝에서부터 불연속면의 내부 수압 및 중력에 의해 암석이 넘어지는 현상
흐름		포화된 물질이 흘러내리는 현상으로 토석류, 퇴적 토사태, 이토류, 포행 등
활동		아래로 오목한 활동 토체의 파괴면이 회전하며 이동하는 현상
		활동 토체가 거의 평면으로 이동하며 소규모 회전 활동도 같이 발생
측방유동		전단 혹은 인장 균열로 토체가 측면으로 확장되는 현상으로 액상화 등에 의해 발생

자료: NCS 5권 재해 유형별 설계

Keyword

★
암반사면의 거동 양상
원호파괴, 평면파괴, 전도파괴,
쐐기파괴

4. 토사방재 시설물의 계획 수립

(1) 계획 수립 절차

① 토사방재 시설물의 설치 목적, 규모, 위치 등 파악

② 관련 상위 계획 수집 및 분석
- ㉠ 자연재해저감종합계획
- ㉡ 지역 안전도 진단

③ 토사재해 관련 설계기준과 법규 수집 및 분석
- ㉠ 「사방시설 기준」
- ㉡ 「사방사업의 설계·시공 세부 기준」
- ㉢ 「구조물기초설계 기준」

④ **취약도 분석을 토대로 토사량 결정**
- ㉠ 토사 붕괴 취약성 분석
- ㉡ 토양침식 모델을 통한 토사유출량 분석

⑤ **토사방재 시설물의 설계 방침 결정**
- ㉠ 재해 특성에 따른 방재시설물의 종류 결정
- ㉡ 시설물의 성능목표 결정
- ㉢ 시설물의 용량과 배치 등 결정
- ㉣ 시설물 조합에 따른 효과 검토

(2) 계획 수립을 위한 조사대상

① 표고 분포, 경사 분포와 같은 지형 자료

② 지반의 지질 및 토양 자료

③ 토지 이용 현황 자료

④ 강우관측소 현황 및 관측 자료

⑤ 해당 지역의 사회 간접자본시설 현황

(3) 토사재해위험지구의 구분

① 전 지역 단위

② 수계 단위

③ 위험지구 단위

Keyword

★
토사재해위험지구
전 지역 단위, 수계 단위, 위험지구 단위

(4) 토양침식 모형의 종류

① 경험적 산정 기법
  ▷ PSIAC
  ▷ USLE
  ▷ RUSLE
  ▷ MUSLE

② 물리적 모형
  ▷ 비유사량 및 원단위법
  ▷ AGNPS
  ▷ GREAMS
  ▷ GUESS
  ▷ 총유사량법

5. 해안방재 시설물의 계획 수립

(1) 계획 수립 절차

① 해안방재 시설물의 설치 목적, 규모, 위치 등 파악

② 관련 상위 계획 수집 및 분석
  ㉠ 자연재해저감종합계획
  ㉡ 지역 안전도 진단

③ 해안재해 관련 설계기준과 법규 수집 및 분석
  ㉠ 「하천설계 기준」
  ㉡ 「항만 및 어항설계 기준」
  ㉢ 「구조물기초설계 기준」

④ 기상조건을 고려한 설계 해수면 결정
  ㉠ 해양 관측자료 분석
  ㉡ 파랑, 해빈류 등 해수면 변화자료 분석

⑤ 해안방재 시설물의 설계 방침 결정
  ㉠ 시설물의 성능목표 결정
  ㉡ 구조물의 전도, 활동, 지지력, 침투 등 안정성 판단
  ㉢ 시설물의 용량과 배치 등 결정
  ㉣ 시설물 조합에 따른 효과 검토

(2) 계획 수립을 위한 조사대상

① 폭풍 해일, 지진 해일과 같은 기상 외력

② 파랑과 조위 현황

③ 해안 침식 현황

④ 연안의 사회적·자연적 특성

(3) 해안방재시설의 종류

① 침식 대책시설

② 폭풍해일 및 파랑 대책시설

③ 지진해일 대책시설

④ 비사·비말 대책시설

⑤ 해안환경 창조시설

⑥ 하구처리시설

★
해안재해 위험도 분석 순서
기초 자료 조사 → 현장조사 →
수치모형 실험 및 수리모형 실
험 → 장기 모니터링

4절 방재시설 소요사업비 산정 및 재원확보계획

1. 방재관리대책 업무의 대행비용

(1) 적용 기준

① 「방재관리대책 업무 대행비용의 산정 기준」을 적용한 「방재 분야 표준품셈」을 기준으로 대행비용 산정

② 표준품셈 적용 범위

  ㉠ 재해영향평가 등의 협의

  ㉡ 자연재해저감종합계획 수립

  ㉢ 「비상대처계획」 수립

  ㉣ 복구사업의 분석·평가

  ㉤ 「자연재해위험개선지구 정비계획」, 사업계획 및 실시계획의 수립

  ㉥ 우수유출 저감대책의 수립, 우수유출저감시설 사업계획 및 실시계획 수립

(2) 적산체계의 구성

① 직접비

  ㉠ 직접인건비

  ㉡ 직접경비

★
직접경비
여비, 특수자료비, 신기술료,
측량비, 현장조사비, 업무추진
비 등

② 간접비

　㉠ 제경비

　㉡ 기술료

(3) 방재시설물 설치공사에 대한 사업비 구성

① 조사측량비

② 설계비

③ 설계감리비

④ 공사비

⑤ 보상비

⑥ 관리비

⑦ 부대 경비

2. 시·군 등 자연재해저감 종합계획의 관련 사업비

(1) 직접인건비에 대한 재해 종류별 적용 기준 및 원단위

재해 종류별 적용 기준 및 원단위			
재해 유형	적용 기준	원단위 기준	대상 단위업무
하천재해	위험하천 연장	10 km	
내수재해	위험지구 수, 침수예상면적	1개소, km^2	
사면재해	위험지구 수	1개소	
토사재해	위험지구 수	1개소	
해안재해	위험지구 수, 위험해안선 연장	1개소, 10 km	- 위험지구 후보지 선정 - 위험요인 분석 - 수계 단위 저감대책 - 위험지구 단위 저감대책
바람재해	행정구역 면적	1개소	
대설재해	피해예상면적, 위험도로 연장	100 km^2, 10 km	
가뭄재해	피해예상면적	1개소	
기타 재해	위험지구 수	1개소	

(2) 직접인건비 산출 기준

① 행정구역 면적 기준 단위업무

　▷ 소요인력 = 소요인력기준 × 행정구역 면적에 따른 보정계수(α_1)
　　　× 계획의 난이도에 따른 보정계수(α_2)

② 하천 및 해안선, 도로 연장 기준 단위업무

▷ 소요인력 = 기준소요인력 × 하천 및 해안선 연장에 따른 보정계수 (α_4)

▷ 도로연장일 경우 소요인력 = 기준소요인력 × 대설 및 가뭄피해지역 특성에 따른 보정계수(α_{5_3})

③ 자연재해위험지구 수 기준 단위업무

▷ 하천, 내수, 사면, 토사, 바람, 해안, 대설, 가뭄, 기타 재해위험지구 대상

▷ 소요인력 = 기준소요인력 × 위험지구 수에 따른 보정계수($\alpha_1 \sim \alpha_6$)

④ 내수침수 기준 단위업무

▷ 소요인력 = 기준소요인력 × 내수침수위험지구 수에 따른 보정계수(α_{6_1}) × 내수침수지역 특성에 따른 보정계수(α_3) × 지역 특성(도시화율)에 따른 요율

⑤ 해안재해 기준 단위업무

▷ 소요인력 = 기준소요인력 × 해안재해위험지구 수에 따른 보정계수(α_{6_4}) × 하천 및 해안선 연장에 따른 보정계수(α_4) × 지역 특성(도시화율)에 따른 요율

⑥ 설문조사 기준 단위업무

▷ 소요인력 = 소요인력 기준 × 설문조사 면 개소 수에 따른 보정계수(α_9)

⑦ 계획수립 경과연수 기준

▷ 소요인력 기준의 20~50%(보정계수(α_9)) 범위

(3) 단위업무별 보정계수

① 계획규모(행정구역 면적)에 따른 보정계수(α_1)

㉠ 행정구역 면적이 100 km² 이상인 경우

▷ $\alpha_1 = (\frac{A}{100})^{0.55}$, A = 행정구역 면적(km²)

㉡ 행정구역 면적이 20km² 이상, 100km² 미만인 경우

▷ $\alpha_1 = (\frac{A}{100})^{0.20}$

㉢ 행정구역 면적이 20km² 미만인 경우 20km²의 요율 적용

② 계획의 난이도에 따른 보정계수(α_2)

▷ α_2 = (연평균 피해액에 따른 보정계수 + 도시화율에 따른 보정계수) / 2

㉠ 연평균 피해액: 과거 20년간의 연평균 피해액 기준

㉡ 도시화율: (「국토의 계획 및 이용에 관한 법률」상 도시지역 및 관리지역/행정구역 면적) × 100

연평균 피해액 적용요율

연평균 피해액	적용요율
2억 원 미만	60%
2억 원 이상~5억 원 미만	70%
5억 원 이상~10억 원 미만	80%
10억 원 이상~20억 원 미만	90%
20억 원 이상~30억 원 미만	100%
30억 원 이상~50억 원 미만	110%
50억 원 이상~100억 원 미만	120%
100억 원 이상	130%

도시화율 적용요율

도시화율	적용요율
3% 미만	60%
3~5% 미만	70%
5~7% 미만	80%
7~10% 미만	90%
10~20% 미만	100%
20~30% 미만	110%
30~50% 미만	120%
50% 이상	130%

★
도시지역
「국토의 계획 및 이용에 관한 법률」상 도시지역 및 관리지역

③ 내수침수지역 특성에 따른 보정계수(α_3)

㉠ 침수예상면적이 1km² 이상인 경우

▷ $\alpha_3 = A^{0.30}$, A = 침수예상면적(km²)

㉡ 침수예상면적이 1km² 이하인 경우 1km² 요율 적용

㉢ 도시지역에 해당하는 경우 조사 및 분석의 난이도를 감안하여

20%를 추가 적용

④ 하천, 해안선에 따른 보정계수(α_4)

$$\rhd\ \alpha_4 = \frac{\text{(위험)하천 또는 (위험)해안선 연장(km)}}{10\text{km}}$$

㉠ 하천 연장은 해당 지자체에 포함되는 전체 하천 연장(국가하천, 지방하천)과 소하천으로 지정·고시하여 관리하는 전체 하천 연장의 합

㉡ 위험하천 연장은 「한국하천일람」(국토교통부)상의 미개수 및 불완전개수 연장, 「소하천정비종합계획」상의 축제 및 보축지구 연장(개수사업 완료지구 제외)의 합

㉢ 위험해안선 연장은 「자연재해위험지구 관리지침」(행정안전부)에서 분류하는 침수위험지구(태풍 내습 시) 및 해일위험지구의 해안선 연장을 지형도상에서 측정하여 적용

⑤ 가뭄 및 대설피해지역 특성에 따른 보정계수(α_5)

㉠ 피해예상면적(행정구역)이 100km² 이상인 경우

$$\rhd\ \alpha_{5-1} = (\frac{A}{100})^{0.30}\ \text{(가뭄)}, \ A = \text{피해예상면적(km²)}$$

$$\rhd\ \alpha_{5-2} = (\frac{A}{100})^{0.30}\ \text{(대설)}$$

㉡ 피해예상면적이 50km² 이하인 경우 50km² 요율 적용

㉢ 도시지역에 해당하는 경우 조사 및 분석의 난이도를 감안하여 20%를 추가 적용

㉣ 도로연장이 기준일 경우

$$\rhd\ \alpha_{5-3} = \frac{\text{위험도로 연장(km)}}{10\text{km}}$$

⑥ 위험지구 수에 따른 보정계수(α_6)

$$\rhd\ \alpha_{6-1} = \frac{\text{내부침수 위험지구 수}}{1\text{개소}}$$

$$\rhd\ \alpha_{6-2} = \frac{\text{토사유출 위험지구 수}}{1\text{개소}}$$

$$\rhd\ \alpha_{6-3} = \frac{\text{산사태 위험지구 수}}{1\text{개소}}$$

$$\rhd\ \alpha_{6-4} = \frac{\text{해일 위험지구 수}}{1\text{개소}}$$

$$\rhd\ \alpha_{6-5} = \frac{\text{기타 위험지구 수}}{1\text{개소}}$$

⑦ 계획수립 내용의 보완 및 변경에 따른 보정(감소)계수(α_7)

자연재해저감 종합계획을 최초로 수립하는 경우 미적용

종합계획 수립 경과연수에 따른 적용요율

경과연수	적용요율
2년 미만	20%
2년 이상 ~ 3년 미만	30%
3년 이상 ~ 5년 미만	40%
5년 이상	50%

⑧ 기수립 단위시설별 사업계획 수립에 따른 보정(감소)계수(α_8)

　　기수립된 「유역종합치수계획」, 「하천기본계획」, 「소하천정비종합계획」, 「하수도정비기본계획」 및 「단위시설별 사업계획」의 자료를 이용할 경우 적용

기수립 계획의 경과연수에 따른 적용요율

경과연수	1년 미만	1년~2년	2년~3년	3년~4년	4년~5년	5년 이상
적용요율	50%	60%	70%	80%	90%	100%

⑨ 설문조사 면 개소 수에 따른 보정계수(α_9)

$$\triangleright \ \alpha_9 = \left(\frac{면\ 개소\ 수}{10개\ 면}\right)^{0.75}$$

(4) 단위업무별 보정계수의 적용

재해 종류별 보정계수 적용방법

재해 유형	적용 기준	보정계수	대상 단위업무
하천재해	위험하천 연장	$\alpha_4\alpha_S$	
내수재해	위험지구 수, 침수예상면적	$\alpha_3\alpha_{6-1}\alpha_S$	
사면재해	위험지구 수	$\alpha_{6-3}\alpha_S$	
토사재해	위험지구 수	$\alpha_{6-2}\alpha_S$	- 위험지구 후보지 선정
해안재해	위험지구 수, 위험해안선 연장	$\alpha_{6-4}\alpha_S$	- 위험요인 분석 - 수계 단위 저감대책
바람재해	행정구역 면적	$\alpha_1\alpha_2\alpha_S$	- 위험지구 단위 저감대책
대설재해	피해예상면적, 위험도로 연장	$\alpha_2(\alpha_{5-1}\ 또는\ \alpha_{5-3})\alpha_S$	
가뭄재해	피해예상면적	$\alpha_2\alpha_{5-1}\alpha_S$	
기타 재해	위험지구 수	$\alpha_{6-5}\alpha_S$	

★
대설재해
- 면적 α_{5-1}
- 연장 α_{5-3}

▷ 단, 대설재해위험지구 후보지 단위업무의 경우 $\alpha_2(\alpha_{5-1}$ 또는 $\alpha_{5-3})$

▷ 단, 해안재해위험지구 후보지 단위업무의 경우 $\alpha_4\alpha_{6-4}\alpha_S$

▷ 단, 가뭄재해위험지구 후보지 단위업무의 경우 $\alpha_2\alpha_{5-1}$

3. 사업비 산정

(1) 산정 절차

① 구조적·비구조적 저감대책의 사업명 제시

② 사업내용 제시

③ 사업비 산정

   ㉠ 실시설계가 완료된 지구: 실시설계에서 계산된 공사비, 보상비 등을 활용하여 산출

   ㉡ 실시설계가 완료되지 않은 지구: 개략공사비 산출

4. 방재시설 재원확보계획 수립

(1) 우수유출 저감대책 내 재원확보계획

① 국가, 지자체 재원 분담계획 수립

② 민자유치 방안 수립

③ 개발사업 연계 방안 수립

(2) 방재시설 분야 재원 확보 방안

① 실질적 예방 위주의 방재사업 구조로 개편

② 중앙부처의 예방사업 투자 비율 제고

③ 재해 유발 고위험 시설에 대한 예방 투자 집중 관리

④ 재난관리 사각지대 개선

⑤ 재난기금 등 예방 재원 대책 마련

Keyword

★
보상비는 용지보상비, 건물보상비, 영업보상비 등

방재시설 중장기 계획 수립하기

본 장에서는 방재시설에 대한 국가방재 시스템의 패러다임과 6대 핵심 전략을 이해하고, 자연재해저감 종합계획에서 다루고 있는 방재 분야 예방투자 실태와 문제점 그리고 투자 우선순위 선정 시 고려 사항 등에 대해 다루고 있다.

1절 방재시설 중·장기 정책의 이해

1. 신국가방재 시스템의 이해

(1) 3대 기본방향
① 국가방재 제도 인프라 선진화
② 지방방재 현장 인프라 확충
③ 국민 자율방재 역량 강화

(2) 4대 기본전략
① 예방방재
② 과학방재
③ 통합방재
④ 자율방재

2. 국가방재 시스템 패러다임의 변화

국토방재 구조 패러다임

분야별		과거 및 현재	미래
국토 관리 계획	방재설계	단편적, micro	종합적, macro
	감시/관측	경험적, macro	과학적, micro
	SOC 건설	기능 위주	기능 강화+방재 개념
방재예산		복구 중심, 비용 개념	예방 중심, 투자 개념
		부처별 예방사업	범정부적 종합예방사업
		기능 확보 위주의 사업	기능 확보+경영수익 사업

Keyword

★
"신국가방재 시스템 백서"(소방방재청, 2007)

★
신국가방재 시스템에서는 6대 핵심 전략과제와 137개의 세부 실천과제 도출

취약지역 관리	물리적 개선사업	물리적 개선사업+이주대책
	국지적 시설 개선	광역적 원인 해소
피해복구	단순복구	예방복구
	시설별 개별복구	지구 단위 종합복구
	부처별 개별 복구 상황 관리	방재청 중심 통합 복구 상황 관리
	공급자 중심 재해구호	수호자 중심 재해구호

방재행정 패러다임

분야별	과거 및 현재	미래
행정관리	분산적 재난관리	통합적 재난관리
	민·관 연계 미흡	민·관 연계 강화
행정기반	단순 전통적 토목사업 위주	첨단기술 결합 방재사업 중심
	피해 무상지원 체제	자기책임형 피해관리 체제 (풍수해보험 등)

3. 국가방재 시스템의 핵심 전략

(1) 방재시설 관리 시스템 선진화
① 통합적 방재시설 관리 시스템 구축
② 국토 방재 기준체계 재설정

(2) 반복재해 차단 예방복구 제도화
① 피해 원인 관리형 예방복구 전환
② 예방복구 시스템 구축의 법적 제도화

(3) 통합적 재난관리체계 개편
① 국가방재계획·조직 관리 통합 조정력 강화
② 재난관리 단계별 통합관리체계화

(4) 계획 예방 투자 확대
① 안정적 예방 투자 재원 확보
② 예방 투자관리 시스템 구축

(5) 과학 방재 체제 강화
① 과학 방재 R&D 투자 확충
② 과학적 재난관리 시스템 구축

★
신국가방재 시스템의 6대 핵심 전략과제에 해당

(6) 자율·책임형 방재 역량 증강
① 재난관리 평가체계 강화
② 재난관리공사 제도 도입
③ 국민 참여 자율 방재관리 환경 조성

자연재해저감종합계획에 근거한 중장기 계획 수립

1. 방재 분야 예방투자 실태 및 문제점

(1) 방재사업 예산 수요 및 투자 실태
① 국토부 등 7개 부처 방재사업 수요(2007~2016):
   총 87조 3,801억 원
② 부처 전체 투자 매년 약 3조 원
   → 전체 사업수요 약 87조 원 투자에 29년 이상 소요

(2) 주요 방재시설 인프라 부족 및 노후화 등으로 재해 위험성 증가
① 지방하천 및 소하천의 정비율 저조로 홍수피해의 대부분 차지
   ㉠ 국가하천 정비율: 96.2%
   ㉡ 지방하천 정비율: 74.6%
   ㉢ 소하천 정비율: 45.4%
② 우리나라의 사방댐 설치는 일본의 12.5% 수준
   ㉠ 일본: 사방댐 2.4개소/산림 1,000ha
   ㉡ 한국: 사방댐 0.3개소/산림 1,000ha
③ 30년 이상 경과한 노후 저수지 다수 존재(1.6만 개소)

(3) 지방관리시설에 대한 예방투자 미흡
① 매년 지방관리시설 피해복구비는 국가시설의 3.1배
② 예방사업 투자는 국가시설의 0.7배
③ 예방투자의 상대적 불균형 초래

2. 방재시설 분야의 투자우선순위 고려 사항

(1) 정책 방향 조사를 통한 검토
① 기후 변화에 대응하는 방재 기반 우선

★
하천 정비율은 2018년 11월
기준

② 자연재해 예방사업 위주

(2) 방재시설 분야의 투자우선순위 결정 방향

① 지역별 특성에 부합하는 평가항목을 개발하여 합리적인 평가를 실시

② 평가항목은 경제성 측면뿐만 아니라 경제성 외적 측면에서의 정책 판
단을 위하여 대상지역에 따라서 면밀하게 고려하여 설정

③ 평가항목의 선정

　㉠ 기본적 평가항목

　㉡ 부가적 평가항목

　㉢ 개괄적 우선순위를 선정 후, 각 평가항목 간의 상대적 가치를 고려
　　하여 가중치를 부여

④ 투자우선순위 및 단계별 추진계획 수립

　㉠ 구조적 대책

　㉡ 비구조적 대책

(3) 투자우선순위 결정절차

① **기본적 평가항목**

　㉠ 비용편익비(B/C)

　㉡ 피해이력지수

　㉢ 재해위험도

　㉣ 주민불편도

　㉤ 지구지정 경과연수

② **부가적 평가항목(정책적 평가)**

　㉠ 지속성

　　▷ 주민참여도

　　▷ 민원우려도

　㉡ 정책성

　　▷ 정비사업 추진의지

　　▷ 사업의 시급성

　㉢ 준비성

　　▷ 자체설계 추진 여부

③ **우선순위 결정기준**

　　▷ 재해위험도 〉 피해이력지수 〉 주민불편도 〉 지구지정 경과연수
　　　〉 비용편익비(B/C)

★
기본적 평가항목
긴급성, 효율성, 형평성

★
부가적 평가항목
지속성, 정책성, 준비도

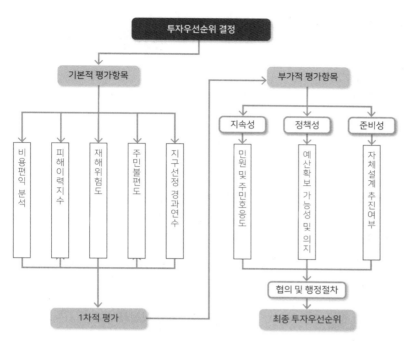

〈투자우선순위 결정 흐름도〉

Keyword

1 홍수, 호우 등으로부터 재해를 예방하기 위한 방재정책 등에 적용하기 위하여 처리 가능한 시간당 강우량 및 연속강우량의 목표를 지역별로 설정 및 운용할 수 있도록 하고 있다. 이는 무엇인가?

2 다음의 ( )에 들어갈 내용을 쓰시오.

> 방재성능목표의 설정은 (①)이(가) 실시하는 것으로, 방재정책 추진 시 활용할 (②)년 단위의 방재성능목표를 설정하는 것이다.

3 지역별 방재성능목표 강우량을 설정 및 공표하는 지속기간 3개를 작성하시오.

4 A강우관측소(1시간 확률강우량 94.3mm, 티센면적비 80%)와 B강우관측소(1시간 확률강우량 69.3mm, 티센면적비 20%)의 지배를 받는 지역에 지속기간 1시간의 방재성능목표 강우량은 얼마인가? 단, 지역별 방재성능목표 설정 기준(행정안전부)의 방법을 이용하며, 기후변화 할증률 12%를 적용하라.

5 지방자치단체에서 공표하는 방재성능목표 적용 대상지역 중 3개만 작성하시오.

6 다음 조건을 이용해서 합리식으로 설계홍수량(m^3/s)을 산정하시오.

> • 강우강도: 100mm/hr
> • 유역면적: $10km^2$
> • 유출계수: 0.5

---

4. - 지역의 확률강우량 = (94.3×0.8)+(69.3×0.2)
    =89.30mm
  - 할증률 12% 적용: 89.30mm+(89.30mm×0.12)
    =100.02mm
  - 1mm 단위로 절상 = 100.02mm → 101mm

합리식 Q(m^3/s)=0.2778CIA
  여기서, C: 유출계수, I: 강우강도(mm/hr), A: 유역면적(km^2)
  Q=0.2778×0.5×100×10=138.9m^3/s

---

1. 방재성능목표 **2.** ① 지방자치단체의 장, ② 10 **3.** 1시간, 2시간, 3시간 **4.** 101mm
5. 주거지역, 상업지역, 공업지역, 녹지지역 **6.** 138.9m3/s

7 다음 조건을 이용해서 대상지역의 1시간 방재성능목표 강우량을 결정한 후, 합리식으로 설계홍수량(m³/s)을 산정하시오(단, 지역별 방재성능목표 설정·운영기준(행정안전부)의 방법을 이용하며, 기후변화에 따른 할증률 8%를 적용하라).

> • 1시간 확률강우량: 90.0mm/hr
> • 유역면적: 10km²
> • 유출계수: 0.5

8 지역별로 풍수해의 예방 및 저감을 위하여 특별시장·광역시장·특별자치시장·도지사·특별자치도지사 및 시장·군수가 지역안전도에 대한 진단 등을 거쳐 수립한 종합계획은 무엇인가?

9 다음의 피해유형을 가지는 재해는?

> • 지반활동으로 인한 붕괴
> • 절개지, 경사면 등 배수시설 불량에 의한 피해
> • 옹벽 등 토사유출 방지시설의 미비로 인한 피해

10 다음의 피해유형을 가지는 재해는?

> • 하천 통수능 저하 및 하천시설 피해
> • 도시지역 내수침수 피해
> • 저수지의 저수능 저하
> • 하구폐쇄에 따른 홍수위 증가로 인한 피해

11 해안재해에서 해안 침식피해의 원인을 3가지만 작성하시오.

12 다음은 무엇에 대한 설명인가?

> • 하천법에 의해 하천관리를 위하여 설치된 시설물 또는 공작물
> • 하천의 기능을 보전하고 효율을 증진하며 홍수피해를 줄이기 위한 시설물

13 다음은 제방고에 대한 설계기준 설명이다. 빈칸을 채우시오.

> 제방고의 기준은 (①)이며, 제방 둑마루 표고는 (①)에 (②)을(를) 더한 표고를 의미한다.

14 다음은 어떤 시설물에 대한 설계기준인가?

> • 제방으로부터의 이격 거리
> • 토출암거 설치 시 수격작용 영향
> • 정전 사고 대책
> • 배수용량

15 다음은 사면방재 시설물인 옹벽 구조물의 안정조건에 대한 설명이다. 빈칸을 채우시오.

> 활동에 대한 안전율은 (①) 이상이며, 옹벽 지관의 깊이는 동결심도보다 최소 (②)m 이상이어야 하고, 전도에 대한 저항모멘트는 전도모멘트의 (③)배 이상이어야 한다.

해설

7. - 1시간 확률강우량 : 90.0mm/hr
   - 할증률 8% 적용 : 90.0×1.08=97.2mm/hr
   - 1mm 단위로 절상 : 97.2mm/hr → 98.0mm/hr

   - 합리식 $Q(m^3/s)=0.2778CIA$
     여기서, C: 유출계수, I: 강우강도(mm/hr), A: 유역면적(km²)
     $Q=0.2778×0.5×98×10=136.2m^3/s$

답

7. 136.2m3/s   8. 자연재해저감종합계획   9. 사면재해   10. 토사재해
11. 높은 파고의 의한 모래 유실, 해안토사 평형상태 붕괴,
    월파 시 내측 배수 불량, 해안구조물에 의한 연안표사 이동, 해안 표류물의 퇴적
12. 하천부속물   13. ① 계획홍수위, ② 여유고   14. 배수펌프장   15. ① 1.5, ② 1, ③ 2

16 다음은 사방댐의 설계사항이다. 이를 설계순서 대로 기술하시오.

> ① 물넘이 본체   ② 기초
> ③ 댐 어깨   ④ 댐 형식 결정

17 항만시설물의 계획, 설계 및 공사 시 기본이 되는 기준면은?

18 실시설계가 완료된 지구의 방재사업비는 총공사비(보상비, 공사비, 실시설계비) 및 유지관리비를 포함하여 산정하나, 실시설계가 미완료된 지구는 직접공사비, 제경비, 기타비용을 포함하여 산정한다. 이때 적용되는 비용은?

19 자연재해대책법에 근거한 계획 중 재해예방을 위한 방재 분야 최상위 계획은 무엇인가?

20 하천 수위 상승으로 인한 제방 범람 또는 붕괴로 발생하는 재해는?

21 하천재해 피해 종류를 3가지만 작성하시오.

22 내수 배제 불량으로 인하여 인명과 재산상의 손실이 발생되는 재해는?

23 내수재해 피해 종류를 3가지만 작성하시오.

24 호우 시 자연 또는 인공 급경사지에서 발생하는 지반의 붕괴로 인한 재해는?

25 사면재해 피해 종류를 3가지만 작성하시오.

26 토사에 의해 하천시설이나 공공 및 사유시설 등의 침수 또는 매몰 등의 피해가 발생되는 재해는?

27 토사재해 피해종류를 3가지만 작성하시오.

28 해안침수, 항만 및 해안시설 파손, 급격한 해안 매몰 및 침식 등을 발생시키는 재해는?

29 해안재해 피해 종류를 3가지만 작성하시오.

해설   18. 실시설계가 완료된 지구에 대한 사업비 산정을 의미하며,
부대공사비는 완료되지 않은 지구일 경우 포함됨

답
16. ④→①→②→③   17. 공사용 기준면   18. 개략공사비   19. 자연재해저감종합계획   20. 하천재해
21. 하천범람, 제방 유실·변형·붕괴, 호안유실, 하상안정시설 파괴, 하천 횡단구조물 파괴, 제방도로 파괴, 저수지·댐 붕괴
22. 내수재해   23. 우수유입시설 문제로 인한 피해, 우수관거시설 문제로 인한 피해, 배수펌프장 시설 문제로 인한 피해,
    외수위로 인한 피해, 노면 및 위치적 문제에 의한 피해, 이차적 침수피해 증대 및 기타 관련 피해   24. 사면재해
25. 지반활동으로 인한 붕괴, 사면의 과도한 절토 등으로 인한 붕괴, 절개지, 경사면 등의 배수시설 불량에 의한 붕괴,
    토사유출 방지시설의 미비로 인한 피해, 급경사지 주변에 위치한 시설물 피해, 유지관리 미흡으로 인한 피해   26. 토사재해
27. 산지 침식 및 홍수피해, 하천 통수능 저하 및 하천시설 피해, 도시지역 내수침수 피해, 저수지의 저수능 저하 및
    이치수 기능 저하로 인한 피해, 하구폐쇄에 따른 홍수위 증가로 인한 피해, 농경지 및 양식장 피해   28. 해안재해
29. 파랑·월파에 의한 해안시설 피해, 해일 및 월파로 인한 내측 피해, 하수구 역류 및 내수배제 불량으로 인한 침수, 해안 침식

30 바람에 의해 인명피해나 공공시설 및 사유시설의 경제적 손실을 발생시키는 재해는?

31 가뭄, 폭염, 대설, 황사 등으로 인하여 발생하는 재해를 무엇이라 하는가?

32 하천법에 의해 하천관리를 위하여 설치된 시설물 또는 공작물은 무엇인가?

33 하천의 기능을 보전하고 효율을 증진하며 홍수피해를 줄이기 위한 시설물은 무엇인가?

34 하천 및 소하천 부속물의 피해 사례를 3가지만 작성하시오.

35 하수의 분뇨를 유출 또는 처리하기 위하여 설치되는 공작물과 시설물을 통칭하여 무엇이라 하는가?

36 가정에서 배출되는 생활오수나 공장의 폐수, 빗물 등을 배수하기 위하여 설치되는 공작물과 시설물을 통칭하여 무엇이라 하는가?

37 집중호우 시 저지대에 물이 차는 것을 방지하기 위하여 하천으로 강제 배수하는 시설은 무엇인가?

38 하수도 및 펌프장의 피해 사례를 2가지만 작성하시오.

39 농업생산 기반 정비사업으로 설치되거나 그 밖에 농지 보전이나 농업생산에 이용되는 시설물 및 그 부대시설을 통칭하여 무엇이라 하는가?

40 농업생산 기반시설의 피해 종류를 2가지만 작성하시오.

41 산지의 붕괴, 토석·나무 등의 유출 또는 모래의 날림 등을 방지 또는 예방하기 위하여 설치하는 공작물은 무엇인가?

42 사방시설의 피해사례를 2가지만 작성하시오.

43 자연 비탈면이나 인공 비탈면과 같은 급경사지에서 발생 가능한 재해를 방지하기 위한 시설물은 무엇인가?

답

30. 바람재해 31. 기타 재해 32. 하천부속물

33. 하천부속물 34. 호안의 유실, 제방의 붕괴·유실 및 변형, 하상안정시설의 유실, 하천 횡단구조물의 피해

35. 하수도 36. 하수도 37. 펌프장 38. 저지대 침수, 하수 역류, 지하공간 침수 39. 농업생산 기반시설

40. 저수지 누수 및 붕괴, 제방의 누수 및 붕괴, 용수로나 배수로 등 관로시설의 파손 41. 사방시설

42. 사방댐 토사 매몰, 사방댐 붕괴, 방풍림의 전도 43. 사면재해 방지시설

44 사면재해 방지시설의 피해사례를 3가지만 작성하시오.

45 도로시설 피해사례를 3가지만 작성하시오.

46 항만 및 어항시설 피해사례를 3가지만 작성하시오.

47 하천의 분류 중 다목적댐의 하류 및 댐 저수지로 인한 배수영향이 미치는 상류는 어떤 하천으로 분류되는가?

48 시·도지사가 그 명칭과 구간을 지정한 하천은?

49 홍수방어시설의 홍수조절계획을 반영하지 아니한 자연상태의 홍수량은?

50 각종 하천부속물의 설치계획을 수립함에 있어 기준이 되는 홍수량의 수위는?

51 기본홍수량을 하도 및 홍수조절댐 등에 합리적으로 배분하여 하천시설물의 설치계획이 적절히 이루어지도록 하기 위한 홍수량은?

52 하천제방의 설계 시 고려사항을 2가지만 작성하시오.

53 하천의 제방고를 결정할 때 계획홍수량이 1,000m³/s라면 여유고(m)는 얼마 이상으로 해야 하는가?

54 하천제방의 둑마루 폭을 결정할 때 계획홍수량이 1,000m³/s라면 둑마루 폭(m)은 얼마 이상으로 해야 하는가?

55 소하천제방의 둑마루 폭을 결정할 때 계획홍수량이 300m³/s라면 둑마루 폭(m)은 얼마 이상으로 해야 하는가?

56 사면방재 시설물 중 옹벽에 가해지는 외력을 2가지만 작성하시오.

해설

53. 계획홍수량(m³/s)이 500 이상~2,000 미만일 때 여유고는 1.0m 이상임
54. 계획홍수량(m³/s)이 200 이상~5,000 미만일 때 둑마루 폭은 5.0m 이상임
55. 계획홍수량(m³/s)이 200 이상~500 미만일 때 둑마루 폭은 4.0m 이상임

답

44. 사면 붕괴, 토석류 발생, 사면 붕괴로 인한 하천 폐색, 저수지 사면 붕괴에 따른 저수지 월파 발생
45. 도로 침수 및 파손, 도로 유실, 도로 소성변형, 포트홀, 컬러포장의 탈리 및 탈색, 도로 부속물의 파손
46. 해안구조물 유실 및 파손, 방파제 및 호안 등의 유실 및 파손, 항만 시설물의 파손, 어항 시설물의 파손, 해상교통의 폐쇄, 해안도로의 침수 및 붕괴, 해안선 침식으로 인한 수목 및 건축물 붕괴
47. 국가하천 48. 지방하천 49. 기본홍수량 50. 계획홍수위 51. 계획홍수량
52. 하도와 제내지 상황, 사회경제적 여건, 하천환경, 축제재료 및 원지반 상태
53. 1.0m 이상 54. 5.0m 이상 55. 4.0m 이상 56. 상재하중, 자중, 토압

57 자연재해저감종합계획 수립 시 투자우선순위 결정을 위한 기본적 평가 항목 3가지를 작성하시오.

58 자연재해저감종합계획 수립 시 투자우선순위 결정을 위한 부가적 평가 항목 3가지를 작성하시오.

59 하천재해로 분류되는 하상유지시설의 유실 원인 3가지를 기술하시오.

60 하천의 보와 낙차공과 같은 하천 횡단구조물이 가지는 재해 취약요인 3가지를 기술하시오.

61 하천에 설치되는 교량과 같은 하천 횡단구조물이 가지는 재해 취약요인 3가지를 기술하시오.

62 하천 제방의 둑마루 폭에 대한 적정 기준을 확보해야 하는 이유 3가지를 기술하시오.

63 지방하천과 소하천의 계획홍수량이 각각 150 m³/sec일 때, 둑마루 폭은 각각 얼마 이상이어야 하는가?

64 침사지의 퇴적유사량을 결정하기 위한 4가지 요소를 기술하시오.

65 하천방재 시설물인 제방의 계획 홍수위 산정에 필요한 4가지 결정 요소는 무엇인가?

66 사면재해에서 발생하는 재해 유형 5가지 중 낙하, 흐름 외 3가지는 무엇인가?

67 집중호우로 발생 시 산지계류부에 홍수와 더불어 토사, 암석, 유목 등이 유출되는 흐름으로 토사재해의 주원인이 되는 재해유발인자는 무엇인가?

68 산지사면과 계류의 황폐화를 막고, 불안정 사면의 고정, 토사와 자갈의 생산 및 이동을 억제하며 산사태, 토석류와 홍수로부터 발생되는 산지재해를 최소화하기 위하여 설치하는 시설은 무엇인가?

답
57. 비용편익분석, 피해이력지수, 재해위험도, 주민불편도, 지구지정 경과연수 58. 지속성, 정책성, 준비성
59. 소류작용에 의한 세굴, 불충분한 근입거리, 기타 하상시설의 손상
60. ① 유수에 의한 세굴, ② 구조물의 균열 및 파손, ③ 바닥 보호공의 유실 및 세굴, ④ 호안과의 접속부 부실 및 누수
61. ① 기초 세굴심 부족에 의한 하상세굴, ② 토사 퇴적, 유송잡물에 의한 통수능 저하,
    ③ 유수 충격에 의한 교각 및 교대 콘크리트 유실, ④ 여유고, 경간장 등 설계기준 미준수
62. ① 침투수에 대한 안전의 확보, ② 평상시 하천 순시, ③ 홍수 시의 방재 활동, ④ 친수 및 여가공간 마련
63. 지방하천: 4.0 m 이상, 소하천: 3.0 m 이상
64. ① 토양손실량, ② 유사전달률, ③ 침사지 포착률, ④ 침사지 내 퇴적토 단위중량
65. ① 흐름 종류(등류, 부등류) 결정, ② 하도 조도계수 결정, ③ 기점 홍수위 결정, ④ 하천구조물로 인한 수위 상승고 결정
66. 전도, 활동, 측방유동 67. 토석류 68. 사방댐 또는 사방시설

제3편

방재시설 유지관리

제1장

방재시설 유지관리계획 수립하기

제3편
방재시설 유지관리

본 장에서는 방재시설물의 유지관리 목표 설정, 방재시설의 유형 및 환경분석, 방재시설의 유지관리 계획 수립, 방재시설의 유지관리실태 평가로 구분하여 기술하였다. 방재시설의 유지관리는 NCS의 지침자료를 중심으로 수록하였으며, 유지관리의 개념, 유지관리 특성, 평가대상 방재시설 및 최적의 유지관리 계획 수립에 대하여 수험생의 이해를 돕도록 하였다.

1절 방재시설의 유지관리 목표 설정

1. 방재시설 유지관리 개념의 이해

▷ '유지관리'란 완공된 시설물의 기능과 시설물 이용자의 편의와 안전을 높이기 위하여 시설물을 일상적으로 점검·정비하고 손상된 부분을 원 상복구하며, 시간 경과에 따라 요구되는 개량·보수·보강에 필요한 활동(「시설물의 안전 및 유지관리에 관한 특별법」 제2조)

★
유지관리는 시설물의 일상적 점검·정비 및 개량·보수 보강에 필요한 활동

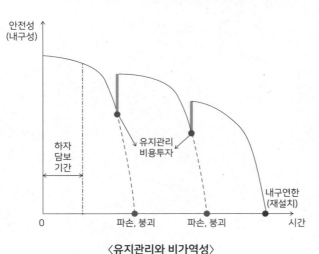

〈유지관리와 비가역성〉

2. 방재시설과 재해의 관계성

▷ 국민들은 방재시설을 신뢰하며 정주하거나 각종 개발행위 실시
▷ 방재시설이 설치된 지역에서 재해가 발생하는 경우, 방재시설을 설치하지 않았을 때보다 위험이나 피해의 심각성이 더 커질 수 있음

3. 방재시설 유지관리 목표 설정

(1) 방재시설 유지관리 목표 설정 이유

▷ 방재시설 유지관리의 공통적인 표준 매뉴얼이나 시설 준공 당시 작성된 매뉴얼은 환경의 변화를 반영하지 못하기 때문에 환경 변화 등으로 인하여 예기치 않은 위험 상황에 처할 수 있음

▷ 방재시설의 구조물적 안전성과 기능을 유지하려면 계획, 설계, 시공, 유지관리의 각 과정에서 지속적으로 직간접적인 불안전 요인들을 확인하고 제거하는 목표를 설정해야 함

(2) 방재시설 유지관리 목표 설정

① 방재시설의 특성 파악

ㄱ) 법규가 정한 방재시설의 종류

▷ '방재시설'의 종류는 「재난 및 안전관리 기본법」 제29조 및 동 시행령 제37조와 「자연재해대책법」 제64조 및 동 시행령 제55조에서 정하고 있음

ㄴ) 방재시설의 형식적 의미와 실질적 의미

▷ 형식적 의미

- 「재난 및 안전관리 기본법」과 「자연재해대책법」 등이 정한 시설

▷ 실질적 의미

- 형식적 의미의 방재시설 외에 재해예방에 기여하는 모든 시설물을 포함

- 실제 현장에서는 실질적 의미의 시설을 대상으로 유지관리를 하게 됨

- 방재시설은 우수유출저감시설, 고지배수시설, 해안가 지대에서 조수 영향을 감쇄시키는 조류지, 방풍림 등과 같이 방재 기능을 하는 재해경감시설

② 방재시설 유지관리 계획 수립을 위한 목표 설정

ㄱ) 방재시설 유지관리 목표 설정 요소

▷ 지역별 방재성능목표를 고려한 방재시설의 구조물적 안전

▷ 시설물의 직간접적 요소

- 외부 기상, 토지 개발 등의 환경과 여건

ㄴ) 유지관리 계획의 목표기간 설정

▷ 방재시설물의 유지관리계획 목표기간은 중·장기 계획 및 단기

★
방재시설 종류
- 재난 및 안전관리 기본법 및 자연재해 대책법 에서 규정
- 소하천, 하천, 농업기반 공공하수도, 항만, 어항, 도로, 재난예경보, 기타시설

계획으로 수립하여 운용

▷ 장기계획은 10년 단위, 중기계획은 5년 단위, 단기계획은 1년 내지 3년 단위의 집행계획

▷ 유지관리계획의 목표기간 설정 시 고려사항

- 시설물의 내구연한
- 시설물의 손상 및 주변 환경의 변화 상태
- 유지관리 예산투자실적과 재정여건을 고려한 재정투자계획
- 시설물의 규모와 취약성, 기능 등

ⓒ 방재시설 유지관리 목표 설정 시 기술적 고려사항

▷ 유지관리 목표 설정은 재료적·시공적·구조적 원인에 의한 손상 유형을 고려해야 함

▷ 구조물의 손상 원인

- 재료적 원인: 콘크리트 중성화, 철근 및 강재 부식 등
- 시공적 원인: 시간 초과 레미콘 타설, 건조수축, 동바리 융해, 다짐 불량, 재료 분리, 거푸집 및 동바리 조기 철거 등
- 구조적 원인: 하중 증가, 설계 결함, 온도 변화의 영향 등

2절 방재시설 유지관리의 유형 및 환경분석

1. 방재시설 유지관리의 특성과 관리체계

(1) 방재시설 유지관리 특성

① 유지관리 대상은 토목·건축시설 분야뿐만 아니라 강제 배수에 이용되는 기계·전기시설, 재해 예·경보 및 각종 계측 장비 시설 등

② 방재시설이 기능을 상실하게 되면 인명과 재산피해를 유발한다는 점에서 다른 공공 서비스 시설과 다르다. 방재시설의 유지관리 적기를 일실한다는 것, 기능을 상실하여 재해를 초래하는 것과 같음.

③ 방재시설은 구조·기능적 유지관리와 비구조적 대책을 고려한 유지관리가 필요하다. 구조나 기능이 기술적으로 완전해도 필요한 비구조물적 대책이 결여되면 재해의 위험에 노출

④ 방재시설이 처한 상황과 조건은 계속 변화하므로 이에 대비한 사전적 대책과 사후적 대책 필요

⑤ 결함의 유형과 대책은 비구조물적·기능적으로 다양

★
유지관리 목표기간 설정은 장기(10년), 중기(5년), 단기(1~3년)로 계획

★
유지관리 시 구조물 손상원인은 재료·시공·구조적원인으로 구분

★
재료적 원인
콘크리트 중성화, 철근 및 강재 부식 등

★
시공적 원인
건조수축, 동바리 융해, 다짐 불량, 재료 분리 등

★
구조적 원인
하중 증가, 설계 결함, 온도 변화 등

⑥ 안전점검과 보수·보강은 재해 유발 요인을 제거하는 재해 예방의 마지막 과정

(2) 방재시설 유지관리체계의 따른 분류

① 방재시설의 특성에 따라 상시 관리체계, 수시적 관리체계, 주기적 관리체계로 분류

방재시설 유지관리체계에 따른 분류

유형	특징	내용 및 성격
상시 관리체계	장대교, 대댐 등과 같이 재해 발생 시 대규모의 피해를 유발하는 시설물을 대상으로 24시간 관측하고 즉시 대책을 강구하는 체계	24시간 이상 유무를 측정, 감시하여 보수·보강: 상시 계측 및 유지·보수 성격
수시적 관리체계	국내외에서 발생하는 각종 재해와 유사한 재해, 언론, 신고 등을 기초로 필요시에 점검계획을 수립하고 대책을 강구하는 체계	계절별 취약시기, 재해 발생, 상황별 일제 점검, 특별 점검 및 보수·보강, 수: 시 점검, 특별 점검 성격
주기적 관리체계	방재시설물을 구성하는 본체(주 구조부), 부속 시설, 부품, 소모품 등 부분별 생애 주기에 따라 정기적으로 교체 혹은 보수 및 보강을 강구하는 체계	유류·소모품 등의 주기적 교체, 생애 주기가 도래한 부속시설 교체, 주기적 구조물 보수·보강: 정기 점검 성격

2. 방재시설 유지관리 환경

(1) 방재시설 유지관리의 적기
① 방재시설은 보수 적기를 놓치지 않아야 함
② 방재시설 보수 적기 일실이란 결함을 방치하는 시간이 길어져 방재 기능을 상실하거나 저하되는 것을 의미
③ 제방의 배수구 자동문비 미보수, 낙차공 및 취수보 미보수, 제방 미보수로 인한 홍수 시 제방 붕괴 발생

(2) 방재시설 환경
① 방재시설은 재난으로부터 인명과 재산을 보호해 주기 때문에 일반 서비스 중심의 일반 기반시설과 구별
② 설계 및 시공, 유지관리 측면에서 취약한 환경에 처해 있으므로 전문성이 확보된 개념을 가지고 접근 필요
③ 방재시설의 환경적 취약성
　㉠ 방재시설 내적·외적으로 유동적인 재해 유발인자들을 내포

ⓛ 방재시설의 조합적이고 종합적인 기능으로 인하여 취약성도 다양

ⓒ 구조물적 대책과 비구조물적 대책을 병행할 때 방재 효과 극대화 가능

ⓔ 홍수, 붕괴 등과 같은 재해 취약지역에서 추진하는 사업이라는 점에서 설계 및 시공과정에서 특별한 공정관리와 안전관리 필요

ⓜ 재난상황이 발생했을 때만 필요한 시설물이므로 평소 유지관리를 소홀히 할 여지가 있음

(3) 구조물의 안정과 불안정

① 각종 구조물이 안전하려면 처짐이나 휨, 변형손상, 기초의 침하·전도·활동 등으로부터 구조적으로 안정해야 함

② 침수·유실·붕괴·고립 등의 위험으로부터 기반이 안전해야 함

③ 화재 및 수도 광열 등의 부대시설 기능도 정상이어야 함

3절 방재시설 유지관리 계획 수립

1. 방재시설의 유지관리 계획 수립 요소

① 방재시설의 종류, 재료와 공법, 주변 환경의 변화에 따라 가변적인 방재시설의 구조적 안정성과 기능성을 지속시키기 위하여 시설물의 결함과 주변 환경을 점검하고 지속적인 유지관리가 필요함

ⓖ 방재시설물은 안정성과 기능성의 두 가지 요건을 충족시켜야 함

ⓛ 계획, 조사, 측량 및 설계, 시공의 각 과정에서 잔존 위험을 제거하여 유지관리 과정으로 이전되지 않도록 해야 함

ⓒ 시간이 경과함에 따라 저하되는 내구성과 시설물 파단은 대부분 점진적으로 진행되므로 상시적이며 지속성·일관성이 확보된 관리체계 구축

ⓔ 시설물의 특성과 위험에 적합한 점검과 보수 및 보강

ⓜ 구조체의 내부와 지하에 매몰된 부위의 결함은 육안으로 식별이 불가능하므로 정밀진단 등의 대책 강구

ⓗ 구조적 안전을 다루는 안전점검이나 보수·보강은 정밀하고 높은 전문성 필요

ⓢ 중·장기 유지관리 계획을 수립하여 체계적인 재정투자 기반 확보

2. 유지관리에 안전점검계획 반영

① 육안이나 점검기구 등을 이용하여 시설물이 지닌 결함을 조사하는 과정에서 안전점검 계획을 유지관리에 반영해야 함
② 안전점검 계획에 포함되어야 할 사항
  ㉠ 안전점검은 시기적으로 나누어 정기적으로 실시하는 안전점검과 위험 상황 등에 따라서 수시로 실시하는 안전점검으로 구분
  ㉡ 점검 내용에 따라 육안 및 간단한 장비를 이용한 일상점검과 비파괴 검사 장비 등을 이용하여 구조적 안정성을 측정하는 정밀점검
  ㉢ 침하, 전도, 활동, 처짐 등의 변위를 측정하기 위하여 계측 장비로 계측
  ㉣ 계측기간에 따른 계측 유형은 단기 계측과 장기 계측, 상시 계측과 비상시 계측이 있는데 상시 계측은 상시 모니터링 시스템을 구축
  ㉤ 「자연재해대책법」에 따라 실시하는 정기점검과 수시 점검계획 등을 고려

Keyword

★
재해 발생 우려 시설 및 지역의 점검 종류로는 사전대비 실태 점검, 수시 점검, 정기 점검, 안전 진단

구분	점검 대상·방법
재해 발생이 우려되는 시설·지역의 점검 기준 및 방법	
점검 대상 시설 및 지역	- 자연재해대책법 제12조 제1항에 따라 지정·고시된 자연재해위험개선 지구 - 자연재해대책법 제26조 제2항 제4호에 따라 지정·관리되는 고립, 눈사태, 교통 두절 예상 지구 등 취약 지구 - 자연재해대책법 제33조 제1항에 따라 지정·고시된 상습가뭄재해지역 - 자연재해대책법 시행령 제55조에 따른 방재시설 - 그 밖에 지진·해일 위험지역 등 지역 여건으로 인한 재해 발생이 우려되는 행정안전부 장관이 정하여 고시하는 시설 및 지역
사전대비 실태 점검 (중앙행정기관 합동)	위 시설 및 지역에 대하여 중앙재난안전대책본부장은 관계 중앙행정기관의 장과 합동으로 사전대비 실태를 점검할 수 있음
수시 점검 (재난관리 책임기관의 장)	연중 2회 이상
정기점검 (재난관리 책임기관의 장)	- 풍수해에 의한 재해 발생 우려시설 및 지역: 매년 3~5월 중 1회 이상 점검 - 설해에 의한 재해 발생 우려시설 및 지역: 매년 11월~익년 2월 중 1회 이상 점검
안전진단 (재난관리 책임기관의 장)	수시 점검 및 정기점검을 한 결과, 재해 예방을 위하여 정밀한 점검이 필요하다고 인정되는 경우 실시

점검 및 안전진단 기록관리 (재난관리 책임기관의 장)	자연재해 예방을 위하여 점검 대상시설 및 지역에 대한 점검 또는 안전진단을 하였을 때 그 결과에 따른 안전대책을 마련하고, 점검 또는 안전진단의 결과와 조치사항 등을 행정안전부 장관이 정하는 바에 따라 기록·관리

3. 유지관리(보수·보강) 기법 결정

▷ 유지관리는 관찰이나 점검과 보수·보강을 총칭한다. 유지 보수나 보강에 관한 기법은 안전점검이나 진단 결과를 토대로 전문가의 기술력으로 내구성, 기능성, 구조적 안전성, 편리성, 경제성, 신뢰성 등을 고려하여 결정

4. 방재시설의 유지관리 계획 수립

(1) 일반사항

① 방재시설 유지관리 계획은 정기적인 점검이나 수시로 발생하는 결함 등을 대상으로 사전적 대책을 중심으로 수립

② 유지관리 계획에 포함되어야 할 사항

　㉠ 시설물별 안전 및 유지관리체계

　㉡ 시설물의 적정한 안전 및 유지관리를 위한 조직, 인원 및 장비의 확보

　㉢ 안전점검 및 정밀안전진단 시행

　㉣ 안전 및 유지관리에 필요한 비용 및 예산 확보

　㉤ 긴급 사항 발생 시 조치체계

　㉥ 시설물의 설계·시공·감리 및 유지관리 등에 관련된 설계도서의 수집 및 보존

　㉦ 시설물별 안전 및 전년도 시행 실적을 포함한 유지관리 실적 등에 관한 사항 반영

　㉧ 외부 환경의 변화 전망 및 대책

　㉨ 교육 및 훈련 등

　㉩ 연차별 투자 계획(중·장·단기 목표 설정)

(2) 수립 절차

① 방재시설별 유지관리 유형에 해당하는 기준 작성

유지관리 기준

구분	내용
전면 교체	내구연한이 도래하였거나 주요 구조 부위에 심각한 손상을 입어 보수·보강이 곤란한 경우에 시설물 전체를 교체
부분 교체	내구연한이 도래하였거나 주요 구조 부위에 심각한 손상을 입어 일부분을 교체하여야 구조적 안전성을 확보하고 기능을 회복할 수 있는 경우에 선택
보수	시설물의 내구 성능 회복 또는 향상이나 기능을 회복시켜 주는 수준의 유지관리
보강	시설물의 부재나 구조물의 내하력과 강성 등의 역학적인 성능과 기능을 높여 안전성과 기능을 회복 또는 향상시키기 위한 유지관리
개·보수	노후시설이나 기능이 상실 또는 저하된 시설을 개량하고 보수하여 재해 위험으로부터 안전과 기능을 보장해 주는 것

② 주요 구조부에서 발생하는 결함에 적정한 유지관리 유형과 기법을 검토하여 결정

　▷ 유지관리기법 결정 시 유의사항

　　- 방재시설의 세부 구조별로 기능이 유지되어야 함

　　- 방재시설의 세부 기능별로 취약성을 고려해야 함

　　- 결함 원인을 규명하여 동일한 결함을 방지할 수 있는 공법 선정

　　- 개량 복구가 필요한 때는 유용 가능한 시설 및 장비 검토

　　- 경제적·구조적·기능적·관리적 타당성 검토

　　- 방재 신기술 활용 방안 모색

　　- 보수공법은 최적의 선택을 위하여 경제성, 효과성, 일관성, 효율성 등을 기준으로 비교·검토하여 결정

③ 방재시설 결함 등 취약성에 적정한 유지관리 중·장기 및 단기 계획 수립

　▷ 중·장기, 단기 유지관리 계획 시 고려사항

　　- 방재시설의 기능과 목적, 방재시설의 취약성에 부합하는 관리체계를 구축

　　- 방재시설 및 부속 시설의 내구성에 대한 정보를 미리 파악하여 생애 주기가 도래하면 결함 여부와 상관없이 정기 교체 또는 보강하는 시스템 도입

　　- 잔존 위험을 관리(제거)하는 차원으로 계획

　　- 구조물적 대책과 비구조물적 대책 병행

　　- 연속적이고 연계적인 이력 관리가 중요하므로 변위, 변형 등의

★
유지관리는 전면 교체, 부분 교체, 보수, 보강, 개·보수 기준으로 결정

결함 진행 상황을 수치상으로 관리
- 방재시설의 중요도나 특성을 단기 계획과 중·장기 계획에 반영
- 개발사업에 우선하여 방재시설 유지관리에 투자
- 방재시설의 유지관리를 위한 지속적인 연구와 함께 조직과 전문 인력, 소프트웨어적 기술 확보
- 점검(관찰이나 순찰 포함)과 보수·보강 및 개량을 하는 것 외에 일상적 관리에 속하는 사방댐 내의 토석류·하수 및 우수관거·구 거·수로 내 퇴적토의 준설, 기계·장비의 일상 정비, 기기 급유, 소모성 부품의 교환, 도장, 세척·청소 등도 유지관리 계획에 반영

4절 방재시설 유지관리 실태 평가

1. 방재시설 유지관리 평가의 이해

▷ 방재시설 유지관리 평가는 방재시설의 유지관리 목표를 높이기 위한 활동
▷ 방재시설 유지관리 평가는 각각의 방재시설이 기능을 발휘하는 데 필요한 구조적 안전성 및 기능성 평가가 중심

2. 방재시설의 유지관리 평가

▷ 방재시설의 유지관리 평가는 「방재시설의 유지·관리 평가항목·기준 및 평가방법 등에 대한 고시」에 따라 실시
▷ 방재시설의 유지관리 평가는 당해 시설물의 상태와 당해 시설에 대한 유지관리 계획 수립 및 체계 등을 평가
▷ 유지관리 평가는 질적·양적으로 분석하여 유지관리 계획에 환류

(1) 유지관리 평가대상 방재시설
① 평가대상 방재시설은 크게 소하천시설, 하천시설, 농업생산 기반시설, 공공하수도 시설, 항만시설, 어항시설, 도로시설, 산사태 방지시설, 재난 예·경보시설, 기타 시설로 분류
② 방재시설을 구성하는 세부 시설물에 대한 평가 시행

유지관리 평가대상 방재시설		
시설	시설물	비고
1. 소하천시설	제방, 호안, 보, 수문, 배수펌프장	
2. 하천시설	댐, 하구둑, 제방, 호안, 수제, 보, 갑문, 수문, 수로터널, 운하, 관측시설	
3. 농업생산 기반시설	저수지, 양수장, 관정, 배수장, 취입보, 용수로, 배수로, 유지, 방조제, 제방	
4. 공공하수도시설	하수(우수)관로, 공공하수처리시설, 하수저류시설, 빗물펌프장	
5. 항만시설	방파제, 방사제, 파제제, 호안	
6. 어항시설	방파제, 방사제, 파제제	
7. 도로시설	방설·제설시설, 토사유출·낙석 방지시설, 공동구, 터널·교량·지하도 육교, 배수로 및 길도랑	
8. 산사태 방지시설	사방시설	
9. 재난 예·경보시설	재난 예·경보시설	
10. 기타 시설	우수유출저감시설, 고지배수로	

(2) 평가항목 및 기준

① 개별 법령에서 정하는 유지·관리 기준에 따라 소관 방재시설을 유지·관리하여야 함.

② 소관 방재시설에 관련한 재난이 발생한 경우 신속히 대처해야 함.

③ 유지·관리대상 시설물에 보완·개선 등 필요한 조처를 해야 함.

④ 평가에 필요한 평가항목 및 세부 기준은 『방재시설의 유지·관리 평가항목·기준 및 평가방법 등에 대한 고시』에 따라 실시

(3) 평가방법

① 평가는 「재난 및 안전관리 기본법」 제33조의 2에 따른 재난관리체계 등에 대한 평가방법에 따라 연 1회 등 정기적으로 실시

② 특별한 경우 행정안전부 장관은 평가방법 및 시기를 별도로 정하여 평가를 시행할 수 있음

(4) 평가 순서

① **평가 유형 파악**

　　㉠ 재해 발생 시기 기준

　　　　▷ 사전적 평가: 재해 발생 전

　　　　▷ 사후적 평가: 시설물의 결함이 발생한 시점

      ⓛ 방재시설평가 주체 기준

        ▷ 내부 평가: 자체 점검

        ▷ 외부 평가: 외부 기관이나 전문가를 통하여 실시하는 정밀 안전 점검이나 정밀안전진단

      ⓒ 평가대상 기준

        ▷ 상태 평가: 완성된 방재시설물을 대상으로 실시

        ▷ 과정 평가: 방재시설 설치 중에 실시

      ⓔ 방재시설의 상태 평가에 이용되는 조사 방법

        ▷ 외관 조사, 비파괴 탐사, 재료 시험 등

      ⓜ 처짐이나 활동, 침하, 전도, 균열의 크기와 진행 속도 등의 동적 변화를 정량적으로 실시간 상태를 구하는 계측

② **평가계획 수립**

      ㉠ 방재시설 유지·관리 평가항목

        ▷ 정기 및 수시 점검 사항의 평가

        ▷ 유지관리에 필요한 예산, 인원, 장비 등 확보 사항의 평가

        ▷ 보수·보강계획 수립 및 시행 사항의 평가

        ▷ 재해 발생 대비 「비상대처계획」 수립 사항의 평가

      ⓛ 평가계획 수립 시 참고사항

        ▷ 방재시설의 현황 및 유지관리 실적 등의 기초 조사

        ▷ 관리적·기술적 평가 착안사항 및 평가표 작성

        ▷ 평가에 필요한 검사 장비 등 수요 파악

        ▷ 점검대상 시설 및 평가반 편성

        ▷ 평가 일정 계획 수립

        ▷ 평가 반원 교육 실시

        ▷ 평가결과의 종합 및 확인

        ▷ 평가결과의 환류 계획

      ⓒ 평가 시 고려사항

        ▷ 정성적 평가와 정량적 평가

        ▷ 예산 확보, 점검 및 정비 실적, 유지관리에 필요한 자료 및 정보의 관리, 책임자들의 관심도 등 비구조물적 요소도 평가대상

        ▷ 평가 배점이 필요한 경우에는 현재 시설물의 구조물적·기능적 상태가 방재 기능의 척도가 되기 때문에 시설물의 구조물적·기능적 가중치를 비구조물적 평가 가중치보다 높일 것을 권고

★
유지관리 평가는 정량적, 정성적 평가로 실시, 10년 단위의 지역별 방재 성능목표 고려

▷ 지역별 시간당 강우량 및 연속 강우량에 기초하여 10년 단위의
  지역별 방재성능목표 고려

㉣ 평가결과의 실명화, 유지관리 이력 데이터베이스화, 환류 기능

  ▷ 안정적인 유지·보수비의 수요 및 확보 근거로 활용

  ▷ 안전점검과 보수·보강에 연계 활용

  ▷ 유지관리 매뉴얼 개선 등 각종 정책 개선에 활용

  ▷ 방재정보로 교육이나 훈련 등에 활용

방재시설 상시 관리하기

방재시설의 상시 유지관리는 사전적이고 일상적인 유지관리로 방재시설별 유지관리매뉴얼 검토, 방재시설의 현장 점검, 정밀점검, 점검자료의 데이터베이스화 및 보수·보강으로 구분하여 수록하였으며 특히, 상시유지관리의 개념, 특성, 관리항목과 일상·정밀점검 시 유형, 유의 사항, 주요항목 등을 포함하였다.

1절 방재시설별 유지관리 매뉴얼 검토

1. 상시 유지관리의 개념

▷ 상시 유지관리는 비상 상황에서의 관리에 대비되는 것으로서 일상적으로 실시하는 유지관리
▷ 상시 유지관리는 사전적 예방 활동으로서 방재시설 유지관리의 기본

2. 방재시설의 기능 및 특성

▷ 방재시설의 기능은 홍수피해 방지, 붕괴피해 방지, 토석류 유출피해 방지 등과 같이 재해 원인이나 재해 유형에 따라 다양
▷ 방재시설의 기능적 특성
- 방재시설은 댐이나 저수지와 같이 방재 기능을 직접 담당하는 시설
- 제방의 호안이나 수문, 배수펌프장의 유수지와 같이 기존 또는 주 방재시설의 기능을 보완하는 시설
- 방재시설은 다른 기반시설들이 편익 기능을 발휘할 수 있도록 보완적 기능을 담당
- 방재시설이 기능을 상실하면 방재시설의 보호를 받는 기반시설들이 피해를 보게 됨

3. 방재시설 관리상의 문제점

▷ 방재시설의 기능 상실은 재해 유발을 의미
▷ 구조물적 안전성과 기능은 외부 환경 변화의 영향을 많이 받음
▷ 펌프 및 전동 게이트와 같이 전기·기계 등의 조작적 관리가 필요

Keyword

★
상시 유지관리는 비상 상황 관리의 반대 개념으로 일상적 유지관리

▷ 정기점검 및 특별 점검 외에 비상시 관리가 필요

▷ 방재시설의 유지관리는 시의성을 요구

4. 방재시설 관리 항목

① 시설명

② 시설 위치

③ 시설 규모

④ 사업비

⑤ 설계 및 시공자

⑥ 공사기간

⑦ 감리자

⑧ 관리청

⑨ 시설 관리자

⑩ 시설관리 책임자(정·부)

⑪ 시설 현장책임자

⑫ 하자 보수검사(일자별, 하자 보수 검사자, 검사 결과, 지적 사항, 시정 결과)

⑬ 유지관리 계획 및 실적(일자별, 점검명, 점검자, 점검 결과, 보수·보강 실적, 보수·보강 시공자)

⑭ 기타 특기 사항(시험 및 계측 관련 자료, 사진 등)

5. 유지관리 매뉴얼의 해석 및 운용

(1) 매뉴얼 해석

▷ 방재시설의 기능적 취약성과 관련하여 「자연재해대책법」이 정한 방재성능목표 등을 고려함

▷ 방재성능목표는 기후 변화에 선제적이고 효과적으로 대응하기 위하여 기간별·지역별로 기온, 강우량, 풍속 등을 기초로 중앙재난안전대책 본부장이 정한 방재 기준 가이드라인 등을 적용하여 해석

Keyword

★
중앙재난안전대책 본부장은 방재기준 가이드라인 수립 후 책임 기관의 장에게 권고

방재 기준 가이드라인의 제도적 근거	
구분	내용
자연재해대책법 제16조의 4	- 중앙대책본부장은 기간별·지역별로 예측되는 기온, 강우량, 풍속 등을 바탕으로 방재 기준 가이드라인을 정하고, 재난관리책임기관의 장에게 적용을 권고할 수 있다. - 재난관리책임기관의 장은 방재 기준 가이드라인을 소관 업무에 관한 장기개발계획 수립·시행 및 제64조에 따른 방재시설의 유지·관리 등에 적용할 수 있다.

(2) 현장 여건과 매뉴얼의 적용 운용

▷ 매뉴얼 운영자의 기술력과 상황 판단력, 의사결정력, 실천력 등에 따라 방재시설의 결함들이 해소될 수 있으므로 각종 매뉴얼을 방재시설의 상황과 조건에 적합하게 운용해야 함

2절 방재시설의 현장 점검

1. 방재시설 안전 점검

(1) 안전 점검 수단

▷ 방재시설의 안전 점검은 방재시설을 준공한 후 유지관리를 하는 과정의 일부

▷ 안전 점검은 육안이나 기기·계측기를 이용해 외부로 나타난 결함 및 내부에 발생한 구조적 결함과 함께 기능의 상태를 확인해 대책을 판단

(2) 안전 점검의 유형 및 내용

▷ 안전 점검은 전문성을 갖춘 자가 참여하여 실시하는 점검으로서, 정기점검, 정밀 및 긴급 점검 등이 있음

▷ 「시설물의 안전 및 유지관리에 관한 특별법」이 정한 정밀점검 및 정밀안전진단 실시 시기는 「시설물의 안전 및 유지관리에 관한 특별법 시행령」에 따름

안전 등급	정밀점검		정밀안전진단
	건축물	그 외 시설물	
A	4년에 1회 이상	3년에 1회 이상	6년에 1회 이상
B, C	3년에 1회 이상	2년에 1회 이상	5년에 1회 이상
D, E	2년에 1회 이상	1년에 1회 이상	4년에 1회 이상

(3) 안전 등급 지정 기준

▷ 방재시설은 작은 결함들이 외부 환경에 의해 중대 결함으로 진전될 수 있다는 점을 고려하여 정밀 안전 점검 및 정밀안전진단을 시행한 책임 기술자는 해당 시설물에 대하여 종합적으로 안전 등급을 지정

▷ 등급이 기존 등급보다 상향 조정된 경우에는 등급 상향에 영향을 미치게 된 보수·보강 등의 사유가 분명해야 함

안전 등급 지정 기준

안전 등급	시설물의 상태
A(우수)	문제점이 없는 최상의 상태
B(양호)	보조 부재에 경미한 결함이 발생했으나 기능 발휘에 지장이 없으며, 내구성 증진을 위하여 일부 보수가 필요한 상태
C(보통)	주요 부재에 경미한 결함, 또는 보조 부재에 광범위한 결함이 발생했으나 전체적인 시설물의 안전에는 지장이 없으며, 주요 부재에 내구성·기능성 저하 방지를 위한 보수가 필요하거나 보조 부재에 간단한 보강이 필요한 상태
D(미흡)	주요 부재에 결함이 발생하여 긴급한 보수 및 보강이 필요하며, 사용 제한 여부를 결정하여야 하는 상태
E(불량)	주요 부재에 발생한 심각한 결함으로 인하여 시설물의 안전에 위험이 있어 즉각 사용을 금지하고 보강 또는 개축해야 하는 상태

2. 일상점검 시 유의사항

▷ 일상점검은 정밀점검이나 정밀안전진단, 장기적 계측 등의 업무와 연계되기 때문에 점검 결과를 반드시 문서로 기록·관리

▷ 점검이나 평가에서 시설물 및 환경 등의 상태를 나타내는 기술적 표현을 할 때 '가부', '여부'와 같은 단답형은 문제점 및 대책을 강구하는 데 한계가 있으므로 지양

3. 방재시설 현장 점검 순서

(1) 현장 점검계획 수립

① 점검수단

▷ 안전 점검 수단은 여러 유형이 있으므로 적정한 점검방법을 선택

안전 점검 수단

구분	내용
시각	기능 상태를 눈으로 확인
청각	기능 상태를 소리로 확인
촉각	기능 상태를 손으로 확인
취각	기능 상태를 냄새로 확인
타진	기능 상태를 테스트 해머 등으로 확인
수동	기기를 실제로 작동시켜 상태를 확인
계측	기능 상태를 적절한 측정 장비를 이용하여 수치 등으로 정확하게 파악

② 방재시설 점검 시 착안사항

▷ 방재시설에 대한 일상점검 착안사항은 자연환경, 인위적 환경, 기술적 특성에 맞추어 적절한 운용이 필요함

일상점검 착안사항
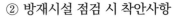

구분	착안사항
공동구, 하수관거, 저수지, 양수장, 지하도 및 육교 등 토목 및 건축 구조물, 기계·설비, 제설 및 방설시설	구조물의 변형, 누수, 균열, 고장, 오작동, 빙압, 침수 등 외력, 외압 작용, 기계·전기시설 가동 상태 등
청기초, 경사지 보호 구조물, 낙석 방지시설	지반 활동, 암반 절리, 지하수위 변동, 빙압, 붕괴, 전도, 침하 등
제방, 호안, 보 및 수문, 갑문, 댐, 하굿둑, 수제, 수로터널, 운하, 방파제, 방사제, 관정 등 지하수 이용시설, 배수장, 용수로, 배수로, 유지, 방조제	유실, 매몰, 퇴적, 전도, 침하, 활동, 누수, 노출, 침식, 세굴, 빙압 등 외력·외압 작용, 파손, 기계·전기시설 가동 상태 등
댐·하구둑	기초 침하, 전도, 활동, 누수 등
갑문·수문, 재난 예·경보시설, 관측 시설	부식, 탈락, 훼손, 망실, 소음, 진동, 불규칙 등 비정상적인 가동, 기계·전기시설 가동 상태 등
유수지	퇴적, 비탈면 붕괴, 협잡물 유입, 자연 배수문 등

▷ 기타 공통 착안사항

- 토목·건축·기계·전기·설비 점검은 해당 전문가의 합동으로 연계성 확보
- 외부 환경 변화 관찰, 도난 대비 관리 상태
- 사전 세부 점검대상 및 항목 선정
- 설계·준공·시방서 등 자료 확보 및 검토

- 시설물 관련 전문성을 고려한 점검반 편성
- 점검기간 및 시간 설정, 육안·파괴·비파괴 등 점검 방법의 결정
- 사용 제한이나 철거가 필요한 위급한 상황
- 안전 점검자 안전 교육 및 관리 등

③ 현장 점검계획서의 주요 항목
ㄱ) 시설명
ㄴ) 점검반 편성
ㄷ) 점검 일정
ㄹ) 점검 항목 및 착안사항(내적·외적 환경 변화)
ㅁ) 점검 결과 조치계획
ㅂ) 안전사고 유의사항(추락, 추돌, 감전, 익사, 독충, 붕괴 등)
ㅅ) 유사시 비상 대응 및 연락망 구축 등

(2) 점검자의 사전교육 실시
① 점검기술교육과 안전관리교육 병행
② 점검자의 공인의식이 포함된 교육 실시

(3) 현장 점검 실시

① 정기안전점검 실시
ㄱ) 세심한 외관 조사 수준의 점검을 하여 시설물의 기능적 상태를 판단하고, 시설물이 현재의 사용 요건을 지속해서 만족시키고 있는지에 대한 관찰 및 육안조사를 하며, 점검 결과를 분석하고 기록
ㄴ) 점검자는 시설물의 전반적인 외관 형태를 관찰하여 중대한 결함을 발견할 수 있도록 세심한 주의를 기울임
ㄷ) 정기점검 실시 결과 중대한 결함이 있는 경우에는 즉시 관계기관에 통보하여 결함 정도에 따라 긴급점검, 또는 정밀안전진단을 하는 등의 조처를 함
ㄹ) 각종 점검 결과와 계측 결과 등에 관한 정보를 유기적으로 공유시킴

② 정밀안전점검 실시
ㄱ) 육안조사, 점검 결과 분석, 안전도 평가, 보고서 작성 등을 중점으로 시설물의 점검 목적에 따라 초기 점검과 정밀점검을 분류
ㄴ) 초기 점검은 사전에 설계도서를 상세히 검토하여 붕괴 유발 부재 또는 부위를 파악하여 장래의 유지관리에 특별히 주의해야 하는 사항을 제시하여 예방적 유지관리체계를 구축하는 데 활용
ㄷ) 정밀점검은 구조물의 상태 변화, 사용 요건 만족 상태 확인을 목적

Keyword

★
방재시설 현장점검, 정기안전점검, 정밀안전점검, 긴급안전점검, 정밀안전진단

으로 실시

③ 긴급안전점검 실시

　　㉠ 관리주체가 필요하다고 판단할 때 실시하는 정밀점검 수준의 안전점검으로서, 실시 목적에 따라 손상점검과 특별점검, 긴급 안전 점검으로 구분

　　㉡ 손상점검은 재해나 사고에 의해 비롯된 구조물적 손상 등에 대하여 긴급히 시행하는 점검으로, 손상 정도를 파악하여 긴급한 사용 제한, 또는 사용 금지의 필요 여부, 보수·보강의 긴급성, 보수·보강 작업의 규모 및 작업량 등을 결정하며, 필요한 경우 안전성 평가를 한다. 안전성 평가란 수집된 자료를 기초로 안전 점검과 정밀 안전진단을 실시한 결과들을 참고하여 시설물의 구조 등에 대하여 안전성을 평가

　　㉢ 특별점검은 기초 침하 또는 세굴과 같은 결함이 의심되거나 사용 제한 중인 시설물의 사용 가능 여부 등을 판단하기 위한 점검으로서, 점검 시기는 결함의 심각성을 고려하여 결정

　　㉣ 긴급 안전 점검은 정밀점검을 더욱 세부적으로 실시하는 것으로, 점검 결과를 통하여 사용 제한, 사용 금지의 필요성과 정밀안전진단 실시 여부 등을 판단

④ 정밀안전진단

　　㉠ 「시설물의 안전 및 유지관리에 관한 법률」에 의거하여 실시하나, 일상점검 과정에서 나타난 결함이나 재해 예방과 안전성 확보 등을 위하여 필요하다고 인정될 때 실시하는 점검으로, 설계도서 및 관련 자료를 검토하고 현장에서 내구성 등을 조사

　　㉡ 주요 내용은 상하부 조사, 콘크리트 품질 시험, 강재 품질 시험, 내하력 조사, 측정결과 종합 분석, 안전성 평가를 실시하고, 그에 기초하여 종합 보고서를 작성

(4) 점검 결과 보고서 작성

① 보수 및 보강 대책

　　㉠ 결함의 원인 및 점검 결과 나타난 결함의 상태에 적정한 공법을 제시

　　㉡ 구조적 결함이나 기능적 결함을 유발하는 환경 변화를 고려

　　㉢ 보수·보강 대책은 경제성, 시공성, 기능성, 구조적 안정성, 환경 적응성, 사용성 등의 다양한 검토를 통하여 결정

★
정밀안전진단
「시설물의 안전 관리에 관한 법률」의거하여 실시, 설계도서 및 관련자료 검토 후 현장 점검 실시

② 점검 결과 보고서 작성

    ㉠ 시설명, 시설 규모 및 구조, 시공 일자, 중점점검 사항, 점검 일자, 점검 참여자, 동원 점검 장비 등 점검에 관한 이력을 포함

    ㉡ 점검 결과 나타난 결함의 위치 및 크기, 진행 정도, 발생원인 및 결함에 대한 보수·보강공법 등 대책을 포함

    ㉢ 점검 결과는 향후 점검 및 정비 등 유지관리에 연계하여 활용할 수 있도록 데이터베이스화

3절 방재시설의 정밀점검

1. 정밀점검의 의미

▷ 정밀점검은 안전 등급에 따라서 실시하는 점검과 폭우나 태풍 및 지진 등으로 인하여 시설물에 이상이 발생했을 때 실시하는 긴급 점검으로 구분

▷ 즉, 일상점검만으로는 결함을 인식하고 판단하는 데 한계가 있으므로 이를 극복하기 위하여 전문가가 육안 점검과 점검 장비를 동원하여 실시하는 점검

2. 정밀점검 절차

(1) 정밀점검계획 수립

① 정밀점검계획 수립

    ㉠ 정밀점검계획을 수립할 때에는 안전 점검자, 계측 관련자 등을 참여시켜 기술적 협력 모색

    ㉡ 방재시설물 정밀점검계획의 기술적 요소는 「시설물의 안전 및 유지관리에 관한 특별법」이 정한 안전관리대상 시설과 크게 다를 바 없으나, 방재시설물은 재해 예방기능을 위하여 일반시설과 달리 비구조물적 대책과 외부 환경적 요인을 고려해야 함

    ㉢ 안전 점검 결과 나타난 결함 중에는 진행 중인 결함뿐만 아니라 정지된 결함도 있으므로, 필요시 변위에 대한 계측관리계획 병행

② 정밀점검계획에 포함할 내용

    ㉠ 시설명

    ㉡ 점검반 편성

ⓒ 점검 일정

ⓔ 점검 항목 및 착안사항(내적·외적 환경 변화)

ⓜ 점검 결과 조치계획

ⓗ 안전사고 유의사항(추락, 추돌, 감전, 익사, 독충, 붕괴 등)

ⓢ 유사시 비상 대응 및 연락망 구축 등

(2) 자료 실시

① 점검 준비사항

ⓐ 점검 장비

▷ 시설물 결함 부위 표시 도구, 침하·균열·전도 등 변위 측정 장비, 슈미트 해머, 휴대용 균열 게이지, 거리 측정 장비, 카메라, 개인 안전 장비 등

ⓑ 설계 및 준공도서

▷ 시공 및 준공 도면 등 관련 정보, 시방서 등

ⓒ 기타

▷ 점검 매뉴얼, 점검계획, 점검표, 방재시설물에 미치는 영향 검토를 위한 시설정보, 방재시설 관리기관과 비상연락을 할 수 있는 네트워크 구축, 토목품질시험 관련 자료 등

② 점검 유의사항

ⓐ 시설물의 현재 외관 상태에 관한 판단과 앞으로의 변화 예측을 위하여 시공 당시부터 이어져 온 결함의 진전이나 새롭게 발생한 결함 등 변화를 확인하고 주요 부재의 상태를 평가

ⓑ 구조물의 구조적·기능적 요건 충족 여부를 확인하기 위하여 전문가들이 육안으로 외관 조사를 하고 간단한 측정 장비를 가지고 시험·측정

ⓒ 종전의 점검이나 진단 결과를 기초로 상태를 평가한 결과와 비교·검토하여 시설물 전체에 대한 상태를 판단하여 결정

ⓓ 주요 부위에 대한 결함은 외관 조사망도를 작성하여 도면으로 수치적으로 기록·관리

ⓔ 내진설계가 필요한 방재시설의 경우에는 내진설계 여부를 함께 확인

(3) 보고서 작성

① 자료 결과에 대하여 방재시설 관리기관이 정책에 반영할 수 있도록 보고서로 작성

Keyword

★
정밀점검 시 준비사항은 점검 장비, 설계 및 준공도서, 기타 사항 등 검토

② 이후 실시하게 되는 점검 결과와 대비에 필요한 데이터베이스를 구축
③ 정밀점검은 유지관리의 종결이 아니므로 내·외부의 환경 변화를 끊임없이 관찰하고, 그 결과에 적절한 후속 조치를 실행할 수 있도록 보고서를 작성

4절 방재시설 점검 자료의 데이터베이스화

1. 방재시설물의 안전 점검

▷ 각종 점검 결과 수집된 자료들은 재해정보로서의 가치를 가지고 있음
 - 점검 결과 나타난 결함들을 치유할 수 있는 근거 제공
 - 위급 상황에 대처할 수 있는 재난정보로 활용
 - 결함의 진행 상태를 평가하는 기준 제공

2. 데이터베이스 구축 및 관리 절차

▷ 방재시설 데이터베이스란 점검과 보강 및 보수 등 유지관리에 사용할 목적으로 여러 사람이 공유하여 통합·관리하는 데이터의 집합을 의미
▷ 점검 결과 나타난 방재시설의 기능과 구조상 상태 변화를 지속해서 관리할 수 있도록 구축

〈데이터베이스 관리 흐름도〉

(1) 방재시설 점검 결과 데이터 확보

① 방재시설 정보
 ㉠ 방재시설 정보는 시설물의 제원 외에 결함의 진행 상황, 추가적 정밀안전진단의 필요성, 방재시설이 기능을 상실했을 경우 피해 예측에 필요한 수치적 자료, 사진, 탐문 등의 자료를 수집

② 점검 및 유지관리 관련 정보
 ㉠ 「비상대처 계획」 수립에 필요한 정보를 수집하여 관리
 ㉡ 방재시설 관리기관 등을 통하여 시설물명, 위치, 점검 일자, 점검 및 정비 관리책임자, 점검 결과 나타난 문제점 및 대책, 관련 도서

와 매뉴얼, 보수·보강 등의 정비공사 관련 자료 확보

(2) 데이터베이스 구축

① 데이터베이스는 방재시설 설계 및 시방서, 구조 계산서, 준공도서 등 제 도서, 공사 감독(감리) 일지, 유지관리 지침, 설계 및 시공자·감리자 현황, 시설관리 주체, 시설 관리책임자 현황, 설계 및 시공 과정에서 실시한 진단 및 조사·계측·검사 등 관련 도서 포함

② **데이터베이스 구축 시 고려할 사항**

　㉠ 준공 이후 발생한 구조물의 침하, 활동, 전도, 균열, 처짐·휨 등의 변형, 탈락 등의 사진과 구체적인 점검 관련 자료들을 구체적·지속적으로 기록·관리

　㉡ 기계·전기 시설의 경우 설계 및 시방서, 구조 계산서 등 제 도서, 제작회사, 제작 일자, 가동 매뉴얼, 준공도면 등 시공·준공 관련 도서, 유지관리 지침, 시운전 기록 일지, 설계 및 시공자·감리자 현황, 설계 및 시공 과정에서 실시한 진단 및 조사·계측·검사 등 관련 도서, 준공 이후 발생한 고장 및 수리·교체 이력 등을 기록·관리

　㉢ 방재시설 데이터는 전체 시설을 구성하고 있는 부분별로 상세한 이력을 구축

　㉣ 「비상대처 계획」이 수립된 시설인 경우, 「비상대처 계획」에 필요한 정보를 연계하여 구축

　㉤ 데이터의 연속성, 통일성, 실명이 유지되도록 시스템을 설계하여 운용

(3) 데이터 입력 및 사후관리

① **유지관리 및 활용**

　㉠ 방재시설 유지관리의 데이터 유형을 용도상으로 구분하면, 실시간으로 위험을 감지하는 데 필요한 데이터, 정기적으로 유지·보수를 하는 데 필요한 데이터, 진행 상황의 변화를 측정하는 데 필요한 데이터 등으로 구분

　㉡ 데이터는 지속적·계량적으로 축적·관리하여 내구연한 중에 실시하는 유지관리 계획에 활용할 수 있어야 함

　㉢ 데이터는 비상 상황 시에 응급 대책을 강구하는 의사결정에 활용할 수 있어야 함

② **데이터 관리를 위한 고려사항**

　㉠ 데이터 입력 프로그램을 개발하고, 추가적으로 재해 특성이나 상

황 변화를 입력하여 관리할 수 있어야 함
- ㉡ 데이터베이스 구축은 새로운 재해 상황을 추가 입력할 수 있어야 함
- ㉢ 각종 재해 예방 업무에 활용할 수 있도록 정보관리 시스템 통합에 대비가 필요함
- ㉣ 재해 예방 및 대비, 대응, 복구 등에 연계하여 활용할 수 있어야 함

5절 방재시설의 보수·보강

1. 방재시설 보수·보강의 원칙

▷ 방재시설의 부재나 구조물의 내하력이 부족한 상태에서 재해 상황이 발생하면 인명과 재산피해로 이어진다. 따라서 피해를 방지하고 기능을 유지하기 위한 보수·보강을 정기 또는 수시로 실시하되, 사전적 보수·보강이 원칙

★
방재시설 보수 보강은 정기 또는 수시로 실시하되 사전 보강이 원칙

2. 방재시설의 보수·보강

(1) 방재 설계의 개념
① 방재시설은 기능적으로 자연환경에 직간접적으로 저항하여 다른 시설, 또는 일단의 지역 내에서 재해를 방지하거나 경감을 목적으로 하는 설계
② 방재시설은 태풍, 홍수, 지진 등과 같이 돌발적인 외력의 영향을 받게 되므로 장래의 환경 변화를 고려한 설계여야 함
③ 방재시설은 토목 및 건축 등의 구조물과 기계·전기시설뿐만 아니라 전산 장비 및 통신시설 등과 같이 다양한 분야의 전문성이 필요함
④ 구조 및 기능에 관한 설계 외에 시설물에 잔존하는 위험에 대비하여 「비상대처 계획」 등 비구조물적 대책의 병행 필요
⑤ 방재시설은 공정계획과 공사장 안전관리 계획에서 풍수해 취약시기 및 재해 위험인자들의 영향을 고려한 설계여야 함
⑥ 방재시설을 구성하고 있는 단위 시설물별로 조합적인 안정성을 설계에 반영
⑦ 설계 과정에서 방재 기능의 정상적인 유지에 필요한 사후관리까지 고려가 필요함
⑧ 방재시설 설계 및 시설 관리자들의 책임 있는 공인 의식과 태도가 필요

155
제3편 방재시설 유지관리

(2) 방재설계 적용 대상

① 이미 개발한 도시 개발지역이나 공단과 같은 지역을 대상으로 기존 방재시설의 방재 기능을 강화하는 경우

② 신규 개발 예정인 도시개발지역이나 공단 등을 대상으로 재해 예방 및 경감을 위한 대책을 수립하는 경우

③ 재해위험개선지구 정비사업 중에서 방재시설을 이용한 재해 예방사업을 추진하는 경우

④ 기타 기후 변화나 환경 변화 등에 대응하여 우수유출저감시설, 토사유출 방지시설 등에 관한 사업을 추진하는 경우 등

3. 방재시설의 보수·보강 절차

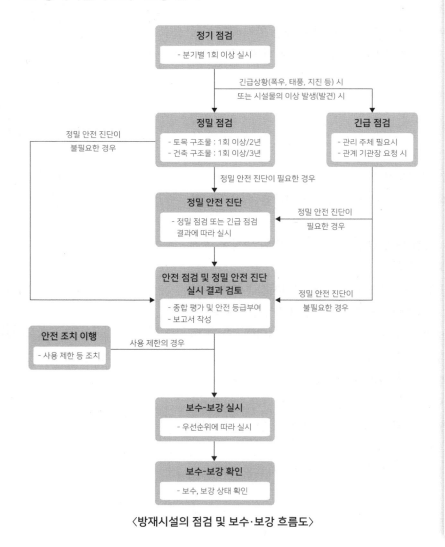

〈방재시설의 점검 및 보수·보강 흐름도〉

★
방재시설의 보수·보강 절차
정기점검→정밀점검(긴급 점검)→정밀안전진단→안전 점검 및 안전진단 검토→보수·보강 실시→보수·보강 확인

(1) 현장조사, 측량을 기초로 설계도서 작성

① 설계도서 작성 절차

    ㉠ 조사, 측량

    ㉡ 설계도 작성(구조 계산서)

    ㉢ 수량 산출서

    ㉣ 단가 산출서

    ㉤ 공사비 내역서

    ㉥ 시방서

    ㉦ 공정 예정표

    ㉧ 설계도서 완성

② 보수 및 보강 대상의 기술적 요소

방재시설 보수·보강의 기술적 요소

분야 및 공종		기술적 요소
분야	하천	수문의 작동 불량, 수밀성, 파손, 노후 등
	댐, 저수지	댐 본체 및 여수토·수문 등 파손; 균열, 시공 이음의 불량으로 인한 누수 또는 교량의 파손·누수 또는 세굴, 파이핑, 저수지의 침윤선 이동 등
	건축물	기둥, 보 또는 내력벽 내력 손실, 조립식 구조체의 연결 부실로 인한 내력 상실, 주요 구조 부재의 과다 변형 및 균열, 기초지반 침하로 인한 활동적 균열, 누수 및 부식으로 인한 기능 상실 등
	하구둑	둑의 본체 및 수문, 교량의 파손, 누수, 세굴 등
	항만	항만계류시설 중 강관 및 콘크리트 파일의 파손 부식, 갑문시설의 문비작동시설 부식 및 노후화, 갑문의 충수·배수 아키덕트 시설의 부식 및 노후화, 잔교시설의 파손 및 결함, 케이슨 구조물의 파손, 안벽의 법선 변위 및 침하 등
공종	시설물	기초의 세굴, 염해, 중성화(탄산화)에 의한 내력 손실 등
	콘크리트	압축 강도, 균열, 파손, 박리, 탈락, 탄산화 정도, 백태, 누수, 시설물의 기초 세굴, 침하, 부등 침하, 전도, 활동, 재료의 분리 등
공종	철근, 철골	배근, 수량 부족, 단선, 부식, 노출, 용접 불량 등
	지반	기초지반의 침하, 누수, 파이핑, 절토 및 성토 사면의 균열, 이완 등에 따른 옹벽의 균열, 파손, 전도, 부등 침하 등
	전기	단전, 정전, 낙뢰 피뢰 기능, 배전반 및 전동기 취수 등의 위험 노출 등
	기계	고장, 마모, 점검 및 정비 시기 일실 등

★
방재시설 보수 보강 분야
하천, 댐 저수지, 건축물, 하구둑, 항만, 빗물펌프장

★
방재시설 보수 보강 공종
시설물(제방, 호안 등), 콘크리트, 철근, 철골, 지반, 전기, 기계 등

③ 결함 내용 및 설계 공법

  ㉠ 결함의 내용: 균열, 박리, 층 분리, 백태, 박락, 손상, 누수, 부식, 피
     로 균열, 과재 하중, 외부충격 등

  ㉡ 공법: 구조물은 항상 외력을 받고 있으므로 구조물에 미치는 외부
     상황을 고려하여 공법 선택

     ▷ 콘크리트 균열과 철근이 부식되었을 경우: 실링재를 주입하거
        나 에폭시 도장, 콘크리트 교체 보강, 단면 보강공법 등

     ▷ 콘크리트가 동해, 알칼리 골재 반응 등으로 열화에 의해 부식되
        었을 경우: 표층부 교체 보강, 전면 교체 보강공법 등

     ▷ 강재가 부식되었을 경우: 철근의 녹을 제거한 후 보강 철근을
        부가하거나 콘크리트 피복 부분을 부분적으로 교체하는 등의
        대책

     ▷ PC 강선의 경우: 부가적인 강선을 시공하는 공법 등

     ▷ 누수의 경우: 그라우팅, 지수판이나 차수막 공법 등

     ▷ 사면의 활동이나 기초가 불안정한 경우: 지하 수위를 낮추고 압
        성-토, 치환, 배수공, 안정 사면 확보 등

(2) 설계도서에 따라 공정관리·안전관리·품질관리 계획 수립

① 공정관리계획에 포함할 사항

  ㉠ 공정별 인력·자재·장비계획

  ㉡ 설비계획

  ㉢ 자금계획

  ㉣ 일정계획 등

② 안전관리계획에 포함할 사항

  ㉠ 작업장의 특성에 맞는 기계 및 기구와 시설 안전

  ㉡ 재해 조사 및 분석

  ㉢ 안전교육

  ㉣ 안전관리기구 및 조직

  ㉤ 노동재해기구의 방지대책

  ㉥ 안전지침, 작업안전규정 준수 확인·점검 등

③ 품질관리계획 시 고려사항

  공정, 설비, 재료, 지형, 기술, 작업자, 조직, 기상 등

Keyword

★
방재시설 관리 계획
- 공정 관리
- 안전 관리
- 품질 관리

공종별 주요 품질관리 대상 항목	

공종	품질 관리 항목
준비공사	시공관리 규정, 전력, 용수, 현장 사무소, 창고 등 가설 공사, 기계 설비, 거푸집, 동바리, 시공 능력 등
재료	시멘트, 골재, 물, 성토용 토질, 철근 강도 등 재료 검사 등
측량	기준점, 현황 측량(평면도, 종·횡단면도)과 실제 현황 일치 등 시공 측량
토공사	경사면, 토질의 분류 등
기초공사	지반 지지력, 기초 암반, 편심 하중, 지하수위 등
철근 콘크리트	거푸집, 동바리, 철근 지름·수량, 배근, 가공 및 결속, 골재 입도 및 강도 등 품질, 혼합, 타설, 양생, 규격 등

★
보수·보강 시 주요 품질관리 대상항목
준비공사, 재료, 측량, 토공사, 기초공사, 철근 콘크리트

(3) 보수·보강공사 시행

① 시공 준비

㉠ 보강공사는 방재시설의 종류와 구조, 공법, 기능 등에 관한 설계와 현장에 주어진 환경에 따라 달라지므로 현장 여건을 고려

㉡ 보수·보강공사가 지연되지 않도록 실행

㉢ 안전 점검 결과 제시된 대책에 대한 보수·보강의 시의성을 판단하고, 공법과 예산 확보, 설계, 보수·보강 사업 전까지의 재해 예방대책 등에 관한 실행 계획 수립

㉣ 보수·보강공사에서 기능복구 보수공사는 기존 설계 및 시방과 일관성 유지가 필요하나, 구조나 기능을 보강하는 경우에는 다를 수 있으므로 새로운 설계에 맞추어 공정관리계획 수립

㉤ 보수 및 보강 설계와 시공, 유지관리의 연계성 도모

㉥ 품질관리 및 안전관리 실행 계획 수립

② 방재시설 유지·보수 공정관리 시 고려사항

㉠ 방재시설 보수 및 보강공사의 공정관리는 외부 환경까지 고려

㉡ 보수·보강공사를 위하여 기존의 방재시설물을 해체하거나 일시적으로 방재 기능을 상실하는 현장은 홍수나 태풍 등 자연재해의 위험에 대비하는 대책을 고려

③ 보수 및 보강공사 품질관리 유의사항

㉠ 방재시설물 보수 및 보강공사의 품질관리는 견실 시공의 필수 요건으로서 규격, 자재·시공체의 품질은 시방서 등의 제 규정에 적합해야 함

ⓛ 설계나 시공 중에 교정되지 않고 유지관리 과정으로 전가된 결함의 이전성을 반영

ⓒ 품질관리기록 정보는 유지관리 시스템과 연계하여 지속해서 관리

제3장

방재시설 비상시 관리하기

본 장에서는 방재시설의 피해발생 시 피해상황 조사·분석·기록, 2차 피해 확산방지를 위한 응급조치 계획 수립, 장비복구 현장 투입, 기능상실 방재시설 응급복구 및 현장안전 관리 계획으로 구분하였다.

1절 방재시설의 피해상황 조사·분석·기록

Keyword

★
비상 상황 후 개선(개량)복구
와 기능(원상)복구로 구분하여
계획 수립

1. 방재시설의 비상시 관리

(1) 방재시설의 비상개념과 상황 전개
① 비상 상황은 방재시설이 기능을 상실했거나 기능 상실 중에 처하게 됨
② 방재시설이 재해를 입게 되면 방재시설의 피해로 그치지 않고, 방재시설에 의존하고 있는 시설이나 지역이 연대적으로 재해의 영향을 받음

(2) 비상 상황 이해
① 비상 상황은 일상적이거나 평범한 상태가 아닌 비정상적인 상태를 의미
② 비상 상황은 피할 수 있는 상황이 있는가 하면 피할 수 없는 상황일 수도 있으므로 방재시설이 제 기능을 발휘하기 어려운 경우가 발생
③ 비상 상황에서는 일상과는 전혀 다른 환경에 처하게 된다는 점을 이해

2. 피해 원인 분석

▷ 방재시설에서 발생한 재해 사례는 유사한 재해를 예방하는 데 활용할 수 있도록 재해 원인을 규명하고 데이터베이스화하여 재해예방정책 등에 활용

3. 방재시설 피해상황 조사·분석·기록 절차

(1) 비상 상황의 특성 및 현장관리
① 비상 상황의 특성 이해
　㉠ 평상시와 달리 네트워크가 단절되어 소통이 원만하지 않음

ⓛ 비상시에는 정확한 재해정보를 취득하기 어려움

ⓒ 재해를 예방하거나 줄이는 데 필요한 교통 통제, 사용 금지, 접근 금지, 응급조치 등 여러 가지 유형의 통제 수요가 발생

ⓔ 유관기관의 인력과 장비, 기술 등 인적·물적·지적 자원의 신속한 협조가 필요

ⓜ 비상 상황을 극복하는 책임자와 리더십이 필요

ⓗ 대응 능력이 떨어지는 심야 또는 공휴일에 비상 상황이 발생할 수 있음

② 방재시설 관리자들의 현장관리

ⓐ 방재시설관리 담당자나 현장책임자들은 재해위험 현장에 근무하기 때문에 스스로 안전을 확보해야 함

ⓛ 비상 상황에서 방재시설의 결함으로 발생하는 재해에 대비하여 관련 전문가를 현지에 배치하는 등 비상대응에 필요한 의사결정에 참여 필요

ⓒ 비상 상황에서 발생한 피해일시·장소, 피해유형 및 정도에 관한 정보를 기록·관리하여 상황 종료 후 정책 개선 등에 반영

(2) 피해상황 현장을 보존·기록

① 피해현장과 재해정보 보존

ⓐ 재해현장에서 추가로 발생할 수 있는 재해위험을 찾아 대책을 강구

ⓛ 피해 수습 및 응급복구에 소요되는 인력과 장비수급대책을 강구

ⓒ 재해원인을 신속하고 정확하게 파악

ⓔ 수집된 다양한 재해정보를 데이터베이스화하여 관리

ⓜ 재해현장에서 수집된 재해정보들은 기술발전이나 정책·방재 관련 연구 자료 등으로 활용

② 피해 원인 분석·기록

ⓐ 방재시설별로 발생 일시·장소, 피해 물량, 피해액, 피해 원인(인적 원인, 자연적 원인), 피해유발 환경·조건, 기술적 영향, 유사한 재해방지 대책 등을 데이터베이스화하여 재해 예방에 활용

(3) 비상 상황 종료 후 복구계획 수립

① 방재시설 복구계획은 신속하게 피해 규모, 재건 가능성, 경제적 가치, 효과성, 필요성, 향후 전망 등을 검토한 후 전체적인 피해 규모와 비교하여 결정

② 개선복구(개량복구)와 기능복구(원상복구)로 구분하여 계획 수립

★
방재시설 피해상황 조사, 분석, 기록 절차
비상상황의 특성 및 현장 관리, 피해상황 현장 보존 및 기록, 복구계획 수립

★
비상 상황 후 개선(개량)복구와 기능(원상)복구로 구분하여 계획 수립

○ 개선복구: 구조적·기능적으로 설계기준 등을 높이거나 공법을 개선하는 것

○ 기능복원: 현재 시설 기준으로 장래의 재해에 대비하는 것

2절 2차 피해 확산 방지를 위한 응급조치 계획 수립

1. 2차 피해의 유형 파악

▷ 재해 취약성을 안고 있는 재해현장은 2차 피해가 발생할 수 있는 개연성이 높기 때문에 연쇄적인 피해 양상을 파악하고 대비하여야 함

2. 2차 피해 비상 상황 대응시간의 이해

▷ 비상 상황은 모든 환경이나 조건이 비정상적인 상태이므로 일상적인 시간과는 전혀 다른 시간적 가치를 나타냄

▷ 예로서 비상 상황 극복을 위하여 배수펌프장에 단전이나 고장 등에 대비하여 유사시에 상대적인 재해시간을 극복하기 위하여 비상발전시설 등 예비 동력과 펌프 설치 등의 대책 강구가 필요함

3. 2차 피해유발 요인 점검 및 응급조치

(1) 2차 피해유발 요인 점검 및 보수·보강

① 방재시설이 피해를 입은 상태에서 발생 가능한 2차 피해를 예방하기 위한 점검 및 긴급 보수·보강 등의 응급조치가 필요함

(2) 대피 명령과 접근 금지 등의 응급조치

① 생명 또는 신체에 대한 위해 우려가 있는 해당 지역주민이나 선박·자동차와 같은 이동이 가능한 재산의 대피를 명하는 등 위험구역 출입 행위 금지(제한), 퇴거(대피) 등의 조치를 취함

② 비상조치를 위하여 대피장소를 지정하고, 대피에 관한 교육훈련 등을 실시

③ 재해현장에서 사람의 생명 또는 신체에 대한 위해 방지나 질서 유지를 위하여 위험구역을 설정하고 안전관리 요원을 현장에 배치

④ 위험구역 설정 범위와 금지되거나 제한되는 행위의 내용 등을 보기 쉬운 곳에 게시

4. 응급조치 절차

(1) 위험정보의 수집
① 2차 피해 발생 위험 현장 점검, 보고, 신고 등을 통하여 정보 수집
② 재해가 발생한 방재시설 현장에서 2차 피해에 이르는 재해를 방지하기 위하여 위험정보 파악
    ㉠ 1차 피해현장에 대하여 지속적인 안전 점검 실시
    ㉡ 1차 피해의 원인과 취약성 파악
    ㉢ 주변 환경 변화와 위험인자 전이에 대하여 파악
    ㉣ 구조물적·비구조물적 대책을 이용한 2차 피해방지대책 모색

(2) 응급조치 실행
① **비상 상황에서의 의사결정**
    ㉠ 비상 상황에서 신속하고 책임 있는 의사결정을 위하여 평소 관계자들의 책임과 권한의 한계를 분명히 함
    ㉡ 외부기관에 보고하는 일에 치중하거나, 자신의 의사결정 권한을 상부 또는 외부에 의존함으로써 절차 이행 때문에 의사결정 시기를 일실하지 않도록 함
    ㉢ 구성원 개인별로 자신의 직무에 대하여 의사결정 및 집행할 수 있는 능력을 제고
    ㉣ 비상 상황 매뉴얼이 너무 세부적이거나 복잡하면 관계자들이 숙지하지 못하고 재해 상황에도 맞지 않아 의사결정에 혼선을 빚게 되므로, 전문성을 가진 관계자들을 참여시켜 현지 상황에 적합한 의사결정과 집행을 할 수 있도록 핵심 요소를 중심으로 작성

② **비상 상황 대처**
    ㉠ 비상 상황에서는 의사결정 우선순위에 따라 대응의 결과가 달라짐
    ㉡ 의사결정 최우선은 인명피해 방지

재난 현장에서의 대응 결과 유형

유형	내용
A	재난 현장에 재산과 인명피해 대상이 존재하지 않음
B	재난 현장에서 재산피해만 발생하고 인명피해는 발생하지 않음
C	재난 현장에서 인명피해만 발생하고 재산피해는 발생하지 않음
D	재난 현장에서 재산피해와 인명피해가 모두 발생

★
2차 피해 응급조치 절차
위험정보의 수집, 응급조치 실행, 2차 피해 유발 요인 점검, 긴급 보수 보강 실시

★
응급조치 대응 결과 유형은 인명피해와 재산피해 유무에 따라 4가지로 구분

(3) 2차 피해 유발 요인 점검

① 1차 방재시설 피해 이후 추가적 피해 방지를 위하여 방재시설의 특성을 숙지하고 2차 피해 유발 요인 점검 실시

② 고려사항

    ㉠ 1차 피해의 원인 조사 및 분석

    ㉡ 2차 피해 위험인자의 정지 또는 진행 상태 파악

    ㉢ 자연환경과 외부의 피해 유발 조건 등 영향 조사

    ㉣ 2차 피해 발생 시 추정 가능한 영향권 조사

    ㉤ 응급조치에 필요한 시간적·공간적 여건 조사

    ㉥ 투입된 기술 또는 공법 현황

    ㉦ 2차 피해 방지를 위한 인적·물적 소요 자원 조사

    ㉧ 방재시설물의 잔존 수명, 사용 연수, 방재 기여도 등에 적정한 응급조치 대책 제시

    ㉨ 중대 결함 발견 시 위험 상황에 적정한 조치 등

(4) 2차 피해 방지를 위한 긴급 보수·보강 등의 실시

① 피해 유발 요인 점검 결과 제시된 대책에 따라 응급조치 계획을 수립하고 보수·보강을 실시

② 고려사항

    ㉠ 진전되는 결함이라면 차단하거나 제거하고, 정지된 결함이라면 지속적인 관찰

    ㉡ 1차 피해와 별도로 태풍이나 폭설, 장마 등의 기상 영향을 받을 수 있는 시설의 보수 및 보강 등의 안전대책을 강구

    ㉢ 비상 상황에서 응급조치를 취하는 데 필요한 절대시간을 확보하여 시의성을 잃지 않도록 함

    ㉣ 응급조치에 투입된 기술이나 공법 등은 앞으로 실시하게 될 복구계획을 수립하는 데 유용하므로 기록·관리하여 개선복구계획 등에 활용

Keyword

★
응급복구 시 인력지원
「민방위 기본법」, 비축 물자 및 장비 지원은 「재난 및 안전 관리 기본법」에 의거하여 시행

1. 응급복구장비 및 인력지원체계 구축 시 착안사항

▷ 비상 상황에서는 물자나 장비 수요를 적정한 시간 내에 지원하기 어렵기 때문에 평상시에 비상시 대비 인력 및 장비 수급 대책을 강구

▷ 재난이 발생하거나 발생할 우려가 있을 때를 대비하여 평상시에 지역 재난안전대책본부장 등 유관기관과 인력 및 장비 지원에 관한 시기, 지역, 대상, 지원 사유 및 행동 요령 등에 기초한 협력 체계를 구축

▷ 응급조치에 사용할 장비와 인력을 지원받고자 할 때는 복구 유형별, 복구 규모에 적합한 소요 인력과 필요한 장비 수요를 파악하여 유관기관에 요청

▷ 「민방위기본법」 제26조의 민방위대 동원 인력, 재난관리책임기관의 직원, 「재난 및 안전관리 기본법」 시행령 제43조가 정한 비축된 물자 및 지정된 장비를 고려

비축 물자 및 자재

구분	종류
수방 자재	포대류, 묶음줄 등
건설 자재	시멘트, 철근, 하수관 및 강재 등
전기·통신 기자재	전기·통신·수도용 자재 등
수송, 연료	자재·인력 등의 운반 장비 및 연료 등
건설 장비	불도저·굴삭기 등 건설 장비 등
복구 장비	양수기 등 침수지역 복구 장비 등
재난응급 대책용 소형 장비	손전등, 축전지, 소형 발전기 등
기타	그 밖에 행정안전부 장관이 재난응급대책 및 재난복구에 필요하다고 정하여 고시하는 물자 및 자재 등

2. 장비 및 인력 투입 절차

(1) 응급조치에 필요한 장비 및 인력 수요 측정, 방재협력기관에 지원 요청

① 방재시설이 기능을 상실하는 상황이 발생하면 인력 및 장비지원에 적정한 대책 강구

② 고려사항

    ⊙ 방재시설의 기능 회복 가능성이 있는 경우 그에 필요한 조치를 취함

    ⓛ 상실한 기능의 회복이 불가능한 경우에는 방재시설 기능을 대체할 수 있는 수단을 모색

    ⓒ 모든 의사결정의 우선순위는 인명피해 방지대책을 최우선으로 함

    ⓔ 가스, 전기, 상하수도, 도로, 철도, 교량, 항만, 통신 등 공공시설의 훼손으로 인한 사회·경제적 혼란을 최소화

    ⓜ 재난관리책임기관은 물자·자재를 비축하고, 동원 장비와 인력을 지정·관리하며, 재난 방지시설을 정비할 수 있도록 민방위대와 군부대 및 지정된 민간 장비와 인력 지원을 요청

(2) 작업 계획 수립

① 재해 현장별 재해규모, 중요성, 시급성 등을 고려하여 인력 및 장비 투입규모, 작업일수 등에 대한 작업계획 수립

② 장비 수요 산정 방법

    ⊙ 응급복구 유형과 규모에 적정한 장비 수요 판단은 통일성과 객관성이 확보된 단위 수량 조견표를 작성하여 이용하면 장비 수요 산정을 빠르게 할 수 있음

    ⓛ 장비 수요 조견표는 예년도 피해를 기준으로, 피해 유형별 물량 복구사업에 이용된 설계서 단가 산출 등에 의해 계산된 장비 수량을 근거로 함

(3) 현장 투입 및 문제점 개선

① 비상 상황에 투입된 장비의 일일 작업 상황을 고려하여 현장 투입

② 현장 투입 시 고려사항

    ⊙ 작업 일자 및 기상 상황

    ⓛ 총 작업량 대비 금일 작업량 및 잔량

    ⓒ 장비 종별 투입 대수 및 작업시간, 유류 지원 현황 등

    ⓔ 인력 투입 현황(운전원, 특수 인부, 보통 인부)

    ⓜ 자재 종별 투입 현황(시멘트, 모래, 자갈, 철근, 거푸집 등)

    ⓗ 명일 작업계획(작업 물량, 투입 장비, 동원 인력)

    ⓢ 문제점 및 대책 등

Keyword

★
응급복구 시 장비 수요 산정
예년도 피해 시 복구사업에
투입된 장비 수량을 기준으로
장비 수요 조견표를 작성하여
산정

기능 상실 방재시설 응급복구

1. 응급복구 계획의 수립

▷ 방재시설이 피해를 입게 되면 제2의 재해를 유발하게 되는데, 특히 방재시설에 의존하던 공공기반 시설의 기능과 편익이 정지되거나 약화된다. 따라서 방재시설의 빠른 기능 회복을 위하여 항구 복구 전에 응급복구계획을 수립

2. 응급복구 공정관리

▷ 응급복구는 재난대응이나 복구 초기 단계에서 실시하기 때문에 일반 사업의 공정관리보다 특별한 관리가 필요
▷ 응급복구 공정관리는 구조적 대책과 비구조적 대책을 병행하고, 방재 시설의 기능성을 회복하는 데 중점을 둠
▷ 응급복구 자재가 적기에 조달되도록 자재조달 계획을 수립

3. 응급복구 현장의 불안전 요인 및 대비 사항

▷ 응급복구 현장은 다른 일반 공사장과 달리 현장관리나 안전관리가 체계적이지 못함
▷ 설계도서나 시방서가 준비되지 않은 채 응급조치를 하는 경우에 대비하여 해당 분야의 기술적 지원 대책이 필요
▷ 응급복구 과정에서 처리하지 못한 잔토나 홍수로 발생한 유실 수목 등 유실물로 인한 2차 피해의 위험에 항상 대비해야 함
▷ 재해 응급복구 현장의 안전은 여타 공사장보다 취약하므로 건설 공사장의 안전에 특별한 주의를 기울여야 함

4. 응급복구 공사 시행 절차

(1) 방재시설의 피해 현황 파악

① **피해 현황 파악 내용 및 순서**
  ㉠ 시설명
  ㉡ 피해 일시
  ㉢ 피해 위치
  ㉣ 피해 내역(공종, 단위, 물량, 단가, 피해액)

  ⓜ 강우량 등 기상 상황

  ⓗ 직간접적인 피해 원인

  ⓢ 응급조치 현황

  ⓞ 피해액 산정

  ⓩ 복구 유형 결정(복구 효과)

  ⓒ 복구비 산정

  ⓔ 위치도 및 사진

② 비상 상황에서는 응급복구의 특성 및 응급조치의 시급성 등에 따라 파악 순서가 일부 생략되거나 변경될 수 있음

(2) 응급복구계획 수립

① 응급복구계획의 내용

 ⓐ 방재시설 피해에 적정한 응급복구 기간 및 방법, 소요장비, 인원 지원 등으로 구성

② 응급복구계획 수립 요령

 ⓐ 응급복구계획은 구조물적·비구조물적 대책과 함께 기계·전기, 통신, 건축, 토목(일반, 농업 등), 설비 등 각 분야의 인력과 장비 수요 파악을 손쉽게 할 수 있도록 응급복구 물량 단위당(m, km, m², m³ 등) 장비·비용 표준 조견표를 작성하여 이용

③ 응급복구계획 시 유의사항

 ⓐ 응급복구 공사 시행물량이 항구복구 과정에서 낭비적 요인이 되지 않고 최대한 유용되도록 연계성을 고려

  ▷ 응급복구 토공의 항구 복구에 유용한 방안 모색

  ▷ 응급복구 구조물 공사의 항구 복구에 유용한 방안 모색

  ▷ 응급복구 가설 공사의 항구 복구에 유용한 방안 모색

  ▷ 현장 발생품 재활용 방안 모색 등

 ⓑ 응급복구 현장에 필요한 안전대책을 응급복구계획에 반영

  ▷ 재해 위험에 노출된 응급복구 현장에서 발생 가능한 제2차 재해 위험, 추락, 붕괴, 충돌, 익사, 감전 등의 위험요인에 적정한 안전 대책 반영 등

(3) 응급복구 공사 시행

① 복구공사 시행 절차

 ⓐ 가설 공사

★
응급복구 공사 시행 절차
방재시설 피해 현황 파악, 응급복구 계획 수립, 응급복구공사 시행, 점검 및 추가지원

★
응급복구 계획의 구성
응급복구 기간 및 방법, 소요장비, 인원 지원 등으로 구성

ⓛ 응급복구계획 검토(공정관리, 품질관리, 안전관리)

ⓒ 2차 피해 방지 대책

ⓔ 시공 측량

ⓜ 장비 및 자재 확보

ⓗ 착공

ⓢ 시공

ⓞ 준공

② 응급복구 공사 시 고려사항

　　㉠ 응급복구 현장은 현장관리나 안전관리가 체계적이지 못함

　　ⓛ 설계도서나 시방서가 준비되지 않은 채 응급조치를 하는 경우에
　　　대비하여 해당 분야의 기술적 지원 대책 필요

　　ⓒ 응급복구 과정에서 처리하지 못한 잔토나 홍수로 발생한 유실물로
　　　인한 2차 피해 위험에 항상 대비해야 함

　　ⓔ 재해 응급복구 현장은 여타 일반 공사장보다 안전이 취약하므로
　　　건설 공사장의 안전관리에 특별한 주의를 기울여야 함

(4) 점검 및 추가 지원

① 공사 진행 상태 점검 시 착안사항

　　㉠ 방재시설의 기능 회복 상태

　　ⓛ 추가 위험 요인 여부

　　ⓒ 공법 및 장비·인력 투입의 적정성

　　ⓔ 공기에 적정한 공정관리

　　ⓜ 안전관리 및 품질관리 등

② 추가적 조치사항

　　㉠ 인력 및 장비의 지원

　　ⓛ 기술적 지원 등

5절 현장 안전관리계획

1. 현장 안전관리의 개념

▷ 재해 위험의 영향권 내에서는 누구나 재해 약자가 되므로 재해 위험
의 영향권 내에 있는 모든 사람을 대상으로 안전관리가 필요

2. 비상 상황의 방재시설 현장 특성

▷ 방재시설의 비상 상황 현장은 전기와 같은 에너지, 기계, 설비 시설 등 위험 유형이 다양하고 추락, 충돌, 붕괴, 유실, 익사, 압사, 감전 등 다양한 위험에 노출되어 있음

▷ 비상 상황에서 방재시설이 처해 있는 위험 특성의 이해와 함께 비상 상황 현장에 적정한 안전대책이 필요

▷ 방재시설 응급복구나 유지·보수 공사현장은 공정이 진척됨에 따라 수시로 새로운 위험 환경이 조성되므로 일상적인 안전관리 대책이 필요

3. 안전관리의 원리

▷ 안전관리를 하려면 재해가 발생하기 전에 환경과 조건을 변화시키든지, 아니면 재해에 이르는 연결고리를 단절시켜 피해를 예방하고 줄이는 연쇄반응에 대한 이해가 필요

▷ 재해에 이르는 위험을 제거할 수 있는 기회는 반드시 존재하므로 위험 요인에 대한 예측력과 재해에 이르는 연결고리 단절을 위한 결단이 요구됨

4. 현장 안전관리

(1) 「안전관리 계획」 수립 및 관련자 교육

① 불안전 요인 발굴

　㉠ 현장에 잠재해 있는 기계적 위험·화학적 위험·에너지 분야의 위험, 작업적 위험, 행동 위험, 시스템적 위험, 자연환경적 위험 등 각종 불안전 요인들을 조사하여 발굴

② 「안전관리 계획」 수립

　㉠ 공사현장은 공정이 진척됨에 따라 위험환경이 수시로 변화하므로 공종별 위험환경을 파악하여 「안전관리 계획」을 수립

　㉡ 고려사항

　　▷ 안전관리계획 수립을 위한 지역 특성 파악 및 반영

　　▷ 현장에 존재하는 외부 위험 요인 발굴 및 반영

　　▷ 안전성 확보를 위하여 안전관리교육과 훈련계획 반영

　　▷ 직무상 사고관리 및 직무 수행 기능 마비 시 대책 강구

　　▷ 불완전한 행위로 인해 발생할 수 있는 위험인자 인식대책 강구

Keyword

★
안전관리의 최선책은 재해에 이르는 위험 요인을 사전에 제거하는 것

★
현장에서의 안전관리는 공사 진척에 따라 주변 환경이 수시로 바뀌므로 이를 예측하여 안전관리 계획을 수립하고 수시로 관련자 교육을 실시하는 것이 중요

▷ 안전관리 대상의 범위 설정 및 반영

    ▷ 불안전한 위협 요인에 대하여 정기 또는 수시 모니터링 관리

    ▷ 조직이나 개인 차원의 안전관리에 대한 지식수준 제고 대책

    ▷ 외부의 운전자 혹은 작업자 등 외부인들의 불안전한 행동 식별 관리

    ▷ 각종 응급 상황에 대비한 비상대응계획

    ▷ 현장 실정에 맞는 안전 장비 및 착용에 대한 대책 수립 및 실행

    ▷ 재해 보상 규정에 상당한 재해 경감 대책의 적정성 검토 및 대책 강구

    ▷ 안전성을 확보하는 데 필요한 작업 인원 수준 제고대책 강구

    ▷ 위급 상황 발생 시 후송 등 조치계획

    ▷ 시설물의 안전 상태 관련 계획 등

③ 안전교육 및 훈련 시 고려 사항

    ㉠ 과거의 사례 분석 및 평가에 관한 사항

    ㉡ 안전관리 책임과 감독 책임에 관한 사항

    ㉢ 안전관리조직에 관한 사항

    ㉣ 자연적 위험에 대비한 시설물 및 장비의 배치 및 확보에 관한 사항

    ㉤ 위험에 적정한 개인 보호 장비 지급에 관한 사항

    ㉥ 안전 점검 및 안전진단계획 수립에 관한 사항

    ㉦ 사고 발생 시 보고 및 분석체계 구축에 관한 사항

    ㉧ 안전관리교육 대상에 관한 사항(공사현장 근무자, 감독관, 주민 등을 포함) 등

(2) 「안전관리 계획」 실행

① 「안전관리 계획」 시행 시 고려사항

    ㉠ 비상 상황이나 공사현장의 위험 환경에 적정한 일일 안전관리체계를 구축하여 실행

    ㉡ 안전관리교육 및 안전수칙 준수 실태 점검을 일상화

    ㉢ 위험 요인은 사전에 제거

    ㉣ 비상 상황 대처에 필요한 인력과 장비 수요를 파악하여 외부의 지원을 받음

1 유지관리란 '완공된 시설물의 기능과 시설물 이용자의 편의와 안전을 높이기 위하여 시설물을 일상적으로 점검·정비하고 손상된 부분을 원상복구하며, 시간경과에 따라 요구되는 개량·보수·보강에 필요한 활동'이다. 이와 관련된 법은 무엇인가?

2 방재시설의 유지관리를 위한 목표기간을 설정할 때, 단기계획, 중기계획, 장기계획은 각각 몇 년씩을 수립하는가?

3 다음은 구조물의 손상원인을 설명한 것이다. (   ) 안에 들어갈 말로 적절한 것을 쓰시오.

> • (①): 콘트리트 중성화, 철근 및 강재 부식 등
> • (②): 시간 초과 레미콘 타설, 건조수축, 동바리 융해, 다짐 불량, 재료분리, 거푸집 및 동바리 조기 철거 등
> • (③): 하중 증가, 설계 결함, 온도 변화의 영향 등

4 다음 방재시설 유지관리체계 특성에 맞는 체계 유형은?

> 장대교, 대댐 등과 같이 재해 발생 시 대규모의 피해를 유발하는 시설물을 대상으로 24시간 관측하고 즉시 대책을 강구하는 체계

5 다음 설명하는 방재시설 유지관리 수준 특성에 해당하는 것은?

> 시설물을 개출할 때까지 모든 구성요소에 대한 점검·진단, 보수·보강, 교체 등 일체의 유지관리 행위를 하지 않고 방치하는 경우

6 다음 설명하는 방재시설 유지관리 기준 특성에 해당하는 것은?

> 시설물의 내구 성능 회복 또는 향상이나 기능을 회복시켜 주는 수준의 유지관리

7 유지관리 목표기간 설정연수는 장기, 중기, 단기 각각 몇 년씩인가?

답 1. 시설물의 안전 및 유지관리에 관한 특별법 2. 단기: 1년 또는 3년, 중기: 5년, 장기: 10년
3. ① 재료적 원인, ② 시공적 원인, ③ 구조적 원인 4. 상시관리체계 5. 무보수방치 6. 보수
7. 장기: 10년, 중기: 5년, 단기: 1년 또는 3년

8 비상상황관리에 대비되어 일상적으로 실시하는 유지관리로서 사전적 예방 활동으로서 방재시설 유지관리의 기본이 되는 것은?

9 계절변화에 의한 위험요인 및 시설물의 이상을 조기 발견하기 위한 안전점검은?

10 방재시설 취약성 중 환경적 요인에 해당하는 것은?

11 다음에 설명하는 시설물의 상태로 판단할 수 있는 안전등급은?

> 보조 부재에 경미한 결함이 발생했으나 기능 발휘에 지장이 없으며, 내구성 증진을 위하여 일부 보수가 필요한 상태

12 다음 설명하는 상황에 실시하는 현장 점검은?

> 「시설물의 안전 및 유지관리에 관한 특별법」에 의거하여 실시하나, 일상 점검 과정에서 나타난 결함이나 재해 예방과 안전성 확보 등을 위하여 필요하다고 인정될 때 실시

13 계측 센서 평가항목을 3가지만 작성하시오.

14 완공된 시설물의 기능과 시설물 이용자의 편의와 안전을 높이기 위하여 시설물을 일상적으로 점검·정비하고 손상된 부분을 원상복구하며, 시간 경과에 따라 요구되는 개량·보수·보강에 필요한 활동은 무엇인가?

15 방재시설의 유지관리계획 목표기간 설정 시 고려사항을 2가지만 작성하시오.

16 방재시설의 유지관리체계를 분류할 때 해당되는 체계 2가지를 작성하시오.

17 방재시설의 유지관리체계 중 장대교, 대댐 등과 같이 재해 발생 시 대규모의 피해를 유발하는 시설물을 대상으로 24시간 관측하고 즉시 대책을 강구하는 체계는?

18 방재시설의 유지관리체계 중 국내외에서 발생하는 각종 재해와 유사한 재해, 언론, 신고 등을 기초로 필요시에 점검계획을 수립하고 대책을 강구하는 체계는?

19 방재시설의 유지관리체계 중 방재시설물을 구성하는 본체, 부속시설, 부품, 소모품 등 부분별 생애주기에 따라 정기적으로 교체 혹은 보수 및 보강을 강구하는 체계는?

답
8. 상시 유지관리 9. 정기안전점검 10. 지하수 수압 상승 11. 양호 등급 12. 정밀안전진단
13. 적응성, 신뢰성, 편리성, 내후성, 보수성, 경제성 14. 유지관리
15. 시설물의 내구연한, 시설물의 손상 및 주변 환경의 변화 상태, 유지관리 예상투자실적과 재정여건을 고려한 재정투자계획, 시설물의 규모와 취약성 및 기능
16. 상시 관리체계, 수시적 관리체계, 주기적 관리체계 17. 상시 관리체계 18. 수시적 관리체계
19. 주기적 관리체계

20 방재시설 유지관리를 위한 재해발생 우려 시설 및 지역의 점검 종류를 3가지만 작성하시오.

21 재해 발생이 우려되는 시설·지역의 점검 중 재난관리책임기관의 장이 연중 2회 이상 실시하는 것은?

22 풍수해에 의한 재해 발생 우려 시설 및 지역을 재난관리책임기관의 장이 매년 3-5월 중 1회 이상 실시하는 점검은?

23 설해에 의한 재해 발생 우려 시설 및 지역을 재난관리책임기관의 장이 매년 11월 ~ 익년 2월 중 1회 이상 실시하는 점검은?

24 재해 발생이 우려되는 시설·지역에 대해 수시점검 및 정기점검을 한 결과 재해예방을 위하여 정밀한 점검이 필요하다고 인정되는 경우 실시하는 점검은?

25 유지관리 기법을 결정할 때 고려사항을 3가지만 작성하시오.

26 방재시설의 유지관리 기준 유형을 3가지만 작성하시오.

27 방재시설물의 유지관리 기준 중 내구연한이 도래하였거나 주요 구조 부위에 심각한 손상을 입어 보수·보강이 곤란한 경우에 시설물 전체를 교체하는 것은?

28 방재시설물의 유지관리 기준 중 내구연한이 도래하였거나 주요 구조 부위에 심각한 손상을 입어 일부분을 교체하여야 구조적 안전성을 확보하고 기능을 회복할 수 있는 경우에 선택하는 것은?

29 방재시설물의 유지관리 기준 중 시설물의 부재난 구조물의 내하력과 강성 등의 역할적인 성능과 기능을 높여 안전성과 기능을 회복 또는 향상시키기 위한 것은?

30 방재시설물의 유지관리 기준 중 노후시설이나 기능이 상실 또는 저하된 시설을 개량하고 보수하여 재해위험으로부터 안전과 기능을 보장해 주는 것은?

31 유지관리 평가대상 방재시설을 3가지만 작성하시오.

32 방재시설의 안전점검 유형 3가지를 작성하시오.

 답

20. 사전대비 실태점검, 수시점검, 정기점검, 안전진단 **21.** 수시점검 **22.** 정기안전점검
23. 정기안전점검 **24.** 안전진단 **25.** 내구성, 기능성, 구조적 안전성, 편리성, 경제성, 신뢰성
26. 전면 교체, 부분 교체, 보수, 보강, 개·보수 **27.** 전면 교체 **28.** 부분 교체 **29.** 보강 **30.** 개·보수
31. 소하천, 하천, 농업생산기반시설, 공공하수도시설, 항만시설, 어항시설, 도로시설, 산사태방지시설, 재난예경보시설
32. 정기안전점검, 정밀안전점검, 긴급안전점검

33 방재시설의 안전점검을 통해 지정하는 안전등급 5가지를 상태가 좋은 것부터 순서대로 작성하시오.

34 방재시설의 안전점검을 통해 지정하는 안전등급 중 문제점이 없는 최상의 상태는?

35 방재시설의 안전점검을 통해 지정하는 안전등급 중 보주 부재에 경미한 결함이 발생했으나 기능 발휘에 지장이 없으며, 내구성 증진을 위하여 일부 보수가 필요한 상태는?

36 방재시설의 안전점검을 통해 지정하는 안전등급 중 주요 부재에 경미한 결함, 또는 보조 부재에 광범위한 결함이 발생했으나 전체적인 시설물의 안전에는 지장이 없으며, 주요 부재에 내구성과 기능성 저하 방지를 위한 보수가 필요하거나 보조 부재에 간단한 보강이 필요한 상태는?

37 방재시설의 안전점검을 통해 지정하는 안전등급 중 주요 부재에 결함이 발생하여 긴급한 보수 및 보강이 필요하며, 사용 제한 여부를 결정해야하는 상태는?

38 방재시설의 안전점검을 통해 지정하는 안전등급 중 주요 부재에 발생한 심각한 결함으로 인하여 시설물의 안전에 위험이 있어 즉각 사용을 금지하고 보강 또는 개축해야 하는 상태는?

39 방재시설 현장점검의 종류를 3가지만 작성하시오.

40 방재시설의 피해상황 조사·분석·기록 절차 중 2가지만 작성하시오.

41 방재시설이 피해를 입게 되면 제2의 피해를 유발하게 되는데, 특히 방재시설에 의존하던 공공기반시설의 기능과 편익이 정지되거나 약화된다. 이때 방재시설의 빠른 기능 회복을 위하여 항구복구 전에 수립하는 계획은?

42 중앙재난안전대책본부의 자연재난조사 및 복구계획수립지침에서 규정하고 있는 피해시설(또는 지역, 지구)의 복구체계는 2가지 사업으로 구분하고 있는데 각각 기술하시오.

43 방재시설의 유지관리는 각종 방재시설의 기능을 유지하기 위하여 계획을 수립하고 (   ) 및 (   )로 구분하여 하자관리 및 계측관리를 시행한다. 괄호속의 내용을 기술하시오.

44 시설물의 기능을 유지하기 위하여 요구되는 시설물의 구조적 안전성, 내구성, 사용성 등의 성능을 종합적으로 평가하는 것을 무엇이라 하는가?

33. A(우수), B(양호), C(보통), D(미흡), E(불량) 34. A(우수) 35. B(양호) 36. C(보통)
37. D(미흡) 38. E(불량) 39. 정기안전점검, 정밀안전점검, 긴급안전점검, 정밀안전진단
40. 비상상황의 특성 및 현장관리, 피해상황 현장을 보존·기록, 복구계획 수립 41. 응급복구 계획
42. 기능복원사업, 개선복구사업 43. 상시, 비상시 44. 성능평가

45 시설물의 물리적·기능적 결함을 발견하고 그에 대한 신속하고 적절한 조치를 하기 위하여 구조적 안전성과 결함의 원인 등을 조사·측정·평가하여 보수·보강 등의 방법을 제시하는 행위를 무엇이라 하는가?

46 시설물의 붕괴·전도 등으로 인한 재난 또는 재해가 발생할 우려가 있는 경우에 시설물의 물리적·기능적 결함을 신속하게 발견하기 위하여 실시하는 점검을 무엇이라 하는가?

답   45. 정밀안전진단   46. 정밀안전진단

177
제3편 방재시설 유지관리

제4편
재해저감대책 수립

재해영향저감대책 수립

재해영향저감대책 수립은 방재안전대책 직무 수행에서 발생 가능한 재해유형에 대하여 재해영향성 분석을 근간으로 재해위험 해소 및 저감방안을 구조적 및 비구조적으로 수립하는 데 목적이 있다. 따라서 본 장에서는 개발사업에 시행에 따라 예상되는 재해요인을 개발 전·중·후로 구분하여 예측하고 예측된 위험요소를 해소할 수 있는 경제적이고 효율적인 재해영향저감대책 방안을 수록하였다.

1절 해당 지역의 예상 재해요인 예측

1. 재해영향평가 등의 협의제도 개요

(1) 용어의 정의

① 재해영향평가 등의 협의제도는 개발계획 등이 수립·허가되는 과정에서 개발행위로 인하여 유역에 미치는 재해영향을 사전에 평가하고 홍수, 내수, 사면, 지반, 지진, 해안, 바람 등 재해 유형별 피해와 피해를 유발하는 증가요인을 분석하여 그 요인들을 최소화하는 방향으로 추진하도록 하는 제도

② 재해영향평가 등의 협의 관리체계는 크게 다음과 같은 세 가지의 수단을 가지는 제도

  ㉠ 개발에 따른 홍수와 토사유출량의 증대로 인한 하류지역 피해 및 사면불안정으로 인한 재해요인을 최소화하는 예방적 수단

  ㉡ 예방적 수단에 의한 억제에도 불구하고 발생 가능한 피해는 강제적인 규제조치를 통하여 방지하는 규제적 수단

  ㉢ 평가를 통하여 승인된 계획을 통하여 개발이 완료된 이후 발생할 수 있는 천재지변에 의한 피해에 대해서는 분쟁조정과 피해배상의 부분을 포함하는 구제적 수단을 포함하는 제도

(2) 대상 사업의 종류 및 범위

① 재해영향평가 등의 협의는 「자연재해대책법」에 따라 국토·지역계획 및 도시의 개발, 산업 및 유통 단지 조성, 에너지 개발, 교통시설의 건설, 하천의 이용 및 개발, 산지 개발 및 골재 채취, 관광단지 개발 및 체육시설 조성, 그 밖에 자연재해에 영향을 미치는 계획 및 사업으로

서 대통령령으로 정하는 계획 및 사업을 대상으로 함

② 재해영향평가 등의 협의 대상사업의 종류 및 범위는 동법 시행령 별표 1에서 규정한 사업으로 함

★
- 행정계획: 재해영향성 검토 (규모에 관계없음)
- 개발사업: 재해영향평가, 소규모 재해영향평가(규모에 따라 구분)

재해영향평가 등의 협의 대상상업의 종류 및 범위

재해영향평가 등의 협의 대상사업		사업의 종류	규모
행정계획	재해영향성 검토	47개 종류 (37개 법령)	규모에 관계없음
개발사업	재해영향평가	59개 종류 (47개 법령)	(면적) 5만m² 이상 (길이) 10km 이상
	소규모 재해영향평가		(면적) 5천m² 이상 5만m² 미만 (길이) 2km 이상 10km 미만

(3) 협의절차

① 개발계획 등을 하고자 하는 행정기관 또는 사업자는 재해에 관한 영향을 검토한 내용이 포함된 해당 사업계획서를 승인기관에 제출하여야 함

② 이후 협의절차는 다음과 같은 재해영향평가 등의 협의 이행 절차도에 따름

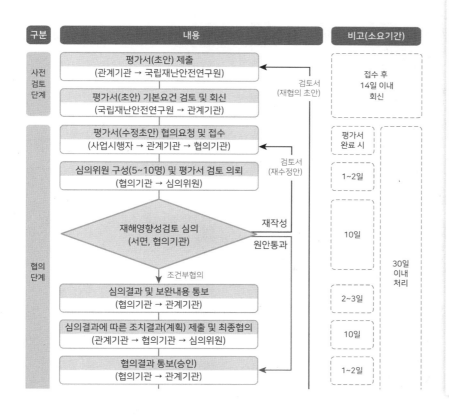

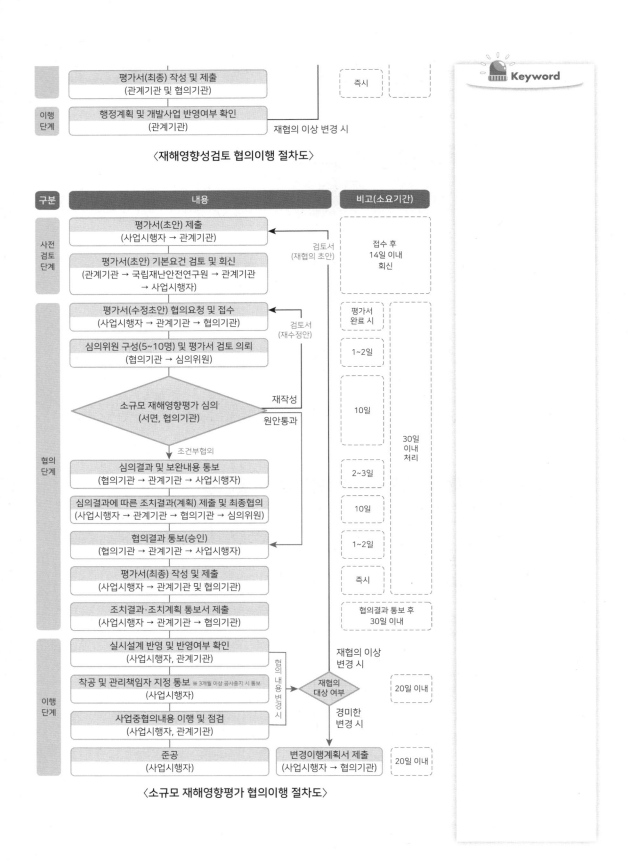

구분	내용		비고(소요기간)

평가서(최종) 작성 및 제출
(관계기관 및 협의기관) — 즉시

이행 단계 | **행정계획 및 개발사업 반영여부 확인**
(관계기관) — 재협의 이상 변경 시

〈재해영향성검토 협의이행 절차도〉

구분	내용	비고(소요기간)

사전 검토 단계

평가서(초안) 제출
(사업시행자 → 관계기관) ← 검토서 (재협의 초안) — 접수 후 14일 이내 회신

평가서(초안) 기본요건 검토 및 회신
(관계기관 → 국립재난안전연구원 → 관계기관 → 사업시행자)

협의 단계

평가서(수정초안) 협의요청 및 접수
(사업시행자 → 관계기관 → 협의기관) ← 검토서 (재수정안) — 평가서 완료 시

심의위원 구성(5~10명) 및 평가서 검토 의뢰
(협의기관 → 심의위원) — 1~2일

소규모 재해영향평가 심의
(서면, 협의기관) — 재작성 / 원안통과 — 10일

조건부협의

심의결과 및 보완내용 통보
(협의기관 → 관계기관 → 사업시행자) — 2~3일

심의결과에 따른 조치결과(계획) 제출 및 최종협의
(사업시행자 → 관계기관 → 협의기관 → 심의위원) — 10일

협의결과 통보(승인)
(협의기관 → 관계기관 → 사업시행자) — 1~2일

평가서(최종) 작성 및 제출
(사업시행자 → 관계기관 및 협의기관) — 즉시

30일 이내 처리

조치결과·조치계획 통보서 제출
(사업시행자 → 관계기관 → 협의기관) — 협의결과 통보 후 30일 이내

이행 단계

실시설계 반영 및 반영여부 확인
(사업시행자, 관계기관)

착공 및 관리책임자 지정 통보 ※ 3개월 이상 공사중지 시 통보
(사업시행자)

사업중협의내용 이행 및 점검
(사업시행자, 관계기관)

협의 내용 변경 시 — **재협의 대상 여부** — 재협의 이상 변경 시 / 경미한 변경 시 — 20일 이내

준공
(사업시행자)

변경이행계획서 제출
(사업시행자 → 협의기관) — 20일 이내

〈소규모 재해영향평가 협의이행 절차도〉

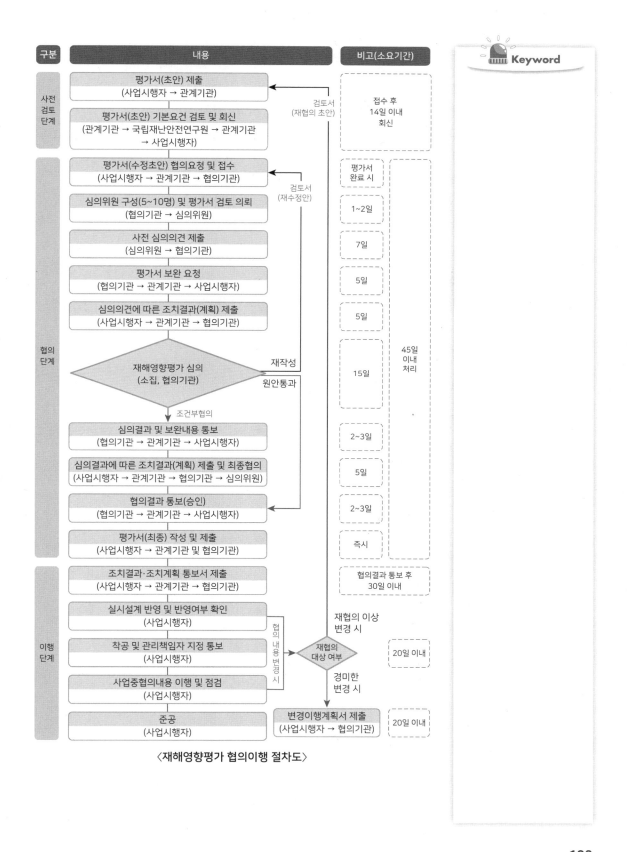

구분	내용	비고(소요기간)

사전 검토 단계

평가서(초안) 제출
(사업시행자 → 관계기관)

← 검토서 (재협의 초안)

접수 후 14일 이내 회신

평가서(초안) 기본요건 검토 및 회신
(관계기관 → 국립재난안전연구원 → 관계기관 → 사업시행자)

협의 단계

평가서(수정초안) 협의요청 및 접수
(사업시행자 → 관계기관 → 협의기관)

← 검토서 (재수정안)

평가서 완료 시

심의위원 구성(5~10명) 및 평가서 검토 의뢰
(협의기관 → 심의위원)

1~2일

사전 심의의견 제출
(심의위원 → 협의기관)

7일

평가서 보완 요청
(협의기관 → 관계기관 → 사업시행자)

5일

심의의견에 따른 조치결과(계획) 제출
(사업시행자 → 관계기관 → 협의기관)

5일

재해영향평가 심의
(소집, 협의기관)

재작성 / 원안통과

15일

45일 이내 처리

조건부협의

심의결과 및 보완내용 통보
(협의기관 → 관계기관 → 사업시행자)

2~3일

심의결과에 따른 조치결과(계획) 제출 및 최종협의
(사업시행자 → 관계기관 → 협의기관 → 심의위원)

5일

협의결과 통보(승인)
(협의기관 → 관계기관 → 사업시행자)

2~3일

평가서(최종) 작성 및 제출
(사업시행자 → 관계기관 및 협의기관)

즉시

이행 단계

조치결과·조치계획 통보서 제출
(사업시행자 → 관계기관 → 협의기관)

협의결과 통보 후 30일 이내

실시설계 반영 및 반영여부 확인
(사업시행자)

착공 및 관리책임자 지정 통보
(사업시행자)

협의 내용 변경 시 → 재협의 대상 여부

재협의 이상 변경 시 → 20일 이내

사업중협의내용 이행 및 점검
(사업시행자)

경미한 변경 시

준공
(사업시행자)

변경이행계획서 제출
(사업시행자 → 협의기관)

20일 이내

〈재해영향평가 협의이행 절차도〉

Keyword

2. 재해영향평가 대상지역의 설정

(1) 평가대상지역 설정방법

① 면적 개념의 경우 재해영향평가 대상 지역은 일반적으로 사업지구와 사업지구 상·하류유역과 재해영향이 있는 주변지역을 포함하여 선정

② 선 개념인 경우 전 구간에 대해 유역을 구분하여 검토하고 위험요인이 내재된 구간은 재해유형별 특성에 맞게 조정하여 검토대상지역 선정

③ 평가대상지역이 설정되면 전체 평가대상지역을 제시하고, 사업지구, 사업지구 상류유역, 사업지구 하류유역, 주변지역 등을 각각 구분하여 제시

(2) 면적 개념 사업 평가대상지역 설정

① 사업지구 상·하류 유역이나 주변지역 등을 광범위하게 검토한 후 평가대상지역을 설정

② 필요시 재해발생 요인에 대한 상세 검토를 통해 평가대상지역 조정

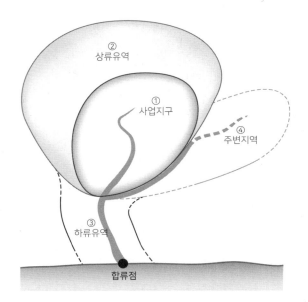

★
재해영향평가 대상지역의 설정

★
대상지역의 특성에 따라 면적, 선, 점 개념으로 분류

면적 개념 사업의 평가대상지역 설정방법				
구분		**평가 대상 지역 설정**		
		사업지구 내		**사업지구 외**
		① 사업지구	**② 상류유역**	**③ 하류유역**	**④ 주변지역**

구분		① 사업지구	② 상류유역	③ 하류유역	④ 주변지역
저감 대책	홍수유출량 증가량 저감	●	●	◑	○
	토사유출량 증가량 저감	●	●	×	×
	사면안정성 확보	×	●	○	○
저감 방안	하천재해	●	●	◑	○
	내수재해	●	●	◑	○
	사면재해	●	×	×	×
	토사재해	●	●	○	○
	바람재해	●	×	×	×
	해안재해	●	○	◑	×
	기타 재해	●	●	○	○

주) ●는 설정, ◑는 대부분 설정, ○는 해당되는 경우만 설정, ×는 해당없음을 의미

③ **면적 개념 사업의 평가대상지역 설정에서 고려해야 할 사항**

　㉠ 저감대책 측면에서 사업지구, 사업지구 상류유역, 하류유역, 주변
　　지역 등으로 구분하여 설정한 다음, 재해유형별 저감방안 수립 측
　　면에서 고려가 필요한 부분이 발생하면 추가로 설정

　㉡ 저감대책의 사면안정성 확보 관련 평가 대상 지역 설정에서 사업
　　지구는 실시설계에서 수행하기 때문에 제외되는 반면, 저감방안의
　　사면재해 평가 대상 지역 설정에서는 사업지구만으로 국한

　㉢ 토사유출량 증가량 저감과 일반 토사재해는 개념이 상이하여 저감
　　대책과 저감방안으로 완전히 구분되므로 평가대상지역도 다르게
　　설정

　㉣ 면적으로 구분하기 곤란한 하천이나 관거 또는 해안은 선(또는 점)
　　으로 설정

　㉤ 초기에는 설정, 대부분 설정, 해당되는 경우만 설정, 해당없음 등
　　네 가지로 구분하여 시작하지만 최종 평가대상지역 설정 결과에는
　　설정과 해당없음 등 두 가지로만 구분

　㉥ 하류유역이나 주변지역은 상세검토에서 저감대책이나 저감방안이
　　발생하는 경우에는 실선으로 표시하고 평가대상은 존재하지만 저

감대책이나 저감방안이 전혀 없는 경우에는 파선으로 표시

(3) 선 개념 사업 평가대상지역 설정

① 선 개념 사업으로 구분된 경우라도 면적 개념이 포함된 지역의 경우 면적 개념 방법을 적용

② 선 개념 사업의 평가대상지역 설정은 저감대책과 저감방안으로 구분하여 설정

선 개념 사업의 평가대상지역 설정방법

구분		설정방법
저감 대책	홍수유출량 증가량저감	도로 및 철도 구역만 평가대상지역으로 우선 설정(노선상의 홍수유출량 증가량 산정)
	토사유출량 증가량저감	전체 구간 및 전체 유역을 평가대상지역으로 설정하고 향후 침사지 설치 위치에 따라 구간 분리
	사면안정성 확보	자연사면 및 기존 인공사면 중 노선상에 유발하는 재해위험도가 높다고 판단되는 지역을 포함하는 유역을 평가대상지역으로 설정
저감 방안	하천재해	하천 및 수로가 통과하는 지점 상·하류 구간을 포함하는 유역을 평가대상지역으로 설정
	내수재해	암거 상류 및 하류 구간을 포함하는 유역을 평가대상지역으로 설정
	사면재해	인공사면을 포함하는 유역을 평가대상지역으로 설정
	토사재해	기존 토사재해 이력이 있는 유역을 평가대상지역으로 설정
	바람재해	설계풍속 검토를 통하여 내풍설계가 필요한 지역을 평가대상지역으로 설정
	해안재해	해안재해가 예상되는 지역을 평가대상지역으로 설정
	기타 재해	저수지 붕괴 등으로 인한 피해가 예상되는 유역을 평가대상지역으로 설정

3. 기초현황 조사

(1) 유역 및 배수계통 조사

① 유역조사

▷ 사업지구, 사업지구 상류유역, 하류유역, 주변지역으로 구분하여 조사

▷ 유역의 기하학적인 특성인자인 유역면적, 유역경사, 형상계수 등을 개발 전·중·후를 구분하여 제시

② 배수계통 조사
▷ 유역의 지표수 흐름의 방향을 검토할 수 있도록 유수흐름도를 개발 전·중·후로 구분하여 제시
▷ 사업지구 내·외 하천현황 및 저수지, 수로, 우수관거 현황을 조사하여 도표 형태로 제시
▷ 수지, 하천, 수로, 우수관거 등의 현황조사 결과를 토대로 배수계통도를 개발 전·중·후로 각각 제시

(2) 수문특성 조사
① 조사 대상 유역 내외의 기상관측소, 수위관측소, 조위관측소 등의 수문관측소 현황 조사
② 가급적 해당 시·군 내에 위치하는 기상관측소를 선정하며, 후술되는 강우 분석 등에 사용되는 우량관측소 선정과는 다른 개념으로 접근

(3) 토질 및 지질 현황 조사
① 지질도는 한국지질자원연구원 등 공공기관에서 제공하는 자료 활용
② 사업지구 내 지질계통 암상별 특성 등 지질현황 조사
③ 사업지구 내 지반조사 자료가 없는 경우 대상지역 인근의 지반조사 자료 최대한 조사

(4) 사면현황 조사
① 기초현황 조사의 사면현황 조사는 문헌조사에 국한
② 조사 지역은 사업지구 및 상류유역 조사
③ 사업지구, 사업지구 진입도로 등의 재해위험도가 가중되는 주변지역의 자연사면, 기존 인공사면, 옹벽 및 축대 등이 존재하는 유역을 추가 조사

(5) 재해발생 현황 조사
① 개발사업 이후에도 잔존하는 재해위험을 중점 조사
② 사업지구 및 인근 지역의 시설물정보관리종합시스템(FMS), 국가재난정보관리시스템(NDMS)에서 관리되는 재난취약요소 등을 분석하여 재해발생 이력 및 현재 상태 조사
③ 행정안전부 재해연보 및 해당 자치단체에서 발행한 수해백서, 재해지도 등 문헌조사로 최근 10년 동안 사업지역과 인근 지역에서 발생한 재해현황 조사
④ 지자체 재해대장을 활용하여 읍·면·동 위주로 사업지구와의 연관성 제시

★
재해 발생현황 조사
- 최근 10년간
- 사업대상지 현황
- 지진 발생현황
- 지역주민 설문조사 등

⑤ 인근 지역주민 대상으로 탐문조사 실시

⑥ 침수관련 재해는 침수흔적도 조사

⑦ 산사태와 토석류로 인한 피해가 발생한 지역은 현장사진에 발생시각, 발생원인, 붕괴범위(피해범위 포함) 등을 표기

(6) 재해관련 지구지정 현황 조사

① 「자연재해저감종합계획」, 지자체의 위험지역 지정·관리 정보 등 관련 자료 활용

② 관련 법령에 의하여 지정·관리되는 자연재해위험지역* 등에 대하여 개발지역과의 연관성을 고려하면서 조사

(7) 방재시설 현황 조사

「자연재해대책법 시행령」 제55조에 따른 방재시설로 「소하천정비법」, 「하천법」, 「국토의 계획 및 이용에 관한 법률」, 「하수도법」, 「농어촌정비법」, 「사방사업법」, 「댐건설 및 주변지역지원 등에 관한 법률」, 「도로법」, 「재난 및 안전관리 기본법」, 「항만법」, 「어촌·어항법」, 그 밖에 행정안전부장관이 방재시설의 유지·관리를 위하여 필요하다고 인정하여 고시하는 시설 등에서 제시하고 있는 시설물에 대하여 조사

(8) 관련계획 조사

사업지구 및 인근지역의 관련 각종 부문별 계획을 조사하여 해당 사업과 관련되는 부분 수록

(9) 드론 촬영

① 드론 촬영 사진은 사업시행자가 제공(촬영이 불가능한 제한구역 등은 사유 제시)

② 촬영일시, 촬영장소(구역) 및 추가 필요사항 등을 제시

4. 재해영향 예측 및 평가

(1) 저감대책 수립 대상 재해 유발 요인 선정 및 설계빈도 결정

① 재해영향을 예측 및 평가, 저감대책 수립 항목: 홍수유출량 증가량, 토사유출량 증가량 및 사면관련 재해위험도 증가 등 3개 항목

② 설계빈도: 영구구조물은 50년 빈도 이상, 임시구조물은 30년 빈도 이상

③ 사면관련 저감대책 수립 대상: 사업지구 외에 위치하고 있는 자연사면, 기존 인공사면, 축대 및 옹벽 등에 국한

④ 저감대책을 수립하지 않는 기타 재해 유발 요인
   ㉠ 자연재해 저감 및 방재 측면에서 검토
   ㉡ 재해영향 저감대책 수립 및 저감방안 중 저감방안 제안에 해당

(2) 홍수유출해석

① 강우분석
   ㉠ 강우관측소 선정
     ▷ 해당 개발사업 대상지와 인접한 지역을 우선으로 하되, 해당 시·군 전체에 걸쳐 하나의 동일한 기준이 적용될 수 있도록 선정
     ▷ 사업지구 시·군 내에 충분한 시우량 자료(최소 30개년 이상)를 확보한 기상청 관할 관측소를 선정
     ▷ 사업지구와의 거리, 표고의 유사성, 충분한 시우량 자료 보유 여부, 동일 수계 여부, 내륙성 또는 해양성 구분에 따른 동일 기후 여부 등을 고려하여 선정
     ▷ 사업지구 해당 시·군 내에 적절한 우량관측소가 없는 경우 인근 우량관측소 중에서 하나를 선정하거나 여러 우량관측소를 선정하여 평균하는 방법 적용
     ▷ 제주도 등과 같이 확률강우량 산정 시 고도보정이 필요한 경우 관측소별로 확률강우량을 산정하여 등우선의 형태로 나타낸 지점평균확률강우량 산정
     ▷ 선 개념 사업에서 단일 우량관측소로 전체 구간을 대변할 수 없는 경우에는 구간별 대표 관측소 선정

   ㉡ 강우량 자료 수집
     ▷ 10분, 60분, 고정시간 2~24시간(1시간 간격)의 지속기간에 대한 연 최대치 강우량 수집
     ▷ 고정시간 강우량 자료는 환산계수를 적용하여 임의시간 강우량 자료로 환산하여 사용

   ㉢ 확률강우량 산정
     ▷ 확률강우량 산정방법으로 확률분포함수의 매개변수 추정방법은 확률가중모멘트법(PWM), 확률분포형은 검벨(Gumbel) 분포를 채택하는 것을 원칙
     ▷ 확률강우량 산정 시 재현기간은 2년, 10년, 30년, 50년, 80년, 100년을 기본으로 하며 필요시 추가
     ▷ 재해기간별·지속기간별 확률강우량을 산정한 후 기존 분석결

★
확률강우량 산정
- 매개변수 추정방법: PWM 채택
- 확률분포형: 검벨(Gumbel) 분포 채택

과와 비교를 통하여 적정성을 검토

    ⓔ 강우강도식 유도
      ▷ 임의시간 확률강우량을 산정하기 위하여 강우강도식을 유도하며, 강우강도식으로 General형과 전대수다항식형 두 가지 형태를 사용
      ▷ 강우강도식의 채택 기준은 결정계수가 높은 방법을 채택하는 것이 일반적인 원칙이나, 소규모 유역의 설계강우의 지속기간으로 채택되는 3시간 이내 강우 지속기간의 회귀가 적절한 강우강도식을 채택

    ⓜ 설계강우의 시간분포
      ▷ 설계강우의 시간분포 방법은 Huff 방법 적용을 원칙으로 하고, Huff 방법 적용 시 분위는 「설계홍수량 산정요령」 등에서 추천하는 3분위를 채택

★
시간분포
Huff 방법의 3분위 적용

    ⓗ 유효우량 산정
      ▷ 유효우량은 NRCS의 유출곡선지수(CN) 방법을 사용하여 산정하고, 유출곡선지수는 개발 전·중·후에 대하여 산정하여 그 차이의 적정성을 검토

② 홍수량 산정
    ㉠ 도달시간 산정
      ▷ 도달시간은 연속형 Kraven 공식으로 산정
      ▷ 도달시간은 개발 전, 개발 중, 개발 후로 구분하여 산정
    ㉡ 저류상수 산정
      ▷ Clark 단위도법의 저류상수 산정에 Sabol 공식 적용(소유역 매개변수 보정량 적용)
    ㉢ 홍수량 산정
      ▷ 자연유역 모형의 홍수량 산정 방법은 Clark 단위도법, 도시유역 모형의 홍수량 산정 방법은 시간-면적 방법 적용
      ▷ 첨두홍수량만 산정 가능한 합리식은 수문곡선이 필요한 저감대책 수립에 부적합
      ▷ 임계지속기간(critical duration) 개념 적용: 강우지속기간을 10분 간격으로 분석
      ▷ 홍수량이 산정되면 단위면적당 홍수량인 비홍수량($m^3/s/km^2$)을 산정하여 홍수량 산정 결과의 적정성 검토

(3) 토사유출 해석

① 토사유출량 산정방법 및 산정지침 선정

　㉠ 토사유출량 산정방법

　　▷ 토사유출량 산정방법으로 원단위법과 RUSLE 방법 등을 사용

　　▷ RUSLE 방법이 주로 채택되고 있으며, 원단위법은 간단한 검토 또는 RUSLE 방법과의 비교 등에 활용

　㉡ 토사유출량 산정지점 선정

　　▷ 토사유출량 산정지점은 홍수유출량 산정지점과 최대한 일치시 키고 침사지계획을 감안하여 결정

　　▷ 개발 전·중·후 비교를 감안하여 개발 후 우수처리계획도 사전 에 고려

② 원단위법에 의한 토사유출량 산정

　㉠ 원단위법은 유역의 특성이 고려되지 않은 단순 평균값이기 때문에 산정된 토사유출량의 신뢰성이 부족하므로 RUSLE 방법과의 비교 등에 주로 사용

　㉡ 원단위법의 원단위 적용 시에는 실측자료의 일반적인 범위를 고려 하여 원단위를 결정

③ RUSLE 방법에 의한 토사유출량 산정

　㉠ RUSLE 방법

　　▷ RUSLE 방법은 경험공식을 이용하여 중량 단위 토양침식량을 산정하고, 공식의 입력인자는 가급적 동일한 침식 특성을 가진 구역으로 세분하여 산정하며 소구역 분할도를 근거로 제시

　㉡ 토양침식량 산정

　　▷ 강우침식인자(R), 토양침식인자(K), 지형인자(LS), 토양피복인 자(C), 토양보존대책인자(P) 등의 인자를 결정하여 토양침식량 을 산정

　　▷ 여기에서, 강우침식인자(R)는 강우의 운동에너지에 의한 토양 침식량의 정도를 나타내는 인자, 토양침식인자(K)는 입도분포, 토양의 구조 및 유기물 함량 등에 관계되는 인자, 지형인자(LS) 는 지형의 효과를 반영하는 무차원계수, 토양피복인자(C)는 지 상 및 토양 피복, 식물의 뿌리, 지형의 특성 인자, 토양보존대책 인자(P)는 침사지와 같은 통제구조물 등의 지표면에 설치된 토 양보존을 위한 인자를 나타냄

Keyword

★
토사유출 해석

★
RUSLE 방법

★
토양침식량 산정

★
유사전달률

▷ 한편 불확실한 인자 두 가지를 곱하여 산정되는 결과($C \cdot P$)의 임의성이 매우 높으므로 실무에서는 미국 교통연구단(TRB)에서 제시한 토양침식조절인자(VM)의 간략화한 기준을 적용

ⓒ 유사전달률 및 단위중량을 고려한 토사유출량

▷ RUSLE 방법에 의해 산정되는 것은 유역의 중량 단위 토양침식량인 반면 침사지 등의 설계에 필요한 것은 유역출구의 체적 단위 토사유출량

▷ RUSLE 방법에 의해 산정된 토양침식량에 유사전달률을 곱하고 단위중량을 나누어 토사유출량을 산정

④ **토사유출량 산정의 적정성 검토**

㉠ 토사유출량은 산정 과정상에 임의성이 매우 높기 때문에 산정 결과의 적정성을 검토

㉡ 토사유출량 산정의 적정성 검토는 개발 중 비토사 유출량의 적정성과 개발면적에 국한하여 개발 전과 개발 중의 배율의 적정성을 검토

(4) 사면 재해위험도 평가

① **자연사면의 재해위험도 평가**

재해위험이 예상되는 사업대상지 및 인근지역에서 자연사면의 재해위험도 평가표를 급경사지 재해위험도 평가기준에 따라 작성하여 제시

② **인공사면의 재해위험도 평가**

㉠ 재해위험이 예상되는 사업대상지 및 인근지역에 존재하는 인공사면을 대상으로 재해위험도 평가표를 작성하여 제시

㉡ 사업대상지 내에서 계획하는 인공사면이 「급경사지 재해예방에 관한 법률」에 해당하는 경우 이들의 재해위험도 평가표를 급경사지 재해위험도 평가기준에 따라 작성

③ **옹벽 및 축대의 재해위험도 평가**

㉠ 재해위험이 예상되는 사업대상지 및 인근지역에 옹벽 및 축대의 재해위험도 평가표를 작성하여 제시

㉡ 사업지구 내에서 계획하는 옹벽 및 축대가 급경사지관리법에 해당하는 경우 이들의 재해위험도를 예측할 수 있도록 급경사지 재해위험도 평가기준에 따라 재해위험도 평가표를 작성하여 제시

④ 토석류 재해위험도 평가

   ㉠ 토석류 취약지역 판정표를 작성하여 제시

   ㉡ 토석류 재해위험도 평가대상 선정 기준

     ▷ 과거 토석류가 발생한 사면

     ▷ 급경사지로 관리되고 있는 자연사면, 급경사지 기준에 해당되는 사면(자연사면의 경우 높이가 50m 이상이고 경사도가 34° 이상인 사면), 산사태위험지도에서 등급이 높은 (1등급 및 2등급) 인 자연사면 등 3가지 조건에 하나라도 해당되며 평가 대상 지역이 계곡지형 내에 위치하는 경우

     ▷ 황폐지화가 우려되거나 진행중 또는 이미 진행된 지역

     ▷ 계류의 침식 등이 우려되거나 진행중 또는 진행된 지역

     ▷ 계류의 경사 급한 지역 또는 토석·나무 등의 유출이 우려되거나 진행 중인 지역

(5) 사면안정해석 및 재해영향 검토

① 자연사면 사면안정해석 및 재해영향 검토

   ㉠ 자연사면 재해위험도 평가에서 D 등급 이하(D, E 등급)로 판정되는 경우 사면안정해석을 실시

   ㉡ 사면활동은 형태, 생성 메커니즘 및 매질에 따라 구분

     ▷ 낙반(fall): 급경사의 비탈면이나 절벽에서 암석이 파괴되어 하부로 떨어지는 형태

     ▷ 전도(topple): 균열에 의해 분리된 암석이 중력의 작용에 의해 전방으로 회전하면서 붕괴되는 형태

     ▷ 활동(slide)

      - 회전(rotational): 아래로 오목한 활동토체의 파괴면이 회전하며 이동하는 현상

      - 병진(translational): 활동토체가 거의 평면으로 이동하며 소규모 회전활동도 병행

     ▷ 퍼짐(spread): 전단 혹은 인장균열에 의해 토체가 측면으로 확장되는 현상으로 액상화 등에 의해 발생하며 국내 산지지형에 대부분 미해당

     ▷ 유동(flow): 포화된 물질이 흘러내리는 현상으로 토석류(debris flow), 토석 애벌란취(debris avalanche), 토류(earthflow, mudflow), 이류(mudflow) 및 포행(creep 포함)

형태에 따른 산지 붕괴의 분류(USGS, 2004)

낙반(fall)

전도(topple)

회전 활동(rotational landslide)

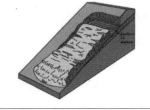

병진 활동(translational landslide)

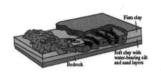

퍼짐(spread)

유동(flow)

② **기존 인공사면, 옹벽 및 축대 사면안정해석 및 재해영향 검토**

㉠ 기존 인공사면 재해위험도 평가 및 기존 옹벽 및 축대 재해위험도 평가에서 D 등급 이하(D, E 등급)로 판정되는 경우 사면안정해석 실시

㉡ 사면활동의 유형

▷ 토사사면: 원호활동, 비원호활동, 복합(블럭)활동, 병진활동(무한사면)

▷ 암반사면: 평면파괴, 쐐기파괴, 전도파괴, 원호파괴

③ **토석류 해석 및 재해영향 검토**

토석류 재해위험도 평가에서 1등급 및 2등급으로 판정되는 경우 토석류해석을 실시

1. 저감대책 수립

(1) 개발 중 홍수 및 토사유출 저감대책

① 개발 중 배수계획 수립 및 배수계통도 작성

   ㉠ 개발 중 배수계획은 가배수로와 침사지 겸 저류지 등으로 구성되며 공사단계별로 배수계획을 제시

   ㉡ 개발 중 배수계획은 개발로 인하여 기존 배수체계가 변경됨에 따라 침사지 겸 저류지로 유도

② 가배수로 계획

   ㉠ 가배수로는 Manning 공식으로 산정된 유속이 토공수로의 적정 유속인 0.8~2.5m³/s 범위에 들어오도록 경사와 단면 계획

③ 침사지 겸 저류지 계획

   ㉠ 임시구조물인 경우에는 설계빈도를 30년 빈도 이상으로 결정

   ㉡ 영구구조물로 계속 활용되는 경우에는 설계빈도를 50년 빈도 이상으로 결정

   ㉢ 시공성 및 시공 시 위치이동 등을 고려하여 가급적 2개소 이상 설치

   ㉣ 저류공간 구성

     ▷ 침사지 겸 저류지 저류공간은 토사조절부와 홍수조절부로 구성되며, 방류구에서 방류가 시작되는 높이에 의해 구분

   ㉤ 토사조절부 용량 결정

     ▷ 설계 퇴적토사량은 설계안전 차원에서 유사포착률을 고려하지 않은 유입토사량 전량 채택

     ▷ 최소 소요 수면적은 토사조절부 설계대상 홍수량 및 침강속도 등을 고려하는 Hazen 공식으로 산정

$$A = 1.2 \frac{Q}{V_s}$$

     * 여기서 A: 최소 소요수면적(m²), Q: 토사조절부 설계대상 홍수량(m³/s), V_s: 포착 대상입경의 침강속도(m/s), "1·2": 실제 침사지의 침전효율 감소를 고려하는 보정계수

     ▷ 최소 소요수면적 이상으로 수면적을 결정하고 설계 퇴적토사량으로 퇴적 깊이를 산정한 다음, 침전부의 깊이를 더하여 토사조절부의 깊이 결정

Keyword

★
개발 중 홍수 및 토사유출 저감대책

★
가배수로의 유속은 2.5m/s 이하로 설계

★
임시구조물 설계빈도는 30년 이상, 가급적 2개소 이상으로 계획

ⓗ 홍수조절부 용량 결정

▷ 토사조절부의 수면적 초기치를 산정하고 토사조절부의 높이를 일단 산정한 다음, 나머지 공간을 활용한 저수지 추적 실시

ⓢ 최적 조합 선정을 통한 침사지 겸 저류지 제원 결정

▷ 토사조절부의 제원이 결정되면 초기에 가정한 개략 유사포착률의 적정성을 검토하기 위하여 실제 유사포착률을 산정

▷ 실제 유사포착률(trap efficiency, TE)은 토사조절부의 소요수면적, 침전대상 설계홍수량, 토립자의 침강속도, 토사조절부의 실제수면적, 토립자의 입경별 구성비 등을 토대로 다음과 같은 공식을 적용하여 산정

$$TE = \frac{A^*}{A} \times 100$$

* 여기서 TE: 유사포착률(%), A*: 실제 수면적, A: Hazen 공식에 의한 토립자의 입경별 소요수면적(유사포착률이 100% 이상인 경우에는 100%로 처리)

▷ 계획홍수위에서 마루고까지 여유고는 침사지 겸 저류지 길이가 200m 이하이면 30cm, 200~400m이면 45cm, 400~800m이면 60cm를 적용

(2) 개발 후 홍수유출 저감대책

① 개발 후 배수계통도 작성

배수체계의 변화를 쉽게 파악할 수 있도록 개발 전·후 배수계통도 비교

② 홍수유출 저감시설 형식 구분 및 선정 방법

ⓐ 홍수유출 저감시설 형식: 저류형, 침투형

ⓑ 저류형은 지역 내 저류(on-site) 방식과 지역 외 저류(off-site) 방식으로 구분

ⓒ 첨두홍수량 저감 시 저감효과의 정량화가 가능한 지역 외 저류 방식 우선 채택

ⓓ 지역 내 저류 방식과 침투형은 유출총량을 저감하기 위해 설치

▷ 지역 내 저류 방식의 종류: 지하공간 저류, 건물지하 저류, 동간 저류, 주차장 저류, 공원 저류, 운동장 저류 등

▷ 침투형 저감시설의 종류: 침투통, 침투트랜치 침투측구 등

③ 저류지 홍수조절 방식 구분 및 선정 방법

ⓐ 지역 외 저류 방식의 저류지는 홍수조절 방식에 따라 하도 내 저류(on-line) 방식과 하도 외 저류(off-line) 방식으로 구분

★
개발 후 홍수유출 저감대책

★
On-site
Off-site

★
On-line
Off-line

ⓒ 수리학적 안전성이 높은 하도 내 저류 방식을 우선적으로 채택, 지구특성상 불가피한 경우에 한하여 하도 외 저류 방식을 채택

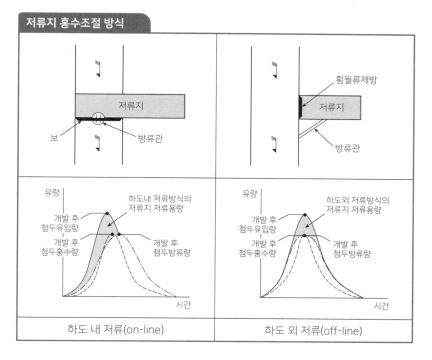

| 하도 내 저류(on-line) | 하도 외 저류(off-line) |

④ 하도 내 저류 방식의 저류지 계획

   ㉠ 토지이용계획을 최대한 수용하여 위치 결정

   ⓒ (첨두홍수량 저감 측면) 본류에 설치 시 저류지 규모가 과대하다고 판단되는 경우 지류에 설치하는 방안 고려

   ⓒ 홍수량저감 대상면적에 따른 저류지 규모 변화, 하류수위의 영향 유무 고려

     ▷ 본류 설치 또는 지류 설치 방안을 채택

   ⓔ 유역출구점이 여러 개소로 분할되는 경우 유역별로 저류지 설치 원칙

   ⓜ 설계빈도인 50년 빈도뿐만 아니라 설계빈도 이하 및 이상의 빈도에 대해서도 저감효과가 만족되도록 하는 연속 재현기간기준(continuous recurrence interval criterion)을 최대한 고려

⑤ 하도 외 저류 방식의 저류지 계획

   ㉠ 하도 외 저류 방식 저류지의 유입부는 횡월류웨어 형식 주로 채택

   ⓒ 횡월류웨어 형식을 적용한 저수지 추적 방법은 부정류해석 방법을 우선 적용

★
하도 외 저류방식 저류지는 횡월류웨어 형식 채택 및 부정류 해석 방법을 적용

ⓒ 설계빈도인 50년 빈도뿐만 아니라 설계빈도 이하 및 이상의 빈도에 대해서도 저감효과가 만족되도록 하는 연속 재현기간기준을 최대한 고려

⑥ 선 개념 사업의 영구저류지 계획
　ⓐ 선 개념 사업의 영구저류지 계획은 홍수유출량 총량 증가량이 큰 경우에 국한
　ⓑ 영구저류지의 계획 위치는 인명피해 우려가 없는 곳 중 최대효과 발생지점

⑦ 침투형 저감시설 및 지역 내 저류시설 계획
　ⓐ 지역 내 저류시설은 첨두홍수량 저감보다는 유출총량 저감 역할을 하는 시설
　ⓑ 유출총량 저감량을 산정하여 유출총량 저감에 대한 역할 검토

⑧ 선 개념 사업의 유역변경 등에 따른 홍수유출증가량 저감대책 수립
　ⓐ 배수로 및 소하천 등의 유역변경(유역면적 증가) 유역은 하류통수능 확보
　ⓑ 하류 통수능 확보가 곤란한 경우에는 별도의 저감대책 수립

⑨ 산지유입부 처리 계획, 성토 및 복개에 따른 대책 등의 수립
　ⓐ 산지지역의 홍수량이 사업지구 관거로 유입되는 경우에는 토사 및 유목 등에 의한 막힘으로 월류피해가 발생하지 않도록 대책 수립
　ⓑ 사업지구의 성토로 인하여 인근 지역이 저지대화되지 않도록 검토 및 대책 수립
　ⓒ 기존 하천은 복개를 하지 않는 것이 원칙

(3) 사면재해 저감대책

① 사면재해 저감대책 종류 및 특성
　ⓐ 자연사면의 산사태 및 토석류 대책시설
　　- 발생억제시설: 산복공사, 계곡막이 등

구분		목적	종류
산복공사	산복 기초공사	황폐된 산복비탈면을 안정시키고 침식을 억제	비탈다듬기, 땅속 흙막이, 누구막이, 산비탈 배수로
	산복 녹화공사	식생을 피복하여 토양침식을 방지하고 산림으로 복귀	산복바자얽기, 선떼붙이기, 단쌓기, 조공, 비탈덮기, 파종, 등고선 구공법

산복공사	조경사방	각종 훼손지에 대한 복구, 안정, 녹화 및 경관조성	격자틀붙이기, 뿜어붙이기, 힘줄박기, 낙석방지, 돌망태, 새집공법, 암벽녹화
계곡막이		유속을 줄여 종·횡 침식을 방지하고 토사유출 및 사면붕괴 방지	돌골막이, 콘크리트골막이, 흙골막이, 바자 기슭막이, 통나무 골막이

- 흐름완화 및 제어시설: 사방댐, 유로보강시설 등

구분		형식	주재료
유로보강시설	바닥막이	황폐계류나 야계바닥의 종침식 방지 및 바닥에 퇴적된 불안정한 토사 유실 방지	돌망태바닥막이, 돌바닥막이, 통나무바닥막이
	기슭막이	유수에 의한 횡침식 방지 및 산각의 안정을 도모	돌기슭막이, 콘크리트기슭막이, 돌망태기슭막이, 바자기슭막이
	계곡막이	유속을 줄여 종·횡 침식을 방지하고 토사유출 및 사면붕괴 방지	돌골막이, 콘크리트골막이, 흙골막이, 바자 기슭막이, 통나무 골막이

- 퇴적 및 유도 시설: 유사지(모래막이), 수림지대, 사방댐, 유도제방 등

ⓒ 인공사면의 저감대책
- 표면보호공법, 구조물에 의한 보강공법, 낙석방지공법, 배수공법으로 구분

구분	종류	공법 개요
표면보호공법	식생공	비탈면 표면에 식생을 하여 우수에 의한 침식을 방지하고 풍화작용을 억제시키는 공법
	돌쌓기, 블록쌓기	경사도 1:1.0(45°)보다 급한 비탈면에 사용하며 돌이나 블록 등으로 비탈면을 덮어 풍화 및 침식을 방지하는 공법
	돌붙임, 블록붙임	경사도 1:1.0(45°)보다 완만한 비탈면에 사용하여 옹벽으로서 역할과 함께 풍화 및 침식을 방지하는 공법
	콘크리트격자	콘크리트 격자를 비탈면에 덮어 깍기비탈면의 표면붕락을 방지하는 공법
	숏크리트 (shotcrete)	표면 정리 후 철망을 앵커핀으로 고정시킨 후 시멘트 모르터를 뿜칠하여 표면을 보호하는 공법
	매트리스돌망태 (mattress gabion)	일정규격의 직사각형 아연도금 철망상자 속에 돌채움을 매트리스 형태로 형성하는 공법

구분	종류	공법 개요
구조물에 의한 보강공법	락볼트 (rock bolt)	강봉을 이용하여 암체를 서로 연결시켜 암반의 전단강도를 증가시키는 공법
	앵커 (anchor)	앵커의 인장력으로 암반블록이나 토체를 안정된 지반에 고정하여 안정화시키는 공법
	쏘일네일링 (soil nailing)	지중에 보강재를 좁은 간격으로 삽입하여 비탈면의 전단 강도를 증가시키는 공법
	억지말뚝	비탈면의 하중을 말뚝의 수평저항으로 저항하여 활동을 억지시키는 공법
	콘크리트 버팀벽 (buttress)	비탈면의 암 탈락에 의해 지지력이 상실된 구간에 버팀벽을 설치하여 보강하는 공법
	옹벽공법	옹벽구조물을 설치하여 옹벽이 배면토압을 부담하도록 하여 비탈면을 안정화시키는 공법
	보강토 공법	흙 비탈면 내에 보강재를 배치하여 보강재와 흙의 마찰력을 이용하여 파괴나 변형에 저항하는 공법
낙석방지공법	뜬돌제거	비탈면 상의 뜬돌, 전석이 박리 또는 낙하되지 않도록 제거하는 공법
	낙석방지망	방지망의 장력 및 자중을 이용하여 이완된 암석을 포획하거나 암석의 운동에너지를 억제하는 공법
	낙석방지울타리	지주, 와이어로프, 철망, 유연성 재료 등으로 구성된 울타리로 낙석에너지를 흡수하는 공법
	피암터널	강재, 철근콘크리트 및 PC 콘크리트 등으로 도로 위에 처마를 설치하여 낙석을 받아 막거나 계곡으로 낙하시켜 낙석에 의한 피해를 방지하는 공법
	낙석방지 옹벽	토사나 전석이 도로에 유입되는 것을 방지하기 위해 비탈면 앞에 옹벽을 설치하는 공법
	조합 공법	여러 낙석방지공법을 조합하여 시공하는 공법
배수공법	산마루측구	비탈면상부에 U형 수로 등의 배수로를 설치하여 강우나 강설에 의해 지표수가 비탈면 내로 침투하는 것을 방지하는 공법
	소단측구	비탈면 내에 흐르는 빗물이나 용수에 의한 침식을 방지하기 위하여 소단에 콘크리트구조물의 측구를 설치하여 종단경사에 따라 배수처리를 실시하는 공법
	도수로	산마루측구와 소단측구 등을 따라 유입된 물을 수로 또는 도로외부로 유출시키기 위해 비탈면의 종방향으로 U형 수로 등의 배수로를 설치하는 공법
	수평배수공	지하수위 저하와 유도배수를 위해 횡방향공을 굴착하고 유공관등을 삽입하여 배수하는 공법(규모가 큰 지반활동지대에서는 배수터널이나 여러 본의 배수공을 조합하여 시공)

구분	종류	공법 개요
배수공법	집수정	지하수량이 풍부하여 수평배수공으로 배수가 곤란한 경우 집중적으로 지하수를 집수하기 위해 우물형태의 구조물을 설치하여 지하수를 배제하는 공법
배수공법	맹암거	지표수가 지반내로 유입되어 수압이 작용하는 조건의 지반인 경우 지반 내에 투수성재료를 매입하여 지표수를 유도하여 지하수압을 줄이는 공법
하중경감공법	경사완화공법	비탈면의 경사를 완화시켜 안정성을 증대시키는 공법

2. 재해유형별 저감방안 반영

(1) 하천재해

① 하천 지반고가 낮아서 자연방류가 불가능한 경우, 내수배제가 충분하지 못하여 내수침수 발생가능성이 있다고 판단되는 경우에는 펌프용량 상향, 지반고 상향 등의 저감방안 제안

② 하류 하천이 사업지구 내 하천보다 설계빈도가 낮거나 개수가 되지 않아서 사업지구 하류 통수능 부족에 따른 문제가 있는 경우 저감방안 제안

③ 하천 복개, 선형 변경, 하천 이설 등은 지양, 불가피한 경우 수리특성 변화와 안정하상 형성과 관련된 부분을 고려하는 것을 저감방안으로 제안

④ 하천 계획빈도, 계획홍수량, 계획하폭, 여유고, 둑마루폭, 비탈경사, 호안공 등의 항목을 검토한 후 적정하지 않는 경우에는 개선방안을 저감방안으로 제안

(2) 내수재해

① 설계빈도보다 높은 강우량(기왕최대강우량, 100년 빈도 강우량 등)을 적용하여 침수해석을 개략적으로 실시하고 필요시 보완대책을 제시하는 저감방안 제안

② 사업지구 우수관거가 하류 우수관거에 접합되는 경우 하류 우수관거의 통수능력을 검토하고 필요시 관거정비 계획을 저감방안으로 제안

③ 외수위가 있는 경우에는 외수위를 고려한 분석을 실시하도록 저감방안 제안

④ 도로 및 철도의 측구, 배수암거 등의 배수 관련 문제도 내수재해에서 저감방안으로 제안

★
재해유형별 저감방안 반영

★
내수재해
분석 시 방재성능목표 강우량
고려

Keyword

(3) 사면재해

① 사업지구 내 인공사면, 옹벽, 축대, 임시 절·성토사면, 배후사면 등에 대한 저감방안 제안 항목
  ▷ 자연재해 저감 및 방재측면의 안정성
  ▷ 원활한 배수처리 여부
  ▷ 임시 절·성토 사면 등을 포함한 사면의 개발사업 중 임시보호 및 보강조치

(4) 토사재해

① 사업지구 내 토사재해 저감계획 및 저감시설이 충분한지를 검토하고 필요시 보완을 요구하는 것을 저감방안으로 제안
② 임시침사지 및 저류지를 사방댐으로 존치하여 활용하는 것이 필요하다고 판단되는 경우 존속시키는 것을 저감방안으로 제안

(5) 바람재해

① 과거 태풍내습 및 피해 발생빈도가 높은 지역인 경우 과거 태풍강도(최대풍속, 최대순간풍속, 중심기압) 및 빈도, 강풍이력 등을 검토
② 지형 및 지리적 특성을 고려하여 바람재해에 대한 예측 및 대책 제안
③ 사업지구의 풍속지도는 자연재해저감 종합계획에서 작성된 전 지역 단위 바람재해 발생가능성 검토 이용
④ 해안, 산지지역 부근 사업지구는 국지순환풍의 영향을 고려하여 해륙풍, 산곡풍의 영향에 대해 검토 및 대책 제안
⑤ 풍진동을 고려하여야 하는 대규모 교량 등의 경우에는 내풍 설계기준에 따라 설계되었는지 검토하고 추가적인 대책을 저감방안으로 제안

(6) 해안재해

① 상습피해지역 및 피해우려지역에 대한 조사와 피해방지계획 수립여부 등을 근거로 파랑, 해일 등 위험요소에 대한 발생원인과 우선순위 평가
② 폭풍(지진) 해일, 너울성 파랑 내습 등에 대한 해안 구조물, 연안 시설물 등에 대한 해안재해 저감방안 제안
③ 해수 내습 영향을 최소화할 수 있는 저감방안 제안
④ 지반이 낮은 지역은 방류구의 위치변경, 유수지 설치 및 확대, 펌프 등의 기계식 배제계획, 해수역류방지시설계획 등 저감방안 제안
⑤ 폭풍(지진)해일에 대한 사업지구 내 연안구조물, 연안시설물 등에 대한 안전성 검토 및 대책 수립의 필요성 제안

★
파랑, 해일 등에 의한 위험요소 및 발생원인 파악

⑥ 해수범람 예상저지대는 다목적 유수지, 공원, 체육시설 등을 조성하여 조위상승에 따른 내수배제 불량 시 유수기능을 높이도록 제안

(7) 기타 재해

① 상류에 노후 저수지가 위치한 경우 비상대처계획(EAP) 수립대상 여부를 확인

   ▷ 수립된 비상대처계획(EAP)이 보완이 필요하거나, 미수립된 경우 저수지 붕괴 시 피해발생 유형에 대해 검토하고 피해를 최소화하는 방안 제안

② 상류 저수지의 안전진단 결과 상 보수·보강 필요시 저감방안으로 제안

③ 상류 저수지의 안전진단 결과가 없는 경우 시설물 안전진단 실시 제안

④ 저수지 붕괴 시 피해발생 유형에 대한 검토 실시, 피해 최소화 방안 제안

3절 구조적·비구조적 재해저감대책

1. 구조적 재해저감대책

(1) 개발 중 홍수 및 토사유출 저감대책

① 개발 중 배수계획 수립 및 배수계통도 작성

   ㉠ 개발 중 배수계획은 가배수로와 침사지 겸 저류지 등으로 구성되며, 개발로 인한 배수체계의 변화를 쉽게 파악할 수 있도록 개발 전·중의 배수계통도를 작성하여야 하며, 아울러 발생되는 토사를 가배수로를 통해서 침사지 겸 저류지로 유도

   ㉡ 침사지 겸 저류지는 가배수로 배치계획을 고려하여 결정하고 가배수로의 적정 유속은 0.8~2.5m/s이며, 침사지 겸 저류지로 연결되도록 배치계획을 수립

   ㉢ 개발 중은 각종 공사로 유로 및 경사의 변화로 인하여 재해가중요인을 가장 큰 기준으로 설정

② 침사지 겸 저류지 설계

   ㉠ 침사지 겸 저류지가 임시구조물인 경우에는 설계빈도를 30년 빈도 이상으로 결정하며, 영구구조물로 계속 활용되는 경우에는 설계빈도를 50년 빈도 이상으로 결정

   ㉡ 침사지 겸 저류지는 개발지구를 포함하는 모든 유출구에 설치하여

야 하며, 설치 위치 및 개소수는 배수계획에 따라 달라지지만 시공성 및 시공 시 위치이동 등을 고려하여 가급적 2개소 이상을 설치하여야 한다. 한편, 위치이동을 할 경우에는 다른 위치에 대체 침사지 겸 저류지를 설치한 후 폐쇄하여야 하는 원칙을 준수하도록 명기

ⓒ 침사지 겸 저류지 저류공간은 토사조절부와 홍수조절부로 구성되며, 방류구에서 방류가 시작되는 위치에 의해 구분되고, 방류시설의 형식에는 연직관, 수평관, 웨어 등이 있으며 경사 등 지형 여건에 따라 적절한 형식을 결정

ⓔ 토사유출량과 홍수유출량 저감을 효율적으로 만족시키는 최적 조합으로 침사지 겸 저류지의 제원을 결정

ⓜ 초기 토사조절부를 결정하고 이를 토대로 초기 홍수조절부를 결정한 다음, 적절하지 않을 경우 토사조절부의 면적 및 높이의 조합을 재설정하고 시행착오 방법으로 최적 조합을 도출

ⓗ 설계 퇴적토사량은 설계안전 차원에서 유사포착률을 고려하지 않은 유입토사량 전량을 채택하고, 최소 소요 수면적은 토사조절부 설계대상 홍수량 및 침강속도 등을 고려하는 Hazen 공식으로 산정

ⓢ 최소 소요 수면적 이상으로 수면적을 결정하고 설계 퇴적토사량으로 퇴적 깊이를 산정한 후 침전부의 깊이를 더하여 토사조절부의 깊이를 결정

ⓞ 홍수조절부의 용량 결정 방법은 토사조절부의 수면적 초기치를 산정하고 이에 따른 토사조절부의 높이를 일단 산정한 다음, 침사지 겸 저류지의 나머지 공간을 활용한 저수지 추적을 실시한 후 여러 조건을 만족시키는 최적 조합을 찾아가는 방식을 적용

ⓩ 저수지 추적 시에는 방류시설의 형태(연직관, 수평관, 웨어 등)에 따라 적절한 수리계산 방법을 적용

ⓩ 설계상의 많은 가정과 시행착오 방법을 적용하여 각종 제약조건을 만족시키는지 여부를 검토하여 최종 침사지 겸 저류지의 제원을 결정하고, 실제 유사포착률을 산정하여 침사지에서 최종적으로 포착할 수 있는 정도(%)를 제시

(2) 개발 후 홍수유출 저감대책

① 개발 후 배수계통도 작성

개발 전·후의 배수계통 변화를 객관적으로 파악할 수 있도록 제시하고, 개발 후 배수계통도는 우수관거 배치와 저감시설 등을 포함시켜 작성하여 우수관거의 배치계획과 저감시설의 위치와 규모 등을 파악

Keyword

② 홍수유출 저감시설 형식 구분 및 선정방법

　　㉠ 홍수유출 저감시설 형식은 저류형과 침투형으로 구분되며, 저류형은 지역 내 저류(On-site) 방식과 지역 외 저류(Off-site) 방식으로 구분

　　㉡ 형식 선정은 저감효과의 정량화가 가능한 지역 외 저류방식의 저류지를 우선적으로 선정하여 첨두홍수량의 저감에 주력하며, 지역 내 저류방식과 침투형 등을 적용하여 유출총량 저감에 기여

③ 저류지 홍수조절방식 구분 및 선정방법

　　㉠ 지역 외 저류방식의 저감시설인 저류지의 경우 홍수조절방식에 따라 하도 내 저류(On-line) 방식과 하도 외 저류(Off-line) 방식으로 구분

　　㉡ 수리학적 안전성이 높은 하도 내 저류방식을 우선적으로 채택하는 것을 원칙으로 하되 불가피한 경우에 한하여 하도 외 저류방식을 채택

④ 하도 내 저류방식의 저류지 계획

　　㉠ 하도 내 저류방식 저류지의 경우 일방적으로 하류단에 설치하는 것을 지양하고 토지이용계획을 최대한 수용하면서 가급적 중류부에 계획

　　㉡ 저류지 위치에 따른 홍수량 저감 대상면적에 따라 저류지의 규모가 크게 변동되는 점을 고려하여 본류 설치 또는 지류 설치방안을 채택하고, 또한 하류 수위의 영향 유무도 고려

　　㉢ 유역출구점이 여러 개소로 분할되는 경우 유역별로 모두 저류지를 설치하는 것이 원칙이지만, 이를 준수하는 것이 곤란한 경우에는 홍수량이 증가하지 않을 정도의 유역변경으로 유역면적을 감조정하고, 저류지를 설치하는 유역에는 유역변경으로 증가되는 면적까지 포함하여 저류지를 계획하는 방식으로 저류지 개소수를 줄이는 것을 고려

⑤ 하도 외 저류방식의 저류지 계획

　　하도 외 저류(Off-line) 방식 저류지의 경우 유입부는 횡월류웨어 형식을 주로 채택하고, 횡월류웨어 형식을 적용한 저수지 추적 방법은 부정류해석 방법을 우선적으로 적용

Keyword

★
저류형은 On-site와
Off-site로 구분

⑥ 침투형 저감시설 및 지역 내 저류시설 계획

　　㉠ 저류지와 같은 저류시설은 첨두홍수량은 저감시킬 수 있지만 유출 총량을 감소시키는 기능은 미약하다. 반면, 침투시설은 토지의 침투 능력에 따라 지하로 침투시켜 우수의 다목적 이용이 가능하게 하며, 지역 내 저류시설은 첨두홍수량 저감보다는 유출총량 저감이 주 목적

　　㉡ 침투형 저감시설은 침투통, 침투트렌치, 침투측구 및 투수성 포장 등을 설치하여 침투율을 증가시키는 방법

　　㉢ 지역 내 저류시설은 지하공간 저류, 건물지하 저류, 동간 저류, 주차장 저류, 공원 저류, 운동장 저류 등을 통하여 유수의 이동을 최소한으로 억제하고 비가 내린 그 지역에서 우수를 저류하는 방법

　　㉣ 침투형 저감시설 및 지역 내 저류시설에 의한 유출총량 저감량을 산정하여 유출총량 저감에 대한 역할을 검토

⑦ 산지유입부 처리계획, 성토 및 복개에 따른 대책 등의 수립

　　㉠ 산지지역의 홍수량이 사업대상지로 유입되는 경우 토사 및 유목 등과 같은 부유물질들이 관거 또는 하천 유입구를 막게 되면 월류가 발생하게 되고 이로 인한 피해가 크게 발생하게 된다. 이에 대한 대책으로 부유물질 제거를 위하여 스크린을 갖춘 침사지 등을 설치하여야 하며, 필요시에는 사업대상지를 우회하는 분기방식을 고려

　　㉡ 사업대상지를 성토함으로써 인근 지역이 저지대화되는 상황이 발생하지 않도록 하는 것이 원칙이며, 사업대상지 내의 우수 전량이 배수체계를 거치지 않고서는 하류부로 유하되지 않도록 계획

　　㉢ 하천을 복개하는 것은 지속 가능한 개발과 생태복원형 하천의 유지라는 개념에서 원칙적으로 금지하나, 토지이용도의 극대화를 위해서나 공간계획상 부득이 일부 구간이라도 복개를 해야 하는 경우 복개 사유와 복개로 인한 수문·수리학 검토를 수행하여야 한다. 또한 하천의 통수능 확보에 대한 정량적인 근거를 포함하여야 하며, 관거 퇴적 등에 의한 영향이 없도록 유지관리 방안을 구체적으로 제시하여야 한다.

2. 비구조적 재해저감대책

(1) 개발 중 지반 관련 재해저감대책

① 지반 관련 재해저감대책의 목적은 개발 중에 발생할 수 있을 것으로 예상되는 지반 관련 재해를 유형별로 면밀히 예측하고, 이들 재해 유

★
침투형 시설
침투통, 침투트렌치, 침투측구 및 투수성 포장 등

★
비구조적 재해저감대책

형을 고려하여 실시설계에 반영될 수 있도록 하는 것임

② 개발 중 재해위험요인을 해소하기 위하여 필요한 경우 실시설계 시 요구되는 지반조사 및 현장시험, 실내시험 등의 지반조사항목을 분석하고 제시하여 실시설계 시 반영

③ 지반과 관련하여 예측된 재해에 대해서는 그 유형별로 시공 중 요구되는 계측항목, 계측결과 분석 및 관리방안, 계측결과에 따른 역해석의 필요성 등을 제시하여 개발 중 재해 저감

④ 계측계획 및 관리방안을 제시함에 있어서 대절취 사면, 고성토 사면, 대심도 굴착, 재해위험도가 높은 지반에서의 개발 등 재해위험도가 높은 계획에 대해서는 장기적인 계측관리의 필요성 여부를 제시하여 실시설계 시 반영

⑤ 개발로 인하여 사업대상지 내 및 인접의 자연사면, 인공사면, 옹벽 및 축대에 미치는 영향을 정성적으로 분석하고 재해 유형을 제시하여 실시설계에 반영

⑥ 개발 중 개발로 인하여 재해위험도의 증가 여부를 판단할 수 있도록 급경사지의 조사 및 평가표 작성 시기를 제시하여야 하고, 이러한 관리사항을 관리대장으로 현장에 비치해 두도록 하여야 한다. 특히, 재해위험도 평가표로 작성 관리한 급경사지(자연사면, 인공사면, 옹벽 및 축대) 중 개발 후에도 유지되는 급경사지는 개발 후 급경사지 관리기관(해당 지자체)에 제출되어 정기적으로 점검·관리되어야 하는 중요한 자료이므로 정도 높게 작성될 수 있도록 제시

(2) 개발 후 지반 관련 재해저감대책

① 개발 후 지반 관련 재해저감대책의 목적은 개발로 인하여 재해위험도가 증가할 것으로 분석된 사업대상지 내·외의 자연사면, 인공사면, 옹벽 및 축대 중 개발 후에도 존치되는 이들에 대하여 개발 전·중·후의 조사, 평가 사항을 작성하여 장래 급경사지 관리기관(지자체)에서 지속적이고 정기적으로 재해위험도를 관리할 수 있는 정확한 초기자료를 제출하도록 하는 것임

② 사업대상지와 인접하여 자연사면, 인공사면, 옹벽 및 축대가 존재하는 경우 개발로 인하여 미친 영향 정도를 파악할 수 없는 경우에는 재해 발생 가능성을 판단하거나 재해예방을 위하여 관리하여야 할 사항을 판단할 자료도 없게 되며, 재해 발생 시 책임의 문제가 되는 경우도 발생하게 되므로 재해위험도를 관리할 수 있는 초기자료의 작성은 매우 중요

③ 재해위험도 평가 결과보고서 작성 대상이 되는 자연사면, 인공사면, 옹벽 및 축대 등에 대해서는 개발 전에 조사된 초기상태의 급경사지 일제조사서, 재해위험도 평가표와 개발 후의 상태를 대비하여 제출하도록 하여야 하며, 개발 중에 지반 관련 재해가 발생한 대상에 대해서는 현장 개요, 계측결과 및 분석, 재해원인 및 대책 등을 작성하여 재해위험도 평가 보고서 내에 수록하도록 제시

④ 개발(절토, 성토 등) 과정에서 실시하는 계측은 한정된 지반조사에 따른 설계의 적정성을 판단하는 지표이며, 현장의 실제 안정성을 판단할 수 있는 매우 중요한 자료이다. 개발 과정에서 측정된 계측결과의 분석 내용은 향후 급경사지 등 지반 관련 재해 관리에 있어서 재해저감을 위한 기초자료로 활용할 수 있는 중요한 자료가 되므로 계측결과의 분석 내용과 개발이 사업대상지 내·외의 급경사지에 미친 영향 정도를 재해위험도 평가 보고서에 수록하도록 제시

⑤ 재해위험도 평가 보고서는 개발 후 급경사지 관리기관(지자체)에서 지속적이고 정기적으로 재해위험도를 관리하는 기초자료이므로 상세하고 정도 높게 작성

⑥ 개발로 인하여 가중된 재해위험요인이 해소되지 않은 채로 유지·관리되어야 하는 급경사지 등 지반 관련 재해에 대해서는 재해위험요인을 명확하게 제시

4절 주변지역에 대한 재해영향 검토

1. 하류부 영향 검토 관련

(1) 개발사업으로 인한 문제점

① 개발사업은 자연상태의 토양으로 덮여 있던 지역을 아스팔트나 콘크리트 등의 불투수유역으로 변화시키게 됨

② 이러한 요인의 변화로 하천으로의 직접유출이 증가하게 되어 첨두유출량이 개발 전의 상태보다 급격하게 증가되고, 첨두유출량의 도달시간도 짧아지게 됨

③ 이는 하류부 하천에서 부담해야 할 홍수량을 증대시키는 결과를 초래하여 외수범람에 의한 침수피해뿐만 아니라 기존 하수관거의 과부하 및 하류부 도시지역의 내수침수의 원인이 되기도 함

④ 따라서 이를 예방하기 위하여 개발로 인하여 발생할 수 있는 재해영
   향 요인을 개발사업 시행 이전에 예측·분석하고 적절한 저감방안을
   수립·시행하여야 함

(2) 하류부 영향검토 방향

① 하류부 영향검토에서는 사업대상지 하류부까지 설정된 평가대상지역
   까지 분석하여 첨두홍수량이 저감되는 것을 반드시 확인

② 사업대상지 내의 우수 전량이 배수체계를 거치지 않고서는 하류부로
   유하되지 않도록 계획하여야 하며, 저류지 지점에서의 홍수유출 저감
   효과가 완벽하지 않을 경우, 유역을 확장하여 하류부(사업대상지 외
   부)에서 저감효과를 산정하여 제안

③ 개발 후 유역 변경이 있는 경우 저류지 지점에서의 홍수유출 저감효
   과가 완벽하다 하더라도 사업대상지 하류부에 침수위험요인이 있을
   수 있기 때문에 이에 대한 하류부 영향검토(통수능 검토)를 수행하여
   재해위험요인의 해소방안을 제시

2. 급경사지 및 지반 관련

(1) 자연사면

재해위험이 예상되는 사업대상지 및 인근지역에서 급경사지로 관리되
거나 산사태 위험등급이 높은 자연사면에 대하여 급경사지 일제조사서를
따라 조사하고 급경사지 재해위험도 평가기준에 따라 재해위험도 평가표
를 작성하여 개발로 인하여 주변지역에 가중되는 재해위험요인을 검토

(2) 인공사면 및 옹벽 등

① 재해위험이 예상되는 사업대상지 및 인근지역에서 급경사지로 관리
   되거나 존재하는 인공사면 및 옹벽 등에 대하여 급경사지 일제조사서
   를 따라 조사하고 급경사지 재해위험도 평가기준에 따라 재해위험도
   평가표를 작성하여 개발로 인하여 주변지역에 가중되는 재해위험요
   인을 검토

② 아울러 사업대상지 및 주변지역의 인공사면의 조성시기에 따른 노후
   화된 정도나 수립되어 있는 보강대책 등을 검토하여 주변지역에 가중
   되는 재해위험요인을 최소화

1. 침사지

① 침사지의 경우 실제 공사 시 산지, 하천 등에 접한 구간은 침사지 설치가 어려운 경우가 발생되기 때문에 소규모 침사지를 연속으로 설치하는 방안을 검토하여 효율성을 높여야 함

② 침사지의 규모결정 시 많은 경우에 있어서 토사조절부보다 높게 잡는 경우가 있으나, 이는 과다 설계로 여유고는 저류지 길이별 여유고 기준만 충족하도록 하여 경제성과 효율성을 높여야 함

③ 상시점검과 유지관리로 집중호우 시 침사지의 퇴적토사를 효율적으로 관리

2. 가배수로

① 가배수로는 단면결정 시 상부 폭을 1.5m 이상이 되면 공사 중 이동시 불편함을 고려하여 깊이를 늘리고 상부 폭을 줄이는 방향을 고려함으로써 효율성을 높여야 함

② 사업대상지 중앙에 가배수로가 설치되는 경우는 좌우 단절되지 않도록 하여 효율적인 시공이 되도록 하여야 함

3. 배수시설

① 도로 및 철도사업의 경우 횡배수관 유속이 과다한 경우가 많은데 이러한 경우는 유입부 경사조정 등의 유속완화 방안을 강구하되 유속과다에 따른 대책공법 및 유지관리 비용과 경사완화에 따른 유지관리 비용을 비교·검토하여 경제적이고 효율적인 시공이 되도록 하여야 함

② 배수시설의 규격은 통문은 1.0 × 1.0m 이상(가능하면 1.5 × 1.5m 이상), 통관의 직경은 0.8m 이상(가능하면 1.0m 이상)으로 하여 유지관리 및 시공의 효율성을 고려하여야 함

4. 세굴방지공

① 세굴방지공은 하천구조물, 횡배수관 등의 세굴로 인한 손상과 파괴로부터 구조물을 보호하기 위해서 설치가 필요

② 따라서 하상세굴 방지를 위해서 여러 공법 중 하나를 채택하였다 하

Keyword

★
경제적이고 효율적인 재해저감대책

★
침사지의 여유고
침사지 겸 저류지 길이가
200m 이하면 30cm,
200~400m면 45cm,
400~800m면 60cm 적용

★
배수시설의 규격
- 통문: 1.0 × 1.0m 이상(가능한 경우 1.5 × 1.5m 이상)
- 통관: 직경 0.8m 이상(가능한 경우 1.0m 이상)

더라도 공사 중에 설치구간에 대한 전·후 유속을 재확인하여 허용유속을 초과 시 현장 여건에 맞게 채택된 공법을 변경할 수 있도록 하여 경제성과 효율성을 높여야 함

5. 영구저류지

영구저류지의 규모결정 시 여유고는 0.6m 이상의 기준만 만족하도록 하여 과다 설계가 되지 않도록 하여 경제성과 효율성을 높여야 함

6절 잔존위험요인에 대한 해소방안

1. 관련 계획 검토 결과 활용

① 관련 계획으로는 자연재해저감 종합계획, 자연재해위험개선지구, 우수유출저감대책, 소하천 정비계획 등이 있으며, 사업지구 여건에 맞는 관련 계획을 면밀히 검토하여 해당지구의 위험요인을 파악 시 활용
② 이러한 과정에서 해당 지구와 관련된 위험요인이 있는 경우 본 사업을 통하여 해소할 수 있으면 최선의 방법이 될 수 있으나, 그러하지 못한 경우 잔존 위험요인이 될 수 있음
③ 즉, 관련 계획에서 사업대상지와 관련된 위험지구가 존재하는 것으로 조사된 경우 재해영향평가에서 이 부분을 해소할 의무는 없으며(개발에 따른 추가 재해요인을 저감하는 것이 목적이므로), 해당 지자체에서 예산 등의 이유로 잔존 위험요인에 대한 해소가 어려울 경우 해소방안을 자연재해위험개선지구 정비, 소하천 정비, 급경사지 붕괴위험지역 정비, 재해위험저수지 정비와 같은 재해예방사업 등에 개진하여 향후에 반영할 수 있도록 하여야 함

2. 향후 저감방안

재해요인 분석결과 기준을 만족하는 경우라도 향후 기후변화, 기준 상향 등 재해요인이 여전히 잔존할 수 도 있으므로, 현재 여건상 저감대책을 시행하지 못하더라도 향후에 지속적인 관리가 가능하도록 개략적인 방안을 제시

★
영구저류지 여유고는 0.6m 이상

★
잔존위험요인 해소방안

Keyword

제2장

자연재해 저감대책 수립하기

자연재해위험지구 선정 및 재해유형별 위험요인 분석은 제8편에서 수록하였으며 본 장에서는 예측된 위험요인에 대한 저감대책 수립 방법을 수록하였다. 저감대책 수립 방법은 직접적인 방재시설물 설치 유무에 따라 구조적 및 비구조적 대책으로 구분하고, 저감대책의 수립 범위에 따라 전지역단위, 수계단위 및 위험지구단위 대책으로 구분하여 작성하였다. 또한 다른 분야 계획과의 연계방안을 수록하였다.

1절 자연재해 저감을 위한 구조적·비구조적 대책

Keyword

1. 자연재해저감 종합계획의 개요

(1) 용어의 정의

① 자연재해저감 종합계획은 자연재해와 관련된 사항을 종합적으로 조사·분석하여 장기적이며 종합적인 지역방재정책을 수립하여 지역주민들의 자연재해로부터 위험을 극소화하고 안전한 지역사회를 구축하는 데 그 목적이 있는 계획으로, 각종 구조적 대책과 비구조적 대책을 종합적으로 제시하는 자연재해저감 분야 최상위 종합계획임

② 자연재해저감대책은 기본적으로 제8편인 '재해분석'의 결과를 활용하여 수립하여야 하며, 재해분석을 통하여 파악된 재해 유형, 위험요인 등의 정보를 활용하여 저감대책의 방향을 설정하고 구체적인 계획을 수립함

★
자연재해저감 종합계획

★
자연재해 저감 분야 최상위 종합계획(마스터 플랜과 같은 기본계획의 성격이 강함)

(2) 계획의 수립권자 및 목표연도

① 자연재해저감 종합계획은 「자연재해대책법」 제16조에 의거 수행주체에 따라 도 및 시·군 자연재해저감 종합계획으로 구분되고 있으나 일반적으로 수립되는 저감대책에는 큰 차이가 나지 않음

② 또한, 「자연재해대책법」 제16조에 의거 10년마다 종합계획을 수립하여야 하고, 종합계획을 수립한 날부터 5년이 지난 경우 그 타당성 여부를 검토하여 필요한 경우 그 계획을 변경할 수 있음

★
자연재해대책법 제16조에 의거 10년마다 수립

★
타당성 여부 검토는 5년마다 수행

(3) 자연재해저감대책의 기본방향

① 자연재해저감대책은 저감대책의 영향이 미치는 공간적 범위를 고려하여 전지역단위, 수계단위, 위험지구단위 저감대책으로 구분

② 자연재해저감대책은 지역 특성을 종합적으로 고려하여 구조적 저감대책과 비구조적 저감대책으로 구분하여 검토
③ 자연재해저감 종합계획 수립을 위한 전략적인 방향을 제시하고 달성하고자 하는 자연재해 저감목표를 제시
④ 토지 이용 관련 계획 조사가 자연재해저감대책에 반영될 수 있도록 토지 이용 변화에 따른 영향을 예측하고 최소화할 수 있는 저감대책을 수립
⑤ 다른 분야의 연계를 통하여 연계하는 방법은 조정내용이 효율적으로 연계되어 다른 분야의 소관부처에서 효율적으로 시행할 수 있도록 연계방안을 구체적으로 제시 등

2. 구조적 대책

(1) 개요

① 자연재해저감대책은 재해영향저감대책과 비교하여 다루는 분야가 상대적으로 다양하고 규모가 크므로 대책 부분도 상대적으로 다양하고 규모가 큰 대책들이 수립될 수 있음
② 구조적 대책: 방재시설물을 설치하거나 기존의 시설물의 능력을 향상시키는 등의 저감대책을 통칭하는 것으로, 댐건설, 제방축조, 천변저류지 조성, 사면안정화 보강, 방조제 축조 등 재해 유형별 시설물을 설치함으로써 재해를 저감하는 방법
③ 이러한 구조적 대책은 일반적으로 여러 가지 대안을 비교·검토하여 지역의 실정 및 지형적 특성, 사회적 취약성(인구, 건물, 공공시설 입지 등) 등을 고려하여 계획을 수립하게 됨
④ 구조적 대책은 시설물에 의해 직접 자연재해를 저감함으로 효과적인 측면에서는 우수하나, 많은 예산 및 민원을 야기
⑤ 예를 들어 도심지 내에 펌프장을 건설하고자 할 때 적절한 부지가 없는 경우 부지확보를 위한 사유지 매입이 필요하나 보상비 처리문제가 발생하며, 보상이 가능한 경우라도 인근 주민의 반대 등이 있어 현실적으로 건설이 어려운 경우가 발생할 수 있음
⑥ 구조적 대책은 재해 유형별로 구분할 수 있으며, 이러한 저감대책을 정리하면 다음과 같음

Keyword

★
구조적 대책

(2) 재해 유형별 저감대책

① 하천재해 저감대책

㉠ 호안의 유실

피해원인 및 양상	저감대책
- 호안의 강도가 낮거나 연결 방법 등 불량 - 소류력, 유송잡물에 의한 호안 유실 등 - 호안 내 공동현상 - 호안 저부(기초) 손상 - 기타 호안의 손상	- 홍수량, 소류력, 유속에 따른 호안 재검토 - 하천 계획홍수위보다 높게 시공 - 최대 세굴심을 고려하여 근입깊이 결정 - 하천 횡단구조물 설치를 가급적 억제 - 만곡부 호안보강 및 시설물 이설

㉡ 제방의 붕괴, 유실 및 변형

피해원인 및 양상	저감대책
- 설계홍수량 초과에 의한 제방 월류·붕괴 - 협착부 수위 상승에 의한 월류 - 제방 파이핑 현상 발생 - 제체 재질 불량 및 다짐 불량 - 세굴에 의한 제방 근고공 유실 - 제방법면 급경사에 의한 침윤선 발달 - 기타 부속 시설물과의 접속부실 및 누수	- 홍수량, 홍수위를 고려한 제방의 재평가 - 천변저류 등 홍수량 저류공간 조성 - 차수벽 설치, 제체 확폭 - 재질의 균등화 및 시공다짐 철저 - 세굴깊이를 고려하여 깊게 설계 및 시공 - 침윤선을 고려한 제방법면 완화 - 시공 시 다짐 철저, 구조물 근입깊이 길게

㉢ 하상 안정시설의 유실

피해원인 및 양상	저감대책
- 소류작용에 의한 세굴 - 불충분한 근입거리 - 기타 하상시설의 손상	- 소류력을 고려한 안정시설 재평가 및 유지관리 - 하천횡단 구조물을 가급적 억제하는 계획 수립 - 불필요한 하천 횡단구조물의 철거계획 수립

㉣ 제방도로 피해

피해원인 및 양상	저감대책
- 집중호우로 인한 인접 사면 활동 - 지표수, 용출수에 의한 도로 절토사면 붕괴 - 시공다짐 불량 등 시방서 미준수 - 하천 협착부 수위 상승 - 설계홍수량 이상에 의한 월류 - 제방의 붕괴·유실·변형 현상에 기인한 피해 - 기타 제방도로의 손상	- 정기적 안전점검-사면붕괴 방지대책 수립 - 유속을 고려한 호안 선정, 시공, 유지관리 - 설계홍수량 및 이에 따른 여유고 확보 - 천변저류 등 홍수량 저류공간 조성 - 차수벽 설치 - 재질의 균등화 및 시공다짐 철저 - 근고공은 세굴깊이를 고려한 설계 및 시공

㉢ 하천 횡단 구조물 피해

피해원인 및 양상	저감대책
- 교각 침하 및 유실 - 만곡 수충부에서의 교대부 유실 - 유송잡물 또는 경간장 부족에 의한 통수 능 저하 - 직접 충격에 의한 교각부 콘크리트 유실 - 날개벽 미설치 의한 사면토사 유실 - 교량 교대부 기초 세굴에 의한 교대 침하 - 교량 상판 여유고 부족 - 유사 퇴적으로 인한 하상 바닥고 상승 - 취수구 폐쇄 등에 의한 이수 시설물 피해 - 노면 배수 능력 부족, 시방서 미준수 등 - 기타 하천 횡단구조물의 손상	- 세굴심을 고려한 기초 근입깊이 결정 및 세굴방지 사석시공 - 만곡부는 가급적 피한 계획 또는 홍수량 변동에 따른 소류력, 세굴을 고려 계획 - 하천 설계기준에 의한 계획 수립 - 설계홍수위에 의한 교량상판 여유고 확보 - 경간장 부족은 개량 또는 재가설 검토

㉣ 외수에 의한 범람 피해

피해원인 및 양상	저감대책
- 설계홍수량 과소 책정, 과다 홍수 - 하상퇴적, 유송잡물에 의한 하천통수 단 면 부족 - 교각, 보 등 횡단구조물에 의한 수위 상승 - 제방의 여유고 부족 - 상류댐 홍수조절 능력 부족 - 미개수 하천 통수능 부족	- 설계홍수량 재검토 및 제방 증고 - 하상준설로 통수 단면적 확보 - 하천횡단 구조물 가급적 억제계획 수립 - 설계홍수량에 따른 여유고 확보 - 댐의 홍수조절 기능 추가(수문 설치, 증 고 등) - 미개수 하천은 하천정비기본계획 수립 등

㉤ 댐, 저수지 등의 붕괴

피해원인 및 양상	저감대책
- 설계홍수량을 초과하는 이상홍수 발생 - 유지관리, 안전관리 소홀 - 제체 균열, 제체 시공부실로 누수 구간 발생 - 여수로 및 방수로 등 구조물 파괴	- 댐 재개발, 수문 설치 등 - 안전진단 실시로 보강계획 수립 등 - 댐체의 침하, 누수 등 정기적으로 체크 - 불필요한 하천 횡단구조물 철거

② 내수재해 저감대책

　㉠ 지상공간 피해

피해원인 및 양상	저감대책
〈하수관거 용량 부족 및 설계 불량〉 - 설계빈도를 초과하는 강우로 인한 하수관거 용량 부족 - 하천 수위 상승으로 배수 영향 및 역류 발생 - 하수관거 구배 불량으로 펌프장 도달 전 침수 발생 - 주간선 만관으로 반지하주택 하수역류 - 하수관거 퇴적으로 인한 통수 단면 부족	**〈하수관거 용량 부족 및 설계 불량〉** - 기후변화 및 지역위험도를 고려한 하수관거 설계기준 강화 - 우수저류시설 설치(저류조, 투수성포장 등) - 지역연계 배수체계 구축 - 반지하주택 역지변 설치 - 하수관거 유지관리 및 유지보수 철저
〈노면수 저지대 유입〉 - 노면 우수의 저지대 유입으로 침수 발생 - 저지대 유입수의 내수배제 불량 - 하천홍수위보다 낮은 저지대의 배수 불량	**〈노면수 저지대 유입〉** - 반지하 지하주택의 경우 침수방지턱 설치 - 빗물받이 설치 확대 및 막힘 방지대책 수립 - 경사구간에 대해서는 횡배수로 설치 검토
〈우수집수시설 집수능력 부족〉 - 집수시설 부족에 따른 노면수 정체 - 토사유출 및 유송잡물로 인한 빗물받이 능력저하(태풍 곤파스 등으로 가중)	**〈우수집수시설 집수능력 부족〉** - 우수집수시설 개량 및 침수통 등 설치 - 우기 및 태풍 후 도로 노면 및 빗물받이 청소 및 유지관리 철저
〈배수펌프장 및 유수지 용량 부족〉 - 설계기준 초과강우로 인한 펌프장 용량 부족 - 유수지 용량 부족 - 배수펌프장 작동 미숙 및 적정설계 부족 - 배수펌프장 시설 유지관리 미흡	**〈배수펌프장 및 유수지 용량 부족〉** - 배수펌프장 용량 확대(30년 빈도 이상) - 초단기 집중호우 대비 유수지 확보 및 여유 공간 의무화 - 배수펌프장 설계 및 운영 기준 마련 - 배수펌프장 유지관리 철저

　㉡ 지하공간 피해

피해원인 및 양상	저감대책
〈지하철〉 - 지하철 역사 공사장을 통한 우수유입 - 지상구조물 붕괴로 인한 우수유입 - 지상 침수류가 출입구로 유입 - 지하철 선로를 따라 저지대 역으로 우수 유입 - 배수설비 용량 부족 및 부적절한 설치	**〈지하철〉** - 우기에 지하철 역사 공사 시 철저한 유지관리 및 책임 부여 - 차수판 및 모래주머니 확보 의무화 및 관리 철저 - 지하철 구간 내 배수설치 확충 - 배수설비 용량 확대 및 비상전원 확보
〈지하상가 및 지하다층〉 - 시공 시 주변보다 낮은 지반고로 노면수 유입 - 출입구 및 주차창 입구 차수판 및 침수방지턱 설치 미비 - 침수유량 배제를 위한 배수설비 부족 및 작동 불능 - 비상전원 공급 미흡	**〈지하상가 및 지하다층〉** - 건물공사 주변 지반고 검토(건물 허가 시 의무화) - 침수위험지역 내 출입구 및 주차장 입구 차수판 및 침수방지턱 설치 의무화 - 침수위험지역 내 비상 배수설비 구축 - 침수위험지역 내 비상전원 가동체계 구축

③ 토사재해 저감대책

㉠ 산지 침식 및 홍수피해

피해원인 및 양상	저감대책
- 토양침식으로 유출률과 유출속도 증가, 하류부 유출량 증가 - 침식 확대에 의한 피복상태 불량화 및 산지 황폐화	- 비상시 사면보호공, 침사지 등의 비상대책 마련 - 수목의 활착을 통한 토사유출 저감방안 수립 - 벌목지의 경우 벌목한 목재 이용 횡방향 배수 유도 - 나지와 피복상태가 양호한 지역 경계에는 목재이용보호시설 설치 - 계곡수 유입구 등에 저류 기능을 겸하는 침사지 설치

㉡ 하천시설물 피해

피해원인 및 양상	저감대책
- 홍수량에 의해 하천양안 침식, 하천의 구거화 발생	- 자연재료 이용, 현재 유로 유지방법으로 제방보강 실시 - 산지하천의 경우 낮은 조도계수의 재료나 유로 직선화 적용 불가 - 계곡수 유입구나 복개 시작시점 직상류부에 저류 기능을 겸하는 침사지 설치

㉢ 도시지역 내수침수

피해원인 및 양상	저감대책
- 상류유입 토사가 우수유입구를 차단 - 우수관로로 유입된 토사가 맨홀에 위치	- 토사유출량 고려한 유입구 규격 및 간격 결정 - 계곡수 유입구나 복개시작시점 직상류부에 저류 기능을 겸하는 침사지 설치 - 토사 및 잡물 제거가 용이한 시설 도입

㉣ 하천 통수능 저하

피해원인 및 양상	저감대책
- 상류유입 토사의 퇴적으로 인한 통수능 저하	- 정기적인 준설계획 수립 - 계곡수 유입구나 복개 시작시점 직상류부에 저류 기능을 겸하는 침사지 설치

ⓜ 저수지의 저수능 저하 및 이·치수 기능 저하

피해원인 및 양상	저감대책
- 유사 퇴적으로 저수지 바닥고 상승, 저수능 저하 - 저수지 바닥고 상승에 따른 이수 시설물 피해	- 치수시설 설계 시 적정 모형 이용 토사유출량 산정 - 이수시설 설계 시 적정 모형 이용 토사유출량 산정, 적정 취수구 위치 결정 - 정기적인 준설방안 수립 - 계곡수 유입구 등에 침사지 설치

ⓗ 하천 폐쇄로 인한 홍수위 증가

피해원인 및 양상	저감대책
- 하류로 이송된 토사의 하구부 퇴적에 의한 하구 폐쇄, 상류부 홍수위 증가	- 하천 유송 토사량 감소를 위한 사방시설 설치 - 도류제 설치로 하천토사를 소류시킴

ⓢ 농경지 피해

피해원인 및 양상	저감대책
- 홍수에 의해 이송된 토사가 농경지 침수·퇴적	- 침수피해 발생 후 신속한 배수가 이루어질 수 있도록 배수로 계획 - 계곡수 유입구 등에 저류 기능을 겸하는 침사지 설치

④ 사면재해 저감대책

　　ㄱ 낙석 및 사면 붕괴로 인한 피해

피해원인 및 양상	저감대책
- 기반암과 표토층의 경계에서 토석류 발생 - 집중호우 시 지반의 포화로 인한 사면 약화 및 사면 활동력 증가 - 사면 직하부 취약지에 생활공간 등 입지 - 불안정 경사면에 부지 위치, 경사면 시공 부실 - 노후화된 주택의 산사태 저지 능력 취약 - 지반 교란 행위 - 사면 상부 인장 균열 등	- 정기적인 사면 취약지역 조사, 산사태 위험지구 확대 지정 - 정기적 안전점검·방지대책을 강구·시행 - 지하수 침투에 의한 사면 불안정성 문제는 지하수 출구에 대한 조사와 대책 중심으로 수립 - 사면 안정 조사 시 용출수 이동이나 방향전환 등에 대한 충분한 고려 - 지역 특성을 고려한 사면안정공법을 도입·적용 - 노후화 주택 개량, 단계적 이주 사업을 계획·추진

ⓒ 절개지, 경사면 등의 배수처리시설 불량에 의한 피해

피해원인 및 양상	저감대책
- 기설치된 배수시설의 미흡 - 배수시설의 유지관리 소홀 - 지표면과의 밀착 시공 부실이나 과도한 호우	- 정기적인 사면의 배수처리 기능 점검 - 사면 활동범위 인접 공사 준공 시 사면 안전에 대한 안정성 검토요건 강화 - 지표면과 수로의 일체시공을 위한 시방 및 시설 기준을 개발·활용 - 사면에 위치한 배수관로는 수평 및 수직 배수가 원활하도록 시공 - 사면 재해 피해가 우려되는 지역은 강우 특성을 고려한 배수로 시설 기준 강화 및 지침 개발

ⓒ 옹벽 등 토사방지시설의 미비로 인한 피해

피해원인 및 양상	저감대책
- 배수공 틈새시공 부실 - 노후 축대시설 관리 소홀 및 재정비 미흡 - 신설 구조물의 사면특징 부적절 고려, 시공상의 부실 - 사업 주체별 표준경사도 일률적용·시행 주체의 단순시방 기준 적용 혹은 시방서 미준수	- 정기적인 옹벽이나 토사방지시설의 배수 효과를 점검 - 정기적 노후시설 집중 관리·정비 - 해당 지역 사면의 지질 특성을 종합적으로 판단, 획일적 시공 지양 - 지반강도 특성을 고려한 적정 보강공법 지정·시공

⑤ 해안재해 저감대책

ㄱ 침식대책시설 미비로 인한 피해

피해원인 및 양상	저감대책
- 파나 흐름 제어시설로서, 표사량 제어 및 해안선의 침식이나, 토사의 퇴적	- 이안제, 잠제 및 인공리프, 소파제, 해드랜드, 양빈공(Sand By Pass를 포함), 호안, 지하수위 저하공법, 이들의 복합방호공법

ㄴ 폭풍해일 및 파랑으로 인한 피해

피해원인 및 양상	저감대책
- 태풍이나 발달한 저기압의 발생 시의 해수면 상승과 월파에 의한 침수	- 제방, 호안 및 흉벽, 소파시설(이안제, 인공리프, 소파제, 양빈공 등) 과의 복합시설, 고조방파제, 방조수문

ㄷ 쓰나미로 인한 피해

피해원인 및 양상	저감대책
- 쓰나미의 소상을 사전 방지하여 배후지 침수	- 제방, 호안 및 흉벽, 쓰나미 방파제, 방호수문

ⓔ 비사·비말로 인한 피해

피해원인 및 양상	저감대책
- 비사(　　　)·비말의 발생이나 배후육역에의 침입	- 퇴사원, 방풍막, 윈도우·스크린, 정사원, 피복공, 식재, 식림

ⓜ 하구처리시설 미비로 인한 피해

피해원인 및 양상	저감대책
- 홍수나 고조에 대하여 하천의 유하 능력 저하 및 안정성 저하	- 도류제, 암거, 하구수문, 인공개삭, 제방의 증축공, 이안제, 인공리프

⑥ 바람재해 저감대책

　ⓐ 하천재해, 내수재해, 토사재해, 사면재해 그리고 해안재해의 경우에는 하천, 사면 혹은 해안 지역 등 특정한 곳에서만 위험요인이 존재하지만, 바람재해의 경우 전 지역에 위험요인이 존재한다. 이와 같은 바람재해의 특수성으로 인하여 전 지역이 바람재해의 잠재력을 가지고 있고, 전 지역이 바람재해위험지구 후보지가 될 수 있음

　ⓑ 즉, 전지역단위의 분석이 필요하며, 저감대책은 주로 해당 시설물의 설계기본풍속을 지정하여, 조례로 제정하는 비구조적 대책이 수립되므로, 후술할 비구조적 대책에서 다시 다루기로 함

　ⓒ 구조적인 대책으로는 해안 인근에 설치할 수 있는 방풍림 조성, 노후화 시설(굴뚝, 건물 등)을 철거하는 방법 등이 있으며, 그 밖에 대규모 시설을 설치하여 바람재해를 저감하는 방법은 효율적이지 못하여 많은 부분에서 시행하고 있지 못한 실정임

⑦ 가뭄재해 저감대책

피해원인 및 양상	저감대책
- 용수공급 중단 또는 제한에 따른 생활·산업·농업상의 피해 발생	- 지방상수도 개발, 지하수 개발, 강변여과수 개발, 댐(저수지) 신설 및 증설, 지하댐 개발, 관정 설치, 중수도 재활용 등

⑧ 대설재해 저감대책

피해원인 및 양상	저감대책
- 대설로 인한 취약도로 교통 두절 및 고립 피해 발생	- 비포장도로에 대한 포장 실시 - 도로 내 염수분사시스템 또는 열선 설치 - 도로에 덮개 형태의 캐노피 설치

Keyword

⑨ 기타재해저감대책

　　㉠ 기타 재해는「자연재해대책법 시행령」제55조에서 정한 방재시설 중 해당시설의 노후로 인하여 풍수해를 야기할 우려가 있는 시설을 대상으로 함

　　㉡ 또한, 하천의 홍수위 저감을 위하여 설치된 우수유출저감시설 중 저류지, 저류조 등도 포함

　　㉢ 따라서, 구조적 대책은 이러한 시설물의 보수·보강이 주를 이루며, 사방댐 준설 같은 대책이 주로 수립되는데, 전술한 내용과 중복되는 경우가 많음

3. 비구조적 대책

(1) 개요

① 저감대책은 댐건설, 제방축조, 천변저류지 조성, 사면안정화 보강, 방조제 축조 등 재해 유형별 시설물을 설치함으로써, 재해를 저감하는 방법인 구조적 대책과 풍수해보험, 각종 예·경보시설 구축 등의 시설물을 직접 설치하는 것은 아니지만, 대응 및 대책을 통하여 재해를 저감하는 방법인 비구조적인 방법으로 구분할 수 있음

② 구조적 대책은 시설물에 의해 직접 자연재해를 저감함으로써, 효과적인 측면에서는 우수하나, 시설물의 설치 또는 증대에 따른 막대한 비용이 필요하며, 계획빈도를 상향 조정할 경우 지형적인 제약, 보상비를 포함한 막대한 비용 등의 문제로 곤란한 경우가 많음

③ 복구사업 및 재해예방사업 등으로 과거에 비해 홍수방어 능력은 상당히 향상되었으나, 이상기후에 따른 자연재해 피해 규모는 오히려 증가하는 추세에 있으므로 구조적 저감대책 이외에도 자연재해를 예방하고 최소화할 수 있는 비구조적 저감대책을 도입하는 것이 필수적임

④ 이러한 비구조적 대책은 상대적으로 많은 예산 및 민원소지는 덜하지만 직접적인 효과를 예상하기 어려운 경우가 있음

⑤ 하지만 비구조적 대책은 재해로 인한 1차적 피해를 어느 정도 감수하고 2차적 피해를 최소화하는 방안으로 활용되기도 함

⑥ 다음 그림은 이러한 구조적·비구조적 대책의 개념을 도시화 한 것으로 동 그림과 같이 구조적 대책의 한계를 비구조적 대책으로 보완하는 하는 관계를 가지고 있으며, 구제척인 내용은 다음과 같음

Keyword

★
비구조적 대책

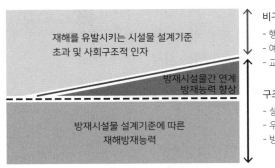

재해를 유발시키는 시설물 설계기준
초과 및 사회구조적 인자

비구조적 대책
- 행위제한 등 제도적 기반
- 예경보 및 위험지역 예측
- 교육 및 훈련 등

방재시설물간 연계
방재능력 향상

구조적 대책
- 설계기준 강화
- 우수저류시설 확대
- 방재시설물 설치 등

방재시설물 설계기준에 따른
재해방재능력

〈구조적·비구조적 대책 개념도〉

(2) 구분별 비구조적 저감대책

① 부문별 계획 조정 분야

저감대책	주요내용
도시지역 내수침수 방지대책	- 도시지역 방재성능목표에 미달하는 방재시설을 방재성능목표 이상 수준의 홍수방어 능력을 확보할 수 있도록 우수관거 개량, 수문 설치, 투수성 우수저감시설 설치 등 내수침수 방지대책 수립
하수도정비기본계획 (변경) 수립	- 도시지역 내수침수 방지대책에서 제시하고 있는 우수관거 개량 계획을 활용하여 재수립을 통한 방재성능목표 달성
하천기본계획 수립 및 재수립	- 하천의 체계적인 개수계획 재수립을 통한 홍수방어 능력 증대
노후저수지 관리계획 수립	- 노후저수지를 정밀안전진단 대상으로 선정하여 유지관리 계획 수립
설계기본풍속의 조례 제정	- 관내 설계기본풍속 26m/s(건축구조 기준), 30m/s(도로교 설계기준) - 최대풍속 관측값 및 전지역단위 바람재해 발생 가능성 검토를 고려하여 30m/s를 설계기본풍속으로 제시
비닐하우스 등에 대한 구조물 시설기준 상향	- 현재 비닐하우스의 경우 지역별 재현기간 30년에 해당하는 최심신적설을 고려한 시설규격을 제시 - 위험지역에 대한 비닐하우스 및 축사 등의 구조물 시설기준을 상향하여 사전 피해저감대책 강구

② 타분야 계획과의 연계 분야

저감대책	주요내용
도시계획과의 연계를 위한 비구조적 저감대책	- 자연재해저감 종합계획 반영항목을 도시계획 추진 시 반영되도록 하는 내용 포함 - 도시기본계획 수립 시 개발과 방재가 균형을 이루도록 유도 - 도시기본계획 심의 과정에 방재부서와의 사전협의 및 방재전문가의 참여를 의무화

★
비구조적 저감대책
- 부문별 계획 조정
- 다른 분야 계획과의 연계
- 유지관리 분야 등

저감대책	주요내용
토지이용계획 및 관리를 통한 재해완화 방안 유도	- 자연재해위험지역에 건물의 입지를 제한하는 토지이용 계획적 접근방법으로 도시 및 개발을 조정 - 개발 억제하는 다양한 규제, 인센티브, 기술적 접근
방재도시계획 연계	- 위험지구 내 방재거점 및 방재동선을 구성, 위험지구 내 토지 이용과 방재시설 및 도시계획시설 안전 유도
안전취약계층 대피계획 수립	- 자연재해 발생 시 E-30 대피계획을 적용하고, 안전취약계층의 대피가 가능한 대피소 확충 계획 수립
난개발 방지를 위한 계획관리지역 관리방안	- 국가·지방하천 및 소하천 인근 계획관리지역 내 무분별한 난개발에 대한 관리방안 수립 - 완충녹지지대 설치, 하천기본계획 및 소하천정비종합계획의 변경 수립 검토 등 저감대책 수립 - 녹지 조성, 빗물이용시설 설치 시 인센티브 부여방안 검토

③ 유지관리 분야

저감대책	주요내용
지역안전도를 고려한 자연재해 저감목표 설정	- 지역안전도를 고려한 자연재해 저감목표를 달성하기 위한 저감대책 수립방안을 제시
자연재해 관리지구의 관리	- 선정기준보다 위험도가 낮아서 위험지구 선정에서는 제외되었지만 위험요인이 잔존하여 관리가 필요한 지구를 관리지구로 지정 - 지속적인 유지관리 및 주민숙원사업으로 정비를 시행하는 것으로 계획
풍수해보험 제도 활성화	- 시 단위 지역설명회 및 이벤트 행사, 지역유선방송 및 인터넷 매체를 이용한 홍보 등의 주민홍보계획 수립 - 통장 및 이장 등을 보험설계사로 양성 - 자연재해위험지구 영향범위 내 대상시설에 대한 가입 가구 조사 및 홍보
재난 예·경보시스템 개선	- 효율적인 재난 예·경보를 위한 수위관측소 확충 - 산사태 예·경보시설 신설
사면 유지관리계획 수립	- 사면계측관리 대상지구 10개소 선정 - 사면 점검계획 수립 - 산사태 예방 및 대응방안 - 산사태 예·경보시스템 - 사면재해 유지관리계획 - 임도의 유지관리계획
사방시설 유지관리 계획 수립	- 사방시설 유지관리계획 - 사방시설 준설계획
재해취약시설 점검 및 관리 강화	- 방재시설, 대규모 건설공사장, 가로등 및 교통신호등 등으로 구분하여 주기적으로 점검 및 관리를 실시 - 실제 점검 및 정비는 담당부서, 점검 시기, 점검방법, 점검 결과, 정비현황을 재난담당부서에서 정하여 관리

저감대책	주요내용
반지하 주택 침수 방지 및 건물 내침수화 유도	- 반지하 주택 역류방지를 위한 역류방지밸브 설치 및 지표수 유입에 따른 침수 방지를 위한 차수벽 설치 유도 제시 - 하천 주변 저지대 지역의 건물 신축 시 내침수화(셔터시설, 필로티형 건축, 홍수방어벽) 유도 제시 - 자연재난에 대비·활용 가능한 자재(모래주머니)를 구입·배부하여 재난 발생 시 신속한 대처 유도 제시
빗물받이 유지관리 활성화	- 최근 이상기후로 인하여 장마 이후에도 높은 강도의 강우가 빈번히 발생하므로 홍수기는 물론 수시로 빗물받이 준설을 통한 빗물받이의 기능 유지 필요 - 지역주민에게 이면도로 빗물받이 관리책임 부여, 인센티브 부여 등 활성화 방안 제시
빗물재 이용 활성화 유도	- 도시지역 불투수면을 통한 빗물 집수화 및 재이용 도모 - 빗물의 대체수자원화를 통한 도시계획 차원에서의 개발계획 수립
방재 교육 및 홍보 강화	- 관내 지역 특성을 반영한 방재교육 자료 및 홍보 자료의 제작 및 보급, 정기적인 교육 및 홍보 실시를 위한 방안 강구, 읍면동 방재담당자 및 방재교육 담당자 대상의 세부과정 교육
제설대응체계 구축	- 고립위험지역에 대해 제설차량 우선 배치 및 제설장비 보급 - 재해구호물품 사전 지급 - 위험지역의 농업시설 피해 발생 방지를 위한 제설인력 우선 배치 - 기상정보 제공 및 사전제설 시행 - 사후 철거 및 보상대책 강구

2절 전지역단위 저감대책

★
전지역단위 저감대책

1. 개요

① 자연재해저감대책 수립 시 공간적 구분은 전지역단위, 수계단위, 위험지구단위 저감대책으로 구분

② 즉, 자연재해저감대책의 효과가 발휘되는 공간적 영역이 전반적으로 전 지역이면 전지역단위 저감대책, 수계이면 수계단위 저감대책, 개별 위험지구에만 효과가 발휘되면 위험지구단위 저감대책으로 구분

③ 전지역단위 저감대책은 효과가 관내 전 지역에 미칠 뿐 아니라, 공간적으로 전 지역에 걸쳐 한꺼번에 검토하여야 하는 저감대책이며, 구조적 저감대책과 비구조적 저감대책으로 구분하여 수립

④ 따라서 전지역단위 저감대책 수립 시 전 지역 차원에 영향을 미치는

타 계획을 우선적으로 검토하여 반영하고 다부처 협업사업을 검토하여 반영하며, 필요시 전 지역 차원에서 추가 검토가 필요한 지역을 설정하여 저감대책을 추가로 제시

⑤ 이러한 저감대책은 사업효과 발휘의 효율성 등을 고려하여 아래 그림과 같이 전지역단위 저감대책, 수계단위 저감대책, 위험지구단위 저감대책 순으로 수립

⑥ 전술한 구조적 대책에서 전지역단위 저감대책은 다목적 댐, 홍수조절지, 대규모 천변저류지 등이 해당되며, 비구조적 대책은 통상 특정 지역보다는 유역 전반에 걸쳐 효과 등이 나타나므로 전지역단위 저감대책으로 분류

⑦ 가뭄재해에 대한 저감대책은 가뭄 위험요소 등급과 가뭄 취약성 등급을 고려한 가뭄 위험도에 따라 결정되며, 위험도를 감소시키고 위험요소의 상태를 개선해주는 방향으로 저감대책을 제시

⑧ 대설재해 저감대책은 대설 위험요소 등급과 취약성 등급을 고려한 대설 위험도에 따라 결정되며, 대설 위험도 등급을 낮출 수 있는 방향으로 저감대책을 제시

2. 적용사례

(1) 구조적 대책

① 'NCS 학습모듈, 06 재해저감대책 수립'에서 수록하고 있는 김천시 풍수해저감종합계획, 2013년 12월 수립의 내용을 소개하면 다음과 같음

② 전지역단위 저감대책 중 국가 하천인 감천의 홍수량을 조절할 수 있는 대책으로는 홍수 조절 댐, 농업용 저수지의 치수 능력 증대, 천변저류지 등이 있다. 댐, 천변 저류지 등의 국가 단위 저감대책으로는 낙동강 유역 종합치수계획(2009, 국토해양부), 낙동강 유역 종합치수계획(보완, 2009, 국토해양부) 등이 있으며, 유역종합치수계획(2009)에서는 감천 상류에 댐 1개 1소를 계획하였음

③ 부항 댐 유역현황은 다음과 같음

- 수계: 낙동강-감천-부항천
- 유역 면적: 82.0km^2
- 유로 연장: 17.4km
- 유역 평균폭: 4.63km
- 연평균 강우량: 1,127mm
- 연평균 유출량: 1.65m^3/s

(2) 비구조적 대책

비구조적 대책 중 하나인 재해지도는 자연재해 예방을 위한 방재계획 수립 및 재난대비의 기초자료로 활용되며, 특히 재해 발생 시 대응 단계에서 신속한 대응을 위하여 중요한 정보를 제공할 수 있으며, 아래 그림은 그 사례임

3절 수계단위 저감대책

1. 개요

① 수계단위 저감대책은 저감대책의 효과가 수계 전체에 미치는 저감대책 또는 수계 전체에 걸쳐 한꺼번에 검토하여야 하는 저감대책
② 전지역단위 저감대책과 비교하여 상대적으로 지역이 작은 수계를 기준으로 한다는 점만 다를 뿐 나머지는 유사한 특성을 가짐

③ 전술한 내용과 같이 주로 구조적 대책이며, 지하방수로, 홍수저류지, 하천 상류에 설치하는 사방댐 계획 등이 이에 속함
④ 하천재해, 내수재해, 토사재해의 경우 수계·유역 단위로 구분되면 먼저 수계 또는 유역 차원에서 제시되어야 하는 저감대책을 수립한 후, 풍수해 위험지구단위별 저감대책을 수립함으로써 순차적이고 합리적인 저감대책의 수립이 가능하도록 함

2. 적용사례

'NCS 학습모듈, 06 재해저감대책 수립'에서 수록하고 있는 김천시 풍수해저감종합계획, 2013년 12월 수립의 내용을 소개하면 다음과 같음

수계단위의 토사재해 저감대책(예시)

위험 지구명	저감대책 기호	위치	하천	위도/경도
대들미	GG-C1	아포읍 대신리 725	대들미천	36° 8′ 29.6″/ 126° 12′ 0.9″
재해 요인	\- 집중 호우 시 상류 산지에서 토사 유출에 따른 피해 발생 위험 \- 하도 미정비 되어 있으며 퇴적에 의한 하도 통수 단면 감소 → 범람 위험 \- 대들미천 하류 주거지 밀집 지역에 홍수 발생 시 토사로 인한 직간접 피해 예상 → 피해를 최소화할 수 있는 저감대책(사방 댐) 수립 필요			

저감 대책	사방 댐 종류	상장(m)	하장(m)	전고(m)	개략 공사비
	콘크리트	20	16	4	352백만 원

사업 기대 효과	대들미천(소하천)으로 토사 유입 방지 토사 퇴적에 따른 하천 통수 단면 감소 및 수위 상승으로 인한 하류 제내지측 (농경지 및 주거지) 피해 예방 가능

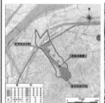  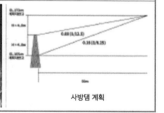

사방댐 계획

1. 개요

① 위험지구단위 저감대책은 저감대책의 영향이 미치는 공간적 범위가 개별 위험지구단위 범위로 한정되는 저감대책

② 위험지구 저감대책은 구조적 저감대책과 비구조적 저감대책으로 구분되며 일반적으로 구조적 저감대책을 우선 채택하고 비구조적 저감대책은 부차적으로 고려하고 있다. 하지만 이와 같은 구조적 저감대책을 일방적으로 하는 방법은 지양하고 위험도 지수(상세) 등을 토대로 적절한 저감대책 수립방향을 설정하는 방법 등을 참고

③ 자연재해위험지구에 대한 저감대책을 수립함에 있어 위험지구별로 자연재해 위험성 평가를 실시하고 평가결과를 종합적으로 검토하여 합리적인 저감대책 방안을 제시하여야 함

④ 위험지구단위 저감대책 수립 시 기존 도 자연재해저감 종합계획에의 포함 여부를 확인하여야 하며, 포함된 경우 도 자연재해저감 종합계획 수립내용을 저감대책에 반영하여야 함

위험도지수(상세)에 대한 위험등급별 저감대책 수립 방향

위험도지수 기준	위험등급	저감대책 수립방안(권고사항)
10 초과	초고위험	위험지구에 대하여 구조적 저감대책 수립
5 초과 ~ 10	고위험	위험지구에 대하여 구조적 저감대책 수립 단, 부분적인 비구조적 저감대책 수립 가능
3 초과 ~ 5	중위험	위험지구에 대한 비구조적 저감대책 수립 단, 부분적인 구조적 저감대책 수립 가능
1 초과 ~ 3	저위험	위험지구에 대한 비구조적 저감대책 수립

⑤ 자연재해 위험도지수(상세)는 피해 이력, 재해위험도, 주민불편도를 평가 인자로 하며, 산정된 위험도지수로 위험지구별 위험등급을 결정하고, 위험등급에 따라 저감대책 방안을 검토하여야 함

▷ 위험도지수(상세) $= A \times (0.6B + 0.4C)$

* 여기서, A는 피해이력, B는 재해위험도, C는 주민불편도

▷ '항목별 상세지수 산정기준'은 제8편 제1장 1절 참조 (pp. 421~422)

★
위험지구단위 저감대책

★
위험도지수 기준별 위험등급 및 저감대책 수립 방안

Keyword

⑥ 자연재해위험지구에 대한 저감대책 수립 시 향후 자연재해위험개선지구 지정과의 관계를 고려하여 자연재해위험개선지구에서의 지구구분인 침수위험지구, 유실위험지구, 고립위험지구, 취약방재시설지구, 붕괴위험지구, 해일위험지구, 상습가뭄재해지구 중 어느 지구에 해당하는지 명기하여야 함

⑦ 자연재해위험지구 저감대책은 시설물 중심의 구조적 저감대책뿐만 아니라 토지 이용, 건축, 재해지도, 재난 예·경보체계 개선, 풍수해보험제도 활성화, 위험지구 내 기지정·관리 중인 임시주거시설(지진 및 지진해일 대비 대피소 포함) 개선 등의 비구조적 대책을 종합적으로 고려하여 수립

⑧ 하천재해위험지구에 대한 저감대책은 위험요인 분석을 토대로 지방하천종합정비계획, 하천기본계획, 소하천정비종합계획 등의 타 계획에서 제시된 정비계획을 먼저 고려한 후, 타 계획의 정비계획과 대안설정을 통하여 도출된 저감대책을 비교하여 합리적이고 효율적인 저감대책을 채택

⑨ 내수재해위험지구에 대한 저감대책은 도시지역의 경우 우수관거 등은 하수도정비기본계획의 정비계획을 반영한 상태에서 방재성능목표를 적용 시 초과하는 홍수량을 유역분리, 저류시설 또는 배수펌프장 등을 통하여 분담하는 방안 등을 제시한다. 저류시설 또는 배수펌프장 적용이 어려운 지역은 녹지공간·침투시설 및 예·경보시스템 도입 등의 비구조적 저감대책을 수립

⑩ 사면재해위험지구에 대한 저감대책은 자연사면, 산지, 인공사면, 옹벽 및 축대의 재해위험도 평가 내용 및 사면안정해석 등의 정량적 검토 결과를 토대로 현장 여건을 고려하여 사면재해 방지를 위한 저감대책을 제시

⑪ 토사재해위험지구에 대한 저감대책은 토사유출량 산정 등 정량적 검토 결과를 토대로 현장 여건을 고려하여 침사지, 사방시설 등 토사재해 방지를 위한 저감대책을 제시

⑫ 바람재해위험지구에 대한 저감대책은 확률풍속 산정 등 정량적 검토 결과를 토대로 현장 여건을 고려하여 바람재해 방지를 위한 저감대책을 제시

⑬ 해안재해위험지구에 대한 저감대책은 태풍해일을 고려한 조위 등 정량적 검토 결과를 토대로 현장 여건을 고려하여 해안재해 방지를 위한 저감대책을 제시

Keyword

★
하천기본계획 및 소하천정비종합계획 등의 내용이 주로 위험지구단위 저감대책이 됨

2. 적용사례

'NCS 학습모듈, 06 재해저감대책 수립'에서 수록하고 있는 김천시 풍수해저감종합계획, 2013년 12월 수립의 내용을 소개하면 다음과 같음

(1) 하천재해 저감대책 사례

홍수위 저감 효과	측정 (No.)	홍수위(EL.m)		비교 (2)-(1)
		계획 전(1)	계획 후(2)	
	275+00	358.64	358.63	-0.01
	276+00	366.07	365.95	-0.12
	277+00	369.93	369.83	-0.10
	278+00	373.80	373.70	-0.10
	279+00	377.62	377.58	-0.04
	280+00	380.94	380.85	-0.09
	280+79	384.46	384.45	-0.01
	281+00	385.53	385.41	-0.12
	282+00	388.53	388.41	-0.12
	283+00	391.51	391.40	-0.11
	284+00	395.70	395.59	-0.11
	285+00	398.55	398.45	-0.10

표준 횡단
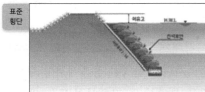

현장 사진

(2) 내수재해 저감대책 사례

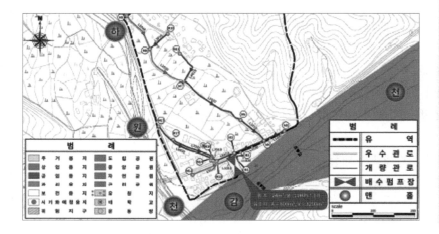

(3) 토사재해 저감대책 사례

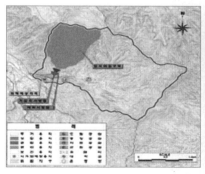

(4) 사면재해 저감대책 사례

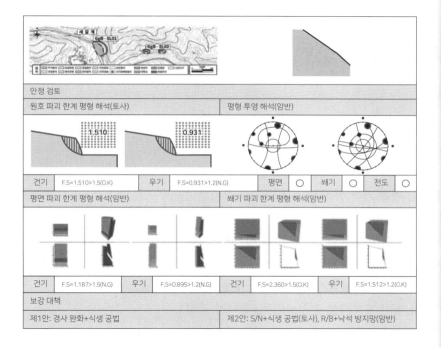

안정 검토			
원호 파괴 한계 평형 해석(토사)		평형 투영 해석(암반)	
건기 F.S=1.510>1.5(O.K)	우기 F.S=0.931>1.2(N.G)	평면 ○ 쐐기 ○ 전도 ○	
평면 파괴 한계 평형 해석(암반)		쐐기 파괴 한계 평형 해석(암반)	
건기 F.S=1.187>1.5(N.G)	우기 F.S=0.895>1.2(N.G)	건기 F.S=2.360>1.5(O.K)	우기 F.S=1.512>1.2(O.K)
보강 대책			
제1안: 경사 완화+식생 공법		제2안: S/N+식생 공법(토사), R/B+낙석 방지망(암반)	

(5) 해안재해 저감대책 사례

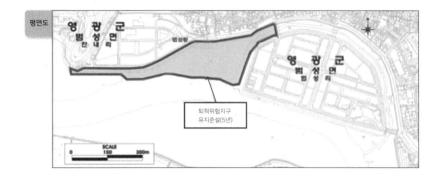

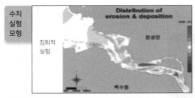

5절 타분야 계획과 연계 및 조정

★
다른 분야 계획과의 연계

1. 다른 분야 계획의 연계

① 자연재해저감 종합계획에서 채택한 타 계획의 저감대책 및 조정내용 등은 해당 시설물을 관리하는 타 계획이나 사업과 연계되므로 타 계획의 소관부처와 반드시 협의하여 자연재해저감대책을 수립한 후에는 관련된 타 계획의 관리청, 관련 기관 등의 의견을 반드시 수렴하여 협의·조정된 내용이 반영되도록 하여야 함

② 관련된 계획은 하천기본계획, 지방하천종합정비계획, 도시계획 등, 하수도정비기본계획, 하수도정비중점관리지역 정비사업, 사방기본계획, 연안정비기본계획, 배수개선사업, 취약저수지 관리사업 등, 자연재해위험개선지구 정비사업, 우수저류시설 설치사업, 급경사지 붕괴위험지역 정비사업, 재해위험저수지 정비사업, 풍수해 생활권 정비사업, 기타 방재 관련 계획 및 사업 등이며 연계내용을 구체적으로 제시

③ 하천기본계획, 하수도정비기본계획 및 기타 방재 관련 계획 등의 타 계획이 수립되지 못한 경우에는 타 계획을 신규로 수립하도록 반영사항을 제시하고 또한, 명백한 사유가 있거나 불가피하여 저감대책의 조정이 필요한 경우에는 자연재해저감 종합계획에서 제시하는 조정내용을 연계될 수 있도록 연계방안을 구체적으로 제시

④ 지방하천종합정비계획의 경우 계속사업과 신규사업을 검토해 선정기준에 의한 평가를 실시하여 최종 사업지구를 선정하고 있으며, 신규사업 대상지구 선정 시 지방자치단체별 사업지구 건의, 관련 계획 검

토를 통하여 대상을 선정한다. 관련 계획 검토 시 기존 계획에서 미포함된 자연재해저감 종합계획 저감대책은 신규사업지구로 되고, 기존 계획의 저감대책의 조정이 필요한 계획은 계속사업지구의 저감대책 조정을 통하여 직접 연계될 수 있도록 연계방안을 구체적으로 제시

⑤ 하수도정비중점관리지역 정비사업은 지방자치단체별 하수도중점관리지역 지정 신청을 받아 검토, 지정·공고, 하수도정비대책 수립의 순으로 추진되며, 중점관리지역 지정 신청 시 지방자치단체에서 신청하여 저감대책 및 타 계획의 조정내용을 직접 연계할 수 있도록 연계내용을 구체적으로 제시

⑥ 사방기본계획은 사방사업 대상지 실태조사 및 DB 구축, 대상지 우선순위 결정 및 타당성 평가, 예산검토를 통한 최종 사업지구 결정, 사업 시행 순으로 추진되며, 사방사업 대상지 실태조사 및 DB 구축 시 자연재해저감 종합계획의 저감대책 및 타 계획의 조정내용을 직접 연계할 수 있도록 연계내용을 구체적으로 제시

⑦ 연안정비기본계획은 사업 수요조사, 타당성 검토 및 정밀조사, 대상사업 확정 및 세부추진계획 수립 등의 순으로 추진되며, 사업 수요조사 시 자연재해저감 종합계획의 저감대책 및 타 계획의 조정내용을 직접 연계할 수 있도록 연계내용을 구체적으로 제시

⑧ 자연재해위험개선지구 정비사업, 우수저류시설 설치사업, 급경사지 붕괴위험지역 정비사업, 재해위험저수지 정비사업, 풍수해 생활권 정비사업 등은 행정안전부에서 소관하는 정비사업으로 자연재해저감 종합계획에서 위험지구를 선정하여 저감대책을 제시한 내용을 근거로 하여 지구지정 절차를 거쳐 체계적인 정비·관리를 수행할 수 있도록 위험지구 선정, 저감대책 수립, 후술되는 시행계획 등과 연계내용을 구체적으로 제시

⑨ 도시계획은 도시·군기본계획이나 도시·군관리계획의 입안 및 결정 시 자연재해저감 종합계획의 내용이 반영될 수 있도록 다음 그림과 같이 선정된 자연재해위험지구의 위험요인 검토(저·중·고위험), 시가화 여부(시가화지역, 비시가화지역), 도시계획현황 분석(용도지역, 용도지구, 도시계획시설, 계획구역현황 등) 등의 순으로 검토하여 비시가화지역은 현재의 보전용도를 유지하도록 하고 시가화지역은 위험지구에 대한 위험요인(예상 피해 규모, 침수심 등), 위험도(피해 우려 취약시설 및 안전취약계층 현황), 토지이용계획(용도지역, 용도지구, 각종 도시개발사업 계획 등), 자연재해저감대책 등을 구체적으로 제시하여 도시계획 수립 시 활용할 수 있도록 하여야 함

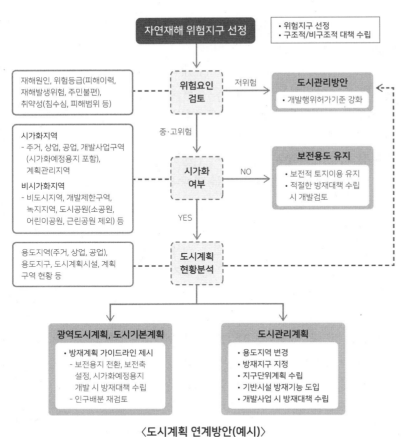

〈도시계획 연계방안(예시)〉

2. 다른 분야 계획의 조정

① 자연재해저감 종합계획은 자연재해저감 분야 종합계획이므로 관련 계획 중 하천기본계획, 하수도기본계획, 연안정비기본계획 등과 같은 방재 분야 부문별 계획과 도시계획 같은 기타 분야 계획을 모두 포함하는 개념인 다른 분야 계획을 모두 고려하는 계획임

② 자연재해저감 종합계획에서 타 계획의 저감대책을 수용하는 방법은 최대한 그대로 반영하는 것을 원칙으로 하지만 명백한 사유가 있거나 불가피한 경우에만 조정을 실시하여야 한다. 타 계획의 저감대책을 조정하는 경우는 타 계획에서 누락된 부분을 신규 수립하는 경우, 기존 타 계획의 확연한 오류를 조정하는 경우, 타 계획 간의 상충을 조정하는 경우, 타 계획 사이에서 고려되지 않은 부분을 조정하는 경우 등이 있음

③ 저감대책 조정 내용은 해당 타 계획의 소관부처와 협의를 통하여 조정된 내용이 실제 타 계획에 반영될 수 있도록 다음 표와 같이 자연재

해위험지구명, 타 계획명, 조정 전·후의 저감대책, 조정사유 등을 제시하여 확실하게 조치되도록 하여야 함

다른 분야 계획의 조정내용(예시)

공간적 단위 (재해 유형)	타 계획	지구명	저감대책 조정		비고 (조정사유)
			기존	조정	
전지역단위 (하천재해)	하천 기본계획	○○○	(조정 전 저감대책)	(조정 후 저감대책)	(조정사유)
수계단위 (내수재해)	하수도 정 비 기본계획	△△△	(조정 전 저감대책)	(조정 후 저감대책)	(조정사유)
위험지구단위 (해안재해)	연안 기본계획	◇◇◇	(조정 전 저감대책)	(조정 후 저감대책)	(조정사유)

6절 사업시행계획 수립

1. 기본방향

① 전술한 저감대책이 수립되면 이를 토대로 사업비 산정 및 투자우선순위 결정, 단계별·연차별 시행계획 수립, 사업 재원확보방안, 타 계획의 시행계획 조정, 부처 간 협업이 필요한 사업의 시행계획 조정, 자연재해저감 종합계획도 등의 순으로 제시함

② 전지역단위 및 수계단위 저감대책 시행계획은 투자우선순위 결정에서 제외되므로 사업비 산정 및 중·장기적 관점에서 경제성, 사업효과, 사회적 여건 등을 종합적으로 고려하여 수립

③ 저감대책 시행계획 수립 시 기지정 재해위험지구 및 타 계획 등의 시행계획에 이미 수립된 경우에는 원칙적으로 해당 계획에서 수립한 사업비, 연차별 시행계획 등을 그대로 적용

④ 저감대책 시행에 소요되는 예산 규모 및 연차별 예산 배분은 해당 지방자치단체의 방재예산 중 자연재해저감 종합계획 관련 예산 규모와 「보조금 관리에 관한 법률 시행령」 제4조를 참조하여 사업 유형별 국비, 지방비(시·도비, 시·군비) 분담률의 범위를 고려하여 결정

⑤ 관련 기관 협의 및 사업비 확보 등이 용이하도록 저감대책별 사업 시행주체 및 시행방법, 재원확보방안 등을 구체적으로 제시

★
사업시행계획 수립은 저감대책의 단계별 시행순서를 결정

2. 투자우선순위

(1) 사업비 산정

① 개략사업비 산정 시 저감대책 사업내용에 해당되는 시설물의 공종, 단위, 단가를 부록에 명확하게 제시

② 자연재해위험개선지구, 급경사지 붕괴위험지역, 재해위험저수지 등 관련 법령에 따라 지구 지정·고시된 지구 또는 하천기본계획, 소하천정비종합계획, 하수도정비기본계획 등의 타 계획 및 실시설계 내용을 반영하는 경우 산정된 공사비, 보상비(용지보상비, 건물보상비, 영업보상비 등) 등은 사업 시행의 혼선 예방 및 저감대책 이행률 제고 측면에서 그대로 반영

③ 다만, 타 계획의 저감대책 조정 등을 통하여 저감대책 사업효과의 제고, 예산의 효율적인 사용 등의 구체적이고 명확한 사유가 있는 경우에는 해당 저감대책 시행주체와 협의를 거쳐 조정할 수 있으며, 사업 시행의 혼선 예방 및 저감대책 이행률 제고 측면에서 조정된 사항을 타 계획의 시행계획 조정 제시를 통하여 반영

④ 관련 법령에 따라 지정·고시된 지구 또는 타 계획의 사업비를 반영할 경우, 지구지정 및 계획수립 시기를 고려하고 계획수립 공표연도를 기준으로 물가상승률을 고려하여 조정해야 하며, 기존 자연재해저감 종합계획의 사업내용을 그대로 반영할 경우도 동일한 방법으로 처리

(2) 투자우선순위 결정

① 투자우선순위 결정을 위한 평가방법은 자연재해위험개선지구 관리지침에서 제시된 타당성 평가기준을 자연재해저감 종합계획 특성에 맞게 활용하되, 지역별 특성이 충분히 반영될 수 있도록 합리적인 평가를 실시

② 투자우선순위 결정을 위한 평가항목은 기본적 평가항목과 부가적 평가항목으로 구분

③ 기본적 평가항목은 비용편익비(B/C), 피해이력지수, 재해위험도, 주민불편도, 지구지정 경과연수로 구분

④ 부가적 평가항목(정책적 평가)은 정책성(정비사업 추진의지 및 사업의 시급성), 지속성(주민참여도 및 민원 우려도), 준비성(자체설계 추진 여부)로 구분

★
투자우선순위 결정

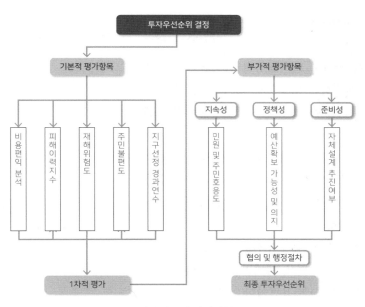

〈투자우선순위 결정절차〉

⑤ 기본적 평가항목은 비용편익비(B/C), 피해이력지수, 재해위험도, 주민불편도, 지구지정 경과연수 등을 평가 인자로 하며, 평가항목별 배점 기준 및 평가점수 산정기준은 다음과 같음

평가항목별 배점 기준 및 평가점수 산정기준

구분	배점	평가점수 산정기준
비용편익비	15	B/C값 3 이상(15점) B/C값 2~3 미만(12점) B/C값 1~2 미만(9점) B/C값 0.5~1 미만(6점) B/C값 0.5 미만(3점)
피해이력지수	25	피해이력지수/100,000 × 배점
재해위험도	30	위험등급(20점) + 자연재난 인명피해(사망 10점, 부상 5점)
주민불편도	20	위험지구 면적대비 거주인구비율 100 이상(20점) 위험지구 면적대비 거주인구비율 50~100 미만(16점) 위험지구 면적대비 거주인구비율 20~50 미만(12점) 위험지구 면적대비 거주인구비율 5~20 미만(8점) 위험지구 면적대비 거주인구비율 5 미만(6점)
지구지정 경과연수	10	지구지정 후 10년 이상(10점) 지구지정 후 5년~10년 미만(8점) 지구지정 후 3년~5년 미만(6점) 지구지정 후 1년~3년 미만(4점) 지구지정 후 1년 미만(2점)
계	100	

주) 1. 피해이력지수: 최근 5년간 사유재산피해 재난지수에 항목별 가중치를 곱하여 산정
   2. 위험등급: 가 등급 20점, 나 등급 10점, 다 등급 5점(자연재해위험개선지구 위험등급분류 기준)

★
투자우선순위 결정을 위한 항목(기본적 항목)
- 비용편익비
- 피해이력지수
- 재해위험도
- 주민불편도
- 지구지정 경과연수

⑥ 개선법은 인명 피해, 농작물 피해액에 대하여는 간편법에서 사용하는 원단위법을 활용하고, 건물피해액, 농경지 피해액, 공공시설물 피해액, 기타 피해액은 재해연보를 근거로 도시유형별 침수면적-피해액 관계식을 설정하여 피해액을 산정하는 방법으로 투자우선순위 결정을 위한 비용편익비(B/C)는 개선법(회귀분석법)을 채택하는 것을 원칙으로 함

⑦ 사면재해의 편익(피해액) 산정은 「붕괴위험지구 투자우선순위 결정 개선방안 연구」에서 제시하는 방식으로 산정하며, 편익 분석을 위한 피해위험구역은 급경사지의 하단으로부터 해당 비탈면 높이의 2배 정도이며, 50m 초과 시에는 50m로 제한

⑧ 평가된 항목별 점수를 부여하여 기본적 평가 우선순위를 결정하며, 기본 평가항목에서 동일한 점수가 나오는 경우 '재해위험도 〉 피해이력지수 〉 주민불편도 〉 지구지정 경과연수 〉 비용편익비(B/C)'의 순서에 따라 항목별 평가점수가 높게 산정된 지구 순으로 투자우선순위를 조정

⑨ 부가적 평가항목은 지속성, 정책성, 준비성으로 구분하며, 부가적 평가항목의 구분과 부가적 평가항목의 평가방법 및 배점 기준은 다음 표들과 같음

부가적 평가항목의 구분

구분	평가항목
지속성	해당 사업에 대한 주민참여도 및 민원우려도 등을 고려
정책성	해당 사업에 대한 추진의지, 사업의 시급성 등을 고려
준비성	해당 사업의 조기 추진이 가능하도록 자체설계 추진 여부

부가적 평가항목의 평가방법 및 배점 기준

평가항목	점수	평가방법	비고
지속성	1	주민참여도가 높으며, 민원 우려가 낮은 지역	
	0.5	주민참여도가 높으나, 민원 우려가 높은 지역	
	0	주민참여도가 낮으며, 민원 우려가 높은 지역	
정책성	1	사업의 시급성이 높고, 지방자치단체의 정비사업 추진의지가 높은 지역	
	0	사업의 시급성이 낮고, 지방자치단체의 정비사업 추진의지가 낮은 지역	
준비도	1	정비사업의 조기 추진이 가능하도록 자체설계를 추진하는 지구	
	0	자체설계를 추진하지 않는 지구	

★
기본 항목 동점인 경우 순위 조정방법

★
투자우선순위 결정을 위한 항목(부가적 항목)
- 지속성
- 정책성
- 준비도

⑩ 지속성, 정책성 및 준비성에 대한 점수가 1이면 점수가 0인 사업보다 선순위로 조정하되 부가적 평가항목에 대한 점수가 동일한 사업들 간의 순위는 기본적 평가항목에 의한 순위를 유지하도록 함

⑪ 기본적 및 부가적 평가항목을 고려하여 초기 결정된 투자우선순위는 지방자치단체 방재담당 공무원(자연재해저감 종합계획 담당), 관련 실과, 주민공청회, 지방의회 등의 협의 및 행정절차를 거쳐 최종 투자우선순위로 결정됨

3. 단계별·연차별 시행계획

① 구조적 저감대책에 대한 단계별·연차별 시행계획뿐만 아니라 비구조적 저감대책에 대한 단계별·연차별 시행계획을 수립하여 저감대책의 실현 가능성을 확보

② 단계별 시행계획은 먼저 5년 이내에 추진 가능한 사업을 1단계 사업으로 구분하고 그 외 사업을 2단계로 구분

③ 자연재해위험개선지구, 급경사지 붕괴위험지역, 재해위험저수지 등 관련 법령에 따라 지정·고시된 지구 또는 하천기본계획, 소하천정비 종합계획, 하수도정비기본계획 등의 타 계획 등은 해당 사업 및 계획에서 수립한 시행계획을 그대로 반영

④ 다만, 타 계획의 저감대책 조정 등을 통하여 저감대책 사업효과의 제고, 예산의 효율적인 사용 등의 구체적이고 명확한 사유가 있는 경우에는 해당 저감대책 시행주체와 협의를 거쳐 시행계획을 조정할 수 있으며, 사업 시행의 혼선 예방 및 저감대책 이행률 제고 측면에서 조정된 사항은 후술되는 타 계획의 시행계획 조정을 통하여 반드시 제시

제3장

우수유출 저감대책 수립하기

본 장에서는 배수구역 내 우수유출 발생에 따른 침수피해를 정량적으로 파악하고 침수피해 유형별 적정한 저감대책 수립 방법을 수록하였다. 침수피해 원인 및 지역 특성 등을 고려한 우수유출저감시설 형식을 선택하는 방법과 설치되는 저감시설 규모 및 저감량의 계산방법을 작성하였다. 마지막으로 우수유출저감시설 설치효과를 분석하고, 저감시설 설치에 소요되는 사업비 추정 및 경제성 분석방법을 작성하였다.

1절 배수구역과 우수유출에 따른 피해분석

Keyword

1. 우수유출 저감대책의 개요

(1) 용어의 정의

① '우수유출저감시설'이란 우수(雨水)의 직접적인 유출을 억제하기 위하여 인위적으로 우수를 지하로 스며들게 하거나 지하에 가두어 두는 시설(「자연재해대책법」 제2조 제6호)

② '우수유출저감대책'이란 도시화로 인하여 불투수면적이 증가하여 우수의 저류·침투기능이 저하되고, 우수가 일시적으로 빠르게 집중되어 도심지의 침수피해가 빈번하게 발생하는 것을 저감하기 위하여 우수유출 영향을 분석하여 저류시설 및 침투시설 등을 설치하는 대책

(2) 대책의 수립권자 및 목표연도

① 특별시장·광역시장·특별자치시장 또는 시장·군수는 해당 지역의 우수 침투 또는 저류를 통한 재해의 예방을 위하여 우수유출저감대책을 5년마다 수립

② 우수유출저감대책은 자연재해저감 종합계획과 부합하도록 계획의 수립연도를 기준으로 향후 10년을 목표연도로 정하여 수립

(3) 우수유출저감대책의 주요내용

① 우수유출저감(저류량 및 침투량) 목표의 설정

② 현재 및 목표연도에 따른 우수유출영향 분석

③ 우수유출저감시설 설치가능시설 조사·분석

④ 우수유출저감시설의 배치 및 규모계획

⑤ 우수유출저감대책의 효과분석

★
우수유출저감시설

★
자연재해대책법 제2조

★
우수유출저감대책

⑥ 우수유출저감시설의 유지관리계획
⑦ 그 밖에 우수유출 저감에 필요한 사항

2. 기초현황 조사

(1) 자료 조사
① 자료 조사는 일반현황 조사, 수해현황 조사, 관련 계획 조사로 분류
② 일반현황 조사는 행정현황, 인문현황, 자연현황, 방재현황으로 구성

★
기초현황 조사

일반현황 조사

구분		조사내용
행정 현황	지역연혁	- 대상지역의 연혁
	행정구역현황	- 대상지역의 행정구역 및 면적 등
인문 현황	인구현황	- 대상지역별 인구수, 인구분포현황 등
	산업현황	- 대상지역 내 산업 종사자 수, 종사자 분포현황 등
	문화재현황	- 대상지역 및 주변지역 문화재 분포현황
	불투수지역현황	- 대상지역의 투수·불투수지역현황 등
	시가화지역현황	- 대상지역 연대별 시가화지역현황 등
자연 현황	토지이용현황	- 지목별 면적, 분포, 토지이용계획 등
	하천현황	- 하천 수계현황, 기하학적 특성 등
	지형현황	- 표고 및 경사현황 등
	지질 및 토양현황	- 지질현황, 수문학적 토양현황 등
방재 현황	자연재해 관련 지구지정현황	- 자연재해개선 위험지구현황 - 기타 부처와 관련된 재해지구현황 등
	우수유출저감시설 설치현황	- 저류시설, 침투시설 등의 우수유출저감시설 현황
	방재시설현황	- 하천, 하수도, 빗물펌프장 등의 방재시설현황

③ 수해현황 조사는 연도별 수해현황, 주요 침수피해현황 및 원인으로
   구성

수해현황 조사

구분	조사내용
연도별 수해현황	- 연도별 홍수피해 및 복구현황, 연도별 침수피해현황 등
주요 침수피해 현황 및 원인	- 대규모 침수피해지역의 침수면적, 강우현황 등

㉠ 연도별 수해현황

　▷ 해당 지방자치단체의 과거 발생한 홍수에 대하여 관련 재해연
　　보, 수해백서 등의 문헌을 토대로 최근 10년 이상의 기간에 대
　　하여 연도별 현황을 정리하고, 대상지역 및 주변지역의 포함 여
　　부를 검토

　▷ 연도별 홍수피해 및 복구현황은 호우, 태풍으로 인한 인명 및 재
　　산피해액현황을 조사하고, 연도별 침수피해현황은 건물, 농경지
　　등의 침수피해 면적현황에 관하여 조사

㉡ 주요 침수피해현황 및 원인

　▷ 주요 침수피해현황 조사는 최근 10년 이상의 기간 동안 발생한
　　홍수 중 대상지역을 대표하는 홍수를 선정하여 침수피해지역
　　현황 및 원인을 조사

　▷ 설계 용량을 초과하는 강우, 하수관거 용량부족, 불투수면적 등
　　침수피해 시 직접 원인 및 피해를 가중시키는 간접 원인 등을
　　조사

④ 관련 계획 조사는 방재 관련 계획 현황, 도시계획 및 개발사업 현황,
　빗물·물순환·물재이용 관련 계획 현황, 기반시설정비 관련 계획 현황
　으로 구성

관련 계획 조사

구분	조사내용
방재 관련 계획	자연재해저감 종합계획(내수재해위험지구 대책), 하천기본계획, 하수도정비기본계획, 빗물펌프장계획 등
도시계획 및 개발사업현황	광역도시계획, 도시·군 기본계획, 도시·군 관리계획 등 도시계획과 각종 개발사업 등
빗물·물순환·물재이용 관련 계획현황	지방자치단체 빗물관리, 물순환, 물재이용 관련 계획 등
기반시설정비 관련 계획현황	국토의 계획 및 이용에 관한 법률 제2조 제6호의 기반시설(교통시설, 공원시설, 유통·공급시설, 공공·문화체육시설 등) 관련 계획

㉠ 지방자치단체의 방재, 도시, 빗물·물순환·물재이용, 기반시설 등
　의 관련 계획 내 우수유출저감시설 현황(위치, 용량)을 조사하여
　대상지역 내 설치계획의 유·무를 검토

ⓛ 기반시설정비 관련 계획현황은 다음과 같은 시설의 관련 계획현황을 조사

　▷ 교통시설: 도로·철도·항만·공항·주차장·자동차 정류장 등

　▷ 공원시설: 광장·공원·녹지·유원지·공공공지 등

　▷ 유통·공급시설: 유통 업무설비, 수도·전기·가스·열공급설비, 방송·통신시설 등

　▷ 공공·문화체육시설: 학교·운동장·인정되는 체육시설·도서관·연구시설·사회복지시설 등

　▷ 보건위생시설: 화장시설·공동묘지 등

　▷ 환경기초시설: 하수도·폐기물 처리시설 등

(2) 현장조사

① 해당 지방자치단체의 주요 침수피해지역 현장 확인이 가능한 전경사진 촬영 및 침수피해가 발생한 원인 등에 대하여 조사

② 관련 계획 조사의 내용을 바탕으로 지방자치단체에 설치된 우수유출 저감시설에 대하여 현장 확인을 하고, 본 사업과의 연계 및 활용 가능성을 조사

③ 재해관련지구 지정지역에 대하여 위치 파악이 가능한 전경사진 촬영과 지구지정 이후 관리 및 정비계획, 공사실적 등의 현장 확인을 실시

3. 현재 및 목표연도 확률강우량 산정

(1) 강우자료 수집 및 특성 분석

① 강우자료는 해당 지방자치단체의 집중호우 특성을 분석할 수 있는 시우량 자료를 수집하며 대상지역의 기왕최대강우량과 주요 침수피해가 발생했던 시기의 강우자료를 수집하고, 확률강우량 산정에 필요한 강우자료를 수집

② 해당 지방자치단체의 30년간 연도별 시우량 자료를 규모별·연도별 최대치, 연도별 발생빈도 및 추이, 연도별·월별 강우분포 등의 분석을 실시하고 표와 그림으로 제시

③ 연도별 최대치 분석을 통하여 대상지역의 기왕최대강우량을 제시

연도별 집중호우 발생빈도 분석(예시)

구분		집중호우 발생빈도							
		10 (1~10 mm/hr)	20 (11~20 mm/hr)	30 (21~30 mm/hr)		70 (61~70 mm/hr)	80 (71~80 mm/hr)	90 (81~90 mm/hr)	…
연도	1985								
	1986								
	1987								
	…								
	2012								
	2013								
	2014								
평균									

서울관측소 기왕최대강우량(예시)

구분	1위	2위	3위	4위	5위
강우량(mm/hr)	99.5	75	69.5	68	67.3
발생일시	2001.07.15.	2010.09.21.	1987.07.27.	2012.07.13.	1983.09.02.

(2) 현재 및 목표연도 확률강우량 산정

① 지방자치단체 우수유출영향 분석에 적용하는 강우량은 현재 및 목표연도 확률강우량, 지역별 방재성능목표 강우량으로 구분

② 현재 확률강우량은 저류지 등 영구 구조물의 설계빈도를 고려하여 50년 빈도를 기준으로 하되 상·하류 하천의 계획빈도, 지역 특성, 지방자치단체 여건 등을 고려하여 결정

③ 목표연도 확률강우량은 과거 강우기록에 대하여 회귀분석, 이동평균 등 경향성 분석을 통하여 현시점 대비 목표연도 확률강우량을 산정

④ 대상배수구역의 확률강우량에 대하여 지속시간별 증가 추이를 이용하여, 현재연도 대비 목표연도의 강우 지속시간별 강우 증가량 및 증가율을 산정하고, 이로부터 설계 강우빈도에 대한 확률강우 증가량을 산정

⑤ 지역별 방재성능목표 강우량은 지방자치단체에서 고시한 자료를 참고하여 대상지역의 방재성능목표 강우량을 제시

★
영구 구조물의 설계빈도는 50년 이상

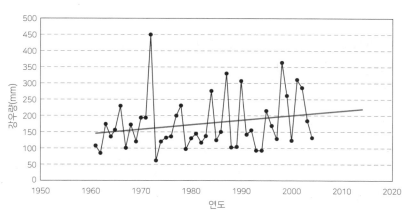

〈서울관측소 24시간 최대강우량 증가 추이(예시)〉

강우 지속기간 (hr)	강우량 추세(mm)		증가량 (mm)	증가율 (%)	확률강우량(50년 빈도, mm)	
	2006년	2015년			2006년 확률강우량	2015년 확률강우량
1	52.9	53.4	0.5	0.9	101.9	102.8
2	74.5	75.9	1.4	1.8	147.3	150.0
3	98.8	102.7	3.9	3.9	186.2	193.5
6	129.5	134.4	4.9	3.8	236.6	245.5
9	150.0	156.3	6.2	4.2	260.9	271.8
12	165.3	173.0	7.8	4.7	288.9	302.5
18	185.7	195.3	9.6	5.2	338.8	356.3
24	207.2	219.9	12.6	6.1	386.8	410.4

서울관측소 강우량 추세 분석(예시)

4. 현재 및 목표연도 우수유출영향 분석

(1) 현재 및 목표연도 유효우량 산정

① 현재 및 목표연도 유효우량 산정은 미국 자연자원보존국(NRCS: Natural Resources Conservation Service)의 유출곡선지수방법을 사용

② 유출곡선지수는 농경지역과 도시지역의 유출곡선지수로 분류하며 유역의 토양-피복별 면적분포를 산정하여 이를 가중인자로 유역전체에 걸쳐 평균함으로써 AMC-Ⅱ 조건하에서 유역의 평균유출곡선지수(CN)를 산정

③ 목표연도 유효우량의 경우 지목별 토지이용현황의 추세분석을 통한 배수구역별 CN값을 산정하거나, 기수립된 도시기본계획 등 관련 지방자치단체 중장기 계획의 토지 이용 변화를 고려하여 CN값을 산정

★
우수유출영향 분석

하여 현재 상태 유효우량과 비교

④ 현재 및 목표연도 홍수량 채택: 현재 홍수량은 상·하류 하천의 계획빈도, 지역특성, 지방자치단체여건 등을 고려하여 홍수량 빈도를 설정

(2) 현재 및 목표연도 홍수량 산정

① 설계강우 시간분포 방법 결정

설계강우의 시간분포는 Mononobe 방법, Huff 방법, Keifer & Chu 방법, Pilgrim & Cordery 방법, Yen & Chow 방법, 교호블록 방법 등이 있으며, 실무에서 주로 적용하고 있는 Huff 방법을 사용하는 것을 원칙

② 홍수량 산정방법 결정

▷ 지자체 우수유출저감대책은 배수구역을 기본으로 설정하여 분석

▷ 홍수도달시간 산정은 현재 및 목표연도로 구분하여 적절한 공식을 적용하고 도달시간과 유속 산정 결과를 표로 명확하게 제시하여 산정된 도달시간의 적정성을 검토

▷ 홍수량 산정방법은 지방자치단체의 유역 특성(자연유역, 도시유역 등)을 고려하여 선정하며, 일반적으로 자연유역의 경우에는 단위도법을 적용하고, 도시유역의 경우에는 도시유출 모형을 적용

▷ 임계지속기간을 고려하여 홍수량을 산정하며 강우 지속기간을 적정시간 간격으로 현재 및 목표연도 각각 적용함과 아울러 홍수량 산정지점별로도 각각 적용

③ 현재 및 목표연도 홍수량 산정

▷ 현재 및 목표연도별 임계지속기간에 해당하는 설계강우량에 대하여 계산한 홍수 유출수문곡선을 사용

▷ 홍수량 산정지점별 현재 및 목표연도에 대한 홍수량을 비교하여 결과를 도표로 제시

▷ 홍수량 산정 시 하수관거 개수계획이 있을 경우, 개수 전과 개수 후에 대한 홍수량을 제시

④ 현재 및 목표연도 홍수량 채택

▷ 현재 홍수량은 상·하류 하천의 계획빈도 지역특성 지방자치단체 여건 등을 고려하여 홍수량 빈도를 설정

▷ 목표연도 홍수량은 과거 강우 경향성 분석을 통한 목표연도 확률강우량, 기왕최대, 방재성능목표 강우량에 의한 홍수량 중 큰 값을 기준으로 하되, 상·하류 하천의 계획빈도, 지역 특성, 지방자치단체 여건 등을 고려하여 홍수량 빈도를 상회하여 설정이 가능

Keyword

★
설계강우의 시간분포는 Huff 방법 사용

1. 우수유출저감시설의 종류

(1) 저류시설

① 저류시설은 우수를 유수지 및 하천으로 유입되기 전에 일시적으로 저장시켜 대상지역의 유출량을 감소시키거나 최소화하기 위하여 설치하는 시설을 의미하며, 설치장소에 따라 지역 내 저류(On-site) 시설과 지역 외 저류(Off-site) 시설로 구분

    ㉠ 지역 외 저류시설(Off-site): 유역출구에 설치된 침사지 겸 저류지, 영구저류지 등에 유출수를 저장하는 대규모 저류방식으로 연결 형식에 따라 하도 내 저류(On-line) 방식과 하도 외 저류(Off-line) 방식으로 분류

Keyword

★
우수유출저감시설의 분류
- 지역 내 저류
- 지역 외 저류

★
지역 외 저류시설의 분류
- 하도 내 저류
- 하도 외 저류

지역 외 저류시설의 분류

구분	하도 내 저류방식	하도 외 저류방식
특성	- 관거 또는 하도 내 저류시설 설치 - 모든 빈도에 대하여 유출저감 가능 - 첨두홍수량 감소 및 첨두 발생시간 지체 - 하도 외 저류방식에 비해 상대적으로 큰 설치 규모	- 하도 외 저류시설 설치 - 하도 내 저류(On-line) 방식에 비해 상대적으로 적은 설치 규모 - 첨두홍수량 감소 - 저빈도의 홍수에 대하여 저감효과 미흡
모식도		
저감효과		

    ㉡ 지역 내 저류(On-site) 시설: 대상지역에 내린 강우가 우수관거, 유수지, 하천 및 지역 외 저류시설 등으로 유입되기 전에 강우 발생지점인 토지이용시설(건물, 주차장, 운동장, 차도, 녹지 등) 내에

서 빗물을 일시적으로 저류시켜 유출을 저감하는 시설로서, 단지 내 저류시설, 주차장 저류, 건축물 저류 등으로 구성

Keyword

(2) 침투시설

① 침투시설은 우수를 지하로 침투시켜 저류 및 지연시키는 시설로서 크게 기존의 투수 가능지역(공원, 녹지 등)의 침투율을 증진시키는 방법과 보도, 주차장 등 기존의 불투수면에 대하여 침투 능력을 부여하는 방법으로 분류

② 침투시설에는 침투통, 침투측구, 침투트렌치, 투수성포장 등으로 구성

저류시설과 침투시설의 분류

분류		우수유출저감시설
저류시설	지역 외 저류 (Off-site) 시설	- 전용 저류시설: 지하저류시설, 건식저류지, 하수도 간선저류 등 - 겸용 저류시설: 다목적 유수지, 연못 저류, 습지 등
	지역 내 저류 (On-site) 시설	- 유역 저류시설 • 침수형 저류시설: 단지 내 저류, 주차장 저류, 공원 저류, 운동장 저류 • 전용 저류시설: 쇄석공극 저류시설 - 건축물 저류: 지하저류조, 저류탱크, 지붕 저류, 옥상녹화, 식생수로 - 기타: 저류형 화단
침투시설		- 침투통 - 침투측구 - 침투트렌치 - 투수성포장 - 투수성 보도블록

2. 토지 이용별 적용 가능한 우수유출저감시설의 종류

① 우수유출저감시설의 적용을 위한 토지 이용은 크게 건물, 차도, 보도, 측구, 주차장, 운동장·운동시설, 녹지, 연못, 광장, 조경공간으로 분류

② 건물은 옥상이 있는 건물의 경우 건물 주변에 침투통, 침투트렌치, 침투측구와 옥상녹화, 지하저류조 설치가 가능하다. 또한 옥상이 없는 경우에는 건물 주변에 침투통, 침투트렌치, 침투측구, 지하저류조의 설치가 가능

③ 차도는 설치 가능한 침투시설로 투수성포장, 침투통, 침투트렌치, 침투측구가 있으며, 저류시설은 식생수로가 있다. 또한 보도는 투수성포장, 저류형 화단, 측구는 식생수로와 침투측구 등으로 구성

④ 주차장의 경우 주차장 저류, 지하저류조, 식생수로 등의 저류시설과 투수성포장, 침투통, 침투트렌치, 침투측구 등의 침투시설 설치가 가능

⑤ 운동장·운동시설은 차수판을 이용한 운동장 저류와 지하공간을 활용한 지하저류조 설치가 가능하며, 침투시설로는 침투통, 침투트렌치, 침투측구의 설치가 가능

⑥ 녹지의 경우 식생수로, 저류형 화단이 가능하고 연못은 그 자체가 저류 기능을 포함하는 시설

⑦ 광장은 공원 저류, 지하저류조 등의 저류시설과 투수성포장, 식생수로, 침투트렌치, 침투통, 침투측구 등의 침투시설 설치가 가능

⑧ 조경공간의 경우 식생수로, 저류형 화단 등의 저류시설 설치가 가능

토지 이용별 적용 가능한 우수유출저감시설의 종류

구분	토지 이용별 적용 가능한 우수유출저감시설				
건물	옥상녹화	지하저류조	침투통	침투트렌치	침투측구
차도	투수성포장	식생수로	침투통	침투트렌치	침투측구
보도	투수성포장	저류형 화단			
측구	식생수로	침투측구			
주차장	주차장 저류, 투수성포장	지하저류조, 식생수로	침투통, 저류형 화단	침투트렌치	침투측구
운동장·운동시설	운동장 저류	지하저류조	침투통	침투트렌치	침투측구
녹지	식생수로	저류형 화단			
연못	저류형 화단				
광장	공원 저류, 투수성포장	지하저류조, 식생수로	침투통	침투트렌치	침투측구
조경공간	식생수로	저류형 화단			

3절 저감시설 규모의 목표와 저감대책

1. 우수유출 목표저감량 산정

(1) 관련 계획 저감대책 조사

① 재해영향평가 등의 협의제도, 자연재해저감 종합계획 등 우수유출 관련 저감대책을 포함하는 계획에 대하여 조사

★
우수유출 목표저감량 산정

249
제4편 재해저감대책 수립

② 해당 관련 계획의 우수유출 관련 저감대책이 대상지역 내에 있는 경우 설치 위치, 목표연도, 설치용량 등을 조사하고 목표저감량 산정에 활용

③ 저류시설을 통하여 집수된 우수는 청소용수, 조경용수, 가뭄대체 용수 등으로 활용할 수 있도록 빗물이용계획을 제시

(2) 배수구역별 우수유출 목표저감량 산정

① 우수유출 목표저감량은 현재 상태와 목표연도의 홍수량을 비교하여 현재 상태보다 증가된 홍수량을 1차 목표저감량으로 설정

② 대상지역 내 관련 계획의 저감대책이 있는 경우에는 1차로 설정된 목표저감량에서 관련 계획의 저감량을 제외하여 최종적인 목표저감량으로 결정해야 하며, 관련 계획 저감대책이 없는 경우에는 1차 목표저감량을 최종 목표저감량으로 설정

(3) 우수유출 저감목표 설정

① 전 지역 및 배수구역별 우수저류량 목표 설정

  ㉠ 우수유출 목표저감량을 지역 외 저류(Off-site) 시설과 지역 내 저류(On-site) 시설을 통하여 분담하기 위한 목표를 설정

  ㉡ 침투시설 설치를 활성화하기 위하여 목표저감량 전량을 저류하는 것을 지양하고 최대 약 90% 분담하는 것을 권장

  ㉢ 획일적으로 배수구역별로 저류시설을 90% 이상 설치하는 것보다 지역 특성을 고려(도심지는 침투시설 적극 권장, 비도심지는 저류시설 적극 권장)하여 설치하며, 지방자치단체 전체적으로 저류시설 90% 이상 설치하는 것을 권장

② 전 지역 및 배수구역별 우수침투량 목표 설정

  ㉠ 우수유출 목표저감량을 투수성포장, 침투트렌치 등 침투시설을 통하여 분담하기 위한 목표를 설정

  ㉡ 침투시설은 우수유출저감 이외에 도시 내 지하수 함양, 도시의 미기후조성 및 환경 개선, 도시경관 개선 등에 효과가 있으므로 우수유출 목표저감량에 최소한 5~10% 분담하는 것을 권장

  ㉢ 배수구역별 획일적으로 침투시설을 최소 5~10% 설치하는 것보다 지역 특성을 고려(도심지는 침투시설 적극 권장, 비도심지는 저류시설 적극 권장)하여 설치하며, 지방자치단체 전체적으로 침투시설을 최소 5~10% 설치하는 것을 권장

Keyword

★
우수저류량 목표는 침투시설 활성화를 위하여 90% 정도를 권장

2. 우수유출저감시설의 설치가능시설 선정

★
설치가능시설 선정

(1) 우수유출저감시설의 설치가능시설 조사·분석

① 지방자치단체의 지역 외 저류(Off-site) 시설, 기반시설(교통시설, 공간시설, 유통공급시설, 공공·문화체육시설, 방재시설, 보건위생시설, 환경기초시설)의 현황을 배수구역별로 조사

② 기반시설 중 공공시설(교통시설, 공간시설, 공공·문화체육시설)을 설치가능시설로 우선적으로 도출하며, 민간시설의 경우 협의에 따라 가능 여부를 조사하여 도출

③ 도출된 설치가능시설의 현장 여건을 고려하기 위하여 현장조사를 통한 현황 분석을 실시하며, 우수유출저감시설의 설치 가능성, 우수의 유입 및 흐름 등의 현황을 분석

④ 설치가능시설의 현황 분석표를 토대로 지방자치단체의 배수구역별 설치가능시설 총괄표를 작성하여 최종적인 설치 가능성을 제시

기반시설의 종류 및 우수유출저감시설 설치 가능 시설

분류	기반시설	우수유출저감시설 설치 가능 시설
교통시설	도로(일반도로, 자동차 전용도로, 보행자 전용도로, 자전거 전용도로, 고가도로, 지하도로), 철도, 항만, 공항, 주차장, 자동차 정류장(여객자동차터미널, 화물터미널, 공영차고지, 공동차고지), 궤도, 운하, 자동차 및 건설기계검사시설, 자동차 및 건설기계운전학원	도로(일반도로, 자동차 전용도로, 보행자 전용도로, 자전거 전용도로, 고가도로, 지하도로), 주차장
공간시설	광장(교통광장, 일반광장, 경관광장, 지하광장, 건축물부설광장), 공원, 녹지, 유원지, 공공공지	광장(교통광장, 일반광장, 경관광장, 지하광장, 건축물부설광장), 공원, 녹지, 유원지, 공공공지
유통·공급시설	유통 업무설비, 수도·전기·가스·열 공급설비, 방송·통신시설, 공동구·시장, 유류저장 및 송유설비	관련 시설 장과 협의
공공·문화체육시설	학교, 운동장, 공공청사, 문화시설, 공공 필요성이 인정되는 체육시설, 도서관, 연구시설, 사회복지시설, 공공직업훈련시설, 청소년 수련시설	학교, 운동장, 공공청사, 문화시설, 공공 필요성이 인정되는 체육시설, 도서관, 연구시설, 사회복지시설, 공공직업훈련시설, 청소년 수련시설
방재시설	하천, 유수지, 저수지, 방화·방풍·방수·사방·방조설비	-
보건위생시설	화장시설, 공동묘지, 봉안시설, 자연장지, 장례식장, 도축장, 종합의료시설	관련 시설 장과 협의
환경기초시설	하수도, 폐기물 처리시설, 수질오염방지시설, 폐차장	관련 시설 장과 협의

(2) 시설별 적용가능시설 선정

① 분석된 설치가능시설에 적용 가능한 우수유출저감시설을 선정하여 「체크리스트」를 작성

▷ 분석된 설치가능시설은 기반시설인 교통시설, 공간시설, 공공·문화체육시설 등이 해당

▷ 설치가능시설별·토지 이용별 적용 가능한 우수유출저감시설을 조사하여 시설별 적용 가능한 우수유출저감시설을 선정

② 적용 가능한 우수유출저감시설의 체크가 용이하도록 해당 시설별 체크박스를 기입하고, 각 토지 이용별 체크가 가능하도록 중복성을 고려하여 작성

③ 시설별 현장 여건 및 배수체계, 경제적 타당성 등을 고려하여 적용 가능한 우수유출저감시설을 체크

④ 작성된 「체크리스트」에 따라 토지 이용 시설별 적용 가능한 우수유출저감시설을 선정

주요 설치가능시설(학교, 공원, 도로·보도)의 적용가능시설 체크리스트(예시)					
설치가능시설	토지 이용	적용 가능한 우수유출저감시설			
공공문화체육시설	학교 1	건물(교실)	옥상녹화 ☑	지하저류조 ☑	침투통 ☑
			침투트렌치 ☑	침투측구 ☑	
		주차장	주차장 저류 ☑	지하저류조 ☐	침투통 ☐
			침투트렌치 ☑	침투측구 ☐	투수성포장 ☑
			식생수로 ☑	저류형 화단 ☑	
		운동장	운동장 저류 ☑	지하저류조 ☐	침투통 ☑
			침투트렌치 ☐	침투측구 ☐	
		도로	투수성포장 ☑	식생수로 ☐	저류형 화단 ☐
			침투측구 ☑		
		보도	투수성포장 ☑	저류형 화단	
		조경공간	식생수로 ☑	저류형 화단 ☑	
공간시설	공원 1	건물(관리사무소)	옥상녹화 ☑	지하저류조 ☑	침투통 ☑
			침투트렌치 ☑	침투측구 ☑	⋮
		주차장	주차장 저류 ☐	지하저류조 ☐	침투통 ☐
			침투트렌치 ☑	침투측구 ☐	투수성포장 ☑
			식생수로 ☑	저류형 화단 ☑	
		광장	공원 저류 ☑	지하저류조 ☐	침투통 ☐
			침투트렌치 ☑	침투측구 ☐	투수성포장 ☑
			식생수로 ☑		
		연못	저류형 화단 ☑		

공간 시설	공원 1	보도	투수성포장	☑	저류형 화단	☐		
		운동시설	운동장 저류	☑	지하저류조	☐	침투통	☐
			침투트렌치	☐	침투측구	☐		
		조경공간	식생수로	☑	저류형 화단	☑	:	
교통 시설	도로 1	차도	투수성포장	☑	식생수로	☐	침투통	☐
			침투트렌치	☐	침투측구	☐		
		보도	투수성포장	☑	저류형 화단	☑		
		측구	식생수로	☐	침투측구	☑		
		조경공간	식생수로	☑	저류형 화단	☑		

3. 우수유출저감시설의 배치 및 규모계획

(1) 배치 및 규모계획 절차

① 시설별 우수유출저감시설의 저류량, 침투량 등의 용량을 산정

② 배치우선순위 설정을 위한 정량·정성 평가를 실시하고, 결과를 종합하여 우수유출저감시설의 우선순위에 따라 배치

③ 배치 우선순위에 따른 우수유출저감시설의 목표저감량을 할당하고, 필요시 시설 배치 및 규모계획의 재검토를 실시

④ 목표저감량 할당이 적정한 경우, 배치 확정 및 우수유출저감시설 설계를 실시

(2) 배치 및 규모계획 절차별 세부내용

① 규모계획

○ 저류시설 규모계획

▷ 시설 내 현장 여건 등을 고려하여 저류시설 및 침투시설의 용량을 극대화하도록 하고, 침투시설의 용량은 목표저감량의 최소 5~10% 저감할 수 있도록 규모계획을 권장

▷ 현장 여건, 지하시설물 현황, 시설물의 내력 등을 고려하여 면적(폭 × 길이)과 깊이를 결정하여 저류량을 산정

▷ 침투시설 5~10% 분담에 따른 저류시설의 안정적 용량 확보를 위하여 여유고(댐식·굴착식: 1.0m 이상, 지하저류시설: 0.6m 이상)를 확보

○ 침투시설 규모계획

▷ 침투시설의 규모는 계획 내 토지 이용 여건, 토양 및 토질 조건, 지하시설물 현황 등을 고려하여 집수면적을 결정하고, 최소설계

★
저류시설의 여유고
- 댐식: 1.0m 이상
- 지하저류시설: 0.6m 이상

침투강도(10mm/hr)를 고려하여 설계침투량을 산정
- 설계침투량(m³/hr) = 집수면적(ha) ×
　　설계침투강도(mm/hr) × 10

▷ 설계침투량 산정 후 각 침투시설별 침투량은 우수유출저감시설의 종류·구조·설치 및 유지관리 기준에 제시되어 있는 침투시설 종류와 해당 제품의 제원에 따른 침투량 산정공식에 따라 산정

▷ 설계침투량 계산 시 최소설계침투강도 10mm/hr를 만족하도록 설치되어야 하므로, 설계침투강도는 10mm/hr로 가정하여 계산

▷ 침투시설 배치 시 대상지역의 토양 형태를 고려

① 배치우선순위

㉠ 지역 외 저류(Off-site) 시설, 공공시설, 유휴지·불모지, 민간건축물 순으로 배치하며, 가급적 공공시설 중심으로 배치

▷ 지자체 내 현장 여건, 유출 특성을 고려하여 지역 외 저류시설 배치를 우선적으로 검토

▷ 지자체 내 기반시설(교통시설, 공원시설, 공공·체육문화시설)의 위치 및 우수유출저감시설 설치 가능성 등을 활용하여 배치하며, 특히 공공시설 배치를 우선적으로 검토

▷ 지자체 내에 유휴지·불모지 등이 있는 경우 활용 가능성 여부를 검토하여 배치

▷ 지자체 내 민간건축물의 우수유출저감시설 배치는 시설장과의 협의를 통하여 배치

㉡ 지자체 내 공공시설의 시설별 배치우선순위는 정량·정성 평가를 통하여 결정

▷ 정량적 평가는 우수유출저감시설의 저류량(m³), 침투량(m³/hr) 등의 시설 능력을 평가하고 정성적 평가는 우수유출저감시설의 시공의 용이성, 설계변경의 용이성에 대하여 평가

▷ 정량적 평가는 저류량의 순위와 침투량의 순위를 정하고 정성적 평가의 시공의 용이성과 설계변경의 용이성에 대하여 상(1)·중(2)·하(3)로 표시(상·중·하는 1에 가까울수록 용이하며 3에 가까울수록 어려움)하면, 정량적 평가의 순위와 정성적평가의 상·중·하로 표시된 지수를 더하여 총합을 계산

▷ 계산된 총합이 작은 순으로 최종순위가 결정

▷ 최종순위가 같을 경우 정성적 평가의 총합이 낮은 시설을 우선

③ **목표저감량 할당**

　㉠ 배치우선순위를 고려하여 지역 외 저류(Off-site) 시설에 우선적으로 목표저감량을 할당

　㉡ 공공시설은 특정시설의 과도한 부하를 줄이고 시설별 균등한 분배를 위하여 각 시설의 1순위를 우선적으로 목표저감량을 할당하며, 용량 부족 시 2순위, 3순위 등에 할당

　㉢ 공공시설 설치 외에 유휴지 및 불모지 등이 있는 경우 목표저감 할당을 위한 활용 여부를 검토

　㉣ 지역 외 저류시설, 공공시설 및 유휴지·불모지에 대한 검토에도 불구하고 목표저감량 확보가 되지 않는 경우, 일정 규모 이상의 민간 건축물에 대하여 목표저감량 할당을 검토

　㉤ 목표저감량 할당에 대한 재검토를 실시하여 침투시설의 비율이 목표저감량의 5~10%가 되도록 재검토 및 수정

④ **배치 확정**

　목표저감량을 배치 우선순위에 따라 할당된 결과에 대하여 적정성(목표저감량 할당, 침투시설 권장비율 등)을 검토하여 배치 및 규모계획을 확정

4. 우수유출저감대책의 효과분석

(1) 우수유출저감시설 적용에 따른 홍수량 산정

① 지방자치단체의 배수구역에 우수유출저감시설을 적용하고, 목표저감량 산정에서 사용한 방법과 동일하게 설정하여 대상지역 내 홍수량을 산정

② 홍수량 산정은 도시유출 모형(SWMM 등)이나 우수유출저감시설 적용이 가능한 모형을 사용

(2) 첨두유출 저감효과분석

① 첨두유출 저감효과분석은 우수유출저감시설 설치 전·후의 첨두유출에 대한 첨두유출량과 첨두유출 도달시간 및 총유출량을 비교

② 첨두유출 저감효과분석결과는 도표나 그림으로 제시

③ 우수유출저감시설 설치지점 및 하류단의 유역출구점 등을 선정하여 지점별 저감효과를 제시

★
효과분석

5. 우수유출저감대책 유지관리계획

(1) 저류시설의 유지관리
① 저류 시설물은 주야를 불문하고 그 기능을 충분히 발휘할 수 있도록 기능상의 유지 및 관리를 실시
② 평상시에는 시설물의 기능발휘 및 파손 여부 등을 목적으로 정기점검을 실시하고, 홍수, 태풍 등 수해 발생 우려가 큰 홍수기(6~9월)에는 이물질 제거 및 임시보수 등을 실시
③ 저류시설의 유지관리는 시설의 인계, 청소, 쥐·해충 등의 대책, 출입문·방책관리, 신고사항, 설비고장 및 사고 시 대책, 매설물의 손상, 이물질의 유입, 준설, 수문설비 관리 등에 대한 점검 및 보수를 실시
④ 홍수피해 발생 시에는 저류시설이 적절한 기능을 발휘하였는지의 여부 등을 점검하고 피해현황 사진을 첨부하여 기록

(2) 침투시설의 유지관리
① 침투 시설물의 평상시 유지관리는 호우 발생으로 인한 도로의 차량과 시민들이 안전하게 통행하거나 포장면의 우수를 원활히 배수시키기 위하여 침투시설 입구 막힘 방지를 철저히 예방
② 침투 시설물의 홍수 시 유지관리는 호우 전·후 물이 고여 있는지, 오물의 양이 많은지, 해충의 서식처가 되고 있는지 등의 관리상의 문제점을 조사하여 사전에 청소를 철저히 시행

4절 소요사업비 추정 및 경제성 분석

1. 우수유출저감대책 시행계획
① 연도별 설치계획은 목표연도 10년 동안 배수구역별 우수유출저감시설의 설치에 대하여 기본방향을 제시
② 연도별·배수구역별 우수유출저감시설 설치를 위한 사업비를 실시설계가 완료된 지역과 완료되지 않은 지역에 대하여 산정

2. 연도별·배수구역별 우수유출저감시설 설치계획
① 내수취약성 분석 또는 자연재해저감 종합계획(내수위험지구)과 연계하여 우선순위를 고려한 연도별 설치계획을 수립

Keyword

★
시행계획 및 설치계획

★
연도별 설치계획은 목표연도 10년으로 설정

② 침수예상 정도, 인구 및 기반시설 밀집 정도 등을 고려하고, 지자체 관계자 등의 의견수렴을 통하여 연도별·단계별 설치계획을 제시

③ 사업을 추진하는 실질적 주체와 협의 등을 통하여 우수유출저감대책 수립 후 향후 10년간의 연도별 설치계획을 제시

④ 연도별 추진하는 우수유출저감대책은 관련 기관별 예산확보 정도에 따라 시행되므로 시설물별 중기투자계획을 참고하여 수립

⑤ 사업 추진계획은 먼저 5년 이내에 추진 가능한 사업을 1단계 사업으로 구분하고, 그 외 사업을 2단계로 구분

3. 재원확보계획

① 우수유출저감대책 수립에 소요되는 재원은 원칙적으로 우수유출저감대책을 수립하는 지방자치단체가 부담(다만, 지방자치단체의 재정 상황을 감안하여 국고를 일부 지원 가능)

② 재원확보계획은 국가, 지자체 분담계획 및 민자유치 방안, 개발사업 연계방안 등 다각적인 재원조달 방안을 검토

4. 사업비 산정 및 경제성 분석

(1) 사업비 산정

① 사업비는 다음과 같은 사항을 고려하여 구성하며, 사업대상지의 여건 및 환경에 따라 협의하여 조정 가능

② 사업비 구성

   ㉠ 토목공사(토공, 구조물공, 가시설, 부대공, 철거공), 건축공사, 조경 공사, 기계공사

   ㉡ 전기공사, 계측제어공사

   ㉢ 폐기물 처리

   ㉣ 보상비, 감리비, 설계비

   ㉤ 기타 비용

(2) 경제성 분석

비용편익 분석에 관한 내용은 자연재해위험개선지구 관리지침에서 제시된 사항을 참조하여 작성

💡 **Keyword**

★
공법의 분류 및 특성

1. 저류시설 공법

① 저류시설의 설치공법은 크게 콘크리트를 타설하여 저류시설을 구축하는 현장타설 공법, 바닥슬라브 현장 타설 후 기둥, 벽체, 상부슬라브 등을 PC 제품으로 조립 설치하는 공법, 그리고 아연도금 강판을 파형으로 제작하여 볼트와 넛트를 사용하여 조립 설치하여 저류조를 구축하는 공법인 파형강판 공법 등으로 분류

② 저류시설의 설치공법 선정은 지형적인 여건과 경제성, 시공성 등을 우선 고려하고, 주요 공종인 가시설 공법을 고려하고 저류용량 확보에 유리하며 주변민원에 따른 공기단축 여건 등을 고려하여 적정한 공법을 선정

우수유출저감시설 공법의 분류

구분	현장타설 공법	PC + 현장타설 공법
형식 개요	현장에서 철근조립 및 콘크리트 타설에 의하여 구조물 축조	공장에서 생산된 PC 제품을 현장에서 조립하여 구조물 축조
설치 개요도		
시공성	- 전체시설물 현장타설로 철근조립, 동바리설치, 콘크리트 타설 및 양생 필요 - 공사 중 진입로 및 설치공간의 제약이 적음 - PC 공법에 비해 공기 추가 필요	- PC 제품 현장조립으로 공기단축 가능 - 부재 자체가 대형이므로 대형 건설장비의 현장투입, 진입로 및 설치공간 확보 필요 - 가시설 공법의 제약을 받음
안전성	- 일체형 콘크리트 구조로 설치되므로 구조적 안전성 우수 - 현장타설 과정에서 다짐·양생 등 일정한 강도의 구조체 형성을 위한 품질관리 필요	- 콘크리트 구조로 강성이 우수하고 구조안전성 우수 - 각 부재의 공장제작으로 품질관리가 용이함 - 기 제작된 제품의 현장조립 과정에서 연결부 누수방지 대책 등 세심한 품질관리 필요

특징	- 일체형 구조이므로 기본적인 누수 안전성은 높으나, 콘크리트 타설시 세심한 품질관리 요함 - 범용 형식으로 시공경험이 풍부함	- 기 제작된 부재의 현장조립으로 연결부 누수방지에 세심한 주의 필요 - 현장타설 공법과 비교 시 공사기간 단축 가능 - 현장타설 공법에 비해 공사비 추가 소요

2. 침투시설 공법

① 침투시설의 공법선정 이전에 현장침투시험, 지하수위 및 침투능력 평가 등 대상지역의 지반특성 조사가 필요

② 침투시설은 투수성 콘크리트 또는 투수 구조(다공성, 유공 등) 등 재질과 형식이 다양하므로 목표저감량에 대한 설계침투량 확보가 가능한 공법을 선정

자연재해위험개선지구 정비대책 수립하기

본 장에서는 재해위험개선지구 정비계획에 제시된 사업목적 및 내용, 당위성 등을 파악하고, 정비대책 시행 이전에 발생 가능한 재해에 대해 다양한 구조적 및 비구조적대책 수립 방안을 수록하였다. 개선지구정비계획 내용에 대한 수문·수리검토 방법과 개선지구별 적정한 공법 제시 및 소요 사업비 산정 방법을 추가로 수록하였다.

1절 자연재해위험개선지구 정비계획

1. 자연재해위험개선지구의 정의

① 태풍·홍수·호우·폭풍·해일·폭설 등 불가항력적인 자연현상으로부터 안전하지 못하여 국민의 생명과 재산에 피해를 줄 수 있는 지역과 방재시설을 포함한 주변지역으로서 「자연재해대책법」 제12조에 따라 지정된 지구

② 즉, 자연재해위험개선지구란 풍수해 등 자연재해의 영향에 의해 재해가 발생했거나 우려가 있는 지역으로 노후화된 위험방재시설을 포함

③ 풍수해 등 자연의 영향에 의하여 발생하지 아니하는 화재·폭발·붕괴 등과 같은 시설물 관리소홀 등의 인위적인 원인으로 발생되는 시설물의 재난예방이나 개·보수관리 등에 대하여는 자연재해위험개선지구의 지정·관리 대상이 아님

2. 법적 근거

① 「자연재해대책법」 제12조(자연재해위험개선지구의 지정 등)

② 「자연재해대책법」 제13조(자연재해위험개선지구 정비계획의 수립)

③ 「자연재해대책법」 제14조(자연재해위험개선지구 정비사업계획의 수립)

④ 「자연재해대책법」 제14조의2(자연재해위험개선지구 정비사업 실시계획의 수립·공고 등)

⑤ 「자연재해대책법」 제15조(자연재해위험개선지구 내 건축·형질변경 등의 행위 제한)

Keyword

★
자연재해위험개선지구

★
자연재해대책법 제12조

★
자연재해 위험개선지구 정비계획은 5년마다 수립

★
정비사업 계획은 매년 수립

⑥ 「자연재해대책법 시행령」 제8조(자연재해위험개선지구의 지정 등)

⑦ 「자연재해대책법 시행령」 제9조(자연재해위험개선지구)

⑧ 「자연재해대책법 시행령」 제10조(자연재해위험개선지구 정비계획에 포함되어야 할 사항)

⑨ 「자연재해대책법 시행령」 제11조(자연재해위험개선지구 정비계획의 수립 등에 관한 사항)

⑩ 「자연재해대책법 시행령」 제12조(자연재해위험개선지구 사업계획의 수립 등에 관한 사항)

⑪ 「자연재해대책법 시행령」 제12조의2(자연재해위험개선지구 정비사업 실시계획의 수립·공고)

3. 지정 개요

(1) 지정목적

지형적인 여건 등으로 인하여 재해가 발생할 우려가 있는 지역을 체계적으로 정비·관리하여 자연재해를 사전 예방하거나 재해를 경감시키기 위하여 지정

(2) 지정권자

시장, 군수, 구청장

(3) 지정절차

자연재해위험개선지구는 필요에 따라 수시로 지정할 수 있으며, 자연재해위험개선지구의 기준에 부합하는 지역 및 재해위험시설에 대하여 지구로 지정·관리하는 것이 원칙

★
지정절차

4. 지정대상 사전검토

① 자연재해위험개선지구 신규 지정 사전검토 대상은 자연재해저감 종합계획에 반영된 지구로 한정한다. 다만, 인명피해 및 재산피해 위험성이 높아 지구지정 관리 및 정비사업이 시급하다고 인정되는 지구는 우선 지구지정 검토 후 자연재해저감 종합계획에 반영할 수 있음

★
지정대상 사전검토

② 자연재해위험개선지구로 지정하고자 할 경우에는 지구지정의 적정성·타당성, 사업계획의 적정성에 대하여 관계전문가의 의견을 제출받아 이를 종합적으로 검토한 후 지정 여부를 판단

③ 시장·군수·구청장이 관계전문가를 구성하는 때에는 방재 분야 전문가 5~10명을 직접 선임하거나,「자연재해대책법」제4조에 따라 구성된 재해영향평가 심의위원으로 활용할 수 있으며, 의견수렴 후 행정안전부장관 및 시·도지사가 각각 추천하는 전문가 1명 이상이 참여하도록 하여야 한다. 이때에는 시장·군수·구청장이 시·도지사 및 행정안전부장관(시·도지사 경유)에게 전문가 추천을 의뢰하여야 함

④ 지정범위는 인명 및 재산피해 위험성이 높은 지역을 원칙으로 한다. 다만, 침수구역 전체를 포괄적으로 지정하여 개발행위(건축, 형질변경 등)를 과도하게 제한하지 않도록 "지정범위를 최소화" 할 수 있다.

  ㉠ "지정범위 최소화"란 우수유출저감시설·물막이판 설치 등으로 침수위험이 해소된 지역, 재해우려가 적은 고지대, 농림지역 등 행위제한이 불필요한 지역을 제외하는 것을 말한다.

  ㉡ "피해영향범위"란 행위제한 등 대국민 규제가 없는 행정적 의미로 침수예상범위 등 재해영향 정보를 제공하여 피해 예측 및 신속한 대처, 정비 대상 범위 등에 활용하기 위한 범위를 말한다.

  ※ (예시) 최저 침수심이 10~15cm 이상 지역을 대상으로 시장·군수·구청장이 필요하다고 인정하는 범위

<지구지정 현황도(예시)>

※「자연재해저감종합계획 세부 수립기준」에 따른 허용 침수심 및

「재해지도 작성 기준 등에 관한 지침」에 따른 침수 정의를 고려하여 시장·군수·구청장이 필요하다고 인정하는 지역을 지구로 지정

5. 유형별 지정기준

(1) 침수위험지구

하천의 외수범람 및 내수배제 불량으로 인한 침수가 발생하여 인명 및 건축물·농경지 등이 피해를 유발하였거나 침수피해가 우려되는 지역

(2) 유실위험지구

하천을 횡단하는 교량 및 암거구조물의 여유고 및 경간장 등이 하천 설계기준에 미달되고 유수소통에 장애를 주어 해당 시설물과 시설물 주변 주택·농경지 등에 피해가 발생하였거나 피해가 예상되는 지역

(3) 고립위험지구

집중호우 및 대설로 인하여 교통이 두절되어 지역주민의 생활에 고통을 주는 지역(단, 우회도로 있는 경우 및 섬 지역 제외)

(4) 붕괴위험지구

① 산사태, 절개사면 붕괴, 낙석 등으로 건축물이나 인명피해가 발생한 지역 또는 우려되는 지역으로 다음에 해당하는 지역
② 주택지 인접 절개사면에 설치된 석축·옹벽 등의 구조물이 붕괴되어 붕괴피해가 발생할 경우 인명 및 건축물 피해가 예상되는 지역
③ 자연적으로 형성된 급경사지로 풍화작용, 지하수 용출, 배수시설 미비 등으로 산사태 및 토사유출 피해가 발생할 경우 인명 및 건축물 피해가 예상되는 지역

(5) 취약방재시설지구

① 「저수지·댐의 안전관리 및 재해예방에 관한 법률」에 따라 지정된 재해위험저수지·댐
② 기설 제방고가 계획홍수위보다 낮아 월류되거나 파이핑으로 붕괴위험이 있는 취약구간의 제방
③ 배수문, 유수지, 저류지 등 방재시설물이 노후화되어 재해 발생이 우려되는 시설물

(6) 해일위험지구

① 지진해일, 폭풍해일, 조위 상승, 너울성 파도 등으로 해수가 월류되어

Keyword

★
유형별 지정기준
- 침수위험지구
- 유실위험지구
- 고립위험지구
- 붕괴위험지구
- 취약방재시설지구
- 해일위험지구

인명피해 및 주택, 공공시설물 피해가 발생한 지역

② 「자연재해대책법」 제25조의3에 따라 해일위험지구로 지정된 지역

③ 폭풍해일 피해를 입었던 지역

④ 지진해일로 피해를 입었던 지역

⑤ 해일피해가 우려되어 대통령령으로 정하는 지역

(7) 상습가뭄재해지구

① 「자연재해대책법」에 따라 상습가뭄재해지역 중 정비가 필요한 지구

② 가뭄재해가 상습적으로 발생하였거나 발생할 우려가 있는 지구

6. 등급별 지정기준

★
등급별 지정기준

등급별	지정기준
가 등급	- 재해 발생 시 인명피해 발생 우려가 매우 높은 지역
나 등급	- 재해 발생 시 건축물(주택, 상가, 공공건물)의 피해가 발생하였거나 발생 우려가 있는 지역
다 등급	- 재해 시 기반시설(공단, 철도, 기간시설)의 피해 우려가 있는 지역 - 농경지 침수 발생 및 우려지역
라 등급	- 붕괴 및 침수의 우려는 낮으나, 기후변화에 대비하여 지속적으로 관심을 갖고 관리할 필요가 있는 지역

다만, 상습가뭄재해지구 지정을 위한 등급분류 기준은 다음과 같음

① "생공용수" 등급분류 기준은 아래 표를 따름

등급별	지정기준(생공용수)
가 등급	최근(당해연도 포함) 3년 동안 매년 가뭄으로 용수원이 감소하여 제한급수가 시행된 경우, 또는 상수도(광역 지방) 미급수 지역으로서 가뭄 발생으로 용수가 부족한 지역
나 등급	최근(당해연도 포함) 3년 동안 2개년 이상 용수원이 감소하여 제한급수가 시행된 경우
다 등급	최근(당해연도 포함) 3년 동안 1개년 이상 용수원이 감소하여 제한급수가 시행된 경우
라 등급	가뭄으로 인해 파생될 수 있는 재해(산불 등) 관련 다목적수 조성을 포함하여 가뭄에 대비하여 지속적으로 관심을 갖고 예방을 위한 관리가 필요하다고 판단되는 지역

② "농업용수" 등급분류 기준은 아래 표를 따름

등급별	지정기준(농업용수)		
	기본 요건	공통 요건
가 등급	최근(당해연도 포함) 3년 동안 매년 논 물마름 또는 밭 시듦이 발생하고 급수대책이 필요한 지역	지정 당시 10년 강수량이 평년 보다 적은 해가 3회 이상인 지역 또는 지정 당시 단위저수량*이 5천톤/ha 이하인 지역 * 단위저수량 = 유효저수량/수혜면적
나 등급	최근(당해연도 포함) 3년 동안 2개년 이상 논 물마름 또는 밭 시듦이 발생하고 급수대책이 필요한 지역	
다 등급	최근(당해연도 포함) 3년 동안 1개년 이상 논 물마름 또는 밭 시듦이 발생하고 급수대책이 필요한 지역	
라 등급	가뭄으로 인해 파생될 수 있는 재해(산불 등) 관련 다목적수 조성을 포함하여 가뭄에 대비하여 지속적으로 관심을 갖고 예방을 위한 관리가 필요하다고 판단되는 지역	

7. 계획 수립 시 검토사항

① 정비사업의 타당성 검토
② 다른 사업과의 중복 및 연계성 여부
③ 정비사업의 수혜도 및 효과분석
④ 정비사업에 따른 지역주민 의견수렴 결과 검토
⑤ 당해 지역의 개발계획 등 관련 계획 등과의 관련성 검토
⑥ 재해위험개선지구별 경제성 분석 등을 통한 투자우선순위 검토
⑦ 그 밖에 검토가 필요한 사항

8. 계획내용에 포함되어야 할 사항

① 자연재해위험개선지구의 정비에 관한 기본방침
② 자연재해위험개선지구 지정현황 및 연도별 정비현황
③ 자연재해위험개선지구의 점검 및 관리에 관한 사항
④ 자연재해위험개선지구의 현황 및 여건 분석에 관한 사항
⑤ 자연재해위험개선지구의 재해 발생빈도
⑥ 자연재해위험개선지구의 재해예방 효과분석
⑦ 자연재해위험개선지구 정비에 필요한 소요사업비 및 재원대책
⑧ 재해위험개선지구 정비사업에 대한 사업지구별 세부 시행계획
⑨ 재해위험개선지구 정비사업 투자우선순위 연차별 정비계획에 관한 사항
⑩ 그 밖에 필요한 사항

9. 정비사업 시행에 관한 사항

① 자연재해위험개선지구 정비사업을 시행하는 경우에는 「자연재해대책법」 제14조의2에 따라 실시계획을 수립·공고하여야 하며, 도시계획시설결정 등 개별 법령에 따른 인·허가 의제처리가 필요한 경우에는 관계기관과 사전 협의를 거쳐야 한다.

② 시장·군수·구청장이 실시계획을 공고한 경우에는 「공익사업을 위한 토지 등의 취득 및 보상에 관한 법률」에 따른 사업인정 고시를 받은 것으로 본다. 다만, 사업 성격상 개별법령에 따른 인·허가 등이 필요한 경우에는 해당 법령의 절차를 이행한 후 정비사업을 시행할 수 있다.

③ 시장·군수·구청장 등은 정비사업 실시계획을 수립·공고한 후 그 결과를 시·도지사를 경유하여 행정안전부장관에게 제출하여야 한다.

④ 자연재해위험개선지구 정비사업의 적정성 및 사업효과 제고를 위하여 보조금 사업자는 사업 시행을 위한 실시설계 완료 예정일부터 30일 전에 행정안전부장관의 사전 설계 검토를 받아야 하고, 총사업비 300억원 이상 대규모 사업은 기본설계 완료 전에 사전 설계검토를 추가로 받아야 한다. 다만, 총사업비 100억원 미만에 대해서는 시·도지사에게 사전 설계검토를 받을 수 있다.

※ 자연재해위험개선지구 외 지역의 사업이 필요한 경우에는 행정안전부장관과 협의하여야 한다.

⑤ 사전 설계검토를 받아야하는 대상
 ㉠ 자연재해위험개선지구 지정 후 처음으로 실시설계를 추진하는 지구
 ㉡ 행정안전부장관, 시·도지사의 검토를 받은 실시설계를 변경하는 경우, 다만, 물가인상 등으로 인한 사업비 조정(총 사업비의 10%이하), 공법 등의 변경 없이 사업 물량을 조정하는 등의 경미한 사항은 제외
 ㉢ 설계검토를 받고자 하는 자는 특별한 사유가 없는 한 실시설계 완료예정일부터 30일전에 사전 설계검토를 요청하여야 한다.
 ㉣ 사전 설계검토를 받은 이후 공법 등을 변경하여 다시 받아야 하는 경우, 설계변경 내부검토 완료일로부터 30일이내에 설계검토를 받은 기관에 다시 요청하여야 한다.

10. 비상대처계획 수립

① 침수(내·외수), 해일, 붕괴 등 자연현상으로 인하여 대규모 인명 또는 재산의 피해가 우려되는 다중이용시설 또는 해안지역 등에 대하여 시

설물 또는 지역의 관리주체는 피해경감을 위한 비상대처계획을 수립하여야 한다.

② (대상)자연재해위험개선지구 중 비상대처계획의 수립이 필요하다고 지방자치단체의 장이 인정하는 지역 등(자연재해위험개선지구 중 비상대처계획을 수립하여야 하는 지역은 지방자치단체의 장이 정하여 고시한다)

③ (수립권자)「자연재해대책법」제37조 및 같은 법 시행령 제30조에 따라 지방자치단체의 장이 수립한다.(제1과목 제3편 비상대응 관리 참조)

2절 구조적·비구조적 방안 수립

★
유형별 저감방안

1. 침수위험지구

① 주민수혜도가 큰 지역으로 하천의 제방축조 및 정비, 저류지, 유수지, 배수로 및 배수펌프장 등 우수유출저감시설의 신설·확장 등 정비사업

② 방조제·방파제·파제제 등 주변지역의 침수방지시설 정비사업

③ 침수위험지구 내 주민 이주대책 사업 등 침수피해 방지 대책사업

2. 유실위험지구

① 수해위험 교량, 세월교, 암거 등 유실피해 유발 구조물의 재가설 및 정비, 통수 단면 부족 하천의 정비사업

② 유실위험지구 내 주민 이주대책 사업 등 유실피해 방지대책 사업

3. 고립위험지구

① 고립피해 유발시설 정비, 대피로 확보 및 대피시설의 설치 등 정비사업

② 고립위험지구 내 주민 이주 대책사업 등 고립피해 방지대책 사업

4. 붕괴위험지구

① 산사태 및 절개사면 붕괴위험 해소를 위한 낙석방지시설, 배수시설 등 안전대책사업, 옹벽·축대 등 붕괴위험 구조물 보수·보강 사업

② 붕괴위험지구 내 주민 이주대책사업 등 재해예방 사업

5. 취약방재시설지구

자연재해취약 방재시설물의 보수·보강 및 재건설 등 재해예방 사업

6. 해일위험지구

해일피해 우려지역의 피해 예방 및 저감을 위한 재해예방 사업

7. 상습가뭄재해지구

상습가뭄재해지구의 피해 예방 및 저감을 위한 재해예방 사업

8. 기타

그 밖에 재해예방을 위하여 필요하다고 판단되는 사업에 대하여 사전 행정안전부장관의 승인을 받은 사업

3절 ## 수문·수리검토, 구조계산, 지반, 안정해석, 공법비교, 사업비 산정

1. 수문·수리 검토

① 자연재해위험개선지구 정비사업은 실시설계 단계로 해당 지역의 관련 계획인 자연재해저감 종합계획 및 하천기본계획 등의 결과를 활용하여 수문·수리 검토를 수행
② 수문·수리 검토의 내용으로는 빈도별 강우량, 강우분포, 방재성능 목표, 계획홍수량, 계획홍수위, 배수 구조물의 통수능 등이 있으며, 검토 결과를 활용하여 구조물 설계 시 활용
③ 관련 계획이 미흡한 경우는 해당 지역의 강우자료 및 지형자료 등을 활용하여 수문·수리 검토를 수행하여야 하며, 각종 설계기준을 참고하여 타당성을 확보

2. 구조계산

① 계획된 구조물은 구조계산을 통하여 안정성을 보장
② 구조계산이 필요한 시설물은 교량, 우수유출저감시설, 암거 등이 있

으며, 각종 설계기준에서 제시하고 있는 설계하중 및 지역 여건 등을 고려하여 충분한 안전율을 확보

3. 지반 및 안정해석

① 구조물이 설치되는 지점의 지반 조사를 통하여 지반침하 등의 문제를 사전에 설계에 반영하여 안정성을 확보
② 제방 같은 구조물을 신설하거나 보강할 경우 사면안정해석을 통하여 사면붕괴 등의 문제로부터 안정성을 확보

4. 공법비교

① 호안, 교량, 우수유출저감시설 등의 구조물을 계획할 때 공법비교를 통해 효율적인 방법을 채택
② 공법비교는 안정성, 경제성, 시공성, 친환경성, 경관성, 유지관리, 지형성 등 각종 기준을 토대로 비교하여 그 타당성을 확보

5. 사업비 산정

① 공사비 산정은 건설표준품셈, 조달청 가격정보, 물가자료 등의 각종 자료를 활용하여 산정
② 산정된 공사비에 보상비 및 기타 소요 비용을 더하여 총사업비를 산정

4절 경제성 분석 및 투자우선순위 결정

1. 경제성 분석

① 경제성 분석을 통한 비용편익비(B/C)를 산정하며, 경제성 분석방법에는 간편법, 개선법, 다차원법 등이 있음
② 경제성 분석결과는 다음에 소개되는 투자우선순위 결정 시 하나의 인자로 활용

2. 투자우선순위 결정

① 자연재해위험개선지구 정비계획을 수립함에 있어 집행(투자)의 효율성을 높이기 위하여 지구단위별로 타당성을 검토하고 검토결과를 종

★
경제성 분석

★
투자우선순위 결정

합하여 정비계획의 투자우선순위를 합리적으로 정함

② 정비계획 수립을 위한 타당성 평가는 지역별 특성에 따라 지역 실정에 부합하는 평가항목을 개발하여 합리적인 평가를 실시하는 것을 원칙으로 함

③ 평가항목별 배점 및 평가점수 산정기준은 다음과 같으며, 위험등급이 '라' 등급인 지구는 평가대상에서 제외

★
위험등급 "라"인 경우 평가대상에서 제외

평가항목별 배점 및 평가점수 산정기준

평가항목		배점	평가점수 산정기준
계		100 +20점	11개 항목
재해위험도		30	위험등급(20점)+인명피해(사망 10점, 부상 5점) * 위험등급 가 등급 20, 나 등급 10, 다 등급 5
피해이력지수		20	피해이력지수/100,000 × 배점 * 피해이력지수: 최근 5년간 사유재산피해 재난지수 누계
기본계획 수립현황		10	기본계획 수립 후 5년 미만(10점) 기본계획 수립 후 5년~10년 미만(8점) 기본계획 수립 비대상(6점) 기본계획 수립 후 10년 초과(4점) 기본계획 미수립(0점)
정비율		10	(1 - 시·군·구 자연재해위험개선지구 정비율/100) × 배점
주민불편도		10	재해위험지구 면적 대비 거주인구 비율 100 이상(10점) 재해위험지구 면적 대비 거주인구 비율 50~100 미만(9점) 재해위험지구 면적 대비 거주인구 비율 20~50 미만(8점) 재해위험지구 면적 대비 거주인구 비율 5~20 미만(7점) 재해위험지구 면적 대비 거주인구 비율 5 미만(6점) ※ 피해 영향 범위 포함
지구지정 경과연수		5	지구지정 고시 후 10년 이상(5점) 지구지정 고시 후 5년~10년 미만(4점) 지구지정 고시 후 3년~5년 미만(3점) 지구지정 고시 후 1년~3년 미만(2점) 지구지정 고시 후 1년 미만(1점)
행위제한 여부		5	행위제한 조례 제정 지역(5점) 행위제한 조례 미제정 지역(0점)
비용편익비		10	$10 - \dfrac{1}{B/C}$
부가 평가	정책의지	5	시·군·구 추진의지 등 사업의 시급성(5점)
		5	시·군·구 정책평가 우수기관(5점)
	주민참여	5	주민참여도가 높으며, 민원 우려가 낮은 지구(5점) 주민참여도가 높으나, 민원 우려가 높은 지구(3점) 주민참여도가 낮으며, 민원 우려가 높은 지구(1점)
	사전설계	5	자체설계 추진지구(5점)

3. 항목별 세부 평가방법

(1) 재해위험도

① 해당 지구의 위험등급 및 인명피해 발생여부에 따라 평가점수를 산정하되, 2010년 이전에 지정된 지구는 현행 자연재해위험개선지구 지정기준에 따라 위험등급을 조정하여 평가

② 평가점수: 위험등급(20점) + 자연재난 인명피해 발생 여부(10점)

구분	위험등급			인명피해 발생 여부	
	가 등급	나 등급	다 등급	사망자	부상자
평가점수	20	10	5	10	5

(2) 피해이력지수

① 피해이력지수는 최근 5년간 해당 지구 내 사유재산피해 재난지수에 항목별 가중치를 곱하여 산정하며, 평가점수는 아래 산식에 따라 계산(소수점 셋째 자리에서 반올림)

② 항목별 가중치: 사망 10, 부상 5, 주택파손 4, 주택침수 2, 농경지유실 등 나머지 항목 0.5

③ 평가점수 $= \dfrac{\text{피해이력지수}}{100,000} \times 20$점(최대 20점 적용)

④ 피해 규모에 따른 평가점수 산정 예시

⑤ 평가점수 $= 86,000/100,000 \times 20$점 $= 17.2$점

구분	단위	지원기준지수 (a)	피해물량 (b)	재난지수 (c=a×b)	가중치 (d)	피해이력지수 (e=c×d)
계						86,000
주택 파손 (전파)	동	9,000	1	9,000	4.0	36,000
주택 침수	〃	600	30	18,000	2.0	36,000
농경지 유실	m²	1.35	20,000	27,000	0.5	13,500
농약대 (일반작물)	〃	0.01	100,000	1,000	0.5	500

주) 지원기준지수는 자연재난조사 및 복구계획 수립지침 참고

(3) 기본계획 수립현황

지구 내 정비대상 시설의 기본계획 수립 여부 및 경과기간에 따라 등급화하여 평가점수를 산정

구분	기본계획 수립현황				
	5년 미만	5년 이상~10년 미만	기본계획 수립 비대상	10년 초과	미수립
평가점수	10	8	6	4	0

주) 기본계획은 개별 법령에 따른 기본계획임(자연재해저감 종합계획은 제외)

(4) 시·군·구 자연재해위험개선지구 정비율

① 평가점수는 다음과 같이 산정(소수점 셋째 자리에서 반올림)

② 평가점수 $= (1 - \dfrac{전년도까지\ 경비완료지구\ 수}{전체\ 지구\ 수}) \times 10점$

(5) 주민불편도

① 자연재해위험개선지구 지정면적 대비 거주인구 비율을 산정한 후 다음 기준에 따라 등급화하여 평가점수를 산정

② 거주인구 비율 $= \dfrac{자연재해위험개선지구\ 내\ 거주인구\ 수(명)}{자연재해위험개선지구\ 지정면적(ha)}$

구분	자연재해위험개선지구 지정 및 피해영향 범위 지역 면적 대비 거주인구 비율				
	100 이상	50 이상~100 미만	20 이상~50 미만	5 이상~20 미만	5 미만
평가점수	10	9	8	7	6

(6) 지구지정 경과연수

① 대상지구의 지구지정 경과연수를 기준으로 평가점수를 산정

② 단, 지구지정 후 오랜 기간이 지났음에도 정비사업 추진이 필요하지 않는 지구는 지정 해제를 적극 검토

구분	지구지정 경과연수				
	10년 이상	5년 이상~10년 미만	3년 이상~5년 미만	1년 이상~3년 미만	1년 미만
평가점수	5	4	3	2	1

(7) 행위제한 여부

① 시·군·구의 행위제한조례 제정 여부를 기준으로 평가

② 평가점수: 조례 제정 시·군·구 5점, 조례 미제정 시·군·구 0점

(8) 비용편익비(B/C)

비용편익비는 자연재해위험개선지구 비용편익분석 방법을 적용하며, 평가점수는 산출된 비용편익비에 따라 다음 계산식에 따른 산출 점수를 적용

계산식: $10 - \dfrac{1}{B/C}$

→
제10편 제1장 "방재사업 타당성 분석" 참고

(9) 부가평가

① **정책의지**

- 시장·군수·구청장의 정비사업 추진의지, 사업의 시급성 등을 시·도지사가 판단하여 평가점수 부여(최대 5점)
- 자연재해위험개선지구 등 상·하반기 중앙합동점검, 여름철 사전대비, 재난관리평가, 재해예방사업 우수사례 발표 등 정책평가 우수기관에 5점 부여

② **주민참여**

정비사업 주민참여도·민원우려도 등을 고려해 다음 기준에 따라 평가

구분	주민참여가 높으며, 민원 우려가 낮은 지구	주민참여가 높으며, 민원 우려가 높은 지구	주민참여가 낮으며, 민원 우려가 높은 지구
평가점수	5	3	1

③ **사전설계**

정비사업의 조기 추진이 가능하도록 자체 설계를 추진하는 지구에 5점을 부여

4. 평가결과에 따른 투자우선순위 결정

① 시·도에서는 정비계획을 수립(변경)하거나, 행정안전부 요청 시 위 '항목별 세부 평가방법'에 따라 지구별 투자우선순위를 평가하고 그 결과를 아래 서식에 따라 제출

② 지구별 평가점수가 동일한 경우 '항목별 세부 평가방법'의 평가항목 순서에 따라 항목별 평가점수가 높게 산정된 지구 순으로 우선순위를 조정

★
투자우선순위 결정

투자우선순위 평가표 제출서식

시군구	지구명	우선순위	종합점수	재해위험도(30)	피해규모(20)	기본계획수립현황(10)	정비율(10)	주민불편도(10)	지구지정경과연수(5)	행위제한조례제정(5)	비용편익비(10)	부가적 평가			
												정책의지		주민참여(5)	사전설계(5)
												(5)	(5)		

5. 자연재해위험개선지구 지정 및 해제 고시

(1) 지정 고시 예

자연재해위험개선지구 관리지침 〔별지 제1호서식〕

○○시 고시 제 ○○○○-○○호

자연재해위험개선지구 지정 고시

「자연재해대책법」 제12조 제1항에 따라 아래와 같이 자연재해위험개선지구를 지정 고시합니다.

- 아 래 -

지구명	위 치	지정 내용			지정사유	비 고
		유형	등급	면적(m²)		

붙임: 자연재해위험개선지구 지정도면 1부(따로 붙임)

○○○○년 ○월 ○일

○○시장·군수·구청장

★
지정 고시 시 지구명, 위치, 유형, 등급, 면적, 지정사유 기재

(2) 해제 고시 예

 Keyword

★
해제 고시 시 지구명, 위치, 유형, 등급, 면적, 해제사유 기재

자연재해위험개선지구 관리지침 〔별지 제2호서식〕

○○시 고시 제 ○○○○-○○호

자연재해위험개선지구 지정 해제 고시

「자연재해대책법」 제12조 제5항에 따라 아래와 같이 자연재해위험개선지구 지정을 해제 고시합니다.

- 아 래 -

지구명	위 치	지정 내용			해제사유	비 고 (지정일자)
		유형	등급	면적(m²)		

붙임: 자연재해위험개선지구 지정 해제도면 1부(따로 붙임)

○○○○년 ○월 ○일

○○시장·군수·구청장 ㊞

제5장

소하천 정비대책 수립하기

본 장에서는 다양한 소하천의 형태 및 위치에 따른 특징을 파악하고, 소하천 유역 및 하천 특성, 수리·수문 특성, 하천 이용, 생태환경 특성, 재해이력 및 하천 경제성을 조사·분석하는 방법을 나열하였다. 이를 활용하여 기후변화를 고려한 설계수문량을 산정하고 기존 시설물에 대한 능력 검토를 시행하여 최종적으로 소하천의 효율적·경제적인 저감대책을 수립하는 데 도움이 될 수 있도록 작성하였다.

1절 소하천의 효율적·경제적 정비대책 수립

Keyword

1. 소하천 개요

(1) 소하천 지정대상

① 「소하천정비법」 제3조(소하천 지정 및 관리청): 소하천(소하천시설을 포함한다. 이하 이 조에서 같다)은 특별자치시장·특별자치도지사·시장·군수 또는 구청장(자치구의 구청장을 말한다. 이하 같다)이 지정하거나 그 지정을 변경 또는 폐지함

② 「소하천정비법 시행령」 제2조(소하천의 지정기준): 일시적이지 않은 유수가 있거나 있을 것이 예상되는 구역으로서 평균 하천 폭이 2m 이상이고 시점에서 종점까지의 전체 길이가 500m 이상인 것

③ 시장·군수 및 자치구의 구청장이 소하천을 지정·변경·폐지하려는 경우에는 기초소하천관리위원회 또는 광역소하천관리위원회의 심의를 거쳐 총리령으로 정하는 바에 따라 그 명칭과 구간을 고시하여야 함

④ 소하천의 정비와 그 유지관리는 이 법 또는 다른 법률에 특별한 규정이 있는 경우를 제외하고는 소하천을 지정한 특별자치시장·특별자치도지사·시장·군수 또는 구청장이 관장

★
소하천 지정대상
하천 폭 2m 이상, 전체 길이
500m 이상

(2) 소하천 등 정비

'소하천 등 정비'란 소하천, 소하천구역, 소하천시설, 소하천예정지에 해당하는 것의 신설·개축 또는 준설·보수 등에 관한 공사

2. 소하천 종합계획

(1) 계획목표 및 방침

① 재해예방, 치수, 이수, 환경 및 친수 기능 등의 종합적 검토 시행

② 생태환경과 아름다운 자연경관을 최대한 보전하고 향상시키도록 계획

③ 경제적인 치수방재 및 이수계획 수립

④ 소하천 유역의 보전이나 개선, 복구 이후의 효율적인 유지관리계획에 사용될 수 있도록 계획

⑤ 소하천의 지형학적 특성, 수문·수리학적 특성, 환경 특성 등을 고려

⑥ 획일화되지 않은 소하천 종합계획이 되도록 계획

⑦ 연결된 지방하천 및 타 소하천의 특성을 분석하여 하천의 공간적 연계성을 살릴 수 있도록 계획

⑧ 기후변화에 대비할 수 있는 적절한 계획 수립

(2) 계획과정

① 계획 구간 설정 및 수계별 소하천 망 구성

② 효율적·경제적 소하천 정비계획을 마련하기 위하여 측량, 유역 및 하천 특성, 기초 수문, 하천 이용, 생태환경 특성뿐 아니라 재해 이력 등을 조사·분석하여 소하천 종합계획의 목적을 명확히 설정

③ 소하천에 대한 각종 조사와 분석결과를 바탕으로 소하천 정비계획에 대한 기본 방침과 방향 설정

④ 조사 및 측량자료를 바탕으로 기후변화를 고려한 설계수문량 및 유지유량 산정

⑤ 설정된 계획방향을 토대로 해당 소하천에 대한 항목별 계획과 각 항목에 대한 세부계획 수립

⑥ 설계수문량 및 유지유량 산정결과와 수립된 항목별 세부계획을 기준으로 소하천시설물 계획 수립

⑦ 주민 의견 조사와 사업효과 및 경제성 분석 등을 통한 계획의 타당성 검토 및 다른 분야 계획과의 연계성 검토

(3) 재해예방 계획

① 과거 홍수피해가 발생한 소하천은 피해 발생원인 분석을 실시하여 해당 소하천의 재해 특성 파악 후 근본적인 재해예방계획 수립

② 계획빈도의 설계홍수량은 소하천 하도와 관련된 구조적 대책으로 대처가 가능하도록 계획

③ 설계빈도 초과 홍수량은 비구조적 대책을 주요 관리방법으로 고려 (중·소하천 홍수 예·경보시스템 활용 등)

④ 소하천 종합계획에서는 하도계획과 별도로 저류시설 입지 계획

(4) 이수 계획

① 갈수 시에도 특정 목적의 소하천이 그 기능을 발휘할 수 있는 유지유량을 검토하고, 이를 수자원 부존량 및 갈수량과 비교하여 용수확보방안을 마련하는 계획을 수립

② 용수확보방안

ⓐ 용수는 생활·공업·농업용수로 분류

ⓑ 관련 자료 등을 통하여 현실적인 조사 시행

ⓒ 유지유량을 고려하여 용수확보방안 계획

ⓓ 저수시설의 신규 설치, 하수처리장 방류수 활용, 유역의 침투력 증진 및 빗물이용시설 설치 등을 통하여 용수 확보를 위한 계획 수립

(5) 친수 계획

① 친수구역으로 정비하는 것이 적당한 소하천 공간과 보전이 필요한 구간을 구분하여 정비를 위한 기본방향 설정

② 친수구역은 주변의 토지 이용, 자연보전 상태, 정비 목적, 주민 의견 등을 고려하여 계획

③ 소하천 공간 정비계획

ⓐ 소하천 공간 정비계획은 우선 기본방침에 따라 추진방향을 설정하고, 이에 따라 공간 정비계획 수립

ⓑ 소하천은 인공적 요소와 자연적 요소의 비중에 따라 친수구역, 복원구역, 보존구역으로 구분하여 계획

ⓒ 소하천 공간 정비계획 수립 흐름도

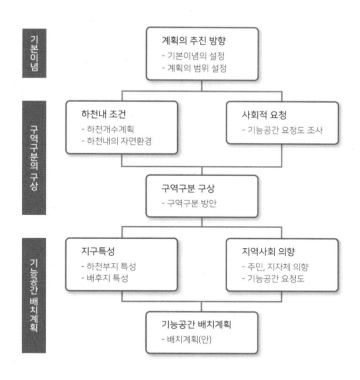

(6) 환경 계획

① 소하천이 오염되어 있거나 수질 악화가 우려되는 경우, 유지유량의 확보 및 수질 개선방안을 고려하여 계획 수립

② **소하천 환경 기능**

 ㉠ 수질자정이나 생태계 서식처로서의 자연보전 기능

 ㉡ 수상놀이, 수변경관, 정서 함양 기능으로서의 친수기능

 ㉢ 하천부지 이용, 피난 및 방재 공간, 지리 및 지역분할 기능으로서의 공간기능

③ **환경계획 수립의 기본방침**

 ㉠ 소하천 환경계획은 이수와 치수의 조화가 이루어지도록 계획

 ㉡ 갈수 시에 발생하는 수량 감소와 수질 악화를 적절히 조절하는 사항 포함

 ㉢ 자연적 환경을 보전하면서 친수 기능을 확대하여 주변 환경과 조화된 안전하고 지속 가능한 소하천을 계획

 ㉣ 복개 시설물은 철거계획 수립(사업시행이 불투명할 것으로 판단되는 경우 하천복원을 위한 장기적인 계획으로 수립)

ⓜ 수량, 수질 및 공간 요소를 종합적으로 고려

ⓗ 유지유량 확보와 수질개선 등을 포함하여 계획

④ 소하천 수질개선 및 보전

  ㉠ 소하천 환경계획의 목표설정

    ▷ 수량은 소하천의 정상적 기능을 유지할 수 있는 유지유량을 목표로 결정

    ▷ 수질 목표는 생태계 서식처와 물놀이 등 친수성 측면에서 관리 목표 설정

    ▷ 소하천의 생태보전 및 복원을 위한 목표종 선정

  ㉡ 유지유량 확보 대책

    ▷ 단기적 대책: 다른 수계에서 도수하는 방법, 지하수 개발, 환경기초시설 방류수 재이용 등

    ▷ 장기적 대책: 저영향개발 개념에 입각하여 수계가 위치하고 있는 유역에서 침투율을 증가시키는 방법, 유지유량 확보를 위한 소규모 저류지 건설 등

  ㉢ 소하천 수질개선 대책

    ▷ 수질개선뿐만 아니라 소하천의 환경 기능을 개선하는 것을 포함

    ▷ 소하천 수질개선사업

      - 소하천 내에 한정하지 않고 유역관리 차원에서 시행

      - 유역 내의 공장폐수 등에 대한 배출규제, 폐수종말처리시설의 건설, 공공수역의 수질보전, 토양오염 방지, 하수도 정비, 비점오염원 관리 등 환경 개선사업에 의해 개선될 수 있지만 이들 시책과 적절한 조화를 취하면서 소하천 내에서 일시적 또는 항구적인 수질개선책을 강구하여 추진

(7) 다른 분야 계획과의 연계 및 조정

① 소하천 주변지역의 도시계획과의 연계 및 조정

② 「자연재해대책법」상 소하천 관련 주요 제도 연계

  ㉠ 재해영향평가 협의

  ㉡ 자연재해위험개선지구 지정·관리

  ㉢ 자연재해저감 종합계획 수립

  ㉣ 우수유출저감시설 기준 제정·운영

  ㉤ 침수흔적의 기록 보존·활용

  ㉥ 중앙 및 지역 긴급지원체계 구축·운영

ⓐ 자연재해저감 연구개발사업의 육성 등

③ 국가 및 지방하천 연계

　㉠ 수계 특성을 종합적으로 고려한 소하천 종합계획이 될 수 있도록 국가 및 지방하천과의 연계를 포함하여 계획 수립

　㉡ 소하천이 국가 및 지방하천에 합류하는 경우 배수효과로 인하여 관련 소하천 계획을 국가 및 지방하천 계획과 함께 실시하는 경우가 있으므로 계획 수립 시 이러한 사항을 면밀히 협의하여 사업주체 결정

　㉢ 수계의 원활한 관리를 위하여 소하천과 본류하천 합류 지점에는 단절구간이 발생하지 않도록 계획 수립

　㉣ 소하천이 합류하는 본류하천(국가 및 지방하천)에서 고시한 하천구역 등을 고려하여 소하천의 구간 조정

2절 설계수문량 계획·산정

1. 강우 분석

★
강우분석

(1) 우량관측소 선정

① 해당 시·군 내에 위치하고 있는 기상청 관할 우량관측소가 충분한 시우량 자료를 보유하고 있는 경우에는 이를 선정

② 지점평균확률강우량 산정을 위한 우량관측소 선정 시 거리를 우선 고려

③ 특정 소하천만을 계획 수립 대상으로 하는 경우에는 일관성 유지 측면에서 기존 소하천정비종합계획에서 선정한 우량관측소를 우선적으로 고려

(2) 강우량자료 수집

① 수집대상: 10분, 60분, 고정시간 2~24시간(1시간 간격)의 지속기간에 대한 연 최대치 강우량 자료

② 고정시간 강우량 자료는 환산계수를 적용하여 임의시간 강우량 자료로 환산하여 사용

$$Y = 0.1346 \cdot X^{-1.4170} + 1.0014$$

* 여기서, Y는 환산계수, X는 강우 지속기간(hr)

③ 확률강우량의 산정을 위하여 시우량 자료연수는 가급적 최소 30개년 이상 필요

(3) 확률강우량 산정

① 소하천의 확률강우량 산정방법

    ㉠ 확률분포함수의 매개변수 추정 방법

        ▷ 확률가중모멘트법(PWM) 채택(소하천 설계기준)

        ▷ 확률가중모멘트법을 채택 시 확률강우량이 증가하는 경향이 다른 방법인 모멘트법이나 최우도법보다 지나치게 큰 경우에는 추가 검토 실시

    ㉡ 확률분포형

        ▷ 검벨(Gumbel) 분포 채택(소하천 설계기준)

② 확률강우량 산정 시 재현기간은 2년, 10년, 20년, 30년, 50년, 80년, 100년을 기본으로 하며 필요시 추가

(4) 강우강도식 유도

① 임의시간 확률강우량을 산정하기 위하여 강우강도식 유도

② 강우강도식으로 3변수 General형과 6차 전대수다항식형 2가지 형태 중 채택하여 적용

③ 채택된 강우강도식으로 재현기간별 강우강도식을 유도하여 최종 강우강도-지속기간-재현기간(I-D-F) 곡선 완성

(5) 설계강우의 시간분포

① 확률강우량은 지속기간별 강우 총량이기 때문에 유출모형에 적용하여 홍수량을 산정하기 위해서는 관측호우와 같이 지속기간 내 시간적 분포를 고려한 강우주상도 작성 필요

② 기존 강우의 시간분포 방법: Mononobe 방법, Huff 방법, Keifer & Chu 방법, Pilgrim & Cordery 방법, Yen & Chow 방법, 교호블록 방법 등

③ 소하천 설계강우의 시간분포 방법은 Huff 방법 적용(3분위 채택)

(6) 유효우량 산정

① 유효우량은 NRCS의 유출곡선지수(CN) 방법을 사용하여 산정

유출곡선지수(CN) 산정 시 선행토양 함수조건은 설계안전을 고려하여 유출률이 가장 높은 AMC-Ⅲ 조건을 적용하여 CNⅢ 채택(단, 제주도는 지형의 특수성으로 인하여 CNⅡ 채택)

$$CN\,I \;=\; \frac{4.2\,CN\,II}{10 - 0.058\,CN\,II}, \quad CN\,III \;=\; \frac{23\,CN\,II}{10 + 0.13\,CN\,II}$$

② 토지이용현황 자료는 환경부의 수치토지피복도 이용

③ 수문학적 토양군은 A, B, C, D 4개 종류로 분류

   ㉠ 토양군별 침투능의 크기: A 〉 B 〉 C 〉 D

   ㉡ 토양군별 유출률의 크기: D 〉 C 〉 B 〉 A

★
홍수량 산정

2. 홍수량 산정

(1) 홍수량 산정지점 선정

① 유역 상·하류의 홍수량 변화를 파악할 수 있는 지점, 지류 합류점 및 주요 구조물 지점 등을 고려하여 선정

② 소하천의 홍수량은 최소 2개소 이상에서 산정하는 것이 원칙

③ 지류 합류점의 경우 수면곡선 계산을 고려하여 합류 전·후 지점 모두에서 홍수량을 산정

(2) 도달시간 산정

① 도달시간(time of concentration)

   ㉠ 유역 최원점에서 유역출구점인 하도종점까지 유수가 흘러가는 시간

   ㉡ 유역 최원점에서 하도시점까지의 유입시간 + 하도시점에서 종점까지의 유하시간

② 도달시간 산정 공식

   ㉠ Kirpich 공식: 농경지 소유역을 대상으로 유도된 공식

$$T_c = 3.976 \frac{L^{0.77}}{S^{0.385}}$$

   ㉡ Rziha 공식: 자연하천의 상류부(S≥1/200)에 적용되는 공식

$$T_c = 0.833 \frac{L}{S^{0.6}}$$

   ㉢ Kraven 공식(Ⅰ): 자연하천의 하류부(S<1/200)에 적용되는 공식

$$T_c = 0.444 \frac{L}{S^{0.515}}$$

   ㉣ Kraven 공식(Ⅱ): 자연하천의 경사별 유속을 적용하는 공식

$$T_c = 16.667 \frac{L}{V}$$

   (S<1/200 : V = 2.1 m/s, 1/200≤S≤1/100 : V = 3.0 m/s, S>1/100 : V = 3.5 m/s)

   * 여기서, T_c는 도달시간(min), L은 유로연장(km), S는 평균경사(무차원), V는 평균유속(m/s)이다.

ⓜ 연속형 Kraven 공식: Kraven(Ⅱ)의 불연속성을 보완한 연속형 공식

$$T_c = 16.667 \frac{L}{V}$$

▷ 급경사부(S > 3/400):

$$V = 4.592 - \frac{0.01194}{S} , \quad V_{\max} = 4.5 \text{ m/s}$$

▷ 완경사부(S ≤ 3/400):

$$V = 35,151.515 \, S^2 - 79.393939 \, S + 1.6181818, \quad V_{\min} = 1.6 \text{ m/s}$$

③ 소하천의 도달시간은 연속형 Kraven 공식으로 산정하는 것 원칙

(3) 홍수량 산정방법 및 적용

① 소하천의 홍수량 산정방법은 Clark 단위도법을 우선적으로 적용
② 합리식 적용 시 강우 지속기간의 증가량 적용 방법에 따라 유출계수를 재현기간별로 변화시키는 방안을 적용
③ 도달시간이 매우 짧게 산정되어 첨두홍수량이 과다 산정될 경우, 강우 지속기간을 증가시키는 방법과 단위도의 매개변수인 유역반응시간(저류상수, 지체시간 등)을 증가시키는 등 소유역 매개변수 보정 방법 적용
④ Clark 단위도법의 저류상수는 Sabol 공식 적용 원칙
⑤ 소하천의 유역형상이 하류단에 좁고 긴 구간이 있는 경우 홍수량 산정 결과가 상류보다 하류가 작게 산정되는 역전 현상이 발생할 가능성이 있으므로 이와 같은 경우에는 하류의 홍수량을 상류와 동일하게 처리하여 역전 현상 방지
⑥ 홍수량이 산정되면 단위면적당 홍수량인 비홍수량($m^3/s/km^2$)을 산정하여 홍수량 산정 결과의 적정성 검토

(4) 확률홍수량 및 계획홍수량 산정

① 설계빈도
  ㉠ 소하천 설계빈도 기준

구분	설계빈도(재현기간)	비고
도시지역	50~100년	
농경지 지역	30~80년	
산지 지역	30~50년	

자료: 소하천 설계기준

ⓒ 시·군 전체 소하천에 대하여 동일한 설계빈도를 채택하기보다는 지역별로 여건에 맞는 설계빈도를 채택하여 계획 수립

② 임계지속기간 적용

　㉠ 임계지속기간: 첨두홍수량이 최대가 되는 강우 지속기간

　ⓒ 임계지속기간을 적용하여 재현기간별 확률홍수량 산정

　　▷ 홍수량 산정방법은 Clark 단위도법을 채택

　　▷ 홍수량 산정 시 강우 지속기간을 10분 간격으로 적용하여 첨두 홍수량이 최대가 되는 강우 지속기간인 임계지속기간의 홍수량 산정

③ **설계빈도에 해당하는 확률홍수량을 계획홍수량으로 산정**

　㉠ 소하천에 있는 저수지는 홍수조절 능력이 없는 경우가 대부분이므로 이와 같은 경우 저수지 추적 미시행

　ⓒ 홍수조절용량이 미미한 경우에도 이를 고려하지 않는 것이 설계안 전측이기 때문에 고려하지 않아도 무방함

　ⓒ 재해예방을 위하여 설치된 저류지의 경우에도 마찬가지로 홍수조절용량이 미미한 경우에는 고려하지 않아도 무방함

　㉣ 이에 따라 대부분의 소하천은 기본홍수량과 계획홍수량이 동일

3. 수위 및 침수해석

★
수위 및 침수 해석

(1) 수위계산

① 흐름계산 방법은 부등류 계산이 원칙

　㉠ 긴 하천 구간의 수위계산: 종단 방향의 하상경사 변화가 완만한 경우로 등류, 부등류 또는 부정류의 계산 적용

　ⓒ 국소적 흐름의 수위계산: 도수, 합류 및 분류, 교각에 의한 수위, 단락에 의한 수위 등으로 적절한 계산방법 적용

② 하상이나 하안, 호안의 안정성 검토를 위한 유속이나 소류력 산정 목적

　▷ 흐름계산의 기점수위는 검토대상 구간에서 최대유속 또는 최대소류력이 발생하는 조건 적용

③ 하천구조물 주변에 대한 집중적인 수위 검토가 필요한 경우 상류와 사류를 함께 고려할 수 있는 혼합류계산 실시

④ 소하천정비종합계획과 같이 일반적인 수위검토를 수행하는 경우에는 상류계산을 적용하여 설계

⑤ 사수역을 고려한 수위계산 실시

    ㉠ 사수역: 하도의 수면부분에서 흐름이 없는 장소 혹은 흐름이 있더라도 소용돌이 형태를 보이거나 또는 유량의 소통에 관계없는 부분

    ㉡ 사수역은 급확대부와 급축소부, 만곡부, 여러 가지 구조물 주변 등에서 발생

    ㉢ 특히 합류부에서 지류구간에 해당하는 하도는 반드시 사수역으로 설정

(2) 조도계수

① 조도계수

흐름이 있는 경계면의 거친 정도를 나타내는 계수

② 조도계수 산정방법

    ㉠ 수위자료가 있는 경우: 과거 홍수위, 유량관측 기록, 홍수흔적 자료, 본류하천 조도계수 등을 바탕으로 홍수 발생 시 하도 단면에 대해 부등류 계산이나 등류계산, 하상재료를 이용해 조도계수를 추산

    ㉡ 수위자료가 없는 경우

      ▷ 과거에 채택한 조도계수를 직접 이용하여 비교·검토

      ▷ 하상재료 유형과 크기(주로 평균입경) 및 하도 단면 형태 등을 고려한 조도계수 결정

      ▷ 일반적으로 Manning의 조도계수 사용

③ 조도계수 결정 시 고려사항

    ㉠ 하천 내 수문량의 크기에 영향을 주는 인자

      ▷ 하상형상, 홍수기간 동안의 하상변동

      ▷ 부유수량의 증감

      ▷ 수문곡선의 모양

    ㉡ 하도 종·횡단 모양에 따른 변화

      ▷ 동수반경의 급격한 변화

      ▷ 하도 간의 편류(偏流), 사수역의 발생

      ▷ 식생 및 수목군

      ▷ 하구부근의 염수쐐기

    ㉢ 하천 내 인위적 활동

      ▷ 하상굴착

      ▷ 모래채취

      ▷ 하상 저하 및 상승에 영향을 주는 인위적 행위

Keyword

ㄹ 실측 및 기타 오차

▷ 유량, 평균유속, 수면경사 등의 측정오차

▷ 수심 및 동수반경 측정오차, 사수역 제거로 인한 오차

▷ 하도 저류에 의한 오차(홍수파 변형으로 인한 오차)

(3) 기점 홍수위

① 기점 홍수위

홍수위 계산 시 하류단 경계조건

② 기점 홍수위는 다음 사항을 검토하여 결정

ㄱ 바다로 유입되는 하구지점에서는 지역의 중요도에 따라 대조평균 만조위, 약최고 만조위, 기왕 최고조위 중 경제적이고 안전한 값과 등류수위를 비교하여 큰 값

ㄴ 홍수조절효과가 있는 구조물 지점에서는 홍수 조절을 거쳐 결정된 최고 수위

ㄷ 배수효과가 있는 지천 하구지점은 본류 홍수위와 지천 홍수위를 비교하여 큰 값

ㄹ 배수효과가 없는 구간에서 수공구조물에 의해 한계수심이 발생할 경우 한계수심에 대응하는 수위

ㅁ 하도의 급확대, 단락, 만곡 또는 교각에 의해 수위변화가 발생하는 곳은 손실수두를 더하여 산정한 수위

ㅂ 사수역이 발생하는 곳은 유수단면적에서 사수역을 빼고 산정한 수위

ㅅ 수리모형실험이나 현장 계측에 의해 추정된 수위

ㅇ 하나의 소하천을 2개 이상의 구간으로 나누어서 계획을 수립하는 경우에는 분리되는 측점의 빈도별 홍수위

3절 기존 시설물 능력 검토

1. 제방 및 호안

(1) 제방 능력 검토

① 제방고 검토

기설 제방의 제방고(둑마루 표고)가 계획홍수량에 따른 홍수위 소통에 문제가 없는지 검토

★
시설물 능력 검토

ⓖ 월류 발생 여부 검토

  ▷ 홍수위 〈 제방고: 월류에 대하여 안전(여유고 검토 시행)

  ▷ 홍수위 〉 제방고: 월류 발생(하도계획 수립 검토)

ⓛ 충분한 여유고 확보 여부 검토

  ▷ 제방고 = 홍수위 + 여유고 이상

  - 계획홍수량 규모에 의한 여유고

계획홍수량(m³/s)		여유고(m)	비고
200 미만	50 이하 (제방고 1 m 이하)	0.3 이상	예외 규정
	50 초과	0.6 이상	
200~500		0.8 이상	

  - 여유고 부족 시 제내지현황과 지형상황 등을 종합적으로 고려
    하여 하도계획 수립 여부 검토

② 둑마루 폭 검토

  ⓖ 둑마루의 목적 달성을 위한 충분한 둑마루 폭 확보 여부 검토

  ▷ 둑마루 설치 목적: 침투수에 대한 안전 확보, 홍수 시 방재활동,
    친수 및 여가활동 등

  ▷ 기설제방의 둑마루 폭과 계획홍수량에 따른 둑마루 폭 기준을
    비교하여 검토

  ▷ 둑마루 폭 부족 시 소하천과 제방의 중요도, 제내지 상황, 사회
    경제적 여건, 둑마루 이용측면 등을 종합적으로 검토하여 하도
    계획 수립 여부 검토

  ⓛ 계획홍수량 규모에 따른 둑마루 폭

계획홍수량(m³/sec)	둑마루 폭(m)
100 미만	2.5 이상
100~200	3.0 이상
200~500	4.0 이상

③ 기설제방 토질조사

  ⓖ 기설제방의 토질조사는 제방 취약 예상지점 파악조사, 제체 누수
    조사, 기초지반 누수조사, 연약지반조사 등을 필요에 따라 실시

ⓒ 제체 누수조사

▷ 기설제방의 제체에서 누수가 발생할 경우 필요에 따라 실시

- 제체 토질 및 피해에 관한 자료 조사와 탐문조사

- 시료 채취 및 실내 토질시험

- 시추조사

- 원위치시험

- 물리탐사

- 침투해석 등

ⓒ 기초지반 누수조사

▷ 기설제방의 기초지반에서 누수가 발생할 경우 필요에 따라 실시

▷ 조사항목은 제체 누수조사와 동일

ⓔ 연약지반조사

▷ 기설제방에서 과대한 침하나 활동에 의한 파괴 등의 피해가 실제로 발생할 경우와 제방의 보축, 지진 등에 의해 침하나 활동이 문제가 될 것이 예상되는 연약지반에 대하여 필요에 따라 실시

- 제방의 기초지반 토질에 관한 조사 및 제방침하에 관한 자료 조사

- 시료 채취, 실내 토질시험, 원위치시험 등

▷ 시료는 둑마루 중앙 하부, 비탈어깨 하부, 비탈면 중앙하부와 성토 밖의 원지반 등 4개소에서 채취

(2) 호안 능력 검토

① 현재 설치된 호안의 안전성 검토

ⓐ 현장조사를 통한 검토

▷ 호안의 탈락 및 파괴, 기초의 세굴, 포락 여부 등을 검토

ⓑ 대상 소하천 수리조건에 대한 검토

▷ 대상 소하천의 수리조건(유속, 소류력 등)에 대한 안정성 검토

- 부등류 계산결과 등을 이용

- 해당 구간의 유속과 소류력을 파악하고 그 외력에 대응할 수 있는 호안의 설치 여부 판단

- 소류력: 유수가 윤변에 작용하는 마찰력

$$\tau_0 = \gamma R_h S_0 = \frac{\gamma}{C^2} V^2$$

* 여기서, τ_0: 소류력 (kg/m²)

γ: 물의 단위중량(1,000 kg/m³)

R_0: 동수반경(m)

S_0: 수로 경사

V: 평균유속(m/s)

C: Chezy 유속계수($V = C\sqrt{RI}$)

② 기설 호안의 안정성 검토 결과에 따라 하도 계획 수립 시 고수호안 및 저수호안 계획 수립 필요성 검토

2. 배수 시설물

(1) 배수 시설물 능력 검토 기본방향

① 배수시설: 내수배제를 목적으로 설치되는 구조물

② 배수유역에서 발생한 유출량을 원활히 배제 가능한 통수 단면 확보 여부 검토

③ 소하천 계획홍수위에 따른 역류 가능성 검토(역류방지 문비 설치 유무)

④ 기존 배수시설의 노후화 정도 검토

(2) 배수 시설물 능력 검토

① 배수유역 검토

　㉠ 현황 측량 자료 및 수치지형도를 이용하고 현지조사 보완을 통하여 배수유역 검토

　㉡ 토지이용도 또는 토지피복도를 이용한 배수유역 내 토지이용현황 검토

② 유출량 산정

　㉠ 소하천의 배수 시설물 계획을 위한 유출량은 일반적으로 합리식 적용

$$Q_p = 0.2778 \cdot C \cdot I \cdot A$$

　　* 여기서, Q_p: 배제대상 유량 (m³/s),　I: 강우강도 (mm/hr)

　　　C: 유출계수,　A: 배수유역면적 (km²)

　㉡ 설계강우의 빈도는 배수지역의 중요도(농경지, 시가지)에 따라 20년 이상 범위에서 실시(일반적으로 치수안전도를 고려하여 30년으로 채택)

③ 소요단면적 결정

　㉠ 배수유역에서 발생한 유출량을 원활히 배제 가능한 단면적 결정

　　▷ 배제유속은 배수 구조물의 단면과 경사, 조도계수를 이용하여 산정

▷ 배제유속 산정이 불가능한 경우에는 2.0~3.0m/s 범위로 결정

ⓛ 소요단면적은 계산된 단면적에 20% 여유를 가산

ⓒ 소요단면적 $a = \alpha \dfrac{Q}{V}$

* 여기서, a: 소요단면적(m²), α: 여유율(1.2)
  Q: 배제대상 유량 (m³/s), V: 배제유속 (m/s)

④ **배제 능력 검토**

　ⓖ 소요단면적과 현 단면적을 비교하여 과부족 결정

　ⓛ 현 단면 부족의 경우 배수 시설물 요증설 계획 수립

　　▷ 증설이 필요한 배수통관의 직경은 소하천 설계기준에 따라 최
　　소 60cm 이상 계획

⑤ **문비 설치 여부 검토**

　ⓖ 현지조사를 통하여 문비 설치 여부 검토

　ⓛ 기설치된 문비에 대하여 정상작동 여부 검토

　ⓒ 문비가 설치되지 않은 시설물에 대하여 제내지현황 등을 고려하여
　문비설치 필요 여부 검토

⑥ **노후화 정도 검토**

　ⓖ 현지조사를 통하여 배수 시설물의 노후화 정도를 검토

　ⓛ 노후 시설물에 대하여 보강계획 수립 필요성 검토

　ⓒ 구조물 및 제방안정성에 영향을 미칠 정도의 노후 시설물에 대하
　여 재가설계획 필요성 검토

3. 횡단시설물

(1) 교량

① **교량 능력 검토 기본방향**

　ⓖ 교량은 하천횡단 구조물로서 유수에 안전하기 위해서는 홍수위에
　대하여 충분한 여유고 확보 필요

　ⓛ 유수소통에 지장이 없도록 계획하폭 및 계획홍수량에 대응하는 교
　량 연장 필요

　ⓒ 교각이 설치되어 있는 교량의 경우 홍수 소통 및 인접 시설물의 안
　전에 지장을 초래하지 않도록 충분한 경간장 확보 필요

② 교량 능력 검토

　㉠ 교량 능력 검토기준

구분	계획홍수량(m³/s)	여유고(m)	비고
여유고	50 미만	0.3 이상	제방고가 1.0m 이하
	200 미만	0.6 이상	
	200~500 미만	0.8 이상	
경간장	(1) 소하천 교량은 공법 선정 시 가급적 교각을 설치하지 않는 것이 원칙 (2) 부득이하게 교각을 두어야 할 경우 그 경간장은 하폭이 30m 미만인 경우는 12.5m, 하폭이 30m 이상인 경우는 15m 이상으로 한다.		

자료: 소하천 설계기준

　㉡ 교량저고가 계획홍수위보다 낮거나 하폭이 좁은 교량

　　▷ 교량상부가 계획홍수위보다 낮은 교량의 경우, 재가설계획 수립

　　▷ 교량저고 및 교좌장치가 홍수위보다 낮거나 하폭이 좁은 경우, 월류의 위험이 있으므로 홍수방어를 위하여 교량 재가설계획 수립

　　▷ 확폭 축제 구간에 포함된 교량의 경우 재가설계획 수립

　㉢ 여유고, 경간장, 연장의 기준 미확보 교량

　　▷ 교량별 기준(여유고, 경간장, 연장 등) 검토를 통하여 월류 위험이 적은 교량의 경우에는 장래 재가설계획 수립

　　▷ 제내지 상황 및 노후화 등을 고려하여 재가설이 필요한 교량은 재가설계획 수립

　㉣ 이용빈도가 낮고 노후화된 교량

　　▷ 교량의 이용빈도가 현저히 낮으며, 노후화되어 위험하거나 유역 재개발계획에 따라 도로가 신설되는 경우에는 기존 교량의 철거계획 수립

(2) 기타 횡단시설물

① 기타 하천 횡단시설물: 보, 낙차공, 하상유지공, 수제 등

② 수리분석 및 현장조사 등을 통하여 횡단시설물에 대한 능력 검토 시행

③ 능력 검토 및 계획

　㉠ 확폭 개수계획이 수립된 구간에 포함되는 경우, 재가설계획 수립

　㉡ 수위 상승에 영향을 미치는 시설물의 경우, 재가설계획 수립

　㉢ 파손 또는 노후화되어 역할을 하지 못하는 경우, 재가설계획 수립

　㉣ 지역개발 등으로 기능을 상실한 취입보 등의 경우, 철거계획 수립

Keyword

★
하도계획

4절 제방을 포함한 소하천의 항목별 세부계획 수립

1. 하도계획

(1) 기본방향 및 절차

① 하도계획 수립을 위한 기본방향

    ㉠ 소하천의 역동성, 고유성, 다양성 등을 고려

    ㉡ 기후변화를 고려하여 홍수 시에 안전하고 갈수 시에 그 기능을 유지할 수 있도록 계획

    ㉢ 건강한 물순환을 보존하고 주변의 생태계와 상호 연계 고려

    ㉣ 하도 사행이나 여울과 소의 적정 배치 등을 통하여 생물의 다양한 생식 및 생육환경 확보

    ㉤ 장기적으로 안정하도가 되도록 계획

    ㉥ 현재의 소하천 지형 및 과거의 소하천구역, 폐천부지 등을 최대한 활용

    ㉦ 완경사 소하천: 토사의 퇴적에 따른 통수능의 축소, 제방의 침투에 대한 안정 등을 고려

    ㉧ 급경사 소하천: 침식 및 세굴에 대한 안정 등을 고려

    ㉨ 직선화 및 획일화된 하도계획은 지양

    ㉩ 구간별로 하도 특성을 구분하여 다양한 형태의 하도계획으로 생태적 기능 확보

    ㉪ 계획홍수량의 증가로 통수 단면적이 추가로 필요할 경우: 하상 준설, 제방 증고, 하폭 확장, 수로 신설 등 검토

    ㉫ 하안과 하상의 침식, 세굴, 퇴적 등 소하천 고유의 변동성을 일정 부분 허용할 수 있는 하도계획 수립

② 하도계획 수립절차

    ㉠ 기본적인 수문·수리 분석 실시: 계획홍수량 및 계획홍수위 결정, 소류력 계산 및 하상변동예측 등

    ㉡ 하도계획이 필요한 개수구간을 설정

    ㉢ 하도의 평면계획, 종단 및 횡단계획 수립: 평면, 종단, 횡단계획은 각각 독립적으로 하는 것이 아니라 계획 전체가 균형이 이루어질 때까지 각 단계를 반복 검토하여 종합적으로 수립

    ㉣ 평면 및 종·횡단 계획 시 장기적으로 하도가 안정되도록 하고, 필요시 하상 안정화를 위한 하상유지시설의 배치계획을 수립

Keyword

        ⑩ 소하천시설물의 배치
            ▷ 평수 시 및 홍수 시 유수의 거동과 하상·하안의 형상과 변화, 토질 및 지질, 유사 특성을 충분히 감안하여 배치
            ▷ 또한 필요한 기능을 충분히 발휘할 수 있도록 계획하되 소하천 환경의 정비·보전 측면을 고려

③ 하도계획 수립 시 유의사항
    ㉠ 하도계획은 홍수조절계획 목적에 충분히 부합하도록 계획
    ㉡ 소하천 하도계획의 기본방향(계획빈도)을 결정한 후 홍수방어(조절)계획에 대한 개수효과를 검토
    ㉢ 홍수방어계획의 투자사업비, 경제성, 사업성 등을 종합적으로 검토
    ㉣ 하도의 평면·종단·횡단계획을 복합적으로 검토 후 소하천시설계획, 하상안정화 계획, 하천공간환경계획 등을 수립하고 이에 대한 종합적인 평가를 통하여 최종 하도계획을 결정
    ㉤ 소하천 하도계획 시 환경 및 생태현황을 고려하고, 인간생활과 조화를 이룰 수 있는 아름다운 소하천으로 계획을 수립

(2) 계획홍수위 결정
① 지류배수, 내배수, 소하천 횡단구조물 및 만곡부 영향 고려
② 계획홍수량을 유하시킬 수 있는 하도의 종단형 및 횡단형에 따라 결정
③ 계획홍수위 결정 시기, 기수립 홍수위, 소하천의 중요도, 소하천 관리의 효율성 등을 종합적으로 고려
④ 계획홍수위는 제내지 지반고 이상 높이로 설정하는 것은 가급적 지양하고, 기왕 최고 홍수위 이하로 설정(현재 하상고가 높거나 부득이하게 높게 설정할 경우에는 내수배제와 지류 처리방안 등을 충분히 고려)
⑤ 내수로 인하여 본류 수위가 크게 상승할 경우 배수 상황, 내수처리 방식 등을 고려
⑥ 하천 횡단시설물과 교량 등의 영향으로 상승하는 수위를 고려해 결정

★
계획홍수위 결정

(3) 평면계획 수립
① **평면계획 수립 고려사항**
    ㉠ 계획홍수량을 안전하게 소통시킬 수 있도록 소하천의 폭, 하도의 선형결정
    ㉡ 평면계획 시 종·횡단형에서 결정된 통수 단면을 토대로 계획 수립
    ㉢ 소하천 상·하류부의 선형, 제내지의 토지 이용 상황, 소하천변의 홍수터 또는 습지 등의 보존 및 도입 등을 고려

★
평면계획 수립

② 하도의 평면계획 시 가급적 원래의 하도를 고려하여 자연형으로 계획

⑩ 계획하도가 처리할 수 있는 홍수 소통 능력이 부족한 경우
▷ 유역에서 분담할 수 있는 저류지, 조절지 등의 시설 도입 검토
▷ 하도구간에서도 분수로, 방수로 등 수로 신설방안을 검토

② **하도선형**

㉠ 하도: 유수가 통과하는 토지공간으로서 제방 또는 하안과 하상으로 구성

㉡ 하도선형은 기존 및 과거의 하도를 중심으로 결정

㉢ 치수, 이수 및 환경적인 측면에서 안전하고 유지관리가 용이한 최적의 선형으로 결정

㉣ 하도연안의 토지이용현황, 홍수 시의 유황, 장래의 하도 예측, 하도의 유지관리, 소하천 부지의 이용계획 및 공사비 등을 고려

㉤ 부드럽고 자연적이며 홍수 소통이 원활한 형상이 되도록 계획

㉥ 하도선형 결정에 필요한 검토사항
▷ 하도의 선형은 가급적 현하도를 이용하되 심한 굴곡을 피하고 완만한 곡선으로 함
▷ 홍수류의 유수 방향과 수충부의 위치를 검토하여 유수의 저항을 최소화할 수 있도록 함
▷ 일반적으로 급류소하천에서는 유수가 하안에 충돌하지 않도록 S자 형태의 곡선수로는 피하도록 함
▷ 현 상태로서 제방의 기능이 가능한 구간은 최대한 이용함
▷ 하도선형은 토지 이용에 지장이 없도록 하되 주변의 경관과 조화를 이룰 수 있도록 함
▷ 하도계획 시 축제는 점토질 연약지반이나 투수성 지반에는 가급적 피해서 설치
▷ 보호면적이 크지 않아 제방을 축조하는 것보다 계획홍수위 이하 지역을 매수하여 소하천으로 관리하는 지역에 대해서는 이를 감안하여 하도선형을 결정
▷ 수충부의 위치는 기존 하도의 상황, 지형과 지질 조건, 토지 이용 상태 등을 고려하여 정하되 가능하면 주택지역이나 기존의 소하천을 절개한 장소에는 두지 않도록 함
▷ 하폭은 가능한 한 급격하게 변하지 않도록 함
▷ 지형상 부득이하게 선형이 급변하는 만곡구간에서는 만곡 내측

의 법선을 후퇴시켜 10~20% 정도 확폭하여 흐름의 세력을 완화시키도록 함

▷ 현 하도가 충분한 하폭을 갖고 있는 구간일지라도 사수역에 의한 유수효과를 고려한다면 사수역을 포함하는 하폭을 확보하여야 함

▷ 제방이 설치된 하도 상류단에서 상류유역의 홍수유출량이 하도로 안전하게 유입될 수 있도록 배후지 지반고가 충분히 높은 지점, 도로, 산 등을 따라 선형을 정함

③ **계획하폭**

ㄱ 계획홍수량을 원활히 소통시킬 수 있도록 현재 하폭, 현재 하상 및 계획하상경사, 지형과 지질, 안정하도의 유지, 연안의 토지 이용 상태, 기후변화 영향 등을 종합적으로 고려하여 결정

ㄴ 가급적 현재 하폭을 우선적으로 고려하여 결정

▷ 현재 하폭이 부족하면 하도계획에 맞추어 적정한 폭으로 확장

▷ 현재 하폭이 충분하더라도 축소시키지 말고 가급적 현재 하폭 유지

ㄷ 계획홍수량에 따라 계획하폭을 결정하는 경험공식 등을 참고하여 결정

▷ 계획홍수량 크기에 따른 계획하폭 참고값

계획홍수량(m^3/sec)	하폭(m)
5	3~5
10	4~7
20	7~11
30	9~14
50	12~20
100	20~30
200	30~45
300	40~60

▷ 중소하천 하폭결정 경험공식

- $B = 1.698 \dfrac{A^{0.318}}{\sqrt{I}}$ 남부지방(전라도, 경상도)

- $B = 1.303 \dfrac{A^{0.318}}{\sqrt{I}}$ 중부지방(경기도, 강원도, 충청도)

  * 여기서, B: 계획하폭(m), A: 유역면적(km^2), I: 하상경사

▷ 소하천 계획하폭 결정공식

- 계획홍수량에 의한 경우(계획홍수량이 300m^3/sec 이하일 때)

  $B = 1.235 \ Q^{0.6376}$

* 여기서, Q: 계획홍수량(m³/sec)

- 유역면적에 의한 경우(유역면적이 10km² 이하일 때)

$$B = 8.794 \ A^{0.5603}$$

★
종단계획 수립

(4) 종단계획 수립

① 하도가 안정적으로 유지될 수 있도록 하상경사 및 하상고를 결정

② 홍수 소통, 생태계 보호, 어류의 서식처 제공, 소하천 경관 조성 소하천 환경의 관리 측면 고려

③ 가급적 기존의 하상경사 유지

④ 전체적으로 하상경사를 변경하는 경우에는 장래의 하도 안정 고려

⑤ 계획하상경사 결정

  ㉠ 일반적으로 평형하상경사(또는 특별히 평균하상경사)를 따라 결정

  ㉡ 계획하상고와 관련시켜 하도기능 유지, 사업성, 경제성 등을 고려하여 결정

⑥ 하상경사가 급하거나 하상세굴이 우려되는 경우 낙차공과 같은 하상유지시설을 설치하여 하도를 안정시키도록 계획

⑦ 하도의 종단형 결정 시 고려사항

  ㉠ 하상경사의 변화지점, 평균하상경사의 변경지점 파악

  ㉡ 기존 하상을 변경시킬 경우

    ▷ 계획하도구간의 상·하류 하도경사 고려

    ▷ 장기적인 하상 변동이 최소화되도록 결정

  ㉢ 국부적 세굴과 퇴적현상 억제, 세굴량과 퇴적량이 평형이 되도록 결정

  ㉣ 생태 기능을 유지할 수 있도록 조정

  ㉤ 과거의 하천 종단형 이용

  ㉥ 하도의 직선화계획 지양

★
횡단계획 수립

(5) 횡단계획 수립

① 계획횡단형 계획 시 고려사항

  ㉠ 하도의 특성 및 홍수 소통 능력

  ㉡ 주변 토지 이용 상황, 농경지·홍수터 등의 이용계획, 생물의 다양한 서식 공간 확보, 소하천 공간계획

  ㉢ 하도의 유지관리성

② 계획횡단형: 단단면 또는 복단면으로 결정

③ 횡단경사는 가급적 완경사로 계획해 횡방향의 생태적 연속성을 확보

④ 저수로 폭 결정

    ㉠ 하폭, 유지유량의 확보, 홍수 시의 통수능 고려

    ㉡ 현재의 저수로 폭을 가급적 유지

⑤ 소하천 생태환경을 위하여 여울과 소의 도입을 검토

⑥ 갈수 시 건천화 방지 및 수심 확보 등을 위하여 협수로 설치 검토

(6) 하상정리계획 수립

① 하상정리 또는 준설계획 수립 구간

    ㉠ 토사 퇴적으로 인하여 하상이 불규칙한 구간

    ㉡ 통수 단면이 잠식되어 홍수재해 위험성이 있는 구간

② 하상정리 및 준설계획 수립방안

    ㉠ 제방보강 및 확폭 등의 치수 대책과 병행하여 준설계획 규모 결정

    ㉡ 하도 내 밀생 초목의 제거 필요성과 소하천 환경에 미치는 영향 검토

(7) 신설 소하천계획 수립

① 목적

    ㉠ 소하천의 기능을 강화

    ㉡ 치수적인 기능을 확보

    ㉢ 도시계획 또는 경지정리사업 등으로 기존 소하천을 폐지하고 별도
       의 소하천 신설

② 신설 소하천계획 방향

    ㉠ 가능한 신설 소하천은 굴입하도 방식으로 계획

    ㉡ 하상경사는 구간별로 급변하지 않도록 계획

    ㉢ 지류 합류점에서는 세굴, 퇴적 등에 유의하여 계획

(8) 합류부 처리계획

① 두 개의 소하천이 합류할 때에는 흐름이 안정되도록 계획

② 지류 합류부는 가능한 예각으로 합류되도록 계획

③ 지형여건상 예각 합류가 어려운 경우

    ㉠ 합류점의 하폭을 크게 계획

    ㉡ 도류제 등을 설치하여 본류에 자연스럽게 합류하도록 계획

④ 합류점에서 두 소하천의 하상경사 차이가 큰 경우

    ㉢ 두 소하천의 경사를 될 수 있는 대로 비슷하게 합류토록 계획

    ㉣ 부득이한 경우 낙차공 등의 하상유지시설을 계획

★
하상계획 수립

★
신설 소하천

★
합류부 및 하구 처리계획

(9) 하구 처리계획

① 하구: 하천과 바다와의 경계지역으로서 두 영역의 영향을 받음

② 계획홍수량 이하의 유량을 안전하게 유하시키도록 계획

③ 하구처리계획: 고조나 지진해일(지진에 의한 해수면 상승) 등에 의한 재해를 방지토록 계획

④ 염수 및 파랑 침입, 해안침식, 하구 환경 문제, 그리고 생태계 및 어류에 미치는 영향 등을 고려

⑤ 하구처리 대책과 설치방향

  ㉠ 도류제 설치

    ▷ 하천에서 유송되어 온 토사가 퇴적되지 않도록 유도

    ▷ 해안에서 파랑, 조류에 의해 운반되는 표사의 하구 침입 방지

    ▷ 하구 위치의 고정, 수로선의 안정, 하구의 수위 유지 목적

  ㉡ 암거 설치

    ▷ 하구에 형성된 사주의 일부를 암거로 관통하여 설치

    ▷ 소하천에 형성된 사주를 관통하여 유량이 흘러가도록 설치

  ㉢ 수문 설치

    ▷ 하구에 수문을 설치하여 수문 조작에 의한 씻겨내기 가능

    ▷ 파랑에 의한 구조물 전면의 세굴작용 방지 목적

  ㉣ 인공굴착 및 준설

    ▷ 하구에 형성된 사주를 준설선, 굴착기 등에 의해 굴착하거나 준설하여 인공적으로 제거

    ▷ 일정 기간이 지나면 새로 형성될 수 있다는 점에 고려하여 계획

2. 소하천 제방

(1) 제방의 정의 및 구조

① 제방: 홍수 시 유수의 원활한 소통을 유지하고 제내지를 보호하기 위하여 소하천을 따라 흙, 콘크리트 옹벽, 널말뚝 등으로 안정성을 확보하여 축조하는 공작물

② 제방의 구조와 명칭

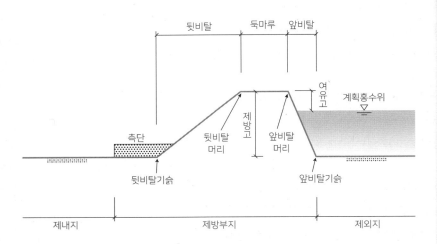

(2) 제방의 종류

① 본제: 제방 원래의 목적을 위해서 하도의 양안에 축조하는 연속제로서 가장 일반적인 형태의 제방

② 도류제: 소하천의 합류점, 분류점, 놀둑의 끝부분, 하구 등에서 흐름의 방향을 조정하기 위해서 또는 파의 영향에 의한 하구의 퇴사를 억제하기 위해서 축조하는 제방

③ 월류제: 소하천 수위가 일정 높이 이상이 되면 하도 밖으로 넘치도록 하기 위하여 제방의 일부를 낮추고 콘크리트나 아스팔트 등의 재료로 피복한 제방

④ 역류제: 지류가 본류에 합류할 때 지류에는 본류로 인한 배수가 발생하므로 배수의 영향이 미치는 범위까지 본류 제방을 연장하여 설치하는 제방

★
소하천 제방종류
본제, 도류제, 월류제,
역류제 등

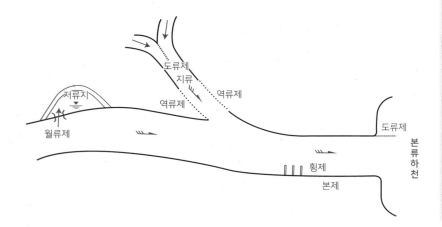

(3) 제방설계 시 고려사항

① 제방 법선 결정

  ㉠ 하도계획에서 결정한 평면계획을 기준으로 하여 결정

  ㉡ 주변 토지이용현황, 홍수 시의 유황, 현재의 하도, 경제성 등을 고려

  ㉢ 가급적 부드러운 곡선형태가 되도록 계획

② 계획제방고: 계획홍수위에 여유고를 더한 높이 이상으로 결정
  (계획제방고 ≥ 계획홍수위 + 여유고)

③ 제방 경사는 가능한 한 완경사로 조성

(4) 제방설계

① 제방고 및 여유고

  ㉠ 제방고

    ▷ 계획홍수위에 여유고를 더한 높이 이상

    ▷ 단, 굴입하도 등과 같이 계획홍수위가 제내지반고보다 낮고, 산지부 등과 같이 지형 상황으로 보아 치수상 지장이 없다고 판단되는 구간에서는 예외

  ㉡ 여유고

    ▷ 계획홍수량에 상응하는 계획홍수위에 소하천에서 발생할 수 있는 여러 가지 불확실한 요소들에 대한 안전값으로 주어지는 여분의 제방 높이

    ▷ 계획홍수량에 따른 여유고

계획홍수량(m^3/s)	여유고(m)
200 미만	0.6 이상
200~500	0.8 이상

    - 계획홍수량이 50m^3/s 이하이고 제방고가 1.0m 이하인 소하천에서는 제방의 여유고를 0.3m 이상으로 계획

    - 계획홍수량별 여유고는 일반하도에서의 최저치로서, 실제 여유고는 소하천과 제방의 중요도, 제내지 상황, 주변 접속도로, 사회 및 경제적 여건 등을 고려하여 결정

② 둑마루 폭

  ㉠ 둑마루 폭은 침투수에 대한 안전 확보, 홍수 시 방재활동, 친수 및 여가활동 등의 목적을 달성할 수 있도록 결정

★
제방설계

★
제방고 및 여유고

★
둑마루 폭 및 비탈경사

▷ 계획홍수량에 따른 둑마루 폭 기준

계획홍수량(m³/sec)	둑마루 폭(m)
100 미만	2.5 이상
100~200	3.0 이상
200~500	4.0 이상

- 계획홍수량에 따른 둑마루 폭은 관리용 도로 등을 고려하여 규정한 최소치이므로, 실제 둑마루 폭은 소하천과 제방의 중요도, 제내지 상황, 사회경제적 여건, 둑마루 이용 측면 등을 종합적으로 검토하여 구간별로 적정한 폭으로 결정
ⓒ 계획홍수량에 따라 둑마루 폭이 변할 경우에는 산지, 교량 등과 접하는 적정한 곳에서 자연스럽게 처리하고 만일 지형상 적당한 산지가 없으면 완만하게 변화할 수 있도록 완화구간 계획

③ 비탈경사
㉠ 소하천으로의 접근성을 보장하고 제내지 와 고수부지 또는 하도 사이의 생물 이동이 차단되지 않도록 제방 경사는 가능한 한 완경사로 조성
ⓒ 소하천에서의 제방은 유수의 침투에 대하여 안정한 비탈면을 가져야 하며, 제방의 비탈경사는 1:2.0보다 완만하게 설치
ⓒ 현지 지형여건 및 기존 제방과 연결 등의 사유로 부득이하게 비탈경사를 1:2.0보다 급하게 결정해야 하는 경우에는 제방 또는 지반의 토질조건, 홍수 지속시간 등을 고려하여 제방 계획비탈면의 토질공학적 안정성을 검토한 후 비탈경사를 결정(단, 지형조건 등에 따라 불가피하게 설치된 흉벽의 경우 예외)

④ 홍수방어벽(흉벽) 설계
㉠ 계획홍수위(또는 계획고조위) 이상의 토사제방 위에 설치 가능
ⓒ 부득이 계획홍수위 이하에 홍수방어벽의 하단부가 위치할 경우에는 기초부 세굴에 유의
ⓒ 토사제방의 둑마루 표면에서 상단까지의 높이가 1m 이하가 되도록 계획

(5) 제방 안정성
① 제방의 안정
㉠ 제방설계 시 침투, 활동, 침하에 대한 안정성 검토 수행

★
제방 안정성 검토

ⓛ 제방의 침투에 대한 안정성 평가 시 제체의 포화 정도와 제외 측의 수위 변화조건을 반영하여 해석

② **침투(누수)에 대한 대책**

㉠ 제방의 침투(누수): 외수위가 상승하여 제체 또는 지반을 통하여 제내 측으로 침투수가 유출하는 현상

▷ 제체 누수: 침투수가 제체를 침투

- 제체의 침윤선이 결정적인 요인이 되므로 침윤선을 낮추어 제체 하부에 위치하도록 해야 하며, 지반 누수가 예상되는 경우 반드시 제체계획 외에 별도로 적절한 대책공법 강구
- 배수통문의 설치는 제체 누수의 주요 원인이 되므로 배수통문 주변의 정기점검을 수행하도록 하고, 누수가 우려되는 지점에 대하여는 적절한 대책(차수벽 등) 강구

▷ 지반 누수: 침투수가 지반을 침투

- 지반의 투수성이 높은 경우에는 수위가 상승함으로써 침투압이 증가하여 제내지 측 지반에 침투수가 용출하는 파이핑 현상이 발생하므로, 이에 대한 안정성을 검토하고 대책 수립

㉡ 침투에 대한 제방의 보강은 홍수 특성, 축제 이력, 토질 특성, 배후지의 토지 이용 상황, 효과의 확실성, 경제성 및 유지관리 등을 고려하여 적절한 공법 선정

③ **활동에 대한 대책**

㉠ 제방의 활동에 대한 안정해석은 침투류 계산에 의한 침윤면을 고려하여 원호 활동법에 근거해 경사면 파괴에 대한 최소 안전율 산출

▷ 원호 활동법에 의한 안정계산

- 간편분할법 이용
- 필요시 기타 방법 검토

㉡ 제체 및 기초의 활동 파괴에 대한 안전성 검토에서 하중은 자중, 정수압, 간극수압 등으로 하고 이를 제방의 포화상태에 따라 적용

▷ 제체의 자중은 제체의 포화상태를 고려하여 실제 사용 재료에 대하여 시험을 실시하고 그 결과에 의해서 결정

▷ 수압의 활동모멘트 쪽으로의 기여분을 어떻게 고려할 것인가를 생각하여 안전한 값을 주는 방법을 채택

▷ 안정계산 시 고려되는 간극수압은 다음과 같은 상태를 고려하여 적용

- 완공 직후에 있어서의 흙 속의 응력변화로 발생하는 간극수압

- 계획홍수위 시 비정상 침투류에 의한 간극수압
- 수위 급강하 시의 간극수압

④ **침하에 대한 대책**

㉠ 제방침하의 원인: 지반의 탄성침하, 압밀, 흙이 측방으로 부풀어 오르는 현상 등

㉡ 연약지반상 제방 축조는 가능한 지양

㉢ 부득이하게 연약지반에 축조하는 경우

▷ 지반조사를 통하여 NX 규격(KS E 3107) 이상으로 자연시료를 채취하고 물리시험 및 역학시험 등을 실시함으로써 연약지반상의 침하량을 추정하고 이에 대한 대책공법을 결정

▷ 연약지반상 구조물의 기초지반은 연약지반 처리공법을 적용하는 것으로 하며 말뚝기초 사용을 원칙적으로 금지

▷ 단, 부득이 말뚝기초를 사용하는 경우 구조물의 부등 침하, 공동 발생, 파이핑, 히빙, 측방유동, 부마찰력 등에 대한 안전대책을 반드시 강구

▷ 연약지반상의 축제로 인한 침하를 방지하기 위한 안전대책
- 지하수위를 낮추어 축제지반을 건조
- 압밀침하를 촉진
- 연약토사를 치환

3. 소하천 호안

★
소하천 호안

(1) 용어정의

① 호안: 제방 또는 하안을 유수에 의한 파괴와 침식으로부터 직접 보호하기 위하여 제방 앞비탈에 설치하는 구조물

② 비탈덮기: 유수, 유목 등에 대하여 제방 또는 하안의 비탈면을 보호하기 위하여 설치하는 구조물

③ 비탈멈춤(기초): 비탈덮기의 움직임을 막아 견고한 비탈면을 유지하도록 비탈덮기의 밑단에 설치하는 구조물

④ 밑다짐: 비탈멈춤 앞쪽의 하상세굴을 방지하고 기초와 비탈덮기를 보호하기 위하여 비탈멈춤(기초) 앞에 설치하는 구조물

⑤ 수충부: 단면의 축소부 또는 만곡부의 바깥 제방과 같이 흐름에 의해 충격을 받는 부분

(2) 호안 계획 시 고려사항

① 비탈덮기, 기초, 비탈멈춤, 밑다짐의 네 부분 중 일부 또는 전부를 조합하여 설치

② 경사가 급한 호안은 토압이나 수압에 의한 붕괴 발생 가능

③ 수면 하강 속도가 빠르거나 간만의 차가 큰 감조부에서는 토압이나 수압에 의한 붕괴의 위험이 높음

④ 연속된 호안의 도중에 구조를 변화시킬 때에는 급격한 변화 지양

⑤ 호안의 설치 위치와 연장 결정

   ㉠ 하도 내의 수리현상, 세굴, 퇴적의 변화 등을 고려하여 결정

   ㉡ 급류 소하천이나 준급류 소하천에서는 전 구간에 걸쳐서 호안 설치

   ㉢ 완류 소하천에서는 수충부에 중점적으로 설치

⑥ 소류력(유속)에 대한 안전성, 환경성, 경제성, 경관성, 시공성, 유지관리 등을 종합적으로 고려

호안의 평가항목

평가항목	검토방법
안전성	홍수 시 발생하는 하도 내 유속 및 소류력에 견딜 수 있는 내구성 판단
경제성	단위면적(m^2)당 공사비를 산정하여 경제성 비교
시공성	재료 취득의 용이성 및 시공방법의 간편성과 외부조건에 영향을 받는 정도를 판단
친환경성	소하천 환경 및 생태계 복원에 유리한 재료와 공법을 사용하는지 여부
경관성	호안이 주변 경관과 조화를 이루고 미관이 수려한지 여부에 대한 시각적 척도를 마련
유지관리	유지관리가 용이한지 여부와 별도의 주기적인 유지관리의 필요성 등을 판단
범용성	호안공법으로 일반화되어 널리 사용되는 공법인지의 여부
기타	현장조건과 부합 여부

(3) 비탈덮기

① 고수 및 제방호안

   ㉠ 비탈덮기 높이: 계획홍수위까지 설치

   ㉡ 특별히 중요한 제방, 파랑이 발생하는 장소, 급류하천, 고조의 영향을 받는 하구부 구간, 굴곡이 심한 만곡부의 외측안, 제방높이 2.0m 미만의 산지부 계곡하천 등에 대해서는 비탈덮기 높이를 제방 둑마루까지 설치 가능

② 저수호안

    ㉠ 비탈덮기 높이: 고수부지와 같은 높이로 설치

    ㉡ 저수로의 하상변화에 충분히 대응 가능한 저수로 호안계획 수립

    ㉢ 저수호안에 식생 여과대를 가능한 한 확보하여 수질 정화를 도모

    ㉣ 흐름 특성을 반영하여 기울기 결정

        ▷ 수충부의 경우에는 상대적으로 기울기를 급하게 결정

        ▷ 비수충부인 경우에는 완경사면 조성

(4) 비탈멈춤

① 비탈멈춤은 비탈덮기를 지지하는 구조로 설치

② 비탈멈춤의 깊이

    ㉠ 하도 특성, 구조물에 의한 영향 등을 고려

    ㉡ 하상 저하가 예상되지 않을 경우 기초밑 깊이는 계획하상에서(현 하상이 계획하상보다 깊은 경우에는 현 하상에서) 0.5 m 이상 유지되도록 설치

    ㉢ 다음과 같은 곳에서는 더 깊게 설치

        ▷ 수충부로서 홍수 시 세굴이 예상되는 곳

        ▷ 보 및 낙차공, 교량 등의 상하류

        ▷ 첩수로, 방수로 등 하상 저하가 예상되는 하천

(5) 밑다짐

① 밑다짐: 하상세굴로 인한 비탈멈춤(기초) 또는 비탈덮기의 피해가 우려되는 구간에 설치

② 밑다짐은 소류력을 견딜 수 있는 중량으로 설치

③ 하상 변동을 조사하여 기초 부분이 세굴에 안전하고 하상 변화에 순응할 수 있도록 기초 바닥 깊이, 밑다짐 공법 등을 결정

④ 밑다짐의 상단높이

    ㉠ 계획하상고 이하로 설치

    ㉡ 설치구간의 흐름 특성, 호안피해 특성, 지형 특성 등 제반 여건을 고려하여 높이를 결정

⑤ 밑다짐의 폭

    ㉠ 하상의 세굴심 및 침하 정도를 추정하여 결정

    ㉡ 하도 규모가 작은 소하천의 특성상 수위 상승 등 다양한 수리 특성을 고려하여 결정

⑥ 밑다짐의 종류
  ㉠ 콘크리트 블록공
  ㉡ 사석공
  ㉢ 침상공
  ㉣ 돌망태공 등
  ㉤ 현장 여건, 하도 특성, 수리수문 조건, 재료 구득의 용이성 등을 종합적으로 고려하여 결정

⑦ 밑다짐의 조건
  ㉠ 소류력에 견딜 것
  ㉡ 하상 변화에 대하여 순응성(굴요성)을 가질 것
  ㉢ 시공이 용이할 것
  ㉣ 내구성이 좋을 것

4. 소하천 하상유지시설

★
소하천 하상유지시설

(1) 용어정의
① 하상유지시설: 하도의 계획종단형상을 유지하고 하상 경사를 완화하기 위하여 설치한 공작물
② 낙차공: 하상 경사 완화를 위하여 보통 50cm 이상의 낙차를 둔 하상유지 시설물
③ 바닥다짐공(대공, 띠공): 하상의 저하가 심한 경우에 하상이 계획하상고 이하가 되지 않도록 하기 위하여 설치하며, 낙차가 없거나 매우 작은(보통 50cm 이하) 시설물로서 굴요성을 갖는 재료를 이용하여 설치하는 시설물
④ 경사낙차공(자연형낙차공): 하상의 경사를 완만하게 설치하며, 주로 돌과 목재 등 자연친화적 재료를 이용하여 설치하는 시설물

(2) 낙차공 설계 일반사항
① 하도의 계획 및 유지관리에 필요한 경우 하상유지시설을 설치
  ㉠ 하도계획 중 계획하상고 결정 시 하상유지시설이 필요하다고 판단되는 곳
  ㉡ 소하천을 횡단하는 지하매설물 또는 소하천시설물의 기초 보호가 필요한 곳
  ㉢ 하상저하가 진행 중이거나 예상되는 곳으로서 토사의 유출이 예상되어 하류부에 토사의 퇴적을 발생시킬 우려가 있는 곳

ⓔ 기타 소하천의 유지 및 관리를 위해서 필요하다고 판단되는 곳
② 낙차공은 어도 설치나 본체를 완경사 구조로 하는 경사낙차공을 계획
하는 등 환경적 역기능이 최소화되도록 설치
③ 낙차공의 설치 위치
　㉠ 평상시와 홍수 시의 흐름방향이 일치하는 직선부에 설치
　㉡ 부득이하게 만곡부에 설치할 경우에는 안정대책 수립 후 설치
④ 낙차공은 계획홍수량에 대하여 구조적으로 안전하면서 인근 하안 및
시설물에도 현저한 지장을 주지 않도록 설치
⑤ 낙차공은 현재의 하도 특성과 장래에 발생할 하도 변화를 예측하여
안정하도가 유지될 수 있도록 설치
⑥ 낙차공의 높이
　㉠ 가급적 1.0m 이하로 계획
　㉡ 1.0m를 초과할 경우 다단식 낙차공 등의 대안 고려
⑦ 낙차공의 각 부분 명칭

평면도
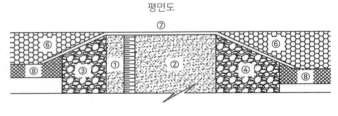

종평면도
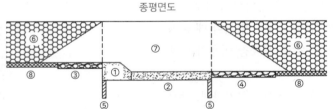

① 본체
② 물받이
③ 상류바닥보호공
④ 하류바닥보호공
⑤ 차수벽
⑥ 연결호안
⑦ 연결옹벽
⑧ 밑다짐

⑧ 물받이와 바닥보호공은 현재의 하상이 아닌 계획하상고에 설치
⑨ 경사낙차공은 콘크리트 낙차공 대신 하천에서 설치하는 구조물로 하
상의 경사를 완만하게 하여(1/10~1/30) 유수가 점진적으로 변화하
도록 설치
　㉠ 경사낙차공의 종류
　　▷ 자연형
　　▷ 블록형 등
　㉡ 어종, 하도 및 수리 특성 등을 검토하여 현장 여건에 적합한 방법
으로 설치

ⓒ 유속을 적게 하고 수심을 크게 하는 동시에 어류의 이동에 지장이 없도록 주로 자연친화적 재료인 돌과 지주목재를 이용하여 설치

ⓓ 저면의 차수벽은 침투 유로장을 산정하여 적정한 근입깊이가 될 수 있게 설치

ⓔ 폭기작용, 여울 기능으로 자정력이 크므로 수생태계에 유리

ⓕ 석재 및 기초는 홍수 시에도 유실되지 않도록 안정적으로 시공되어야 하며, 시공 후 본체를 이루는 석재가 유실될 경우에 대비하여 지속적인 유지관리가 필요

(3) 본체

① 낙차공의 본체는 강도, 내구성, 시공성 등의 장점이 있기 때문에 일반적으로 콘크리트 구조로 시공하며 전도, 활동, 침하에 안정하도록 설계

② 종단형상은 하폭, 하상경사, 수위, 유량, 유속, 지질 등을 감안하고, 하상유지공의 안정조건 등을 고려하여 결정하되, 상하류 측 비탈면 경사는 1 : 0.5보다 완만하게 설치

③ 평면형상은 소하천 흐름의 직각방향 설치

④ 소하천 흐름의 방향을 기준으로 한 하상유지공의 횡단형상은 수평 원칙

(4) 물받이

① 월류에 의한 보 상하류의 세굴을 방지하기 위하여 설치

  ㉠ 철근 콘크리트 구조 원칙

  ㉡ 사석을 활용한 여울형상, 돌붙임 형상 고려 가능

② 본체를 월류하는 유수의 침식작용 및 양압력에 견딜 수 있도록 설계

③ 물받이 길이: 세굴을 방지할 수 있는 길이로 결정

  ㉠ 물받이에서 도수를 발생시켜 유속을 감소시킴

  ㉡ 물받이의 파괴는 물받이 길이의 부족으로 발생하는 경우가 많음

  ㉢ 상류흐름인 완경사 소하천에서 낙차의 2~3배 또는 하류 측 바닥보호공 길이의 1/3 정도로 결정 가능

④ 물받이의 최소두께는 35cm 이상

(5) 바닥보호공

① 유속을 약화시켜 하상의 세굴을 방지하고 보의 본체 및 물받이를 보호하기 위하여 설치

② 재료: 일반적으로 콘크리트 블록, 사석, 돌망태 등 이용

③ 상·하류 하상경사, 낙차공, 유속, 하상지질 등을 고려하여 규모 결정

④ 원칙적으로 물받이 하류에 설치(필요시 본체의 상류 측에도 설치)

⑤ 바닥보호공 길이: 계획홍수위 발생 시 하류 바닥보호공 지점에서의 수심 3~5배 길이 필요
⑥ 유속 및 낙차에 의한 토사유출을 방지하기 위하여 필터매트를 포설한 후 바닥보호공을 설치

(6) 연결옹벽, 연결호안 및 라이닝

① **연결옹벽**
　　㉠ 하상유지시설 주위의 하안 보호 목적
　　㉡ 본체와 물받이 부분에 설치
　　㉢ 홍수 시 하상보호시설이 유실되어도 제방에 영향을 미치지 않도록 설치(하상보호시설의 본체와 제방 절연 필요)

② **연결호안**
　　㉠ 하상유지시설 주위의 하안 보호 목적
　　㉡ 흐름의 작용에 대하여 하안, 제방의 세굴을 방지할 수 있는 구조로 설치(치수상의 지장이 없으면 설치하지 않아도 무방)
　　㉢ 계획홍수위 이상으로 설치
　　㉣ 하안 또는 제방의 세굴을 방지할 수 있는 길이로 설치
⑦ 연결옹벽 및 연결호안을 대체하여 낙차공 주변 제방 비탈면에 콘크리트 라이닝을 설치 가능

(7) 차수벽 및 밑다짐

① **차수벽**
　　㉠ 본체 상·하류 수위차에 의한 양압력과 파이핑 방지를 위하여 차수벽 설치
　　㉡ 차수벽의 깊이는 차수벽 간격의 1/2 이내로 하는 것이 일반적
　　㉢ 차수벽의 깊이가 차수벽 간격의 1/2 이상의 길이가 되는 경우에는 물받이 길이를 늘이는 방안을 우선 고려

② **밑다짐**
　　㉠ 바닥보호공 상하류의 옹벽 및 호안의 전면에 설치하여 세굴로부터 보호
　　㉡ 상·하류 구간의 기초지반이 암반인 경우에는 미설치

(8) 기타 고려사항

① 낙차공의 시공 시 가물막이공의 설치와 작업조건이 특히 곤란하지 않다면 다소 공사비가 증가하여도 육상시공을 하는 것이 유리

Keyword

② 낙차공은 그 주요부분의 작업이 수면하에서 이루어지므로 시공계획을 수립할 때 하천 유량의 변화에 대한 면밀한 대책 수립 필요

③ 낙차공의 공사가 제방의 오픈 컷을 수반할 경우에 우기를 피해 시공

④ 유지관리 시 콘크리트 부분의 균열과 본체 하류단의 세굴은 즉시 보강수선 실시

⑤ 본체 기초공의 결함은 일반적으로 물받이 부분에서 먼저 나타나게 되므로. 물받이의 일부 함몰, 균열 등의 이상이나 지하 누수 등은 발견 즉시 수리

⑥ 하류부 밑다짐공, 연결호안 등은 파손되기 쉬우므로 밑다짐공을 연장하거나 본래의 밑다짐공을 낮게 다시 설치하는 등 현장 상황에 적합한 방법으로 수리

★
소하천 취 배수시설

5. 소하천 취·배수시설

(1) 보
① 보: 각종 용수의 취수, 조수의 역류, 친수 활동 등을 위하여 소하천의 횡단방향으로 설치된 구조물

② 보 설계 일반사항

㉠ 보의 위치는 해당 소하천의 입지 특성과 구조상의 안전성, 공사비, 유지관리를 고려하여 설치 목적에 가장 적합한 장소를 선정

㉡ 보 본체의 형식

▷ 치수, 이수를 비롯한 공사비, 유지관리 등을 종합적으로 검토하여 적절한 형식 결정

▷ 보 설치지점의 상·하류 수위차, 상류퇴적 및 하류세굴, 생물 및 미생물 이동, 식생보전, 소하천의 자정 능력 등을 고려하여 형식 결정

▷ 보의 형식
- 전면 고정보
- 전면 가동보
- 혼합 형식

㉢ 보는 계획홍수위 이하의 다양한 조건의 유수작용에 안전한 구조로 설계

③ 고정보

㉠ 수위, 유량을 조절하는 가동 장치가 없는 보

㉡ 일반적으로 고정보의 본체는 콘크리트 구조를 원칙으로 하며, 구조

적 안정성을 만족하는 동시에 수리학적으로 유리한 단면으로 설계

ⓒ 보마루 표고는 소하천의 홍수 시 통수 단면적을 충분히 확보하고 보 설치 목적에 따른 상류 측의 적정 수위가 확보되도록 결정

④ 가동보

㉠ 수위, 유량을 조절하는 가동 장치가 있는 보

㉡ 가동보는 홍수 시 유수소통에 지장이 없도록 충분한 경간 길이를 확보
  ▷ 경간 길이: 인접한 보기둥의 중심선 간의 거리

ⓒ 보기둥 및 문기둥이 상부하중과 유수압을 안전하게 견딜 수 있도록 계획

㉣ 가동보에 수문을 설치할 경우에는 개폐가 확실하고 완전한 수밀성 및 내구성을 가져 홍수 소통에 지장을 주지 않는 구조로 설계

⑤ 취수구

㉠ 취수구는 취수기능 확보, 구조적 안전, 유지관리 편리 등을 고려하여 위치, 구조, 취수위 등을 결정

㉡ 취수구는 원칙적으로 취수보의 직상류에 위치하여야 하며 양안 취수는 피하는 것이 바람직

ⓒ 취수유속은 0.6~1.0m/s 정도를 표준으로 하며, 스크린은 취수구의 제수문 바로 앞에 설치

⑥ 어도

㉠ 어도는 평상시 유량, 건천화 여부 등을 고려하여 설치 필요성을 사전에 검토

㉡ 대상 소하천의 목표 어류 특성에 적합한 형태의 어도를 설치

ⓒ 어도 내의 유속은 0.5~1.0m/s로 하고, 유량은 갈수기 취수 잔량이 모두 어도로 흐르도록 계획

㉣ 어도의 형식별 종류 및 주요 특징

구분	종류	특징
풀 형식 (pool type)	- 계단식(계단형, 노치형, 노치 + 잠공형, 잠공형) - 버티컬슬롯식(vertical slot) - 아이스하버식(ice harbor)	풀이 계단식으로 연속되어 있음
수로 형식 (channel type)	- 도벽식 - 인공하도식 - 데닐식(denil)	낙차가 없이 연속된 유로 형상
조작 형식 (operation type)	- 갑문식(lock gate) (갑문형, 볼랜드형) - 리프트(lift)/엘리베이터식 - 트럭식(truck)	시설이 인위적인 조작으로 작동

형식		
기타 형식	- 암거식(culvert) - 혼합식(병용식) - 복합식(hybrid)	

ⓜ 어도의 종류별 장단점

형식	장점	단점
계단식	- 구조가 간단 - 시공이 간편 - 시공비가 저렴 - 유지관리가 용이	- 어도 내의 유황 불균일 - 풀 내의 순환류가 발생 가능 - 도약력, 유영력이 좋은 물고기만 이용하기 쉬움
아이스하버식	- 어도 내의 유황 균일 - 물고기가 쉴 휴식 공간이 따로 필요 없음	- 계단식보다는 구조가 복잡하여 현장 시공이 어려움
인공하도식	- 모든 어종 이용 가능	- 설치할 장소가 마땅치 않음 - 길이가 길어져 공사비가 많이 듦
도벽식	- 구조가 간편하여 시공이 쉬움	- 유속이 빨라 적당한 수심 확보가 어려움 - 어도 내 수심을 20cm 이상으로 할 경우 용수 손실이 큼 - 어도 내의 유속이 고르지 못함
버티컬슬롯식	- 좁은 장소에 설치가 가능	- 구조가 복잡하여 공사비 고가 - 어도 내 수심을 20cm 이상으로 할 경우 용수 손실이 큼 - 경사가 1/25 이상으로 완만하지 않을 경우 빠른 유속으로 어류 이동이 제한됨

(2) 수문

① 수문

조석의 역류 방지, 각종 용수의 취수 등을 목적으로 본류를 횡단하거나 본류로 유입되는 지류를 횡단하여 설치하는 개·폐문을 가진 구조물

② 수문 설계 일반사항

ⓐ 계획홍수량 소통에 지장이 없도록 설치

ⓑ 설치방향은 제방 법선에 직각으로 최대한 간단한 구조로 설치

ⓒ 바닥고는 설치 목적, 현재 또는 계획하상고, 장래 하상 변동 등을 고려하여 결정

ⓓ 유수의 작용에 의한 제방 또는 하안, 하상세굴을 방지하기 위하여 연결호안 및 바닥보호공 등을 설치

③ 수문의 종류
　　㉠ 설치 목적에 의한 분류: 배수문, 취수문, 역수문, 역조수문, 유량조절수문, 육갑문 등
　　㉡ 형식에 의한 분류: 통수 단면의 개수에 따라 단경간 수문, 다경간 수문 등
　　㉢ 구조에 의한 분류: sluice gate, rolling gate, tainter gate, drum gate 등(소하천에서는 대부분 sluice gate를 설치)
　　㉣ 형상에 따른 분류: 수문, 통문, 통관 등

(3) 통문, 통관, 암거

① 통문: 취수나 내수배제 등을 목적으로 제방을 관통하여 설치하는 사각형 단면의 개·폐문을 설치한 구조물
② 통관: 취수나 내수배제 등을 목적으로 제방을 관통하여 설치하는 원형 단면의 개·폐문을 설치한 구조물
③ 암거: 취수나 내수배제 등을 목적으로 제방을 관통하여 설치하는 개·폐문을 가지지 않는 구조물
④ 위치선정 시 수충부나 연약지반은 피하고, 하폭이 급변하지 않고 하상이 안정되어 있는 지점을 선정
⑤ 통문, 통관, 암거의 바닥높이: 소하천의 계획하상고를 고려하여 결정
⑥ 통관은 토사 등의 배제에 지장 없도록 최소내경 60cm 이상 설치 원칙

(4) 집수암거

① 집수암거: 소하천에서 하천수 취수 시 보 등에 의한 표류수 취수가 불가능한 경우 소하천 관리상 지장이 없는 범위 내에서 하상 아래 또는 제내지에 매설하여 소하천 복류수를 취수하기 위한 구조물
② 집수암거(집수정)의 위치는 보, 교량 등과 같은 구조물 인접지점, 하상변동이 크거나 수충부 및 지천 합류부 등의 지점은 피하여 설치
③ 소하천에 설치되는 집수암거의 직경은 60cm 이상으로 설치
④ 집수암거의 설치깊이는 계획하상고 및 현재의 하상고를 고려하여 하상저하나 세굴에 유의하여 충분한 깊이로 설치

6. 소하천 교량 및 세굴방호공

(1) 교량

① 교량 연장

　　㉠ 설치지점의 계획하폭 이상으로 설계

★
교량 및 세굴방호공

ⓛ 교대는 제방 앞비탈 머리선보다 하도 내로 돌출되지 않도록 설계

② **교량 높이**

㉠ 제방고 이상으로 계획

㉡ 교량 형하고는 제방의 여유고 이상으로 결정

㉢ 교좌장치가 없는 교량의 형하고는 상부 슬래브 하단 가장 낮은 지점까지의 높이

▷ 교량 형하고(다리 밑 공간): 계획홍수위로부터 교각이나 교대에서 교량 상부구조를 받치고 있는 교좌장치 하단까지의 높이, 교좌장치가 콘크리트에 묻혀 있는 경우에는 콘크리트 상단까지 높이, 교대와 교각이 여러 개일 경우 이들 중 가장 낮은 곳의 높이

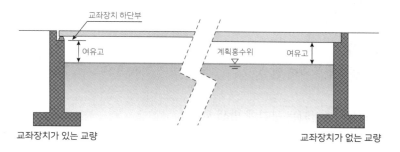

③ **교량 경간장**

㉠ 소하천 하도 내에는 교각을 설치하지 않는 것을 원칙으로 계획

㉡ 부득이하게 하도 내에 교각을 설치하는 경우 교각 단면은 유선형으로 하고, 홍수 소통 및 인접 시설물의 안전에 지장을 초래하지 않도록 충분한 경간장을 확보

▷ 하폭이 30m 미만인 경우는 12.5m, 하폭이 30m 이상인 경우는 15m 이상으로 계획

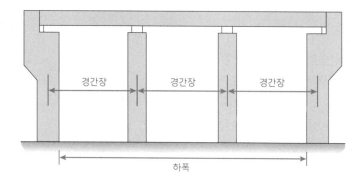

(2) 세굴방호공

① 소하천 하도 내에 교각이 설치되는 교량은 세굴평가를 실시하고 필요시 세굴방호공 설치 등의 대책 마련

　㉠ 세굴평가: 총세굴심을 추정하는 것을 의미

　㉡ 총세굴심 = 장기적인 하상변동 + 수축세굴 + 국부세굴

　㉢ 세굴평가를 위한 홍수사상의 선정기준

　　▷ 100년 빈도 홍수량이 200m³/s 미만인 경우 소하천의 계획빈도와 50년 빈도를 비교하여 큰 홍수사상으로 함

　　▷ 100년 빈도 홍수량이 200m³/s 이상인 경우 100년 빈도의 홍수사상으로 함

② 교량 구조물이 세굴로 인한 손상과 파괴가 우려되는 경우 적절한 세굴방호공 설치

③ 교각 설치 시 심각한 세굴 발생 위치

　㉠ 하천의 곡선부, 수충만곡부에 원심력에 의해 발생

　㉡ 보 양단 호안에서 발생

　㉢ 호안 구조물이 교량 등의 구조물과 연결되는 구간에 발생

　㉣ 하천과 인접한 교량 옹벽부 비탈면 세굴 발생

④ 세굴방호공의 설치 규모

　㉠ 사석보호공의 안정규모 검토를 위해 lsbash 공식 또는 Richardson 공식 등 경험공식을 사용

　㉡ 사석의 평균규모는 최소안전 중량 30kgf 이상으로 설치

★
방호공 = 보호공

7. 소하천 저류시설

소하천의 재해예방계획에 따라 홍수를 저류하거나 지체하기 위한 목적으로 소하천 내 또는 주변에 설치하는 홍수위험관리 시설

(1) 천변저류지

① 홍수 시 하천 수위가 일정수위 이상이 될 경우 하천의 유수를 천변 저류지로 월류시켜 하천의 홍수량을 저감하는 홍수조절 기능을 갖도록 계획

② 평상시에는 천변저류지 내 수량을 조절하여 저장함으로써 생태저류지, 친수공간 기능을 갖도록 계획

③ 천변저류지는 Off-line 방식을 우선 고려하며, 이 경우 상류부로는 수위저감 효과를, 하류로는 홍수량 저감 효과를 기대할 수 있도록 규모 결정

★
소하천 저류시설

(2) 저류습지

① 저류습지 계획을 통하여 이·치수, 생태 및 친수 기능 등을 향상하고 다목적공간으로 활용할 수 있도록 계획

② 우선적으로 구하도 대상지에 대하여 이·치수 효과, 생태 효과, 사회적 효과, 유지관리 용이성, 사업시행 용이성 등을 고려하여 선정

③ 홍수 시 도시지역 및 주요시설의 피해를 저감할 수 있는 적정위치에 계획

(3) 우수저류시설

① 정의: 하천으로 유입되는 하도유량의 일부를 일시 저류하여 유출량을 조절함으로써 홍수피해를 방지하는 시설

② 설치 위치 선정
  ㉠ 과거 침수피해가 상습적으로 발생했던 지점과 그 상류지역에 대하여 현장조사와 관련 계획 등 검토하여 선정
  ㉡ 홍수저감과 침수피해 저감 효과가 높은 지역에 대하여 우선적으로 계획
  ㉢ 적절한 입지를 찾기 어려운 경우, 유역 내에 분산하여 설치

③ 우수저류시설의 규모는 적정계획빈도를 채택하여 계획빈도에 대한 첨두홍수가 발생하는 유출량에 대하여 저감량을 결정

④ 대상시설 부지나 주변여건, 경제성, 안전성 등을 충분히 고려하여 각각의 저류시설별 규모를 충분히 검토하여 결정

(4) 지하저류시설

① 정의: 터널구조에 유입시설 혹은 배수시설이 별도로 구비되어 있는 시설

② 지하저류시설(지하소하천)은 가능한 한 자유수면을 가진 단면으로 계획

③ 하도의 하류부가 도시화되어 충분한 하폭으로의 확장이 불가능하고, 방수로 또는 분수로 역시 가옥 밀집지대를 통과해야 하고, 지형상 개수로의 선정이 불가능한 경우 지하소하천 고려

(5) 배수펌프장과 유수지

① 소하천이 본류에 합류하는 지점 부근은 홍수에 의해 침수되기 쉬우므로 내수에서 유입되는 유출량을 저류할 수 있는 배수펌프장과 유수지를 고려

② 배수펌프장은 내수 유입량을 펌프장과 유수지를 적절히 조합하여 가장 효율적인 방법이 되도록 계획

③ 유수지는 외수위가 높을 때는 수문을 닫아 계획 내수유입량을 충분히 저류할 수 있어야 하고, 외수위가 낮아진 후에는 수문을 열어 내수 유입량을 배제

8. 소하천 사방시설

(1) 사방시설

소하천의 하도 기능을 유지할 수 있도록 상류로부터 유입되는 과도한 토사의 유출을 억제하기 위한 시설

(2) 사방시설의 구성

토사 및 토석류의 유출 방지 및 억제를 위한 사방댐, 호안, 낙차공, 바닥 다짐공, 유로공 등으로 구성

(3) 사방댐의 형식

① 재료형태에 따른 분류: 투과형, 일부투과형, 불투과형
② 목적에 따른 분류: 산중턱 붕괴방지 사방댐, 하상침식방지 사방댐, 하상퇴적물 유출방지 사방댐, 토석류 대책 사방댐, 유출토사 조절 사방댐

(4) 사방댐 형식 결정 시 고려사항

① 설치 위치의 지형 및 지질 특성
② 댐의 설치 목적 등에 대한 적합성
③ 해당 지역과의 자연친화성
④ 경제성
⑤ 안정성 등

(5) 사방댐 설치 예

〈전면〉

〈후면〉

9. 소하천 환경시설

(1) 용어정의

① 소하천 환경시설: 안전하고 지속 가능한 소하천 가꾸기 사업의 목적에 따라 지역 특성, 소하천의 입지여건 등을 고려하여 주변 환경과 조화되게 설치하는 수질개선시설, 생태보전시설 및 친수시설

② 하천정화시설: 유역 내 사회 활동(가정생활 포함) 대사산물의 과다유입으로 하천 자체가 가지는 자정 능력을 초과하여 원래 가지고 있어야 할 하천의 기능이 저하되었거나 또는 열악하게 된 상태를 본래의 상태로 복원시키기 위한 인위적인 자연보전 행위의 총체적 시설

③ 비점오염저감시설: 수질오염 방지시설 중 비점오염원으로부터 배출되는 수질오염 물질을 제거하거나 감소시키는 시설

④ 교육체험공간: 소하천 공간 이용자들에게 다양한 교육체험을 할 수 있도록 조성된 공간으로 학습내용은 주로 생태계를 통한 자연학습과 문화재를 통한 역사·문화학습을 포함함

(2) 수질개선시설

① 일반사항
　㉠ 수질개선시설의 종류
　　▷ 하천정화시설
　　▷ 비점오염저감시설
　㉡ 소하천의 환경 기능, 유형별 특성을 분류하여 기능 및 특성에 맞게 수질을 개선하는 수질개선시설을 계획

② **하천정화시설**

　㉠ 수질정화 대상항목

　　▷ 생화학적 산소요구량(BOD)

　　▷ 총인(TP)

　　▷ 부유물질(SS) 등

　㉡ 하천정화기법

　　▷ 물리적 방법: 하천의 수리적 특성을 이용하는 방법으로 유속제어에 의한 침전, 소류 및 분리, 대기 접촉을 주체로 하는 정화방법

　　▷ 생물학적 방법: 유수 중 미생물을 집적시켜 생물(특히 세균류)에 의한 유기물의 분해 및 산화, 특정 수생생물에 의한 유수 중 영양염류의 고정화와 같은 생물 이용방법을 목표수준에 맞게 조합시키는 방법

　　▷ 화학적 방법: 약물을 첨가하여 용해성 물질 혹은 물리적 제어에 의해서 분리되지 않는 물질을 제거하는 것으로 응집, 침전, 산화제 투입에 의한 유기물의 산화, 병원성 미생물의 살균에 의한 감소 등을 주제로 하는 정화방법

　㉢ 하천정화시설 계획 시 고려사항

　　▷ 홍수 발생 시 지장이 없도록 시설 계획

　　▷ 유지관리가 용이하도록 계획

　　▷ 가능한 외부에서 공급되는 별도의 동력을 필요로 하는 시설을 피해서 유지관리비가 적게 들도록 계획

　　▷ 경관을 해치지 않고 주위환경과 조화를 이루는 시설

　　▷ 가능한 한 인위적인 시설보다는 자연적인 시설

　　▷ 용지의 다목적 이용 가능

③ **비점오염저감시설**

　㉠ 소하천 유역의 특성, 토지 이용 특성, 지역사회의 수인 가능성(불쾌감, 선호도 등), 비용의 적정성, 유지·관리 용이성, 안정성 등을 종합적으로 고려하여 가장 적합한 시설을 설치

　㉡ 시설을 설치한 후 처리효과를 확인하기 위한 시료 채취나 유량측정이 가능한 구조로 설치

　㉢ 침수를 방지할 수 있도록 구조물을 배치하는 등 시설의 안정성 확보

　㉣ 강우가 설계유량 이상으로 유입되는 것에 대비하여 우회시설 설치

　㉤ 시설 유형별로 적절한 체류시간을 갖도록 설치

　㉥ 설계규모 및 용량은 초기 우수를 충분히 처리할 수 있도록 설계

(3) 생태보전시설

① 일반사항

   ㉠ 소하천 생태계의 생물 다양성과 건강성 회복에 관련된 모든 공간, 수질, 수량 및 생물종이 소하천 생태 보전 및 복원의 범위에 포함

   ㉡ 생태보전시설의 종류

      ▷ 여울과 소(웅덩이)

      ▷ 서식처

      ▷ 천변습지 또는 하도습지

      ▷ 수변 식생대

② 여울과 소

   ㉠ 정의

      ▷ 여울: 폭기 작용을 통하여 용존산소량을 증가시키고, 유속을 빠르게 하여 부착 조류 등으로 특정 수생식물의 먹이를 제공하며, 하상안정에도 기여하는 시설

      ▷ 소(웅덩이): 유속을 느리게 하여 부유물 및 오염물의 침전작용, 흡착작용 및 산화 분해작용을 유도하고 어류 등 수생생물의 서식처를 제공하는 시설

   ㉡ 시설계획 시 고려사항

      ▷ 여울과 소(웅덩이)는 시설물 도입 여부의 적정성 여부를 먼저 검토한 후, 반드시 필요한 소하천에 한정하여 소하천 내 생물서식처 조성, 수질개선 등의 일환으로 설계

      ▷ 하상 경사가 급한 소하천의 특성을 감안하여 시설물의 수리적 안정성이 확보된 소하천을 대상으로 설계

   ㉢ 여울과 소(웅덩이)의 설치 효과

      ▷ 여울과 웅덩이를 조성함에 따라 하천에서 수생생물이 생존할 수 있는 다양한 환경을 가장 간편하고 효과적으로 조성 가능

      ▷ 여울과 웅덩이의 구조는 다양한 흐름 상태와 하상재료를 제공하므로 종의 다양성에 유리한 환경을 제공

      ▷ 유속이 빠른 여울은 폭기 작용을 통하여 용존산소량을 증가시키며, 유속이 빠른 구간에 정착되는 부착조류 등에 의해 특정 수생생물의 먹이 제공

      ▷ 유속이 느린 소(웅덩이)는 각종 영양물질과 부착조류 등이 풍부하여 어류를 비롯한 수생생물의 서식처를 제공하며, 홍수 시에

는 피난처 제공

ⓔ 여울과 소가 조성된 하천형태(Price et al., 2005)

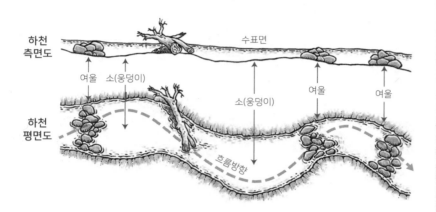

③ **서식처 조성**

　㉠ 서식처 조성 기법의 적용

　　▷ 기존의 서식처가 파괴되어 생물 서식이 곤란한 경우

　　▷ 단조로운 하도로 변하여 생물 서식 곤란한 경우

　㉡ 대표적인 서식처 조성 기법: 여울, 어도, 수제, 하중도, 하도습지, 거석, 돌보, 단면형상 조정 등

　㉢ 소하천 통수기능을 저해하지 않는 범위에서 적절한 구조물 설계

④ **천변습지 또는 하도습지**

　㉠ 천변습지 또는 하도습지는 형성 원인과 현재의 생태학적·수문학적인 상황 등을 평가하여 보전 여부를 검토

　㉡ 하도습지를 조성할 때에는 가능한 모래질 토사의 사용을 지양하고 일반 실트질이나 점성질 토사를 사용하여 식물 성장 및 자생에 유리한 환경이 되도록 설계

　㉢ 습지의 복원은 수문학적인 지속 가능성과 수질 정화, 야생동물 서식처 기능을 만족할 수 있는 기술과 공법을 적용

⑤ **수변 식생대**

　㉠ 소하천 식생 분포역을 고려하여 초지군락과 수생식물군락을 형성하도록 설계

　㉡ 수변 식생대의 확충방안은 자연 형성된 식생군락의 보전과 훼손된 식생군락의 복원으로 구분하여 설계

　㉢ 식물군락의 복원 시에는 소하천의 물리적 환경 특성에 적합한 식물과 식재장소 선택

② 둔치의 효율적 토지 이용을 도모하되, 필수적인 인공시설 도입구간 이외의 지역은 자연 식생대로 보전하거나 복원

⑩ 수변 식생대는 특별히 경관적 효과를 목적으로 하는 경우를 제외하고는 생태적인 방법으로 설계

㉫ 하반림은 먹이가 되는 유기물의 공급 이외에 햇빛의 차단, 은신처 형성 등 생물서식지의 보전, 수질 정화 등 다양한 기능의 기초 서식처이므로 해당 소하천의 특성에 따라 가능한 범위 내에서 하반림을 조성하도록 설계

(4) 식재 계획

① 일반사항

㉠ 소하천에서의 식재는 하천기반 환경조성을 통한 자연발생을 기본원칙으로 계획

㉡ 수로와의 거리, 침수기간, 수위변동 등과 같은 수환경 변화에 따라 식물종, 식재시기, 식재위치 등을 결정

㉢ 해당 소하천의 지역 특성에 맞는 자생식물 적용

㉣ 소하천 식생대의 복원

▷ 식생군락의 자연발생 유도

▷ 훼손된 식생군락의 복원

㉤ 유수에 적응할 수 있는 하천 고유의 하천 식물종을 활용하여 수질 정화와 함께 생물 서식공간을 확보할 수 있는 식재 계획을 수립

② 식물종의 선정기준

㉠ 대상지 인접 지역의 자생 식물군락을 표본으로 도입 식물종 선정

㉡ 대상지의 토양 특성에 따른 식물종 선정

㉢ 식물종을 도입할 경우에는 수심을 고려

생활형별 적정 생육 수심

구분	수심	비고
관목 및 교목	-	수고 2m 내외
정수식물	0~약 30cm	
부엽식물	약 30~60cm	
침수식물	약 45~190cm	
수생식물이 없는 경우	약 200cm 이상	식물생육에 부적합한 깊이

③ 소하천의 수목식재 제한
　㉠ 수목을 식재함으로써 수위가 상승하거나 유속이 변하여 제방의 안
　　전성을 해칠 우려가 있는 구역
　㉡ 수목의 뿌리가 제체에 침입하여 누수를 초래하거나 호안 등의 시
　　설을 손상할 우려가 있는 구역
　㉢ 활착한 수목이 홍수로 인해 쓰러지거나 세굴의 우려가 있는 구역
　㉣ 수목이 부러지거나 쓰러져 떠내려가 하류의 하도가 폐색될 우려가
　　있는 구역

(5) 지역사회와 연계한 소하천 친수시설

① 일반사항
　㉠ 기본적으로 소하천 내에 인위적인 시설은 최소화하도록 계획
　㉡ 도시하천과 같이 사람의 이용이 빈번하여 소하천을 훼손하거나 오
　　염이 발생할 우려가 큰 경우에는 이용시설을 도입하고 유지관리계
　　획을 수립
　㉢ 이용시설의 도입 시에는 과도한 시설을 지양하고 수변공간 이용자
　　에게 정서적 안정감을 줄 수 있도록 계획
　㉣ 시설물은 홍수저항력 감소를 위하여 물의 유하방향으로 설치
　㉤ 가급적 자연친화적 재료를 활용하여 주변경관과의 조화를 이룰 수
　　있도록 계획

② 교육체험공간
　㉠ 생태계를 통한 자연학습과 문화재를 통한 역사·문화학습이 가능
　　하도록 계획
　㉡ 계획 검토 위치
　　▷ 침수빈도가 낮고 수질이나 유량이 양호한 곳
　　▷ 인공적으로 정비되지 않은 곳
　　▷ 조류·어류 등 야생동물의 관찰이 용이한 곳

③ 운동공간
　㉠ 일정 규모 이상의 식생이 제거된 평탄지를 필요로 하는 경우에는
　　가급적 인근 배후지에 운동공간을 조성하고 이와 연계하도록 계획
　㉡ 주변에 주거지나 학교 등 시설이용 요구도가 많은 곳에 인접하여
　　배치하도록 하며 가능한 그 규모를 최소화하도록 계획
　㉢ 운동시설 중 축구장 골대, 농구대, 테니스 지주 및 기타 보호막(펜
　　스) 등은 홍수 상황에 따라 일시 철거할 수 있는 이동식이나 홍수

소통에 지장을 초래하지 않는 전도식 등으로 설치토록 하고 고정식 구조물 설치는 지양

④ 자전거도로

    ㉠ 산책로와 상충하지 않도록 제방도로 준용을 원칙으로 하되, 다양한 경관 체험을 할 수 있도록 유도하여 설계

    ㉡ 제방의 가장자리 쪽으로 설치하여 소하천에 미치는 영향을 최소화하도록 설계

    ㉢ 자연재료를 사용한 포장(부득이한 경우 투수성이 높고 생태적인 단절을 최소화할 수 있는 친환경적인 재료를 이용)

    ㉣ 시·종점부에 차량 진·출입 차단시설 설치

    ㉤ 계획홍수위 이하에 계획할 경우 홍수 시 자전거도로 유실을 방지하기 위하여 자전거 도로 양측에 일정 폭으로 평떼 등의 식재를 계획

⑤ 산책로

    ㉠ 자전거도로와 상충하지 않으면서도 다양한 경관 체험을 할 수 있도록 계획

    ㉡ 장애인과 노약자를 위하여 높낮이나 단차를 최소화하여 설치

    ㉢ 폭과 구조는 자연환경의 변화, 주변 시설과의 조화 및 균형을 고려하여 자연스러운 선형으로 주변 자연과의 연속성, 일체성을 유지하도록 계획

    ㉣ 인공구조물 설치를 지양하고, 야생동물의 이동을 제한하지 않는 재료와 구조로 설계

    ㉤ 유입수로, 수충부, 지형적으로 치수상 제약이 있는 구간과 생태계 보전 및 복원구간에는 설치 지양

    ㉥ 자연재료를 사용한 포장(부득이한 경우 투수성이 높고 생태적인 단절을 최소화할 수 있는 친환경적인 재료를 이용)

⑥ 주차장

    주차장은 소하천의 연속성 유지 저해, 비점오염 유입, 분진·진동 발생 등으로 소하천의 생태적·환경적 기능에 악영향을 미치므로 원칙적으로 소하천 공간 내 설치 지양

⑦ 관찰시설

    ㉠ 관찰시설 설치장소로 적합한 지역

        ▷ 서식처 보호, 훼손 확산 방지를 위한 이용객 동선유도지역

        ▷ 자연지형의 개선을 위한 지역

Keyword

▷ 식생의 보호가 필요한 지역

▷ 수생태 서식처의 관찰을 위한 지역

▷ 식생변화 및 생장·관찰 학습을 위한 시설의 도입이 가능한 지역

▷ 지반이 연약하여 노면보호가 필요한 지역

ⓛ 관찰시설 설치 고려사항

▷ 추락의 위험이 없도록 안전난간 등 안전시설을 설치

▷ 안전을 위한 난간의 높이는 1.2m 이상으로 하며, 장애인용 데크는 최소 1m 이상의 폭을 확보하도록 설계

⑧ 물놀이 시설

㉠ 친수계단을 조성하거나 하천 좌·우안을 연결하는 징검다리 또는 여울을 설치하여 물놀이시설로 활용할 수 있도록 설계

㉡ 물놀이시설 설치장소로 적합한 지역

▷ 접근성이 용이한 지역

▷ 장소성, 계절감이 잘 나타나는 지역

▷ 수질이 양호하고 유량이 풍부한 지역

⑨ 안내시설

㉠ 안내시설은 전략적 이미지 연출방식으로 전개하는 것이 바람직하며 이용빈도가 비교적 큰 거점 및 주요 분기점에 설치를 계획

㉡ 용도와 효용에 따라 유도표지시설, 종합안내표지시설, 해설표지시설, 도로표지시설 등으로 구분하여 설계

㉢ 야생동물의 이동이 빈번한 지역과 생태계 관찰에 장애를 주는 지역에는 안내판 설치

⑩ 기타 시설물

㉠ 주민 편의시설인 벤치, 파고라, 펜스, 접근 계단 등의 시설물은 유수 소통에 지장을 주지 않도록 설계

㉡ 모든 친수 시설물은 유지관리 대책수립, 관리주체, 특히 홍수기의 관리방안을 고려

㉢ 유지관리비용 절감을 위하여 가급적 높은 지역에 설치토록 하고 보수·보강이 용이하도록 설계

1 재해영향평가 등의 협의제도의 시행을 명기한 법은?

2 (①)(이)란 자연재해에 영향을 미치는 행정계획으로 인한 재해유발요인을 예측·분석하고 이에 대한 대책을 마련하는 것이다. ①은 무엇인가?

3 (①)(이)란 자연재해에 영향을 미치는 개발사업(길이 10km 이상)으로 인한 재해 유발 요인을 조사·예측·평가하고 이에 대한 대책을 마련하는 것이다. ①은 무엇인가?

4 다음이 설명하는 기초현황 조사는?

> • 유역의 지표수 흐름의 방향을 검토할 수 있도록 유수흐름도를 개발 전·중·후로 구분하여 제시한다.
> • 사업지구 내·외 하천현황 및 저수지, 수로, 우수관거 현황을 조사하여 도표 형태로 제시한다.

5 다음은 재해영향평가 등의 재협의 대상 기준에 대한 설명이다. 빈칸을 채우시오.

> • 개발면적이 (①)% 또는 (②)m² 이상 증가하는 경우
> • 영구적으로 설치하기로 협의한 저류시설 용량이 (③)% 이상 변경되는 경우
> • 불투수층의 면적이 (④)% 이상 증가하는 경우

6 재해영향평가 등의 협의기간에 대한 다음 표의 해당 내용을 쓰시오.

협의대상		협의기간(일)
행정계획	재해영향성 검토	①
개발사업	재해영향평가	②
	소규모 재해영향평가	③

7 재해영향평가 등의 협의에 있어 구분하는 공간적 특성의 개념을 2가지 작성하시오.

8 재해영향평가 등의 협의기관 중 행정계획 수립권자 및 개발사업 허가·승인권자인 중앙행정기관의 장은?

답 **1.** 자연재해대책법 **2.** 재해영향성 검토 **3.** 재해영향평가 **4.** 배수계통 조사
5. ① 30, ② 50,000, ③ 10, ④ 10 **6.** ① 30, ② 45, ③ 30 **7.** 선 개념, 면적 개념
8. 행정안전부 장관

9 다음 설명하는 재해영향평가 설계빈도에 해당되는 사항을 쓰시오.

> 설계빈도는 영구저류지와 영구구조물은 (①)년 빈도 이상, 침사지겸 저류지와 같은 임시구조물은 (②)년 빈도 이상을 적용해야 한다.

10 다음의 홍수유출 저감시설의 형식 구분에 대해 작성하시오.

> 홍수유출 저감시설 형식은 저류형과 (①)으로 구분되며, 저류형은 지역 내 저류 방식과 (②) 방식으로 구분된다.

11 침투형 저감시설의 종류를 2가지만 작성하시오.

12 저감대책 중 홍수유출과 토사유출을 동시에 저감하는 방안은 무엇인가?

13 개발 중 사용한 침사지겸 저류지를 개발 후 영구 저류지로 활용하고자 할 때 적절한 설계빈도는 몇 년인가?

14 재해영향 예측을 위한 토양침식량 산정 시 고려하는 인자를 2가지만 작성하시오.

15 재해영향 예측을 위한 토양침식량 산정 시 고려하는 토양침식조절인자는 어떠한 인자들의 곱으로 나타나는 임의성을 보완하는가?

16 침사지겸 저류지는 가배수로 배치계획을 고려하여 결정하는데, 이때 가배수로 계획을 위한 적정 유속의 범위는?

17 영구저류지의 여유고는 몇 m 이상인가?

18 배수시설 중 유지관리와 시공 효율성을 고려한 배수통관의 직경은 최소 몇 m 이상인가?

19 자연재해저감종합계획 수립 제도의 시행을 명기한 법은?

20 해안재해 저감대책인 시설물을 2가지만 작성하시오.

21 구조적인 저감대책이 효율적이지 못해 대부분 비구조적 저감대책을 수립하는 재해 유형은?

답
9. ① 50, ② 30 10. ① 침투형, ② 지역 외 저류 11. 침투통, 투수성 포장, 침투측구, 침투트렌치
12. 침사지겸 저류지 13. 50년 14. 강우침식인자, 지형인자, 토양피복인자
15. 토양피복인자, 토양보존대책인자 16. 0.8~2.5m/s 17. 0.6m 18. 소하천 0.6m 이상, 지방 및 국가하천 0.8m 이상
19. 자연재해대책법 20. 방파제, 이안제, 방풍막 21. 바람재해

22 자연재해저감종합계획 수립 시 특정 위험지구에 대해 피해발생 이력지수가 4점, 재해위험도지수가 2점, 주민불편도지수가 2점으로 산정되었다. 이때 위험도지수(상세)는 몇 점인가?

23 다음은 우수유출저감대책 수립에 해당되는 내용이다. 빈칸을 채우시오.

> 특별시장·광역시장·특별자치시장 또는 시장·군수는 해당 지역의 우수 침투 또는 저류를 통한 재해의 예방을 위하여 우수유출저감대책을 (①)년마다 수립해야 한다.

24 다음은 우수유출저감대책 수립의 목표연도에 대한 설명이다. 빈칸을 채우시오.

> 우수유출저감대책은 자연재해저감종합계획과 부합하도록 계획의 수립연도를 기준으로 향후 (①)년을 목표연도로 정하여 수립한다.

25 우수유출저감대책 수립 시 검토하는 관련 계획을 2가지만 작성하시오.

26 우수유출저감대책 수립 시 확률강우량의 기준 재현기간은 얼마인가?

27 다음은 우수유출저감대책 수립 시 우수저류량 목표 설정에 해당되는 내용이다. 빈칸을 채우시오.

> 침투시설 설치를 활성화하기 위해 목표저감량 전량을 저류하는 것을 지양하고, 최대 약 (①)% 분담하는 것을 권장한다.

28 우수유출저감대책 수립 시 적용하는 설계강우의 시간분포 방법은?

29 다음은 우수유출저감대책 수립 시 우수저류량 목표 설정에 해당되는 내용이다. 빈칸을 채우시오.

> 침투시설은 우수유출저감 이외에 도시 내 지하수 함양, 도시의 미기후조성 및 환경개선, 도시 경관개선 등에 효과가 있으므로, 우수유출 목표 저감량의 최소한 (①)% 분담하는 것을 권장한다.

30 저류시설 중 댐식·굴착식의 안정적 용량확보를 위한 여유고(m)는 얼마 이상인가?

31 저류시설 중 지하저류시설의 안정적 용량 확보를 위한 여유고(m)는 얼마 이상인가?

32 우수유출저감대책 수립 시 설계침투량을 계산하기 위해 가정된 설계침투강도(mm/hr)는 얼마인가?

해설

22. 위험도지수(상세) = A × (0.6B + 0.4C)
　　* 여기서, A는 피해이력, B는 재해위험도, C는 주민불편도

답

22. 8　**23.** 5년　**24.** 10년　**25.** 자연재해저감종합계획, 하천기본계획, 하수도정비기본계획
26. 30년　**27.** 90　**28.** Huff방법　**29.** 5~10　**30.** 1.0m　**31.** 0.6m 이상　**32.** 10mm/hr

33 다음은 저류시설의 유지관리계획에 해당되는 내용 중 일부이다. 빈칸을 채우시오.

> 평상시에는 시설물의 기능발휘 및 파손여부 등을 목적으로 정기점검을 실시하고, 홍수나 태풍 등 수해발생 우려가 큰 홍수기((①)월~(②)월)에는 이물질 제거 및 임시보수 등을 실시한다.

34 다음은 우수유출저감대책 수립 시 경제성분석에 해당되는 내용이다. 빈칸을 채우시오.

> 비용편익 분석에 관한 내용은 '( ) 관리지침'에서 제시된 사항을 참조하여 작성한다.

35 자연재해위험개선지구 정비계획 제도의 시행을 명기한 법은?

36 다음에 설명하는 유형은 자연재해위험개선지구 중 어떤 지구에 해당하는가?

> 하천을 횡단하는 교량 및 암거구조물의 여우고 및 경간장 등이 하천설계기준에 미달되고 유수소통에 장애를 주어 해당 시설물과 시설물 주변 주택·농경지 등에 피해가 발생하였거나 피해가 예상되는 지역

37 '자연재해저감종합계획'에서 내수재해 위험지구에 해당되는 자연재해위험개선지구의 유형은 무엇인가?

38 자연재해위험개선지구 유형 중 기설 제방고가 계획홍수위보다 낮아 월류되거나 파이핑으로 붕괴위험이 있는 취약구간의 제방이 위치한 지구는 무엇인가?

39 자연재해위험개선지구 유형 중 하천을 횡단하는 교량의 형하고가 계획홍수위보다 낮아 집중호우 시 유수소통에 지장이 있고 심한 경우 교통이 두절되는 지구는 무엇인가?

40 유일한 마을 진입로인 세월교를 철거하고 계획 홍수위 이상으로 교량을 재가설한 경우 어떤 유형의 자연재해위험지구를 해소한 것인가?

41 다음은 어떤 유형의 자연재해위험개선지구에서 이루어지는 사업인가?

> • 산사태 및 절개사면 붕괴위험 해소를 위한 낙석방지시설, 배수시설 등 안전대책사업, 옹벽·축대 등 붕괴위험 구조물 보수·보강 사업
> • 위험지구 내 주민 이주대책사업 등 재해예방 사업

42 다음은 소하천정비법 시행령에 따른 소하천의 지정기준에 대한 설명이다. 빈칸을 채우시오.

> 일시적이 아닌 유수가 있거나 있을 것이 예상되는 구역으로서 평균 하천 폭이 (①)m 이상이고, 시점에서 종점까지의 전체 길이가 (②)m 이상인 것

답 **33.** ① 6, ② 9 **34.** 자연재해위험개선지구 **35.** 자연재해대책법 **36.** 유실위험지구
37. 침수위험지구 **38.** 취약방재시설지구 **39.** 고립위험지구 **40.** 고립위험지구
41. 붕괴위험지구 **42.** ① 2, ② 500

43 소하천의 설계강우 시간분포 방법은?

44 설계강우 시간분포인 Huff 방법은 1분위에서 4분위까지 구분할 수 있다. 소하천 설계 시 적용하는 분위는?

45 농경지 지역 소하천의 치수계획을 위한 설계빈도는 (①)년 ~ (②)년이다.

46 다음 설명의 빈칸을 채우시오.

> 교량의 경간장은 하폭이 (①)m 미만인 경우는 (②)m, 하폭이 (①)m 이상인 경우는 (③)m 이상으로 계획한다.

47 다음은 소하천 유지유량 산정 항목이다. 절차에 맞는 순서를 작성하라.

> ① 소하천 특성조사
> ② 기준점 선정
> ③ 갈수량 산정
> ④ 소하천 유지유량 결정 및 부족량 추정
> ⑤ 항목별 필요유량 산정
> ⑥ 유지유량 확보 및 관리계획 수립

48 생태계 보전을 위한 보편적인 최소 수질기준 중 BOD 기준(mg/L)은 얼마인가?

49 배수시설물 능력검토 결과 증설이 필요한 배수통관의 최소 직경(cm)은?

50 소하천 제방의 종류를 2가지만 작성하시오.

51 제방의 종류 중 소하천의 합류점, 분류점, 놀둑의 끝부분, 하구 등에서 흐름의 방향을 조정하기 위해서 또는 파의 영향에 의한 하구의 퇴사를 억제하기 위해서 축조하는 것은?

52 계획홍수량이 $100m^3/s$인 소하천의 제방 여유고(m)는 얼마 이상인가?

53 소하천의 제방은 유수 침투에 대한 안정한 비탈면을 가져야 하며, 제방의 비탈경사는 1 : (①)보다 완만하게 설치한다. ①은 얼마인가?

54 하도의 계획종단형상을 유지하고 하상경사를 완화하기 위해 설치하는 공작물은?

55 풀 형식(pool type)에 해당하는 어도의 종류를 2가지만 작성하시오.

56 조석의 역류방지, 각종 용수의 취수 등을 목적으로 본류를 횡단하거나 본류로 유입되는 지류를 횡단하여 설치하는 개·폐문을 가진 구조물은?

답

43. Huff방법 44. 3분위 45. ① 30, ② 80 46. ① 30, ② 12.5, ③ 15 47. ① → ② → ③ → ⑤ → ④ → ⑥
48. 5mg/L 49. 60cm 50. 역류제, 도류제, 월류제 51. 도류제
52. 0.6m 이상 53. 2.0 54. 낙차공 55. 계단식, 버티컬슬롯식, 아이스하버식 56. 수문

57 소하천의 하도기능을 유지할 수 있도록 상류로부터 유입되는 과도한 토사유출을 억제하기 위해 고려하는 시설물은?

58 다음 표는 피해규모에 따른 평가점수 산정 예시이다. 이 표를 참고하여 피해이력지수를 산정하고, 이를 이용해 평가점수를 산정하면 얼마인가?

구분	단위	지원기준지수 (a)	피해물량 (b)	재난지수 (c=a×b)	가중치 (d)	피해이력지수 (e=c×d)
계						
주택파손 (전파)	동	9,000	2		4	
주택침수	동	600	30		2	
농경지유실	m²	1.35	20,000		0.5	
농약대 (일반작물)	m²	0.01	100,000		0.5	

59 유역 내 내수침수 방지를 위해 필요한 저류량을 산정한 결과 1,000m³로 산정되었으며, 이 중 90%는 off-line 저수지를 설치하여 저감할 계획이다. 나머지 10%를 저감하기 위한 시설로는 주차장에 침수형 저류시설을 계획하고자 하는데, 주차장 저류한계수심을 10cm로 가정한 경우 주차장의 규모가 어느 정도 되어야 하는가?

60 하천을 횡단하는 교량을 신설하려고 하는데, 횡단하는 위치의 하폭이 50m인 경우 횡단교량의의 경간장 기준을 만족하기 위해서는 최대 몇 개의 교각이 설치될 수 있는가?

61 지역특성을 고려하여 우수의 침투 및 저류를 통해 재해를 예방하는 계획으로서 5년마다 수립하는 대책은 무엇인가?

해설

58. 우선 표의 빈칸을 채우면

구분	단위	지원기준지수 (a)	피해물량 (b)	재난지수 (c=a×b)	가중치 (d)	피해이력지수 (e=c×d)
계						122,000
주택파손 (전파)	동	9,000	2	18,000	4	72,000
주택침수	동	600	30	18,000	2	36,000
농경지유실	m²	1.35	20,000	27,000	0.5	13,500
농약대 (일반작물)	m²	0.01	100,000	1,000	0.5	500

따라서,

평가점수=$\dfrac{\text{피해이력지수}}{100,000}×20$ (최대 20점 적용)이므로

평가점수=$\dfrac{122,000}{100,000}×20$ =24.4가 되고

최대가 20점이므로 '20점'이 정답이다.

59. 주차장에서 저류할 용량=1,000×10%=100m³

따라서, 저류한계수심을 고려할 경우 필요한 규모(면적)는 다음과 같다.

주차장 면적=$\dfrac{100}{0.1}$=1,000m²

60. 교량의 경간장은 하폭이 30m 이상인 경우는 15m 이상으로 계획하여야 하므로 '(교각수+1)×15≤50(하폭)'인 조건을 만족하여야 한다. 따라서, 최대교각수는 2개이다.

답   **57.** 사방댐   **58.** 20점   **59.** 1,000m²   **60.** 2개   **61.** 우수유출저감대책

62 우수유출저감시설 중 침투시설을 3가지만 작성하시오.

63 우수유출저감시설 중 저류시설을 3가지만 작성하시오.

64 개발사업 지역에서 개발 중 홍수량과 토사유출량을 동시에 저감할 목적으로 설치하는 시설물은?

65 자연재해저감대책 수립 시 공간적 구분 단위 3가지를 쓰시오.

66 우수유출저감시설은 (①)저감시설, (②)저감시설 2가지로 구분된다. 빈칸을 채우시오.

67 하천을 횡단하는 교량 및 암거 구조물의 여유고 및 경간장 등이 하천기본계획의 시설기준에 미달되고 유수소통에 장애를 주어 해당시설물 또는 시설물 주변 주택·농경지 등에 피해가 발생하였거나 피해가 예상되는 지역은 자연재해위험개선지구의 유형별 지구지정기준 중 어디에 해당하는가?

68 소하천의 둑마루고는 (①) + (②)로 결정한다. 빈칸을 채우시오.

69 우수유출저감시설은 저류시설과 침투시설로 구분되며, 저류시설은 지역 외(Off-site)저류시설과 지역 내(On-site) 저류시설로 구분된다. 여기서 지역 외 저류시설로 구분되는 시설의 종류를 3가지 작성하시오.

70 자연재해저감을 위한 구조적 저감대책 3가지를 작성하시오.

71 자연재해저감을 위한 비구조적 저감대책 3가지를 작성하시오.

 해설
69. 지역 외 저류시설은 전용 저류시설과 겸용 저류시설로 구분
  - 전용 저류시설: 지하저류시설, 건식저류지, 하수도 간선저류 등
  - 겸용 저류시설: 다목적 유수지, 연못 저류, 습지, 지하저류

답
62. 침투통, 침투측구, 침투트렌치, 투수성포장, 투수성 보도블록
63. 운동장 저류, 공원 저류, 주차장 저류, 단지 내 저류, 건축물 저류, 쇄석공극 저류, 자연형 저류
64. (임시)침사지겸 저류지 65. 전지역단위, 수계단위, 위험지구단위
66. ① 저류형, ② 침투형 67. 유실위험지구 68. ① 계획홍수위, ② 여유고
69. 지하저류시설, 건식저류지, 하수도 간선저류, 다목적 유수지, 연못 저류, 습지, 지하저류
70. 하천정비, 하천횡단구조물 재가설(개선), 우수저류시설 설치, 배수펌프장 신·증설, 사방댐 설치 등
71. 재난 예·경보 시스템 구축, 풍수해보험 활성화, 재해지도 작성, 노후저수지 관리계획 수립, 안전취약계층 대피계획 수립 등

제5편
재난예방 및 대비대책 기획

재난예방 기획하기

본 장에서는 재난예방을 위한 관련 법·제도 현황에 대한 간략한 소개와 더불어 국가안전관리 기본계획의 수립과 집행에 대한 법적 근거 및 성격과 수립배경을 소개하며, 재난관리와 안전관리에 대한 용어를 구분하였다. 또한 시·도 안전관리계획 및 시·군·구 안전관리 계획에 대한 법적 근거와 집행 절차에 대한 이해를 돕도록 하였다. 재난예방에 대한 경각심을 지닐 수 있도록 다양한 자연재난과 사회재난에 대한 재해사례를 수집 및 분석하였으며, 방재시설 및 사업 위험인자 분석 및 유지관리와 관련한 평가항목을 소개하여 수험생의 이해를 돕도록 하였다.

1절 재해사례 수집 및 분석

Keyword

1. 자연재난 사례

(1) 태풍

① 개요

▷ 태풍 '차바'는 2016년에 발생한 18호 태풍으로서 제주도를 지나 남해안 지역을 통하여 부산에 상륙 후 동해상으로 이동해 가면서 10월 5~6일 2일간 남해안 지방에는 강풍이 불고 많은 비가 내렸음

② 호우 및 피해 특성

▷ 태풍 '차바'가 제주도와 남해안을 거쳐 부산으로 상륙함에 따라 우리나라는 제주도와 남부지역을 중심으로 강한 풍속과 많은 강수량이 관측되었음

▷ 10월 한반도에 상륙한 태풍 중 역대 가장 강한 태풍으로 제주도와 울산에 강한 바람과 매우 많은 비가 내렸고, 서귀포, 포항, 울산 등의 지역에서 10월 일 강수량 극값 1위가 갱신되었음

▷ 태풍 '차바'는 2016년 10월 5~6일까지 2일간 6개 지역에 피해를 줬으며, 전국적인 피해가 있었지만 주로 태풍이 통과한 남부지역의 피해가 집중되었음

▷ 태풍 '차바'의 인적 피해, 물적 피해 등으로 인하여 피해액은 2,149억 6,500만 원으로, 2016년 연간 총 피해액(2,884억 원)의 74%에 해당하는 재산피해가 발생하였음

▷ 사망 및 실종자가 6명 발생하였고 이재민 6,714명, 총 2,949세대가 피해를 보았으며, 농경지 피해는 37,382ha가 유실 또는 매몰되

★
자연재난과 사회재난

★
자연재난의 태풍 재산피해
순위
1위 '02. 8. 30. ~ 9. 1.
　　루사(RUSA)
2위 '03. 9. 12. ~ 9. 13.
　　매미(MAEMI)
3위 '99. 7. 23. ~ 8. 4.
　　올가(OLGA)
4위 '12. 8. 25. ~ 8. 30.
　　볼라벤(BOLAVEN),
　　덴빈(TEMBIN)
5위 '95. 8. 19. ~ 8. 30.
　　재니스(JANIS)
※ 행정안전부 통계자료 참고

었음

③ 특이사항

▷ 2016년은 10월 초까지도 일본 남동쪽 해상에 중심을 둔 북태평양 고기압이 강한 세력을 유지하여 평년의 태풍 경로(일반적으로 이 무렵 일본 남쪽 해상을 향함)와 달리 한반도 부근으로 북상하여 진행하였음

▷ 평년보다 북쪽에 치우친 장주기 파동, 지구온난화 그리고 이전의 태풍(제17호 태풍 메기)의 영향이 복합적으로 작용하여 태풍이 10월에 한반도로 북상하였음

▷ 태풍 '차바'의 피해원인으로는 태풍의 상륙과 만조위 시간대가 겹치면서 해안가 피해가 가중되었고, 2차적인 피해의 대표사례로는 강풍으로 인한 정전과 침수피해가 발생함

(2) 산사태

① 개요

▷ 2011년 7월 26~28일, 많은 지역에서 집중호우 기록을 경신했고, 수도권을 중심으로 시간당 100mm가 넘는 집중호우가 쏟아지면서 주택과 도로가 침수되며 강남에 물난리를 가져왔고 기록적인 우면산 산사태(면적 42,000m²)가 발생함

② 피해상황

▷ 2011년 7월 26~28일 서울 누적강수량은 587.5mm로 3일 연속 강수량이 가장 많았고, 27일에는 1시간 최다 강수량이 남현(관악구) AWS 113.0mm, 관악 AWS 111.0mm, 서초 AWS 86.0mm임

▷ 산사태로 인한 피해는 사망자 62명, 실종자 9명, 주택 침수나 산사태로 3,050여 명의 이재민이 발생함

▷ 27일 오전 8시 50분경 우면산에서 쏟아져 내린 토사로 인하여 인근의 형촌마을 60가구 가운데 30가구가 고립되고 1명이 사망, 1명이 실종됨

▷ 형촌마을은 우면산 내 크고 작은 계곡 10개가 합쳐지는 곳과 가까워 산사태와 물 피해까지 겹쳤고, 오전 한때는 사람 가슴 부근까지 물이 차올라 피해가 커졌음

▷ 방배동 남태령 전원마을에도 토사가 덮쳐 전원마을 20가구가량이 토사에 묻히면서 여러 명의 사망자가 발생함

★
산사태 발생 추이
① 전 지구촌의 기상이변으로 자연재해가 빈발화·대형화 추세임
- 사업별 피해 현황 내용 중 1998년 태풍 예니, 2002년 태풍 루사, 2003년 태풍 매미의 영향으로 산림피해가 급격히 늘었음
- 인명피해는 순수 산사태로 인한 사망자를 나타낸 것으로 태풍의 강도와 같이 나타나고 있음
- 산사태는 예전보다 최근에 더욱 빈발화, 대형화 추세에 있음(지구 온난화에 의해 세계적으로도 증가 추세에 있음)
② 산사태 등 수해로 인한 산림분야 총 복구비는 전반적으로 증가 추세에 있음

③ 특이사항
  ▷ 우면산 산사태는 분명 천재였으나, 더불어 무분별한 공원과 산행로 개발, 사방구조물의 미흡, 숲 가꾸기 등의 산지관리 미흡 등으로 인하여 피해가 가중되어 인재로 이어진 경우임
  ▷ 우면산을 구성하고 있는 모암은 편마암류이며, 편마암류는 특성상 토심이 깊게 형성되어 산사태가 발생하기 쉬운 지질적인 조건을 형성하기 때문에, 산사태 다발지역에 대한 토양 특성 분석에 따른 위험예방과 보강을 통한 특별관리가 필요함

2. 사회재난 사례

(1) 대구 지하철 화재참사

① 개요
  ▷ 2003년 2월 18일 오전 대구 지하철 1호선 중앙로역에 진입한 하행선 전동차 내에서 일어난 방화로 인하여 마주 오던 상행선 전동차와 역사 전체까지 화재가 번져 대규모 인명피해가 발생했던 사건

② 피해 특성
  ▷ 대구 중앙로역 전동차 내부에서 화재가 진행되기 시작하였고, 승객들이 긴급히 대피하자 소화기로 객차 내 불길을 진압하려던 1079호 전동차 기관사가 미처 지하철공사 종합사령실에 화재 발생 사실을 보고하지 않은 채 대피함
  ▷ 종합사령실에서 뒤늦게 화재 경보를 확인했음에도 모든 전동차에 중앙로역 진입 시 서행 운행을 고지하는 수준의 미미한 대응에 그쳤고, 화재로 전원 공급이 차단되면서 발차하지 못한 채, 1079호에서 번진 불길은 전체 역사로 급속히 확산
  ▷ 결국 전력 차단으로 출입문이 폐쇄되자 승객들이 출입문 수동개폐 방식을 인지하지 못한 탓에 초기 대피가 어려워지며 많은 인명피해가 발생

③ 특이사항
  ▷ 정부는 대구 지하철 사고현장을 특별재난지역으로 선포했으며, 국내외에서 구호 성금으로 668억 원이 모금되기도 하였음
  ▷ 이 사고로 인하여 중앙로 일대 도로의 지반 구조물이 손상되며 2003년 2월 26일부터 버스 및 차량 통행이 일시적으로 금지되었다가 2003년 4월 10일 해제된 바 있음

★
사회재난 사례
- 대구 지하철 화재참사
- 태안 기름유출 사건
- 중동호흡기증후군(MERS)

★
특별재난지역
사회재난 중 대구 지하철 화재참사로 인한 사고현장의 빠른 정상화 및 복구를 위하여 정부가 지정한 제도

★
특별재난지역 피해 사례
1995년 삼풍백화점 붕괴사고, 2003년 대구 지하철 화재사고, 2012년 태풍 산바 피해

▷ 사고로 운행이 중단되었던 대구 지하철 1호선은 2003년 10월 21일 전 구간 운행을 재개하고, 2003년 12월 31일 중앙로역이 10개월 만에 복구를 마치며 정상화함

(2) 태안 기름유출 사건

① 개요

▷ 2007년 12월 7일 오전 7시 15분경 인천대교 공사에 투입됐던 해상 크레인을 2척의 바지선으로 경남 거제로 예인하던 중 해상 크레인이 유조선과 충돌하였음

② 피해상황

▷ 원유 유출량은 최종적으로 12,547kL로 판정되었으나, 갯벌의 경제적 가치 환산 등을 고려해 보면 정확한 피해규모를 예측하기 힘듦

③ 특이사항

▷ 태안 기름유출 사건이 불러올 영향을 보면 일반적으로 소규모의 기름유출 사고는 단기에 걸쳐 자연적 치유가 가능함

▷ 태안 앞바다에서 다량(수십만 톤)의 기름이 유출될 경우는 그 피해의 범위와 치유기간이 매우 깊고 길게는 수십 년이 소요됨

2절 방재시설 및 사업 위험인자 분석

1. 방재시설물

▷ 방재시설물은 홍수, 태풍, 해일, 가뭄, 지진, 산사태 등의 자연재해에 대비하여 재난의 발생을 억제하고 최소화하기 위하여 설치한 구조물과 그 부대시설을 의미

(1) 하천재해 방재시설

① 제방, 호안

② 댐

③ 천변저류지, 홍수조절지

④ 방수로

(2) 내수재해 방재시설

① 하수관로(우수관로)

★
하천재해 방재 시설물
하천 제방, 홍수 발생으로 인한 하천시설물의 붕괴와 하천 수위 상승으로 인한 제방 범람 등의 재해를 방지하기 위한 시설물을 의미함

Keyword

② 배수(빗물)펌프장

③ 저류시설, 유수지

④ 침투시설

(3) 사면재해 방재시설

① 옹벽

② 낙석방지망

(4) 토사재해 방재시설

① 사방댐

② 침사지

(5) 해안재해 방재시설

① 방파제

② 방사제

③ 이안제

(6) 바람재해 방재시설

① 방풍벽

② 방풍림

③ 방풍망

2. 위험인자 분석

(1) 개요

▷ 자연재해저감종합계획 수립 시 재해취약지구의 재해 발생원인 파악을 위해서는 과거 피해현황 조사에 따른 재해 위험요인분석이 필요함

(2) 위험요인 분석을 위한 발생원인 구분

▷ 자연재해저감종합계획 수립 시 대상 재해 유형별 발생원인 구분에 따른 위험요인의 취약성 평가를 목적으로 위험인자를 분석함

▷ 재해 유형별 발생원인은 하천재해, 내수재해, 사면재해, 토사재해, 바람 재해, 해안재해, 가뭄재해, 대설재해로 구분됨

Keyword

★
방재시설 중
호안유실 위험인자
소류력, 구성 재질의 이음매
결손

3절 방재시설 유지관리

1. 방재시설 유지·관리 활동

(1) 개념

▷ '유지관리'란 완공된 시설물의 기능과 시설물 이용자의 편의와 안전을 높이기 위하여 시설물을 일상적으로 점검·정비하고 손상된 부분을 원상복구하며, 시간 경과에 따라 요구되는 개량·보수·보강에 필요한 활동(「시설물의 안전 및 유지관리에 관한 특별법」 제2조)

(2) 방재시설 유지관리목표 설정

▷ '방재시설'의 종류는 「재난 및 안전관리 기본법」 제29조 및 동 시행령 제37조와 「자연재해대책법」 제64조 및 동 시행령 제55조에서 정하고 있음

▷ 방재시설 유지관리계획 수립을 위한 목표 설정을 위해서는 방재시설 유지관리목표 설정요소를 파악하고, 유지관리계획의 목표기간 설정 및 방재시설 유지관리목표 설정 시 기술적 고려사항을 검토해야 함

(3) 방재시설 평가항목 및 기준 및 평가방법 등에 대한 고시

▷ 「자연재해대책법」 제64조 제2항 및 같은 법 시행령 제56조 제2항에서 행정안전부장관에게 위임한 사항으로서 방재시설의 유지·관리에 대한 평가항목·기준 및 평가방법 등 평가에 필요한 사항을 규정함을 목적으로 함

(4) 유지관리평가 대상 방재시설

▷ 평가대상 방재시설은 크게 소하천시설, 하천시설, 농업생산기반시설, 공공하수도 시설, 항만시설, 어항시설, 도로시설, 산사태 방지시설, 재난 예·경보시설, 기타 시설로 분류

▷ 방재시설을 구성하는 세부 시설물에 대한 평가 시행

(5) 평가방법

▷ 「재난 및 안전관리 기본법」 제33조의2에 따른 재난관리체계 등에 대한 평가방법에 따라 연 1회 등 정기적으로 평가 실시

▷ 특별한 경우 행정안전부장관은 평가방법 및 시기를 별도로 정하여 평가를 시행할 수 있음

★
소하천 시설 내 방재시설 평가항목
① 제방
② 호안
③ 수문
④ 배수펌프장
⑤ 저류지

2. 방재시설 유지관리 매뉴얼의 해석 및 운용

(1) 매뉴얼 해석 및 적용 운용
▷ 중앙재난안전대책본부장은 방재기준 가이드라인 수립 후 책임기관의 장에게 권고방재시설의 기능적 취약성과 관련하여 「자연재해대책법」 이 정한 방재성능목표 등을 고려함
▷ 방재성능목표는 기후 변화에 선제적이고 효과적으로 대응하기 위하여 기간별·지역별로 기온, 강우량, 풍속 등을 기초로 해석함
▷ 매뉴얼 운영자의 기술력과 상황 판단력, 의사결정력, 실천력 등에 따라 방재시설의 결함들이 해소될 수 있으므로 각종 매뉴얼을 방재시설의 상황과 조건에 적합하게 운용해야 함

(2) 방재시설 유지관리 매뉴얼 검토 순서
① 방재시설의 유형·특성 파악
② 방재시설 준공도서와 유지관리 매뉴얼 확보
③ 방재시설 관리기관으로부터 과거 유지관리 데이터 수집 및 관리 이력 검토

4절 재해예방 종합대책

1. 예방 관련 법·제도 현황

(1) 재난예방 관련 법 현황
① 「재난 및 안전관리 기본법」 내 재난의 예방
  ㉠ 재난관리책임기관의 장의 재난 예방조치
  ㉡ 국가기반시설의 지정 및 관리
  ㉢ 특정 관리대상 지역의 지정 및 관리
  ㉣ 지방자치단체에 대한 지원
  ㉤ 재난방지시설의 관리
  ㉥ 재난안전 분야 종사자 교육
  ㉦ 재난예방을 위한 긴급 안전점검
  ㉧ 재난예방을 위한 안전조치
  ㉨ 정부합동 안전점검 및 사법경찰관리의 직무 수행
  ㉩ 안전관리전문기관에 대한 자료 요구

★
재난관리
재해 예방으로부터 재해를 수습하는 데 필요한 일련의 과정

ⓔ 재난관리체계 등에 대한 평가

ⓣ 재난관리 실태 공시

② 「자연재해대책법」 내 자연재해 경감 협의 및 자연재해위험개선지구 정비

 ㉠ 재해영향평가 등의 협의

 ㉡ 재해영향평가 등의 협의 대상

 ㉢ 재해영향평가 등의 협의내용의 이행

 ㉣ 개발사업의 사전 허가 등의 금지

 ㉤ 방재 분야 전문가의 개발 관련 위원회 참여

 ㉥ 재해 원인 조사·분석 등

 ㉦ 재해경감대책협의회의 구성 등

 ㉧ 토지 출입 등

 ㉨ 자연재해위험개선지구의 지정 등

 ㉩ 자연재해위험개선지구 정비(사업)계획의 수립

 ㉪ 토지 등의 수용 및 사용

 ㉫ 자연재해위험개선지구㉭㉭ 내 건축, 형질 변경 등의 행위 제한

 ㉮ 자연재해위험개선지구 정비사업의 분석·평가

 ㉯ 자연재해저감 종합계획의 수립

③ 「자연재해대책법」 내 풍수해 예방

 ㉠ 지역별 방재성능목표 설정·운용

 ㉡ 방재시설에 대한 방재성능 평가 등

 ㉢ 방재 기준 가이드라인의 설정 및 활용

 ㉣ 수방 기준의 제정·운영

 ㉤ 「지구 단위 홍수방어 기준」의 설정 및 활용

 ㉥ 우수유출 저감대책 수립

 ㉦ 내풍설계 기준의 설정

 ㉧ 각종 재해지도의 제작·활용, 재해 상황의 기록 및 보존, 침수흔적도 등 재해정보의 활용

 ㉨ 홍수통제소의 협조

④ 「자연재해대책법」 내 설해 예방

 ㉠ 설해의 예방 및 경감대책

 ㉡ 상습 설해지역의 지정

 ㉢ 상습 설해지역 해소를 위한 중·장기 대책

 ㉣ 내설설계 기준의 설정

 Keyword

★
「자연재해대책법」 내
자연재해의 종류
풍수해, 설해, 가뭄 등

ⓜ 건축물 관리자의 제설 책임

ⓗ 설해 예방 및 경감대책 예산의 확보

⑤ 「자연재해대책법」 내 가뭄 예방

　　㉠ 가뭄 방재를 위한 조사·연구

　　㉡ 가뭄 극복을 위한 제한급수·발전

　　㉢ 수자원관리자의 의무

　　㉣ 가뭄 극복을 위한 시설의 유지·관리

　　㉤ 상습가뭄재해지역 해소를 위한 중·장기 대책

⑥ 「시설물의 안전 및 유지관리에 관한 특별법」 내 재난예방을 위한 안전조치

　　㉠ 시설물의 중대한 결함 통보

　　㉡ 긴급 안전조치

　　㉢ 시설물의 보수·보강

　　㉣ 위험표지의 설치

(2) 재난예방 관련 제도 현황

① 안전관리계획

　　㉠ 국가안전관리기본계획은 「재난 및 안전관리 기본법」에 따라 국무총리가 국가의 재난 및 안전관리 업무에 관한 기본계획의 수립지침을 작성하며, 부처별로 중점적으로 추진할 안전관리기본계획의 수립에 관한 사항과 국가재난 관리체계의 기본방향이 포함되어 있음

　　㉡ 국무총리는 국가의 안전관리 업무에 관한 기본계획인 국가안전관리기본계획을 5년마다 수립하여야 함

　　㉢ 기본계획에는 재난에 관한 대책, 생활안전, 교통안전, 산업안전, 시설안전, 범죄안전, 식품안전, 그 밖에 이에 준하는 안전관리에 관한 대책 등에 대한 내용이 포함되어 있음

② 자연재해저감종합계획

　　▷ 지역별로 자연재해의 예방 및 저감을 위하여 특별시장·광역시장·특별자치시장·도지사·특별자치도지사 및 시장·군수가 지역안전도에 대한 진단 등을 거쳐 수립한 종합계획임

③ 지진방재종합계획

　　▷ 지진방재종합계획을 수립할 경우에는 주요 철도, 도로, 항만 등의 기간적인 교통·통신시설 등의 정비에 각 시설 등의 내진설계와 네트워크 충실 등에 의해 내진성을 확보하기 위한 대책을 세우고 수

★
재난예방 관련 계획의 종류
① 안전관리계획
② 풍수해저감종합계획
③ 지진종합방재계획
④ 긴급구조대응계획

도권이 해야 할 중추기능의 중요성에 비추어, 수도권에서 도시방재 구조화 대책 등 방재대책을 추진함

④ 긴급구조대응계획

    ㉠ 긴급구조대응계획은 「재난 및 안전관리 기본법」을 근거로 하여 긴급구조기관의 장은 재난이 발생하는 경우 긴급구조기관 및 긴급구조지원기관이 신속하고 효율적으로 긴급구조를 수행할 수 있도록 사전에 긴급구조대응계획을 수립하도록 하고 있음

    ㉡ 긴급구조대응계획은 긴급구조대응계획의 기본계획, 기능별 긴급구조대응계획 및 재난유형별 긴급구조대응계획 등으로 이루어져 있음

(3) 재난예방 관련 조직 현황

① 정의

    ㉠ 재난관리책임기관은 「재난 및 안전관리 기본법」에 근거하여 재난의 예방·대비·대응·복구를 위하여 행하는 모든 활동을 추진하기 위하여 중앙행정기관·지방자치단체와 지방행정기관·공공기관·공공단체 및 재난관리의 대상이 되는 중요시설의 관리기관 등을 대상기관으로 지정하여 운영하고 있음

    ㉡ 이러한 기관은 예측이 불가능하고 다양한 재난 발생에 피해를 최소화하기 위하여 다양한 예방 활동을 실시함

② 긴급구조기관 의미와 종류

    ㉠ 긴급구조기관은 「재난 및 안전관리 기본법」에 근거하여 재난이 발생할 우려가 현저하거나 재난이 발생할 때 국민의 생명과 신체 및 재산의 보호를 위하여 인명구조, 응급처치 그 밖의 필요한 모든 긴급한 조치를 취하는 기관을 의미함

    ㉡ 긴급구조지원기관은 「재난 및 안전관리 기본법」에 근거하여 긴급구조에 필요한 인력·시설 및 장비를 갖춘 기관 또는 단체로서 긴급구조기관을 지원하는 업무를 담당함

      ▷ 해양 재난을 제외한 모든 재난의 긴급구조기관: 소방청, 소방본부, 소방서

      ▷ 해양 재난의 긴급구조기관: 해양경찰청, 지방해양경찰청, 해양경찰서

★
재난관리책임기관

★
긴급구조기관

1. 국가안전관리기본계획

(1) 법적 근거 및 성격

ㄱ 법적 근거

▷ 「대한민국헌법」 제34조 제6항, 「재난 및 안전관리 기본법」 제22조 및 시행령 제26조

ㄴ 정의

▷ 국가안전관리기본계획이란 각종 재난 및 사고로부터 국민의 생명·신체·재산을 보호하기 위하여 국가의 재난 및 안전관리의 기본방향을 설정하는 최상위 계획임

(2) 수립 배경 및 용어 구분

ㄱ 수립 배경

▷ 국가안전관리기본계획은 도시화·인구집중, 고령화, 기후변화, 신종 감염병의 창궐 등 재난환경 변화에 대응하여 국가가 국민을 재난 및 안전사고로부터 보호하기 위함

▷ 향후 5년간 국가 재난 및 안전관리 정책을 통합적으로 운영할 수 있는 방안과 이를 이행하기 위한 중점 추진과제들을 제시하여, 중앙행정기관과 지방자치단체를 포함한 각종 재난관리책임기관들이 세부대책을 수립·운영할 수 있는 지침을 제공함

▷ 재난에 대하여 복원력을 가진 안전한 공동체 형성이 요구되며, 정부 및 공공기관 그리고 각종 민간단체와 연계된 기본계획이 필요

ㄴ 용어 구분

▷ 재난관리: 재난의 예방·대비·대응 및 복구를 위하여 하는 모든 활동

▷ 안전관리: 재난이나 그 밖의 각종 사고로부터 사람의 생명·신체 및 재산의 안전을 확보하기 위하여 하는 모든 활동

★
재난관리 및 안전관리

2. 시·도 안전관리계획

(1) 법적 근거

▷ 행정안전부장관은 「재난 및 안전관리 기본법」 제22조 제4항에 따른 국가안전관리기본계획과 동법 제23조 제1항에 따른 집행계획에 따라 시·도의 재난 및 안전관리 업무에 관한 계획의 수립지침을 작성하여 이를 시·도지사에게 시달하여야 함

▷ 시·도의 전부 또는 일부를 관할구역으로 하는 「재난 및 안전관리 기본법」 제3조 제5호 나목에 따른 재난관리책임기관의 장은 그 소관 재난 및 안전관리 업무에 관한 계획을 작성하여 관할 시·도지사에게 제출

(2) 집행 절차

▷ 시·도지사는 제1항에 따라 전달받은 수립지침과 제2항에 따라 제출받은 재난 및 안전관리 업무에 관한 계획을 종합하여 시·도 안전관리계획을 작성하고 시·도위원회의 심의를 거쳐 확정

▷ 시·도지사는 제3항에 따라 확정된 시·도 안전관리계획을 행정안전부장관에게 보고하고, 제2항에 따른 재난관리책임기관의 장에게 통보

3. 시·군·구 안전관리계획

(1) 법적 근거

▷ 시·도지사는 「재난 및 안전관리 기본법」 제24조 제3항에 따라 확정된 시·도 안전관리계획에 따라서 시·군·구의 재난 및 안전관리 업무에 관한 계획의 수립지침을 작성하여 시장·군수·구청장에게 시달하여야 함

▷ 시·군·구의 전부 또는 일부를 관할구역으로 하는 동법 제3조 제5호 나목에 따른 재난관리책임기관의 장은 그 소관 재난 및 안전관리 업무에 관한 계획을 작성하여 시장·군수·구청장에게 제출하여야 함

(2) 집행 절차

▷ 시장·군수·구청장은 제1항에 따라서 전달받은 수립지침과 제2항에 따라 제출받은 재난 및 안전관리 업무에 관한 계획을 종합하여 시·군·구 안전관리계획을 작성하고 시·군·구 위원회의 심의를 거쳐 확정

▷ 시장·군수·구청장은 동법 제25조 제3항에 따라 확정된 시·군·구 안전관리계획을 시·도지사에게 보고하고, 동법 제25조 제2항에 따른 재난관리책임기관의 장에게 통보

★
시·도 안전관리계획의 법적 근거
① 국가안전관리기본계획
② 재난 및 안전관리 기본법

재난 대비 기획하기

본 장에서는 재난에 대비하기 위한 훈련계획을 수립하고 안전성 확보를 위한 구조적·비구조적 대책, 재난관리기관의 예방조치 참여 계획을 수립하여 재난방지시설의 취약성을 파악하고 재난자원관리계획 수립방안을 수록하였다. 재난이 발생하기 이전에 대응계획, 대응 자원의 보강, 재난대비훈련에 대한 이해를 돕도록 하였다.

1절 안전성 확보를 위한 구조적·비구조적 대책

1. 방재시설물의 분류

① 방재시설물에 대해서는 「자연재해대책법」, 「국토이용관리법」, 「산림법」 및 「도시계획시설 기준에 관한 규칙」 등이 있음
② 「자연재해대책법」에 제시되어 있는 시행령 제55조(방재시설)는 다음과 같음
    ㉠ 「소하천정비법」 제2조 제3호에 따른 소하천 부속물 중 제방·호안·보 및 수문
    ㉡ 「하천법」 제2조 제3호에 따른 하천시설 중 댐·하구둑·제방·호안 등 관측시설
    ㉢ 「도로법」 제2조 제2호에 따른 터널·교량 및 도로의 부속물 중 방설·제설시설, 토사유출·낙석 방지시설, 공동구 등
    ㉣ 그 밖에 행정안전부장관이 방재시설의 유지·관리를 위하여 필요하다고 인정하여 고시하는 시설

2. 시설물 점검

(1) 점검계획

하천시설물의 효과적인 점검을 위해서는 철저한 사전계획과 준비가 필요하므로 점검계획 전 사전조사가 선행되어야 하며, 조사된 자료를 토대로 체계적인 점검계획을 세워야 함

① 시설물의 환경조사: 수문·수리학적 자료 수집
② 시설물의 예비조사: 제반 시설의 관련 자료 수집

Keyword

★
구조물적 대책
제방, 방수로 등에 의한 하천정비 및 개수, 홍수조절지 및 유수지, 그리고 홍수 조절용 댐과 같은 구조물에 의한 치수대책

★
비구조물적 대책
유역관리, 홍수예보, 홍수터 관리, 홍수보험, 그리고 홍수방지대책 등과 같은 비구조물적인 치수대책

★
시설물 점검계획 수립
점검계획, 점검항목 파악

③ 시설물의 현장조사: 현장 여건 및 문제점 파악

점검계획 시 사전조사항목	
조사 종류	조사항목
환경조사	- 시설의 위치(하천명, 하천구간, 위치좌표 등) - 지형조건, 지질조건, 기상조건, 수문·수리학적 조건, 인근지역의 변동사항 등
예비조사	- 하천기본계획, 하천대장, 관련계획 보고서 - 시공·보수도면, 기초지반 토질조사서, 준공도면 - 특별 시방서 - 주요 시공사진 및 동영상(주요 결함부) - 관리 및 선정시험 기록, 비파괴 시험자료 - 보수 및 점검 이력, 사고기록 등
현장조사	- 시설의 이용현황 - 시설의 문제점 - 시설관리자 및 주민 의견 청취 - 계측기록 등

(2) 시설물 점검항목

시설물의 점검항목 및 방법을 선정할 때에는 사전에 세운 점검계획과 기존 시설물의 점검 결과를 바탕으로 주요 손상 부위를 파악하고 결정

① 제방: 기설 제방은 대부분이 과거의 피해 상황에 따라 보축, 확폭 등 보수·보강공사가 되풀이된 결과이므로, 제방의 현 단면(높이, 둑마루 폭, 제방폭 등)을 유지

② 호안: 제방이나 구조물 주변에 예초를 하고 도보로 점검하고, 육안으로 확인하기 어려운 경우 계측기구 등을 사용하여 비탈덮기, 비탈멈춤, 밑다짐공, 석축 등을 점검

③ 바닥 다짐: 하상유지시설 및 보의 직상류에서 발생하는 국부세굴을 방지하는 역할을 하므로 세굴 등의 영향으로 바닥다짐의 저하 또는 유실여부 확인

④ 수제: 수제공은 유수의 큰 충격을 입는 경우가 많고 손상도 다른 시설에 비해 커서 수제가 파손되거나, 유수가 하안에 영향을 주어 깊은 파임이 생기는 경우에는 그 영향이 맞은편 하안과 상·하류에 미치기 때문에 파손된 경우 즉시 보수 실시

점검계획 시 시설물별 조사항목

시설물	조사항목
제방	- 둑마루의 요철 및 제방고의 여유 - 제방 횡단 구조물 주변 상태 - 제방 본체 굴착 및 붕괴 여부
호안	- 호안 머리 훼손 - 부속 구조물의 이상 유무 - 붕괴, 세굴, 균열, 침하, 공동 발생 여부
바닥 다짐	- 하부의 세굴 여부 - 밑다짐공의 상태

시설물별 평상시 주의 및 조치사항

시설물	평상시 주의 및 조치사항
제방	- 홍수 시에는 제체의 균열 여부를 조사하여 충분히 이를 메우고 다져야 하며, 야생동물에 의한 구멍은 누수 파괴의 원인이 되므로 세심한 조사 후 조치
호안	- 철근 콘크리트 시설의 균열 및 이탈을 감시 - 돌쌓기 및 돌붙임에서 탁설, 배부르기, 이음눈의 탈락 등을 감시
수제	- 콘크리트 블록에서 연결 철근의 절단 여부를 점검
바닥 다짐	- 시설물의 변형 유무를 감시 - 하류부의 세굴 여부를 감시

(3) 점검일정계획 수립 시 포함내용

① 작업 현장까지의 거리와 인원, 재료와 장비를 현장까지 운반하는 데 소요되는 시간과 비용

② 보수작업 실시 여부, 재료 성질, 필요장비 등에 영향을 줄 수 있는 기후조건(특히 홍수기 전·후)

③ 인력, 기술, 장비 및 적절한 재료의 가용성 여부

④ 각 단위작업의 크기와 분류, 작업 단위가 가용자원으로 실시 가능한가의 여부, 운송거리로 인한 고가의 경비 초래 등

⑤ 작업계획, 예기치 못한 사고의 영향, 요구사항의 준비에 필요한 자원 부족 등으로 인해 발생되는 문제점

⑥ 우선순위에 따른 예산배분과 예산회기 내에 수행될 수 있는 작업의 총량 등

(4) 점검장비 선정

① 홍수기 전·후 점검: 일상적 휴대장비 및 접근장비, 측량장비, 간단한 비파괴 장비 등

★
시설물별 조사항목

★
시설물별 조치사항

★
점검장비 선정
홍수기 전·후 점검, 홍수기 중 점검, 정밀조사에 따른 선정

ⓐ 일상적 휴대장비: 카메라, 깃발, 줄자, 균열게이지, 간이GPS측정기, 간이경사측정기, 간이거리측정기 등

ⓑ 접근장비: 자전거, 보트, 무인비행장치, 통관조사영상장비 등

ⓒ 측량장비: 거리측정기, 수준기, 경사측정기 등

ⓓ 비파괴장비: 반발경도시험기, 초음파전달속도시험기, 철근탐사기, 세굴심측정장비 등

② 홍수기 중 점검: '홍수기 전·후 점검'의 장비 + 계측기 등

▷ 계측기: 간이 함수비측정장비, 전단강도측정장비, 누수측정장비 등

③ 정밀조사: '홍수기 중 점검'의 장비 + 부분파괴 점검장비 등

▷ 부분파괴 점검장비: 콘크리트코어추출기 등

(5) 점검팀 구성

① 점검팀 구성 시 고려사항

ⓐ 점검팀은 유지·보수시행자가 점검일정, 점검대상 시설의 종류, 범위, 점검항목, 점검방법, 점검 시 사용장비, 점검에 필요한 가설물 등을 검토하여 인원을 구성

ⓑ 시설의 종류 및 분야별 조사범위와 세부항목에 따라 팀을 구성하되, 수중조사인원도 포함할 수 있음

ⓒ 유지·보수시행자는 분야별 총 소요인원을 판단하고 가용인력을 판단, 점검팀의 투입계획 수립

② 점검팀 구성(제방 점검 사례): 제방 점검팀은 둑마루, 비탈면(제내지, 제외지)으로 구분하여 2~5인으로 구성

③ 제방의 점검은 조사준비단계, 조사수행단계, 결과입력 등의 순으로 수행

★
GPS(Global Positioning System)
위성항법장치

★
시설물 점검팀 구성
점검일정, 대상 시설 종류, 범위, 항목, 방법, 사용장비, 가설물 등을 검토 후 인원 구성

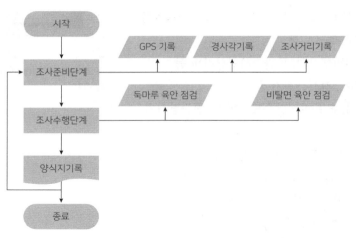

〈점검 수행절차(제방 점검 사례)〉

2절 재난방지시설의 취약성 파악과 점검, 보수 보강

1. 예상 재해 요인 예측

(1) 재난방지시설의 취약성 파악

① 예상 재해 유형 구분
재난방지시설의 재해 유형에 따른 구분

② 시설물별 설계기준 이해
㉠ 각 재해 유형별 방재시설(하천시설, 내·배수시설, 도로·교량시설, 해안시설, 사면시설, 기타 시설)에 대한 설계기준 및 지침 이해
㉡ 수문·수리학, 지반공학, 해안공학, 방재관리, 방재성능목표 등 공학적 해석기법 등

③ 실무 지침서 이해
개발사업 전·중·후의 홍수 유출, 토사유출, 사면 불안정 등 재해 예측 및 평가, 저감대책 수립, 협의서 작성 등 적정성 이해

(2) 예상 재해 요인 예측 및 평가

① 대상지역의 재해위험요인을 예측하기 위한 유역 및 하천현황, 기상, 수문 및 해안 특성, 지형 및 지질 등의 자료 파악

ⓐ 유역 및 하천현황 조사: 발생 가능한 재해에 대한 정성적·정량적 검토를 위한 필요자료 조사

ⓑ 기상, 수문 및 해상 특성 조사: 우량관측소, 기상자료, 수위관측소, 조위관측소 등 수문관측소 현황 조사

ⓒ 지형 및 지질 특성 조사: 재난방지시설을 중심으로 인접지역의 표고, 경사도, 절·성토 사면 및 자연 사면과 같은 지형 특성 조사

② 예상 재해 유형 구분: 재난방지시설의 예상되는 재해에 대하여 지역, 예측 방법, 재해가 예상되는 이유를 상세히 기술

★
재해 유형 구분
예상되는 지역, 예측방법, 예상
되는 이유 작성

★
재해 유형별 검토범위
하천 및 내수재해, 사면 및 토
사재해, 지반 및 지진재해, 해
안 및 바람재해, 기타 재해

재해 유형별 검토범위

재해 유형	재해영향성 검토범위
하천재해 및 내수재해	① 계획지구외 하천의 계획홍수위와 부지고와의 관계를 검토하여 부지성토가 어느 정도 발생하는지를 파악하고 이에 대한 영향 검토 ② 계획지구내 하천이 사업지구의 절·성토에 따라 하천단면에 변화가 크게 발생하는 경우에는 사업구간 내와 사업구간 외로 구분하여 검토 ③ 하천 이설이나 복개는 원칙적으로 금지하지만 부득이하게 발생하는 경우에는 관련 내용 검토 ④ 노후화된 저수지와 같이 기존 시설물로 인한 재해가 우려되는 경우 기존 시설물 안전진단 결과 등을 검토 ⑤ 자연배수가 될 수 있는 부지고를 확보하는 것을 검토하고, 자연배제가 불가능한 경우에는 펌프장 설치방안에 대하여 검토 ⑥ 계획지구 인접 주변지역의 내수배제에 악영향을 주지 않는지를 검토 ⑦ 영구저류지의 필요성 검토
사면재해 및 토사재해	① 자연사면의 붕괴로 인한 재해 발생 가능성 검토 ② 산지부에서 발생할 수 있는 토석류와 관련하여 토지이용계획 등에 반영되도록 검토 ③ 계획지구 및 인접 주변지역의 산사태, 급경사지와 붕괴위험 등 사면재해 발생현황 검토 ④ 계획지구로 인한 주변지역의 사면재해 발생 가능성 검토 ⑤ 계획지구의 지형변화를 최소화되도록 계획되었는지를 검토 ⑥ 침사지의 필요성 검토
지반재해 및 지진재해	① 예정용지 및 인접지역에서 과거 지반 불량으로 인한 지반침하 등 재해이력을 조사하여 원인을 분석하고 대책이 수립되었는지 여부 조사 ② 인접지역에서 과거 시행한 지반조사 결과 사례를 활용하여 지반재해위험 검토 ③ 예정용지 및 인근지역의 활성단층 분포현황, 지진재해이력 등에 대해 광역적 조사

해안재해 및 바람재해	① 예정용지 내에 과거 조위상승, 해일 등 연안재해이력에 대한 조사 결과를 바탕으로 재해원인을 분석하고 분석된 원인에 대한 대책 수립 여부 조사 ② 예정용지 인근에서 발생한 과거 바람재해이력에 대한 조사결과를 바탕으로 원인 분석 ③ 예정부지에 철탑 등의 고층시설물 설치계획이 있는 경우 바람재해에 대한 위험도 검토
기타	① 계획지구 경계 지정과 관련하여 재해 측면에서 조정이 필요한 부분 검토 ② 주변지역의 장래 토지이용계획 내용에 따른 재해영향 및 저감방안 검토 ③ 주변지역 개발에 따른 대상지역 재해영향 검토

③ 시설물의 예상 재해 요인을 개발 전·중·후로 구분하여 공학적 기법으로 예측·평가

2. 위험 해소방안 제시

(1) 위험 해소방안 기본방향
① 재해를 일으킬 수 있는 모든 문제점을 구분하여 기술
② 재해에 강한 계획 및 사업으로 추진
③ 지구단위 홍수방어기준(행정안전부 고시 제2017-1호)에 의거하여 검토·적용

홍수 위험구역 취약성 기준			
잠재홍수 위험도	잠재 홍수 위험구역	취약성 등	비고
높음	계획홍수량의 50%에 해당하는 수위 미만	- 취약성 등 검토 - 취약성 분석 - 과거 피해현황 등 침수구역 산정 - 홍수피해 저감능력 분석	
보통	계획홍수량의 50%에 해당하는 수위부터 계획홍수량에 해당하는 수위		
낮음	계획홍수량에 해당되는 수위 초과		

※ 제내지의 부지고에 해당하는 사항임

(2) 예상 재해 유형별 위험 해소방안
① 해당 구조물에 대한 발생 가능한 재해 유형 구분
② 재해 유형별 구조물에 적합한 이론 및 공학적 해석 기법의 이해
③ 구조물 취약성 분석 후 구조적·비구조적 해결방안 적용
④ 구조물의 재해영향 검토를 위하여 주변지역의 장래 토지이용계획 검토하고, 재해영향 및 저감대책을 정량적으로 검토

★
취약성 기준
홍수 위험구역(높음, 보통, 낮음)의 수위 기준

★
위험 해소방안
재해 유형 구분, 이론 및 해석 기법 이해, 해결방안 적용, 재해영향 검토

1 재해 예방부터 복구 단계까지 재해를 수습하는 데 필요한 일련의 과정을 무엇이라 하는가?

2 대구 지하철 화재참사로 인한 사고 현장의 빠른 정상화 및 복구를 위해 정부가 지정한 제도는 무엇인가?

3 다음은 어떤 종류의 재난에 해당되는가?

삼풍백화점에서 발생한 사고로 건축 및 구조설계, 시공, 유지관리 등에서 문제가 발생하여 건물이 붕괴되었다.

4 다음은 어떤 종류의 재난에 해당되는가?

성수대교 교량이 붕괴되어 차량 6대가 한강으로 추락하였다.

5 다음은 어떤 종류의 재난에 해당되는가?

해상에서 크레인이 유조선과 충돌하였다. 이로 인해 충남 태안 앞바다에는 다량의 기름이 유출되어 단기에 해결할 수 없을 만큼의 피해가 발생하였다.

6 다음은 어떤 종류의 재난에 해당되는가?

2015년 5월 첫 감염자가 보고되면서 총 186명의 메르스 환자가 발생하였으며, 이 중 38명이 사망하였다. 이후 2015년 10월 16일 메르스 종료가 선언됐다.

7 홍수 위험구역에 대한 취약성 기준 중 '높음'에 해당하는 수위는 계획홍수량의 (   )%에 해당된다. 빈칸에 맞는 숫자를 쓰시오.

8 각종 재난 및 사고로부터 국민의 생명·신체·재산을 보호하기 위하여 국가의 재난 및 안전관리의 기본방향을 설정하는 최상위 계획은?

답 1. 재난관리 2. 특별재난지역 3. 사회재난 4. 사회재난 5. 사회재난 6. 사회재난
7. 50 8. 국가안전관리기본계획

제6편

재난대응 및 복구대책 기획

제1장

재난대응 기획하기

제6편
재난대응 및 복구대책 기획

본 장에서는 재난 발생 직전과 직후 손실을 경감하고 재난복구의 효율을 증대시킬 방안을 수록하였다. 재해 피해예측과 안전대책 수립을 위한 리스크 평가체계와 재해 유형별 행동 요령을 파악하여 재난 관리체계 평가과정을 파악할 수 있도록 하였다. 응급조치 방안과 우선순위 결정을 통해 재난이 발생하였을 때 손실을 최소화할 수 있다.

1절 재난상황에 대한 인적·물적 피해 예측과 안전 대책

Keyword

1. 재난대응

(1) 재난대응 정의
① 재난 발생 직전과 직후, 재난이 진행되고 있는 동안에 취해지는 인명 구조와 재난 손실의 경감 및 복구의 효과성을 향상시키기 위한 일련의 활동
② 재난의 대응은 긴급구조 통제단을 구성하여 긴급구조대응계획에 따라 응급대책, 현장지휘, 긴급구조 활동 등을 지칭

(2) 대응
① 실제 인적 재난이 발생한 경우 재난관리기관들이 수행해야 할 각종 임무 및 기능을 적용하는 활동 과정으로 파악 가능
② 대응 단계는 예방 단계(완화 단계), 대비 단계(준비 단계)와 상호 연계함으로써 제2의 손실이 발생할 가능성을 감소시키고 복구 단계에서 발생할 수 있는 문제들을 최소화시키는 인적 재난관리의 실제 활동 국면을 의미
③ 이 단계에서는 준비 단계에서 수립된 각종 재난관리계획 실행, 재난 대책본부의 활동 개시, 긴급대피계획의 실천, 긴급 의약품 조달, 생필품 공급, 피난처 제공, 이재민 수용 및 보호, 후송, 탐색 및 구조 등의 활동이 포함
④ 대응 단계는 재난관리의 전 과정 중에서 시간적으로 가장 짧지만(대개 72시간 이내) 이 활동을 위해서 오랜 시간 완화와 대비의 노력을 기울이는 만큼 중요한 단계임

★
재난대응
재난 발생 직후 복구의 효과를 극대화하기 위한 활동

★
재난대응 단계에 대한 이해

2. 대응 단계 활동

① 대응 단계의 효율적 의사결정 구조의 문제와 조직 구성원들의 역할 문제 검토
② 인적 재난에 대하여 효율적으로 대응하기 위해서 유연한 의사결정 구조를 유지
③ 조직 구성원들에 대한 대응 활동의 구체적 역할을 사전에 부여
④ 특히, 인적 재난관리가 주 업무인 조직보다는 관련이 없는 조직의 경우에 인적 재난에 대비해 조직 구성원 각자의 업무를 정의하는 것이 필요함
⑤ 재난 희생자와 인적 재난관리 인력들이 일상적인 재난대응 유형에 익숙해지는 것이 필요함

3. 재난상황 시 안전대책 수립

(1) 재난 발생 시 대응계획 수립
① 대응과 단기복구체계에 대한 목표 및 절차계획 수립
② 계획 가동의 권한과 책임, 자원동원체계, 현장지휘체계 수립

(2) 통합대응계획 구성체계 수립
① 국가 수준의 계획 수립
② 광역계획: 시·도 수준의 계획
③ 지역 계획: 시·군·구 수준의 계획

(3) 기본계획, 기능별 계획, 유형별 계획 수립
① 기본계획: 대응조직체계, 작전 개념 및 절차
② 기능별 계획: 지휘 통제·통신·정보·비상 공공정보
③ 유형별 계획: 지진·홍수·폭풍, 핵공격·방사능 누출사고 등

2절 재난 예·경보 시스템 현장운용 지도, 관리

1. 위기예방체제

(1) 위기관리
① 예방에 해당되는 가장 중요한 단계로 해당 조직 내 리스크를 정확히 지정하고 평가해서 통제 방안 및 피해를 최소화할 수 있는 경감 방안

Keyword

★
대응 활동
문제점 파악, 역할, 업무 정의 등

★
대책 수립 과정
대응계획 수립, 구성체계 수립, 유형별 계획 수립

★
재난상황 시 안전대책 수립
기본계획, 기능별 계획, 유형별 계획

★
위기예방체제
위기 관리, 평가, 분석, 리스크 관리

도출

② 조직 내 업무의 중요 순위를 결정하고 업무별 복구목표시간(RTO)과 복구목표시점(RPO)을 정의한 후 규명된 위험 발생 시에 업무에 미치는 영향을 분석하여 설정된 RTO와 RPO에 준해서 복구할 수 있는 토대를 마련

(2) 취약성 및 리스크 평가
① 조직과 관련된 위험 요소를 규명하고, 조직의 자원에 영향을 끼치는 리스크 지정
② 취약성 분석, 위험 규명, 리스크 지정, 리스크 산정, 리스크 평가

(3) 비즈니스 영향력 분석
① 조직이 수행하는 업무 및 서비스를 분석하여 비즈니스 프로세스 정의
② 비즈니스 프로세스 간의 관련성을 찾아내어 프로세스가 중단되었을 때에 미치는 영향을 파악하여 우선순위 및 중요도 결정

(4) 리스크 관리
① 리스크에 대한 통제 방안 및 모니터링 방안을 결정
② 수립된 통제 방안에 대해 취약성이 있는지 평가 실시
③ 통제 방안, 경감 방안 탐구, 최적의 방안 선정 및 구현

2. 위기대비체제

(1) 위기대비
① 위기관리 1단계인 피해 저감 단계의 산출된 내용을 바탕으로 위험이 발생되었을 때 조직이 위기를 어떻게 관리해 나갈 것인가에 관한 방향을 설정하며 구체화된 계획 수립
② 계획 내용을 숙지할 수 있도록 교육과 훈련 실시

(2) 전략 수립
① 취약성 및 리스크 평가와 업무 영향력 분석
② 대응과 복구 전략, 업무 연속성 전략 개발

(3) 계획 수립
① 개발된 전략을 구체화시킬 수 있는 계획서 작성
② 특히 재난관리팀과 위기관리팀이 위험 발생 시에 상황 관리, 상황 전파, 중요 업무 재개 등에 관해 어떻게 행동할 것인가에 관한 절차 기술

Keyword

★
RTO와 RPO
- RTO(Recovery Time Objectives): 목표복구시간
- RPO(Recovery Point Objectives): 목표복구시점

★
취약성 및 리스크 평가
위험 요소 규명, 리스크 지정 및 산정, 취약성 분석 및 리스크 평가

★
비즈니스 영향력
비즈니스 프로세스 정의, 우선순위 및 중요도 결정

★
비즈니스 프로세스
시간이 경과함에 따라 계속적이고 반복적으로 생기는 경영의 가치활동에 대한 과정

★
리스크 관리
통제 및 모니터링 방안 결정, 취약성 평가, 최적 방안 선정 및 구현

★
위기대비체제
위기대비, 전략 및 계획 수립, 교육훈련

(4) 교육훈련

① 수립된 계획서에 따라 교육 프로그램 목적 및 구성요소 정립
② 다양한 교육훈련 방법 개발

3. 위기대응체제

(1) 위기대응

① 발생하는 위기에 대하여 긴급으로 대처하는 긴급대응 프로세스의 핵심은 재난상황 관리
② 업무 연속성에 초점을 맞추는 위기대응 프로세스로 나눔
③ 긴급대응관리팀이 제공한 상황정보를 바탕으로 업무 연속성 계획에 따라 중요 업무 및 서비스 연속성 확보
④ 관련된 자원 조달과 지원에 대한 안 마련

(2) 긴급대응

① 위협 징후 포착 시 예·경보에 대한 방안 수립과 위기 발생 시 비상사태 관리를 위한 지시 통제 협의에 대한 조정 방안을 도출하고, 그에 따른 의사결정체계 수립
② 물자 조달과 설비 지원에 대한 안을 설계하며 관련 기관과 연락 및 협조 절차를 정의하고 홍보 매체 선정

4. 위기복구체제

① 업무 및 서비스 우선순위에 따라 복구 및 운영방안 도출
② 조직에서 수행하는 모든 업무 및 외부에 제공하는 서비스 정상화
③ 재난으로 말미암아 조직의 모든 자원에 피해를 유발하였던 내용 조사
④ 평가한 결과를 바탕으로 정의된 복구 계획 절차에 따라 복구 계획 수립

5. 기타 프로세스

(1) 개정 활동

① 훈련 및 위기관리 활동의 평가를 통하여 교훈을 위한 자료 및 지식의 축적을 위한 방법 개발
② 실패 사례를 포함하여 대응 과정을 구체적으로 평가할 수 있는 방안 설계

Keyword

★
위기대응체제
상황정보를 바탕으로 서비스 연속성 확보, 자원 조달 및 지원 안 마련

★
긴급대응
비상사태에 대한 통제 방안 도출 및 의사결정체계 수립, 관계 기관 협조체계 정의

★
위기복구체제
복구 및 운영방안 도출, 정상화, 내용 조사 및 복구 계획

(2) 행정

① 재해 전후에 소요될 자금과 상호협력 관계, 자원 동원, 위기관리 평가 등과 같은 행정 업무 집행절차에 대한 계획 수립

② 회계 원칙에 맞도록 소요 자금 확보 보장 계획 수립

③ 자금 집행 권한 및 의무에 대한 내용 정의

④ 비용 산정 시 전산화·문서화 비용을 포함한 계획 수립

6. 위기관리 매뉴얼 작성

(1) 목적

① 태풍·호우로 대규모 재난사태가 발생하거나 우려될 때 산림청과 산하 기관 및 지방자치단체 산림 부서의 임무·역할, 조치 사항 등과 유관기관의 협조사항 규정

② 체계적이고 신속한 대응이 이루어져 피해를 최소화하려는 목적

(2) 법적 근거

① 작성 근거: 국가위기관리기본지침(대통령 훈령 제124호)

② 적용 법령: 「재난 및 안전관리 기본법」, 「자연재해대책법」

(3) 적용범위

① 태풍·호우 재난 위기관리 업무 수행과 관련되는 산림청의 대비·대응 활동에 적용

② 태풍 및 집중호우의 발생으로 인하여 대규모 피해가 발생하거나 그러한 우려가 있을 상황에 적용

(4) 위기 형태

① 풍랑으로 인하여 해안침식, 방파제·선박 접안시설 등 어항·항만시설 파괴, 선박 파손·침몰 등 피해 발생

② 갑작스러운 기압의 급강하 등으로 해수면이 상승하여 해수가 육지로 넘쳐 들어와 농경지 침수 및 양식시설, 해안림 등 피해 발생

★
위기관리 매뉴얼
신속한 대응을 위하여 피해를 최소화하려는 행위

★
위기관리 매뉴얼 적용
위기관리 대비·대응 활동, 대규모 피해가 발생하거나 우려가 있는 상황

(5) 위기경보 4단계 설정기준

위기경보			
구분	판단기준		활동
관심 (Blue)	- 태풍 빈발 시기 - 우리나라에 영향을 끼칠 가능성이 있는 태풍의 발생 - 호우 빈발 시기		징후 감시 활동
주의 (Yellow)	- 태풍예비특보 또는 태풍주의보가 발령되고 태풍에 의한 대규모 재난이 발생할 가능성이 나타날 때 - 호우 예비 특보 또는 호우주의보가 발령되고 호우에 의한 대규모 재난이 발생할 가능성이 나타날 때		협조체제 가동
경계 (Orange)	- 태풍경보가 발령되고 태풍에 의한 대규모 재난이 발생할 가능성이 농후할 때 - 호우경보가 발령되고 호우에 의한 대규모 재난이 발생할 가능성이 농후할 때		대비계획 점검
심각 (Red)	- 태풍경보가 발령되고 태풍에 의한 대규모 재난이 발생할 가능성이 확실할 때 - 호우경보가 발령되고 호우에 의한 대규모 재난이 발생할 가능성이 확실할 때		즉각 대응 태세 돌입

(6) 위기대응 지침 및 판단 고려요소

① 대응개념: 인명 및 재산 피해 최소화

② 대응방향

　㉠ 신속한 초동 대응태세의 가동으로 인명 및 재산 피해 최소화

　㉡ 유관기관 간의 공조로 신속한 응급조치 이행

③ 대응지침

　㉠ 재난 발생 시 위기대응 현장조치 행동매뉴얼 자동 실행

　㉡ 신속한 상황전파 및 진행상황 주시

　㉢ 재난위기경보 발령에 따른 신속한 사전 대응조치 실시

(7) 위기관리 업무 수행체계

재난의 성격에 따라 태풍·호우 분야와 해일·대설 분야 등 구분하여 상황관리체계를 개별 운영

Keyword

★
위기경보체계 및 판단기준
관심, 주의, 경계, 심각

★
위기경보 4단계 및 활동
- 관심(Blue): 징후 감시
- 주의(Yellow): 협조체제
- 경계(Orange): 대비계획 점검
- 심각(Red): 즉각 대응

1. 구조적 응급조치

(1) 재난피해 조사

▷ 재난관리책임기관의 장은 재난으로 발생한 피해상황을 신속하게 파악하고 그 결과를 중앙대책본부장에 통보하여야 함

▷ 중앙대책본부장은 재난피해의 조사를 위하여 필요한 경우에는 대통령령으로 정하는 바에 따라 관계 중앙행정기관 및 관계 재난관리책임기관의 장과 합동으로 재난피해조사단을 편성하여 재난피해상황을 조사할 수 있음

▷ 중앙대책본부장은 제2항에 따른 재난피해조사단을 편성하기 위하여 관계 재난관리책임기관의 장에게 소속 공무원이나 직원의 파견을 요청할 수 있음

▷ 요청을 받은 관계 재난관리책임기관의 장은 특별한 사유가 없으면 요청에 따라야 함

▷ 「재난 및 안전관리 기본법」 제58조 제1항에 따른 피해상황 조사의 방법 및 기준 등 필요한 사항은 중앙대책본부장이 정함

(2) 긴급구조

① 중앙긴급구조통제단

  ㉠ 긴급구조에 관한 사항의 총괄·조정, 긴급구조기관 및 긴급구조지원기관이 하는 긴급구조 활동의 역할분담과 지휘·통제를 위하여 소방청에 중앙긴급구조통제단(이하 '중앙통제단'이라 한다)을 둠

  ㉡ 중앙통제단에는 단장 1명을 두되, 소방청장이 단장이 됨

  ㉢ 중앙통제단장은 긴급구조를 위하여 필요하면 긴급구조지원기관 간의 공조체제를 유지하기 위하여 관계기관·단체의 장에게 소속 직원의 파견을 요청할 수 있음

  ㉣ 이 경우 요청을 받은 기관·단체의 장은 특별한 사유가 없으면 요청에 따라야 함

  ㉤ 중앙통제단의 구성·기능 및 운영에 필요한 사항은 대통령령으로 정함

② 지역 긴급구조 통제단

  ㉠ 지역별 긴급구조에 관한 사항의 총괄·조정, 해당 지역에 소재하는 긴급구조기관 및 긴급구조지원기관 간의 역할분담과 재난 현장에서

Keyword

★
구조적 응급조치
재난 피해 조사, 긴급구조 통제단 편성, 활동 평가

★
중앙긴급구조통제단의 체계 및 역할

의 지휘·통제를 위해 시·도의 소방본부에 시·도 간 긴급구조 통제단을 두고, 시·군·구의 소방서에 시·군·구 긴급구조 통제단을 둠

ⓛ 시·도 긴급구조 통제단과 시·군·구 긴급구조 통제단(이하 '지역통제단'이라 한다)에는 각각 단장 1명을 두되, 시·도 긴급구조 통제단의 단장은 소방본부장이 되고 시·군·구 긴급구조 통제단의 단장은 소방서장이 됨

ⓒ 지역통제단장은 긴급구조를 위하여 필요하면 긴급구조지원기관 간의 공조체제를 유지하기 위하여 관계기관·단체의 장에게 소속 직원의 파견을 요청할 수 있음

ⓔ 이 경우 요청을 받은 기관·단체의 장은 특별한 사유가 없으면 요청에 따라야 함

ⓜ 지역통제단의 기능과 운영에 관한 사항은 대통령령으로 정함

③ **긴급구조대응계획 수립 및 긴급구조활동 평가**

ⓠ 긴급구조기관의 장은 재난이 발생하는 경우 긴급구조기관과 긴급구조지원기관이 신속하고 효율적으로 긴급구조를 수행할 수 있도록 대통령령으로 정하는 바에 따라 재난의 규모와 유형에 따른 긴급구조대응계획을 수립·시행하여야 함

ⓛ 중앙통제단장과 지역통제단장은 재난상황이 끝난 후 대통령령으로 정하는 바에 따라 긴급구조지원기관의 활동에 대하여 종합평가를 하여야 함

ⓒ 「재난 및 안전관리 기본법」 제53조 제1항에 따른 종합평가 결과는 시·군·구 긴급구조통제단장은 시·도 긴급구조통제단장 및 시장·군수·구청장에게, 시·도 긴급구조통제단장은 소방청장에게 보고하거나 통보하여야 함

ⓔ 국가와 지방자치단체는 재난관리에 필요한 인력·장비·시설의 확충, 통신망의 설치·정비 등 긴급구조 능력을 보강하기 위하여 노력하고, 필요한 재정상의 조치를 마련하여야 함

ⓜ 긴급구조기관의 장은 긴급구조활동을 신속하고 효과적으로 할 수 있도록 긴급구조 지휘대 등 긴급구조 체제를 구축하고, 상시소속 긴급구조 요원 및 장비의 출동태세를 유지하여야 함

ⓗ 긴급구조 업무와 재난관리책임기관(행정기관 외의 기관만 해당한다)의 재난관리 업무에 종사하는 사람은 대통령령으로 정하는 바에 따라 긴급구조에 관한 교육을 받아야 함

ⓢ 다만, 다른 법령에 따라 긴급구조에 관한 교육을 받은 경우에는 이

★
지역 긴급구조 통제단의 체계 및 역할

★
구조활동 평가
재난 종료 후 종합평가 수행, 구조 능력 보강 및 재정 확보, 교육 이수

★
긴급구조체제 구축 및 출동태세 유지

법에 따른 교육을 받은 것으로 인정함

◎ 소방청장과 시·도지사는 「재난 및 안전관리 기본법」 제53조 제3항에 따른 교육을 담당할 교육기관을 지정할 수 있음

ⓩ 긴급구조지원기관은 대통령령으로 정하는 바에 따라 긴급구조에 필요한 능력을 유지하여야 함

ⓒ 긴급구조기관의 장은 긴급구조지원기관의 능력을 평가할 수 있음

ⓓ 다만, 상시 출동체계 및 자체평가제도를 갖춘 기관과 민간 긴급구조지원기관에 대하여는 대통령령으로 정하는 바에 따라 평가를 하지 아니할 수 있음

ⓔ 긴급구조기관의 장은 제2항에 따른 평가결과를 해당 긴급구조지원기관의 장에게 통보하여야 함

ⓕ 「재난 및 안전관리 기본법」 제55조의2 제1항부터 제3항까지에서 규정한 사항 외에 긴급구조지원기관의 능력평가에 필요한 사항은 대통령령으로 정함

2. 비구조적 응급조치

(1) 재난지역에 대한 국고보조 지원

▷ 국가는 재난(「재난 및 안전관리 기본법」 제3조 제1호 가목에 따른 자연재난과 제3조 제1호 나목에 따른 사회재난 중 제60조 제2항에 따라 특별재난지역으로 선포된 지역의 재난으로 한정)의 원활한 복구를 위하여 필요하면 대통령령으로 정하는 바에 따라 그 비용(동법 제65조 제1항에 따른 보상금을 포함)의 전부 또는 일부를 국고에서 부담하거나 지방자치단체, 그 밖의 재난관리 책임자에게 보조할 수 있음

▷ 다만, 동법 제39조 제1항(제46조 제1항에 따라 시·도지사가 하는 경우를 포함) 또는 동법 제40조 제1항의 대피명령을 방해하거나 위반하여 발생한 피해에 대하여는 그러하지 아니할 수 있음

▷ 재난복구사업의 재원은 대통령령으로 정하는 재난의 구호 및 재난의 복구비용 부담 기준에 따라 국고의 부담금 또는 보조금과 지방자치단체의 부담금·의연금 등으로 충당하되, 지방자치단체의 부담금 중 시·도 및 시·군·구가 부담하는 기준은 행정안전부령으로 정함

▷ 국가와 지방자치단체는 재난으로 피해를 입은 시설의 복구와 피해주민의 생계안정을 위하여 다음 각 호의 지원을 할 수 있음
- 사망자·실종자·부상자 등 피해주민에 대한 구호
- 주거용 건축물의 복구비 지원

★
비구조적 응급조치
국고보조 지원, 재난사태 선포 및 응급조치, 안전교육

★
재난지역의 국고지원 항목

Keyword

- 고등학생의 학자금 면제
- 관계 법령에서 정하는 바에 따라 농업인·임업인·어업인의 자금 융자, 농업·임업·어업 자금의 상환기한 연기 및 그 이자의 감면 또는 중소기업 및 소상공인의 자금 융자
- 세입자 보조 등 생계안정 지원
- 관계 법령에서 정하는 바에 따라 국세·지방세, 건강보험료·연금보험료, 통신요금, 전기요금 등의 경감 또는 납부유예 등의 간접 지원
- 주 생계수단인 농업·어업·임업 등에 피해를 입은 경우에 해당 시설의 복구를 위한 지원
- 공공시설 피해에 대한 복구사업비 지원
- 그 밖에 중앙재난안전대책본부 회의에서 결정한 지원
▷ 국고지원 기준은 「재난 및 안전관리 기본법」 제3조 제1호 가목에 따른 자연재난에 대해서는 대통령령으로 정하고, 동법 제3조 제1호 나목에 따른 사회재난으로서 동법 제60조 제2항에 따라 특별재난지역으로 선포된 지역의 재난에 대해서는 관계 중앙행정기관의 장과의 협의 및 제14조 제2항 본문에 따른 중앙재난안전대책본부 회의의 심의를 거쳐 중앙대책본부장이 정하며, 제3조 제1호 나목에 따른 사회재난으로서 제60조 제2항에 따라 특별재난지역으로 선포되지 아니한 지역의 재난에 대해서는 제16조 제2항에 따른 지역 재난안전대책본부 회의의 심의를 거쳐 지역대책본부장이 정함
▷ 국가와 지방자치단체는 재난으로 피해를 입은 사람에 대하여 심리적 안정과 사회 적응을 위한 상담 활동을 지원할 수 있음
▷ 이 경우 구체적인 지원절차와 그 밖에 필요한 사항은 대통령령으로 정함

(2) 재난사태 선포 및 응급조치

① 재난사태 선포

▷ 중앙대책본부장은 대통령령으로 정하는 재난이 발생하거나 발생할 우려가 있는 경우 사람의 생명·신체 및 재산에 미치는 중대한 영향이나 피해를 줄이기 위하여 긴급한 조치가 필요하다고 인정하면 중앙위원회의 심의를 거쳐 다음 각 호의 구분에 따라 국무총리에게 재난사태를 선포할 것을 건의하거나 직접 선포할 수 있음

▷ 다만, 중앙대책본부장은 재난상황이 긴급하여 중앙위원회의 심의를 거칠 시간적 여유가 없다고 인정하는 경우에는 중앙위원회의 심의를 거치지 아니하고 국무총리에게 재난사태를 선포할 것을 건

★
재난사태 선포
재난 발생 우려, 긴급한 조치가
필요한 지역

의하거나 직접 선포할 수 있음

- 재난사태 선포 대상 지역이 3개 시·도 이상인 경우: 국무총리에 게 선포 건의
- 재난사태 선포 대상 지역이 2개 시·도 이상인 경우: 중앙대책본 부장이 선포

② 재난사태 조치

▷ 국무총리가 제1항 단서에 따라 재난사태를 선포하거나 중앙대책 본부장이 재난사태를 선포한 경우에는 지체 없이 중앙위원회의 승 인을 받아야 하며, 승인을 받지 못하면 선포된 재난사태를 즉시 해 제하여야 함

▷ 중앙대책본부장과 지역대책본부장은 재난사태가 선포된 지역에 대하여 다음 각 호의 조치를 할 수 있음

- 재난경보의 발령, 인력·장비 및 물자의 동원, 위험구역 설정, 대 피명령, 응급지원 등 「재난 및 안전관리 기본법」에 따른 응급조치
- 해당지역에 소재하는 행정기관 소속 공무원의 비상소집
- 해당지역에 대한 여행 등 이동자제 권고
- 그 밖에 재난예방에 필요한 조치

③ 재난사태에 대한 응급조치

▷ 시·도 긴급구조 통제단 및 시·군·구 긴급구조 통제단의 단장(이하 '지역통제단장'이라 한다)과 시장·군수·구청장은 재난이 발생할 우려가 있거나 재난이 발생하였을 때에는 즉시 관계 법령이나 재 난대응 활동계획 및 위기관리 매뉴얼에서 정하는 바에 따라 수방· 진화·구조 및 구난, 그 밖에 재난 발생을 예방하거나 피해를 줄이 기 위하여 필요한 다음 각 호의 응급조치를 하여야 함

▷ 다만, 지역통제단장의 경우에는 제2호 중 진화에 관한 응급조치와 제4호 및 제6호의 응급조치만 하여야 함

- 경보의 발령 또는 전달이나 피난의 권고 또는 지시
- 「재난 및 안전관리 기본법」 제31조에 따른 긴급 안전조치
- 진화·수방·지진방재, 그 밖의 응급조치와 구호
- 피해시설의 응급복구 및 방역과 방범, 그 밖의 질서유지
- 긴급수송 및 구조수단의 확보
- 급수수단의 확보, 긴급피난처 및 구호품의 확보
- 현장지휘 통신체계의 확보
- 그 밖에 재난 발생을 예방하거나 줄이기 위하여 필요한 사항

★
재난사태 조치
응급조치, 비상소집, 이동자제 권고 등

★
재난사태에 대한 응급조치
재난 발생을 예방하거나 피해 를 줄이기 위한 활동

(3) 대국민 안전교육 실시 및 안전교육 전문인력 양성

▷ 중앙행정기관의 장 및 지방자치단체의 장은 안전문화의 정착을 위하여 대국민 안전교육 및 학교·사회복지시설·다중 이용시설 등 안전에 취약한 시설의 종사자 등에 대하여 안전교육을 실시할 수 있음

▷ 「재난 및 안전관리 기본법」 제1항에 따른 안전교육의 대상, 방법, 시기, 그 밖에 안전교육의 실시에 필요한 사항은 대통령령으로 정함

▷ 국가 및 지방자치단체는 안전교육 전문인력의 양성을 위하여 다음 각 호의 사항에 관한 시책을 수립·추진할 수 있음

- 안전교육 전문인력의 수급 및 활용에 관한 사항
- 안전교육 전문인력의 육성 및 교육훈련에 관한 사항
- 안전교육 전문인력의 경력관리와 경력인증에 관한 사항
- 그 밖에 안전교육 전문인력의 양성에 필요한 사항으로서 대통령령으로 정하는 사항

▷ 국가 및 지방자치단체는 「재난 및 안전관리 기본법」 제66조의 6 제1항에 따른 안전교육 전문인력의 양성을 위한 시책을 추진할 때 필요하면 안전교육 전문인력 양성 등과 관련된 대학, 연구기관 등 대통령령으로 정하는 기관 및 단체를 지원할 수 있음

★
전문인력 양성
안전에 취약한 시설의 종사자들 대상

4절 재난관리책임기관의 재난대응 참여와 기술적 지원, 조정

1. 재해 유형별 행동 요령의 작성·활동

▷ 재난관리책임기관의 장은 자연재해가 발생하는 경우에 대비하여 기관 및 지역 여건에 적합한 재해 유형별 상황 수습 및 대처를 위한 행동 요령을 작성·활용

▷ 중앙본부장은 재난관리책임기관의 장이 작성한 재해 유형별 행동 요령에 대하여 평가 실시

2. 재해 유형별 행동요령에 포함되어야 할 사항

(1) 재난관리책임기관의 장은 재해 유형별 행동요령을 작성

① 단계별, 유형별, 담당자별 주민 행동요령 작성

② 일반적으로 사전준비, 주의보, 특보, 재해 이후로 구분하여 유형별 행

★
행동요령
재해 유형별·단계별·업무 유형별 행동요령 파악

제6편 재난대응 및 복구대책 기획

동요령 작성

재해 발생 시 행동요령	
유형	행동요령
주의보	- 재해대책 관계 공무원은 비상근무체제 돌입 및 유관기관 지시 - 재해 발생 예상지역의 순찰 강화 및 유기적 대처 - 유관기관과 협조체계 구축
특보	- 안전대책 추진 - 인력배치 확인 및 재정지원 검토 - 재해상황 통보 및 홍보
이후	- 피해시설물 파악 및 개선방향 도출 - 복구대책반 구성 및 예산지원 방안 검토 - 피해시설물에 대한 재난관리 시설물 선정 및 지속적 관리

(2) 다음 각 호의 구분에 의하여 작성

① 단계별 행동요령: 재난의 예방·대비·대응·복구 단계별 행동요령

② 업무 유형별 행동요령: 재난취약시설 점검, 시설물 응급복구 등의 행동요령

③ 담당자별 행동요령: 비상근무 실무반의 행동요령 등

④ 주민 행동요령: 도시·농어촌·산간지역 주민 등의 행동요령

⑤ 그 밖에 담당부서별 행동요령 등 행정안전부장관이 필요하다고 인정하는 행동요령

3. 풍수해 대응활동체제의 확립

(1) 풍수해 대응활동체제

① 주무기관: 관계 중앙행정기관, 지방자치단체

② 비상근무 체제에 따라 직원의 비상소집, 재난대책본부 설치 운영, 각종 재난정보 수집과 연락 체제 확립 등 대응 조치

(2) 주민에 대한 재난 예·경보 신속 전파

① 언론매체를 통한 대국민 홍보 강화(주무기관: 관계 중앙행정기관, 재난관리책임기관, 지방자치단체)

② 기상특보, 재난 예·경보의 신속한 보도, 문자(스크롤) 방송 또는 생방송 체제로 긴급 뉴스 방송 실시

(3) 기상상황 및 재난상황의 전달

① 기상상황과 재난상황 등을 국민에게 신속히 전달(주무기관: 기상청,

★
풍수해 대응체제
예·경보 전파, 상황 전달, 경보 발령, 응급복구

관계 중앙행정기관, 지방자치단체)

② 재난 위험 요인이 있는 지역에 대한 주민 대피 조치 및 안전 대책 강구(주무기관: 지방자치단체)

(4) 인명 피해 최소화를 위한 조기 경보발령체계 가동

① 주무기관: 관계 중앙행정기관, 지방자치단체

② 강우 관측, CCTV, 이·통장 등 실시간 현장 모니터링 실시

(5) 시설물 응급복구

① 주무기관: 지방자치단체

② 응급복구를 위한 인력 확보 및 국민 생활 필수시설의 신속한 응급복구 실시

③ 침수지역 주택 등에 대한 응급조치 및 건물의 안정성을 검토

4. 가뭄 대응활동체제의 확립

(1) 가뭄 대응활동체제

① 주무기관: 관계 중앙행정기관, 재난관리책임기관, 지방자치단체

② 언론매체를 통한 대국민 홍보 강화

③ 방재 관련 유관기관과의 홍보 협조 강화

(2) 단계별 제한급수대책 수립

① 주무기관: 관계 중앙행정기관, 지방자치단체

② 기관·자치단체별로 지역 실정에 맞는 단계별 급수대책 수립

(3) 긴급 식수원 확보 및 생활용수 공급

① 주무기관: 관계 중앙행정기관, 지방자치단체

② 「민방위기본법」에 의하여 설치된 비상 급수시설, 인근 정수장, 간이 상수도, 전용 상수도 등의 활용

③ 농업·공업·발전 용수 등 다른 수리시설 일시 전용

④ 유관기관과 협조체제 구축 및 비상 급수를 위한 시설 장비 및 인력 확보(군, 소방서 등)

5. 지진 대응활동체제의 확립

(1) 지진 상황 전파 및 대응 조치

① 주무기관: 관계 중앙행정기관, 지방자치단체

Keyword

★
가뭄 대응체제
급수대책, 식수 확보, 생활용수 공급

★
지진 대응체제
상황 전파, 구조 및 구급, 2차 재난 방지 대책 수립

② 재난방송 실시 요청

③ 지진 상황 전파

④ 시·군·구에 신속대응 지시

(2) 구조·구급

① 주무기관: 소방청, 지방자치단체, 보건복지부, 경찰청

② 대규모 인명 피해 발생지역에 긴급 구조·구급 대원 신속 투입 및 현장지휘소 설치

③ 차량 접근 불량지역 등에 긴급 구조·구급 활동을 위한 헬기지원체계 구축

(3) 2차 재난 방지대책 강구

① 주무기관: 행정안전부, 지방자치단체, 국토교통부, 산업통상자원부

② 시설물 추가 붕괴, 폭발·가스 누출, 위험물·독극물 취급시설 등 2차 피해 예상시설 점검 및 안전 조치

재난복구 기획하기

본 장에서는 재난이 발생한 이후 재해조사, 복구계획 수립, 자원관리 및 지원, 현장의 위험관리 방안에 대하여 수록하였다. 재해를 복구하기 위한 인력의 구성 방안과 운영조직에 대한 역할을 이해하고 수방 기준, 홍수방어 기준, 재해지도 제작 및 운영, 풍수해·가뭄 복구 대책, 내풍설계 기준 등을 파악하여 재해 발생 직후부터 정상 상태로 돌아올 때까지 재난 복구활동에 대하여 이해를 돕도록 하였다.

1절 재해조사 및 복구계획

Keyword

1. 재해조사

(1) 목적
▷ 재해조사는 재해의 재발을 방지하고 원인이 되었던 상태 및 행동을 조사하는 것으로 적정한 방지대책을 수립하는 것

(2) 재해조사의 방법
① 재해 발생 직후 재해조사 실시
② 물적 증거의 수집 및 보관
③ 재해현장의 기록 및 보관
④ 목격자 및 현장 감독자의 협력 및 재해조사 추진
⑤ 피해자의 진술 확보

2. 재해복구 및 계획

(1) 재해복구의 개념
① 복구는 인적 재난이 발생한 직후부터 피해지역이 재난 발생 이전의 원상태로 회복될 때까지의 장기적 활동 과정
② 초기 회복기간으로부터 정상 상태로 돌아올 때까지 지원을 제공하는 지속적 활동

(2) 재해복구 계획
① 복구계획 수립 근거 및 절차
「자연재난 구호 및 복구비용 부담기준 등에 관한 규정」 제10조(재난

> ★
> 재해조사
> 재해의 재발을 방지하고 원인이 되었던 상태 조사
>
> ★
> 재해조사 방법
>
> ★
> 재해복구
> 재해 발생 후, 정상 상태로 돌아올 때까지의 장기적 활동

복구비용의 산정 등)

② **피해조사 단계에서 관련 전문가를 참여시켜 개선복구계획 수립**

해당 분야 전문가를 사전심의 위원으로 가능한 참여시켜 피해원인, 반복피해 여부 및 복구공법 등에 대한 충분한 기술검토 등을 실시

③ **복구계획 대상**

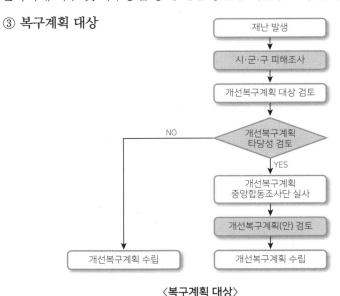

〈복구계획 대상〉

2절 지구단위종합복구계획 수립

1. 지구단위종합복구계획 수립

▷ 중앙대책본부장은 해당 지방자치단체의 의견을 들은 후 지방자치단체 소관 시설에 자연재해가 발생한 지역 중 다음 각 호에 해당하는 지역에 대해 지구단위종합복구계획을 수립할 수 있음(일부개정 2020. 01.29. 제16880호 「자연재해대책법」).

▷ 도로·하천 등의 시설물에 복합적으로 피해가 발생하여 시설물별 복구보다는 일괄 복구가 필요한 지역

▷ 산사태 또는 토석류로 인하여 하천 유로변경 등이 발생한 지역으로서 근원적 복구가 필요한 지역

▷ 복구사업을 위하여 국가 차원의 신속하고 전문적인 인력·기술력 등의 지원이 필요하다고 인정되는 지역

▷ 피해 재발 방지를 위하여 기능복원보다는 피해지역 전체를 조망한 예

★
종합복구계획 수립 가능 지역

방·정비가 필요하다고 인정되는 지역

2. 지구단위종합복구계획 수립 요청

▷ 지역재난안전대책본부의 본부장은 제47조에 따라 중앙합동조사단이 편성되기 전에 미리 자연재해가 발생한 지역의 피해상황 등을 조사하여 중앙대책본부장에게 지구단위종합복구계획을 수립하여 줄 것을 요청할 수 있음(일부개정 2020.01.29. 제16880호 「자연재해대책법」)

3절 재해현장 위험관리

1. 수방기준

(1) 정의

① 소하천·하천 제방, 하수관거 등 시설물에 대하여 설계·관리자의 수해 내구성 강화 등 안전성 확보를 위한 시설 기준
② 관련 법령: 「자연재해대책법」 제17조

(2) 주요 내용

① 재해로부터 각종 시설물의 안정성 확보와 내구성 강화를 위한 수방기준을 제정하여 기준 적용 대상 시설물 설치 시 적용
② 수방기준 제정 대상: 소하천 제방, 하천 제방, 방재시설, 하수관거, 하수 종말 처리장, 저수지, 사방시설, 댐, 교량, 방파제·방사제·파제제 및 호안

(3) 행정안전부장관의 임무(역할)

수방기준 중 시설물의 수해 내구성을 강화하기 위한 수방기준은 관계 중앙행정기관의 장이 정하고, 지하 공간의 침수를 방지하기 위한 수방기준은 행정안전부장관이 관계 중앙행정기관의 장과 협의하여 정함

(4) 지방자치단체장의 임무(역할)

수방기준제정대상의 준공검사 또는 사용승인을 할 때에는 행정안전부장관이 정하는 바에 따라 수방기준 적용 여부를 확인하고, 수방기준을 충족하였으면 준공검사 또는 사용승인을 하여야 함

★ Keyword

★
수방기준
시설물에 대한 수해 내구성 확보를 위한 기준. 수방기준을 정해야 하는 시설물 및 지하 공간은 대통령령으로 정함

★
수방기준에 따른 관계기관 및 단체의 역할

2. 지구단위 홍수방어기준

(1) 정의
① 상습침수지역 및 홍수피해 예상지역에 대하여 지역 특성에 맞는 홍수 방어기준을 마련하기 위한 기준
② 관련 법령: 「자연재해대책법」 제18조

(2) 주요 내용
상습침수지역 등의 재해 경감을 위하여 지구단위 홍수방어기준을 정하고 각종 지역 단위 개발계획 수립 시 적용

(3) 행정안전부장관의 임무(역할)
상습침수지역, 홍수피해 예상지역, 그 밖의 수해지역의 재해 경감을 위하여 필요하면 지구단위 홍수방어기준을 정함

(4) 재난관리책임기관장 및 중앙행정기관장의 임무(역할)
① 재난관리책임기관의 장은 개발사업, 자연재해위험개선지구 정비사업, 수해복구사업, 그 밖의 재해경감사업 중 대통령령으로 정하는 개발사업 등에 대한 계획을 수립할 때에는 「자연재해대책법」 제18조 제1항에 따른 지구단위 홍수방어기준을 적용함
② 중앙행정기관의 장, 시·도지사 및 시장·군수·구청장은 개발사업 등의 허가 등을 할 때에는 재해예방을 위하여 사업대상지역 및 인근지역에 미치는 영향을 분석하여 사업시행자에게 지구단위 홍수방어기준을 적용하도록 요청할 수 있음

3. 침수흔적도 등 재해지도 제작 운영

(1) 정의
① 침수피해가 발생한 경우 침수·범람 그 밖의 피해 흔적을 침수흔적도에 작성·보존하고, 각종 개발사업 시 활용 및 주민 대피용 지도 제작에 활용
② 관련 법령: 「자연재해대책법」 제21조

(2) 내용
① 지방자치단체에서는 침수흔적도를 조속히 작성하여 사전재해영향성 검토, 자연재해위험개선지구 지정, 자연재해저감 종합계획 수립 등 각종 개발계획 수립 시 검토 자료로 활용

Keyword

★
지구단위 홍수방어기준
홍수예상지역에 대한 방어기준

★
지구단위 홍수방어기준에 따른 관계기관 및 단체의 역할

★
침수흔적도
침수·범람 후 '한국국토정보공사'의 현장조사를 통하여 침수된 범위를 도시한 지도

② 재해 발생 시 신속한 주민 대피를 위한 교육, 훈련, 정보 제공 등 주민 대피에 활용할 수 있는 주민 대피용 재해정보지도 제작

(3) 행정안전부장관의 임무(역할)

관계 중앙행정기관의 장 및 지방자치단체의 장이 작성한 재해지도를 자연재해의 예방·대비·대응·복구 등 전 분야 대책에 기초로 활용하고 업무추진의 효율성을 증진하기 위한 재해지도통합관리연계시스템을 구축·운영함

(4) 지방자치단체장의 임무(역할)

침수피해가 발생하였을 때에는 침수, 범람, 그 밖의 피해 흔적을 조사하여 침수흔적도를 작성·보존하고 현장에 침수흔적을 표시·관리함

4. 풍수해 복구대책

(1) 복구 기본방향 결정

피해상황, 지역 특성, 관계 공공시설관리자의 의견을 수렴하여 기능 복원과 개선 복구의 기본방향을 결정(주무기관: 지방자치단체)

(2) 피해 조사 및 복구 지원

① 피해 조사 및 피해원인 분석 재난복구계획(안)의 작성을 위하여 관계 부처 공무원으로 중앙합동조사단 편성·운영(주무기관: 중앙재난안전대책본부)

② 복구비 지원(주무기관: 행정안전부)

(3) 국고의 부담 및 지원

재난복구 비용 등의 국고 부담 및 지원은 동일한 재난기간(기상특보 및 그 여파로 인한 기간 포함)에 발생한 피해액(농작물 및 동산 피해액 제외)이 기준 금액 이상에 해당하는 경우 지원(주무기관: 중앙재난안전대책본부)

(4) 풍수해 보험제도 운영 활성화

자동차 책임 보험처럼 위험도가 높은 가옥, 시설물 등에 대해서는 강제화할 수 있도록 제도 개선(주무기관: 행정안전부)

Keyword

★
관계 중앙행정기관의 장 및 지방자치단체의 장은 하천 범람 등 자연재해를 경감하고 신속한 주민 대피 등의 조치를 하기 위하여 대통령령으로 정하는 재해지도를 제작·활용

★
풍수해 복구대책
복구 방향 설정, 조사 및 복구비 지원, 풍수해 보험 운영

★
풍수해 보험
국민은 저렴한 보험료로 예기치 못한 풍수해(태풍, 홍수, 호우, 해일, 강풍, 풍랑, 대설, 지진)에 대해 스스로 대처할 수 있도록 하는 선진국형 재난관리제도

5. 가뭄 복구대책

(1) 피해 농작물에 대한 복구비 지원
피해 규모에 따라 중앙 또는 지방자치단체 지원(주무기관: 농림축산식품부)

(2) 가뭄 대책 장비 및 시설 구입비 및 동력비 등의 지원
주무기관: 관계 중앙행정기관, 지방자치단체

(3) 재난 구호 및 재난복구 비용 부담기준에 관한 규정에 의한 지원
지원 대상: 수원 확보 및 공급을 위한 소요 사업비, 양수 및 급수 장비 구입비 50% 지원(주무기관: 행정안전부)

6. 내풍설계기준

(1) 정의
건축물, 도로 부속물, 옥외 광고물 등 강풍으로 인하여 재해를 입을 우려가 있는 시설물에 대한 피해 예방 설계기준

(2) 관련 법령
「자연재해대책법」 제20조

(3) 주요 내용
① 태풍, 강풍 등으로 인하여 재해를 입을 우려가 있는 시설에 대하여 내풍설계기준을 설정하여 시설물 설치 시 적용
② 내풍설계기준 적용대상 시설
③ 건축물, 공항, 유원시설, 크레인, 항만, 옥외 광고물, 송·배전시설 등

(4) 관계 중앙행정기관장의 임무(역할)
내풍설계기준을 정하였을 때에는 행정안전부장관에게 통보하여야 하며 행정안전부장관은 필요하면 보완을 요구할 수 있음

(5) 지방자치단체장의 임무(역할)
내풍설계 대상 시설물에 대하여 허가 등을 할 때에는 내풍설계기준 적용에 관한 사항을 확인하고 그 기준을 충족하였으면 허가 등을 하여야 함

★
가뭄 복구대책
복구비 지원, 시설 및 동력비 지원, 재난 구호 지원

★
내풍설계
강풍으로 인하여 재해를 입을 우려가 있는 시설물에 적용

★
내풍설계기준에 따른 관계기관 및 단체의 역할 파악

7. 대설대책(설해)

(1) 정의
단시간 내에 많은 눈이 내림으로써 발생하는 재해

(2) 관련 법령
「자연재해대책법」 제26조

(3) 주요내용
① 설해 발생에 대비하여 설해 예방대책에 관한 조사 및 연구
② 설해로 인한 재해를 줄이기 위한 대책 마련
③ 설해 예방조직의 정비, 도로별 제설 및 지역별 교통대책 마련, 설해 대비용 물자와 자재의 비축·관리 및 장비의 확보
④ 고립·눈사태·교통두절 예상지구 등 취약지구의 지정·관리, 산악지역 등산로의 통제구역 지정·관리, 설해대책 교육·훈련 및 대국민 홍보, 농수산시설의 설해 경감대책 마련, 친환경적 제설대책 마련 등

(4) 관계 중앙행정기관장의 임무(역할)
① 재난관리책임기관의 장은 설해 예방 및 경감 조치를 위하여 필요하면 다른 재난관리책임기관의 장에게 협조를 요청할 수 있음
② 행정안전부장관은 환경피해를 최소화하기 위한 친환경적 제설방안의 시행을 재난관리책임기관의 장에게 권고할 수 있음
③ 행정안전부장관은 설해가 상습적으로 발생할 우려가 있는 지역을 상습설해지역으로 지정·고시하도록 해당 시장·군수·구청장에게 요청

(5) 지방자치단체장의 임무(역할)
① 시장·군수·구청장은 대설로 인하여 고립, 눈사태, 교통 두절 및 농수산시설물 피해 등의 설해가 상습적으로 발생하였거나 발생할 우려가 있는 지역을 상습설해지역으로 지정·고시
② 그 결과를 시장·도지사를 거쳐 행정안전부장관과 관계 중앙행정기관의 장에게 보고

(6) 건축물관리자의 임무(역할)
건축물의 소유자·점유자 또는 관리자로서 그 건축물에 대한 관리 책임이 있는 자는 관리하고 있는 건축물 주변의 보도, 이면도로, 보행자 전용도로, 시설물의 지붕(대통령령으로 정하는 시설물의 지붕으로 한정한다)에 대한 제설·제빙 작업을 하여야 함

★
대설주의보
24시간 신적설이 5cm 이상 예상될 때

★
대설경보
24시간 신적설이 20cm 이상 예상될 때 (단, 산지는 24시간 신적설이 30cm 이상)

★
「자연재해대책법」 제27조 (건축물관리자의 제설 책임)
건축물관리자의 구체적 제설·제빙 책임 범위 등에 관하여 필요한 사항은 해당 지방자치단체의 조례로 정함

1 다음 설명은 재난관리 단계 중 어디에 해당하나?

> 재난 발생 직전과 직후, 재난이 진행되고 있는
> 동안에 취해지는 인명구조와 재난 손실의 경감
> 및 복구의 효과성을 향상시키기 위한 일련의 행
> 동이다.

2 재난관리 단계 중 시간적으로 가장 짧은 활동으로 이를 위해 오랜 시간 노력을 기울여 준비하는 것은?

3 가뭄의 체제 중 '긴급 식수원 확보 및 생활용수 공급'에 대한 설명이다. 빈칸을 채우시오.

> • 주무기관: (①), 관계 중앙행정기관
> • (②) 기본법에 의하여 설치된 비상 급수시설,
>   인근 정수장, 간이 상수도 등을 활용

4 다음 설명은 재난관리 단계 중 어디에 해당하나?

> 재난이 발생한 직후부터 재난 발생 이전의 원상
> 태로 회복될 때까지의 장기적 활동 과정을 지칭
> 한다.

5 재난 초기 회복기간으로부터 정상 상태로 돌아올 때까지의 지원을 제공하는 재난관리의 단계는?

6 다음 설명의 빈칸에 공통으로 들어갈 말을 쓰시오.

> 재난의 ( )은 긴급구조 통제단을 구성하고 '긴
> 급구조 ( )계획'에 따라 응급대책, 현장지휘,
> 긴급구조 하는 활동이다.

7 재난이 발생한 경우 재난관리기관들이 수행해야 할 각종 임무 및 기능을 적용하는 활동 과정은?

8 대비 단계에서 수립된 각종 재난관리계획의 실행, 재난대책본부의 활동 개시, 긴급대피계획의 실천, 긴급 의약품 조달, 생필품 공급, 피난처 제공, 이재민 수용 및 보호, 탐색 및 구조 등의 활동을 하는 단계는?

답 1. 대응 2. 대응 3. ① 지방자치단체, ② 민방위 4. 복구 5. 복구
6. 대응 7. 대응 8. 대응

9 다음은 (　) 매뉴얼을 작성하는 목적이다. 빈칸에 맞는 용어를 쓰시오.

> • 대규모 재난사태가 발생하거나 우려될 때 주관기관과 산하 기관 및 지방자치단체 담당 부서의 임무·역할, 조치사항 등과 유관기관의 협조 사항 규정
> • 체계적이고 신속한 대응으로 피해를 최소화하려는 목적

10 위기대응 실무매뉴얼은 (　) 지침을 근거로 작성된다. 빈칸에 맞는 용어는?

11 국가 위기관리 기본 지침에 따른 위기경보 4단계를 순서대로 쓰시오.

12 국가 위기관리 기본 지침에 따른 위기경보 4단계를 순서대로 영어로 쓰시오.

13 (　)은(는) 재해의 재발을 방지하고 원인이 되었던 상태 및 행동을 조사하는 것이다. 빈칸에 맞는 용어는?

14 (　)은(는) 재난이 발생한 직후부터 피해지역이 재난 발생 이전의 원상태로 회복될 때까지의 장기적 활동 과정이다. 빈칸에 맞는 용어는?

15 재난(　)은(는) 재난 초기 회복기간으로부터 정상 상태로 돌아올 때까지 지원을 제공하는 지속적 활동이다. 빈칸에 맞는 용어는?

16 소하천 제방, 하천 제방, 하수관거 등의 시설물에 대하여 설계·관리자의 수해 내구성 강화 등 안전성 확보를 위한 시설 기준은?

17 상습 침수지역 및 홍수피해 예상지역에 대하여 지역 특성에 맞는 홍수방어 기준을 마련하기 위한 기준은?

18 행정안전부장관은 재난이 발생하거나 발생할 우려가 있는 경우 사람의 생명·신체 및 재산에 미치는 중대한 영향이나 피해를 줄이기 위하여 긴급한 조치가 필요하다고 인정하면 중앙위원회의 심의를 거쳐 (　)을(를) 선포할 수 있다. 빈칸에 맞는 용어는?

19 재난관리주관기관의 장은 대통령령으로 정하는 재난에 대한 징후를 식별하거나 재난발생이 예상되는 경우에는 그 위험수준, 발생 가능성 등을 판단하여 그에 부합되는 조치를 할 수 있도록 발령할 수 있는 것은 무엇인가? (①) 또한, 재난상황의 심각성을 종합적으로 고려하여 단계별로 구분하여 발령하고 있는 것은 무엇인가? (②)

답 9. 위기대응 실무 10. 국가 위기관리 기본 11. 관심, 주의, 경계, 심각
12. Blue, Yellow, Orange, Red 13. 재해조사 14. 복구 15. 복구 16. 수방 기준
17. 지구 단위 홍수방어 기준 18. 재난사태 19. ① 위기경보, ② 관심, 주의, 경계, 심각

20 중앙재난안전대책본부장은 해당 지방자치단체의 의견을 들은 후 자연재해가 도로, 하천 등의 시설물에 복합적으로 피해가 발생하여 시설물별 복구보다는 「일괄 복구가 필요한 지역」 및 「근원적 복구가 필요한 지역」에 수립하는 복구계획은 무엇인가?

제7편

재해 유형 구분 및
취약성 분석·평가

재해 유형 구분하기

본 장에서는 재해 피해 발생 및 예상지역에 대하여 재해유형을 구분하고, 재해유형별 방재시설물에 대한 적정성 여부를 파악할 수 있도록 하였다. 재해유형에는 하천재해, 내수재해, 사면재해, 토사재해, 해안재해, 바람재해, 기타 시설물재해가 있으며, 지역특성에 따라 하천재해-내수재해, 해안재해-내수재해, 토사재해-하천재해 등의 복합재해 발생지역으로 구분할 수 있다.

1절 재해 유형 구분

1. 자연재해의 유형

(1) 재해

① 재난으로 인하여 발생하는 피해

② 재난

   ㉠ 국민의 생명·신체·재산과 국가에 피해를 주거나 줄 수 있는 것

   ㉡ 자연재난과 사회재난으로 구분

(2) 자연재해

① 자연재난으로 인하여 발생하는 피해

② 자연재난

   태풍, 홍수, 호우, 강풍, 풍랑, 해일, 대설, 한파, 낙뢰, 가뭄, 폭염, 지진, 황사, 조류 대발생, 조수, 화산활동, 소행성·유성체 등 자연우주물체의 추락·충돌, 그 밖에 이에 준하는 자연현상으로 인하여 발생하는 재해

2. 자연재해저감 종합계획 수립 대상 재해 유형

(1) 하천재해

① **하천재해**

   홍수발생 시 하천 제방, 호안, 하천 횡단구조물(낙차공, 보, 교량 등)의 붕괴와 홍수위의 제방 범람 등으로 인해 발생하는 재해

② **하천의 정의 및 구분**

   ㉠ 하천: 하천법에 따라 그 명칭과 구간이 지정·고시된 하천으로 중

★
하천재해의 정의

★
하천은 국가하천, 지방하천 및 소하천으로 구분

요도에 따라서 국가하천, 지방하천으로 구분

      ⓛ 소하천: 「하천법」의 적용 또는 준용을 받지 아니하는 하천으로서 「소하천법」에 따라 그 명칭과 구간이 지정·고시된 하천

③ 하천재해 발생 양상

      ㉠ 홍수 발생으로 인한 제방의 붕괴, 유실 및 변형, 호안 유실, 하상안정시설 유실, 제방도로 피해, 하천 횡단구조물(교량, 낙차공, 보) 피해 발생

      ⓛ 하천 수위 상승으로 인한 제방 범람으로 발생되는 재해: 도심지 및 농경지 등의 침수로 인한 인명, 재산 등의 피해 발생

(2) 내수재해

① 내수재해

      ㉠ 내수침수: 제내지 우수가 외수위 상승, 배수체계 불량 등에 의해 하천 및 소하천 등으로 배제되지 못하고 저류되는 침수현상

      ⓛ 내수재해: 내수침수에 따라 인명과 재산상의 손실이 발생하는 재해

② 내수배제 방식의 구분

      ㉠ 자연배제: 내수위가 외수위보다 높은 경우(외수위의 영향을 받지 않는 지역에 적용)

        ▷ 관련시설: 우수관로, 배수로, 고지배수로 등

      ⓛ 강제배제: 외수위가 내수위보다 높은 경우(외수위의 영향으로 자연배제가 불가능한 지역에 적용)

        ▷ 관련시설: 빗물펌프장, 외수 역류방지시설 등

      ⓒ 혼합배제: 자연배제 및 강제배제를 혼합하여 적용

③ 내수재해 발생 양상

      ㉠ 우수관로, 배수로, 고지배수로 등의 자연배제 시설물 자체의 내수배제 능력 부족에 따른 침수 발생

      ⓛ 외수위의 영향을 받는 지역에서 빗물펌프장, 역류방지 수문 등 강제배제 시설물의 능력 부족, 고장 및 미설치에 따른 침수 발생

(3) 사면재해

① 사면재해

   호우 발생 시 자연사면의 불안정이나 인공사면의 시공 불량 및 시설 정비 미비, 유지관리 미흡 등으로 인하여 발생하는 산지 사면 붕괴 및 낙석에 의한 피해를 발생시키는 재해

② **사면재해 발생 양상**
    ㉠ 집중호우 등에 의한 토사사면의 붕락 또는 활동에 의한 피해 발생
    ㉡ 암반사면의 파괴에 따른 낙석 등의 피해 발생
    ㉢ 토석류, 암석과 토양 슬라이드 등과 같은 산사태에 의한 피해 발생

(4) 토사재해

① **토사재해**
    유역 내의 과다한 토사유출 등이 원인이 되어 하천시설 및 공공·사유 시설의 침수 및 매몰 등의 피해를 유발하는 재해

② **토사재해 발생 양상**
    ㉠ 산지 침식에 따른 피복상태 불량 및 산지 황폐화 등과 같은 직접적인 피해 발생
    ㉡ 침식된 토사에 의한 하류지역의 하천시설, 내수배제시설 및 저수지 등의 성능저하에 따른 2차적인 피해 발생

(5) 해안재해

① **해안재해**
    태풍, 폭풍해일, 지진해일, 연안파랑 등의 자연현상에 의하여 해안 침수, 항만시설 붕괴 등이 발생하는 재해

② **해안재해 발생 양상**
    ㉠ 표사이동수지의 불균형에 의한 광범위한 해안침식 발생
    ㉡ 폭풍해일 또는 고파(강풍에 의한 높은 해파)에 의한 재해
    ㉢ 해저 지진으로 발생한 쓰나미에 의한 재해

(6) 바람재해

① **바람재해**
    태풍, 강풍 등에 의해 인명 피해나 시설의 경제적 손실이 발생하는 재해

② **바람재해 발생 양상**
    대부분 강풍이 동반된 태풍에 의한 피해 발생(전체 피해의 약 60% 해당)

(7) 가뭄재해

① **가뭄재해**
    오랫동안 비가 오지 않아서 물이 부족한 상태 또는 장기간에 걸친 물 부족으로 나타나는 재해

★
토사재해의 정의

★
해안재해의 정의

★
바람재해의 정의

② 가뭄재해 발생 양상
　　㉠ 수자원이 평균보다 적어서 정상적인 사회생활에 불편이나 피해를
　　　 유발
　　㉡ 용수의 제한 공급 및 중단으로 인한 산업, 농업, 생활상의 피해를
　　　 유발

(8) 대설재해

① 대설재해
　　농작물·교통기관·가옥 등이 대설에 의해 입는 재해

② 대설재해 발생 양상
　　대설로 인한 교통 두절, 고립피해, 시설물 붕괴 등의 피해 발생

(9) 기타 재해
① 「자연재해대책법 시행령」 제55조에서 정하는 방재시설의 노후로 인
　 하여 발생할 수 있는 재해 등
② 하천의 홍수위 저감을 위하여 설치된 우수유출저감시설 중 저류지 및
　 저류조 등에 의해 발생할 수 있는 재해

2절 복합재해 발생지역

1. 자연재해저감 종합계획 수립 시 고려사항

(1) 복합재해 발생지역 검토
① 하천 및 내수재해 발생지역: 하천의 홍수위와 하수관망의 방재성능
　 차이로 인하여 발생할 수 있는 위험요인 검토
② 해안 및 내수재해 발생지역: 해안의 이상 해수위, 토지 이용 변화로
　 인하여 발생할 수 있는 위험요인 분석
③ 토사 및 하천재해 발생지역: 산지에서 발생하는 토석류와 하천의 하
　 상변화 과정에서 발생할 수 있는 위험요인 분석

(2) 지역의 통합 방재성능 구현
① 동일한 지역 내 통합 방재성능 구현을 위한 시설물별 성능목표 설정
② 통합 방재성능 달성방안 제시

→
「자연재해대책법 시행령」
제55조에 의한 방재시설
제8편 제1장 9절 "기타재해
위험지구 후보지 선정" 참고

★
복합재해 유형
하천/내수재해, 해안/내수재
해, 토사/하천재해 등

2. 하천 및 내수재해 발생지역

(1) 발생지역
① 인접한 하천의 계획홍수위보다 지반고가 낮아 하천의 수위 상승에 따라 내수의 자연배제가 어려운 지역
② 방류되는 하천의 계획홍수위보다 낮은 기점수위 조건으로 빗물펌프장, 고지배수로 및 우수관로 등의 내수배제시설이 설치된 지역

(2) 재해 발생원인
① 방류되는 하천의 계획홍수위보다 낮은 기점수위 조건으로 내수배제시설이 설계된 경우 하천의 계획홍수위 발생에 따른 내수배제시설의 성능저하
② 방류되는 하천의 교량 경간장 부족, 토사퇴적, 하천정비사업 미시행 등에 의해 하천의 이상 홍수위(계획홍수위보다 높은 수위) 발생에 따른 내수배제시설의 성능저하

3. 해안 및 내수재해 발생

(1) 발생지역
① 바다로 내수를 방류하는 해안가 저지대 지역
② 조위의 영향을 받는 하천으로 내수를 방류하는 저지대 지역

(2) 재해 발생원인
내수배제시설의 설계조건 이상의 해수위 발생에 따른 내수배제 불량

4. 토사 및 하천재해 발생

(1) 발생지역
① 급경사 유역을 관류하는 하천 구간
② 피복 상태가 불량하거나 사방시설이 미설치된 산지하천 구간

(2) 재해 발생원인
① 산지 침식 등으로 인하여 침식된 토사가 하류지역의 하천에 퇴적되어 하천의 통수면적 감소
② 토석류의 발생에 의한 하천 기능 상실

제2장

재해취약성 분석·평가하기

제7편
재해 유형 구분 및
취약성 분석·평가

본 장에서는 재해취약지구의 재해 발생원인을 파악하기 위한 과거 피해현황의 조사방법 및 재해 발생원인 분석방법, 수문·수리학적 원인 분석방법을 수록하였다. 분석된 재해취약지구에 대한 취약요인은 향후 공학적, 기술적 평가를 통하여 적정 저감대책을 수립하기 위한 기초자료로 활용된다.

1절 재해 발생원인

1. 하천재해 발생원인

(1) 하천범람의 위험요인

① 하폭 부족

② 제방고 및 제방여유고 부족

③ 본류하천의 높은 외수위에 의한 지류하천 홍수소통 불량

④ 토석류, 유송잡물 등에 의한 하천 통수단면적 감소

⑤ 교량 경간장 및 형하여유고 부족으로 막힘 현상 발생

⑥ 교량 부분이 인근 제방보다 낮음으로 인한 월류 및 범람

⑦ 하천구역의 다른 용도 사용

⑧ 인접 저지대의 높은 토지이용도

⑨ 상류댐 홍수조절능력 부족

⑩ 계획홍수량 과소 책정

(2) 제방 유실, 변형 및 붕괴의 위험요인

① 파이핑 및 하상세굴, 세굴 등에 의한 제방 기초 유실

② 만곡부의 유수나 유송잡물 충격

③ 소류력에 의한 제방 유실

④ 제방과 연결된 구조물 주변 세굴

⑤ 하천시설물과의 접속 부실 및 누수

⑥ 하천횡단구조물 파괴에 따른 연속 파괴

⑦ 제방폭 협소, 법면 급경사에 의한 침윤선 발달

⑧ 제체의 재질 불량, 다짐 불량

★
하천범람 위험요인
하폭·제방고·제방여유고 부족, 토석류에 의한 홍수소통 불량(토사퇴적), 설계기준 미달 교량, 설계량 초과 홍수, 하천정비사업 미시행 등

★
제방관련 위험요인
파이핑, 세굴, 소류력에 의한 제방 유실 등

⑨ 하천범람에 의한 제방 붕괴

(3) 호안유실의 위험요인
① 호안 강도 미흡 또는 연결 불량
② 소류력, 유송잡물에 의한 호안 유실, 이음매 결손, 흡출 등
③ 호안 내 공동 발생
④ 호안 저부 손상

(4) 하상안정시설 파괴의 위험요인
① 소류력에 의한 세굴
② 근입깊이 불충분

(5) 하천 횡단구조물 파괴의 위험요인
① 교량 경간장 및 형하여유고 부족
② 기초세굴 대책 미흡으로 인한 교각 침하 및 유실
③ 만곡 수충부에서의 교대부 유실
④ 교각부 콘크리트 유실
⑤ 날개벽 미설치 또는 길이 부족 등에 의한 사면토사 유실
⑥ 교대 기초세굴에 의한 교대 침하, 교대 뒤채움부 유실·파손
⑦ 유사 퇴적으로 인한 하상 바닥고 상승

(6) 제방도로 파괴의 위험요인
① 제방 유실·변형, 붕괴
② 집중호우로 인한 인접사면의 활동
③ 지표수, 지하수, 용출수 등에 의한 도로 절토사면 붕괴
④ 시공다짐 불량
⑤ 하천 협착부 수위 상승

(7) 댐 및 저수지 붕괴의 위험요인
① 계획홍수량을 초과하는 이상호우에 대한 방류 시설 미비
② 균열 및 누수구간 발생, 여수로 및 방수로 시설 파손
③ 안전관리 소홀

2. 내수재해 발생원인

(1) 우수유입시설 문제로 인한 피해의 위험요인
① 빗물받이 시설 부족 및 청소 불량
② 지하공간 출입구 빗물유입 방지시설 미흡

(2) 우수관거시설 문제로 인한 피해의 위험요인
① 우수관거 및 배수통관의 통수단면적 부족
② 역류 방지시설 미비
③ 계획홍수량 과소 책정

(3) 빗물펌프장 시설문제로 인한 피해의 위험요인
① 빗물펌프장 또는 배수펌프장의 용량 부족
② 배수로 미설치 및 정비 불량
③ 펌프장 운영 규정 미비
④ 설계기준 과소 적용(재현기간, 임계지속기간 적용 등)

(4) 외수위로 인한 피해의 위험요인
① 외수위로 인한 내수배제 불량
② 하천단면적 부족 또는 교량설치 부분의 낮은 제방으로 인한 범람

(5) 노면 및 위치적 문제에 의한 피해의 위험요인
① 인접지역 공사나 정비 등으로 인한 지반고의 상대적인 저하
② 철도나 도로 등의 하부 관통도로의 통수단면적 부족

(6) 2차적 침수피해 증대 및 기타 관련 피해의 위험요인
① 토석류에 의한 홍수소통 저하
② 지하수 침입에 의한 지하 침수
③ 지하공간 침수 시 배수계통 전원 차단
④ 선로 배수설비 및 전력시설 방수 미흡
⑤ 지중 연결부 방수처리 불량
⑥ 침수에 의한 전기시설 노출로 감전 피해
⑦ 다양한 침수 상황에 대한 발생유량 사전예측 및 대피체계 미흡

Keyword

★
내수재해 발생원인
설계기준 이상의 이상호우, 관거의 용량 부족, 외수위 상승, 역류방지시설 미비, 강제배제시설(펌프장, 유수지, 역류방지수문) 부족 등

3. 사면재해 발생원인

(1) 지반활동으로 인한 붕괴의 위험요인
① 기반암과 표토층의 경계에서 토석류 발생
② 집중호우시 지반포화로 인한 사면 약화 및 활동력 증가
③ 개발사업에 따른 지반 교란
④ 사면 상부의 인장균열 발생
⑤ 사면의 극심한 풍화 및 식생상태 불량
⑥ 사면의 절리 및 단층 불안정

(2) 사면의 과도한 절토 등으로 인한 붕괴의 위험요인
① 사면의 과도한 절토로 인한 사면의 요철현상
② 사면 상하부의 절토로 인한 인장균열
③ 사면의 부실시공

(3) 절개지, 경사면 등의 배수시설 불량에 의한 붕괴의 위험요인
① 배수시설 불량 및 부족
② 배수시설 유지관리 미흡
③ 배수시설 지표면과 밀착 부실

(4) 토사유출방지시설의 미비로 인한 피해의 위험요인
① 노후 축대시설 관리 소홀 및 재정비 미흡
② 사업주체별 표준경사도 일률 적용
③ 옹벽 부실시공

(5) 급경사지 주변에 위치한 시설물 피해의 위험요인
① 사면 직하부 주변에 취락지, 주택 등 생활공간 입지
② 사면주변에 임도, 송전탑 등 인공구조물 입지
③ 노후주택의 산사태 피해위험도 증대
④ 사면접합부의 계곡 유무

(6) 유지관리 미흡으로 인한 피해의 위험요인
① 토사유출이나 유실·사면붕괴 발생 시 도로 여유폭 부족
② 도로, 철도 등의 노선 피해 시 상황전파시스템 미흡
③ 위험도에 대한 인식 부족, 관공서의 대피지시 소홀

Keyword

★
사면재해 발생원인
집중호우 시 지반의 포화, 사면의 과도한 절토, 배수시설 불량, 노후 축대, 유지관리 미흡 등

4. 토사재해 발생원인

(1) 산지침식 및 홍수피해 가중의 위험요인
① 토양침식에 따른 유출률 증가 및 도달시간 감소
② 침식확대에 의한 피복상태 불량화 및 산지 황폐화
③ 토사유출에 의한 산지 수리시설 유실

(2) 하천 통수단면적 잠식의 위험요인
토석류의 퇴적에 따른 하천의 통수단면적 잠식

(3) 도시지역 내수침수 가중의 위험요인
① 상류유입 토사에 의한 우수유입구 차단
② 토사의 퇴적으로 인한 우수관거 내수배제 불량

(4) 저수지의 저류능력, 이수기능 저하의 위험요인
① 유사 퇴적으로 저수지 바닥고 상승 및 저류능력 저하
② 저수지 바닥고 상승에 따른 이수기능 저하

(5) 하구폐쇄로 인한 홍수위 증가의 위험요인
하류로 이송된 토사의 하구부 퇴적에 의한 하구폐쇄, 상류부 홍수위 증가

(6) 주거지 및 농경지 피해의 위험요인
홍수 시 토사의 유입에 의한 주거지, 농경지 피해

(7) 양식장 피해의 위험요인
홍수 시 토사의 유입에 의한 양식장 피해

5. 바람재해 발생원인

(1) 강풍에 의한 피해의 위험요인
① 송전탑 등 전력·통신시설 파괴 및 정전, 화재 등 2차 피해 발생
② 대형 광고물, 건물 부착물, 유리창 등 붕괴·이탈·낙하
③ 경기장 지붕 등 막구조물 파괴
④ 현수교 등 교량의 변형·파괴·붕괴
⑤ 도로표지판 등 도로 시설물 파괴
⑥ 삭도, 궤도 등 교통시설의 파괴
⑦ 유원시설 및 유·도선 등 각종 선박 파괴

★
토사재해 발생원인
유역의 토양침식, 하천 및 우수 관로 내 토사 퇴적, 저수지내 토사 퇴적, 하구부 토사 퇴적 (하구폐쇄) 등

★
바람재해 발생원인
강풍에 의한 시설물 파괴 및 비산물 발생 등

⑧ 교통신호등, 교통안전시설 파손

⑨ 차량 피해, 가설물 붕괴 및 대형 건설 장비 등의 전도

⑩ 기타 시설 피해 등

(2) 빌딩 피해의 위험요인
　국지적 난류에 의해 간판 등이 날아가거나 전선 절단 등의 피해

6. 해안재해 발생원인

(1) 파랑·월파에 의한 해안시설 피해 위험요인
① 파랑의 반복충격으로 해안구조물 유실 및 파손
② 월파에 의한 제방의 둑마루 및 안쪽 사면 피해
③ 테트라포트(TTP) 이탈 등 방파제 및 호안 등의 유실
④ 제방 기초부 세굴·유실 및 파괴·전괴·변이
⑤ 표류물 외력에 의한 시설물 피해
⑥ 표류물 퇴적에 의한 해상교통 폐쇄
⑦ 밑다짐공과 소파공 침하·유실
⑧ 월파로 인한 해안 도로 붕괴, 침수 등
⑨ 표류물 퇴적에 의한 항만 수심저하
⑩ 국부세굴에 의한 항만 구조물 기능 장애
⑪ 기타 해안시설 피해 등

(2) 해일 및 월파로 인한 내측피해의 위험요인
① 월파량 배수불량에 의한 침수
② 월류된 해수의 해안 저지대 집중으로 인한 우수량 가중
③ 위험한 지역 입지
④ 해일로 인한 임해선 철도 피해
⑤ 주민 인식 부족 및 사전 대피체계 미흡
⑥ 수산시설 유실 및 수산물 폐사
⑦ 기타 해일로 인한 시설 피해 등

(3) 하수구 역류 및 내수배제 불량으로 인한 침수의 위험요인
① 만조시 매립지 배후 배수로 만수
② 바닷물 역류나 우수배제 지체
③ 기타 침수피해 등

★
해안재해 발생원인
파랑의 충격, 월파, 표류물, 해수의 월류에 의한 저지대 침수, 바닷물 역류에 의한 내수침수, 해안침식 등

(4) 해안침식 위험요인

① 높은 파고에 의한 모래 유실 및 해안침식
② 토사준설, 해사채취에 의한 해안토사 평형상태 붕괴
③ 해안구조물에 의한 연안표사 이동
④ 백사장 침식 및 항내 매몰
⑤ 해안선 침식에 따른 건축물 등 붕괴
⑥ 댐, 하천구조물, 골재채취 등에 의한 토사공급 감소
⑦ 기타 해안침식 피해 등

7. 가뭄재해 발생원인

(1) 가뭄에 의한 피해 위험요인

① 생활·공업용수 제한 공급 또는 공급 중단으로 인한 산업 및 생활상의 피해 발생
② 농업용수 공급중단 등으로 인한 농작물 피해 발생

8. 대설재해 발생원인

(1) 대설에 의한 피해 위험요인

① 대설로 인한 취약도로 교통 두절 및 고립피해 발생
② 농·축산 시설물 붕괴피해
③ 조립식 철골건축(PEB, Pre-Engineered Building) 구조물, 천막구조물 등 가설시설물 붕괴피해
④ 기타 시설 피해 등

2절 재해취약지구 취약요인

1. 하천재해취약지구 취약요인

(1) 하천정비사업 미시행 구간

① 하천기본계획 및 소하천정비종합계획이 미수립된 지역은 하천재해 발생 위험성 높음
② 하천기본계획 및 소하천정비종합계획에서 하천개수계획을 수립하였으나 지자체의 예산 부족 등에 따라 하천정비가 미시행된 지역은 하

★
가뭄재해 발생원인
생활·공업·농업 용수의 공급 중단 등

★
대설재해 발생원인
시설물 피해 및 교통 두절 등을 발생시키는 대설

★
하천재해취약요인
하천정비사업 미시행, 설계기준 미달 교량, 노후 교량 등

천 자체의 통수능 부족 및 능력이 부족한 횡단구조물 등에 의해 제방의 월류 및 붕괴 등의 위험성 높음

(2) 설계기준 미달의 횡단구조물이 위치한 구간
① 하천 횡단교량의 상판 높이, 총연장, 경간장(교각간 거리) 등의 설계기준 미달
  ㉠ 교량의 붕괴 원인으로 작용
  ㉡ 홍수위 상승에 따른 하천범람 및 내수침수 유발
② 교량의 경간장의 기준 미달은 유송잡물에 의한 하천의 통수능 저하 유발
③ 노후 교량은 교량의 설계기준을 만족하더라도 붕괴의 위험성이 높음

2. 내수재해취약지구 취약요인

(1) 우수관거의 능력이 부족한 지역
① 하수도 설계기준 및 방재성능목표에 미달하는 우수관거는 내수재해에 취약
② 우수관거의 설계 당시보다 확률강우량 및 유역 내 불투수층의 증가에 따른 내수재해 발생
  ㉠ 확률강우량 증가에 따른 유역의 첨두홍수량 증가
  ㉡ 불투수층 증가에 따른 유역의 첨두홍수량 및 유출률 증가

(2) 본류 계획홍수위보다 지반고가 낮은 지역
① 본류 하천의 계획홍수위보다 지반고가 낮은 지역은 우수관로의 배수 불량 및 역류에 따른 내수침수에 취약
② 낮은 지반고로 인하여 내수의 자연배제가 어려운 지역
  ㉠ 빗물펌프장 등의 강제배제시설을 통하여 내수 배제
  ㉡ 강제배제 시설물의 방재성능을 검토하여 내수재해의 취약성 파악

(3) 고지유역의 우수가 유입되는 저지지역
① 배후지 및 인근 고지유역의 우수가 노면을 따라 저지로 유입되어 우수관거로 유입 전에 침수 발생
② 반지하 주거지역, 지하주택, 지하철역 또는 도로의 지반고가 주택의 출입구보다 높은 경우 저지지역은 내수침수에 취약

★
내수재해취약요인
우수관거 능력 부족, 낮은 지반고(저지대), 펌프장 및 유수지 능력 부족 등

3. 사면재해취약지구 취약요인

(1) 급경사 지역
① 급경사지에 위치한 흙은 집중호우 시 지반이 포화되어 토양 입자의 점착력이 약해지는 등의 이유로 사면 붕괴 발생
② 급경사지에 인장 균열이 생겼거나 풍화가 심할 경우, 절리나 단층이 불안정하거나 폐광, 송전탑, 인도 등 인위적 외력에 의한 불안정으로 붕괴 발생

(2) 산사태위험지역
① 산사태 위험등급 구분도에서 1등급으로 판정된 지역은 산사태 발생 위험에 취약
② 집중호우 시 토석류 발생에 취약한 지역
③ 강한 암반면 위에 얇은 토층이 형성되어 있는 지역
④ 큰 암괴가 혼합된 붕적층이 주로 형성된 지역

(3) 노후 축대가 위치한 지역
노후한 축대에 대한 정기적인 관리나 배수시설 관리가 미흡할 경우 붕괴사고 발생 가능

4. 토사재해취약지구 취약요인

(1) 급경사 하천 구간
① 급경사 하천의 경우 빠른 유속에 의해 유역의 토사가 하천으로 유입되어 하천범람 등의 피해 유발
② 하천 내에 발생하는 빠른 유속이 상류부 하상의 침식을 유발하고, 침식된 토사는 유속이 느려진 하류부에 퇴적되어 통수 단면적 저하

(2) 급경사지 하류부에 위치한 도시지역
① 유역에서 침식된 토사는 하천재해뿐만 아니라 우수관거의 통수능 저하 및 맨홀의 우수유입을 차단하여 내수침수 유발
② 지역개발 등에 따라 토지 이용의 변화가 발생한 지역
　㉠ 유역 내 토사침식이 쉽게 발생
　㉡ 침식된 토사의 하류지역 퇴적으로 내수침수 유발

★
사면재해취약요인
급경사지, 산사태 위험도 1·2등급 지역, 노후 축대 위치 등

★
토사재해취약요인
급경사 (소)하천의 하상침식, 우수관 거내 토사유입 등

5. 바람재해취약지구 취약요인

(1) 경량 철골조 지붕 및 외장재 설치지역
측벽의 창유리 파손 → 실내로 바람 유입 → 내압 증가 → 지붕외장재 파손

(2) 간판 등 비구조 부착물 설치지역
① 구조물 벽체에 부착 또는 돌출된 간판에 부압 작용 → 파괴 → 비산
② 비산하는 부착물은 2차적인 피해 유발

(3) 가로 시설물 설치지역
도로표지판, 가로등 및 신호등 지지대 등은 강풍 시 지지대의 하단부에서 큰 휨모멘트가 발생하여 파괴될 위험성이 높음

(4) 철골 구조체 및 크레인 등의 위치 지역
① 철골 트러스 구조물은 연결된 그물망이 받는 풍하중에 의해 파괴 가능
② 크레인은 풍하중에 의한 전도의 위험성 존재

(5) 비닐하우스 설치지역
① 강풍에 의해 비닐의 찢어짐 발생
② 강풍에 의해 파이프의 구부러짐 발생

6. 해안재해취약지구 취약요인

(1) 해안침식 발생지역
① 항만 및 어항이 건설된 지역은 해안을 따라 평행하게 움직이는 연안표사가 저지되어 주변의 백사장 침식을 유발
② 호안 및 해안도로의 건설은 인근 해역의 파랑장 및 그에 따른 해빈류장을 변화시키며, 연안사주의 형성을 저해하여 자연의 저사기능을 파괴함으로써 외해 방향으로 표사를 유발
③ 무분별한 하구 골재 채취 및 항내준설사의 유용은 해안으로 유입되는 토사를 현저히 감소시켜 백사장 유실을 초래
④ 연안지역의 개발(배후지의 개발)은 인근 주민에 의한 인위적 해안침식 유발

(2) 대조평균만조위보다 지반고가 낮은 저지대 주거지역
① 바다 또는 조위의 영향을 받는 구간에 내수를 방류하는 저지대 지역
　ㄱ 높은 조위 발생 시 내수의 자연배제 불가

★
바람재해취약요인
경량철골조 설치, 비구조 부착물 설치, 가로 시설물 설치, 철골구조체, 비닐하우스 등

★
해안재해취약요인
인근에 건설된 항만, 어항 및 해안도로 등, 조위의 영향을 받는 저지대, 방류부 역류 방지시설 미설치 및 빗물펌프장 능력 부족 등

     ⓛ 외수의 역류로 침수 유발
② 우수관거의 내수배제 용량 부족, 역류 방지시설 미설치 및 빗물펌프
    장의 미설치 또는 배제 능력이 부족한 경우 침수 발생
③ 매립지역 중 역류 방지시설, 빗물펌프장이 설치되지 않은 경우 침수
    발생

7. 가뭄재해취약지구 취약요인

(1) 수자원 부족지역
① 하천유출과 저수지 저수량의 결핍
② 용수의 수요와 공급의 불균형 지역

8. 대설재해취약지구 취약요인

(1) 취약도로 설치지역
    대설 발생 시 제설장비 투입이 어렵고, 적설용해장치 등이 미설치된
도로는 교통 두절 및 고립피해 유발

(2) 취약시설 설치지역
    가설시설물(PEB 구조물, 천막구조물) 및 농·축산 시설물은 대설로 인
한 하중이 증가될 경우 붕괴위험이 높음

3절 과거 피해현황 및 재해 발생원인

1. 과거 피해현황 파악

(1) 과거 재해기록 조사
① **태풍, 집중호우 등의 주요 피해원인 조사**
    ㄱ 수해백서, 현장조사 보고서 등의 자료 조사
    ㄴ 기상현황, 피해상황 등을 가능한 상세히 조사
② **행정구역 및 인근지역 자연재해 발생현황 조사**
    ㄱ 재해연보 및 해당 자치단체에서 발행한 수해백서 등의 문헌조사
    ㄴ 기타 재해 이력 조사
③ 재해현황은 인명피해현황(사망, 실종, 부상), 연도별 피해현황, 최근
    자연재해로 인한 피해총괄 등의 주요 항목으로 정리·수록

★
과거 피해현황 파악방법
재해기록 조사, 재해 발생현황
조사, 재해복구현황 조사, 주민
탐문조사 등

(2) 최근 10년간 재해 발생현황 및 복구현황 조사

　최근 10년 이상의 재해 발생현황 및 복구현황 관련 자료 정리·수록

(3) 주민 탐문조사

　과거 재해 발생현황에 대한 자료 조사와 더불어 피해 발생원인, 복구현황, 개선방안 등에 대한 주민 탐문조사 실시

★
최근 10년간 자료 조사

2. 재해 발생원인 파악

(1) 재해 발생 당시의 피해현황 조사

① 현장조사 결과를 토대로 피해시설 및 침수지구의 현황 파악

② 피해시설에 대한 피해현황과 피해액 등을 상세히 조사

③ 침수지구에 대한 침수면적, 침수심, 침수시간 등을 상세히 조사하여 재해 발생 당시 침수피해현황 파악

④ 피해시설 개소, 피해액, 복구액 등을 행정구역별, 유역단위별로 파악하여 피해가 집중된 지역 파악

(2) 재해취약요인 분석

① 피해 발생지역(유역 및 침수지구 단위)의 지형, 지질, 위치 등의 자연적 요소에 의한 취약점 분석

② 시설의 유지관리, 예방대책, 지자체의 투자현황 등을 파악하여 사회적·경제적 요인 및 재해에 대한 취약요소 분석

(3) 재해 발생원인 파악

① 강우 특성 분석

　㉠ 발생한 강우의 지속기간별 강우량 산정

　㉡ 하천기본계획 및 소하천정비종합계획 등에서 기분석한 유역 내 확률강우량 산정결과와 비교하여 재현기간 추정

　㉢ 지역별 방재성능목표(강우량)와 비교하여 침수 원인 분석의 기초자료로 활용

② 재해현황 분석

　㉠ 자연재해저감 종합계획 상 재해위험지구 지정 및 자연재해위험개선지구 지정 여부 파악

　㉡ 인접 하천, 소하천의 제방 월류 및 제방 붕괴 여부 파악

　㉢ 외수범람이 발생한 경우 홍수위, 홍수량, 지속기간 등의 수문 상황 파악

★
재해 발생원인 파악
강우특성 분석, 재해위험지구 지정 여부 파악, 인근 (소)하천 현황 및 계획홍수위, 피해지역 지반고, 역류방지시설 유무 파악 등

② 제방 월류 및 제방 붕괴가 발생한 지역에 대하여 피해 발생기간 내 토석류 유입 여부 검토

⑩ 하천기본계획, 소하천정비종합계획, 자연재해위험개선지구 정비 계획 등에서의 재해위험지구 정비사업의 시행 여부 파악

⑪ 하천 및 소하천의 계획홍수위와 피해지역 지반고를 비교하여 침수 발생의 외수위 영향성 검토

⑭ 배수 구조물의 역류방지시설 설치 여부 파악

③ **침수 재해 발생원인 파악**

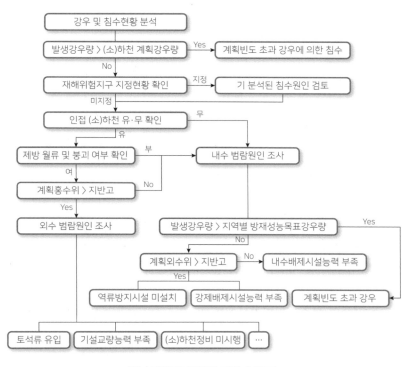

〈침수재해 발생원인 파악 흐름도〉

㉠ 자연재해저감 종합계획 상의 재해위험지구로 지정된 피해지역은 수록된 재해유발 원인을 고려하여 침수 원인을 파악

㉡ 인접한 (소)하천에 제방 월류 또는 제방 붕괴 구간이 있는 경우, (소)하천의 계획홍수위와 지반고를 참고하여 하천범람의 영향 범위를 결정하고 피해원인을 외수범람 또는 내수침수로 구분

▷ 피해원인이 외수범람으로 구분되는 경우: (소)하천의 제방 월류, 제방 붕괴의 원인을 토석류 유입에 따른 홍수위 상승, 능력이 부족한 교량에 의한 홍수위 상승, (소)하천 개수 미시행 등으로 구분

★
재해위험지구 지정 당시의 재해유발원인 파악

　　▷ 피해원인이 내수침수로 구분되는 경우: 내수배제시설의 능력
　　　부족을 침수 원인으로 간주
　ⓒ 인접한 (소)하천에 제방 월류 또는 제방 붕괴 구간이 없는 경우,
　　(소)하천의 계획홍수위와 지반고를 참고해 외수위의 영향성 검토
　　▷ 계획홍수위보다 지반고가 낮은 경우 외수 역류 방지시설의 설
　　　치 여부, 강제배제 시설의 성능 등을 파악하여 피해원인 추정
　　▷ 계획홍수위보다 지반고가 높은 경우 내수배제시설의 능력 부족
　　　을 침수 원인으로 간주
　ⓔ (소)하천 등이 인접하지 않은 피해지역은 내수배제시설의 능력 부
　　족을 침수 원인으로 간주

4절　수문·수리학적 원인 분석

1. 자료 조사

(1) 수문·수리학적 자료 조사
① 지형도, 토지이용도 등 각종 지도, 하천기본계획, 기타 해당 지역의 수
　문자료에 관련된 각종 보고서 조사
② 강우자료, 유량자료 등 유출해석에 필요한 자료 수집
③ 주요 수리시설, 댐 및 저류지 현황, 유수지 및 배수펌프장 현황 등 조사
④ 하천 단면 자료, 배수관망도 등 조사
⑤ 내수재해 발생지역은 기존 우수관망 및 하수도정비기본계획 등 자료
　조사

(2) 재해 발생 이력 조사
① 과거에 발생했던 재해 이력을 조사(최소 10개년 이상, 최대 발생연도
　포함)
② 과거 재해 이력을 분석하여 피해지역에서 과거의 피해 규모와 현재
　피해 규모 비교 분석
③ 재해 이력이 있는 경우 과거 피해원인이 제거되었는지 파악하여, 현
　재의 피해지역 및 주요 시설이 과거의 피해현황과 유사한 피해가 반
　복되어 발생하였는지 파악
④ 주요 자연재해 발생연도는 해당 연도별 기상 특성 및 강우 특성, 하천
　주요 수위관측소 수위현황, 피해현황, 복구현황 등을 조사

★
수문·수리학적 원인 분석
절차

수문·수리학적
자료조사

↓

강우분석
(확률강우량 산정,
방재성능목표 검토)

↓

수문분석
(유역의 유출량 산정)

↓

수리분석
(하천 및 관로
수위분석, 침수분석)

↓

침수원인 분석
(홍수재현기간 검토,
기존 구조물 성능
검토 등)

(3) 현장조사

① 피해원인 조사

   ㉠ 피해 및 복구지구(하천시설, 배수시설, 도로 및 교량, 해안시설, 사면 및 산사태, 기타 소규모 시설)에 대한 상세한 현장조사 실시를 통한 피해원인 파악

   ㉡ 내수침수, 외수침수, 토석류, 시설 규모 적정성 등 재해의 원인 기술

   ㉢ 하천제방의 취약, 배수시스템 불량, 지형학적 특성 등 원인 파악

   ㉣ 도로 및 교량시설의 설계기준 준용 여부 파악

   ㉤ 재해대장상 피해사진, 피해원인, 복구현황 등을 파악

② 피해 규모 확인

   ㉠ 피해 및 복구지구(하천시설, 배수시설, 도로 및 교량, 해안시설, 사면 및 산사태, 기타 소규모 시설)에 대한 상세한 현장조사 시행을 통한 피해 규모 파악

   ㉡ 침수흔적, 피해범위 등을 파악하여 기술

   ㉢ 재해대장상 피해사진, 피해 규모, 복구현황 등을 파악

③ 주민 의견 조사

   ㉠ 피해 및 복구지구(하천시설, 배수시설, 도로 및 교량, 해안시설, 사면 및 산사태, 기타 소규모 시설)에 대한 주민 탐문조사 시행을 통한 피해원인 파악

   ㉡ 피해지역 주민의 의견을 조사하여 피해상황 및 피해원인, 문제점, 개선사항, 기타 재해 저감을 위한 시설계획 등 요구사항 등 정리

(4) 피해 발생 당시의 수문·수리 특성 조사

① 피해 발생 당시의 강우 특성 조사

   ㉠ 기상 특성

   ㉡ 강우분포 특성(시간 최대, 일 최대강우량 등 지속기간별 강우 특성 파악)

   ㉢ 태풍 또는 호우의 이동경로

   ㉣ 지역별 호우 원인

   ㉤ 방재성능목표 강우량

② 피해 발생 당시의 수위 특성 조사

   ㉠ 주요지점의 수위현황 및 특성

   ㉡ 주요지점의 수위 분석

   ㉢ 피해 발생지역의 흔적수위 분석

★
방재성능목표
지방지치단체의 장이 공표한 지역별 방재성능목표 강우량 (제2편 제3장 "방재성능목표 설정" 참고)

2. 강우 분석

(1) 확률강우량 산정
① 관측소의 일관성 및 강우사상의 독립성 검토
② 지속기간별 강우량 산정
③ 빈도해석 및 최적 확률분포형을 선정하여 지점확률강우량 산정
④ 재현빈도별 강우강도식 작성

(2) 방재성능목표 강우량 확인
① 지역별 방재성능목표 강우량 확인
② 방재성능목표 강우량과 분석된 확률강우량의 비교·검토

3. 유역의 유출량 및 홍수위 산정

(1) 유역 및 하천의 특성 조사
① 유역 면적, 유로 연장, 유역평균경사, 유역의 방향성, 유역 표고 등을 조사
② 유역 전반에 걸쳐 유출에 영향을 미치는 유역의 형상과 수계배치 조사
③ 하천 및 배수분구의 특성인자 조사
  ㉠ 하천의 기하학적 특성을 나타내는 인자인 하폭, 하상경사, 하천밀도, 하상계수 등을 조사 분석
  ㉡ 내수침수피해 지역의 배수구역, 우수관망 현황, 관로 규모, 관로 연장, 관로 경사, 배수펌프장 시설 규모 등을 조사 분석
④ 유역의 토양도 및 토지이용도 조사
  ㉠ 토양도 및 토지이용도는 유역의 유출률 및 침투율 산정 이용
  ㉡ 토지이용도로부터 유역의 표면 피복현황을 파악 및 유출률 산정에 이용
⑤ 유역 내의 유로에 대한 상태와 배수계통, 단면 형태, 조도계수, 하천환경 등에 대한 조사 분석으로 수계에 대한 전반적인 홍수 소통 능력 정도 판단
⑥ 유역 내의 건물, 공장, 도로, 유수지, 댐, 교량 등에 대한 시설의 여부 및 밀집도 등을 제시하여 유출에 영향을 미치는 정도 판단

(2) 설계강우의 지속기간
① 임계지속기간(목표 구조물에 가장 불리한 강우의 지속기간) 적용
② 하천제방, 배수관거, 우수관거 등의 구조물의 임계지속기간: 최대 첨

★
방재성능목표 검토

★
임계지속기간의 정의

두흥수량을 발생시키는 강우의 지속기간

③ 댐, 홍수조절지, 펌프장 유수지 등의 저류구조물의 임계지속기간: 최대 저류량을 발생시키는 강우의 지속기간

(3) 설계강우의 시간적 분포

① 설계강우의 시간적 분포: 해당 지역의 강우 특성을 고려하여 적정한 공식 이용

　㉠ 모노노베(Mononobe) 방법: 강우의 시간분포를 임의로 배열하는 것으로 일 최대강우량을 Mononobe 공식에 대입하여 총강우량을 최대강우강도가 발생하는 위치에 따라 전방위형, 중앙집중형, 후방위형으로 나누고 시간별로 분포시키는 방법

　㉡ 교호블록 방법(alternating block method)
　　▷ 강우강도-지속기간-발생빈도(IDF) 곡선 또는 강우강도식을 이용하여 설계주상도를 작성하는 방법
　　▷ 국내에서는 Blocking 방법으로도 불리고 있음

　㉢ Huff 방법: 실측 강우량을 시간대별 누가곡선을 작성하여 이용하는 방법

② 국내의 수공구조물 설계에는 Huff 방법 적용

　㉠ 소하천 구조물 설계: Huff 방법

　㉡ 하천 구조물 설계: 수정 Huff 방법
　　▷ 기존 Huff 방법을 일부 보완하여 적용

(4) 유역의 도달시간 및 저류상수 산정

① **도달시간의 산정**

　㉠ 도달시간 = 지표면흐름형태의 유입시간 + 하도흐름 형태의 유하시간

　㉡ 국가하천 및 지방하천의 홍수량 산정 시 도달시간의 산정
　　▷ 유역의 모든 흐름을 하도흐름 형태로 간주하여 산정(유입시간 및 유하시간을 별도 구분하지 않음)
　　▷ 서경대 공식 적용

　㉢ 소하천의 홍수량 산정 시 도달시간의 산정
　　▷ 유역의 모든 흐름을 하도흐름 형태로 간주하여 산정(유입시간 및 유하시간을 별도 구분하지 않음)
　　▷ 연속형 Kraven 공식 적용

★
Huff 방법

★
도달시간 = 유입시간 + 유하시간

→
도달시간 산정 공식(서경대 공식, 연속형 Kraven 공식)은 제8편 제1장 1절 "하천재해 위험요인 분석·평가" 참고

ㄹ 재해영향평가등의 협의 시 도달시간의 산정
  ▷ 유입시간: 지표면흐름의 산정시간을 경험공식(Kerby 공식 등)
    또는 설계기준에 따라 산정
  ▷ 유하시간: Kirpich, Rziha, KravenⅠ, KravenⅡ, 연속형
    Kraven, 서경대 등의 공식 중 분석하고자 하는 지역의 흐름을
    잘 반영할 수 있는 공식 적용(실무에서는 주로 연속형 Kraven
    적용)

② 저류상수의 산정
  서경대 공식, Sabol 공식, 수정 Sabol 공식, Russel 공식 등을 이용하
여 산정

(1) 강우-유출 모형에 의한 홍수량 산정방법
① 합리식: 첨두홍수량만 산정(유출수문곡선 작성 불가)
② 합성단위유량도법: Snyder, SCS, Clark, 시간-면적 방법

(2) 홍수위 계산
① 제방 능력 검토 등을 위한 하천의 홍수위 계산
  ㉠ 1차원 부등류 해석 적용
  ㉡ 국내에서는 HEC-RAS 모형 적용
② 단순한 우수관로 내 홍수위 계산은 등류공식 적용 가능
③ 복잡한 우수관로 내 홍수위 계산 시 주로 XP-SWMM 모형 적용
  ㉠ 방류지점의 기점홍수위 영향, 배수위 영향, 빗물펌프장 및 유수지
    와의 복합적 배수 능력 검토 시행 가능
  ㉡ 지표면 침수분석 가능
④ 우수관로 해석 모형
  ILLUDAS, XP-SWMM 모형 등

4. 수문·수리학적 원인분석

(1) 하천재해 원인 분석
① 실제 발생한 지속기간별 강우량을 이용한 유역의 유출량을 산정하고
  홍수 발생의 재현기간 판단
② 분석된 하천의 계산홍수위와 실제 흔적수위를 비교하여 홍수 발생원
  인 파악
③ 분석된 홍수위 발생에 따른 유속분포를 파악하여 구조물 파괴의 원인
  분석

Keyword

★
합리식, Clark

★
하천의 홍수위 산정
HEC-RAS 모형 적용

★
우수관로 해석
XP-SWMM 모형 적용

(2) 내수재해 원인 분석

① 실제 강우에 의한 우수관로 및 빗물펌프장 등의 방재성능상의 문제점 분석

② 실제 강우에 의해 분석된 침수피해 범위와 조사된 침수흔적을 비교하여 침수 발생원인 파악

③ 지역별 방재성능목표 강우량을 적용하여 유역의 방재성능 검토

Keyword

적중예상문제

1 다음 중 내수재해 발생원인을 모두 고르시오.

> ① 우수관로의 배수배제 능력 부족
> ② 외수위 상승
> ③ 역류방지시설 미설치
> ④ 빗물펌프장의 용량 부족
> ⑤ 교량의 경간장 부족에 따른 통수능 저하

2 다음 중 토사재해 발생양상을 모두 고르시오.

> ① 산지침식에 따른 산지 황폐화
> ② 침식된 토사에 의한 하천통수능 저하
> ③ 토사사면의 붕괴에 따른 교통시설 단절
> ④ 산사태에 의한 하류부 매몰

3 집중호우 시 빗물펌프장의 오작동에 의해 침수가 발생하였다면 해당되는 재해 유형은?

4 해안의 이상 해수위 및 토지이용변화로 인해 복합재해가 발생할 수 있다. 여기에 해당하는 재해 유형 2가지는?

5 다음 중 자연재난에 속하는 해안재해 발생양상을 모두 고르시오.

> ① 표사이동수지의 불균형에 의한 광범위한 해안침식 발생
> ② 폭풍해일 또는 고파(강풍에 의한 높은 해파)에 의한 재해
> ③ 해저 지진으로 발생한 쓰나미에 의한 재해
> ④ 기름 유출에 의한 재해

6 하천의 홍수위와 하수관망의 방재성능 차이로 인해 복합재해가 발생할 수 있다. 여기에 해당하는 재해 유형 2가지는?

7 다음 중 해안침식이 발생 가능한 지역을 모두 고르시오.

> ① 인근에 항만 및 어항이 건설된 지역
> ② 인근에 호안 및 해안도로 건설 지역
> ③ 하구 골재채취 및 항내 존설사의 유용
> ④ 연안지역의 개발(배후지의 개발)

---

1. ⑤는 하천재해 발생원인   **2.** ③과 ④는 사면재해 발생원인

1. ①, ②, ③, ④ **2.** ①, ② **3.** 내수재해 **4.** 해안재해, 내수재해 **5.** ①, ②, ③
6. 하천재해, 내수재해 **7.** ①, ②, ③, ④

8 다음은 합성단위도를 이용한 유출량 산정절차이다. 산정 순서대로 나열하시오.

> ① 유역 특성조사
> ② 강우강도식 작성
> ③ 설계강우의 시간적 분포
> ④ 확률강우량 산정
> ⑤ 유역의 유출량 산정

9 방재구조물의 능력검토 또는 설계 시 강우의 임계지속기간 결정방법으로 옳은 것을 모두 고르시오.

> ① 방재구조물에 가장 불리한 강우의 지속기간
> ② 우수관거는 최대 첨두홍수량을 발생시키는 강우의 지속기간
> ③ 저류지는 최대 저류량을 발생시키는 강우의 지속기간
> ④ 유수지가 있는 펌프장은 유수지에 최대저류량이 발생하는 강우의 지속기간

10 다음은 하천재해의 수리·수문학적 원인분석 항목이다. 분석절차에 맞는 순서로 나열하라.

> ① 하천 홍수위 계산
> ② 강우분석 : 확률강우량 산정 등
> ③ 강우의 시간분포 결정
> ④ 자료조사
> ⑤ 강우-유출모형에 의한 홍수량 산정

11 하천 및 소하천의 홍수량 산정 시 적용되는 설계강우의 시간 분포 방법은?

12 홍수발생 시 하천 제방, 호안, 하천 횡단구조물(낙차공, 보, 교량 등)의 붕괴와 제방의 범람 등으로 인해 발생하는 재해는?

13 제내지 우수가 외수위 상승, 배수체계 불량 등에 의해 하천 및 소하천 등으로 배제되지 못하고 저류되어 인명과 재산피해가 발생하는 재해는?

14 내수배제 중 내수위가 외수위보다 높은 경우 우수관로, 배수로, 고지배수로 등으로 배제하는 방식은?

15 내수배제 중 외수위가 내수위보다 높은 경우 빗물펌프장, 외수 역류방지시설 등으로 배제하는 방식은?

16 호우 발생 시 자연사면의 불안정이나 인공사면의 시공 불량 및 시설 정비 미비, 유지관리 미흡 등으로 인해 발생하는 산지 사면 붕괴 및 낙석에 의한 피해를 발생시키는 재해는?

17 유역 내의 과다한 토사유출 등이 원인이 되어 하천시설 및 공공·사유시설의 침수 및 매몰 등의 피해를 유발하는 재해는?

답 8. ① → ④ → ② → ③ → ⑤ 9. ①, ②, ③, ④ 10. ④ → ② → ③ → ⑤ → ①
11. Huff 방법 12. 하천재해 13. 내수재해 14. 자연배제 15. 강제배제
16. 사면재해 17. 토사재해

18 태풍, 폭풍해일, 지진해일, 연안 파랑 등의 자연 현상에 의해 해안 침수, 항만시설 붕괴 등이 발생하는 재해는?

19 태풍, 강풍 등에 의해 인명 피해나 시설의 경제적 손실이 발생하는 재해는?

20 '자연재해저감종합계획' 수립 대상 재해 유형을 3가지만 작성하시오.

21 산지에서 발생하는 토석류와 하천의 하상변화 과정에서 복합재해가 발생할 수 있다. 여기에 해당하는 재해 유형 2가지는?

22 다음 내용과 관련 있는 재해 유형 2가지는?

> • 하천에 설치된 교량의 형하여유고 부족
> • 방류되는 하천의 계획홍수위보다 낮은 기점수위 조건으로 빗물펌프장, 고지배수로 및 우수관로 등의 내수배제시설이 설치된 지역

23 다음은 복합재해 발생지역에 대한 설명이다. 해당되는 재해 유형 2가지는?

> • 바다로 내수를 방류하는 해안가 저지대 지역
> • 조위의 영향을 받는 하천으로 내수를 방류하는 저지대 지역

24 다음은 복합재해 발생지역에 대한 설명이다. 해당되는 재해 유형 2가지는?

> • 급경사 유역을 관류하는 하천 구간
> • 피복 상태가 불량하거나 사방시설이 미설치된 산지하천 구간

25 하천재해 발생 유형을 3가지만 작성하시오.

26 내수재해 발생 유형을 3가지만 작성하시오.

27 사면재해 발생 유형을 3가지만 작성하시오.

28 토사재해 발생 유형을 3가지만 작성하시오.

답

18. 해안재해 **19.** 바람재해 **20.** 하천재해, 내수재해, 사면재해, 토사재해, 해안재해, 바람재해, 가뭄재해, 대설재해 등
21. 토사재해, 하천재해 **22.** 하천재해, 내수재해 **23.** 해안재해, 내수재해 **24.** 토사재해, 하천재해
25. 제방 붕괴·유실 및 변형, 호안 유실, 하상안정시설 유실, 제방도로 피해, 하천 횡단구조물 피해
26. 우수관거 관련 피해, 외수위 영향 피해, 우수유입시설 관련 피해, 빗물펌프장 관련 피해, 노면 및 위치적 문제로 인한 피해 등
27. 지반활동으로 인한 붕괴, 절개지나 경사면 등의 붕괴, 토사유출 방지시설 미비로 인한 피해, 사면의 과도한 굴착으로 인한 피해
28. 산지 침식 및 홍수 피해, 하천시설 피해, 도시지역 내수침수, 하천 통수능 저하, 저수지의 저수능 저하, 하구폐쇄

29 유로연장 2km, 유역최원점 표고 EL.30.50m 홍수량산정지점 표고 EL.10.50m인 소하천유역에 대해 Clark의 단위도법으로 홍수량 산정 시 필요한 매개변수 인 도달시간(T_c)을 연속형 Kraven 공식을 적용하여 산정하시오.

- 연속형 Kraven 공식: $T_c = 16.667\dfrac{L}{V}$

  * 여기서, T_c는 도달시간(min), L은 유로연장(km), V는 평균유속(m/s)

- 급경사부 평균유속(S>3/400):

  $V = 4.592 - \dfrac{0.01194}{S}$

- 완경사부 평균유속(S≤3/400):

  $V = 35{,}151.515\,S^2 - 79.393939\,S$
  $\qquad + 1.6181818$

---

30 다음의 표를 이용하여 합리식에 의한 홍수량 산정 시 필요한 유출계수(C)를 산정하시오. (단, 소수점 둘째 자리까지 산정)

토지 이용	면적(km²)	기본유출계수(C)
주거지역	0.1	0.7
도심지역	0.5	0.8
산업지역	0.3	0.5

31 유역 내에서 발생한 토사가 하천으로 유입하여 통수단면적 부족에 따른 하천범람이 발생한 경우 재해유형은 (①)재해로 구분되며, 재발방지를 위한 방재시설물로는 (②) 등이 있다. 빈칸을 채우시오.

32 자연재해 유형 중 빗물펌프장 등 강제배제시설의 문제로 발생하는 (①)재해는 외수위와 밀접한 관련이 있으며, 특히 정비사업이 미시행된 하천구간의 제내측 저지대의 경우 (②)재해와 함께 복합재해가 발생할 수 있다. 빈칸을 채우시오.

33 다음은 「급경사지 재해예방에 관한 법률」과 동법 시행령에서 급경사지에 대해 다음과 같이 정의하였다. 다음 (   ) 안에 들어갈 비탈면 유형을 쓰시오.

- (①)은 지면으로부터 높이가 5m 이상이고, 경사도가 34도 이상이며, 길이가 20m 이상이다.
- (②)은 지면으로부터 높이가 50m 이상이고, 경사도가 34도 이상이다.

해설

29. - 유역경사(S)= $\dfrac{30.50m-10.50m}{2{,}000m}$

        (S〉3/400이므로 급경사부 평균유속 적용)

  - 평균유속(V)=4.592- $\dfrac{0.01194}{0.01}$

  - 도달시간(Tc)=16.667

      (0.16hr, 588.25sec)

30. $\dfrac{0.1km2×0.7+0.5km2×0.8+0.3km2×0.5}{0.9km^2}$ =0.69

답

29. 9.80min(0.16hr, 588.25sec)　**30.** 0.69　**31.** ① 토사, ② 사방댐, 침사지　**32.** ① 내수, ② 하천
33. ① 인공비탈면, ② 자연비탈면

34 과거 재해발생 원인분석 결과 외수위 상승에 의해 내수재해가 발생한 경우 재해저감을 위해 설치 가능한 시설물을 3가지만 작성하시오.

35 내수침수위험 해소를 위한 적용공법 2가지를 쓰시오.

제8편

재해위험 및 복구사업 분석·평가

재해 유형별 위험 분석·평가하기

본 장에서는 재해위험 분석·평가방법을 재해유형별로 구분하여 작성하였다. 하천특성을 고려한 하천 재해 위험요인, 우수관망현황을 고려한 내수재해 위험요인, 자연적·인위적 개발현황을 고려한 사면재해 및 토사재해 위험요인, 태풍(해일)을 고려한 해안재해 위험요인, 지형적 특성을 고려한 바람재해 위험요인의 분석·평가방법을 상세히 수록하였다.

▷ 본 장에서 재해유형별 위험분석·평가방법은 자연재해저감 종합계획 수립 대상 재해유형을 대상으로 수록하였음
▷ 자연재해위험개선지구 정비계획 수립, 우수유출저감대책 수립, 소하천정비종합계획 수립 및 재해영향성평가 등의 협의 시 해당 재해위험 분석 및 평가방법의 적용이 가능함

Keyword

1절 하천재해 위험요인 분석·평가

1. 하천재해위험지구 후보지 선정

(1) 전 지역 하천재해 발생 가능성 검토

① 제방고 부족으로 인한 하천 범람이 발생할 가능성이 있는 지역 도출
  ㉠ 하도버퍼링, HEC-RAS MAPPER 등의 분석기법 적용
  ㉡ 범람에 따른 최대 침수면적(범위), 최대 침수심 등을 제시
② 하천의 계획빈도를 기준으로 전 지역 하천재해 발생 가능성 검토
③ 추가적으로 다양한 재현기간(10, 30, 50, 80, 100, 200년 빈도) 조건을 검토대상지역에 동일하게 적용하여 분석된 결과를 토대로 하천재해 발생경향 파악
④ 하천기본계획이 수립된 국가 및 지방하천을 대상으로 검토

★
전 지역 하천재해 검토방법
하도버퍼링 분석기법 적용,
하천의 계획빈도 기준으로 검토 등

(2) 예비후보지 대상 추출

① 이력 위험지구: 자연재해현황, 관련계획, 설문조사 등의 조사내용 활용
② 설문 위험지구: 설문조사의 조사내용 활용
③ 기존 자연재해저감 종합계획 위험지구: 관련계획의 조사내용 활용

④ 기타 기지정 위험지구: 관련계획의 조사내용 활용

⑤ 전 지역 재해발생 가능 지구: 기초분석의 전 지역 자연재해 발생 가능
성 검토 내용 활용

(3) 예비후보지 선정

① 선정기준

㉠ 기존 시·군 자연재해저감 종합계획의 하천재해위험지구 및 관리
지구

㉡ 과거 피해가 발생한 이력지구

㉢ 설문 조사 또는 지방자치단체 담당자 의견 수렴 등을 통하여 위험
요인이 존재하고 있는 것으로 판단되는 지구

㉣ 기지정 재해위험지구(자연재해위험개선지구, 지방하천 정비사업
지구 등) 중에서 하천재해로 분류되는 지구

㉤ 하천기본계획이 미수립되었거나 수립되었더라도 정비계획이 미시
행된 지구

㉥ 자연재해 관련 방재시설 중에서 하천재해에 해당되는 국가 및 지
방하천의 시설물인 제방 및 호안, 교량, 낙차공·보 등

㉦ 주거지 및 기반시설 인근 정비계획이 수립되어 있지만 미시행된
소하천

㉧ 전 지역 발생 가능성 검토에서 위험지역으로 분류되는 지역

② 선정방법

㉠ 자연재해 유형 구분, 중복 제외, 사업 시행 효율성을 위한 통합, 방
재여건 변화 반영 등을 고려한 예비후보지 선정

㉡ 두 가지 이상의 복합재해 발생지역의 경우 주요 위험요인에 해당
하는 자연재해를 위험지구의 자연재해 유형으로 결정

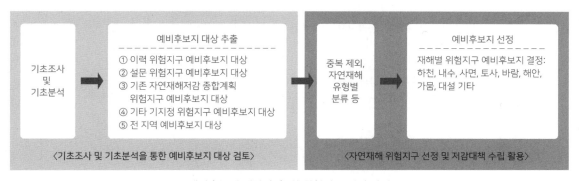

〈예비후보지 대상 추출 및 위험지구 선정 과정〉

자료: 자연재해저감 종합계획 세부수립기준

(4) 후보지 선정

① 후보지 선정방법
  ㉠ 위험도 지수(간략지수)라는 정량화된 수치로 후보지 선정
    ▷ 간략지수: 위험지구 후보지 선정에 적용
    ▷ 상세지수: 위험지구 선정에 적용
  ㉡ 위험도 지수(간략 지수)가 1 이하인 위험지구 예비후보지는 후보
    지 선정에서 제외

② 간략지수 산정방법
  ㉠ 피해이력 및 피해발생 잠재성 관련 항목, 자연재해 발생으로 영향
    받는 인명피해 및 재산피해 대상 유무와 관련된 항목, 주민불편의
    잠재성과 관련된 항목, 정비사업 완료 및 시설상태와 관련된 항목
    을 평가
  ㉡ 자연재해현황 조사, 주민설문조사 등 기초현황조사 통해 확인된
    피해이력과 현장조사를 통해 확인된 영향범위 내 토지이용현황,
    주민 거주현황, 정비사업 시행여부를 위험도 지수 산정에 활용
  ㉢ 위험도 지수(간략) = A × (0.6B + 0.4C) × D
    * 여기서, A는 피해이력, B는 예상피해수준, C는 주민불편도, D는 정비 여부

★
위험도 지수(간략지수)

항목별 간략지수 산정기준

항목구분	배점	피해발생 유형
피해 이력 (A)	1	최근 10년 내 피해이력이 없고, 피해발생 잠재성이 낮은 지역
	1	최근 10년 내 피해이력이 있으나, 단순피해에 해당하여 피해발생 잠재성이 낮은 지역
	2	최근 10년 내 피해이력이 있고, 피해발생 잠재성이 있는 지역
재해 위험도 (B)	1	영향범위 내 사유시설(농경지 등), 공공시설(도로 등), 건축물(주택, 상가, 공장, 공공건축물 등) 등이 위치하지 않아 재해발생시 피해규모가 크지 않은 것으로 예상되는 지역
	1	영향범위 내 사유시설, 공공시설, 건축물이 위치하나 관련계획을 통해 재해 발생 가능성이 낮은 것으로 검토된 지역(정비계획 미수립 구간 등)
	2	영향범위 내 사유시설, 공공시설, 건축물 등이 위치하고 있고 재해발생 가능성이 있어 인명 및 재산피해가 우려되는 지역

★
간략지수 산정 항목
피해이력, 재해위험도, 주민불편도, 정비 여부

★
과거 피해이력 조사는 최근 10년 내 기준

주민 불편도 (C)	1	영향범위 내 주민이 거주하지 않거나 도로가 위치하지 않아 재해발생시 주민불편 발생 가능성이 낮은 지역
		영향범위 내 주민이 거주 또는 도로가 위치하나 재해발생 가능성이 낮아 주민불편이 예상되지 않는 지역
	2	위험지구 내 주민이 거주 또는 도로가 위치하고 재해발생시 주민불편이 예상되는 지역
정비 여부 (D)	0	정비사업이 시행 완료되고, 시설상태 양호한 경우(단, 설계빈도가 방재성능목표보다 낮은 경우 방재성능목표를 적용하여 검토한 후 필요시 '1'로 처리)
	1	정비사업이 미시행 또는 정비사업이 시행되었더라도 시설상태가 불량한 경우

주) 1. 과거 피해이력은 최근 10년 단위를 기준으로 하되, 일부 조정 가능
　　2. 단순피해란 피해범위가 한정적이고 기능상실 등에 따라 기능복원 및 보수만으로 위험요인이 해소되는 수준의 피해로 정의
자료: 자연재해저감 종합계획 세부수립기준

2. 하천 설계기준 검토

(1) 하천의 계획규모

① 국가 및 지방하천의 계획규모

국가 및 지방하천의 계획규모		
하천중요도	계획규모(재현기간)	적용 하천 범위
A급 B급 C급	200년 이상 100~200년 50~200년	국가하천의 주요구간 국가하천과 지방하천의 주요구간 지방

자료: 하천 설계기준

★
국가 및 지방하천의 설계
하천 설계기준 적용

② 소하천의 계획규모

소하천의 계획규모		
구분	설계빈도(재현기간)	비고
도시 지역	50~100년	
농경지 지역	30~80년	
산지 지역	30~50년	

주) 설계강우량은 설계빈도 강우량과 각 지방자치단체의 장이 고시한 방재성능목표를 비교하여 계획
자료: 소하천 설계기준

★
소하천의 설계
소하천 설계기준 적용

③ 계획빈도 결정 시 고려사항

하천의 중요도 및 토지이용현황(도시화), 기왕의 홍수현황, 현지 조사에 의한 기술적 판단, 치수경제성 분석 등

(2) 제방단면 설계기준

① 제방단면의 설명

⊙ 제방단면의 구조와 명칭

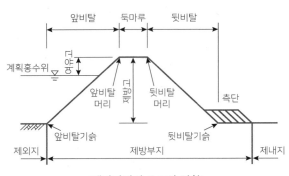

〈제방단면의 구조와 명칭〉

★
둑마루, 제방고, 계획홍수위, 여유고

⊙ 굴입하도: 하도의 일정 구간에서 평균적으로 보아 계획홍수위가 제내지 지반고보다 낮거나 둑마루나 흉벽의 마루에서 제내 지반까지의 높이가 0.6m 미만인 하도

★
굴입하도
제내지반고가 계획홍수위보다 높은 구간의 하도

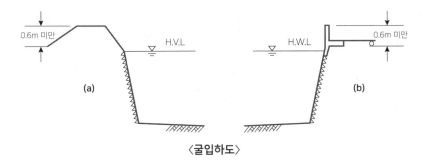

〈굴입하도〉

© 완전굴입하도: 굴입하도 중 둑마루가 제내지 지반보다 낮은 하도

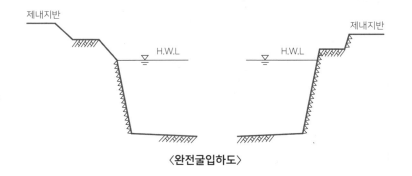

〈완전굴입하도〉

② 제방고

    ㉠ 제방고(둑마루 표고) = 계획홍수위 + 여유고

    ㉡ 계획홍수위: 계획하도 내 계획홍수량이 흐를 때의 수위

    ㉢ 여유고: 계획홍수량을 안전하게 소통시키기 위하여 하천에서 발생할 수 있는 여러 가지 불확실한 요소들에 대한 안전치로 주어지는 여분의 제방 높이

    ▷ 하천 설계기준

하천제방의 계획홍수량에 따른 여유고

계획홍수량(m³/s)	여유고(m)
200 미만	0.6 이상
200 이상~500 미만	0.8 이상
500 이상~2,000 미만	1.0 이상
2,000 이상~5,000 미만	1.2 이상
5,000 이상~10,000 미만	1.5 이상
10,000 이상	2.0 이상

    - 예외 규정 1: 굴입하도에서는 계획홍수량이 500m³/s 미만일 때는 규정대로 하고, 500m³/s 이상일 때는 1.0m 이상을 확보

    - 예외 규정 2: 계획홍수량이 50m³/s 이하이고 제방고가 1.0m 이하인 하천에서는 0.3m 이상을 확보

    ▷ 소하천 설계기준

소하천제방의 계획홍수량에 따른 여유고

계획홍수량(m³/s)	여유고(m)
200 미만	0.6 이상
200 이상 ~ 500 미만	0.8 이상

    - 예외 규정: 계획홍수량이 50m³/s 이하이고 제방고가 1.0m 이하인 소하천에서는 제방의 여유고를 0.3m 이상으로 결정

③ 제방의 둑마루 폭

    ㉠ 침투수에 대한 안전의 확보, 평상시의 하천점검, 홍수 시의 방재활동, 친수 및 여가 공간 마련 등의 목적을 달성할 수 있도록 결정

Keyword

★
제방고 = 계획홍수위 + 여유고

★
제방고는 하천의 계획홍수량에 따라 결정

ⓛ 하천 설계기준

하천제방의 계획홍수량에 따른 둑마루 폭	
계획홍수량(m³/s)	둑마루 폭(m)
200 미만	4.0 이상
200 이상 ~ 5,000 미만	5.0 이상
5,000 이상 ~ 10,000 미만	6.0 이상
10,000 이상	7.0 이상

ⓒ 소하천 설계기준

소하천제방의 계획홍수량에 따른 둑마루 폭	
계획홍수량(m³/s)	둑마루 폭(m)
100 미만	2.5 이상
100 이상 ~ 200 미만	3.0 이상
200 이상 ~ 500 미만	4.0 이상

④ **제방비탈경사**

　ⓖ 하천 설계기준

　　▷ 제방고와 제내지반고의 차이가 0.6m 미만인 구간을 제외하고는 1:3 또는 이보다 완만하게 설치

　　▷ 지형 조건, 물이 흐르는 단면 유지 및 장애물 등의 이유가 있는 경우에는 1:3보다 급하게 할 수 있으며, 이 경우 계획홍수위 등을 고려하여 안정성이 확보되도록 계획

　ⓛ 소하천 설계기준

　　▷ 제방의 비탈경사는 1:2보다 완만하게 설치

　　▷ 현지 지형 여건 및 기존 제방과 연결 등의 사유로 부득이하게 비탈경사를 1:2보다 급하게 결정해야 하는 경우

　　　- 제방 또는 지반의 토질 조건, 홍수 지속기간 등을 고려해 제방 계획비탈면의 토질공학적 안정성을 검토 후 비탈경사를 결정

　　　- 지형조건 등에 따라 불가피하게 설치된 흉벽의 경우는 예외

(3) 하천교량 설계기준

① **교량 연장**

　설치지점의 계획하폭 이상을 적용

② **교량 높이**

　ⓖ 교량 형하고 = 계획홍수위에 제방의 여유고를 더한 높이 이상으로 적용

★
둑마루 폭은 하천의 계획홍수량에 따라 결정

★
제방비탈경사의 기준 미준수 시 별도의 제방 안정성 검토 시행

★
교량 형하고 결정 방법

ⓛ 교좌장치가 없는 교량의 형하고는 상부 슬래브 하단 가장 낮은 지
  점까지의 높이로 결정

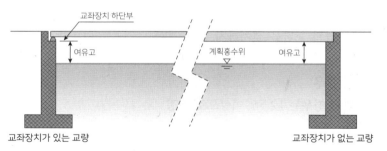

〈교량의 형하여유고〉

ⓒ 아치형 교량의 여유고는 통수 단면적을 등가 환산하여 여유고를
  만족시키는 높이로 결정

③ **교량 경간장**

　㉠ 교량의 경간장: 교각 중심에서 인근 교각 중심까지 길이이며 또한
　　유수 흐름방향에 직각으로 투영한 길이

　ⓛ 하천 설계기준

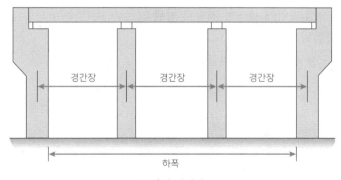

〈교각의 경간장〉

자료: 하천 설계기준

　▷ 다음 식으로 얻어지는 값 이상으로 결정
　　- $L = 20 + 0.005Q$ (L은 경간장(m)이고 Q는 계획홍수량(m^3/s)
　　- 결정된 경간장이 50m를 넘는 경우에는 50m로 결정 가능
　▷ 예외 규정
　　- 계획홍수량이 500m^3/s 미만이고 하천 폭이 30m 미만인 하
　　　천일 경우 12.5m 이상
　　- 계획홍수량이 500m^3/s 미만이고 하천 폭이 30m 이상인 하
　　　천일 경우 15m 이상

Keyword

★
교좌장치 유무에 따른 교량 형
하고 결정기준

★
아치형 교량의 여유고 적용
기준

★
교량 경간장
교각 중심에서 인근 교각 중심
까지 길이

- 계획홍수량이 500m³/s ~ 2,000m³/s인 하천일 경우 20m 이상
- 주운을 고려해야 할 경우는 주운에 필요한 최소 경간장 이상

ⓒ 소하천 설계기준
▷ 소하천에 설치되는 교량은 가급적 교각을 설치하지 않는 것이 원칙
▷ 부득이하게 교각을 두어야 할 경우
- 경간장은 하폭이 30m 미만인 경우는 12.5m 이상으로 결정
- 하폭이 30m 이상인 경우는 15m 이상으로 결정

3. 하천재해 위험요인(위험도) 분석

(1) 분석 방향

① 기초현황 조사, 주민설문조사, 문헌조사, 현장조사만으로는 위험요인을 도출하기 어려운 경우 정량적 분석기법 적용

② 정량적 분석
  ㄱ 모형 선정: 수문·수리적 현상을 모의 할 수 있는 것으로 결정
  ㄴ 위험분석의 공간적 범위
    ▷ 하천재해위험지구 후보지의 특성 파악에 필요한 지형적 범위
    ▷ 하천자체와 하천범람 시 영향범위 대상
    ▷ 하천 일부구간 또는 수계 전반 등 필요에 따라 위험요인 분석 범위를 다르게 설정
  ㄷ 하천시설물 능력 검토
    ▷ 하폭 및 제방고, 교량의 형하여유고 및 경간장 부족 등의 검토
    ▷ 하폭 및 제방고가 부족하여 하천범람 가능성이 높은 지구는 하도버퍼링, 하천모형에 의한 모의를 통해 침수심, 침수면적(범위) 등을 추가 제시
    ▷ 분석조건은 기본적으로 해당 시설물의 시설기준에 준하며, 추가로 지역별 방재성능목표 고려
    ▷ 하천 홍수위 통수능 검토는 해당 하천의 설계빈도를 기준으로 시행
  ㄹ 재해발생시 대규모 피해가 예상되는 경우에는 위험범위, 침수시간, 침수지역, 피해예상 물량 등을 판단할 수 있는 정량적 분석 실시

(2) 홍수량 산정방법

① 강우 분석

   ㉠ 강우관측소 선정

     ▷ 시우량 자료를 확보한 우량관측소 선정

     ▷ 홍수량 산정유역 내에 적절한 우량관측소가 없는 경우 인근 여러 우량관측소를 선정하여 티센(Thiessen)망도를 작성하여 가중 평균하는 방법 적용 또는 인근 우량관측소 중에서 하나 선정

   ㉡ 강우자료의 수집

     ▷ 수집 대상은 10분, 60분, 고정시간 2~24시간(1시간 간격, 유역 면적 등에 따라 최장 지속기간 조정)의 지속기간에 대한 연 최대치 강우량 자료

     ▷ 고정시간 강우량 자료는 환산계수를 적용하여 임의시간 강우량 자료로 환산

   ㉢ 확률강우량 산정

     ▷ 지점빈도해석 확률강우량 산정

       - 소하천 유역의 확률강우량 산정에 적용

       - 확률강우량 산정방법으로 확률분포함수의 매개변수 추정 방법은 확률가중모멘트법(PWM), 확률분포형은 검벨(Gumbel) 분포를 채택하는 것이 원칙

     ▷ 지역빈도해석 확률강우량 산정

       - 국가 및 지방하천 유역의 확률강우량 산정에 적용

       - 확률강우량 산정방법으로 확률분포함수의 지역 매개변수 추정 방법은 L-모멘트법, 확률분포형은 일반극치분포(GEV 분포)를 채택하는 것이 원칙

     ▷ 재현기간별·지속기간별 확률강우량을 산정한 후 기존 분석결과와 비교를 통하여 적정성 검토

   ㉣ 강우강도식 유도

     ▷ 강우강도: 단위시간당 강우량

     ▷ 임의시간 확률강우량을 산정하기 위한 강우강도식 유도

     ▷ 강우강도식

       - 일반형(General형), 전대수다항식형 등 사용

       - 분석된 확률강우량과의 정확성이 높은 강우강도식 적용

★
여러 우량관측소의 지배를 받는 지역은 Thiessen비를 적용한 가중평균 방법 적용

★
확률가중모멘트법(PWM)
Probability Weighted
Moment Method

★
검벨(Gumbel) 분포

ⓜ 면적 확률강우량 산정
　　　▷ 면적확률강우량 적용의 배경
　　　　- 강우가 홍수량 산정유역 전반에 걸쳐 동일한 형태로 발생하지
　　　　　않음
　　　　- 따라서 유역의 면적강우량은 관측소의 지점강우량보다 적어
　　　　　지는 물리적 현상을 반영하기 위하여 적용
　　　▷ 유역면적이 25.9km² 이상인 경우 적용
　　　▷ 적용방법
　　　　- 관측소별 지점확률강우량 산정(관측소가 2개소 이상인 유역
　　　　　은 티센 방법 등으로 가중 평균한 지점평균확률강우량 산정)
　　　　- 여기에 면적우량환산계수(Area Reduction Factor, ARF)를
　　　　　곱하여 면적확률강우량 산정
　　　▷ 「한국확률강우량도 작성」에서 면적우량환산계수
　　　　- $ARF(A) = 1 - M \cdot exp[-(aA^b)^{-1}]$
　　　　　* 여기서 ARF(A)는 유역면적 A(km²)에 따른 면적우량환산계수이며 M, a, b는 면
　　　　　적우량환산계수 회귀식의 회귀상수

★
면적우량환산계수(ARF)
적용기준 면적
25.9 km² 이상

② 설계강우의 시간분포
　ⓐ 설계강우의 시간분포 방법은 Huff 방법 또는 수정 Huff 방법 적용
　ⓑ Huff 방법 적용 시 분위는 홍수량 산정 표준지침에 따라 3분위 채택

★
Huff 방법에 의한 설계강우의
시간분포 결정(3분위 채택)

③ 유효우량 산정
　ⓐ 유효우량은 NRCS의 유출곡선지수(CN) 방법 적용
　ⓑ 선행토양 함수조건은 유출률이 가장 높은 AMC-Ⅲ 조건을 채택하
　　여 CN-Ⅲ를 적용

★
NRCS

★
유출률의 크기
AMC-Ⅰ < AMC-Ⅱ <
AMC-Ⅲ

　ⓒ 유출곡선지수(CN) 산정방법
　　▷ 정밀토양도를 이용하여 유역의 수문학적 토양군(A, B, C, D 4개
　　　종류)별 소유역 구분
　　▷ 토지피복도 또는 토지이용도를 이용하여 유역의 토지이용현황
　　　별 소유역 구분
　　▷ 수문학적 토양군별 소유역과 토지 이용별 소유역을 중첩하여
　　　토양군별 토지 이용별 소유역 구분
　　▷ 홍수량산정 표준지침 등에서 제시한 유출곡선지수 기준을 이용
　　　하여 각 소유역별 유출곡선지수(CN) 산정
　　▷ 소유역별 CN을 면적가중 평균하여 전체 유역의 유출곡선지수
　　　(CN) 산정

★
유출곡선지수(CN) 산정방법

토지이용형태에 따른 유출곡선지수(AMC-II, $I_a=0.2S$인 경우)

수치토지피복도		토양군				비고 (NRCS 분류기준 등)
중분류	코드번호	A	B	C	D	
논	210	79	79	79	79	별도 기준(논) CN-Ⅰ, CN-Ⅲ → 70, 89 적용
		79	79	79	79	
밭	220	63	74	82	85	조밀 경작지, 등고선 경작, 불량
과수원	240	70	79	84	88	이랑 경작지, 등고선 경작, 불량
자연초지	410	30	58	71	78	초지, 등고선경작, 양호
기타초지	430	49	69	79	84	자연목초지 또는 목장, 보통
침엽수림	320	55	72	82	85	별도 기준(산림)
활엽수림	310	55	72	82	85	
혼효림	330	55	72	82	85	
골프장	420	49	69	79	84	개활지, 보통
기타초지	430	49	69	79	84	
위락시설지역	140	49	69	79	84	
기타나지	620	77	86	91	94	개발 중인 지역
주거지역	110	77	85	90	92	주거지구, 소구획 500 m² 이하
		77	85	90	92	
상업지역	130	89	92	94	95	도시지역, 상업 및 사무실지역
기타나지	620	77	86	91	94	개발 중인 지역
교통지역	150	83	89	92	93	도로, 포장도로(도로용지 포함)
		83	89	92	93	
		83	89	92	93	
		83	89	92	93	
공업지역	120	81	88	91	93	도시지구, 공업지역
기타나지	620	77	86	91	94	개발 중인 지역
공공시설지역	160	61	75	83	87	주거지구, 소구획 500~1,000 m²
		61	75	83	87	
		61	75	83	87	
		61	75	83	87	
채광지역	610	68	79	86	89	개활지, 불량
공공시설지역	160	61	75	83	87	주거지구, 소구획 500~1,000 m²
채광지역	610	68	79	86	89	개활지, 불량
기타재배지	250	68	79	86	89	자연목초지 또는 목장, 불량
연안습지	520	100	100	100	100	별도기준(수면)
내륙수	710	100	100	100	100	
공공시설지역	160	61	75	83	87	주거지구, 소구획 500~1,000 m²
기타나지	620	77	86	91	94	개발 중인 지역
하우스재배지	230	76	85	89	91	도로, 포장, 개거
내륙습지	510	100	100	100	100	별도기준(수면)
해양수	720	100	100	100	100	

자료: 홍수량산정 표준지침

④ 홍수량 산정

  ㉠ Clark의 단위도법 적용

    ▷ 도달시간(Tc)과 저류상수(K) 등 2개의 매개변수로 홍수량 산정

      - 도달시간(Tc): 유역최원점에서 유역출구점인 하도종점까지
        유수가 흘러가는 시간

      - 저류상수(K): 시간의 차원을 가지는 유역의 유출 특성 변수

  ㉡ 국가하천 및 지방하천의 홍수량 산정

    ▷ 홍수량 산정 시 Clark 단위도법 적용(도시하천 유역은 도시유출
      해석 모형의 적용 가능)

    ▷ Clark의 단위도법 적용을 위한 매개변수 산정방법

      - 도달시간(Tc) 산정: 서경대 공식 적용

      $$T_c = 0.214 \, LH^{-0.144}$$

      * 여기서 T_c는 도달시간(hr), L은 유로연장(km), H는 고도차(m, 유역최원점 표고
        와 홍수량 산정지점 표고의 고도차)

      - 저류상수(K) 산정: 서경대 공식 적용

      $$K = \alpha \left(\frac{A}{L^2} \right)^{0.02} T_c$$

      * 여기서 K는 저류상수(hr), 는 일반적인 경우에는 1.45(기준값, 일반적인 하천),
        산지 등 하천경사가 급하고 저류 능력이 적은 경우에는 1.20, 평지 등 하천경
        사가 완만하고 저류 능력이 큰 경우에는 1.70을 적용하는 계수, A는 유역면적
        (km²), L은 유로연장(km), T_c는 도달시간(hr)

  ㉢ 소하천의 홍수량 산정

    ▷ 소하천 설계기준에 따라 Clark 단위도법 적용 원칙

    ▷ Clark의 단위도법 적용을 위한 매개변수 산정방법

      - 도달시간(Tc) 산정: 연속형 Kraven 공식 적용

      $$T_c = 16.667 \frac{L}{V}$$

      * 여기서 T_c는 도달시간(min), L은 유로연장(km), V는 평균유속(m/s)

        급경사부(S>3/400): $V = 4.592 - \dfrac{0.01194}{S}$, $V_{max} = 4.5 \, m/s$

        완경사부(S≤3/400): $V = 35{,}151.515S^2 - 79.393939S + 1.6181818$, $V_{min} = 1.6 \, m/s$

      - 저류상수(K) 산정: 수정 Sabol 공식 적용

      $$K = \frac{T_c}{1.46 - 0.0867 \dfrac{L^2}{A}} + t_{s \cdot wr}$$

      * 여기서 K는 T_c는 도달시간(hr), L은 유로연장(km), A는 유역면적(km²), t_{s-wr}은
        유역반응시간 증가량(hr)

    ⓔ 홍수량 산정 모형
        ▷ 국내 실무에서 Clark 단위도법을 적용한 홍수량 산정에 HEC-1
            또는 HEC-HMS 모형 적용

(3) 홍수위 산정방법

① 제방 등의 하천구조물 설계를 위한 하천의 홍수위 산정: 주로 1차원
   부등류 계산 적용

② **홍수위 산정을 위한 자료 구축**
    ㉠ 홍수량 자료
        ▷ 하천기본계획 및 소하천정비종합계획에서 산정한 홍수량을
            적용
        ▷ 하천기본계획 및 소하천정비종합계획이 수립된 후 10년 이상
            경과한 경우 필요시 최근의 확률강우량을 적용하여 재산정

    ㉡ 횡단면 자료
        ▷ 하천기본계획 및 소하천정비종합계획의 측량성과 및 하도계획
            사항 적용

    ㉢ 조도계수 산정
        ▷ 하천기본계획 및 소하천정비종합계획에서 결정한 값 적용

    ㉣ 기점홍수위
        ▷ 기본적으로 하천기본계획 및 소하천정비종합계획에서 결정한
            값 적용
        ▷ 본류 하천의 홍수위가 변동된 경우 변경된 홍수위를 기점홍수
            위로 적용하는 등의 재검토 실시

③ **홍수위 산정 모형**
   국내 실무에서는 1차원 부등류 계산을 위하여 HEC-RAS 모형 적용

(4) 하천재해 위험요인(위험도) 분석

① 분석대상 하천에 설치된 구조물에 대하여 하천 설계기준 및 소하천
   설계기준의 만족 여부 검토
    ㉠ 하천기본계획 및 소하천정비종합계획에서 계획한 하천정비사업
        및 교량 등의 횡단 구조물 재설치 사업의 시행 여부 검토
    ㉡ 하천기본계획 및 소하천정비종합계획이 수립된 후 오랜 시간이 경
        과한 경우 최근의 확률강우량을 반영하여 재산정한 홍수량의 소통
        능력 검토

★
HEC-1, HMS 모형

★
홍수위 산정을 위한 자료
구축
홍수량, 횡단측량성과, 조도계
수, 기점홍수위

★
HEC-RAS에 의한 1차원 부등
류 계산

★
구조물별 설계기준 검토

★
구조물 재설치 사업의 시행여
부 검토

ⓒ 하도 내 발생 가능 소류력을 고려하여 현재 설치된 호안의 적정성
검토

ⓔ 하천시설물 능력 검토를 통하여 제방여유고 및 교량의 형하고, 경
간장 부족 등을 정량적으로 제시

ⓜ 제방고 부족에 따른 하천범람 가능성이 높은 지역
▷ 하도버퍼링, 하천모형을 통한 범람모의 실시
▷ 침수심, 침수면적(범위) 등을 제시

② 하천재해 발생원인 분석
ⓐ 계획홍수량에 의한 수위 분석을 실시하여 하천재해 발생원인 분석
ⓑ 과거 발생한 하천재해 발생 당시의 실제 강우량에 의한 홍수량 및
홍수위를 산정하여 하천재해 발생원인 분석

③ 하천구조물의 유지관리 상황 검토
ⓐ 호안의 변형, 손상 또는 파괴 여부 검토
ⓑ 제방의 변형, 손상 또는 붕괴 위험성 검토
ⓒ 하천횡단시설(교량, 보 및 낙차공 등)의 변형, 손상 또는 유실 여부
검토
ⓔ 만곡 수충부에 설치된 구조물 검토
ⓜ 도로가 제방의 역할을 하고 있는 경우 도로의 손상 여부 검토
ⓗ 하천 횡단구조물의 변형, 손상 또는 노후화로 인한 붕괴 위험성 검토
▷ 교량의 교대 및 교각의 기초 세굴에 의한 교량 파괴 가능성 검토
▷ 교각의 세굴방호공 검토
▷ 경간장이 부족한 교량의 경우 유송잡물로 인한 수위 상승 및 제
방 월류 위험성 검토

④ 위험도 지수(상세지수) 산정
① 자연재해저감 종합계획 수립 시 위험지구 선정을 위한 위험지구 후보
지 평가에 적용
② 위험도지수(상세지수) 산정방법
▷ 정량적 위험요인(위험도) 분석결과 활용
▷ 인명 및 재산피해 규모 산정
- 위험지구의 영향범위 경계를 전산화(GIS)
- 토지피복도, 도시계획도(용도지역) 등의 수치지도와 위험지구
영향범위 경계를 중첩

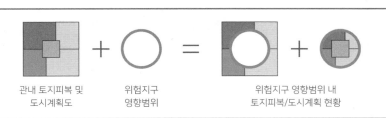

〈위험지구현황의 정량적 분석방법〉

- 위험지구 영향범위 내 인구 및 건물현황 분석를 자산가치 산정에 활용

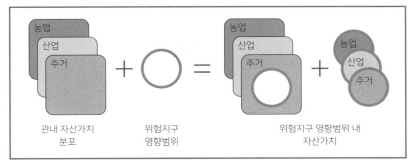

〈위험지구 자산가치 산정방법〉

▷ 피해이력, 재해위험도 및 주민불편도와 관련된 항목을 평가

▷ 위험도지수(상세지수) = A × (0.6B + 0.4C)

   * 여기서, A는 피해이력, B는 재해위험도, C는 주민불편도

★
위험도지수(상세지수)
평가항목
피해이력, 재해위험도, 주민불편도

항복별 상세지수 산정기준

항목구분	배점	피해발생 이력 유형
피해이력 (A)	1	최근 10년 내 피해이력이 없고, 피해발생 잠재성이 낮은 지역
		최근 10년 내 피해이력이 있으나, 단순피해에 해당하여 피해발생 잠재성이 낮은 지역
	2	최근 10년 내 피해이력은 없으나, 피해발생 잠재성이 있는 지역
	3	최근 10년 내 피해이력(1회)이 있고, 피해발생 잠재성이 있는 지역
	4	최근 10년 내 피해이력(2회)이 있고, 피해발생 잠재성이 있는 지역
	5	최근 10년 내 피해이력(3회 이상)이 있고, 피해발생 잠재성이 있는 지역
재해 위험도 (B)	1	영향범위 내 사유시설(농경지 등), 공공시설(도로 등), 건축물(주택, 상가, 공장, 공공건축물 등) 등이 위치하지 않아 재해발생시 피해규모가 크지 않은 것으로 예상되는 지역
		영향범위 내 사유시설, 공공시설, 건축물이 위치하나 관련계획을 통해 재해 발생 가능성이 낮은 것으로 검토된 지역(정비계획 미수립 구간 등)

 Keyword

항목구분	배점	피해발생 이력 유형
재해 위험도 (B)	2	재해발생 시 위험지구 내 사유시설(농경지 등) 및 공공시설(도로 등)의 피해발생이 우려되는 지역
	3	재해발생 시 인명피해 발생 우려는 없으나, 위험지구내 건축물(주택, 상가, 공장, 공공건축물 등)의 피해발생이 우려되는 지역
	4	재해발생 시 위험지구 내 인명피해가 발생할 위험이 매우 높은 지역
주민 불편도 (C)	1	영향범위 내 주민이 거주하지 않거나 도로가 위치하지 않아 재해발생시 주민불편 발생 가능성이 낮은 지역
		영향범위 내 주민이 거주 또는 도로가 위치하나 재해발생 가능성이 낮아 주민불편이 예상되지 않는 지역
	2	거주인구 비율이 20 미만 또는 위험지구 내 비법정 도로가 위치하여 재해발생시 주민불편이 예상되는 지역
	3	거주인구 비율이 20 이상~50 미만 또는 위험지구 내 1차로의 법정 도로가 위치하여 재해발생시 주민불편이 예상되는 지역
	4	거주인구 비율이 50 이상 또는 위험지구 내 2차로 이상의 법정 도로가 위치하여 재해발생시 주민불편이 예상되는 지역

자료: 자연재해저감 종합계획 세부수립기준

4. 하천재해위험지구 선정

(1) 위험지구 선정 관련 주요 용어 간 지위 및 포함관계

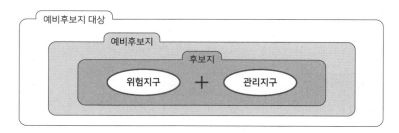

〈자연재해위험지구 선정 단계별 대상의 용어 구분〉

(2) 위험지구 선정의 기본방향
① 재해발생위험도가 높고 인명 및 재산피해 규모가 큰 지구 선정
② 사면재해의 경우 '급경사지 재해위험도 평가기준'에 따라 D·E등급으로 결정된 지구 선정
③ 위험도지수 상세지수가 큰 지구 선정
④ 방재예산을 토대로 목표연도 내 저감대책의 시행가능 여부 고려

위험지구 선정방법
인명피해 가능성과 사면재해
D등급 이하 여부를 우선 고려

방재기사실기 핵심요약 및 예상문제 300제 +α

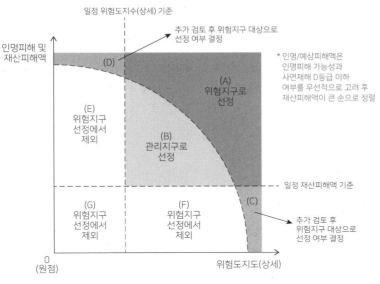

일정 위험도지수(상세) 기준

추가 검토 후 위험지구 대상으로
선정 여부 결정

인명피해 및
재산피해액

(D)

(A)
위험지구로
선정

* 인명/예상피해액은
인명피해 가능성과
사면재해 D등급 이하
여부를 우선적으로 고려 후
재산피해액이 큰 순으로 정렬

(E)
위험지구
선정에서
제외

(B)
관리지구로
선정

일정 재산피해액 기준

(G)
위험지구
선정에서
제외

(F)
위험지구
선정에서
제외

(C)

추가 검토 후
위험지구 대상으로
선정 여부 결정

0
(원점)

위험도지도(상세)

〈위험지구 선정의 기본방향〉
자료: 자연재해저감 종합계획 세부수립기준

(3) 위험지구 선정

① 위험지구 선정 절차

ㄱ 기초조사 및 기초분석을 통해 예비후보지 대상 추출

ㄴ 자연재해 유형별 선정지군에 따라 예비 후보지 선정

ㄷ 예비후보지별 위험도지수(간략)을 산정하여 1을 초과하는 예비후
보지를 위험지구 후보지로 선정

ㄹ 후보지별 위험도지수(상세)와 인명 및 재산피해액을 산정(사면재
해 후보지는 재해위험도 평가표 작성)

ㅁ 위험지구 후보지를 위험지구와 관리지구로 최종 구분

▷ 인명피해 가능, 사면재해(재해위험도 평가표) D·E등급, 예상피
해액 높음, 위험도지수(상세) 높음에 해당하는 후보지를 위험지
구 대상으로 선정

▷ 인명피해 가능성(사면재해: 재해위험도 평가표 D·E등급), 위험
도지수(상세), 예상피해액이 높은 후보지 순으로 저감대책과 사
업비 산정

▷ 사업비를 순차적으로 누계 → 방재예산 등과 비교하여 목표연
도 10년 내 시행이 가능한 범위까지 위험지구로 선정 → 나머지
는 관리지구로 선정

★
자연재해위험지구 선정 절차

★
목표연도(10년) 내 시행가능
여부에 따라 위험지구 및 관리
지구로 구분

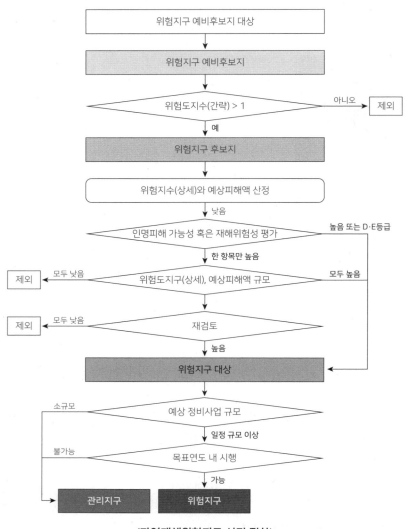

〈자연재해위험지구 선정 절차〉

자료: 자연재해저감 종합계획 세부수립기준

② 위험지구 대상 선정

    ㉠ 후보지를 인명 및 재산피해 기준으로 정렬

        ▷ 인명피해 예상 후보지 및 사면재해 D, E등급 후보지를 선순위
          로 정렬 → 재산피해 후보지를 뒤이어 정렬

    ㉡ 후보지를 위험도지수(상세)를 기준으로 정렬

    ㉢ 재산피해액 기준과 위험도지수 기준을 나란히 배치 → 지자체 특
        성을 고려한 일정 재산피해액을 기준으로 구분선 작성 → 구분선
        이상에 위치하는 후보지를 위험지구 대상으로 우선 선정

★
자연재해위험지구 대상 산정
방법

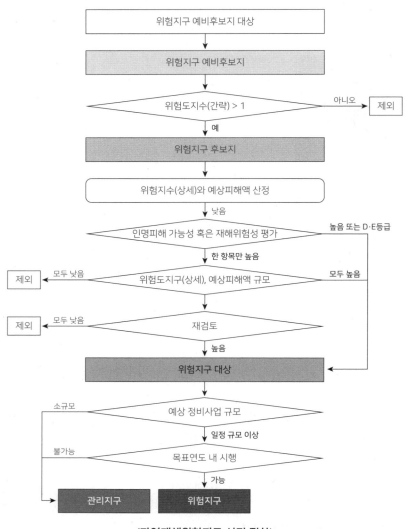

위험지구 예비후보지 대상

위험지구 예비후보지

위험도지수(간략) > 1 ──아니오──▶ 제외

예

위험지구 후보지

위험지수(상세)와 예상피해액 산정

낮음

인명피해 가능성 혹은 재해위험성 평가 ──높음 또는 D·E등급──

한 항목만 높음

제외 ◀──모두 낮음── 위험도지구(상세), 예상피해액 규모 ──모두 높음──

제외 ◀──모두 낮음── 재검토

높음

위험지구 대상

소규모── 예상 정비사업 규모

일정 규모 이상

불가능── 목표연도 내 시행

가능

관리지구　　위험지구

ⓔ 공학적 판단에 따른 위험지구 대상 추가선정

　▷ 위험도지수는 높으나 재산피해액이 낮아 제외된 후보지 추가
　　선정

　▷ 재산피해액은 높으나 위험도지수가 낮아 제외된 후보지 추가
　　선정

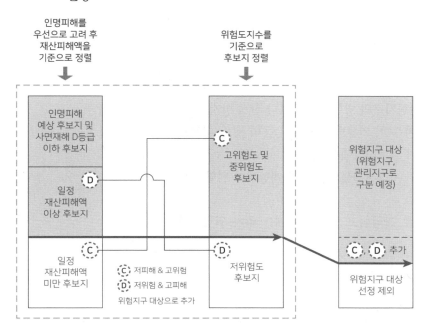

〈자연재해위험지구 대상 선정방법〉

2절 내수재해 위험요인 분석·평가

1. 내수재해위험지구 후보지 선정

(1) 전 지역 내수재해 발생 가능성 검토

① 도시유역과 농경지유역으로 구분하여 검토

② 도시유역 검토방법

　㉠ 검토 대상

　　▷ 용도지역상 도시지역(녹지지역 제외) 및 향후 시가화 가능성이
　　　높은 계획관리지역 중에서 하수도정비기본계획이 수립되어 있
　　　고 간선관거를 통하여 배수되는 배수분구

　　▷ 계획관리지역이라도 향후 도시지역(녹지지역 제외)으로 변경될
　　　가능성이 높은 곳

▷ 과거 피해이력이 있는 지역(지선관거를 검토대상에 추가 가능)

ⓛ 검토방법

▷ 유역 및 관거 유출해석모형으로 XP-SWMM 모형 적용

▷ 홍수량 산정방법으로 시간-면적 방법 적용

▷ 방재성능목표, 외수위 조건을 적용하여 현 상태의 방재시설(간선관거, 우수저류시설, 배수펌프장 등) 분석

▷ 내수재해 발생가능지역 도출 및 침수심, 침수면적(범위), 침수시간 등을 제시

▷ 차도경계석 높이, 건물의 1층 바닥고 등을 고려하여 허용침수심 30cm를 적용하여 위험지구의 영향범위가 과다 산정 방지

▷ 기존 반지하주택은 차수판, 역류방지변 설치 등의 별도 대책을 수립하는 것으로 하여 검토대상에서 제외

ⓒ 지하차도, 지하보도 등의 지하시설물의 침수가 예상되어 위험지역

▷ 시설물의 조사 실시

▷ 상습침수발생지역으로 관리되고 있는 경우에는 추가 위험요인 도출

③ 농경지 유역 검토방법

㉠ 검토대상

▷ 배수펌프장이 설치되어 있거나 설치계획이 있는 지역

▷ 과거 피해이력이 있는 지역

ⓛ 검토방법

▷ 홍수유출모형은 Clark 단위도법 적용

  - 도달시간 산정: 연속형 Kraven 공식 적용

  - 저류상수 산정: Sabol 공식 적용

▷ 배수개선 설계기준, 외수위 조건 등을 적용

▷ 침수면적(범위), 침수심 등을 제시

▷ 배수개선 설계기준 등 농림축산식품부의 기준 적용

▷ 설계빈도는 20년 이상(원예작물은 필요시 30년), 확률강우량은 임의시간 강우지속기간 48시간 강우량을 적용

▷ 논과 같이 허용침수를 허용하는 농경지는 관수(70cm)가 발생하지 않고 24시간 이내 허용침수심(30cm) 이하가 되는 조건 적용

④ 추가적으로 다양한 재현기간(10, 30, 50, 80, 100, 200년 빈도) 조건을 검토대상지역에 동일하게 적용하여 분석된 결과를 토대로 내수재해 발생경향 파악

(2) 예비후보지 대상 추출

　※ 제8편 제1장 1절의 하천재해위험지구 예비후보지 대상 추출방법
　　과 동일

(3) 예비후보지 선정

① 선정기준

　㉠ 기존 시·군 자연재해저감 종합계획의 내수재해위험지구 및 관리지구

　㉡ 과거 피해가 발생한 이력지구

　㉢ 설문 조사 또는 지방자치단체 담당자 의견 수렴 등을 통하여 위험
　　요인이 존재하고 있는 것으로 판단되는 지구

　㉣ 기지정 재해위험지구(자연재해위험개선지구, 하수도정비중점관리
　　지역 등) 중에서 내수재해로 분류되는 지구

　㉤ 하수도정비기본계획에서 정비계획이 수립되었으나 미시행된 구간

　㉥ 자연재해 관련 방재시설 중에서 내수재해에 해당되는 배수펌프장,
　　하수관거, 우수저류시설 등

　㉦ 배수펌프장 등 시설능력이 부족한 시설 및 영향 지역

　㉧ 전 지역 발생 가능성 검토지역 중에서 지하차도, 지하보도 등 지하
　　시설물의 침수가 예상되어 위험지역으로 분류되는 지역

　㉨ 전 지역 발생 가능성 검토에서 위험지역으로 분류되는 지역

② 선정방법

　※ 제8편 제1장 1절의 하천재해위험지구 예비후보지 선정방법과 동일

(4) 후보지 선정

　※ 제8편 제1장 1절의 하천재해위험지구 후보지 선정방법과 동일

2. 방재성능목표 검토

(1) 방재성능목표 적용 검토

① 도시지역 내에 기설치된 방재시설에 대하여 방재성능목표를 적용하
여 홍수처리 능력 등 방재성능 평가

　㉠ 도시지역: 「국토의 계획 및 이용에 관한 법률」 제36조 제1항 제1
　　호의 규정에 따른 주거지역, 상업지역, 공업지역, 녹지지역

　㉡ 방재시설: 하수관로, 빗물펌프장, 배수펌프장, 우수유출저류시설,
　　저류지, 유수지, 소하천 등

② 기설치된 방재시설의 성능평가뿐만 아니라 기존 방재시설의 신설, 증

설 및 확장 또는 배수체계 개선 등의 대책수립 적용

(2) 방재성능목표 설정 검토

① 지역별 방재성능목표 설정·운영 기준에서 제시한 지역별 방재성능목표 산정결과 검토

② 해당 지자체에서 공표한 방재성능목표 검토

3. 하수도 설계기준 검토

(1) 우수유출량 산정방법

① 최대계획우수유출량의 산정은 합리식에 의하는 것이 원칙

② 수문 분석, 유역 특성 분석 등을 고려하여 수정합리식, MOUSE, SWMM 모형 등 다양한 우수유출 산정식(모형) 사용

(2) 설계빈도

① 최소 설계빈도: 지선관로 10년, 간선관로 30년, 빗물펌프장 30년

② 지역의 특성 또는 방재상 필요성, 기후변화로 인한 강우 특성의 변화 추세를 반영하여 최소 설계빈도보다 크게 결정

4. 내수재해 위험요인(위험도) 분석

(1) 분석방향

① 기초현황 조사, 주민설문조사, 문헌조사, 현장조사 만으로는 위험요인을 도출하기 어려운 경우 정량적 분석기법 적용

② 전 지역 자연재해 발생 가능성 검토에서 도출되는 내수재해위험지구 후보지는 분석 내용을 그대로 활용

③ 정량적 분석

　㉠ 모형 선정: 수문·수리적 현상을 모의할 수 있는 것으로 결정

　㉡ 위험분석의 공간적 범위

　　▷ 기본적으로 개별 시설물과 해당 시설물의 영향범위 대상

　　▷ 시설물 간에 상호 영향을 미치는 경우에는 이들을 총괄할 수 있는 광역적인 위험요인 분석 시행

　　▷ 하천 홍수위의 영향을 받는 침수저지대 관망해석에는 하천의 수위와 관망흐름을 동시 모의

★
지역별 방재성능목표 설정·운영 기준

★
하천의 수위와 관망해석 동시 시행

★
지역별 방재성능목표 고려

ⓒ 방재시설물 능력 검토
  ▷ 분석조건은 기본적으로 해당 시설물의 시설기준에 준하며, 추가로 지역별 방재성능목표 고려
  ▷ 하수관망 능력 검토 시 해당 하수관망의 설계기준을 분석조건으로 설정
ⓔ 재해발생시 대규모 피해가 예상되는 경우에는 위험범위, 침수시간, 침수지역, 피해예상 물량 등을 판단할 수 있는 정량적 분석 실시
④ 위험요인 분석으로 침수면적, 침수심 등을 산정 → 인명피해, 재산피해 산정 등에 활용

(2) 우수유출량(홍수량) 산정방법

① 합리식 방법

ⓐ $Q_P = \dfrac{1}{3.6} CIA = 0.2778\, CIA$

> * 여기서, Qp는 첨두홍수량(m³/s), 0.2778은 단위환산계수, C는 유출계수, I는 특정 강우 지속기간(일반적으로 도달시간을 지속기간으로 결정)의 강우강도(mm/hr), A는 유역면적(km²)

ⓑ 강우강도(I)
  ▷ 강우 지속기간: 통상 유역의 도달시간(T_c)
  ▷ 강우 지속기간의 강우강도: 강우강도식 또는 강우강도 – 지속기간 – 재현기간(IDF) 곡선으로부터 산정
  ▷ 강우강도 산정을 위한 강우 분석은 본장 '1절'에 수록된 강우 분석방법 적용

ⓒ 유역면적(A): 지형도, 우수관망도 및 장래 개발계획 등을 이용하여 홍수량 산정지점별로 산정

토지이용도에 따른 합리식의 유출계수 범위

토지 이용		기본유출계수C	토지 이용			기본유출계수C
상업 지역	도심지역 근린지역	0.70~0.95 0.50~0.70	차도 및 보도			0.75~0.85
			지붕			0.75~0.95
주거 지역	단독주택 독립주택단지 연립주택단지 교외지역 아파트	0.30~0.50 0.40~0.60 0.60~0.75 0.25~0.40 0.50~0.70	잔디	사질토	평탄지 평균 경사지	0.05~0.10 0.10~0.15 0.15~0.20
				중토	평탄지 평균 경사지	0.13~0.17 0.18~0.22 0.25~0.35

산업지역	산재지역	0.50~0.80		나지	평탄한 곳	0.30~0.60
	밀집지역	0.60~0.90			거친 곳	0.20~0.50
공원, 묘역		0.10~0.25	농경지	경작지	사질토 작물 있음	0.30~0.60
운동장		0.20~0.35			사질토 작물 없음	0.20~0.50
철로		0.20~0.40			점토 작물 있음	0.20~0.40
미개발지역		0.10~0.30			점토 작물 없음	0.10~0.25
도로	아스팔트 콘크리트 벽돌	0.70~0.95 0.80~0.95 0.70~0.85			관개중인 답	0.70~0.80
				초지	사질토	0.15~0.45
					점토	0.05~0.25
				산지	급경사 산지	0.40~0.80
					완경사 산지	0.30~0.70

자료: 하천 설계기준·해설

Keyword

    ⓔ 유출계수(C)

      ▷ 유역의 형상, 지표면 피복상태, 식생 피복상태 및 개발 상황 등을 감안하여 결정

      ▷ 토지이용도별 유출계수로부터 홍수량 산정지점 상류 전체 유역의 면적가중평균으로 산정

★ 유출계수(C)

$$C = \frac{\sum A_i \, C_i}{\sum A_i}$$

      * 여기서 C는 유역의 유출계수, A_i는 토지 이용별 면적, C_i는 토지 이용별 유출계수

② 시간-면적 방법(T-A Method)

    ㉠ 유역의 저류효과 무시: 도달시간-면적곡선에 우량주상도를 적용하여 유출전이만 이루어진다고 가정

    ㉡ 각 시간별 유출량 산정식(유출수문곡선 작성식)

★ 시간-면적 방법에 의한 유출수문곡선 작성

$$Q_j = 0.2778 \times \sum_{i=1}^{j} I_i \times A_{j+1-i}$$

      * 여기서 Q_j는 시간별 유출량(m³/s), I_i는 우량주상도의 i번째 시간구간의 강우강도(mm/hr), A는 j시간의 유역출구 유출량에 기여하는 소유역의 면적(km²)

    ㉢ XP-SWMM 모형에 탑재되어 있음

(3) 관거의 수리계산 방법

① Manning의 평균유속공식

    ㉠ 단순 관거의 통수능 검토 등에 적용

★ Manning의 평균유속공식

ⓛ 우수의 배제를 위한 관거는 개수로 흐름(자유표면을 가지는 흐름)으로 설계되므로 등류공식 적용 가능

ⓒ Manning의 평균유속공식

$$V = \frac{1}{n} R^{2/3} S^{1/2} = \frac{1}{n} \left(\frac{A}{P}\right)^{2/3} S^{1/2}$$

* 여기서 Q는 유량(m³/s), A는 유수의 단면적(m²), V는 유속(m/s), n은 관거의 조도계수, R은 경심(m), P는 윤변(m)

ⓔ 등류의 계산

▷ 연속방정식에 Manning의 평균유속공식을 대입하여 계산

$$Q = AV = A\frac{1}{n} R^{2/3} S^{1/2} = A\frac{1}{n} \left(\frac{A}{P}\right)^{2/3} S^{1/2}$$

* 여기서 Q는 유량(m³/s), A는 유수의 단면적(m²), V는 유속(m/s), n은 관거의 조도계수, R는 경심(m), P는 윤변(m)

▷ 실무에서 등류의 유량, 등류의 수심, 평균유속 및 계획수로의 경사 등의 산정에 적용

② XP-SWMM 모형에 의한 관거 수리계산

ⓐ 관거 유출해석의 기본방정식은 연속방정식과 1차원 점변부정류방정식(St.Venant의 운동량방정식)을 적용

ⓛ 주요 입력인자

▷ 상류단 경계조건: 유출수문곡선

▷ 하류단 경계조건: 기점수위 또는 수위-유량관계곡선

▷ 관거 인자: 관거의 형태, 관거의 크기(사각형관은 높이와 폭, 원형관은 직경), 관거의 길이, 관의 조도계수, 관거의 상하류단 저고 등

▷ 노드(맨홀) 인자: 노드 저고, 지표면 표고

(4) 내수재해 위험요인(위험도) 분석

① 내수재해 분석대상 유역에 설치된 방재시설물에 대하여 홍수처리 능력 평가 및 내수침수 발생 여부 검토

ⓐ 「자연재해대책법 시행령」 제14조의5 규정에 따라 지방자치단체의 장이 공표한 지역별 방재성능목표 강우량 조사

ⓛ 우수관거, 빗물배수펌프장, 저류지(유수지), 고지배수로 등의 방재시설별 세부 제원과 일반현황 조사

ⓒ 방재시설의 유형별 방재성능평가 실시

▷ 도시 강우-유출 모형(XP-SWMM 등) 적용

★
윤변
수로의 횡단면에서 물과 접하는 부분의 길이

★
내수재해 위험요인 분석에 XP-SWMM 모형 적용 원칙
유역의 홍수량 산정 및 관거의 수리계산 동시 수행 가능

▷ 우수관거, 빗물배수펌프장 및 유수지 등의 연계 시설물의 방재 성능평가는 각 시설물을 연계하여 동시분석 시행

㉣ 방재시설물의 성능 부족에 의해 내수침수 발생 시 침수 발생범위 및 침수심 등을 분석(XP-SWMM 모형 등 활용)

② 내수침수 발생원인 분석

㉠ 방재성능목표 강우량 및 방재시설물별 설계강우량을 적용한 강우-유출해석 실시

㉡ 과거 발생한 내수침수 발생 당시의 실제 강우량을 적용한 강우-유출해석 실시

③ 내수배제 시설물의 유지관리 상황 검토

㉠ 하수관거의 퇴적 상황 조사

㉡ 우수집수시설의 집수능력 검토

㉢ 배수펌프장의 유지관리현황 검토

④ 위험도 지수(상세지수) 산정

※ 제8편 제1장 1절의 하천재해 위험요인(위험도) 분석에 수록된 방법과 동일

5. 내수재해위험지구 선정

※ 제8편 제1장 1절의 하천재해위험지구 선정방법과 동일

★
강우-유출해석을 통한 내수침수 원인 분석

3절 사면재해 위험요인 분석·평가

1. 사면재해위험지구 후보지 선정

(1) 전 지역 사면재해 발생 가능성 검토

① 시·군 전체 면적을 대상으로 위험도 분석 시행

② 위험도 분석 방법

㉠ 시·군 전역을 격자망으로 구성하여 격자망단위 위험도 산정

㉡ 산사태위험지 판정기준표의 인자별 위험지수 산정 및 위험등급 구분

★
예비후보지 선정기준
과거 피해발생 지구, 설문조사 결과, 기존 관리되고 있는 재해위험지구, 급경사지, 산사태 위험등급 구분도 상의 1등급 지역, 전 지역 재해발생 가능 지구 등

★
산림청의 산사태 위험지도 상의 위험등급 구분범위
1등급~5등급

(2) 예비후보지 대상 추출
※ 제8편 제1장 1절의 하천재해위험지구 예비후보지 대상 추출방법
과 동일

(3) 예비후보지 선정

① 선정기준
㉠ 기존 시·군 자연재해저감 종합계획의 사면재해위험지구 및 관리
지구
㉡ 과거 피해가 발생한 이력지구
㉢ 설문 조사 또는 지방자치단체 담당자 의견 수렴 등을 통하여 위험
요인이 존재하고 있는 것으로 판단되는 지구
㉣ 기지정 재해위험지구(자연재해위험개선지구, 급경사지 붕괴위험
지역 등) 중에서 사면재해로 분류되는 지구
㉤ 「급경사지 재해예방에 관한 법률」 제2조 규정에 의한 급경사지
㉥ 산림청의 산사태 위험등급 구분도에서 1등급으로 판정된 지역에
서 인명피해 시설 및 기반시설이 포함되어 있어 피해가 예상되는
지역
㉦ 전 지역 발생 가능성 검토에서 위험지역으로 분류되는 지역

② 선정방법
※ 제8편 제1장 1절의 하천재해위험지구 예비후보지 선정방법과 동일

(4) 후보지 선정
※ 제8편 제1장 1절의 하천재해위험지구 후보지 선정방법과 동일

2. 사면재해 위험요인(위험도) 분석

(1) 분석방향
① 기초현황 조사, 주민설문조사, 문헌조사, 현장조사 만으로는 위험요인
을 도출하기 어려운 경우 정량적 분석기법 적용
② 급경사지 재해위험도 평가기준에서 사면의 유형에 따라 작성되어 있
는 "재해위험도 평가표"로 위험도 평가 수행(위험도 등급 정량적 제시)
③ "재해위험도 평가표"에 의거한 평가 외에 추가적 검토 사항
▷ 자연재해 발생, 복구상태 및 효과분석
▷ 계측자료, 유지관리상의 문제점 파악
④ 위험지구 후보지 전체에 대해 GIS를 이용한 산사태 위험지수 산출

★
재해위험도 평가표

★
GIS 이용, 산사태 위험지수
산정

⑤ GIS 사면안정해석에 의해 위험지구로 분석되는 경우

　　㉠ 산사태 위험등급이 높은 지구는 산사태 발생 가능성 검토

　　㉡ 산사태 발생에 의한 사면 하부의 피해범위 예측

(2) 급경사지 재해위험도 평가기준에 의한 위험도 평가방법

① 현장조사표 작성

㉠ 자연비탈면 현장조사표

조사위치, 자연비탈면 현황(길이, 높이, 경사 등), 수리 특성(지하수, 계곡의 폭), 붕괴 이력, 시공현황 및 시공상태 등

㉡ 인공비탈면 현장조사표

조사위치, 자연비탈면 현황(종류, 길이, 높이, 경사 등), 지반 특성(암의 절리방향, 토사의 종류 등), 수리 특성(지하수, 계곡의 폭), 붕괴 이력, 시공현황 및 시공상태 등

㉢ 옹벽 현장조사표

조사위치, 옹벽현황(형식, 구조, 높이, 길이), 지반기초현황(침하, 활동, 세굴현황), 전면부현황(파손 및 손상, 균열, 박리, 철근 노출 등), 배출구현황 등

② 평가표 작성

㉠ 자연비탈면 및 산지의 재해위험도 평가표

▷ 붕괴 위험성: 경사각, 높이, 종·횡단형상, 지반 변형·균열, 비탈면 계곡의 연장 및 폭, 토층심도, 상부외력, 지하수 상태, 붕괴·유실 이력, 보호시설 상태로 구분하여 평가

▷ 사회적 영향도: 주변 환경, 피해예상 인구수, 급경사지에 접한 도로의 차로 수 및 교통량, 인접 시설물과의 거리로 구분하여 평가

㉡ 인공비탈면의 재해위험도 평가표

▷ 붕괴 위험성: 비탈면 경사각, 비탈면 높이, 종·횡단형상, 지반 변형·균열, 절리 방향/흙의 강도, 비탈면 풍화도, 지하수 상태, 배수시설 상태, 표면보호공 시공상태, 붕괴·유실 이력으로 구분하여 평가

▷ 사회적 영향도: 주변 환경, 피해예상 인구수, 급경사지에 접한 도로의 차로 수 및 교통량, 인접 시설물과의 거리로 구분하여 평가

★
현장조사표 작성

★
평가표 작성

ⓒ 옹벽 및 축대의 재해위험도 평가표

▷ 붕괴 위험성: 기초부현황(침하, 수평변위, 세굴), 전면부현황(파손·손상, 균열, 마모·침식, 박리·박락·층분리, 철근 노출, 전도·배부름, 백태로 구분하여 평가

▷ 사회적 영향도: 주변 환경, 피해예상 인구수, 급경사지에 접한 도로의 차로 수 및 교통량, 인접 시설물과의 거리로 구분하여 평가

③ 재해위험도 평가

㉠ 재해위험도 평가점수에 따른 재해위험 등급 판정

재해위험 등급별 평가점수

등급	재해위험도 평가점수			내용
	자연비탈면 또는 산지	인공 비탈면	옹벽 및 축대	
A	0~20	0~20	0~20	재해 위험성이 없으나 예상치 못한 붕괴가 발생하더라도 피해가 미비함
B	21~40	21~40	21~40	재해 위험성이 없으나 주기적인 관리 필요
C	41~60	41~60	41~60	재해 위험성이 있어 지속적인 점검과 필요시 정비계획 수립 필요
D	61~80	61~80	61~80	재해 위험성이 높아 정비계획 수립 필요
E	81 이상	81 이상	81 이상	재해 위험성이 매우 높아 정비계획 수립 필요

자료: 급경사지 재해위험도 평가기준의 등급별 평가점수

㉡ 평가결과 D·E등급 이상의 사면을 사면재해위험지구로 선정 (단, D·E등급이 아니더라도 인명피해 위험도에 따라 재해위험지구 선정 검토)

★
D등급 이상 사면재해위험지구 선정

(3) 사면안정해석 방법

① 토사사면의 안정성 해석

㉠ 토사사면의 붕괴형태

▷ 붕락: 연직으로 깎은 비탈면의 일부가 떨어져 나와 공중에서 낙하하거나 굴러서 아래로 떨어지는 현상

▷ 활동
  - 회전활동
  - 병진활동
  - 복합적 활동

★
토사사면 붕괴형태
- 붕락
- 회전활동
- 병진활동
- 복합적 활동
- 유동

- 유동

 Keyword

  ⓛ 한계평형해석 이론 적용

    ▷ 파괴가 일어나는 순간 토체의 안정성을 해석

    ▷ 해석을 위한 조건을 가정하여 정역학적 해를 얻음

  ⓒ 한계평형해석 방법

    ▷ $\emptyset = 0$ 해석법, Fellenius 방법, Bishop방법, Janbu의 방법, Spencer의 방법, Morgenstern and Price방법, 일반한계평형(GLE) 방법, 대수나선해석방법, 무한사면해석법, 흙쐐기해석법 등이 있음

★
Bishop의 간편법

    ▷ 실무에서 주로 Bishop의 간편법 이용

② **암반사면의 안정성 해석**

  ㉠ 암반사면의 붕괴형태

    ▷ 원형파괴, 평면파괴, 쐐기파괴, 전도파괴

★
암반사면의 붕괴형태
- 원형파괴
- 평면파괴
- 쐐기파괴
- 전도파괴

  ⓛ 평사투영해석

    ▷ 불연속면(절리면)의 3차원 형태를 2차원 평면상에 투영하여 안정성 평가

    ▷ 대원법과 극점법 2가지 방법으로 시행

    ▷ 해석을 위한 절리면의 입력인자: 주향(방향), 경사 및 암반 내부 마찰각

★
평사투영해석의 입력인자
- 주향(방향)
- 경사
- 암반 내부 마찰각 대체 가능

  ⓒ 한계평형해석

    ▷ 암반블록의 자중, 절리면의 마찰각 및 점착력, 암반간극수압 등을 고려해 발생 가능한 활동 파괴면을 따라 미끄러지려는 순간의 암반블록에 대한 안전성을 사면안전계수로 나타내는 방법

    ▷ 해석에 적용하는 사면의 형상

      - 사면 정상부 쪽에 인장 균열이 있는 사면

      - 사면 내에 인장 균열이 있는 사면

      - 인장 균열이 나타나지 않는 사면

(4) 산사태 예측 및 평가방법

① **확률론적 산사태 예측 기법**

  ㉠ 통계적 기법을 적용한 정성적인 분석방법

  ⓛ 과거 발생한 산사태의 영향 인자를 규명하고 각 인자의 상호관계를 분석하여 산사태가 발생하지 않은 타 지역에 적용하여 발생 가

능성을 예측하는 확률론적 해석방법

　　ⓒ 산림청의 산사태 위험등급 구분도 개발에 적용

　　ⓓ 로지스틱 회귀분석법(산사태 예측 모델)

　　　▷ 광범위한 자연사면 분포지를 대상으로 산사태 발생 확률(0~
100%)을 산정

　　　▷ GIS 기법을 적용하여 지점별 도면 작성 가능

　② 역학적 산사태 예측 기법(정량적 분석방법)

　　ⓐ 산사태 및 사면의 안정성 판단의 정량적인 방법

　　ⓑ 무한사면해석방법

　　　▷ 사면안정계수(SI)의 형태로 표현

　　　▷ SI는 안전율과 같은 개념으로 일정 범위로 분류

　　　▷ 분석된 사면의 안전율은 GIS 기법을 적용하여 도면에 작성 가능

★
무한사면해석방법

(5) 사면재해 위험요인(위험도) 분석

① 급경사지 재해위험도 평가기준에서 제시한 '재해위험도 평가표'에 따라 위험도 평가 수행 및 위험도 등급 제시

② ①의 평가만으로 위험성 여부가 의심되는 사면

③ 강우 특성, 사면 기하 특성, 사면 지반 특성, 사면 피복 특성 등 고려

④ 사면의 안정성 평가 시행

⑤ 사면 안정성 평가는 GIS 사면안정해석기법이나 사면평가 모델 적용

⑥ GIS를 이용한 산사태 위험지수(위험등급) 산출

⑦ GIS 사면안정해석 결과 재해위험지구 및 산사태 위험등급이 높은 지구에 대한 토석류 발생 가능성 검토

⑧ 자연재해 발생, 복구상태 및 효과분석, 계측 및 데이터, 유지관리상의 문제점 분석

⑨ 위험도 지수(상세지수) 산정

　※ 제8편 제1장 1절의 하천재해 위험요인(위험도) 분석에 수록된 방법과 동일

★
GIS를 이용한 산사태 위험지수
산출

3. 사면재해위험지구 선정

　※ 제8편 제1장 1절의 하천재해위험지구 선정방법과 동일

1. 토사재해위험지구 후보지 선정

(1) 전 지역 토사재해 발생 가능성 검토

① 시·군 전체 면적을 대상으로 토양침식량, 토사유출량 분석

　　㉠ 시·군 전역의 공간정보자료를 활용하는 토사유출모형 적용

　　㉡ 개정 범용토양손실공식(RUSLE) 등을 적용하여 토양침식량 산정

　　㉢ 소하천 또는 주요 계류 유역단위로 토사유출량 산정

　　㉣ 기준 이상의 토사유출이 발생하는 지역 도출

② 토사유출량 산정 지점

　　㉠ 소하천 또는 주요 계류의 시점부

　　㉡ 이외 구간에도 토사유출량이 크게 산정되는 유역은 추가 검토

③ 비토사유출량 등을 산정하여 일정기준 이상의 지역 선정

　　㉠ 연평균 강우침식인자를 적용한 경우의 비토사유출량 기준

연평균 강우침식인자를 적용한 경우 비토사유출량 기준							
구분	매우 적음	적음	약간 적음	보통	약간 심함	심함	매우 심함
토양유출량 (ton/ha/year)	0-2	2-6	6-11	11-22	22-33	33-50	50 이상

　　㉡ 단일호우 강우침식인자를 적용한 경우의 비토사유출량 기준

　　　▷ 연평균 강우침식인자를 적용한 비토사유출량 기준에서 '약간 심함'의 2배 정도 적용

　　　▷ 따라서, 단일호우 비토사유출량이 50 ton/ha/storm 이상(지역별로 ±50% 정도 조정 가능) 발생하는 지역 도출

(2) 예비후보지 대상 추출

　　※ 제8편 제1장 1절의 하천재해위험지구 예비후보지 대상 추출방법과 동일

(3) 예비후보지 선정

① 선정기준

　　㉠ 기존 시·군 자연재해저감 종합계획의 토사재해위험지구 및 관리지구

　　㉡ 과거 피해가 발생한 이력지구

★
전 지역 토사재해 검토방법
개정 범용토양손실공식 적용, 소하천 또는 주요 계류 유역단위로 토사유출량 산정 등

★
예비후보지 선정기준
과거 피해발생 지구, 설문조사 결과, 기존 관리되고 있는 재해위험지구, 토사저감시설 미비 지역, 사방댐을 포함한 야계지역, 전 지역 재해발생 가능 지구 등

Keyword

ⓒ 설문 조사 또는 지방자치단체 담당자 의견 수렴 등을 통하여 위험
요인이 존재하고 있는 것으로 판단되는 지구

ⓔ 도시 우수관망 상류단 산지접합부의 침사지 등과 같은 토사저감시
설 미비로 인한 피해발생 가능지역

ⓜ 계곡부 산지하천 주변의 토석류 유출로 인한 붕괴 시 영향범위 내
인명피해 시설 및 기반시설이 포함되어 있어 피해가 예상되는 지역

ⓗ 과거 산불 발생지역, 채석장, 고랭지 채소밭, 벌목지, 임도, 나지 등
의 하류부에 위치하여 피해가 예상되는 주거지, 하천, 저류지, 농경
지, 양식장 등의 지역

ⓢ 자연재해 관련 방재시설 중에서 토사재해에 해당되는 사방댐을 포
함한 야계지역

ⓞ 전 지역 발생 가능성 검토에서 위험지역으로 분류되는 지역

② 선정방법

　※ 제8편 제1장 1절의 하천재해위험지구 예비후보지 선정방법과 동일

(4) 후보지 선정

　※ 제8편 제1장 1절의 하천재해위험지구 후보지 선정방법과 동일

2. 토사재해 위험요인(위험도) 분석

(1) 분석방향

① 기초현황 조사, 주민설문조사, 문헌조사, 현장조사만으로는 위험요인
을 도출하기 어려운 경우 정량적 분석기법 적용

② 분석 방법

　㉠ 원단위법 또는 범용토양손실공식 적용

　㉡ GIS를 이용한 토사재해 발생 가능성 분석 실시

③ 분석의 공간적 범위는 토사유출특성이 재현될 수 있도록 해당 토사의
발생원이 포함되는 유역이나 구역으로 선정

(2) 토사유출량 산정방법

① 토양침식량 및 토사유출량을 정량적으로 산정

② 국내 실무에서는 RUSLE 방법 주로 적용

③ 원단위법은 유역의 특성이 고려되지 않아 신뢰성이 부족하므로
RUSLE 방법과의 비교용으로 사용 가능

★
토사유출량 산정 시 RUSLE 방
법 적용

(3) 원단위법에 의한 토사유출량 산정

① 원단위법

 ㉠ 개발 특성이 비슷한 경험자료를 이용하여 단위기간 동안 단위면적에서 발생하는 토사유출량의 원단위 제시

 ㉡ 제시된 원단위에 유역면적을 곱하여 연간 토사유출량 산정

② 원단위법의 원단위 적용 시에는 실측자료의 일반적인 범위 고려

토사유출 원단위

토지 이용	토사유출 원단위 (m³/ha/year)	비고
나지, 황폐지	200~400	
배벌지, 초지	15	배벌지: 모든 식재는 완료되었으나 아직 활착되지 않은 상태
택벌지	2	택벌지: 모든 식재의 활착이 어느 정도 진행된 상태
산림	1	

자료: 재해영향평가 등의 협의 실무지침

(4) RUSLE(Revised Universal Soil Loss Equation) 방법에 의한 토사유출량 산정

① RUSLE(개정 범용토양손실공식)

 ㉠ USLE 방법을 수정 및 보완한 방법

 ㉡ 체적 단위 토사유출량이 아닌 중량 단위 토양침식량 산정

 ㉢ $A = R \cdot K \cdot LS \cdot C \cdot P$, $A = R \cdot K \cdot LS \cdot VM$

  * 여기서 A: 강우침식인자 R의 해당기간 중 단위면적당 토양침식량(tonnes/ha), R: 강우침식인자(107J/ha·mm/hr), K: 토양침식인자(tonnes/ ha/R), LS: 사면경사길이인자(무차원), C: 토양피복인자(무차원), P: 토양보전대책인자(무차원), VM: 토양침식조절인자(무차원)

 ㉣ 공식의 적용 시 토양피복인자(C)와 토양보존대책인자(P)의 곱을 미국교통연구단(TRB)에서 제안한 토양침식조절인자(VM)로 대체 가능

 ㉤ 각종 입력인자를 산정하는 데 사용되는 조건인 사면경사 및 지표면 상태 등이 동일한 소구역으로 구분하여 산정

★
RUSLE 방법

★
RUSLE 방법에 의한 토양침식량 산정에 적용되는 인자
강우침식 인자, 토양침식 인자, 사면경사길이 인자, 토양피복 인자, 토양보전대책 인자, 토양침식조절 인자

② **토양침식량 산정**

　　㉠ 강우침식인자(R)

　　　▷ 강우의 운동에너지에 의한 토양침식량의 정도를 나타내는 인자

　　　▷ 단일호우 강우침식 인자와 연평균 강우침식 인자로 구분해 산정

　　　▷ 단일호우 강우침식 인자

$$- R = \sum E \cdot I_{30}, \ E = \sum e \cdot \Delta P,$$

$$e = 0.029[1 - 0.72\exp(-0.05 \cdot I)]$$

　　　　* 여기서 R: 단일호우 강우침식인자(10^7 J/ha·mm/hr), I_{30}: 30분 강우강도(mm/hr), E: 강우총에너지(10^7 J/ha), ΔP: 강우지속 시간간격당 강우증가량(mm), e: 강우의 단위 운동에너지(10^7J/ha/mm), : 강우강도(mm/hr)

　　　▷ 연평균 강우침식인자는 기존 연구 결과를 이용

　　㉡ 토양침식인자(K)

　　　▷ 토양의 침식성에 따른 토양침식량의 변화를 나타내는 인자

　　　▷ 입도분포, 토양의 구조 및 유기물 함량 등과 관련 있음

　　　▷ Wischmeier 방법으로 결정[국내 실무에서 주로 이용, 재해영향평가 등의 실무지침에서 산정방법으로 채택]

$$- K = 1.32 \left[\frac{2.1 \times 10^{-4} \cdot (12 - OM) \cdot M^{1.14} \cdot 3.25(S_1 - 2) + 2.5(P_1 - 3)}{100} \right],$$

$$M = (MS + VFS) \cdot (100 - CL)$$

　　　　* 여기서 K: 토양침식인자(tonnes/ha/R), OM: 유기물 백분율(%), M: 입경에 있어서 주종을 이루는 토립자와 토사 전체에 대한 비율에 대한 함수, S_1: 토양구조지수(1~4)로 구분, P_1: 투수 지수(1~6)로 구분, MS: 실트 백분율(%), VFS: 극세사 백분율(%), CL: 점토 백분율(%)

　　　　- 이 공식은 극세사와 실트의 구성비가 70 % 이하인 경우 적용 가능

　　　　- 일반적인 토양침식인자의 범위: 0.13~0.91 tonnes/ha/R

　　㉢ 사면경사길이인자(LS)

　　　▷ 강우에 의한 토양침식은 경사지역의 길이와 경사도에 따라 달라짐

　　　▷ 무차원계수인 지형인자를 도입하여 토양침식에 대한 지형의 효과 반영

　　　▷ 무차원 사면길이인자(L)와 무차원 사면경사인자(S)의 곱으로 구성

$$- L = \left(\frac{\lambda}{22.13} \right)^m, \ m = \frac{\beta}{1 + \beta}, \ \beta = \frac{11.16 \cdot \sin\theta}{3.0 \cdot (\sin\theta)^{0.8} + 0.56}$$

　　　　* 여기서 λ: 평면에 투영된 사면길이(m), m: 사면경사 길이의 멱지수, β: 세류 및

세류 간 침식의 비, θ: 사면경사각(°)

- S = $10.8 \cdot \sin\theta + 0.03$, $\quad\quad\quad \sin\theta < 0.09$
  = $16.8 \cdot \sin\theta - 0.03$, $\quad\quad\quad \sin\theta \geq 0.09$

* 여기서 θ는 사면경사각(°)

㉣ 토양피복인자(C), 토양보존대책인자(P)

▷ 토양피복인자(C)

- 지상인자(식물의 강우차단), 지표인자(토양의 피복), 지하인자(식물의 뿌리 등)에 따라 결정되는 무차원인자
- 보존대책이 연평균 토양손실량에 미치는 영향 또는 토양손실 잠재능이 건설 활동, 농경 활동 또는 토양 관리계획 기간 중 시간적으로 어떻게 분포되는가를 나타내는 인자
- 경작이나 피복관리가 토양침식에 미치는 영향을 반영
- Hann(1994)이 제시한 표를 이용하여 산정[국내 실무에서 주로 이용, 재해영향평가 등의 실무지침에서 산정방법으로 채택]

▷ 토양보존대책인자(P)

- 토양피복인자(C)
- 사면의 상향 및 하향 경작지로부터의 토양침식에 대한 특정 보존대책에 의한 토양침식량의 비로 정의
- 등고선 경작, 등고선 대상재배, 등고선 단구효과, 지표하 배수, 건조 농경지의 조도 효과 등을 고려
- 토양보존대책인자 값은 농경지와 목장지에 대해서만 사용되고 있으나, 건설현장과 지표면 교란지역에도 사용 가능
- Wischmeier & Smith(1994)가 제시한 표를 이용하여 산정

▷ 불확실한 인자 2가지를 곱하여 산정되는 결과($C \cdot P$)의 임의성이 매우 높으므로 후술되는 토양침식인자(VM)로 대체 가능

㉤ 토양침식조절인자(VM)

▷ 토양피복인자(C)와 토양보존대책인자(P)의 곱에 대응하는 무차원인자

▷ 미국 교통연구단(TRB, Transportation Research Board)에서 토양피복인자(C)와 토양보존대책인자(P)의 결정에 임의성이 높은 점을 개선하기 위하여 제시

▷ 미국 교통연구단(TRB)에서 제시한 토양침식조절인자(VM)의 실무 적용 시 선택 기준을 다음 표와 같이 간략화 가능[재해영향평가 등의 협의 실무지침]

주요 토지 이용별 토양침식조절인자 적용기준		
토지 이용	토양침식조절인자(VM)	비고
농경지	0.02	논, 밭
나지	0.80	공사장
영구초지	0.01	잔디조성(개발 후)
산림	0.01	자연상태
불투수 지역	0.00	시가지, 개발지
수면	0.00	하천, 저수지

자료: 재해영향평가 등의 협의 실무지침

③ 유사전달률 및 단위중량을 고려한 토사유출량 산정

  ㉠ 침사지 등의 설계에 필요한 유역출구의 체적 단위 토사유출량 산정

  ㉡ RUSLE에 의해 산정된 토사침식량에 유사전달률을 곱하고 단위중량을 나누어 토사유출량 산정

    ▷ 유사전달률 개념: RUSLE에 의해 산정된 유역의 토양침식량에서 하류로 이송된 유역출구의 토사유출량을 산정하기 위하여 도입

  ㉢ 유사전달률은 미국 교통연구단에서 유역면적과 유사전달률의 관계를 토립자의 크기에 따라 제시한 다음 그림을 적용하여 산정

★
유사전달률

★
토사유출량 = 토사침식량 ×유사전달률

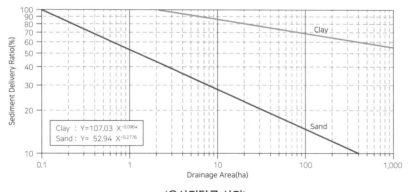

〈유사전달률 산정〉

    ▷ 상기 그림을 이용하여 소유역별 Sand 곡선과 Clay 곡선에 해당하는 유사전달률을 먼저 결정한 후, 대상지역의 입도분석 결과에 따라 유사전달률을 가중평균하여 소유역별 유사전달률 산정

② 산정된 토사유출량은 중량 단위(tonnes/year)이므로 단위중량을 산정하여 침사지 등의 용량 결정에 필요한 체적 단위(m³/year)의 토사유출량으로 환산

▷ 단위 환산에 필요한 퇴적토의 단위중량은 Lane & Koelzer (1953)의 경험공식을 적용

$$\gamma_s = 0.82 \cdot (P + 2)^{0.13}$$

* 여기서 γ_s는 퇴적토의 단위중량(tonnes), P는 입경 0.05 mm 이상 모래의 구성비 (%)

★
토사유출량을 중량단위에서 체적단위로 환산

(5) 토사재해 위험요인(위험도) 분석

① 현장조사를 토대로 위험도 평가 실시

② 현장조사만으로는 평가하기 어려운 경우 정량적 분석기법 적용

㉠ GIS를 이용한 전지역단위 분석을 통한 토사유출량을 정량적으로 제시

㉡ 토사유출량 산정에 의한 하류부 토사피해 발생 가능성 검토

▷ 토석류 퇴적에 의한 하류부 하천 및 우수관로의 통수 단면적 잠식 가능성 검토

▷ 토사퇴적에 의한 저수지 바닥고 상승 및 저류 능력 저하 발생 가능성 검토

▷ 침식된 토사가 특정 지역에 퇴적되어 2차 피해 유발 가능성 분석

▷ 토사유출량의 공간적 분포와 유출경로 분석

㉢ 토사유출량 산정 결과의 적정성 검토

▷ 토사유출량은 산정 과정상에 임의성이 매우 높기 때문에 산정 결과의 적정성 검토 필요

▷ 기존 연구성과상의 토사유출량의 범위 등을 활용

③ 방재시설물의 유지관리 상황 검토

㉠ 하천양안의 침식

㉡ 토사에 의한 우수 유입구 차단

㉢ 토사의 맨홀 퇴적

㉣ 토사 퇴적에 의한 하천의 통수능 저하

㉤ 저수지의 바닥고 상승 및 저류 능력 저하

㉥ 하구부 퇴적에 의한 하구폐쇄

㉦ 농경지의 침수 및 퇴적

㉧ 양식장의 토사유입

④ 위험도 지수(상세지수) 산정

   ※ 제8편 제1장 1절의 하천재해 위험요인(위험도) 분석에 수록된 방법과 동일

3. 토사재해위험지구 선정

   ※ 제8편 제1장 1절의 하천재해위험지구 선정방법과 동일

5절 해안재해 위험요인 분석·평가

1. 해안재해위험지구 후보지 선정

(1) 전 지역 해안재해 발생 가능성 검토

① 조위 및 파고에 따른 설계고 부족으로 인한 해안범람 발생 가능성 검토
   ㉠ 저지대 지역 도출
   ㉡ 침수면적(범위) 및 침수심 제시

② 저지대 범람 피해양상 분석
   ㉠ 시·군 전역에 적용
   ㉡ 저지대분석 기준해면
      ▷ 태풍해일고(50년 빈도) + 천문조위(약최고고조위)
      ▷ 천문조위: 해당 시·군 인근 조위검조소의 약최고고조위
   ㉢ 국립해양조사원의 침수예상도 또는 국가연구기관의 자료 사용
   ㉣ 저지대 범람 분석은 최대와 최소의 범위로 표시
   ㉤ 저지대 주요검토 대상: 주거지역, 상업지역, 공업지역

(2) 예비후보지 대상 추출

   ※ 제8편 제1장 1절의 하천재해위험지구 예비후보지 대상 추출방법과 동일

(3) 예비후보지 선정

① 선정기준
   ㉠ 기존 시·군 자연재해저감 종합계획의 해안재해위험지구 및 관리지구
   ㉡ 과거 피해가 발생한 이력지구

★
저지대분석 기준해면 = 태풍해일고(50년 빈도) + 천문조위(약최고고조위)

★
예비후보지 선정기준
과거 피해발생 지구, 설문조사 결과, 기존 관리되고 있는 재해위험지구, 연안정비계획 미시행 지구, 해안시설물, 파랑 또는 해일 위험지역, 전 지역 재해발생 가능지구 등

ⓒ 설문 조사 또는 지방자치단체 담당자 의견 수렴 등을 통하여 위험요인이 존재하고 있는 것으로 판단되는 지구

ⓔ 기지정 재해위험지구(자연재해위험개선지구 등) 중에서 해안재해로 분류되는 지구

ⓜ 연안정비기본계획에서 정비계획이 수립되었으나 미시행된 지구

ⓗ 연안침식실태조사의 침식 및 퇴적 위험지역 D등급 또는 연안재해 취약성 평가체계의 지형적 민감도, 파랑위험, 해일위험 재산경보시스템 4~5등급인 지역

ⓢ 자연재해 관련 방재시설 중에서 해안재해에 해당되는 방파제, 물양장, 안벽, 방조제 등의 해안시설물

ⓞ 파랑이나 해일 위험이 우려되는 지역(인명피해 우려지역 등)

ⓩ 전 지역 발생 가능성 검토에서 위험지역으로 분류되는 지역

② 선정방법

※ 제8편 제1장 1절의 하천재해위험지구 예비후보지 선정방법과 동일

(4) 후보지 선정

※ 제8편 제1장 1절의 하천재해위험지구 후보지 선정방법과 동일

★
해안재해 검토대상

2. 해안재해 위험요인(위험도) 분석

(1) 분석방향

① 해안재해 검토대상 : 파랑, 월파, 해일, 사리, 해안침식 등

② 기초현황 조사, 주민설문조사, 문헌조사, 현장조사 만으로는 위험요인을 도출하기 어려운 경우 정량적 분석기법 적용

③ 전 지역 자연재해 발생 가능성 검토에서 도출되는 해안재해위험지구 후보지는 분석 내용을 그대로 활용

④ 정량적 위험요인 분석

ⓐ 정량적인 분석이 필요한 경우에도 직접 분석을 실시하는 것은 지양

→ 국가에서 발간하는 보고서 참고

▷ 태풍해일 침수예상도

▷ 지진해일 침수예상도

▷ 연안침식실태조사

ⓑ 아주 특수한 경우에 한하여 자체적으로 수행하는 정량적 수치모의 시행

ⓒ 필요 시 부분적으로 파랑 모의, 해일 모의 및 통계분석, 침수범위

★
해안재해 위험요인 분석
가능한 기존 국가에서 발간한
자료 이용

산정

    ⓔ 침식 및 퇴적은 수치모의 정확성의 한계가 크므로 연안침식실태조사 등의 모니터링 자료를 사용

    ⓜ 분석의 공간적 범위: 해당 위험지구 후보지의 해안수리특성이 재현될 수 있는 구역

(2) 파랑추산 방법

① 심해파 추정

    ㉠ 실측값 적용

      ▷ 10년 이상의 실측 자료 적용

      ▷ 실측파고는 파의 굴절이나 천수변형 등의 영향을 받고 있기 때문에 파의 굴절계수 및 천수계수 등을 제외하여 심해파로 환산

    ㉡ 파랑수치 모형 적용

      ▷ 실측자료가 부족한 경우 적용

      ▷ 기상자료(태풍 또는 계절풍에 의해 큰 파고가 발생한 자료 포함) 활용

      ▷ 30년 이상의 기상자료를 이용하여 추산

      ▷ 추산한 값을 실측값으로 보정

② 이상 시 파랑의 통계분석

    ㉠ 장기간의 매년 최대파고 이용

    ㉡ 극치통계분석

      ▷ 검벨(Gumbel) 분포, 와이불(Weibull) 분포 등의 방법으로 발생확률 추정

      ▷ 재현기간에 상응하는 확률파고(시설물의 설계파고) 결정

③ 해안지형에 의한 변형 고려

    ㉠ 외해로부터 내습하는 파랑이 파랑 자료를 필요로 하는 천해지점에 도달할 때까지의 변형 고려

    ㉡ 천수변형, 굴절변형, 회절변형, 반사 및 쇄파 등의 고려

(3) 월파의 검토방법

① 파랑의 쳐오름 높이 산정

    ㉠ 기존 연구성과 이용

      ▷ 기존 연구성과(산정도표 또는 산정식)에 부합하는 제한된 조건에 적용

★
파랑추산
심해파 추정 후 해안에 도달 시 지형 등에 의한 파랑의 변형을 예측하여 추산

★
파랑 변형의 원인

▷ 불투과성인 일정한 사면경사, 피복석 사면, 테트라포트(TTP) 피복 등의 조건별 산정식 활용

ⓛ 제체 형상 및 해저형상이 복잡한 경우에 수리모형 실험으로 산정

② 월파량 산정

㉠ 기존 연구성과 이용

▷ 기존 연구성과(산정도표 또는 산정식)에 부합하는 제한된 조건에 적용

▷ 불투과성인 일정한 사면경사, 피복석 사면, 테트라포트(TTP) 피복 등의 조건별 산정식 활용

ⓛ 정밀분석이 필요한 경우 수리모형실험으로 산정

▷ 실험파는 불규칙파 사용 원칙

▷ 불규칙파의 실험을 할 수 없는 경우는 규칙파의 실험으로 산정

(4) 폭풍해일 추산 방법

① 실측값 적용

㉠ 가능한 장기간(30년 이상)의 관측자료 활용

ⓛ 관측자료로부터 폭풍해일 제원 결정

② 폭풍해일 추산식 적용

㉠ 기압 강하 및 바람에 의한 해면 상승 고려

ⓛ 천문조위와 기상조위 차(조위편차, 해일고)를 추산

ⓒ 추산식

$$\Delta h = a\Delta p + bW^2\cos\alpha + c$$

* 여기서, Δh: 최대 조위편차(cm), Δp: 최대 기압강하량(hPa), w: 최대 풍속(m/s), α: 풍향과 해안선에 직각인 선의 각도, 계수(a, b, c): 각 지점마다 과거 관측된 조위편차와 기압, 바람과의 관계로부터 결정되는 값

③ 폭풍해일 수치모형분석

㉠ 실측자료가 부족한 경우 적용

ⓛ 추산식보다 정확한 산정이 필요한 경우 적용

ⓒ 기압강하에 따른 해수면 상승과 바람에 의한 해면의 전단응력 고려

(5) 해안침식 검토방법

① 표사이동수지의 불균형을 발생시킨 원인 분석

㉠ 해안침식의 원인: 하천 토사공급의 불균형, 구조물 건설에 의한 평형파괴, 해수면 상승, 하구 및 항내 준설토 유용, 호안·제방의 침식 촉진 효과

ⓒ 우리나라 해안침식의 주요원인: 항만 및 어항건설, 호안 및 해안도로의 건설, 무분별한 하구 골재 채취 및 항내 준설사의 유용, 배후지의 개발

② 호안, 제방, 방파제 및 도류제 등의 구조물 주변의 세굴 검토

(6) 해안재해 위험요인(위험도) 분석

① 현장조사, 설문조사 및 자료 조사(관련 계획 등)에 의한 정성적 분석 실시

② 정성적 분석만으로 위험요인에 대한 판단이 어려운 경우 정량적 분석 실시

　　㉠ (1단계) 연안재해취약성 분석 등 기존 보고서 등의 자료를 활용하여 1차 정량적 분석 수행

　　㉡ (2단계) 현행 자료의 부족 및 수치모의 필요시 부분적으로 시행

　　　▷ 고파랑 모의

　　　▷ 파랑 모의, 해일 모의 및 통계분석, 침수범위 산정

③ **해안구조물의 유지관리 상황 검토**

　　㉠ 방파제 및 호안의 변형, 손상 또는 파괴 여부 검토

　　㉡ 국부세굴에 의한 구조물의 기능 장애

　　㉢ 해안토사의 평형상태 검토

　　㉣ 해안선 침식현황 검토

④ **위험도 지수(상세지수) 산정**

　　※ 제8편 제1장 1절의 하천재해 위험요인(위험도) 분석에 수록된 방법과 동일

3. 해안재해위험지구 선정

　　※ 제8편 제1장 1절의 하천재해위험지구 선정방법과 동일

6절 바람재해 위험요인 분석·평가

1. 바람재해위험지구 후보지 선정

(1) 전 지역 바람재해 발생 가능성 검토

① 시·군 전체 면적을 대상으로 위험도 분석 시행

② 위험도 분석 방법

    ㉠ 시·군 전역을 격자망으로 구성하여 격자망의 확률풍속 산정

    ㉡ 시·군의 설계기본풍속 등을 초과하는 지역 도출

        ▷ 설계기본풍속: 도로교설계기준 및 건축구조설계기준 적용

    ㉢ 풍동시험 등의 과도한 분석 지양

(2) 예비후보지 대상 추출

    ※ 제8편 제1장 1절의 하천재해위험지구 예비후보 대상 추출방법
과 동일

(3) 예비후보지 선정

① 선정기준

    ㉠ 기존 시·군 자연재해저감 종합계획의 바람재해위험지구 및 관리
지구

    ㉡ 과거 피해가 발생한 이력지구(시설물)

    ㉢ 설문 조사 또는 지방자치단체 담당자 의견 수렴 등을 통하여 위험
요인이 존재하고 있는 것으로 판단되는 지구

    ㉣ 「자연재해대책법 시행령」 제17조 내풍설계기준의 설정대상 시설
물 중에서 「시설물의 안전 및 유지관리에 관한 특별법」 제8조에 의
하여 관리 중인 바람재해 제3종 시설물(스키장, 삭도·궤도, 유원시
설, 대형광고시설물, 옥상 철탑, 옥외 강구조물 등) 중에서 내풍설
계기준에 미달하여 인명피해 및 공공·기반시설의 피해가 예상되
는 지역

    ㉤ 전 지역 발생 가능성 검토에서 위험지역으로 분류되는 지역

② 선정방법

    ※ 제8편 제1장 1절의 하천재해위험지구 예비후보지 선정방법과 동일

(4) 후보지 선정

    ※ 제8편 제1장 1절의 하천재해위험지구 후보지 선정방법과 동일

★
예비후보지 선정기준
과거 피해발생 지구, 설문조사
결과, 기존 관리되고 있는 재해
위험지구, 내풍설계기준 미달
로 인명피해 등이 예상되는 지
역, 전 지역 재해발생 가능 지
구 등

2. 바람재해 위험요인(위험도) 분석

(1) 분석방향

① 바람재해 검토대상: 태풍·강풍으로 피해를 입을 우려가 있는 '자연재해대책법 시행령 제17조' 내풍설계기준의 설정대상 시설물
② 기초현황 조사, 주민설문조사, 문헌조사, 현장조사 만으로는 위험요인을 도출하기 어려운 경우 정량적 분석기법 적용
③ 정량적 분석방법
- ㉠ 공간적 범위: 위험지구 후보지의 특성 파악에 필요한 지형적 범위
- ㉡ 후보지 전체에 대하여 GIS 기법 이용
  - ▷ 극한 풍속에 미치는 지형 및 지표 거칠기의 정량적 영향을 최소 8개 풍향에 대하여 분석 → 위험 지표풍속을 산출 → 위험요인 지도로 표출
  - ▷ 100년 빈도 지표풍속을 정량적으로 제시 → 위험지구 후보지의 풍해등급제시
- ㉢ 태풍 시뮬레이션이나 바람장 수치모형에 의한 분석 등 과도한 분석 지양
  - ▷ 상세 공학적 분석 필요로 판단되는 경우, 별도의 계획 수립

(2) 바람재해 위험풍속 분석방법

① 지표조도에 의한 영향 및 지형에 의한 풍속할증 영향 고려
② 지형적 국지성 강풍 발생 특성 반영
③ **위험풍속 산정절차**

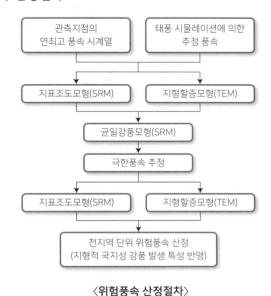

〈위험풍속 산정절차〉

④ 지표조도모형(SRM)

　ㄱ 토지피복지도(LCM) 활용

　ㄴ 건축구조기준의 지표조도구분으로 지표조도에 의한 영향 평가

　ㄷ 풍향에 따른 지표조도 상황을 판단하기 위해서 임의 지점에서 8개
　　자유도 방위별로 지표조도 상황을 평가

⑤ 지형할증모형(TEM)

　ㄱ 수치고도모형(DEM) 활용

　ㄴ 건축구조기준에서 제시하는 지형할증계수 산정 및 적용

　ㄷ 풍향을 고려한 8방위 자유도 고려

⑥ 균일강풍모형(HWM)

　ㄱ 지표면이 수평적으로 어떤 굴곡도 없는 평지 조건

　ㄴ 지표조도 상황이 동일한 균일 지표면 조건

　ㄷ 지상 10m 높이에서의 균일풍속 산정

(3) 바람장 수치모형 분석방법

① 특정 지역의 바람재해 위험도 정밀분석 모형

② 대기의 3차원 유동해석(연속방정식과 운동량방정식의 수치해석) 방법

③ 대기유동의 난류 고려: 난류모형 적용

(4) 바람재해 위험요인(위험도) 분석

① 전지역단위 위험풍속 산정 및 위험지구 후보지 선정

② 바람재해 위험도 평가

　ㄱ 지구별 위해지수 산정

　　▷ 산정된 위험풍속 활용

　　▷ 지구별 발생 가능 위험풍속에 따른 위험지수 결정

　ㄴ 지구별 취약지수 산정

　　▷ 작성된 현장조사표 활용

　　▷ 거주자 인구수를 고려한 취약지수 결정

③ 위험도 지수(상세지수) 산정

　※ 제8편 제1장 1절의 하천재해 위험요인(위험도) 분석에 수록된 방
　　법과 동일

3. 바람재해위험지구 선정

　※ 제8편 제1장 1절의 하천재해위험지구 선정방법과 동일

7절 가뭄재해 위험요인 분석·평가

1. 가뭄재해위험지구 후보지 선정

(1) 전 지역 가뭄재해 발생 가능성 검토

① 시·군 전체 면적을 대상으로 위험도 분석 시행

② 위험도 분석 방법

　㉠ 「지역특성을 고려한 재해영향 분석기법 고도화」의 분석방법 적용

　㉡ 가뭄재해 위험도 평가

　　▷ 가뭄위험요인지수와 가뭄취약지수를 곱하여 가뭄 위험도지수 (DRI, Drought Risk Index) 산정

　　▷ 가뭄재해 위험도를 1~4등급으로 구분

　　▷ 가뭄위험요인지수: 가뭄지수, 광역상수도, 지방상수도, 지하수, 논의 유효저수량, 밭의 유효지하수 부존량 등을 지표로 산정

　　　- 기상학적 가뭄지수: 표준강수지수(SPI, Standard Precipitation Index), 파머가뭄지수(PDSI, Palmer Drought Severity Index), 강수량 십분위(Deciles)

　　　- 수문학적 가뭄지수: 지표수공급지수(SWSI, Surface Water Supply Index), MSWSI(Modified SWSI)

　　　- 농업적 가뭄지수: 토양수분지수(SMI, Soil Moisture Index), 작물수분지수(CMI, Crop Moisture Index)

　　▷ 가뭄취약지수: 인구밀도, 공업용수 수요량, 논·밭의 면적 등을 지표로 산정

(2) 예비후보지 대상 추출

　※ 제8편 제1장 1절의 하천재해위험지구 예비후보지 대상 추출방법 과 동일

(3) 예비후보지 선정

① 선정기준

　㉠ 기존 시·군 자연재해저감 종합계획의 가뭄재해위험지구 및 관리 지구

　㉡ 과거 피해가 발생한 이력지구

　㉢ 설문 조사 또는 지방자치단체 담당자 의견 수렴 등을 통하여 위험 요인이 존재하고 있는 것으로 판단되는 지구

★
지역특성을 고려한 재해영향 분석기법 고도화

★
가뭄 위험도지수, 가뭄위험요 인지수, 가뭄취약지수

★
가뭄지수
- 표준강수지수(SPI)
- 파머가뭄지수(PDSI)
- 강수량 십분위
- 지표수공급지수(SWSI)
- 토양수분지수(SMI)

★
예비후보지 선정기준
과거 피해발생 지구, 설문조사 결과, 기존 관리되고 있는 재해 위험지구, 전 지역 재해발생 가 능 지구 등

Keyword

ⓔ 기지정 재해위험지구(자연재해위험개선지구, 상습가뭄재해지역 등) 중에서 가뭄재해로 분류되는 지구

ⓜ 전 지역 발생 가능성 검토에서 위험지역으로 분류되는 지역

② 선정방법

※ 제8편 제1장 1절의 하천재해위험지구 예비후보지 선정방법과 동일

(4) 후보지 선정

※ 제8편 제1장 1절의 하천재해위험지구 후보지 선정방법과 동일

2. 가뭄재해 위험요인(위험도) 분석

(1) 분석방향

① 기초현황 조사, 주민설문조사, 문헌조사, 현장조사만으로는 위험요인을 도출하기 어려운 경우 정량적 분석기법 적용

② 정량적 분석방법

㉠ 용수공급시설(댐, 저수지, 하천, 지하수 관정, 보, 양수장, 기타 등) 등으로 부터 생활·공업·농업용수를 공급을 받고 있는 지역 및 지구 대상

㉡ 용수공급 및 이용시설에 대한 위험요소 평가, 취약성 평가 및 위험도 분석 포함

㉢ 가뭄에 의한 피해현황 및 원인분석

㉣ 정량적 위험도 분석이 어려운 경우 가뭄지구(가뭄정보시스템) 정보의 활용 가능

(2) 가뭄의 위험등급 평가

① 가뭄위험요인지수(DHI, Drought Hazard Index) 산정

㉠ 산정방법

▷ 생활 및 공업용수부문과 농업용수 부문으로 구분하여 산정

▷ $DHI = \omega R + \omega_3 R_3$

* 여기서, ω는 생활용수와 공업용수에 대한 가중치로 전체 이용용수에서 생활 및 공업용수의 사용 비율을 적용하며, ω_3는 농업용수에 대한 가중치로 전체 이용용수에서 농업용수의 사용 비중을 적용, R은 생활용수와 공업용수의 위험요소 등급, R_3은 농업용수의 위험요소 등급

▷ $R = \omega_N R_N + \omega_L R_L + \omega_G R_G$

* 여기서, ω_N, ω_L, ω_G은 광역상수도, 지방상수도, 지하수의 가중치로 각각 광역상수도의 공급비율, 지방상수도 공급 비율 지하수 공급 비율 적용, R_N, R_L, R_G은 각각 광역상수도, 지방상수도 및 지하수의 위험요소 등급

★
가뭄지구(가뭄정보시스템) 정보를 활용한 위험도 분석 시행

★
가뭄위험요인지수(DHI) 산정
생활 및 공업용수 부문과 농업용수 부문으로 구분하여 산정

$$\triangleright R_3 = \omega_{SD}R_{SD} + \omega_{GD}R_{GD}$$

* 여기서, ω_{SD}, ω_{GD}는 논과 밭에 대한 가중치로, 각 면적의 비율 적용, R_{SD}는 논 면적에 대한 유효저수량의 가뭄 위험요소 등급, R_{GD}는 밭 면적에 대한 유효지하 수 부존량의 가뭄 위험요소 등급

ⓛ 생활 및 공업용수의 위험요소 등급 산정

▷ 광역상수도, 지방상수도, 지하수 부분으로 나눠 가뭄 위험요소 등급 구분

- 광역상수도: 댐별 기간신뢰도 분석 결과로 가뭄 위험요소 등 급 구분

댐 기간신뢰도에 대한 가뭄 위험요소 등급 분류

댐 기간신뢰도	가뭄 위험수준	댐 기간신뢰도에 대한 가뭄 위험요소 등급
0.7 미만	최상	4
0.7 이상 0.8 미만	상	3
0.8 이상 0.9 미만	중	2
0.9 이상 1.0 미만	하	1
1.0	정상	0

자료: 지역특성을 고려한 재해영향 분석기법 고도화

- 지방상수도: 하천등급, 유역면적, 저수지 저류량과 공급량의 비율로 가뭄 위험요소 등급 구분

하천등급, 유역면적 등에 대한 가뭄 위험요소 등급 분류

하천등급	유역면적 (km²)	저수지 저류량/공급량	가뭄 위험 수준	지방상수도에 대한 가뭄 위험요소 등급
기타	1,000 미만	0.5 미만	최상	4
지방하천 (과거 지방2급)	1,000 이상 2,000 미만	0.5 이상 1.0 미만	상	3
지방하천 (과거 지방1급)	2,000 이상 3,000 미만	1.0 이상 1.5 미만	중	2
국가하천	3,000 이상 4,000 미만	1.5 이상 2.0 미만	하	1
	4,000 이상	2.0 이상	정상	0

자료: 지역특성을 고려한 재해영향 분석기법 고도화

- 지하수: 지하수 안정성 검토인자(지하수 개발가능량/(생활용
    수 수요량 + 공업용수 수요량))로 가뭄 위험요소 등급 구분

지하수 안정성 검토 인자에 대한 가뭄 위험요소 등급 분류

지하수 안정성 검토 인자	가뭄 위험수준	지하수 개발가능량에 대한 가뭄 위험요소 등급
2.5 미만	최상	4
2.5 이상 5.0 미만	상	3
5.0 이상 7.5 미만	중	2
7.5 이상 10.0 미만	하	1
10.0 이상	정상	0

자료: 지역특성을 고려한 재해영향 분석기법 고도화

▷ 생활 및 공업용수의 위험요소 평가 인자에 대한 가중치

생활 및 공업용수의 위험요소 평가 인자에 대한 가중치

구분	위험요소 관련 인자	가중치		
광역상수도	댐 기간 신뢰도	-		광역상수도 공급 비율
지방상수도	하천등급	0.5	하천수 공급량 / 지방상수도 공급량	지방상수도 공급 비율
	하천의 유역면적	0.5		
	저수지 저류량/공급량	1.0	저수지 공급량 / 지방상수도 공급량	
지하수	지하수 개발가능량	-		지하수 공급 비율

자료: 지역특성을 고려한 재해영향 분석기법 고도화

▷ R에 따른 생활 및 공업용수에 대한 가뭄 위험요소 등급 분류

R에 따른 생활 및 공업용수에 대한 가뭄 위험요소 등급 분류

R	가뭄 위험수준	가뭄 위험요소 등급
4.0	최상	4
3.0 이상 4.0 미만	상	3
2.0 이상 3.0 미만	중	2
1.0 이상 2.0 미만	하	1
1.0 이하	정상	0

자료: 지역특성을 고려한 재해영향 분석기법 고도화

ⓒ 농업용수의 위험요소 등급 산정

▷ 논: 논 면적에 대한 유효저수량으로 산정

▷ 밭: 밭 면적에 대한 지하수 부존량으로 산정

농업용수에 대한 가뭄 위험요소 등급 분류

위험요소		가뭄 위험수준	가뭄 위험요소 등급
$\dfrac{\text{유효저수량}}{\text{논 면적}}$ (mm)	$\dfrac{\text{지하수 부존량}}{\text{밭 면적}}$ (m)		
100 미만	2.0 미만	최상	4
100 이상 200 미만	2.0 이상 3.0 미만	상	3
200 이상 300 미만	3.0 이상 4.0 미만	중	2
300 이상 400 미만	4.0 이상 5.0 미만	하	1
400 이상	5.0 이상	정상	0

자료: 지역특성을 고려한 재해영향 분석기법 고도화

▷ R_3에 따른 생활 및 공업용수에 대한 가뭄 위험요소 등급 분류

R_3에 따른 생활 및 공업용수에 대한 가뭄 위험요소 등급 분류

R_3	가뭄 위험수준	가뭄 위험요소 등급
4.0	최상	4
3.0 이상 4.0 미만	상	3
2.0 이상 3.0 미만	중	2
1.0 이상 2.0 미만	하	1
1.0 이하	정상	0

자료: 지역특성을 고려한 재해영향 분석기법 고도화

② 가뭄취약지수(DVI, Drought Vulnerability Index) 산정

ⓐ 산정방법

▷ 생활용수, 공업용수 및 농업용수 부문으로 구분하여 산정

▷ $DVI = \omega_1 V_1 + \omega_2 V_2 + \omega_3 V_3$

　　* 여기서, ω_1, ω_2, ω_3: 전체 용수이용 대비 생활, 공업, 농업용수가 차지하는 상대적 비중, V_1, V_2, V_3은 생활, 공업, 농업용수에 대한 가뭄 취약성 등급

▷ $V_1 = \omega_P V_P + \omega_{PD} V_{PD}$

　　* 여기서, ω_P, ω_{PD}는 인구수와 인구밀도에 대한 가중치로 각 0.5 적용, V_P와 V_{PD}는 인구와 인구밀도에 따른 가뭄 취약성 등급

★
가뭄취약지수(DVI)

ⓛ 생활용수의 취약성 등급 산정

▷ 지역별 인구수, 인구밀도로 산정

생활용수에 대한 가뭄 취약성 등급 분류

인구수(명)	인구밀도(명/km^2)	가뭄 취약성 등급
50만 이상	500 미만	4
40만 이상 50만 미만	500 이상 1,000 미만	3
30만 이상 40만 미만	1,000 이상 1,500 미만	2
30만 미만	1,500 이상	1

자료: 지역특성을 고려한 재해영향 분석기법 고도화

▷ V_1에 따른 생활용수에 대한 가뭄 취약성 등급 분류

V_1에 따른 생활용수에 대한 가뭄 취약성 등급 분류

V_1	가뭄 취약성 등급
4.0	4
3.0 이상 4.0 미만	3
2.0 이상 3.0 미만	2
1.0 이상 2.0 미만	1

자료: 지역특성을 고려한 재해영향 분석기법 고도화

ⓒ 공업용수의 취약성 등급 산정

▷ 공업용수 수요량으로 산정

공업용수에 대한 가뭄 취약성 등급 분류

공업용수 수요량(m^3/day)	가뭄 취약성 등급
15만 이상	4
10만 이상 15만 미만	3
5만 이상 10만 미만	2
5만 미만	1

자료: 지역특성을 고려한 재해영향 분석기법 고도화

Keyword

② 농업용수의 취약성 등급 산정

▷ 논과 밭을 합한 면적으로 산정

농업용수에 대한 가뭄 취약성 등급 분류

논과 밭 면적(ha)	가뭄 취약성 등급
15,000 이상	4
10,000 이상 15,000 미만	3
5,000 이상 10,000 미만	2
5,000 미만	1

자료: 지역특성을 고려한 재해영향 분석기법 고도화

③ 가뭄의 위험등급 평가

㉠ 가뭄위험도지수(DRI, Drought Risk Index) 산정

▷ 가뭄 위험요소 등급 및 취약성 등급 산정

DHI, DVI에 따른 가뭄 위험요소 및 취약성 등급 분류

DHI(DVI)	가뭄 위험수준	가뭄 위험요소 등급 (가뭄 취약성 등급)
4.0	최상	4
3.0 이상 4.0 미만	상	3
2.0 이상 3.0 미만	중	2
1.0 이상 2.0 미만	하	1
1.0 이하	정상	0

자료: 지역특성을 고려한 재해영향 분석기법 고도화

▷ 가뭄위험도지수(DRI) = 가뭄 위험요소 등급 × 가뭄 취약성 등급

㉡ 가뭄의 위험등급 평가

DRI에 따른 가뭄 위험 등급 평가

가뭄위험지수(DRI)	가뭄 위험도
2 이하	1 등급
2 초과 6 이하	2 등급
6 초과 12 이하	3 등급
12 초과 16 이하	4 등급

자료: 지역특성을 고려한 재해영향 분석기법 고도화

★
가뭄위험도지수(DRI)를 산정
하여 가뭄의 위험도를 평가

Keyword

(3) 가뭄재해 위험요인(위험도) 분석

① 문헌조사, 현장조사 및 자료조사(관련 계획 등)에 의한 정성적 분석 실시

② 정성적 분석만으로 위험요인에 대한 판단이 어려운 경우 정량적 분석 실시

　㉠ 용수공급 및 이용시설에 대한 위험요소 평가, 취약성 평가 및 위험도 분석

　　▷ 가뭄 위험요소 등급 및 취약성 등급 산정을 통해 가뭄 위험도지수 제시

　　▷ 가뭄 위험도지수에 따른 가뭄 위험 등급 평가

③ 가뭄에 의한 피해현황 및 원인분석 실시

　　▷ 피해지역, 피해 발생유형, 피해 발생원인별로 구분하여 분석

　　▷ 분석 시 포함사항

　　　- 수문·기상학적 측면에서의 원인분석

　　　- 용수 수요 및 공급관리 측면에서의 원인분석

　　　- 가뭄관리 체제 측면에서의 원인분석 등

④ 위험도 지수(상세지수) 산정

　※ 제8편 제1장 1절의 하천재해 위험요인(위험도) 분석에 수록된 방법과 동일

3. 가뭄재해위험지구 선정

　※ 제8편 제1장 1절의 하천재해위험지구 선정방법과 동일

8절 대설재해 위험요인 분석·평가

1. 대설재해위험지구 후보지 선정

(1) 전 지역 대설재해 발생 가능성 검토

① 시·군 전체 면적을 대상으로 위험도 분석 시행

② 위험도 분석 방법

　㉠ 「지역특성을 고려한 재해영향 분석기법 고도화」의 분석방법 적용

　㉡ 대설재해 위험도 평가

　　▷ 도로시설과 농업시설로 구분하여 평가

★
「지역특성을 고려한 재해영향 분석기법 고도화」

★
대설재해위험도 지수, 설해위험요인지수, 설해취약지수

▷ 설해위험요인지수와 설해취약지수를 곱하여 대설재해위험도 지수 산정

▷ 대설재해 위험도를 1~4등급으로 구분

▷ 설해위험요인지수의 산정 지표
- 도로시설: 최심신적설, 3cm 이상 강설일수 등
- 농업시설: 30년빈도 최심신적설

▷ 설해취약지수의 산정 지표
- 도로시설: 도로 환산길이(고속국도, 일반국도, 지방도 등), 도로시설물 개수 등
- 농업시설: 비닐하우스(내재해형 등록 시설) 면적

(2) 예비후보지 대상 추출

※ 제8편 제1장 1절의 하천재해위험지구 예비후보지 대상 추출방법과 동일

(3) 예비후보지 선정

① 선정기준

㉠ 기존 시·군 자연재해저감 종합계획의 대설재해위험지구 및 관리지구

㉡ 과거 피해가 발생한 이력지구

㉢ 설문 조사 또는 지방자치단체 담당자 의견 수렴 등을 통하여 위험요인이 존재하고 있는 것으로 판단되는 지구

㉣ 기지정 재해위험지구(상습설해지역 등) 중에서 대설재해로 분류되는 지구

㉤ 「자연재해대책법 시행령」 제22조의7에 따른 내설 설계대상 시설물이 위치한 지역

㉥ 대설재해로 인해 붕괴피해가 우려되는 공공시설물(농·축산시설물, PEB 구조물, 천막구조물 등)이 분포하는 지역

㉦ 도로·교량, 농·축업용 시설 등 내설 관련법규가 적용되는 시설물 중에서 반복피해 및 긴급복구가 필요한 시설물 등

㉧ 전 지역 발생 가능성 검토에서 위험지역으로 분류되는 지역

② 선정방법

※ 제8편 제1장 1절의 하천재해위험지구 예비후보지 선정방법과 동일

★
예비후보지 선정기준
과거 피해발생 지구, 설문조사 결과, 기존 관리되고 있는 재해위험지구, 내설 설계대상 시설물이 위치한 지역, 붕괴피해가 우려되는 시설물 지역, 전 지역 재해발생 가능 지구 등

(4) 후보지 선정

※ 제8편 제1장 1절의 하천재해위험지구 후보지 선정방법과 동일

2. 대설재해 위험요인(위험도) 분석

(1) 분석방향

① 기초현황 조사, 주민설문조사, 문헌조사, 현장조사 만으로는 위험요인을 도출하기 어려운 경우 정량적 분석기법 적용

② 정량적 분석방법

　㉠ 대상지역: 대설로 인한 교통두절 및 고립 예상지역, 붕괴피해가 우려되는 취약시설(농·축산시설물, PEB 구조물, 천막구조물 등)이 분포하는 지역

　㉡ 위험요소 평가, 취약성 평가 및 위험도 분석 포함

　　▷ 평가시설: 도로 및 취약시설(농·축산시설물, PEB 구조물, 천막구조물 등)

　㉢ 대설재해 유형 및 지역적 특성에 맞는 분석모형 적용

(2) 대설의 위험등급 평가

① 설해 위험요소 등급 평가

　㉠ 도로시설

　　▷ 설해위험요인지수를 산정하여 도로의 설해위험요소 등급 평가

　　▷ 설해위험요인지수(SDRI, Snowfall Damage Risk Index) 산정

　　　- $SDRI = S_1 \times \omega_1 + S_2 \times \omega_2$

　　　* 여기서, S_1은 최심신적설에 대한 설해 위험요소 등급, S_2는 3cm 이상 강설일수에 대한 설해 위험요소 등급, ω_1과 ω_2는 가중치로 각각 0.5로 적용

　　▷ 최심신적설에 따른 설해 위험요소 등급(S_1), 3cm 이상 강설일수에 따른 설해 위험요소 등급(S_2) 산정

최심신적설 및 3cm 이상 강설일수에 따른 설해 위험요소 등급

최심신적설	3cm 이상 강설일수	설해 취약성 등급
5cm 미만	2회 미만	1
5 ~ 10cm	2 ~ 4회	2
10 ~ 20cm	4 ~ 6회	3
20cm 이상	6회 이상	4

자료: 지역특성을 고려한 재해영향 분석기법 고도화

Keyword

★
설해위험요소 등급 및 취약성 등급 평가는 도로시설 및 농업시설로 구분하여 시행

★
설해위험요인지수(SDRI)

▷ 도로의 설해 위험요소 등급 산정

SDRI에 따른 도로의 설해 위험요소 등급 분류

SDRI	설해 취약성 등급
1.5 미만	1
1.5 ~ 2.5 미만	2
2.5 ~ 3.5 미만	3
3.5 이상	4

자료: 지역특성을 고려한 재해영향 분석기법 고도화

ⓛ 농업시설

▷ 최심신적설에 따라 농업시설의 설해 위험요소 등급 평가

최심신적설에 따른 농업시설의 설해 위험요소 등급 분류

최심신적설	설해 취약성 등급
20cm 미만	0
20 ~ 40cm	1
40 ~ 60cm	2
60 ~ 80cm	3
80cm 이상	4

자료: 지역특성을 고려한 재해영향 분석기법 고도화

② 설해 취약성 등급 평가

㉠ 도로시설

▷ 설해취약지수를 산정하여 도로의 설해위험요소 등급 평가

▷ 설해취약지수(SDVI, Snowfall Damage Vulnerability Index) 산정

- $SDVI = V_1 \times \omega_1 + V_2 \times \omega_2$

* 여기서, V_1는 도로 길이에 대한 설해 취약성 등급, V_2는 도로 시설물에 대한 설해 취약성 등급, ω_1과 ω_2는 가중인자로 각각 0.5 적용

▷ 도로 길이에 대한 설해 취약성 등급(V_1) 산정

- 도로의 환산길이 = $\omega_1 \times$ 고속도로 길이 + $\omega_2 \times$ 일반국도 길이 + $\omega_3 \times$ 지방도 길이

* 여기서, $\omega_1, \omega_2, \omega_3$은 고속도로 길이, 일반국도 길이, 지방도 길이에 대한 가중치

★
설해취약지수(SDVI)

도로의 가중치 산정방법

구분	산정방법	가중치
고속도로 길이	고속도로 총연장(km)	50
일반국도 길이	일반국도 총연장(km)	30
지방도 길이	지방도 총연장(km)	20
소계(%)		100

자료: 지역특성을 고려한 재해영향 분석기법 고도화

환산길이에 따른 설해 취약성 등급 분류

환산길이	설해 취약성 등급
30km 미만	1
30km 이상 ~ 60km 미만	2
60km 이상 ~ 90km 미만	3
90km 이상	4

자료: 지역특성을 고려한 재해영향 분석기법 고도화

▷ 도로의 시설물 개수에 대한 설해 취약성 등급(V_2) 산정

환산길이에 따른 설해 취약성 등급 분류

시설물 개수	설해 취약성 등급
60개 미만	1
60개 이상 ~ 120개 미만	2
120개 이상 ~ 180개 미만	3
180개 이상	4

자료: 지역특성을 고려한 재해영향 분석기법 고도화

▷ 도로의 설해 취약성 등급 산정

SDVI에 따른 도로의 설해 취약성 등급 분류

SDVI	설해 취약성 등급
1.5 미만	1
1.5 ~ 2.5 미만	2
2.5 ~ 3.5 미만	3
3.5 이상	4

자료: 지역특성을 고려한 재해영향 분석기법 고도화

ⓛ 농업시설
▷ 비닐하우스면적에 따라 농업시설의 설해 취약성 등급 평가

비닐하우스 면적에 따른 농업시설의 설해 취약성 등급 분류

비닐하우스 면적	설해 취약성 등급
500,000m² 미만	1
500,000 ~ 1,000,000m² 미만	2
1,000,000 ~ 1,500,000m² 미만	3
1,500,000m² 이상	4

자료: 지역특성을 고려한 재해영향 분석기법 고도화

③ 설해의 위험등급 평가
㉠ 설해위험도(SDRC, Snowfall Damage Risk Class) 산정
▷ SDRC = 설해 위험요소 등급 × 설해 취약성 등급
ⓛ 설해위험도 등급 산정

SDRC에 따른 설해위험도 등급 평가

설해위험도(SDRC)	설해위험도 등급
2 이하	1 등급
2 초과 6 이하	2 등급
6 초과 12 이하	3 등급
12 초과 16 이하	4 등급

자료: 지역특성을 고려한 재해영향 분석기법 고도화

(3) 대설재해 위험요인(위험도) 분석

① 문헌조사, 현장조사 및 자료조사(관련 계획 등)에 의한 정성적 분석 실시
② 정성적 분석만으로 위험요인에 대한 판단이 어려운 경우 정량적 분석 실시
㉠ 도로와 취약시설(농업시설)로 구분하여 분석
ⓛ 설해 위험요소 평가, 취약성 평가 및 위험도 등급 평가
▷ 설해 위험요소 등급 및 취약성 등급 산정을 통해 설해위험도 산정
▷ 설해위험도에 따른 설해위험도 등급 평가위험도 지수(상세지수) 산정
※ 제8편 제1장 1절의 하천재해 위험요인(위험도) 분석에 수록된 방법과 동일

★
설해위험도(SDRC)

3. 대설재해위험지구 선정

※ 제8편 제1장 1절의 하천재해위험지구 선정방법과 동일

9절 기타 재해 위험요인 분석·평가

1. 기타재해위험지구 후보지 선정

(1) 전 지역 기타 재해 발생 가능성 검토

① 기타 재해 검토 대상 방재시설
  ㉠ 저수지(준공 후 10년 이상 경과되고 총 저수용량 20만㎥ 이상)
  ㉡ 사방댐 등

② 검토방법
  ㉠ 개별 방재시설에 대한 정성적 및 정량적 분석 실시
    ▷ 방재시설의 상태를 정성적으로 검토
      - 제체노후, 시설균열 등의 시설상태 불량 검토
    ▷ 방재시설의 능력을 정량적으로 분석
  ㉡ 저수지의 재해 발생 가능성 검토
    ▷ 정밀안전진단 결과가 있는 경우, 정성·정량적 분석자료로 활용
    ▷ 정밀안전진단 결과가 없는 경우
      - 첨두유입량과 방류시설의 방류공식을 이용한 월류수심 산정 및 여유고 검토
      - 수문 등의 홍수조절시설이 있는 경우라도 홍수량, 내용적 산정 등에 불확실성이 큰 상황에서 일률적인 저수지 홍수추적을 적용하는 것은 지양
    ▷ 여유고는 「댐설계기준 해설」 및 「농업생산기반정비사업계획설계기준(필댐편)」 등의 기준 적용(단, 농업용 저수지 중 소규모댐 규격에 해당되는 경우는 소규모댐 여유고 기준 적용)
  ㉢ 사방댐의 재해 발생 가능성 검토
    ▷ 관리주체가 시설능력을 검토한 자료가 있는 경우, 해당 자료를 활용
    ▷ 관리주체가 시설능력을 검토한 자료가 없는 경우
      - 저사용량을 개략적으로 산출(수치지도 이용)
      - 저사용량과 토사유출량(토사재해 전 지역 분석 결과)을 비교

하여 시설능력을 검토

㉣ 저수지 및 사방댐의 시설상태 및 시설능력 평가

　▷ 「농업생산기반시설 관리규정」 안전점검표(저수지 지구)의 평가
　　기준 적용

　▷ 평가결과 D·E등급인 경우 기타 재해 발생 가능성이 높은 시설
　　로 선정

★
농업생산기반시설 관리규정
안전점검표(저수지 지구)의 평
가기준

안전등급	시설상태 및 시설능력
A (우수)	- 시설상태: 문제점이 없는 최상의 상태 - 저수지 시설능력: 검토 여유고 높이가 필댐 여유고를 만족하는 경우 - 사방댐 시설능력: 저사용량이 토사유출량보다 충분히 큰 경우
B (양호)	- 시설상태: 보조부재에 경미한 결함이 발생하였으나 기능 발휘에는 지장이 없으며 내구성 증진을 위하여 일부의 보수가 필요한 상태 - 저수지 시설능력: 검토 여유고 높이가 필댐 여유고를 만족하지 못하나 월류하지 않는 경우(하류부 피해정도가 경미) - 사방댐 시설능력: 저사용량이 토사유출량과 같은 경우
C (보통)	- 시설상태: 주요부재에 경미한 결함 또는 보조부재에 광범위한 결함이 발생하였으나 전체적인 시설물의 안전에는 지장이 없으며, 주요부재에 내구성, 기능성 저하 방지를 위한 보수가 필요하거나 보조부재에 간단한 보강이 필요한 상태 - 저수지 시설능력: 검토 여유고 높이가 필댐 여유고를 만족하지 못하나 월류하지 않는 경우(하류부 피해정도가 중대) - 사방댐 시설능력: 저사용량이 토사유출량보다 작은 경우(부족량 약 50 ton/ha/storm 미만)
D (미흡)	- 시설상태: 주요부재에 결함이 발생하여 긴급한 보수·보강이 필요하며 사용제한 여부를 결정하여야 하는 상태 - 저수지 시설능력: 댐월류가 발생하는 경우(하류부 피해정도가 경미) - 사방댐 시설능력: 저사용량이 토사유출량보다 작은 경우(부족량 약 50 ton/ha/storm 이상)
E (불량)	- 시설상태: 주요부재에 발생한 심각한 결함으로 인하여 시설물의 안전에 위험이 있어 즉각 사용을 금지하고 보강 또는 개축을 하여야 하는 상태 - 저수지 시설능력: 댐월류가 발생하는 경우(하류부 피해정도가 중대) - 사방댐 시설능력: 저사용량이 토사유출량보다 작은 경우(부족량 50 ton/ha/storm 이상)

저수지 및 사방댐 시설상태 및 시설 능력 평가기준

자료: 자연재해저감 종합계획 세부수립기준

(2) 예비후보지 대상 추출

　※ 제8편 제1장 1절의 하천재해위험지구 예비후보지 대상 추출방법
　　과 동일

(3) 예비후보지 선정

① 선정기준

⊙ 기존 시·군 자연재해저감 종합계획의 기타재해위험지구 및 관리지구

ⓛ 과거 피해가 발생한 이력지구(시설물)

ⓒ 설문 조사 또는 지방자치단체 담당자 의견 수렴 등을 통하여 위험요인이 존재하고 있는 것으로 판단되는 지구

ⓔ 기지정 재해위험지구(자연재해위험개선지구, 재해위험저수지 등) 중에서 기타 재해로 분류되는 지구

ⓜ 자연재해 관련 방재시설 중에서 자연재해 유형이 국한되지 않는 댐, 농업시설 등에 해당되는 댐, 저수지 등

ⓗ 「자연재해대책법 시행령」 제55조에서 정의하는 방재시설 중에서 노후로 인하여 자연재해를 야기할 우려가 있는 시설

ⓢ 전 지역 발생 가능성 검토에서 위험지역으로 분류되는 지역

② 「자연재해대책법 시행령」 제55조에서 정의하는 방재시설

⊙ 「소하천정비법」 제2조 제3호에 따른 소하천부속물 중 제방·호안·보 및 수문

ⓛ 「하천법」 제2조 제3호에 따른 하천시설 중 댐·하구둑·제방·호안·수제·보·갑문·수문·수로터널·운하 및 관측시설

ⓒ 「국토의 계획 및 이용에 관한 법률」 제2조 제6호 마목에 따른 방재시설

ⓔ 「하수도법」 제2조 제3호에 따른 하수도 중 하수관로 및 하수종말처리시설

ⓜ 「농어촌정비법」 제2조 제6호에 따른 농업생산기반시설 중 저수지, 양수장, 관정 등 지하수이용시설, 배수장, 취입보, 용수로, 배수로, 유지, 방조제 및 제방

ⓗ 「사방사업법」 제2조 제3호에 따른 사방시설

ⓢ 「댐건설 및 주변지역지원 등에 관한 법률」 제2조 제1호에 따른 댐

ⓞ 「도로법」 제2조 제2호에 따른 도로의 부속물 중 방설·제설시설, 토사유출·낙석 방지 시설, 공동구, 같은 법 시행령 제2조 제2호에 따른 터널·교량·지하도 및 육교

ⓩ 「재난 및 안전관리 기본법」 제38조에 따른 재난 예보·경보시설

ⓩ 「항만법」 제2조 제5호 가목 (2)에 따른 방파제·방사제·파제제 및 호안

★
예비후보지 선정기준
과거 피해발생 지구, 설문조사 결과, 기존 관리되고 있는 재해위험지구, 전 지역 재해발생 가능 지구 등

★
방재시설의 종류

ⓒ 「어촌·어항법」 제2조 제5호 가목 1)에 따른 방파제·방사제·파제제

ⓔ 그 밖에 행정안전부장관이 방재시설의 유지관리를 위하여 필요하다고 인정하여 고시하는 시설

③ **위험지구 예비후보지 선정방법**

※ 제8편 제1장 1절의 하천재해위험지구 예비후보지 선정방법과 동일

(4) 후보지 선정

※ 제8편 제1장 1절의 하천재해위험지구 후보지 선정방법과 동일

2. 기타 재해 위험요인(위험도) 분석

(1) 현장조사 등을 토대로 위험요인 분석

① 기초현황 조사, 주민설문조사, 문헌조사, 현장조사 등에 의한 정성적 분석 실시

② 해당 시설물의 유지관리 실태 검토

(2) 정량적 분석기법 적용

① 방재시설에 대한 별도의 유지관리지침 및 위험요인 분석방법이 있는 경우 반영 가능

② 전 지역 발생 가능성 검토결과를 토대로 여유고 등 시설능력 및 시설상태 평가 내용을 A~E등급으로 구분

③ 위험도 지수(상세지수) 산정

※ 제8편 제1장 1절의 하천재해 위험요인(위험도) 분석에 수록된 방법과 동일

3. 기타재해위험지구 선정

※ 제8편 제1장 1절의 하천재해위험지구 선정방법과 동일

재해복구사업 분석·평가하기

본 장에서는 기 시행된 재해복구사업에 대한 분석·평가방법을 수록하였다. 「재해복구사업 분석·평가 매뉴얼」에 기초하여 재해복구사업에 대한 재해저감성 평가, 지역경제발전성 평가, 지역주민생활 쾌적성 평가방법을 상세히 작성하였다. 또한, 재해복구사업 분석·평가의 목적, 대상시설 등의 일반사항도 함께 수록하여 수험생의 이해를 도왔다.

1절 재해복구사업 분석·평가 일반사항

Keyword

1. 분석·평가의 목적 및 대상시설

(1) 목적

① 복구과정 및 복구비 집행에 대한 검증

② 사업시행 효과에 대한 분석·평가를 통하여 사업의 효율성, 투명성 및 활용성 증진

③ 재해복구사업의 일관성 유지

④ 방재 관련 제도 전반에 대한 환류(feedback) 기능 강화

★
분석·평가의 목적

(2) 평가대상 및 평가제외 기준

① **평가대상 사업**

　　㉠ 「자연재해대책법」 제46조 제2항에 따라 확정·통보된 재해복구계획 기준으로 공공시설의 복구비(용지보상비는 제외한다)가 300억 원 이상인 시·군·구의 사업

　　㉡ 천 동 이상의 주택이 침수된 시·군·구에 대한 복구사업으로서 행정안전부가 그 효과성, 경제성 등을 분석·평가하는 것이 필요하다고 인정하는 시·군·구의 사업

② **평가대상 시설**

　　하천, 배수시설, 도로·교량, 해안시설, 사면, 기타

★
평가대상 사업의 기준

평가대상 시설의 분류

평가대상 시설 구분		유형별	평가대상 시설
공공 시설	하천편	하천	하천, 소하천
	배수시설편	수도	상하수도
		배수	배수펌프장, 양수장, 배수로, 배수문
	도로·교량편	도로, 교량	도로, 교량, 철도, 농어촌도로
	해안시설편	어항, 항만	어항, 항만시설, 방파제, 방조제
	사면편	사방, 사면	사방, 사면, 산사태, 임도
	기타편	기타	문화재, 공원, 관광지, 환경기초시설, 수리시설 등 소규모 구조물

(3) 평가 제외 기준

① 가드레일, 도로표지판 등과 같이 독립적인 시설로서 재해 경감에 영향이 없는 시설

② 평가대상 시설 중 재해복구비가 5천만 원 이하 단순 기능 복원시설

③ 학교, 군사·문화재시설 등 기반시설이 아닌 시설

④ 단, 피해원인 분석이 필요한 주요 유역 및 배수구역에 대해서는 평가대상 시설물에서 제외된 피해시설도 선별하여 선정

2. 분석·평가결과의 활용

(1) 분석·평가결과는 아래와 같은 방재 관련 계획 및 기준 등에 반영·활용

① 시·군 자연재해저감 종합계획 수립

② 지구단위 홍수방어기준의 설정 및 활용

③ 우수유출저감대책 수립 및 우수유출저감시설 기준의 제정·운영

④ 자연재해위험개선지구 지정

⑤ 지역안전도 진단

⑥ 소하천정비중기계획 수립

⑦ 지역별 방재성능목표 설정·운영

(2) 재해복구사업과 연계하여 환류(feedback) 기능 강화

★
평가대상 공공시설
하천, 배수시설, 도로·교량, 해안시설, 사면시설 등

★
평가대상에서 학교, 군사·문화재 시설 등 제외

★
방재 관련 계획

★
재해복구사업의 환류기능 강화

3. 평가방법

(1) 평가기법

① **재해저감성 평가**
- ㉠ 단일 또는 중복되는 재해복구사업 시행지구에 대하여 수계·유역 및 배수구역별로 복구사업 시설물과 기존 시설물에 대한 통합방재성능을 종합평가
- ㉡ 내수침수지구는 지역별 방재성능목표 강우량을 적용하여 복구 전·후의 재해저감 효과 평가
- ㉢ 재해유발 원인과 개선방안 제시

② **지역경제 발전성 평가**
- ㉠ 경제적 측면에 대한 평가
- ㉡ 평가항목: 지역 생산성 향상, 지역산업의 활성화 정도, 지역 경제적 파급효과, 낙후지역 개선효과 등

③ **지역주민생활 쾌적성 평가**
- ㉠ 재해복구사업의 주거환경, 인문·사회·환경 등 지역주민 생활환경 개선과 향상에 기여도 평가
- ㉡ 주민설문조사기법 적용

(2) 평가기준
- ㉠ 재해 유형별 지구단위, 유역 또는 수계단위로 구분하여 평가
- ㉡ 해당 방재 분야 관련 전문가의 객관적인 판단근거에 따라 정성적·정량적으로 평가

4. 평가절차

(1) 관련 자료의 조사 단계
① 재해현황: 과거 재해 이력 조사, 재해대장, 상황일지, 피해현황 및 복구비 지급현황 등
② 행정자료: 유관기관 등의 행정자료 조사
③ 관련 계획: 공사 관련 계획(조사, 설계, 시공), 관련 기본계획(하천, 소하천, 하수도, 사면, 연안정비, 산사태 등) 등

(2) 현장조사 단계
① 현장조사표 기록: 평가 등급에 해당하는 방재 분야 관련 기술자가 현장에서 조사·작성

Keyword

★
재해저감성 평가, 지역경제 발전성 평가, 지역주민생활 쾌적성 평가

(3) 현황분석 단계

① 일반 특성 분석: 일반적인 현황, 하천 및 수계현황 조사, 토지이용현황, 기후 및 기상현황, 사회기반시설 현황

② 과거 재해기록 분석: 최근 10년간 재해피해액·복구비 현황 조사 및 주민탐문 조사(필요시)를 포함

③ 수문·수리현황 분석: 강우량(지속기간별) 조사, 흔적수위 및 수위관측소 수위기록 조사, 유출 특성 등 수문·수리적 현황 조사

★
현황분석 방법

(4) 원인분석 단계

① 재해 발생 당시의 피해현황 분석: 재해 발생 당시 주요 피해상황, 행정구역별 피해상황, 공공시설 피해상황으로 구분 후 행정구역별·수계별 피해상황 조사 및 분석, 시설물별 피해상황 조사 및 분석, 침수구역별 피해상황 조사 및 분석

② 재해취약요인 분석: 연적 요인, 사회적 요인 및 경제적 요인 분석

③ 수문·수리학적 원인분석: 관련 자료 조사, 현장조사를 토대로 재해 발생 당시 수문·수리적 특성 분석, 수문·수리학적 원인분석 실시

★
원인분석 방법

(5) 분석·평가 단계

① 재해저감성 평가

② 지역경제 발전성 평가

③ 지역주민생활 쾌적성 평가

★
분석평가방법

(5) 종합평가 및 활용방안 제시

2절 재해저감성 평가

1. 평가 내용

(1) 평가방법

① 사업의 적절성 및 사업으로 인한 재해저감 효과를 평가

② 재해복구사업 시행지구에 대한 수계 및 유역단위 분석, 지구단위별로 분석 시행

③ 통합방재성능 평가: 복구사업에 의한 시설물뿐만 아니라, 동일 배수구역의 기존시설물(하천, 배수시설, 도로·교량, 해안시설, 사면 등)에 대한 통합방재성능 평가

(2) 지역별 방재성능목표 적용

① 내수침수지구에 대하여 지역별 방재성능목표 강우량(과업기간 중 재해 발생과 유사한 실 호우사상 발생 시 이를 포함)을 적용하여 평가

② 재해저감 효과를 정량적으로 평가

(3) 개선방안 제시

① 해당 지구에 대한 피해유발 원인 및 도시방재성능목표를 달성하기 위한 구조적·비구조적 개선방안 제시

② 소관시설 담당부처와의 협의내용을 토대로 개선방안 작성

③ 잔존 위험성에 대한 저감대책 제시

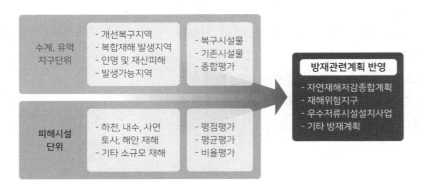

〈재해저감성 평가 흐름도〉

2. 수계 및 유역단위 재해저감성 평가

(1) 평가방향

① 수계(유역) 전체에서 발생하는 하천, 산사태, 도로 및 교량 등의 피해유형 파악

② 수계(유역)에 피해를 유발시키는 요인 확인 및 저감방안 수립

③ 수계 및 유역전반에 걸쳐 일관되게 복구계획을 수립하여 향후 집중호우 및 태풍 등의 자연재해 발생 시 피해를 효과적으로 저감

(2) 평가를 위한 지역 구분

① 개선복구사업 실시지역(대규모 복구사업, 지구단위 복구사업 포함)

② 복합재해 발생유역

③ 피해시설 상·하류의 인명 및 재산피해 발생 우려지역

(3) 평가방법

① 강우 분석

② 홍수량 및 복구사업 전·후 홍수위 분석

③ 우수관거 및 강제배제시설(배수펌프장 등) 능력 검토

④ 산사태 위험도 분석

⑤ 토사 침식량 분석

⑥ 해안재해(해일, 침식 등) 위험도 분석

⑦ 내수침수지구는 방재성능목표 강우량을 적용한 분석 시행

⑧ 구조적·비구조적 개선방안 제시

⑨ 복구사업이 미진한 수계(유역)에 대해서는 복구사업 수립 방향 제시

3. 피해시설별 재해저감성 평가

(1) 평가방향

① 자연재해저감 종합계획 세부수립기준에서 제시된 "자연재해 유형별 위험요인"을 기준으로 하천재해, 내수재해, 사면재해, 토사재해, 해안재해, 기타 재해로 구분하여 평가

② 재해유형별 위험요인의 해소정도를 평점평가, 평균평가, 비율평가를 통해 피해시설에 대한 재해저감성 평가 실시

③ 재해유형별 위험요인을 기준으로 피해시설별 피해원인을 분석하고, 복구사업으로 인한 위험요인 해소 여부를 검토하여 재해저감성 평가

④ 재해위험요인이 상존하는 경우는 이에 대한 저감대책을 수립하여 방재관련 계획 등에 반영될 수 있도록 연계방안 제시

(2) 하천재해 위험요인

① 하천재해를 호안유실, 제방붕괴, 유실 및 변형, 하상안정시설 유실, 제방도로 피해, 하천 횡단구조물 피해 등 5가지로 구분

★
하천재해 위험요인

② 하천재해 위험요인(피해원인)

하천재해 피해원인

구분(기호)	피해원인
호안유실 (RA)	- 호안 구성 재질의 강도가 낮거나 연결 방법 등 불량 - 소류력, 유송잡물에 의한 호안 유실, 구성 재질의 이음매 결손, 흡출 등 - 호안 내 공동현상 - 호안 저부(기초) 손상 - 기타 호안의 손상
제방붕괴, 유실 및 변형 (RB)	- 설계량 초과 홍수에 의한 유수의 제방 월류·붕괴 - 협착부 수위 상승에 의한 유수의 제방 월류 - 파이핑 현상 - 하상세굴 - 제방과 연결된 구조물 주변 세굴 - 유송잡물이나 유수 충격 - 제체 내 잔류 배수압 등의 영향 - 제체의 재질 불량, 다짐 불량 - 세굴 등에 의한 제방 근고공 유실 등 - 제방폭 협소, 법면 급경사에 의한 침윤선 등 발달 - 하천 횡단구조물 파괴에 따른 연속적 파괴 - 하천 부속 시설물과의 접속 부실 및 누수 - 제방의 불안정 상태에서 하천 수위 상승 - 기타 제방의 손상
하상안정시설 유실 (RC)	- 소류작용에 의한 세굴 - 불충분한 근입거리 - 기타 하상시설의 손상
제방도로 피해 (RD)	- 집중호우로 인한 인접 사면 활동 - 지표수, 지하수, 용출수에 의한 도로 절토사면 붕괴 - 시공다짐 불량 등 시방서 미준수 - 하천 협착부 수위 상승 - 설계홍수량 이상에 의한 월류 - 제방의 제반 붕괴·유실·변형 현상에 기인한 피해 - 기타 제방도로의 손상
하천 횡단 구조물 피해 (RE)	- 기초 세굴심 부족에 의한 하상세굴이 원인이 되는 교각 침하 및 유실 - 만곡 수충부에서의 교대부 유실 - 토석, 유송잡물 또는 경간장 부족에 의한 통수능 저하 - 교각에의 직접 충격에 의한 교각부 콘크리트 유실 - 날개벽 미설치 또는 길이 부족에 의한 사면토사 유실 - 교량 교대부 기초 세굴에 의한 교대 침하, 교대 뒤채움부 유실·파손 - 교량 상판 여유고 부족 - 유사 퇴적으로 인한 저수지 바닥고 상승 - 취수구 폐쇄 등에 의한 이수 시설물 피해 - 노면 배수 및 횡배수관 능력 부족 - 시방서 미준수 등 - 기타 하천 횡단구조물의 손상

자료: 「재해복구사업 분석·평가 매뉴얼」

(3) 내수재해 위험요인

① 우수관거 관련 문제로 인한 피해, 외수위 영향으로 인한 피해, 우수유
   입시설 문제로 인한 피해, 빗물펌프장 시설 문제로 인한 피해, 노면 및
   위치적 문제에 의한 피해, 이차적 침수피해 증대 및 기타 관련 피해
   등 6가지로 구분

② 내수재해 위험요인(피해원인)

★
내수재해 위험요인

내수재해 피해원인

구분(기호)	피해원인
우수관거 관련 문제로 인한 피해 (IA)	- 설계홍수량을 초과하는 이상호우 - 우수관거의 용량 부족 - 관거 합류부 문제 - 상수관 파열로 인한 침수 - 역류 방지시설 미비 - 기타 우수관거 준설 등 유지관리 미흡 등
외수위 영향으로 인한 피해 (IB)	- 하천 외수위 상승으로 인한 역류 - 하천 여유고 부족이나 통수능 부족으로 인한 범람 - 교량 부분이 인근 제방보다 낮음으로 인한 월류·범람 - 기타 외수위 영향 등
우수유입시설 문제로 인한 피해 (IC)	- 빗물받이 시설 부족 - 빗물받이 청소 불량 및 악취 방지시설 등의 관리 소홀 - 지하공간 출입구 빗물유입 방지시설 미흡 - 기타 우수유입시설 관리 미흡 등
빗물펌프장 시설 문제로 인한 피해 (ID)	- 빗물펌프장 용량 부족 - 배수로 정비 불량 - 실제 상황을 고려하지 않은 펌프장 운영 또는 운영 미숙 - 기타 전기용량 부족 등 빗물펌프장 시설 미비 등
노면 및 위치적 문제에 의한 피해 (IE)	- 도로 지반고가 주택 출입구보다 높은 경우 - 인접 지역 공사나 정비 등으로 인한 지반고 상대적인 저하 - 철도나 도로노선 등의 하부 관통도로에 우수 집중 - 기타 지하건물 설치 등
이차적 침수 피해 증대 및 기타 관련 피해 (IF)	- 토석류에 의한 하천의 홍수 소통 능력 저하 - 지하공간 침수 시 배수계통 전원 차단 - 다양한 침수 상황에 대한 발생유량 사전예측 및 대피체계 미흡 - 빗물유입 방지시설 설치 미흡 - 지하공간 침수 등에 대한 위험성 인식 부재 - 지하수 침입에 의한 지하 침수 - 선로 배수설비 및 전력시설 방수 미흡 - 지중 연결 부위 방수처리 불량 - 도로 침하 및 붕괴 - 침수에 의한 전기시설 노출로 감전 피해 - 기타 하수도 및 맨홀 매몰 등

자료: 「재해복구사업 분석·평가 매뉴얼」

(4) 사면재해 위험요인

① 지반 활동으로 인한 붕괴, 절개지 경사면 등의 배수시설 불량에 의한 사면붕괴, 옹벽 등 토사유출 방지시설의 미비로 인한 피해, 사면의 과도한 굴착 등으로 인한 붕괴, 급경사지 주변에 피해유발시설 배치, 유지관리 미흡으로 인한 피해 가중 등 6가지로 구분

② 사면재해 위험요인(피해원인)

사면재해 피해원인

구분(기호)	피해원인
지반 활동으로 인한 붕괴 (ShA)	- 기반암과 표토층의 경계에서 토석류 발생 - 집중호우 시 지반의 포화로 인한 사면약화 및 사면 활동력 증가 - 지반 교란 행위 - 사면 상부의 인장 균열 발생 - 사면의 극심한 풍화 - 사면의 식생상태 불량 - 사면의 절리 및 단층의 불안정 - 기타 사면의 불안정에 의한 붕괴 등
절개지, 경사면 등의 배수시설 불량에 의한 사면붕괴 (ShB)	- 기존 배수시설 불량 - 배수시설의 유지관리 소홀 - 배수시설의 지표면과 밀착시공 부실이나 과도한 호우 - 기타 배수시설 부족 등
옹벽 등 토사유출 방지시설의 미비로 인한 피해 (ShC)	- 옹벽 등 토사유출 방지시설 미설치 - 노후 축대시설 관리 소홀 및 재정비 미흡 - 사업 주체별 표준경사도 일률 적용 - 시행주체의 단순시방 기준 적용 혹은 시방서 미준수 - 기타 옹벽의 부실시공 등
사면의 과도한 굴착 등으로 인한 붕괴 (ShD)	- 사면의 과도한 굴착으로 사면의 배부름 또는 오목현상 발생 - 사면 상하부의 굴착으로 인장 균열 발생 - 기타 사면의 부실시공 등
급경사지 주변에 피해유발시설 배치 (ShE)	- 사면 직하부 주변에 취락지, 주택 등 생활공간 입지 - 사면 주변에 임도, 송전탑 등 인공구조물 설치 - 노후화된 주택의 산사태 저지 능력 위험 - 사면 접합부에 하천 유무 - 기타 피해유발시설 설치
유지관리 미흡으로 인한 피해 가중 (ShF)	- 토사유출이나 유실·사면붕괴 발생 시 도로 여유폭 부족 - 도로나 철도 노선 피해 시 상황전파 지연, 교통통제 미비 및 복구 지연 - 위험성에 인식 부족, 관공서의 대피 지시 소홀 - 기타 유지관리 미흡 등

자료: 「재해복구사업 분석·평가 매뉴얼」

(5) 토사재해 위험요인

① 산지 침식 및 홍수피해, 하천시설 피해, 도시지역 내수침수, 하천 통수능 저하, 저수지의 저수능 저하 및 이·치수 기능 저하, 하구폐쇄로 인한 홍수위 증가, 농경지 피해, 양식장 피해 등 8가지로 구분

② 토사재해 위험요인(피해원인)

★
토사재해 위험요인

토사재해 피해원인

구분(기호)	피해원인
산지 침식 및 홍수피해 (SdA)	- 토양침식으로 유출률과 유출속도 증가, 하류부 유출량 증가 - 침식확대에 의한 피복상태 불량 및 산지 황폐화
하천시설 피해(SdB)	- 홍수량에 의해 하천양안 침식
도시지역 내수침수 (SdC)	- 상류유입 토사에 의한 우수 유입구 차단 - 우수관로로 유입된 토사의 맨홀 퇴적
하천 통수능 저하 (SdD)	- 상류유입 토사의 퇴적으로 인한 통수능 저하
저수지의 저수능 저하 및 이·치수 기능 저하(SdE)	- 유사 퇴적으로 저수지 바닥고 상승 및 저류 능력 저하 - 저수지 바닥고 상승에 따른 이수 시설물 피해
하구폐쇄로 인한 홍수위 증가(SdF)	- 하류로 이송된 토사의 하구부 퇴적에 의한 하구폐쇄, 상류부 홍수위 증가
농경지 피해(SdG)	- 홍수에 의해 이송된 토사가 농경지 침수·퇴적
양식장 피해(SdH)	- 홍수 시 토사의 해양 유입에 의한 양식장 피해

자료: 「재해복구사업 분석·평가 매뉴얼」

(6) 해안재해 위험요인

① 파랑·월파에 의한 해안시설 피해, 해일 및 월파로 인한 내측 피해, 하수구 역류 및 내수배제 불량으로 인한 침수, 해안침식 피해 등 4가지로 구분

② 해안재해 위험요인(피해원인)

★
해안재해 위험요인

해안재해 피해원인

구분(기호)	피해원인
파랑·월파에 의한 해안시설 피해 (SeA)	- 파랑의 반복 충격으로 해안구조물 유실 및 파손 - 월파에 의한 제방의 둑마루 및 안쪽 사면 피해 - 테트라포트(TTP) 이탈 등 방파제 및 호안 등의 유실 - 제방 기초부 세굴·유실 및 파괴·전괴·변이 - 표류물 외력에 의한 시설물 피해 - 표류물 퇴적에 의한 해상교통 폐쇄 - 밑다짐공과 소파공 침하·유실 - 월파로 인한 해안 도로 붕괴, 침수 등

파랑·월파에 의한 해안시설 피해 (SeA)	- 표류물 퇴적에 의한 항만 수심 저하 - 국부세굴에 의한 항만 구조물 기능 장애 - 기타 해안시설 피해 등
해일 및 월파로 인한 내측 피해 (SeB)	- 월파량 배수 불량에 의한 침수 - 월류된 해수의 해안 저지대 집중으로 인한 우수량 가중 - 위험한 지역 입지 - 해일로 인한 임해선 철도 피해 - 주민 인식 부족 및 사전대피체계 미흡 - 수산시설 유실 및 수산물 폐사 - 기타 해일로 인한 시설 피해 등
하수구 역류 및 내수배제 불량으로 인한 침수 (SeC)	- 만조 시 매립지 배후 배수로 만수 - 바닷물 역류나 우수배제 지체 - 기타 침수피해 등
해안침식 (SeD)	- 높은 파고에 의한 모래 유실 및 해안침식 - 토사준설, 해사채취에 의한 해안토사 평형상태 붕괴 - 해안구조물에 의한 연안표사 이동 - 백사장 침식 및 항내 매몰 - 해안선 침식에 따른 건축물 등 붕괴 - 댐, 하천구조물, 골재 채취 등에 의한 토사공급 감소 - 기타 해안침식 피해 등

자료: 「재해복구사업 분석·평가 매뉴얼」

(7) 기타 시설물 재해

① 기타 시설물(도로·교량, 저수지, 소규모 구조물 등)에 대한 재해는 시설물의 설계기준에 부합되는지의 여부를 정성적·정량적으로 검토·분석하여 복구사업으로 인한 재해저감성 평가

② 재해위험요인이 상존하는 경우 저감대책 수립

4. 평가분석 방법

(1) 평가그래프 작성방법

① 평가 집계표에 따라 X축은 등급별[매우 잘됨(A), 잘됨(B), 보통(C), 부족(D), 매우부족(E)]로 표시하고, Y축은 평가된 등급별 개수를 백분율로 표시하여 '평균 평가 그래프' 작성

② 그래프 상에 평점을 표시하고 C등급의 중간점을 기준점으로 하여 좌측의 평균 이상을 Ⅰ, 우측의 평균 이하를 Ⅱ로 구분하여 그 비율을 나타내어 평가결과 그래프 완성

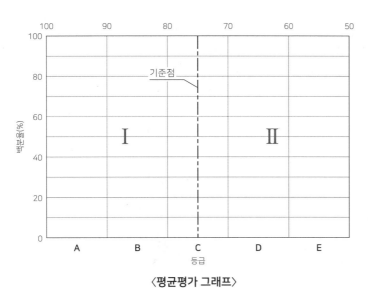

〈평균평가 그래프〉

자료: 「재해복구사업 분석·평가 매뉴얼」

③ 비율평가 그래프: 등급별 평가 개수를 백분율로 환산하여 분포도 작성

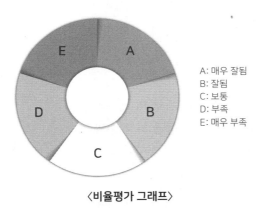

A: 매우 잘됨
B: 잘됨
C: 보통
D: 부족
E: 매우 부족

〈비율평가 그래프〉

(2) 평가분석

① 재해 유형별(하천, 내수, 사면, 토사, 해안, 기타)로 평가 내용을 집계한 후 평점평가, 평균평가, 비율평가 등의 분석방법 적용

재해 유형별 저감성 평가표

수계	구분 번호	시설명	피해원인 (기호)	저감성 평가					평가 의견
				A	B	C	D	E	

주) A: 매우 잘됨, B: 잘됨, C: 보통, D: 부족, E: 매우 부족(단, 사면재해는 별도의 평가표에 따름)

★
평가분석방법
평점평가, 평균평가, 비율평가

② 평균평가
  ㉠ 평균이상평가: 전체(Ⅰ+Ⅱ)에 대한 평균 이상(Ⅰ)의 비율 평가
  ㉡ 비중평가: 평균 이하에 대한 평균 이상의 비율 평가

평균평가 평가기준

구분	평균 이상	평균	평균 이하	비고
평균평가(Ⅰ) 판정 기준	0.55 이상	0.55 미만~0.45 이상	0.45 미만	Ⅰ/(Ⅰ+Ⅱ)
평균평가(Ⅱ) 판정 기준	1.22 이상	1.22 미만~0.82 이상	0.82 미만	Ⅰ/Ⅱ

③ 평점평가: 평가된 등급별 개수에 등급별 점수[매우 잘됨(95), 잘됨(85), 보통(75), 부족(65), 매우 부족(55)]를 곱하여 총 개수로 나눈 산술평균값 평가

평점평가 평가기준표

구분	매우 잘됨 (A등급)	잘됨 (B등급)	보통 (C등급)	부족 (D등급)	매우 부족 (E등급)
등급별 배점	95	85	75	65	55
평균평점에 따른 판정 기준	90 이상	90 미만~80	80 미만~70	70 미만~60	60 미만

④ 비율평가: 평가집계표에서 매우 잘됨(A등급)과 잘됨(B등급)의 개수의 합의 전체에 대한 비율과 부족(D등급)과 매우 부족(E등급)의 개수의 합의 전체에 대한 비율의 크기를 비교하여 잘됨과 못됨으로 구분

(3) 내수침수지구 재해저감성 평가

① 내수침수지구에 대한 재해복구사업 저감효과 산정은 복구사업 시행이 침수피해 저감에 기여하는 정도 분석

② 저감효과 산정(방재성능목표 고려) → 피해현황 정리 → 자산 및 피해액 조사 → 복구효율 분석 → 재해저감성 평가 순으로 시행

  ㉠ 저감효과(저감량) 산정
    ▷ 분석방법
      - 재해가 발생하기 전의 침수저감시설과 재해복구사업으로 시공된 침수저감시설을 대상으로 분석
      - 침수피해 저감량을 정량적 산정: 계획강우량 또는 피해 발생 시의 강우량에 대한 수문·수리 분석을 수행

★
내수침수지구 재해저감성 평가 순서

- 방재성능목표 강우량 적용
- 저감대책(안) 도출

▷ 설계강우량의 빈도: 침수피해 시설의 계획빈도 적용

▷ 침수저감량을 침수면적-침수심-침수시간의 관계로 설정

ⓛ 피해현황 정리

해당 침수지구 피해개소별 피해액과 복구비 지급현황 조사·정리

ⓒ 자산 및 피해액 조사

▷ 자산조사: 「치수사업 경제성 분석방법 연구(다차원 홍수피해산정방법)」 등에 의거하여 실시

▷ 자료 조사: 수치 지도(1:5,000)에서 자료를 추출하여 침수면적 산정

▷ 피해액조사: 범람도 및 침수흔적도와 각종 통계자료를 수집·분석하여, 「치수사업 경제성 분석방법 연구(다차원 홍수피해산정방법)」에 의거하여 다음과 같은 4개 항목에 대하여 실시

- 인명 피해액, 이재민피해액, 공공시설 피해액, 일반자산 피해액(건물, 건물내용물, 농경지, 농작물, 사업체 유형자산 및 재고자산)

ⓔ 복구효율 분석

▷ 복구비

- 잔존가치의 고려, 유지관리비의 산정, 총 복구비용의 현재가치화 산정 순으로 계산
- 「치수사업 경제성 분석방법 연구(다차원 홍수피해산정방법)」의 기본식 등을 사용

▷ 복구효율 분석: 치수사업의 공공적 특성을 고려하여 개수대상 구간 및 지역의 효율성, 형평성, 일관성을 종합적으로 고려할 수 있는 방법으로 통합지표 산정

→
피해액 및 복구비 산정의 자세한 방법은 제9편 및 제10편 참고

세부기준의 상대가치화 방법

구분		방법
효율성	복구액편익비(B/C)	해당 지구의 B/C를 전국 평균으로 나눈 값
형평성	하천 개수율(수계)	해당 지구가 속해 있는 수계의 개수율을 전국 평균 개수율로 나눈 값의 역수
	하천 개수율(시·도)	해당 지구가 속해 있는 시·도의 개수율을 전국 평균 개수율로 나눈 값의 역수
	홍수 발생빈도	해당 지구의 최근 10년간의 홍수 발생빈도를 전국 평균으로 나눈 값
	최대 홍수피해액	해당 지구의 최근 10년간의 최대 홍수피해액을 전국 평균으로 나눈 값
일관성	제1지류 여부, 인접구간 여부	두 개의 기준 중 하나에 해당되면 1, 해당되지 않으면 0

자료: 「재해복구사업 분석·평가 매뉴얼」

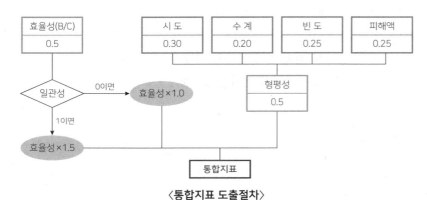

〈통합지표 도출절차〉

자료: 「재해복구사업 분석·평가 매뉴얼」

ⓜ 재해저감성 평가

▷ 복구액편익비(B/C) 평가

- 평가기준식을 이용하여 침수지구의 B/C에 대한 침수저감비율을 그래프로 작성

- 그래프의 Y축은 $\dfrac{B/C}{1.4}$ 로 무차원화하여 B/C에 대한 값을 부여하고, B/C가 1.4보다 큰 값은 1.00으로 나타냄

- 그래프의 X축은 침수저감비율(= 예상침수 저감면적/침수 발생면적) 표시

B/C	0.0	0.1	0.2	0.3	0.4	0.5	0.6	0.7	0.8	0.9	1.0	1.1	1.2	1.3	1.4
(B/C)/1.4	0.00	0.07	0.14	0.21	0.29	0.36	0.43	0.50	0.57	0.64	0.71	0.79	0.86	0.93	1.00

자료: 「재해복구사업 분석·평가 매뉴얼」

내수침수 재해저감성 평가기준

평가기준	등급
$0.9^2 \leq Y^2 + X^2$	A (매우 잘됨)
$0.8^2 \leq Y^2 + X^2 < 0.9^2$	B (잘됨)
$0.7^2 \leq Y^2 + X^2 < 0.8^2$	C (보통)
$0.6^2 \leq Y^2 + X^2 < 0.7^2$	D (부족)
$Y^2 + X^2 < 0.6^2$	E (매우 부족)

자료: 「재해복구사업 분석·평가 매뉴얼」

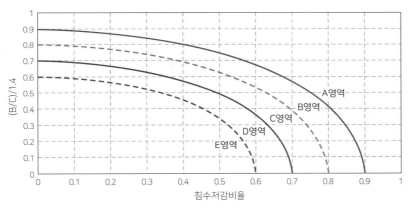

〈내수침수 재해저감성 평가 그래프〉

자료: 「재해복구사업 분석·평가 매뉴얼」

(4) 재해 유형별 복구사업 전·후 효과분석 및 개선방안 도출

① 복구사업 전·후 효과분석 및 개선방안 도출 수행 순서

㉠ 수계 및 유역단위 분석, 지구단위별로 구분하여 분석

㉡ 복구사업에 의한 시설물 및 동일 배수구역의 기존 시설물(하천, 배수시설, 도로·교량, 해안시설, 사면 등)에 대한 통합방재성능 평가 (방재성능목표 강우량)

㉢ 복구사업 전·후의 재해저감 효과를 정성적·정량적으로 실시

㉣ 재해위험이 잔존하는 지구는 구조물적·비구조물적 개선방안 제시

② 고려사항

　　㉠ 재해복구사업 시행지구는 수계 및 유역단위 분석, 지구단위로 구분

　　㉡ 현장조사 및 피해원인 조사결과를 토대로 사회적 취약성(인구, 건물, 공공시설 입지 등)을 고려하여 위험 정도, 저감대책의 필요성 등에 대한 검토 수행

　　㉢ 재해위험요인 분석

　　　　▷ 정성적 분석과 정량적 분석으로 구분 실시

　　　　▷ 해당 지구의 지형 특성 및 토지 이용 특성을 고려

　　　　▷ 기존 시설물과 복구 시설물을 종합하여 동일 기상(강우, 태풍, 해일 등), 방재성능목표 강우량 등을 적용 실시

　　　　▷ 정량적 분석

　　　　　　- 개별 시설물과 해당 시설물의 영향범위를 대상으로 실시

　　　　　　- 시설물 간에 상호 영향을 미치는 경우 이들을 총괄할 수 있는 위험요인 분석 실시

　　　　　　- 분석 조건: 해당 시설물의 시설 기준, 지역별 방재성능목표 고려

③ 복구사업 전·후 효과분석을 위한 공간적 범위 설정

　　㉠ 하천재해

　　　　▷ 하천과 해당 범람원을 합친 영역 대상

　　　　▷ 하천의 일부 구간의 분석으로 가능한 경우는 일부 구간에 한하여 분석

　　　　▷ 수계 전반의 분석이 필요한 경우는 분석 범위를 수계 전체로 결정

　　㉡ 내수재해

　　　　▷ 내수재해가 우려되는 배수체계 영역 대상

　　　　▷ 하천 홍수위의 배수 영향을 고려할 경우 하천의 일부도 포함 가능

　　㉢ 토사재해: 토사의 발생원을 포함하는 일정 유역(구역) 대상

　　㉣ 사면재해: 피해가 예상되는 영역을 포함한 전체 사면 대상

　　㉤ 해안재해

　　　　▷ 시설물에 영향을 미치는 해당 외력(파랑, 연안류, 해일, 표사 등)을 모의할 수 있는 공간영역 대상

　　　　▷ 해수 범람으로 인한 도심지 침수분석에는 범람이 예상되는 도심지 영역포함

④ 복구사업 전·후 효과분석

　　㉠ 복구사업 전·후로 구분하여 효과분석 실시

ⓛ 정량적 분석 실시

▷ 하천 홍수위 저감효과, 내수침수 저감량, 사면붕괴 및 토사재해로 인한 안정성 확보 여부, 연안지역의 해일 등에 의한 방파제 안정성 등

▷ 복합재해 위험이 예상되는 지구는 관련된 개별 위험요인에 대한 분석 수행 후 최대위험요인 적용

▷ 분석은 해당 하천 또는 도시지역 우수관로의 설계빈도를 고려 (설계빈도 이하 및 이상의 강우조건 적용)

▷ 대규모 피해가 예상되는 지구는 정량적 위험요인 분석을 실시하여 위험범위, 침수시간, 침수지역, 피해예상 물량 등을 분석

▷ 지역의 방재성능목표 고려

ⓒ 재해 유형별 효과분석의 기법 및 모형은 수문·수리적, 구조적 현상 모의가 가능한 방법 적용

⑤ **개선방안 도출 및 시행방안 제시**

㉠ 개선방안 도출

▷ 재해저감성 평가 결과 복구사업 지역의 기존 및 복구 시설물에 대한 재해 위험성이 상존하는 경우 도출

▷ 인명 및 재산상의 피해가 예상되어 개선할 필요가 있는 경우 도출

ⓛ 개선방안

▷ 타 사업에 반영되어 시행될 수 있도록 구체적으로 제시

▷ 반영 가능한 타 사업

- 자연재해저감 종합계획, 우수유출저감시설 설치사업, 재해위험지구 정비사업 등 방재 관련 계획

- 하천기본계획, 소하천정비계획, 하수도정비기본계획, 연안정비기본계획, 산림 관련 계획 등 시설별 부문계획

★
정량적 위험요인 분석
지속기간별 강수량을 이용한 확률빈도 해석 결과와 기왕최대강수량, 방재성능목표 강우량을 이용하여 하천재해 및 내수재해 등을 분석하는 것

★
개선방안 반영 가능한
타 사업의 종류
- 자연재해저감 종합계획
- 우수유출저감시설 설치사업
- 재해위험지구 정비사업
- 하천기본계획
- 하수도정비기본계획 등

3절 지역경제 발전성 평가

1. 평가 내용

(1) 평가목적

① 지역경제 성장 및 경제적 파급효과 평가

② 재해복구사업이 지역경제 발전에 기여한 효과 평가

(2) 평가방법

① 단기 효과 평가: 복구비 집행 효과, 기반시설 정비효과 평가

② 중장기 효과 평가: 지역 성장률, 지역경제 파급효과 등

지역경제 발전성 평가기법		
대분류	중분류	소분류
복구비 집행 및 기반시설 정비효과 평가	복구비 집행효과	- 공사참여율(재해지역) - 설계참여율(재해지역)
	기반시설 정비효과	- 하천 개수율(재해지역) - 도로 포장률(재해지역) - 관거 정비율(재해지역) - 사방시설 정비율(재해지역) - 해안시설 정비율(재해지역) - 자연재해위험지구 정비율(재해지역) - 과거 방재, 치수 관련 예산(재해지역)
지역 성장률 평가	인구변화율	- 3, 5, 10년 이동평균 변화율 비교(재해지역+BM)
	고용변화율	- 3, 5, 10년 이동평균 변화율 비교(재해지역+BM)
	지역사회 성장률	- 지자체 평균 소득 자료(재해지역+BM) - 지가 상승률(재해지역+BM)
	지역낙후 개선효과	- KDI 지역낙후도 산정방법 활용 (재해지역+광역+BM)
	지역경제 성장률	- 지자체 평균소득(GRDP) - 3, 5, 10년 이동평균 변화율 비교(재해지역+BM)
지역경제 파급효과 평가	투입산출모형	- 재해지역의 지역산업연관표 작성 - 생산 유발효과(재해지역) - 고용 유발효과(재해지역) - 소득 유발효과(재해지역)

주) BM: 벤치마크 설정
자료: 「재해복구사업 분석·평가 매뉴얼」

★
지역경제 발전성 평가기법
- 단기 효과: 복구비 집행 및 기반시설 정비효과 평가
- 중장기 효과: 지역 성장률 평가, 지역경제 파급효과 등

2. 단기효과 분석

(1) 비교대상지역 선정

① 도시화율을 비교대상의 선정기준으로 사용

　　㉠ 도시화율: 전체 인구에 대한 도시계획 구역 내 거주인구에 대한 비율

　　㉡ 유사한 도시계획 분류 내에 거주하는 인구 구성이 유사할 경우 비교 도시 간의 특성이 같음

　　㉢ 재해피해 및 복구사업에 따른 경제적 성과를 파악하는 데 유의한 결과 제공

(2) 복구비 집행 및 기반시설 정비효과 평가

① 복구사업 시행으로 시·군·구 기반시설 정비율 향상과 복구비가 해당 시·군·구 관내업체에 직접적으로 투입되었는가를 분석

② 평가항목

복구비 집행 및 기반시설 정비효과 평가항목

평가항목	평가요소	평가방법
복구비 집행효과	- 재해복구공사 시 관내업체의 참여 정도 　공사참여율 = 관내 회사 공사비/전체 공사비 - 재해복구설계 시 관내업체의 참여 정도 　설계참여율 = 관내 회사 설계비/전체 설계비	- 관내업체가 수행한 공사비와 설계비의 백분율 비교
기반시설 정비효과	- 하천 개수율(수해복구공사 실시 익년도 포함, 과거 10년 정도) - 도로 포장률(상동) - 관거 정비율(상동) - 사방시설 정비율(상동) - 해안시설 정비율(상동) - 자연재해위험지구 정비율(상동) - 과거 방재·치수 관련 예산(상동)	- 과거의 증감률과 수해복구공사 후의 증감률의 상대비교

자료: 「재해복구사업 분석·평가 매뉴얼」

③ 평가기준

복구비 집행 및 기반시설 정비효과 평가기준

평가항목		평가기준(%)						가중치
		매우 잘됨	잘됨	보통	부족	매우 부족	제외/누락	
복구비 집행효과	- 재해복구공사 시 관내업체의 참여 정도 공사참여율 = 관내 회사 공사비/전체 공사비	> 90	> 80	> 70	> 60	> 50	-	
	- 재해복구설계 시 관내업체의 참여 정도 설계참여율 = 관내 회사 설계비/전체 설계비	> 90	> 80	> 70	> 60	> 50	-	
기반시설 정비효과	- 하천 개수율	> 20	> 15	> 10	> 5	> 3	-	
	- 도로 포장률	> 5	> 4	> 3	> 2	> 1	-	
	- 관거 정비율	> 5	> 4	> 3	> 2	> 1	-	
	- 사방시설 정비율	> 5	> 4	> 3	> 2	> 1	-	
	- 해안시설 정비율	> 5	> 4	> 3	> 2	> 1	-	

		> 10	> 8	> 6	> 4	> 2	-	
	- 자연재해위험지구 정비율	> 10	> 8	> 6	> 4	> 2	-	
	- 과거 방재·치수 관련 예산	> 20	> 15	> 10	> 5	> 3	-	
총점		> 60	> 50	> 40	> 30	> 20	-	100

주) '가중치'는 복구비의 비중이나 중요도에 따라 결정
자료: 「재해복구사업 분석·평가 매뉴얼」

④ **복구비 집행 및 기반시설 정비효과 분석**

　㉠ 복구비 집행 효과분석

　　▷ 설계 및 공사에 참여한 건설업체의 주소지 조사

　　▷ 재해복구사업 시 평가대상지역 관내 설계사와 건설사의 참여
　　　도 조사(건수와 금액을 표 및 분포도로 제시)

　　▷ 지역에 미치는 영향은 설계비보다는 공사비의 비중이 큼

　　▷ 전체 공사비 대비 해당 시·군·구 관내업체의 복구공사 수행 비
　　　율을 분석·평가

설계용역 및 복구공사의 수주현황(예시)

설계용역의 수주분포	설계회사		설계비	
	건수	비율(%)	금액(천 원)	비율(%)
A지역 업체	62	86.1	933,204	55.8
A지역 외 업체	10	13.9	738,575	44.2

복구공사의 수주분포	시공회사		공사비	
	건수	비율(%)	금액(천 원)	비율(%)
A지역 업체	195	82.6	15,456,241	52.9
A지역 외 업체	41	17.4	13,777,398	47.1

자료: 「재해복구사업 분석·평가 매뉴얼」

　㉡ 기반시설 정비효과 분석

　　▷ 분석대상 항목: 하천 개수율, 도로 포장률, 하수관거 정비율, 사
　　　방시설 정비율

　　▷ 분석방법: 각 기반시설의 정비율 향상 정도 분석

⑤ **평가결과**

　복구비 집행 및 기반시설 정비가 지역발전에 미치는 기여도를 항목별
평가에 가중치를 곱해 총점 산정

★
기반시설 정비효과 분석대상
항목
하천 개수율, 도로 포장률, 하
수관거 정비율, 사방시설 정비
율 등

복구비 집행 및 기반시설 정비효과 평가기준

평가항목		평가기준(%)						가중치
		매우 잘됨	잘됨	보통	부족	매우 부족	제외/ 누락	
평점		20점	17점	14점	11점	8점	0점	
복구비 집행효과	설계 참여율	> 90	> 70	> 50	> 30	> 10	-	20
	공사 참여율	> 90	> 70	> 50	> 30	> 10	-	45
기반시설 정비효과	하천 개수율	> 20	> 15	> 10	> 5	> 3	-	10
	도로 포장률	> 5	> 4	> 3	> 2	> 1	-	10
	관거 정비율	> 5	> 4	> 3	> 2	> 1	-	10
	사방시설 정비율	> 5	> 4	> 3	> 2	> 1	-	5
총점		> 85	> 70	> 50	> 30	> 15	-	100

자료: 「재해복구사업 분석·평가 매뉴얼」

3. 중장기 효과 분석

(1) 지역성장률 평가

① **평가방법**

㉠ 평가항목: 인구변화율, 고용변화율, 지역사회 성장률 및 지역경제 성장률 등

㉡ 평가방법

▷ 평가대상지역 및 비교대상지역에 대한 평가항목 산출

▷ 평가대상지역과 비교대상지역의 비교·평가

② **평가항목 산출방법**

㉠ 인구변화율: 재해복구 이전 10년 전부터 인구변화율을 3, 5, 10년 이동평균 변화율 산정

㉡ 고용변화율: 재해복구 이전 10년 전부터 고용변화율을 3, 5, 10년 이동평균 변화율 산정

㉢ 지역사회 성장률

▷ 지방자치단체의 평균 소득 = 지역 내 총생산/인구 × 100

▷ 지가 변동률 = [(올해 지가 − 전년 지가)/전년 지가] × 100

▷ 지역 낙후도

- 산정방법: KDI 방식을 수정·보완하여 사용

- 평가대상지역, 비교대상지역 및 광역단체(도)의 지역낙후도 지수를 비교하여 평가

★
지역성장률 평가항목

지역낙후도 산정방법			
평가부문	지표	측정방법(조작적 정의)	가중치
인구	인구증가율	최근 5년간 연평균 인구 증가율	8.9
산업	제조업 종사자 비율	(제조업 종사자 수/인구) × 100	13.1
지역기반시설	도로율	(법정 도로연장/행정구역 면적) × 100	11.7
교통	승용차 등록대수	(승용차등록대수/인구) × 100	12.4
보건	인구당 의사 수	(의사 수/인구) × 100	6.3
	노령화 지수	(65세 이상 / 0~14세 인구) × 100	4.4
행정 등	재정 자립도	재정자립도: 최근 3년 평균	29.1
	도시적 토지 이용 비율	도시화율	14.2

자료: 「재해복구사업 분석·평가 매뉴얼」

(2) 지역경제 파급효과 평가

① 재해 지자체 예산 대비 재해복구예산 규모 비교

② 미시 고용효과분석

　㉠ 해당 시·군·구내의 고용창출인력을 산정하여 분석

　㉡ 고용창출인력 = 설계인력 + 시공인력

　　▷ 설계인력 = (총인건비/1인당 평균인건비)/설계기간

　　　- 총인건비 = 총설계비 × 건설부문 요율

　　　　* 여기서 건설부문 요율 = 7.93~12.75%(엔지니어링사업대가의 기준의 요율 적용)

　　　- 1인당 평균인건비 = (0.34 × 중급 노임단가) + (0.70 × 중급 기능사 노임단가)

　　　　* 여기서 기술자 노임단가는 한국엔지니어링협회 공표자료 적용

　　　- 설계 기간 = 용역완료 일자 – 용역착수 일자(설계 기간을 파악하기 어려운 경우 평균으로 일괄 적용)

　　▷ 시공인력 = (총인건비/1인당 평균인건비)/시공기간

　　　- 총인건비 = 총시공액 × 인건비 비중

　　　　* 여기서 인건비 비중은 대한건설협회의 '완성공사 원가통계' 자료 적용

　　　- 1인당 평균인건비: 대한건설협회의 '건설업 임금 실태 조사 보고서: 노임단가' 전체 직종 평균임금 적용

　　　- 시공기간 = 용역 완료 일자 – 용역착수 일자(시공기간을 파악하기 어려운 경우 평균으로 일괄 적용)

③ 산업연관 효과분석: 거시분석 모형

　ⓐ 산업연관 효과: 복구사업 예산 투입으로 타 산업의 신규고용 창출 효과

　ⓑ 분석모형(투입산출 모형)

$$X = (I - A)^{-1} \times D$$

$$V = P \cdot A_v$$

$$E = V \cdot L_v$$

* 여기서, X = 복구사업으로 인하여 장기적으로 유발되는 생산액, I = 항등행렬, A = 투입계수, D = 복구사업의 부문별 예산, V = 복구사업으로 인하여 장기적으로 유발되는 부가가치, A_v = 부가가치 부문 투입계수, E = 복구사업으로 인하여 발생하는 신규고용 증가, L_v = 부가가치 100만 원당 취업자 수

　ⓒ 분석모형의 적용

　　▷ 한국은행의 '다지역 산업연관 모형'에 기초한 '지역산업연관표' 작성

　　▷ 지역의 산업별 생산유발 효과, 수입 및 부가가치 유발 효과, 고용유발 효과를 산정하여 평가

4절 지역주민생활 쾌적성 평가

1. 평가 내용

(1) 평가목적

① 재해복구사업이 주거환경, 인문·사회환경 등 지역주민 생활환경 개선 및 향상에 기여한 정도 평가

② 재해복구사업으로 얻는 직간접 효과 및 파급효과에 대한 지역주민 만족도 측정(설문조사)

③ 주민생활 쾌적성 향상과 삶의 질 개선 정도 분석·평가

(2) 설문조사 방법

① 피해시설 및 피해지구를 중심으로 주민설문조사 실시

② 전화, 설문, 면접, 인터넷 등의 방법 적용

③ 조사항목: 사업정보 항목(7개), 사업 추진 평가항목(25개), 주민민원 처리 항목(4개), 조사 일반사항 항목(10개)

★
주민 생활환경 개선, 주거환경에 미치는 영향 평가

2. 평가방법

(1) 평가기준

주민설문조사 평가기준

구분	매우 만족	만족	보통	불만	매우 불만
분위	$100 \geq X \geq 80$	$80 > X \geq 60$	$60 > X \geq 40$	$40 > X \geq 20$	$20 > X \geq 0$

자료:「재해복구사업 분석·평가 매뉴얼」

(2) 설문조사 평가방법
① 설문조사 항목별 점수(가중치) 결정
② 설문조사 항목별 평균점수 = 항목별 점수(가중치) × 응답자의 항목별 평균 만족도
③ 총점수 = 설문조사 항목별 평균점수 합산

(3) 보완 및 개선사항 제시
① 복구사업 시 보완 및 개선되어야 할 사항 제시
② 보완 및 개선 사항(예시)
③ 피해가 재발하지 않도록 예방 차원의 사업 시행
④ 피해원인을 정확히 조사·분석하여 복구사업 실시
⑤ 소규모 기능복원사업은 읍·면 단위로 설명회를 개최하여 참여율과 의견수렴 개선

(4) 타 지역 주민만족도 및 방재정책 설문사례와 비교
① 기조사된 타 지역의 주민만족도와 비교 검토 실시
② 기조사된 방재정책 설문사례와 비교 검토 실시

5절 재해복구사업의 목표 달성도 측정

1. 재해복구사업의 단계별 평가

(1) 재해복구사업 재해저감성 평가 단계
① 재해복구사업에 의한 재해피해 가능성의 감소 평가
　㉠ 수계 및 유역 단위 재해저감성 평가(개선복구사업 지역, 복합재해 발생지역, 피해시설 상·하류의 인명 및 재산피해 발생 우려지역)
　㉡ 시설별(하천재해, 내수재해, 사면재해, 토사재해, 해안재해, 기타

재해) 재해저감성 평가

② 통합방재성능의 증가를 정량적으로 평가
- ㉠ 내수침수 발생지역의 방재성능목표 강우량을 적용한 시설 규모의 적정성 평가
- ㉡ 통합방재성능 구현을 위한 개선방안 도출 사항 평가

(2) 재해복구사업 지역경제 발전성 평가 단계
① 지역경제 성장 및 경제적 파급효과로 지역경제 발전에 기여도를 정량적으로 평가
② 단기 효과 및 중장기 효과를 구분하여 평가
- ㉠ 단기 효과: 복구비 집행 및 기반시설 정비효과
- ㉡ 중장기 효과: 지역경제 성장률, 지역경제 파급효과, 지역 낙후도 개선 효과 등

(3) 재해복구사업 지역주민생활 쾌적성 평가 단계
① 주거환경, 인문·사회환경 등 지역주민 생활환경 개선 및 향상에 기여한 정도 평가
② 평가항목
- ㉠ 재해 경험, 재해복구사업 설명회의 적정성
- ㉡ 재해복구계획 수립 시 주민 의견 수렴 절차의 적정성
- ㉢ 재해복구사업 전·후 만족도
- ㉣ 재해복구사업으로 인한 재산상 피해 및 불편사항
- ㉤ 재해복구사업에 대한 느낌 및 만족도

2. 종합평가

(1) 재해복구사업의 종합평가
① 재해저감성, 지역경제 발전성 평가, 지역주민생활 쾌적성 평가를 취합한 종합평가 시행
② 단계별 평가결과에 영향을 미친 주요 원인 파악
③ 평가결과에 따른 문제점 도출 및 개선방안 마련

(2) 종합평가 결과표 작성
① 평가단계별 평가결과, 문제점 및 개선방안 작성
② 단계별 평가결과를 정량적 및 정성적으로 작성
③ 피해시설별(재해 유형별) 평가는 지역 특성에 따라 하천, 내수, 사면,

토사, 해안, 기타 재해로 구분하여 작성

6절 재해복구사업의 개선방안

1. 개선방안

(1) 개선방안 작성 방향
① 재해저감성 평가 결과 재해 위험성이 잔존하는 경우 개선방안을 제시
    ㉠ 시설물별 개선방안 제시
    ㉡ 구조물적·비구조물적 개선방안 제시
② 지역 발전성과 지역주민 생활환경 쾌적성 향상방안 제시
③ 유역, 수계 및 배수구역의 통합 방재성능 효과 향상방안 제시
④ 공법, 사업비 등을 구체적으로 제시
⑤ 소관시설 담당부처와 협의내용을 토대로 작성

(2) 문제점 및 개선방안

① 복구계획 수립 단계
    ㉠ 피해원인 분석의 문제점 파악 및 개선방안 제시

피해원인 분석의 예상 문제점 및 개선방안(예시)

문제점	개선방안
지역 내 방재 분야 전문인력 부족	방재 전문인력의 협조, 체계 구축
피해시설 위주의 조사로 원인분석에 한계	유역 차원, 상하류 연계성 등의 원인 규명
피해유발 실측 강우에 의한 피해원인 분석 미비	피해유발 실측 강우를 적용한 피해원인 분석 실시
피해시설 위치 부정확	정확한 위치를 파악할 수 있는 장비(GPS) 활용 및 피해 발생현황의 영상 기록
재해 이력 조사 및 과거 재해자료 분산	재해 이력 및 재해 관련 자료 통합관리 구축

★
재해복구사업의 개선방안 작성 방향

ⓛ 복구계획 수립의 문제점 파악 및 개선방안 제시

복구계획 수립의 예상 문제점 및 개선방안(예시)

문제점	개선방안
복구비, 복구기간 부족으로 기능복원	(소)하천기본계획 반영한 개선복구계획 수립
주변 경관 및 생태 측면 고려 부족	자연친화적 복구계획, 식생활착이 가능한 공법 선정
(소)하천기본계획 미수립 혹은 정비 후 10년 이상 경과	(소)하천기본계획 재수립을 통한 개선복구계획 수립
하도 내 토사퇴적	토사유입방지대책 수립
만곡부 외측 수충부 구간 및 구조물 직하류부 세굴 발생	호안 기초세굴 방지계획 수립
사면 식생활착 불량 및 배수시설 미설치	식생이 활착될 수 있도록 관리, 배수시설 설치
이상파랑 내습 시 해안구조물 저부 국부 세굴 발생	설계파고 상향 조정 및 세굴방지공 설치
산사태 위험도, 토사 침식량 등 유역 차원의 검토 미흡	산사태 발생위험, 비토사 유출량 검토를 실시하여 재해예방 차원의 저감대책 수립

② 복구사업 추진 단계의 문제점 파악 및 개선방안 제시

복구사업 추진 단계의 예상 문제점에 대한 개선방안(예시)

문제점	개선방안
공사감독 건수 과다	책임감리 또는 수계별·권역별 통합감리 추진
주민홍보 부족	언론 및 이해관계 주민들에 대하여 설명회, 인터넷을 통한 사전홍보 및 협조 유도, 공사안내판 설치
계획수립 및 설계 단계의 예산 절감을 위한 노력 다소 부족	CM 방식을 채택하여 품질, 비용, 공기 등의 목표를 효과적으로 달성
환경성 고려 다소 미흡	자연친화적인 공법을 선정하여 복구사업 시행

③ 사후 영향 단계의 문제점 파악 및 개선방안 제시

사후 영향 단계의 예상 문제점에 대한 개선방안(예시)

문제점	개선방안
지역 내 업체의 복구사업 참여 미흡	지역 내 업체의 설계 및 공사 참여율 증대 방안 수립
참여 및 사업효과 홍보 부족	재해복구사업 시 지역주민의 참여 기회 확대 및 공사에 따른 효과 홍보 실시

2. 활용방안

(1) 활용 방향

① 방재 관련 사업의 발전적 방안 모색
　㉠ 평가제도의 효용성과 활용성 증진
　㉡ 관련 제도 개선에 필요한 기초자료로 활용
　㉢ 장래 선진방재 및 과학방재를 위한 방재 인프라 구축에 활용

② 관련 계획 및 기준 등과 연계(방재 관련 제도 전반에 대한 환류 기능 강화)
　㉠ 자연재해저감 종합계획 등 관련 계획에 반영 및 기준의 연계
　㉡ 방재 관련 계획 및 기준 등과 연계하여 환류 기능 강화
　㉢ 방재 관련 계획
　　▷ 시·군 자연재해저감 종합계획 수립
　　▷ 지구단위 홍수방어기준의 설정 및 활용
　　▷ 우수유출저감대책 수립 및 우수유출저감시설 기준의 제정·운영
　　▷ 자연재해위험개선지구 지정
　　▷ 지역안전도 진단
　　▷ 소하천정비중기계획 수립
　　▷ 지역별 방재성능목표 설정·운영

③ 재해위험지구 및 재해취약지구 감소

④ 지역경제 활성화를 통한 지역경제 발전

⑤ 지역주민 생활 쾌적성(주민만족도) 향상

⑥ 재해복구사업 사전 및 사후효과 홍보

(2) 직접활용 방안

① 피해시설의 DB 구축으로 중복피해를 조회하여 복구계획 시 참조
　현장조사표에 기술 및 삽입된 좌표, 위치도 등을 참고하여 향후 중복

★
활용 방향
관련 제도 개선, 방재 인프라 구축, 방재 관련 제도 환류 기능 강화

★
방재 관련 계획

피해 발생 시 개선복구 시행으로 안정성 확보

② **설계기준 미달 시설물의 우선 복구계획 수립**

　　㉠ 기능복원으로 복구된 시설물에 대한 사업비 확보, 우선 복구계획
　　　수립

　　㉡ 설계기준에 부합한 복구계획 수립으로 피해 재발 방지

③ **평가대상 시설 재정비 시 미비점 보완**

　　㉠ 분석·평가 자료를 이용하여 피해시설의 미비점 보완

　　㉡ 분석·평가 자료를 이용하여 인근지역의 재정비 시 미비점 보완

④ **복구비 부족으로 미복구된 시설을 파악하여 복구계획 수립**

⑤ **수계 및 유역 차원의 피해 발생원인 분석결과 활용**

　　㉠ 수계 및 유역의 피해원인 분석결과를 이용하여 하류부 피해 예측

　　㉡ 기분석된 결과를 복구계획 수립 시 활용

⑥ **지역경제 활성화를 통한 지역경제 발전 도모**

　　재해예방사업 등 지속적인 사업비 확보와 사업시행을 통한 지역경제
발전 도모

⑦ **지역주민 생활 쾌적성(주민만족도) 향상에 활용**

　　향후 재해복구사업의 계획성, 적정성, 집행성 등의 개선을 통하여 지
역주민의 신뢰도 및 만족도 향상 도모

(3) 관련 계획 연계방안

① **방재 분야 계획과의 연계방안**

　　㉠ 자연재해저감 종합계획에 반영

　　　▷ 계획의 재수립 시 유역별 피해 특성 및 피해원인 분석결과 활용

　　　▷ 재해저감성 평가 시 도출된 개선방안 중 복합재해 발생지역에
　　　　대한 사항 활용

　　㉡ 자연재해위험개선지구 정비계획

　　　▷ 재해위험이 잔존하는 지구의 자연재해위험개선지구 지정 등에
　　　　활용

　　　▷ 재해 이력 및 복구계획을 향후 지속적이고 체계적인 관리자료
　　　　로 활용

　　㉢ 재해지도 작성·활용

　　　▷ 침수예상도 및 재해정보지도 작성 시 조사된 피해시설 위치도
　　　　등을 활용

★
방재 분야 관련 계획

ⓔ 재해영향성 평가 등의 협의
  ▷ 재해영향성 평가 시 입지선정, 자연재해 특성 반영 등에 활용
  ▷ 위험잔존지역의 개발제한 또는 개선방안 수립 작성에 활용

ⓜ 지구단위 홍수방어기준
  ▷ 피해시설이 집중적으로 분포하고 있으며, 연쇄적인 피해전파의
    양상이 파악되는 지역의 피해양상 파악에 활용
  ▷ 지역적인 특성 및 피해 특성을 반영한 홍수방어기준 작성에 활용

ⓗ 기타 방재 관련 계획과 연계 활용
  ▷ 수방기준, 우수유출저감시설계획, 지역안전도 진단 등의 자료로
    활용

ⓢ 복구계획 수립 시 활용
  ▷ 지역 특성에 적절한 복구계획 수립자료로 활용
    - 하천재해: 호안유실, 제방 붕괴, 유실 및 변형 등
    - 사면재해: 지반 활동으로 인한 붕괴, 절개지, 경사면 등의 배
      수시설 불량 등
    - 토사재해: 저수지 상류 토사유출에 의한 저수지 기능 저하 등

② **다른 분야 계획과의 연계방안**
  ㉠ 다른 분야 계획 수립 시 재해복구사업의 분석·평가결과를 반영하
    여 수립
    ▷ 다른 분야 계획: 유역종합치수계획, 특정하천유역치수계획, 하
      천기본계획, 소하천정비종합계획, 하수도정비기본계획 등
  ㉡ 도시계획 수립 시 입지선정, 자연재해 특성 반영 등에 활용
  ㉢ 도시개발사업 추진 시 입지선정, 자연재해 특성 반영 등에 활용

적중예상문제

1 하천을 횡단하는 교량에 교좌장치가 있는 경우 교량 형고 결정 기준은?

2 소하천설계기준에서 제시한 도시지역을 관류하는 소하천의 치수계획 수립을 위한 설계빈도의 범위는?

3 강우가 홍수량 산정유역 전반에 걸쳐 동일한 강도로 발생하는 않는 물리적 현상을 고려하기 위한 변수는?

4 다음은 소하천 유역의 유출량 산정을 위한 강우분석 항목이다. 분석 순서대로 나열하라.

> ① 강우자료 수집
> ② 지점빈도해석
> ③ 강우강도식 유도
> ④ 고정시간-임의시간 환산계수 적용
> ⑤ 면적확률강우량 산정

5 면적우량환산계수(면적감소계수, ARF)를 적용해야 하는 최소 유역면적(km^2)은?

6 하천 및 소하천 등의 설계에 이용되고 있으며, '홍수량 산정 표준지침(환경부)'에서 적용토록 제시한 강우의 시간분포 방법은?

7 다음 표를 이용하여 총 면적이 $2.5km^2$인 지역에서 NRCS 방법으로 유효우량을 산정할 때 유출곡선지수(CN)를 계산하라. (단, 소수점 둘째 자리에서 반올림하라.)

토지이용	면적(km^2)	CN
주거지역	1.0	85
논	0.7	79
활엽수림	0.8	69

8 120분 동안 100mm의 강우가 내렸다면 강우강도는?

해설

7. 해당 면적을 가중치로 해서 지역의 평균 CN값을 계산한다.

$$CN = \frac{85 \times 1.0 + 79 \times 0.7 + 69 \times 0.8}{1.0 + 0.7 + 0.8} = 78.2$$

8. 강우강도(mm/hr)는 지속기간에 따른 강우량을 시간당 강우량으로 환산한 것임.

120분은 2시간이므로 $\frac{100mm}{2hr} = 50mm/hr$

답

1. 교좌장치 하단부 2. 50~100년 3. 면적우량환산계수(면적감소계수, ARF) 4. ① → ④ → ② → ③ → ⑤
5. $25.9km^2$ 6. Huff 방법 7. 78.2 8. 50mm/hr

9 유역면적 0.5km², 유출계수 0.6, 도달시간이 20분인 유역에서 합리식으로 홍수량(m³/s)을 산정하라. (단, 강우강도식은 $I = \dfrac{6,630}{t+37}$ 을 이용하고 소수점 둘째 자리에서 반올림하라.)

10 유역면적 0.25km², 유출률 0.7인 유역의 6시간 확률강우량 300mm를 배제할 수 있는 배수통관의 최소 단면적(m²)은? (단, 배수통관 내 유속 2.0m/s, 배수통관의 여유율은 20%로 가정하며, 합리식으로 유출량을 계산하라.)

11 폭 2.0m, 높이 1.0m인 Box형 우수관거에 수심이 0.8m일 때 평균유속(m/s)을 구하라. (단, 관거경사는 0.003, 조도계수 0.018이며, Manning 공식을 이용하라. 계산된 값은 소수점 셋째 자리에서 반올림하라.)

12 암반비탈면의 파괴형태를 2가지만 작성하시오.

13 3차원에 놓인 불연속면이나 절개면을 2차원적인 평면상에 투영하여 암반사면의 안정성을 해석하는 방법은?

14 평사투영해석을 위한 암반 절리면의 입력인자를 2가지만 작성하시오.

15 사면재해 위험도 평가기법을 3가지만 작성하시오.

16 원단위법을 이용해서 면적이 3km²인 유역의 연가 토사유출량을 산정하라. (단, 원단위는 2m³/ha/year이다.)

17 토사유출해석 방법을 2가지만 작성하시오.

18 정량적 토사재해 위험도 분석에 사용되는 RUSLE 방법의 토양침식량 산정인자를 2가지만 작성하시오.

---

9. 합리식 Q=0.2778CIA

$$Q = 0.2778 \times 0.6 \times \frac{6,630}{20+37} \times 0.5 = 9.7 \text{m}^3/\text{s}$$

10. 합리식 Q=0.2778CIA

강도강도 I=300mm/6hr=50mm/hr

Q=0.2778×0.7×50×0.25=2.43m³/s

연속방정식 이용,

$$\text{배수통관 소요단면적(m}^2) = \frac{\text{유량}}{\text{유속}} \times \text{여유율}$$

$$= \frac{2.43}{2.0} \times 1.2 = 1.46$$

11. 단면적 A=2 × 0.8=1.6m²,

윤변 P=0.8+2.0+0.8=3.6m,

S=0.003, n=0.018

Manning 공식 이용,

$$V = \frac{1}{n} \times R^{\frac{2}{3}} S^{\frac{1}{2}} = \frac{1}{n} \left(\frac{A}{P}\right)^{\frac{2}{3}} S^{\frac{1}{2}}$$

$$= \frac{1}{0.018} \left(\frac{1.6}{3.6}\right)^{\frac{2}{3}} 0.003^{\frac{1}{2}} = 1.77 \text{m/s}$$

16. 유역면적 3km²=300ha

연간 토사유출량=원단위×유역면적

=2m³/ha/year×300ha=600m³

답 9. 9.7m³/s   10. 1.46m²   11. 1.77m/s   12. 원형파괴, 쐐기파괴, 전도파괴   13. 평사투영해석
14. 주향(방향), 경사, 내부마찰각   15. 한계평형해석, 로지스틱 회귀분석, 무한사면해석   16. 600m³
17. 원단위법, RUSLE, MUSLE
18. R(강우침식인자), K(토양침식인자), VM(토양침식조절인자), LS(사면경사길이인자), C(토양피복인자), P(토양보전대책인자)

19 자연재해저감종합계획 수립 시 위험지구 선정에 활용되는 위험도지수(상세)의 산정항목 3가지를 작성하시오.

20 해안재해 위험지구 후보지로 해안지반고가 낮은 저지대 주거지역을 선정함에 있어 기준이 되는 바다의 조위는?

21 외해로부터 내습하는 파랑이 천해지점에 도달할 때까지 발생하는 변형의 주요 원인을 2가지만 작성하시오.

22 '자연재해저감종합계획' 수립 시 전 지역단위 바람재해 위험풍속 산정에 활용되는 모형을 2가지만 작성하시오.

23 재해복구사업의 분석·평가 대상 시설은 공공시설을 6가지로 구분하고 있다. 이 중 3가지만 작성하시오.

24 재해복구사업의 분석·평가 기준일은 재해복구사업을 (①)한 다음 연도 (②)이다. 빈칸에 맞는 용어는?

25 다음은 재해복구사업 분석·평가 방법 중 내수침수지구 재해저감성 평가 항목이다. 작성 순서에 맞게 나열하시오.

> ① 복구효율 분석
> ② 피해현황 정리
> ③ 자산 및 피해액 조사
> ④ 저감효과 산정(방재성능목표 고려)
> ⑤ 재해저감성 평가

26 재해복구사업의 분석·평가 방법 중 내수침수지구 재해저감성 평가의 복구효율 분석 시 고려사항을 2가지만 작성하시오.

27 다음 집계표를 이용해서 재해복구사업 분석·평가 중 재해저감성 비율 평가를 실시하라. 결과는 '잘됨'과 '못됨'으로 표시하고, 근거를 제시하라.

구분	평가결과				
	매우 잘됨 (A등급)	잘됨 (B등급)	보통 (C등급)	부족 (D등급)	매우 부족 (E등급)
○○하천 수계	5개소	25개소	10개소	6개소	4개소

27. 비율 평가는 전체 대상 개소 중 '매우 잘됨(A)과 잘됨(B)'의 비율과 '부족(D)과 매우 부족(E)'의 비율을 계산해서 (A+B)>(D+E)면 잘됨, (A+B)<(D+E)면 못됨으로 평가

19. 피해이력, 재해위험도, 주민불편도 **20.** 약최고고조위 **21.** 천수변형, 굴절, 반사파
22. 지형할증모형, 지표조도모형, 균일강풍모형 **23.** 하천, 배수시설, 도로·교량, 해안시설, 사면, 기타
24. ① 시행, ② 말일 **25.** ④ → ② → ③ → ① → ⑤ **26.** 효율성, 형평성, 일관성
27. 잘됨. 전체 50개소 중 A+B=30개소(60%), D+E=10개소(20%). A+B>D+E

28 재해복구사업 분석·평가의 지역성장률 평가 항목을 3가지만 작성하시오.

29 면적 0.32km²인 유역에 1시간 동안의 확률강우량 100mm를 배제할 수 있는 배수통관을 설치하고자 한다. 필요한 배수통관의 최소 단면적을 산정하시오. (단, 배수통관 설계유속 2.0m/s, 배수통관의 여유율 무시, 합리식에 의한 유역의 유출량 산정, 유출계수(C) 0.65 적용)

30 아래의 표에 전체면적이 10.0km²인 유역의 토지이용별 유출곡선지수(CN)가 정리되어 있다. 이를 이용하여 NRCS 방법에 의한 유효우량 산정에 적용할 수 있는 유역전체의 유출곡선지수(CN)를 산정하시오. (단, 소수점 첫째 자리까지 산정)

토지이용 구분	면적(km²)	CN(AMC-II)
상업지역	3.0	95
주거지역	6.0	90
기타초지	1.0	49

31 폭 2.0m, 높이 2.0m인 Box형 우수관거에 수심 1.6m가 형성되었다. manning의 평균유속공식을 적용하여 우수관거의 평균유속을 산정하시오. (단, 우수관거의 경사 0.003, 우수관거의 조도계수 0.016 적용)

32 원단위법을 이용하여 면적이 2km²인 유역의 연간 토사유출량(m³/year)을 산정하시오. (단, 원단위는 0.5m³/ha/year 적용)

33 면적 1.5ha, 단일호우에 대한 강우침식인자(R) 1,200·10⁷J/ha·mm/hr, 토양침식인자(K) 0.26 tonnes/ha/R, 지형인자(L·S) 0.67, 토양침식조절인자(VM) 0.8인 유역에 RUSLE 방법을 적용하여 단일호우에 의한 토사침식량(tonnes/storm)을 산정하시오.

34 내수재해 위험요인을 3가지만 기술하시오.

---

29. - 홍수량(Q)
$$=0.2778×유출률(C)×강우강도(I)×유역면적(A)$$
$$=0.2778×0.65×100mm/hr×0.32km²=5.78m³/s,$$
- 배수통관의 최소 단면적(A)
$$=Q÷V=5.78m³/s÷2m/s=2.89m²$$

30. $$\frac{3.0km²×95+6.0km²×90+1.0km²×49}{10.0km²}=87.4$$

31. 평균유속(V) $$= \frac{1}{n}×R^{\frac{2}{3}}S^{\frac{1}{2}}=\frac{1}{n}\left(\frac{A}{P}\right)^{\frac{2}{3}}S^{\frac{1}{2}}$$
$$= \frac{1}{0.016}\left(\frac{3.2}{5.2}\right)^{\frac{2}{3}}0.003^{\frac{1}{2}}=2.48m/s$$

32. - 면적의 단위 환산: 2km² → 200ha
- 연간 토사유출량(m3/year)=0.5m³/ha/year×200ha
$$=100m³/year$$

33. - 단위면적당 토양침식량=R×K×LS×VM
$$=1,200×0.26×0.67×0.8$$
$$=167 \text{ tonnes/ha}$$
- 토양침식량=167 tonnes/ha×1.5ha
$$=251 \text{ tonnes/storm}$$

---

28. 인구변화율, 고용변화율, 지역사회성장율, 지역낙후도, 지역경제성장율
29. 2.89m² **30.** 87.4 **31.** 2.48m/s **32.** 100m³/year **33.** 251 tonnes/storm
34. 우수관거 용량 부족, 우수관거 경사 불량, 역류방지시설 미비, 우수유입시설 문제, 외수위 영향, 강제배제시설(펌프장 등) 미비

35 토사재해 위험요인 분석의 공간적 범위는 토사의 발생원을 포함하는 토사유출 특성이 재현될 수 있는 구역·유역으로 선정해야 한다. 이러한 토사재해의 위험요인 분석은 크게(①)에서 발생하는 토사재해와 (②)에서 발생하는 토사재해로 구분하여 실시한다. 빈칸을 채우시오.

36 「재해복구사업 분석·평가 시행지침」에서는 지역 여건 및 재해특성을 고려하여 유역·수계 또는 배수구역단위로 구분하고, 방재성능 향상을 위한 구조적·비구조적 대책에 반영할 수 있도록 평가해야 한다고 기술하고 있다. 이때, "분석·평가단계"에서 해당 지역의 사업효과를 평가하는 지표 3가지를 기술하시오.

37 하천재해 위험요인을 3가지만 기술하시오.

38 토사 사면활동 붕괴형태의 종류 4가지를 쓰시오.

39 암반사면의 붕괴형태 4가지를 쓰시오.

40 소하천설계기준 상 계획홍수량 300m³/s 인 소하천의 제방 여유고 설계기준은?

41 소하천설계기준 상 계획홍수량 100m³/s 인 소하천의 둑마루 폭 설계기준은?

42 하천설계기준상 계획홍수량 2,000m³/s 인 하천의 제방 여유고 설계기준은?

해설

37. - 하천범람 요인: 하폭 부족 등
   - 제방유실·변형 및 붕괴 요인: 제체의 다짐불량 등
   - 호안유실 요인: 호안강도 미흡 등
   - 하상안정시설 파괴 요인: 근입깊이 불충분 등
   - 하천 횡단구조물의 파괴 요인: 교량 형하고 부족 등
   - 제방도로 파괴 요인: 하천 협착부 수위상승 등

답

35. ① 산간지, ② 소규모 개발지 등 (혹은 나대지)   36. 재해 저감성, 지역경제 발전성, 지역주민생활 쾌적성
37. 하폭부족, 제체의 다짐불량, 호안강도 미흡, 하상안정시설 근입깊이 불충분, 교량 형하고 부족, 하천협착부 수위상승
38. 회전활동, 병진활동, 복합적 활동, 유동   39. 원형파괴, 평면파괴, 쐐기파괴, 전도파괴
40. 0.8m 이상   41. 3.0m 이상   42. 1.2m 이상

제9편

재난피해액 및
방재사업비 산정

제1장

제9편
재난피해액 및
방재사업비 산정

재난피해액 산정하기

본 장에서는 재해피해 발생 시 관련 기준과 지침에 의거하여 재난 피해액 산정과 이에 따른 방재사업비에 대하여 쉽게 이해할 수 있도록 하였다. 재난 피해액 산정은 피해주기 설정 및 홍수빈도율 산정, 침수면적 및 침수편입률 산정, 침수구역 자산조사 및 재산 피해액(편익) 산정으로 구분하였으며, 방재사업에 우선 적용되는 개선법과 간편법 사항에 대하여 기술하였다.

1절 피해주기 설정 및 홍수빈도율 산정

1. 피해주기(T) 산정

① 피해주기는 홍수 또는 강우로 인한 피해지역의 피해가 발생 주기를 말하는 것으로 단위는 년/회로 나타냄

② 피해주기 산정은 행정안전부에서 발간되는 재해연보 자료를 활용하여 30년 평균값으로 산정

③ 행정안전부에서 고시된 「자연재해위험개선지구 관리지침」의 내용을 인용하는 것을 원칙으로 하되 고시 일시가 오래된 것은 재해연보 또는 각 지자체의 통계자료를 활용하여 재검토

★
피해주기는 30년 평균값 적용

2. 홍수빈도율(f_f) 산정

① 홍수빈도율은 피해주기와의 역수 관계

$$f_f = \frac{1}{T}$$

② 홍수빈도율은 재산 피해액(편익) 산정 시 사용되는 값으로 방재사업 분야에서는 인명 피해액, 이재민 피해액, 기타 피해액 산정 시 적용

★
홍수빈도율은 개선법을 이용해 피해액을 산정할 때 사용

2절 침수면적 및 침수편입률 산정

1. 조사대상 유량 규모의 결정

① 계획 홍수량을 포함하는 빈도별 홍수량을 토대로 5~6개 정도의 유량

규모로 설정

② 통상 하천에서 침수구역 산정은 30, 50, 80, 100, 200년 빈도의 홍수량을 대상으로 수행

2. 지반고 조사

① 지반고는 조사대상 구역을 표고차 0.5~1.0m 간격으로 구분해 실시
② 하천 또는 대상시설 주변의 종·횡단 측량을 실시하여 그 성과를 이용하는 것이 원칙
③ 피해 범위가 광범위할 경우 축척 1:1,000, 1:5,000 등의 지형도를 이용하여 보완

3. 침수면적 및 침수편입률 산정

① 침수면적은 상위 계획상의 침수흔적도 및 침수예상도를 기준하되 지형 현황, 설계수문량 등이 변경된 경우 재검토를 실시하여 그 침수구역도 및 침수면적을 조정
② 빈도별 홍수량과 지반고(지형자료)를 사용하여 침수구역 산정, 지반고에 따라 지구별 침수심과 침수기간 추정
③ 침수심 및 침수일수는 토지 이용 현황별(주거지, 산업지역, 농업지역)로 산정
④ 유량 규모별 침수구역은 과거의 침수 실적 등을 조사하여 종합적 관점에서 결정
⑤ 침수일수는 침수에 의한 자산 종류별 피해율을 적용할 때 활용

공간정보 분석을 위한 기초자료

종류	속성 항목	비고
침수 구역도	• 빈도별 침수구역 경계 및 면적 • 침수심별 침수구역 경계 및 면적	기존 자료 및 침수해석 결과
행정 구역도	• 읍·면·동 경계 및 면적 • 행정구역 내 자산가치 　- 건물 및 내구재 가치 　- 산업 유형자산 및 재고자산 가치 　- 농업지역의 농경지 및 농작물 가치	가장 최근의 읍·면·동 단위의 행정동 정보를 담고 있어야 함
토지 피복도	• 농업: 대분류 및 중분류 항목 • 산업 　- 중분류 항목의 공업·상업·위락지역	

★
최근에는 국토지리정보원에서 제공하는 수치표고모델(DEM) 자료를 활용하여 피해지역의 지반고를 분석

★
침수심 및 침수기간은 동일한 지역에 영향을 미치는 홍수라도 그 크기에 따라 피해 규모가 다름

수치
지형도
	• 대분류 분류항목인 건물
	  - 주거: 세분류 code 4112, 4113,
	    4115
	  - 산업: 중분류 code 43, 44, 45
		국토지리정보원의 1/1,000,
		1/5,000 수치지형도를 이용
		하여 직접측량 자료 보완 또
		는 사용

자료: 하천치수사업 타당성분석 보완 연구

⑥ 방재사업 분야에서의 경제성 분석에서는 침수면적만을 사용하는 개
  선법, 하천 분야에서의 경제성 분석에서는 침수심, 침수기간을 사용
  하는 다차원법 적용

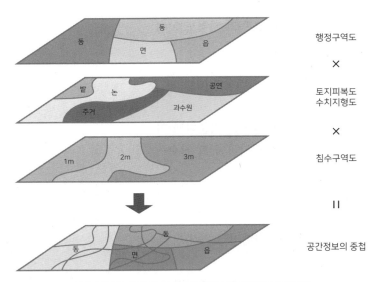

〈침수편입률 산정을 위한 공간정보의 중첩(다차원법)〉

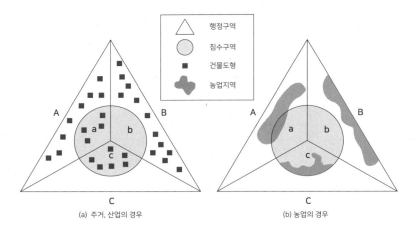

〈침수편입률 산정을 위하여 중첩된 공간정보의 개념도(다차원법)〉

★
개선법은 침수면적과 피해액
관계로 경제성 분석

★
다차원법은 침수면적, 침수심,
침수시간과 피해액 관계로 경
제성 분석 실시

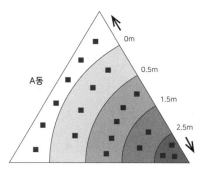

A동 내 건물도형 = 20
- 침수심 0m = 6
- 침수심 0.5m 미만 = 4
- 침수심 1.5m 미만 = 5
- 침수심 2.5m 미만 = 2
- 침수심 2.5m 이상 = 3

〈침수심별 침수편입률(다차원법)〉

3절 침수구역 자산조사

(1) 조사 방법

① 유량 규모별 침수구역도를 바탕으로 유량 규모에 대한 자산 종류별 자산액 조사

(2) 조사 대상

① 일반자산: 가옥, 사업소, 상각자산, 재고자산, 농어촌 자산 등

② 공공자산: 하천, 도로, 교량, 농업용 시설, 철도, 전신, 전력시설 등

③ 기타: 농작물, 가축 자산 등

★
자산조사 대상은 일반자산, 공공자산, 기타

(3) 산정 방법

① **가옥 자산**

▷ 가옥대장, 가옥과세대장, 기타 세무 관련 자산 및 도면 등으로부터 등지반고별 가옥 동수를 추정한 후 가옥 1동당 평균 면적을 곱하여 가옥 바닥면적 추정

▷ 건축 통계 등의 자료에서 시군별 가옥 1m²당 평균액을 곱하여 산정

② **가계 자산**

▷ 주민등록대장으로부터 읍면동별 세대수를 조사하여 대상지역 전체 가옥 수에 대한 등지반고별 가옥 동수의 비율을 곱하여 등지반고별 구역별 세대수를 추정

▷ 1세대당 가계 자산액을 곱하여 산정

③ **상각자산, 재고자산**

▷ 사업소 통계조사, 산업체 분류별 사업소 수 및 사업소별 종업원 수

를 조사하고 공업통계, 법인기업통계, 상업통계 등의 자료에서 조사한 산업체 분류별 종사자 1인당 상각자산액 및 재고자산액에 종업원 수를 곱하여 산정

④ 농어촌 자산

▷ 읍면동의 농가대장이나 수산업협동조합의 자료를 이용하여 산정

⑤ 농작물 자산

▷ 도면상에서 전답별 경지면적을 구한 후 전답별 연평균 수확량 산정
▷ 수확량은 시군 통계연보 등에 의하여 최근 5년간의 자료 중 최대치와 최소치를 제외한 3년간의 평균값 적용

⑥ 공공자산

▷ 시설 관리기관 자료를 이용하여 산정

⑦ 가축 자산

▷ 해당 시군 통계연보 등에 의하여 조사지구 일원의 농가당 평균 가축사육 현황 이용

★
농작물 자산
최근 5년간 최대치와 최소치를 제외한 3년간 평균값 적용

4절 재산 피해액(편익) 산정

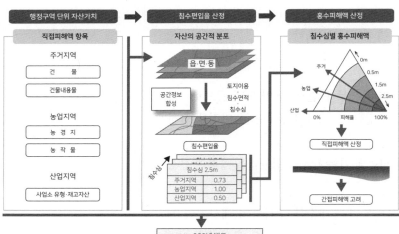

〈홍수피해액 산정 방법의 개념도(다차원법)〉

자료: 하천치수사업 타당성분석 보완 연구

▷ 유량 규모별로 피해액 산정

▷ 재산피해액은 간편법, 개선법, 다차원법을 이용하여 산정

▷ 방재 분야에서는 개선법을 적용하여 산정하고 있으나 경우에 따라서는 다차원법을 이용하기도 함

1. 침수위험지구 등

(1) 간편법

① 피해액은 침수면적을 활용하여 산정

② 피해액 = 인명 피해액(사망, 부상) + 농작물 피해액 + 가옥 피해액 + 기타 피해액(농경지 + 공공시설 + 기타 + 간접)

③ 항목별 피해액 산정 방법

　　㉠ 인명 피해액(P)

　　　　▷ 침수면적 피해 인원(명/991.7m²) × 단위 피해액

　　　　▷ 사망: 0.001명/991.7m², 부상: 0.0009명/991.7m²(각 시도 모두 동일)

　　　　▷ 단위 피해액 중 사망은 1인당 국민소득, 부상은 사망의 10% 적용

　　㉡ 농작물 피해액(H)

　　　　▷ 농작물 피해액은 조사된 전, 답의 경지면적 및 수확량을 지구별로 침수시간 등을 감안하여 유량 규모별 농작물 피해액을 산정

　　　　- $H = \Sigma A_{ij} \times Q_i \times P_i \times d_i$

　　　　* 여기서, H: 총 농작물 피해액

　　　　　　A_{ij}: i농작물의 피해율이 j인 경지면적*(단보)

　　　　　　Q_i: i농작물의 단보당 수확량(kg/단보)

　　　　　　P_i: i농작물의 단가(원/kg)

　　　　　　d_i: 농작물의 j 피해율

　　　　▷ 농작물 피해액은 논작물과 밭작물로 구분하여 침수시간에 따른 피해율을 적용

농작물의 피해율

침수시간 피해율	8시간~ 1일 미만	1~2일	3~4일	5~7일	7일 초과	유실 및 매몰
논(%)	14	27	47	77	95	100
밭(%)	35	51	67	81	95	100

자료: 치수사업 경제성 분석 개선방안 연구

Keyword

★
1단보 = 991.7m²
　　(0.09917ha)
　　= 300평

© 가옥 피해액(D)

▷ 최대 규모 홍수 발생 시의 침수면적 내 가옥 수, 가옥 피해율, 피해지역의 동당 가격을 곱하여 산정

- $D = \Sigma N \times Pi \times di$

* 여기서, D: 총 가옥 피해액

　　　 N: 침수면적 내 가옥 수

　　　 P_i: 가옥 동당 단가(원/동), 현지조사를 실시하여 최근 가격 적용

　　　 d_i: 가옥 피해율

가옥 피해율

구분	소파	반파	전파	유실
침수심(m)	0~0.5	0.5~1.5	1.5~2.5	2.5 이상
피해율(%)	5.5	40.0	83.0	100.0

자료: 치수사업 경제성 분석 개선방안 연구

② 기타 피해액

▷ 농경지 피해액(S), 공공 시설물 피해액(F), 기타 피해액(T), 간접 피해액(E)은 농작물 피해액에 항목별, 지역별 피해계수를 곱하여 산정

항목별·지역별 피해계수　　　　　　　　　　　(단위: 명/ha)

항목별 피해계수	서울	부산	경기	강원	충북	충남
농경지	42.46	82.17	87.75	201.84	213.74	91.59
공공시설	599.08	952.06	40.82	214.32	160.27	34.67
기타	36.54	227.70	3.84	17.54	1.28	2.55
간접	36.08	36.08	3.72	1.82	3.90	3.72

항목별 피해계수	전북	전남	경북	경남	제주
농경지	100.45	58.25	122.91	49.78	89.61
공공시설	51.99	48.93	63.02	36.70	36.04
기타	1.88	17.07	4.37	6.80	26.81
간접	3.72	3.72	3.90	3.72	1.85

자료: 치수사업 경제성 분석 개선방안 연구

(2) 개선법

① 피해액은 침수면적과 인명·이재민·농작물·기타 피해액과의 관계식을 활용하여 산정

Keyword

★
소파
파괴 정도가 경미하여 사용에 별다른 지장이 없는 경우

★
반파
기둥, 벽체, 지붕 등과 같은 주요 구조물들을 수리해야 할 경우

★
전파
구조물이 그 형태는 남아 있으나 개축하지 않으면 사용 못 하는 경우

★
유실
구조물이 완전히 유실되어 그 형태가 남아 있지 않는 경우

② 피해액 = 인명 피해액(사망, 부상) + 이재민 피해액 + 농작물 피해액
+ 기타 피해액(건물 + 농경지 + 공공시설 + 기타)

③ 항목별 피해액 산정 방법

　㉠ 인명손실 피해액

　　▷ 침수면적당 손실 인명수를 기준으로 산정

　　▷ 인명 피해액 = 사망자 피해액 + 부상자 피해액

　　▷ 사망자 피해액 = 침수면적당 손실 인명수(명/ha) × 손실원단위
　　　(원/명) × 침수면적(ha) × 홍수빈도율

　　▷ 부상자 피해액 = 침수면적당 손실 인명수(명/ha) × 손실원단위
　　　(원/명) × 침수면적(ha) × 홍수빈도율

　　* 여기서, 손실원단위는 사망 2억 6천만 원/명(2014년 월 최저임금의 240배), 부상
　　5천만 원/명(사망 손실원단위의 16분의 3에 해당하는 금액)을 적용

단위 침수면적당 손실 인명수

(단위: 명/ha)

구분	대도시	중소도시	전원도시	농촌지역	산간지역
사망	0.0242	0.0257	0.0025	0.0021	0.0588
부상	0.0119	0.0058	0.0001	0.0026	0.0066

자료: 자연재해위험개선지구 관리지침

　㉡ 이재민 피해액

　　▷ 이재민 발생 시 근로 곤란으로 인한 기회비용이 존재하므로 침
　　　수면적당 이재민 수를 기준으로 산정

　　▷ 이재민 피해액 = 침수면적당 발생 이재민(명/ha) × 대피일 수
　　　(일) × 일 최저임금(원/명, 일) × 침수면적(ha) × 홍수빈도율

　　* 여기서, 대피일 수는 평균 10일, 일 최저임금은 4만 2천 원(2014년 최저임금 기
　　준) 적용

단위 침수면적당 발생 이재민

(단위: 명/ha)

구분	대도시	중소도시	전원도시	농촌지역	산간지역
이재민 수	40.5549	28.6391	0.9219	0.4430	2.7146

자료: 자연재해위험개선지구 관리지침

　㉢ 농작물 피해액

　　▷ 간편법과 같은 방법으로 산정

　㉣ 기타 피해액: 건물, 농경지, 공공 시설물, 기타

　　▷ 건물, 농경지, 공공 시설물, 기타 피해액의 경우 「도시유형별 침
　　　수면적-피해액 관계식」을 사용하여 산정

▷ 기타 피해액 = 건물 피해액 + 농경지 피해액 + 공공 시설물 피해액 + 기타 피해액

▷ 피해액 = (침수면적-피해액 회귀분석 관계식) × 기준 가격 × 홍수빈도율

도시의 유형별 구분

구분	적용기준
대도시	인구 100만 명 이상의 광역시급 도시
중소도시	인구 100만 명 미만의 일반 시급 도시
전원도시	인구 증가 등으로 인하여 군 전체가 시로 승격된 도시
농촌지역	군급 도시 중 인구밀도 500명 이상, 임야면적 70% 미만인 도시
산간지역	농촌지역 이외의 군급 도시

자료: 자연재해위험개선지구 관리지침

도시유형별 침수면적-피해액 관계식

대상지역	변수	상수항(A)	침수면적항(B)	적합도
대도시 지역	건물	0.23294	$0.245s^2$	0.63
	농경지	0.09896	$0.288s^2$	0.91
	공공시설	0.53365	$0.149s^2$	0.55
	기타	0.3835	$1.741\sqrt{s}$	0.44
중·소도시 지역	건물	0.55283	$0.182s^2$	0.52
	농경지	0.63246	$0.150s^2$	0.50
	공공시설	0.85311	$0.060s^2$	0.45
	기타	0.12471	$0.356s^2$	0.54
전원도시 지역	건물	0.13849	$0.302s^2$	0.78
	농경지	0.00528	$0.353s^2$	0.80
	공공시설	0.38754	$0.215s^2$	0.51
	기타	0.11562	$0.310s^2$	0.64
농촌지역	건물	0.01164	$0.286s^2$	0.95
	농경지	0.11744	$0.226s^2$	0.84
	공공시설	0.38670	$0.157s^2$	0.63
	기타	0.49185	$0.130s^2$	0.62
산간지역	건물	0.41041	$0.271s^2$	0.72
	농경지	0.64000	$0.165s^2$	0.65
	공공시설	0.67713	$0.148s^2$	0.50
	기타	0.27659	$0.332s^2$	0.72

주) 자료: 자연재해위험개선지구 관리지침

Keyword

★
침수면적과 피해액 관계는 도시의 규모나 지역적 특성에 따라 차이가 있기 때문에 개선법에서는 도시유형을 5개(대도시, 중소도시, 전원도시, 농촌지역, 산간지역)로 구분

★
대도시 및 중소도시의 유형 구분은 인구 100만을 기준으로 결정

★
침수면적-피해액 관계식 = 상수항(A)+침수면적항(B)

★
S = 침수면적(ha)/도시유형별 평균 침수면적(ha)

시유형별 평균 침수면적				(단위: ha)
대도시	중소도시	전원도시	농촌지역	산간지역
163.4	75.8	206.9	118.1	16.5

자료: 자연재해위험개선지구 관리지침

기준 가격					(단위: 백만 원)
구분	대도시	중소도시	전원도시	농촌지역	산간지역
건물	318.0	41.6	73.0	76.6	78.3
농경지	7.4	47.2	126.2	50.4	479.8
공공 시설물	2,035.1	1,813.1	2,588.1	1,749.7	6,027.2
기타	253.1	164.7	633.6	707.3	243.1

자료: 자연재해위험개선지구 관리지침

2. 붕괴위험지구(개선법)

① 붕괴위험지구의 편익부문(피해액) 산정은 「붕괴위험지구 투자우선순위 결정 개선방안 연구」 자료에서 제시한 방식으로 산정

② 다만, 편익 분석을 위한 피해위험구역은 급경사지의 하단으로부터 해당 비탈면 높이의 2배 정도이며, 50m 초과 시에는 50m로 제한

★
급경사피해기준
붕괴위험지구는 해당 비탈면 높이의 2배 정도, 수평거리 50m

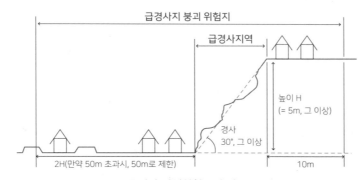

〈급경사 피해위험구역 기준〉

자료: 자연재해위험개선지구 관리지침

▷ 편익(피해액) = 사면피해액 + 피해위험구역 내(건물 + 기타 시설 등) 시설 피해액

- 사면피해액 = 사면 면적 × 산사태 피해단가
- 건물피해액 = 전파 예상 건물 수 × 주택 전파 피해단가 + 반파 예상 건물 수 × 주택 반파 피해단가
- 기타 시설 피해액 = 피해물량 × 피해단가 등

방재사업비 산정하기

실시설계 완료된 지구와 미완료된 지구에 대한 총공사비 산정과 유지관리 및 경상보수비 산정에 대하여 작성하였다.

▷ 방재사업비 = 총공사비(보상비, 공사비, 실시설계비) + 유지관리 및 경상 보수비용

Keyword

★
총 공사비 산정은 실시설계 완료와 미완료 사업으로 구분하여 산출

1절 총 공사비 산정

1. 실시설계가 완료된 지구

▷ 실시설계에서 계산된 공사비, 보상비(토지, 건물, 영업 보상비 등) 등을 활용하여 산출

2. 실시설계가 미완료된 지구

▷ 개략공사비로 산출
 - 개략공사비 = 직접공사비(부대비 포함) + 제경비 + 기타 비용
 - 직접공사비: 실시설계와 달리 각 공종(축제공, 호안공, 구조물공, 포장공 등)에 대한 대표단면, 표준도 등을 이용해 산정한 단위 공사비에 설치 수량(연장, 면적, 부피 등)을 곱하여 산정하되 부대 공사비(가시설, 가도, 환경보전비 등)을 포함
 - 부대 공사비 = [각 공종별 공사비 계] × 요율(10~30%)
 - 제경비 = 직접공사비 × 요율(30~50% 적용)
 - 기타 비용: 보상비, 인허가 관련 비용, 폐기물 처리비 등

★
실시설계
기본계획의 결과를 토대로 설계기준 등의 제반사항에 따라 계획을 구체화하여 실제 시공에 필요한 내용을 설계 도서 형식으로 표현하고 제시하는 설계 업무로서, 성과품은 시공 및 유지관리에 필요한 설계도서, 도면, 시방서, 내역서, 구조 및 수리계산서 등이 있음

2절 유지관리비 및 경상 보수비 산정

▷ 인건비, 전력비, 건축물 유지비, 일상적인 수리비, 재료비, 소모품비와 감리 및 간접 비용 등을 모두 포함

▷ 통상 과거 실적 통계치를 기준으로 산정

▷ 공사기간이 짧은 사업계획의 경우 완공 후부터 발생하는 것으로 계상

▷ 공사기간이 긴 경우 공사기간 중의 적정 연도부터 발생하는 것으로 간주

▷ 비용편익비 분석방법별 유지관리비 및 경상보수비
   - 간편법: 연평균 사업비의 0.5%
   - 개선법: 총 공사비의 0.5% 또는 (총 사업비 – 잔존가치) × 2%

★
유지관리비·경상 보수비
- 간편법: 연평균 사업비의 0.5%
- 개선법: 총 공사비의 0.5% 또는 (총 사업비-잔존가치) × 2%

1 재산피해액 산정 시 홍수빈도율을 사용하는 피해액을 2가지만 작성하시오.

2 재산피해액 산정 시 행정안전부에서 발간하는 '재해연보'를 이용할 수 있다. 이때 피해주기는 몇 년 평균값을 적용하는가?

3 다음은 침수면적 결정과 관련된 설명이다. 빈칸에 맞는 용어를 쓰시오.

> 침수면적은 상위 계획상의 (①) 및 (②)를 기준으로 하되 지형 현황, 설계수문량 등이 변경된 경우 재검토를 실시하여 그 침수구역도 및 침수면적을 조정할 수 있다.

4 홍수피해액 산정을 위한 공간정보 분석의 기초자료 항목을 3가지만 작성하시오.

5 '자연재해대책법'에서는 '자연재해위험개선지구 관리지침'을 정하여 재난피해액 산정방법을 제시하고 있다. 그중 침수면적별로 재난피해액을 산정하는 방법은?

6 재난피해액 산정방법 중 '홍수빈도별로 침수면적-침수피해-침수심을 고려해서 직접피해액 및 간접피해액을 산정'하는 방법은?

7 침수구역 자산조사 시 최근 5년간의 자료 중 최대치와 최소치를 제외한 3년간의 평균값을 적용해서 산정하는 자산은?

8 다음은 재난피해액 산정방법 중 개선법의 피해 항목이다. 이 중 침수면적-피해액 관계로부터 산정하는 항목들을 모두 고르시오.

> ① 인명 피해액   ② 건물 피해액
> ③ 이재민 피해액   ④ 농작물 피해액
> ⑤ 농경지 피해액   ⑥ 공공시설

9 '자연재해대책법'에서는 '자연재해위험개선지구 관리지침'을 정하여 재난피해액을 산정한다. 이 중 침수면적-침수심을 고려해서 재난피해액을 산정하는 방법은?

답 1. 인명 피해액, 이재민 피해액, 기타 피해액 2. 30년 3. ① 침수흔적도, ② 침수예상도
4. 침수구역도, 행정구역도, 토지피복도, 수치지도 5. 개선법 6. 다차원법 7. 농작물자산
8. ②, ⑤, ⑥ 9. 다차원법

10 다음은 다차원법에 대한 설명이다. 빈칸을 채우시오.

> 농산물의 수확량은 시군 '통계연보' 등에 의하여 최근 (①)년간의 자료 중 최대치와 최소치를 제외한 (②)년간의 평균값을 적용한다.

11 침수면적이 0.2km², 사망손실 원단위 2억 원/명, 부상손실 원단위 5천만 원/명, 침수면적당 사망손실 인명수 0.025(명/ha), 부상손실 인명수 0.005(명/ha)일 때, 개선법으로 인명손실 피해액을 산정하라. (단, 피해주기는 1.25이다.)

12 침수면적이 1.5km², 사망 손실 원단위 3억 원/명, 부상 손실 원단위 5천만 원/명, 침수면적당 사망 손실 인명수 0.024, 부상 손실 인명수 0.012일 때, 개선법을 이용해 산정한 인명 손실 피해액은? (단, 피해주기는 1.25이다.)

13 홍수로 인해 가옥의 침수심이 0.5~1.5m이고, 피해율은 40%였다. 어떤 가옥피해에 해당되는가?

14 '구조물이 그 형태는 남아 있으나 개축하지 않으면 사용 못하는 경우'의 가옥피해는 어디에 해당하는가?

15 다음은 재난피해액 산정방법 중 개선법의 사망자 피해액 항목에 대한 설명이다. 해당되는 것을 모두 쓰시오.

> ① 침수면적당 손실 인명수(명/ha)
> ② 피해주기
> ③ 홍수빈도율
> ④ 손실 원단위(원/명)

16 피해액 산정 시의 도시유형 중 '인구증가 등으로 인하여 군 전체가 시로 승격된 도시'는 무엇인가?

17 붕괴위험지구 내 편익분석을 위한 피해위험구역은 급경사지의 하단으로부터 해당 비탈면 높이의 (①)배 정도이며, (②)m 초과 시에는 (③)m로 제한하고 있다. 빈칸을 채우시오.

11. - 인명손실 피해액=사망 피해액+부상 피해액
- 사망 피해액=침수면적당 손실 인명수(명/ha)×손실 원단위×침수면적(ha)×홍수빈도율
- 부상 피해액=침수면적당 손실 인명수(명/ha)×손실 원단위×침수면적(ha)×홍수빈도율
  0.2km²=20ha, 홍수빈도율=1/피해주기
- 사망 피해액=0.025(명/ha)×2억 원/명×20ha×(1/1.25)=8천만 원
- 부상 피해액=0.005(명/ha)×5천만 원/명×20ha×(1/1.25)=4백만 원
- 인명손실 피해액=8천만 원+4백만 원=84,000,000원

12. - 인명 피해액=사망 피해액+부상피해액
- 사망 피해액=침수면적당 손실 인명수(명/ha)×손실 원단위×침수면적(ha)×홍수빈도율
- 부상 피해액=침수면적당 손실 인명수(명/ha)×손실 원단위×침수면적(ha)×홍수빈도율
- 사망 피해액=0.024×300,000,000원×150ha×(1/1.25)=864,000,000원
- 부상 피해액=0.012×50,000,000원×150ha×(1/1.25)=72,000,000원
- 인명손실 피해액=864,000,000원+72,000,000원=936,000,000원

10. ① 5년, ② 3년 11. 84,000,000원 12. 936,000,000원 13. 반파 14. 전파
15. ①, ③, ④ 16. 전원도시 17. ① 2, ② 50, ③ 50

18 폭우 및 태풍 등으로 붕괴위험지구 발생 시 피해액 산정을 통해 편익을 고려한다. 붕괴위험에 따른 피해액을 2가지만 쓰시오.

19 사면 2km², 전파 건물 5동, 반파 건물 20동인 경우 붕괴위험지구 피해액은? (단, 사면피해단가 2.5억 원/km², 전파 피해단가 1억 원/동, 반파 피해단가 2천만 원/동이다.)

20 사면 5km², 전파된 건물 10동, 반파 건물 30동일 때 붕괴위험지구의 피해액은? (사면피해단가 3.5억 원/km², 전파 피해단가 1.5억 원/동, 반파 피해단가 3천만 원/동, 기타시설 피해액 2억 원)

21 홍수빈도율이 0.5일 때 피해주기는?

22 피해주기가 1.5일 때 홍수빈도율은?

23 방재사업비 산정 시 총 공사비에 포함되는 항목을 2가지만 작성하시오.

24 방재사업비 산정 시 유지관리 항목을 2가지만 작성하시오.

25 방재사업에서 실시설계가 완료되지 않은 사업지구의 총 사업비는 무엇으로 결정하는가?

26 개략공사비 산정 방식을 작성하시오.

---

19. - 붕괴위험지구 피해액=사면피해액+건물피해액+기타시설피해액
- 사면피해액=사면면적×사면피해단가
$$=2km^2 × 2.5억 원/km^2 = 5억 원$$
- 건물피해액=전파피해액+반파피해액
$$=5동×1억 원/동+20동×2천만 원/동$$
$$=9억 원$$
- 붕괴위험지구 피해액=5억 원+9억 원=14억 원

20. - 붕괴위험지구 피해액
=사면피해액(사면면적×사면피해단가)+건물피해액+기타시설 피해액
$$=(5km^2×3.5억/km^2)+(10동×1.5억/km^2+30동×0.3억/km^2)+2억 원=43.5억 원$$

21. 피해주기=1/홍수빈도율=1/0.5=2년

22. 홍수빈도율=1/피해주기=1/1.5=0.667

---

18. 사면 피해액, 건물 피해액, 기타 시설 피해액 19. 14억 원 20. 43.5억 원
21. 2년 22. 0.667 23. 공사비, 보상비, 설계비 24. 인건비, 재료비, 감리비 25. 개략공사비
26. 개략공사비=직접공사비+부대공사비+제 경비+기타 비용

제10편

방재사업 타당성 및
투자우선순위 결정

방재사업 타당성 분석하기

본 장에서는 제1편과 연계하여 방재사업 타당성 분석에 필요한 경제성 분석의 이해, 연평균 피해경감기대액(편익), 연평균 사업비(비용), 경제성(비용-편익)으로 구분하였다. 경제성 분석의 이해를 돕기 위해 최적 규모 결정과 경제성 분석 지표에 대하여 설명하였고 비용편익비 분석은 간편법(원단위법), 개선법(회귀분석법) 및 다차원법에 대하여 방법별 피해액 산정과 특징을 수록하였다. 또한, 편익과 비용에 대한 종류, 산정절차 및 검토기준 등을 포함하였다.

1절 연평균 사업비(비용) 산정

Keyword

1. 사업비의 산정

▷ 방재사업비 = 총 공사비(보상비, 공사비, 실시설계비) + 유지관리 및 경상 보수비용
▷ 총 공사비 산정
- 실시설계가 완료된 지구: 실시설계에서 계산된 공사비, 보상비(토지, 건물, 영업 보상비 등) 등을 활용하여 산출
- 실시설계가 미완료된 지구: 개략공사비 산출

2. 공사비 산정 방법

(1) 실시설계 시

① 총 공사비 = 직접공사비 + 제 경비 + 기타 비용
② 직접공사비: 각 공종(축제공, 호안공, 구조물공, 포장공 등)을 완성하기 위한 구성요소(흙쌓기, 흙깎기, 흙운반, 터파기, 되메우기, 호안 설치 등)의 수량(재료, 노무, 장비 운용 등)에 단가(재료비, 노무비, 경비)를 곱하여 산정
③ 제 경비는 항목별 요율을 적용하여 산정: 간접노무비, 산재 및 고용보험료, 건강 및 연금보험료, 퇴직 공제부금, 안전관리비, 환경보전비, 하도급대금 지급보증 수수료, 일반관리비, 이윤, 부가가치세 등
④ 기타 비용은 관급자재비, 폐기물 처리비, 이설비, 생태계 보전 협력금, 보상비 등

> ★
> 실시설계 총 공사비는 직접공사비, 제경비, 기타 경비

(2) 개략사업비 산출 시

① 총 공사비 = 직접공사비 + 제 경비 + 기타 비용

② 직접공사비: 실시설계 시와 달리 각 공종(축제공, 호안공, 구조물공, 포장공 등)에 대한 대표단면, 표준도 등을 이용해 산정한 단위 공사비에 설치 수량(연장, 면적, 부피 등)을 곱하여 산정하되 부대 공사비를 포함

③ 부대 공사비 = [공종별 공사비 계] × 요율(10~20%)

④ 제경비 = 직접공사비] × 요율(30~50% 적용)

⑤ 기타 비용은 폐기물 처리, 보상비 등

3. 연평균 비용 산정

(1) 산정 절차(개략사업비 산출 기준)

① 1단계: 공정에 맞추어 공사기간 설정(통상 지방하천 개수사업은 1~3년 적용)

② 2단계: 총 사업비를 공종별로 구분하여 기입

  ▷ 공종: 축제공, 호안공, 구조물공, 용지보상비, 기타 등

③ 3단계: 공정에 맞추어 연차별·공종별 사업비 투입비율 설정

$$연차별\ 투입비율\ =\ \frac{각\ 연차별\ 사업비\ 계}{총\ 사업비}\times100\%$$

$$공종별\ 투입비율\ =\ \frac{각\ 공종별\ 사업비\ 계}{각\ 공종별\ 총\ 사업비}\times100\%$$

(2) 연평균 사업비 산정

① 연평균 사업비 = [건설기간의 공종별 사업비 계] + [편익 발생기간의 공종별 사업비 계] − [공종별 잔존가치의 계]

② 통상 공사 완료 후에는 공종별 사업비 '0'으로 산정

③ 편익 발생기간 = [설계빈도] − 1

④ 공종별 잔존가치

  ㉠ 공종별 잔존가치 = 공종별 사업비 × 공종별 잔존가치 비율

  ㉡ 공종별 잔존가치 비율: 제방 0.80, 호안공 0.10, 구조물 0.0, 토지보상비 1.00, 기타 0.05

(3) 연평균 비용의 현재가치 산정

① 연평균 비용의 현재가치

$$=\sum[(연평균\ 사업비+연평균\ 유지관리비)\times현가계수]$$

② 연평균 유지관리비 = [총 사업비 – 잔존가치의 계] × 2%

또는 총 공사비 × 0.5%

 Keyword

2절 연평균 피해경감 기대액(편익) 산정

1. 편익의 분류

▷ 공공투자사업의 결과로 나타나는 모든 효과는 양의 가치와 음의 가치가 모두 확인되고 계량화되어야 함.

▷ 편익의 종류: 직접 편익과 간접 편익, 유형의 편익과 무형의 편익

▷ 투자사업의 편익과 비용 항목은 사업마다 다르고 똑같은 종류의 사업이라 하더라도 투자 위치와 규모에 따라 편익과 비용이 다름

★
편익의 종류
직접 편익, 간접 편익, 유형 편익, 무형 편익

(1) 직접 편익

① 1차적인 목적과 관련된 편익으로 사업의 효과를 나타내는 것

② 방재사업으로 인한 침수 예상지역의 침수피해 감소, 인명손실 감소, 건물, 농경지와 농작물, 산업자산과 공공시설의 피해 절감

(2) 간접 편익

① 특정 사업으로부터 파생 또는 유발되는 편익, 2차적 효과로 유발효과, 연관효과를 의미함

② 재난으로 인한 각종 서비스 손실 및 교통두절 등 간접 피해 절감 효과, 주변 지역의 토지의 가치 상승, 경제 활동 증대, 지역주민의 생계 안정, 생활패턴의 변화, 고용 증대 등 사회적 편익과 생산, 노동 및 부가가치 유발 효과

(3) 유형의 편익

① 금전적으로 편익의 가치를 나타낼 수 있는 것

② 각종 용수공급, 제품 생산, 농산물 증산, 농지와 건물에 대한 재난피해 방지로 가치 증가

(4) 무형의 편익

① 추상적이거나 금전적으로 평가하기 어려운 것

② 인명피해 방지, 친수환경 조성 및 하천 기능 개선, 영농수지 개선, 공중보건위생 향상, 국민경제 기여, 건설 및 연관 산업 발전 효과 등

2. 연평균 편익 산정

(1) 산정 절차
① 1단계: 설계빈도에 따른 침수면적을 도시유형별로 산정
② 2단계: 홍수빈도율 산정(피해주기 활용)
③ 3단계: 항목별 편익산정
④ 4단계: 총편익 산정
⑤ 5단계: 현가계수 산정 및 연평균 편익의 현재가치 산정

(2) 총편익 산정
① 총편익 = 인명보호 편익(사망, 부상) + 이재민 발생 방지 편익 + 농작물 피해 방지 편익 + 건물 피해 방지 편익 + 농경지 피해 방지 편익 + 공공시설 피해 방지 + 기타 피해 방지 편익
② 침수구역 내에 도로나 교량이 있으면 예상피해 복구기간을 고려하여 공공시설로 인한 간접피해율을 구하여 공공시설 피해방지 편익을 곱하여 산정

(3) 연평균 편익의 현재가치 산정
① 공사 완료 후의 연평균 편익의 현재가치 산정
② 총편익에 현가계수를 곱하여 산정
③ 연평균 편익의 현재가치

$$\sum_{n=1}^{k}\left[총\ 편익 \times \left\{ \frac{1}{(1+할인율)^k} \right\} \right]$$

* 여기서, k: 해당 년

$\frac{1}{(1+할인율)^k}$: 현가계수

★
편익 산정은 1~5단계로 구분하여 실시

3절 경제성 분석의 이해

1. 경제성 분석의 필요성

▷ 경제성 분석(비용-편익 분석)은 자본과 자원이 한정적이고 공공 시설물의 수요가 많을 경우 이를 효율적으로 배분하기 위하여 분석
▷ 방재사업은 공공사업으로 개발 규모가 크고 투자비용이 많이 소요되므로 계획 입안 시 경제성 분석은 필수
▷ 투자가치가 낮은 사업에 자연 자본을 사용하면 상대적으로 투자가치

가 높은 타 사업을 포기하거나 재투자되는 결과를 초래하므로 투자 타당성에 대한 합리적 분석 필요

2. 최적규모 결정

▷ 최적규모 결정 시 제1원칙은 사업규모에 따른 순편익이 최대가 되는 규모를 최적 규모로 채택
▷ 한계비용분석에서 사업 규모 변동에 따른 편익과 비용의 증분이 동일한 조건($\Delta B/\Delta C = 1$)을 만족하여야 함
▷ 최적규모 결정 시 제2원칙은 실행 사업은 대안보다 우월해야 함
▷ 경제적 관점에서 결정된 최적규모는 개발에 따른 정치·사회적 영향 등으로 고려하여 최적규모를 일부 조정하는 경우도 있음

3. 경제성 분석 지표

▷ 경제성 분석의 지표: 순현재가치(NPV), 비용편익비(B/C), 내부수익률(IRR), 평균수익률(ARR), 반환기간 산정법(PB)
▷ 평균수익률, 반환기간 산정법은 미래 가치를 할인하지 않거나 미래의 잠재적 이익을 무시하기 때문에 사용하지 않음
▷ 일반적인 경제성 평가방법으로는 비용편익비와 순현재가치 분석방법 사용
▷ 내부수익률은 비용편익비와 순현재가치 분석의 보완적 평가방법

(1) 순현재가치(NPV=B-C)
① 대상 사업이 정해진 기간 내에 발생시키는 편익과 비용의 차이에 관심을 두는 지표
② 투자사업으로부터 장래에 발생할 편익과 비용의 차인 순편익을 현재가치화하여 합산

$$NPV = \sum_{k=1}^{n} \left[\frac{NB_k}{(1+r)^k} + \frac{S_n}{(1+r)^n} \right]$$

* 여기서, B_k: k년차에 발생하는 편익
C_k: k년차에 발생하는 비용
NB_k: k년차에 발생하는 순편익($= B_k - C_k$)
n: 분석기간
r: 할인율
S_n: 잔존가치

③ 주요 특징
  ㉠ 현재 가장 많이 사용되고 있는 방법, 공공투자 타당성 분석에 많이
    사용
  ㉡ 상대적 기준이 아니므로 경합하는 사업 간의 우선순위를 결정할
    때 혼란을 초래할 우려가 있음
  ㉢ 순편익은 규모가 비슷한 시설물을 서로 비교할 때 편리
  ㉣ 방재사업 또는 수자원 개발사업과 같이 자원개발의 여지가 제한된
    경우에 유용한 척도
  ㉤ 내구연한이 다를 경우에는 최소공배수년을 분석
  ㉥ 순현가가 0보다 작거나 같으면 사업안을 기각하는 것이 원칙
  ㉦ 예산에 대한 제약이 없는 경우 가장 높은 순현가를 나타내는 사업
    이 가장 높은 우선순위를 가짐
  ㉧ 예산 제약을 받을 경우라도 예산 내에서 가장 높은 순현가를 보이
    는 사업이 가장 높이 평가됨

(2) 비용편익비(B/C)
① B/C는 NPV와 비슷한 단일계산 분석
② 정해진 기간 내에 분석대상사업에 투입된 비용 대비 편익의 비율에
  관심을 두는 지표
③ 투자사업으로 인하여 발생하는 편익의 연평균 현재가치를 비용의 연
  평균 현재가치로 나눈 것

$$\frac{B}{C} = \sum_{k=1}^{n} \frac{B_k}{(1+r)^k} / \sum_{k=1}^{n} \frac{C_k}{(1+r)^k}$$

  * 여기서, B_k: k년차에 발생하는 편익
    C_k: k년차에 발생하는 비용
    n: 분석기간
    r: 할인율

④ 주요 특징
  ㉠ B/C는 초기 투자비에 대한 부담이 있는 상태에서 여러 가지 투자
    대안이 있을 경우 각각에 대한 우선순위를 평가할 때 사용하는
    기법
  ㉡ B/C는 투자자본의 효율성을 나타낸 것으로 비율이 클수록 투자효
    과가 큼
  ㉢ 단순히 편익과 비용의 절대규모에 관심을 두기 때문에 투자 규모
    가 큰 사업이 유리하게 나타나는 NPV의 문제점을 피할 수 있음
  ㉣ 여러 가지 사업을 객관적인 입장에서 비교할 수 있음. 즉, 사업에

투자한 자본의 규모를 고려한 상태에서 편익의 크기 확인 가능
 ⑪ NPV가 같은 경우라도 사업의 투자 규모가 다르다면 규모가 작은 사업이 규모가 큰 사업에 비해 B/C가 크게 산정되기 때문에 사업에 대한 투자우선순위를 판단할 수 있음

(3) 내부수익률(IRR, B=C)

① 비용편익비가 1이 되는 할인율
② 순현재가치로 평가할 때는 순현재가치가 0이 되도록 하는 할인율
③ 대상 사업이 정해진 기간 내에 가져다주는 수익률과 시장 이자율과의 비교·평가를 위하여 사용되는 기법

$$IRR = \sum_{k=1}^{n} \frac{NB_k}{(1+r)^k} = 0$$

 * 여기서, NB_k: k년차에 발생하는 순편익($= B_k - C_k$)
   n: 분석기간
   r: 할인율

④ 주요 특징
 ㉠ 사업으로 인하여 발생하는 편익의 연평균 현재가치와 비용의 연평균 현재가치가 같아지는 할인율로서 허용최소 수익률을 초과할 경우 사업의 타당성이 있는 것으로 판단
 ㉡ 할인율이 최소 투자수익률과 같을 경우 비용편익비가 1보다 작으면 사업계획을 기각하는 것이 원칙
 ㉢ 순현재가치나 비용편익비를 구하는 데 어떤 할인율을 적용해야 할지 불분명하거나 어려울 때 많이 적용
 ㉣ 사업 규모에 대한 정보가 반영되지 못하기 때문에 IRR만으로 투자우선순위를 결정할 수 없음
 ㉤ 한 개 이상의 값이 도출될 수도 있기 때문에 3가지(NPV, B/C, IRR) 방법 중 가장 신뢰도가 낮음
 ㉥ NPV, B/C를 통하여 타당성이 검증된 사업에 대한 보완적 평가 기법
 ㉦ 국제 금융기관에서 차관공여를 위한 평가 지표로 널리 이용

(4) 지표별 장단점

① 사업 규모의 결정은 최소 2개 이상(NPV, B/C)의 지표에 대한 분석 실시
② 할인율 적용이 불명확할 경우 IRR 추가 검토

Keyword

★
내부수익률
편익/비용이 1이 되는 할인율

★
IRR =B-C =1

★
내부 수익률(IRR)은 NPV와 B/C 대비 신뢰도 낮음

★
최적 사업 규모 결정은 2개 이상의 지표로 판단

지표별 장단점

구분	장점	단점
NPV	- 적용이 용이 - 유사한 규모의 대안 평가 시 이용 - 방법별 경제성 분석 결과가 다를 경우 NPV를 우선 적용	- 사업 규모가 클수록 NPV가 크게 나타남 - 자본 투자의 효율성을 모름
B/C	- 적용이 용이 - 유사한 규모의 대안 평가 시 이용	- 사업 규모의 상대적 비교 곤란 - 편익이 늦게 발생하는 사업은 B/C가 작게 나타남
IRR	- 사업의 예상수익률 판단 가능 - NPV나 B/C 산정 시 할인율이 불분명할 경우 적용	- 사업 기간이 짧으면 수익성이 과장됨 - 편익이 늦게 발생하는 사업은 불리한 결과 발생

③ 대부분의 공공사업은 사회복지를 향상시키기 위하여 계획하지만 편익을 계량화하는 평가가 어려움

상황별 분석방법

상황 및 목표	순현재가치(NPV)	내부할인율(IRR)	비용편익비(B/C)
편익고정·비용최소화	최대 편익	최대 내부할인율	최대 비용편익비
비용고정·편익최대화	최소 비용	최대 내부할인율	최대 비용편익비
편익 및 비용 가변적	최대(편익-비용)	최대 내부할인율	최대 비용편익비
예산한정·대안의 등급	자본 수지법(Capital Budgeting Method)		

4. 이자율 및 할인율

(1) 필요성

① 공공투자사업은 편익과 비용이 동시에 발생하지 않음. 즉, 비용은 사업 초기, 편익은 사업 종료 후 장기간에 걸쳐 발생

② 비용과 편익을 동일한 관점(시점)에서 비교하기 위해서는 현재가치로 환산이 필요함

(2) 정의

① 이자율

　　㉠ 어떤 특정 기간의 투자에서 발생되는 수익과 투자액과의 비

　　㉡ 자금의 시간적 가치를 측정하는 수단으로서 자본의 기회비용

★
이자율
투자에서 발생되는 수익과 투자액과의 비

② 할인율

    ㉠ 미래에 발생하는 편익과 비용을 현재의 가치로 환산하는 것

(3) 할인율의 결정

① 어떠한 할인율을 적용하느냐에 따라 투자사업의 타당성이 평가되기 때문에 적절한 할인율 결정이 매우 중요

② 할인율은 중앙은행의 장기 대출 이자율을 참고하여 관계 당국과 협의하여 결정

(4) 이자의 종류

① 이자의 종류: 단리 계산법, 복리 계산법

② 통상 연단위 복리 계산법 사용

③ 이자 계산에서 기간은 전체 임차기간을 이자율 단위기간(연, 월)로 나눈 값

④ **단리 계산법**

    ㉠ 단리는 기간에 비례하여 이자가 증가하는 단순 계산 방법

    ㉡ 계산 방법: $I = P \times n \times i$, $F = P + I = P(1 + ni)$

        * 여기서, I: 이자, P: 원금 현가, n: 이자기간, i: 이자율, F: n 기간 후 미래가

⑤ **복리 계산법**

    ㉠ 복리는 매 기간 단위별로 이자를 계산하여 원금과 이자의 합이 다음 기간 이자 계산의 원금이 되는 계산 방법

    ㉡ 계산 방법: $F = P(1 + i)^n$

(5) 이자계수

① 현재 자본의 미래 가치나 미래 자본의 현재가치를 평가하는 데 사용

② 이자계수는 연단위 복리법 적용

③ 연단위 복리법을 적용할 경우 i는 연이자율(%), n은 이자기간 수(년), P는 원금 현가, A는 매 단위기간 말의 상환액 현가, F는 미래가

    ㉠ 일시금 이자계수

        ▷ 복리계수

            - 일시금 현가(P)로부터 미래가인 종가(F)를 계산하는 이자계수, 종가계수라 함

            - $F = P(1 + i)^n$

        ▷ 가계수

            - 미래가인 종가(F)로부터 일시금 원금 현가를 계산하는 이

Keyword

★
할인율
미래에 발생하는 편익과 비용을 현재가치로 환산

★
이자계수의 종류
일시금 이자계수, 균등부금 복리계수, 일정경사 현가계수

자계수

　　- $P = F/(1 + i)^n$

ⓛ 균등부금 이자계수

　▷ 균등부금 복리계수

　　- n년간 매년 말에 균등부금(A)을 적립할 경우의 종가(F)를 계산하는 이자계수, 연금종가계수라 함

　　- 매년 말에 균등부금(A)를 연이자율(i)로 n년간 적립하는 경우 종가(F)는 균등부금 복리계수를 이용하여 계산

　　$- F = A\dfrac{(i+1)^n - 1}{i}$,　$\left(\dfrac{F}{A}, i, n\right) = \dfrac{(i+1)^n - 1}{i}$

　▷ 균등부금 적립계수

　　- 일정액의 종가(F)를 상환하기 위해서는 n년간 매년 말에 얼마만 한 균등부금(A)를 적립하여야 하는가를 계산하는 이자계수, 감체기금계수(감가상각률)라 함

　　- 종가(F)를 만들기 위하여 연이자율이 i이고 n년간 매년 적립하여야 하는 경우 균등부금(A)를 계산 시에는 균등부금 복리계수의 역수인 균등부금 적립계수를 이용하여 계산

　　$- A = F\dfrac{i}{(i+1)^n - 1}$,　$\left(\dfrac{A}{F}, i, n\right) = \dfrac{i}{(i+1)^n - 1}$

　▷ 균등부금 자본환원계수

　　- 일시금(P)을 초기에 투자하고 이러한 투자액을 상환하기 위해서는 n년간 매월 말에 균등부금(A)을 얼마나 적립하여야 하는가를 계산하는 이자계수, 자본환원계수라 함

　　$- \left(\dfrac{A}{P}, i, n\right) = \dfrac{i(1+i)^n}{(i+1)^n - 1}$

　▷ 균등부금 현가계수

　　- n년간 매년 말에 균등부금(A)을 적립할 경우 현가(P)를 계산하는 이자계수, 자본환원계수의 역수의 관계

　　- 연이자율이 i이고 n년간 균등부금(A)을 매년 적립하는 경우 현가(P)는 균등부금 현가계수를 이용하여 계산

　　$- \left(\dfrac{P}{A}, i, n\right) = \dfrac{(i+1)^n - 1}{i(1+i)^n}$

ⓒ 일정 경사 현가계수

　▷ 부금을 일정액만큼 연차별로 증가시키는 경우 현가를 계산하는 사용하는 이자계수, 일정 경사 부금계수라 함

$$\triangleright \left(\frac{P}{G}, i, n \right) = \frac{(i+1)^{n+1} - (1 + \ni + i)}{i^2(1+i)^n}$$

④ 이자계수 적용 시 주의사항

　㉠ 연도 말이란 다음 연도 초와 같은 의미

　㉡ 현가 P는 1차년도 초에 발생

　㉢ 종가 F는 n년 말에 발생

　㉣ 부금 A는 매년 말에 발생

5. 비용편익비(B/C) 분석의 종류

▷ 투자우선순위 결정을 위한 비용-편익 분석방법은 간편법(원단위법), 개선법(회기분석법), 다차원법 등을 활용함.

▷ 방재사업 분야에서는 개선법을 이용하여 B/C를 산정

(1) 간편법(원단위법)

▷ 간편법은 편익을 구성하는 직접피해액을 산정함에 있어 인명 피해액, 농작물 피해액, 주택 피해액, 농경지 피해액, 공공 시설물 피해액, 기타 피해액, 간접 피해액 등을 사업지구의 농산물 피해액과 관련시켜 피해액을 산정하는 방법

★
비용편익비(B/C) 분석방법
간편법(원단위법), 개선법(회
기분석법), 다차원법 등 활용

★
방재사업
개선법 이용하여 B/C산정

★
간편법(원단위법)
사업지구의 농산물피해액과
관련시켜 피해액 산정

간편법

비용	편익	$\frac{B}{C} = \frac{R-M}{K+O} = \frac{\alpha R' - M}{K+O}$
- 보상비 - 공사비 - 유지관리 - 경상보수 　비용	- 연평균 인명 피해액 - 연평균 농작물 피해액 - 연평균 가옥 피해액 - 연평균 농경지 피해액 - 연평균 공공 시설물 　피해액 - 기타 피해액 - 연평균 간접 피해액	- R: 총 홍수피해 경감 기대액의 연평균 　현재가치 - M: 제방부지 손실액의 연평균 현재가치 - K: 총 투자액의 연평균 현재가치 - O: 유지관리 및 경상보수비용 연평균 　현재가치(연평균 사업비의 0.5%) - R': 연평균 홍수피해 경감 기대액 연 　평균 현재가치 - α: 자산증가 배율계수(3.72)

① R′= Rp-Ri　Rp: 하천개수 이전의 연평균 홍수피해액
　　　　　　　　　Ri : 하천개수 이후의 연평균 피해액
② Rp = P+H+D+S+F+T+E
　　　　P: 연평균 인명 피해액, H: 연평균 농작물 피해액
　　　　D: 연평균 가옥 피해액, S: 연평균 농경지 피해액
　　　　F: 연평균 공공시설 피해액, T: 연평균 기타 피해액
　　　　E: 연평균 간접 피해액
　Ri = S×(1+r)×h
　　　　S: 농작물 내수 피해액, r: 지역별 기타 내수 피해계수
　　　　h: 지역별 농산물의 연평균 현재가치 환산계수

자료: 치수사업 경제성 분석 개선방안 연구

(2) 개선법(회귀분석법)

▷ 개선법은 인명피해, 이재민 피해, 농작물 피해액에 대하여는 간편법에서 사용하는 원단위법을 활용하고, 건물 피해액, 농경지 피해액, 공공 시설물 피해액, 기타 피해액은 「재해연보」를 근거로 도시유형별 침수면적-피해액 관계식을 설정하여 피해액을 산정하는 방법

개선법

비용	편익	
- 공사비 (축제공, 호안공, 구조물공, 보상비 등) - 연평균 사업비 - 연평균 유지비 - 연평균 비용	- 인명 피해액 - 이재민 피해액 - 농작물 피해액 - 공공 시설물 피해액 - 건물·농경지 피해액 - 기타 피해액	$\dfrac{B}{C} = \dfrac{\displaystyle\sum_{t=0}^{n} \dfrac{R_t}{(1+r)^t}}{\displaystyle\sum_{t=0}^{n} \dfrac{C_t}{(1+r)^t}}$ - r: 할인율(5.5%) - t: 분석기간

① 인명손실액 = 침수면적당 손실인명 수(명/ha)×손실원단위(원/명)×침수면적(ha)
② 이재민 피해손실 = 침수면적당 발생이재민(명/ha)×대피일 수(일)×일평균소득(원/명, 일)×침수면적(ha)
③ 농작물 피해액 = 침수경지면적(ha)×수확량(물량/ha)×농작물 피해율(%)×농작물단가(원/물량)
④ 공공 시설물 피해액 = 침수면적-피해액 관계식의 피해액 관계식 이용
⑤ 건물 피해액 = 침수면적-피해액 관계식 이용
⑥ 농경지 피해액 = 침수면적-피해액 관계식 이용
⑦ 기타 피해액 = 침수면적-피해액 관계식 이용

자료: 치수사업 경제성 분석 개선방안 연구

(3) 다차원법

▷ 다차원 홍수피해액 산정법(MD-FDA)은 예상피해지역의 일반자산 조사[건물, 건물내용물, 농경지, 농작물, 사업체 유형(재고자산)]를 통하여 대상지역의 100% 피해 규모를 산정한 후 침수심 조건에 따라 피해율을 적용하여 예상 홍수피해액을 산정하는 방법

▷ 다차원 홍수피해액 산정법은 회귀식에 의한 기존 개선법의 문제점을 개선하기 위하여 국토교통부에서 수행한 「하천치수사업 타당성 분석 보완연구」에서 제시된 홍수 피해액 산정 방법

★
Keyword

★
개선법(회귀분석법)
도시유형별 침수면적-피해액 관계식을 이용하여 피해액 산정

★
다차원법
일반자산조사를 통해 대상지역의 100%피해 규모를 산정한 후 침수심 조건에 따라 피해율을 적용

다차원법

비용	편익
- 공사비(축제공, 호안공, 구조물공, 보상비 등) - 연평균 사업비 - 연평균 유지비 - 연평균 비용	- 건물 - 농경지 - 기타 시설물 - 교통 시설물(도로, 교량, 철도) - 하천시설물 - 공공 시설물(하천시설물 제외)
자산조사	① 건물 자산가치(원) = 단위면적별 건축형태별 건축단가($원/m^2$)×건축형태별 연면적 비율(m^2/개수)×가구 수(개수)×기준 년 건설업 Deflator(보정계수) ② 건물내용물 자산가치(원) = 가정용품 평가액(원/세대수)×세대수×소비자 물가지수 ③ 농작물 자산가치 = 단위면적당 농작물 평가단가(원/ha)×농작물 작부면적(ha)×소비자 물가지수 ④ 산업지역 자산가치(원) = 산업분류별(농업, 임업, 어업, 광업, 제조업, 전기, 가스, 건설업 등) 사업체 1인당 유형자산 및 재고자산 평가액(원/인)×사업체별 종사자 수 (1인)×소비자 물가지수
침수피해액산정	① 건물피해액 = 건물 자산가치(원)×건물침수 편입률×건물침수 피해율 ② 건물내용물 피해액 = 건물내용물 자산×침수피해율 ③ 농경지 피해액 = 매몰: 매몰면적(m^2)×0.1m×2,940원/m^3, 유실: 유실면적(m^2)×0.2m×5,660원/m^3 ④ 농작물 피해액 = 농작물 자산가치(원)×침수심, 침수시간별 피해율(%) ⑤ 산업지역 피해율 = 산업지역 자산가치(원)×침수심, 침수시간별 피해율(%) ⑥ 인명 피해액 = 침수면적당 손실인명수(명/ha)×손실 원단위(원/명)×침수면적(ha)-개선법 동일 ⑦ 공공 시설물 피해액 = 항목별 공공 시설물(도로, 교량, 하수도...)피해율×일반자산 피해액(①~⑤)

자료: 하천치수사업 타당성분석 보완 연구

간편법, 개선법, 다차원법의 경제성 평가방법 비교

구분			간편법	개선법	다차원법
편익 산정 개념			총 홍수피해 경감 기대액의 현재가치 - 제방부지로 인한 손실액의 연평균 현재가치	피해액×침수면적(홍수 피해주기 고려)	대상자산×침수면적×피해율(피해액을 빈도별로 계산)
세부편익별 산정방법	자산피해	일반자산 피해 — 건물	반영 안 됨(가옥 피해액만을 산정)	침수면적-피해액 관계식	건물면적×피해율×건축단가
		가정용품	반영 안 됨	반영 안 됨	세대수×피해율×가정용품 단가(가정용품 단가는 5가지로 구분)
		농경지	농작물 피해액×피해계수	침수면적-피해액 관계식	농경지 침수면적×손실단가(손실단가는 매몰, 유실로 구분)
		농작물	과거 최대규모 홍수 시 침수지역 내 경지면적×단위면적당수확량×피해율×단가	전(답)침수면적×작물단가	농작물×피해율×농작물평가단가
		유형재고자산	반영 안 됨	반영 안 됨	종사자 수×피해율×평가단가(평가단가는 유형·재고자산으로 구분)
	공공시설물		농작물 피해액×피해계수	침수면적-피해액 관계식	일반자산 피해액×일정 비율(1.694)
	인명피해	인명 손실	침수면적(10a)당 피해인 수×범람면적(10a)×단위피해액	침수면적×침수면적당손실인명 수×원단위	좌동
		이재민	반영 안 됨	침수면적×침수면적당 이재민 수×평균소득	좌동
기타 편익			농작물 피해액×피해계수	침수면적-피해액 관계식	반영 안 됨

간편법, 개선법, 다차원법의 장단점 비교

구분	간편법	개선법	다차원법
장점	- 농작물 피해액을 기준으로 피해계수를 적용하므로 예상피해액 산정 방법이 간편함 - 세부적인 자료가 부족하여 연평균 홍수 경감 기대액의 현재가치 계산이 불가능할 때 사용할 수 있음 - 경제성 분석을 위한 소요자료 및 인력 소요가 적음	- 간편법에 침수면적-피해액 회귀식 추가 편익 산정 - 분석범위가 간편법에 비해 폭넓음 - 간편법에 비해 분석방법론에 있어서 보편화되어 있음	- 범람구역 자산조사를 통한 예상피해액을 구하는 방법이 개선법에 비하여 정확 - 지역의 피해를 입은 자산을 정확히 나타낼 수 있어 피해지역의 특성을 그만큼 더 충실히 나타냄 - 편익계산 시 간접편익이 고려되므로 개선법에 비해 정확함 - 침수면적 산정 시 홍수빈도 개념이 적용되므로 신뢰성이 높음
단점	- 사업의 경제성이 비교적 낮게 평가됨 - 하천이나 수계 전체의 입장을 고려하지 못함 - 사업지구를 기본단위로 하고 있어 사업의 파급효과가 하류에 미치는 것을 고려하지 못함	- 예상피해액을 산정함에 있어서 간접편익(교통시설의 손실 기회비용, 하천시설물의 손실 기회비용)이 고려되어 있지 않음 - 실제 홍수 피해액의 강도에 중요한 영향을 미치는 침수심과 침수기간을 고려하지 못함 - 예상피해액 산정 시 단순히 재해연보를 회귀분석함으로 정확도가 떨어짐 - 재해연보 기준으로 홍수피해 평균주기를 산출하므로 홍수빈도가 고려되지 않음	- 단순히 도시유형 분류에 의해 구분하여 피해액을 구하는 것은 각 분류에 대한 평균을 취하기 때문에 정밀도가 부족 - 침수면적과 피해와의 관계를 도출하기 위해서 많은 전문인력과 비용이 필요함 - 자산자료(주택, 농작물, 산업시설) 수집이 어려움

제2장

방재사업 투자우선순위 설정하기

방재사업 타당성 내용을 기준으로 방재사업 평가방법 및 평가항목의 구축과 투자우선순위 결정에 대하여 기술하였다. 투자우선순위 결정은 우선순위 결정 절차, 기본·부가적 평가항목을 고려한 최종 우선순위 결정과 이에 따른 단계별 시행계획에 대하여 수록하였다.

1절 평가방법 및 평가항목의 구축

Keyword

1. 평가방법

① 지역별 특성에 부합하는 평가항목을 개발하여 합리적인 평가 실시
② 자연재해위험개선지구, 급경사지 붕괴위험지역 등 관련 법령에 따라 위험지구로 지정·고시된 지구는 우선하여 투자우선순위를 고려

2. 평가항목의 구축

① **평가항목 설정**

투자우선순위 결정은 경제성 측면뿐만 아니라 경제성 외적 측면에서의 정책 판단에도 크게 의존하므로 대상지역에 따라 면밀한 고려 필요

② **평가항목의 구성**

㉠ 각 항목의 세부 평가항목을 수립하여 개괄적 우선순위 선정 후 각 평가항목 간의 상대적 가치를 고려하여 가중치를 부여
㉡ 기본 항목: 재해위험도, 피해이력지수, 기본계획 수립현황, 정비율, 비용편익비(B/C) 등
㉢ 부가적 항목: 지속성, 정책성, 준비성 등

③ 투자우선순위 및 단계별 추진계획 부분은 구조물적 대책과 비구조물적 대책으로 구분하여 단계별 추진계획 수립

★
투자우선순위 부가항목
지속성, 정책성, 준비성

2절 투자우선순위 결정

1. 투자우선순위 결정절차(자연재해저감 종합계획)

▷ 투자우선순위 결정절차는 단계별 절차에 따라 결정

▷ 기본적 평가항목에 대하여 1차적으로 우선순위 결정 후 부가적 평가
항목을 고려하여 순위를 조정함으로써 최종 투자우선순위 결정

▷ 최종 투자 우선은 추가협의 및 행정절차 과정을 통하여 결정

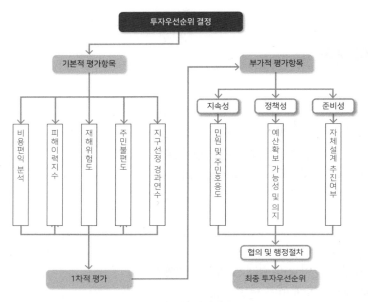

〈투자우선순위 결정 흐름도〉

① 기본적 평가항목에 따른 우선순위 결정(자연재해저감 종합계획)

　㉠ 기본적 평가항목은 비용편익비(B/C), 피해 이력 지수, 재해위험도,
　　주민 불편도, 지구 지정 경과 연수 등으로 한함

　㉡ 투자우선순위 결정을 위한 비용편익비(B/C)는 개선법(회귀분석
　　법)을 채택하는 것을 원칙으로 함

　㉢ 저감대책 사업별 기본적 평가항목에 대하여 배점을 부여하고 합산
　　된 종합평점에 따라 기본적 평가항목에 의한 우선순위를 결정함

　㉣ 평가된 항목별 점수를 부여하여 기본적 평가 우선순위를 결정하
　　며, 기본평가 항목에서 동일한 점수가 나오는 경우 「재해위험도〉
　　피해 이력지수〉주민 불편도〉지구 지정 경과연수〉비용편익비(B/

C)」의 순으로 우선순위를 조정함

 Keyword

구분	배점	평가점수 산정기준
계	100	
비용편익비	15	B/C값 3 이상(15점) B/C값 2~3 미만(12점) B/C값 1~2 미만(9점) B/C값 0.5~1 미만(6점) B/C값 0.5 미만(3점)
피해이력지수	25	피해이력지수/100,000 × 배점
재해위험도	30	위험등급(20점)+자연재난 인명피해(사망 10점, 부상 5점)
주민불편도	20	위험지구 면적대비 거주인구 비율 100 이상(20점) 위험지구 면적대비 거주인구 비율 50~100 미만(16점) 위험지구 면적대비 거주인구 비율 20~50 미만(12점) 위험지구 면적대비 거주인구 비율 5~20 미만(8점) 위험지구 면적대비 거주인구 비율 5 미만(6점)
지구지정 경과연수	10	지구 지정 후 10년 이상(10점) 지구 지정 후 5~10년 미만(8점) 지구 지정 후 3~5년 미만(6점) 지구 지정 후 1~3년 미만(4점) 지구 지정 후 1년 미만(2점)

② 부가적 평가항목(자연재해저감 종합계획)

　㉠ 부가적 평가항목은 지속성, 정책성, 준비성으로 구분함

　㉡ 지속성은 주민참여도 및 민원 우려도, 정책성은 정비사업 추진 의지 및 사업의 시급성, 준비성은 자체설계 추진 여부 드을 평가 인자로 함

　㉢ 기본적 평가항목에 따라 1차적으로 우선순위를 결정한 후 부가적 평가항목을 고려한 조정을 통하여 초기 투자우선순위를 결정한 후, 지방자치단체 협의 및 주민공청회, 의회 의견 청취 등 행정절차를 거쳐 최종 투자우선순위를 결정함

★
부가적 평가항목
지속성, 정책성, 준비성

평가항목	점수	평가방법	비고
지속성	1	주민 참여가 높으며, 민원 우려가 낮은 구역	
	0.5	주민 참여도가 높으나, 민원 우려가 높은 지구	
	0	주민 참여도가 낮으며, 민원 우려가 높은 지역	
정책성	1	사업의 시급성이 높고, 지방자치단체의 정비사업 추진 의지가 높은 지역	
	0	사업의 시급성이 낮고, 지방자치단체의 정비사업 추진 의지가 낮은 지역	

준비성	1	정비사업의 조기 추진이 가능하도록 자체설계를 추진하는 지구	
	0	자체설계를 추진하지 않는 지구	

2. 투자우선순위 결정 절차(자연재해위험개선지구)

▷ 자연재해위험개선지구 정비계획을 수립함에 있어 집행(투자)의 효율성을 높이기 위하여 지구단위별로 타당성을 검토하고 검토결과를 종합하여 정비계획의 투자 우선 순위를 합리적으로 정함

▷ 비계획수립을 위한 타당성 평가는 지역별 특성에 따라 지역 실정에 부합하는 평가항목을 개발하여 합리적인 평가를 실시하는 것을 원칙으로 함

▷ 타당성(투자 우선 순위) 평가는 정비사업 완료 지구와 계속사업 지구를 제외한 잔여 지구를 대상으로 시·도에서 평가

평가항목별 배점 및 평가점수 산정기준

평가항목	배점	평가점수 산정기준
계	100 +20점	11개 항목
재해위험도	30	위험등급(20점)+인명피해(사망 10점, 부상 5점) * 위험등급 가 등급 20, 나 등급 10, 다 등급 5
피해이력지수	20	피해이력지수/100,000 × 배점 * 피해이력지수: 최근 5년간 사유재산피해 재난지수 누계
기본계획 수립현황	10	기본계획 수립 후 5년 미만(10점) 기본계획 수립 후 5년~10년 미만(8점) 기본계획 수립 비대상(6점) 기본계획 수립 후 10년 초과(4점) 기본계획 미수립(0점)
정비율	10	(1 - 시·군·구 자연재해위험개선지구 정비율/100) × 배점
주민불편도	10	재해위험지구 면적 대비 거주인구 비율 100 이상(10점) 재해위험지구 면적 대비 거주인구 비율 50~100 미만(9점) 재해위험지구 면적 대비 거주인구 비율 20~50 미만(8점) 재해위험지구 면적 대비 거주인구 비율 5~20 미만(7점) 재해위험지구 면적 대비 거주인구 비율 5 미만(6점) ※ 피해 영향 범위 포함
지구지정 경과연수	5	지구지정 고시 후 10년 이상(5점) 지구지정 고시 후 5년~10년 미만(4점) 지구지정 고시 후 3년~5년 미만(3점) 지구지정 고시 후 1년~3년 미만(2점) 지구지정 고시 후 1년 미만(1점)

행위제한 여부	5	행위제한 조례 제정 지역(5점) 행위제한 조례 미제정 지역(0점)		
비용편익비	10	$10 - \dfrac{1}{B/C}$		
부가 평가	정책의지	5	시·군·구 추진의지 등 사업의 시급성(5점)	
		5	시·군·구 정책평가 우수기관(5점)	
	주민참여	5	주민참여도가 높으며, 민원 우려가 낮은 지구(5점) 주민참여도가 높으나, 민원 우려가 높은 지구(3점) 주민참여도가 낮으며, 민원 우려가 높은 지구(1점)	
	사전설계	5	자체설계 추진지구(5점)	

(1) 재해위험도

① 해당 지구의 위험등급 및 인명피해 발생여부에 따라 평가점수를 산정하되, 2010년 이전에 지정된 지구는 현행 자연재해위험개선지구 지정기준에 따라 위험등급을 조정하여 평가

② 평가점수: 위험등급(20점) + 자연재난 인명피해 발생 여부(10점)

구분	위험등급			인명피해 발생 여부	
	가 등급	나 등급	다 등급	사망자	부상자
평가점수	20	10	5	10	5

자연재해위험개선지구 위험등급 분류기준 변경현황

등급별	순현재가치(NPV)	내부할인율(IRR)	비용편익비(B/C)
가	국가기간시설지역, 시가지지역, 주거밀집지역	재해 시 인명피해 발생 우려가 매우 높은 지역	재해 시 인명피해 발생 우려가 매우 높은 지역
나	취락지역	재해 시 건축물(주택, 상가, 공공건축물)의 피해가 발생하였거나 발생할 우려가 있는 지역	재해 시 건축물(주택, 상가, 공공건축물)의 피해가 발생하였거나 발생할 우려가 있는 지역
다	농경지지역	재해 시 기반시설(공업단지, 철도, 기간도로)의 피해가 발생할 우려가 있는 지역, 농경지 침수발생 및 우려지역	재해 시 기반시설(공업단지, 철도, 기간도로)의 피해가 발생할 우려가 있는 지역, 농경지 침수발생 및 우려지역
라			붕괴 및 침수 등의 우려는 낮으나, 기후변화에 대비하여 지속적으로 관심을 갖고 관리할 필요성이 있는 지역

(2) 피해이력지수

▷ 피해이력지수는 최근 5년간 해당 지구 내 사유재산피해 재난지수에 항목별 가중치를 곱하여 산정하며, 평가점수는 아래 산식에 따라 계산(소수점 셋째 자리에서 반올림)

* 항목별 가중치: 사망 10, 부상 5, 주택파손 4, 주택침수 2, 농경지유실 등 나머지 항목 0.5

$$평가점수 = \frac{피해이력지수}{100,000} \times 20점(최대\ 20점\ 적용)$$

▷ 피해 규모에 따른 평가점수 산정 예시

$$평가점수 = \frac{86,000}{100,000} \times 20점 = 17.2점$$

구분	단위	지원기준지수 (a)	피해물량 (b)	재난지수 (c=a×b)	가중치 (d)	피해이력지수 (e=c×d)
계						86,000
주택 파손 (전파)	동	9,000	1	9,000	4.0	36,000
주택 침수	〃	600	30	18,000	2.0	36,000
농경지 유실	m²	1.35	20,000	27,000	0.5	13,500
농약대 (일반작물)	〃	0.01	100,000	1,000	0.5	500

주) 지원기준지수는 자연재난조사 및 복구계획 수립지침 참고

(3) 기본계획 수립현황

▷ 지구 내 정비대상 시설의 기본계획 수립 여부 및 경과기간에 따라 등급화하여 평가점수를 산정

구분	기본계획 수립현황				
	5년 미만	5년 이상~ 10년 미만	기본계획 수립 비대상	10년 초과	미수립
평가점수	10	8	6	4	0

주) 기본계획은 개별 법령에 따른 기본계획임(자연재해저감 종합계획은 제외)

(4) 시·군·구 자연재해위험개선지구 정비율

① 평가점수는 다음과 같이 산정(소수점 셋째 자리에서 반올림)

② $평가점수 = (1 - \dfrac{전년도까지\ 경비완료지구\ 수}{전체\ 지구\ 수}) \times 10점$

(5) 주민불편도

▷ 자연재해위험개선지구 지정면적 대비 거주인구 비율을 산정한 후 다음 기준에 따라 등급화하여 평가점수를 산정

$$거주인구\ 비율 = \frac{자연재해위험개선지구^*\ 내\ 거주인구\ 수(명)}{자연재해위험개선지구\ 지정면적(ha)}$$

* 피해영향범위지역 포함

구분	자연재해위험개선지구 지정 및 피해영향 범위 지역 면적대비 거주인구비율				
	100 이상	50 이상~ 100 미만	20 이상~ 50 미만	5 이상~ 20 미만	5 미만
평가점수	10	9	8	7	6

(6) 지구지정 경과연수

▷ 대상지구의 지구지정 경과연수를 기준으로 평가점수를 산정

▷ 단, 지구지정 후 오랜 기간이 지났음에도 정비사업 추진이 필요하지 않는 지구는 지정 해제를 적극 검토

구분	지구지정 경과연수				
	10년 이상	5년 이상~ 10년 미만	3년 이상~ 5년 미만	1년 이상~ 3년 미만	1년 미만
평가점수	5	4	3	2	1

(7) 행위제한 여부

▷ 시·군·구의 행위제한조례 제정 여부를 기준으로 평가

▷ 평가점수: 조례 제정 시·군·구 5점, 조례 미제정 시·군·구 0점

(8) 비용편익비(B/C)

▷ 비용편익비는 자연재해위험개선지구 비용편익분석 방법을 적용하며, 평가점수는 산출된 비용편익비에 따라 다음 계산식에 따른 산출 점수를 적용

$$계산식: 10 - \frac{1}{B/C}$$

(9) 부가평가

① 정책의지

- 시장·군수·구청장의 정비사업 추진의지, 사업의 시급성 등을 시·도지사가 판단하여 평가점수 부여(최대 5점)

- 자연재해위험개선지구 등 상·하반기 중앙합동점검, 여름철 사전대비, 재난관리평가, 재해예방사업 우수사례 발표 등 정책평가 우수기관에 5점 부여

② 주민참여
- 정비사업 주민참여도·민원우려도 등을 고려해 다음 기준에 따라 평가

구분	주민참여도가 높으며, 민원 우려가 낮은 지구	주민참여도가 높으며, 민원 우려가 높은 지구	주민참여도가 낮으며, 민원 우려가 높은 지구
평가점수	5	3	1

③ 사전설계
- 정비사업의 조기 추진이 가능하도록 자체 설계를 추진하는 지구에 5점을 부여단계별·연차별 시행 계획

3. 단계별·연차별 시행 계획

(1) 일반사항

① 구조물적·비구조물적 저감대책을 모두 포함하여 단계별 사업 추진계획을 수립

② 자연재해저감종합계획 수립 후 향후 10년을 목표기간으로 사업 추진
  ㉠ 1단계 사업: 5년 이내에 추진 가능한 사업
  ㉡ 2단계 사업: 그 외 사업
  ㉢ 1단계 사업은 연차별·재원별 투자 계획 수립
  ㉣ 재원은 「보조금 관리에 관한 법률 시행령」 제4조를 참조하여 국비, 지방비(시·도비, 시·군비), 민자로 구분하여 제시

③ 사업 추진계획 수립 시 검토사항
  ㉠ 정비사업의 투자우선순위
  ㉡ 다른 사업과의 중복 또는 연계성
  ㉢ 재원확보 대책 및 연차별 투자 계획
  ㉣ 지역주민의 의견수렴 및 사업효과 등 기타 필요사항
  ㉤ 사업 시행방법의 구체성

(2) 단계별 시행 계획

① 전 지역 단위 및 수계 단위 저감대책
  ▷ 경제성, 사업 효과, 사회적 여건, 비구조물적 저감대책의 지속 등을

★
단계별 시행 계획
전지역단위 > 수계단위 > 위험지구단위로 대책 수립

고려하여 계획기간을 분류

② **위험지구 단위 저감대책**

▷ 투자우선순위를 기준으로 계획 수립

(3) 연차별 시행 계획

① 사업의 효율성, 형평성, 긴급성, 위험성뿐만 아니라 정책적 평가를 통하여 결정된 투자우선순위를 기준으로 수립

② 타 사업과의 연계성, 사업 효과, 기타 필요한 사항 등을 종합적으로 고려하여 계획 수립

③ 각 사업 시행 주체의 예산에 반영되는 시기와 전국적인 자연재해저감종합계획 수립 완료 및 시행시기의 불확실성을 감안하여 10년간을 대상으로 사업시행 계획을 수립하되 절대적인 시행시기를 정하지 않고 1~10년의 연차로만 구분하여 제시

④ 연차별 시행 계획 수립 시에는 반드시 과거 시·군별 방재사업 예산을 조사(통상 10년간)하여 시행주체와 협의하여 사업이 실행될 수 있도록 계획

1 방재사업에서 사용하는 경제성 분석 지표를 2가지만 작성하시오.

2 경제성 분석지표 중 미래의 가치와 잠재적 이익을 고려하는 지표를 2가지만 작성하시오.

3 다음은 투자우선순위 결정을 위한 분석방법 중 무엇에 해당하는가?

> 인명 피해, 이재민 피해, 농작물 피해에 대하여는 원단위법을 적용하고, 건물 피해액, 농경지 피해액, 기타 피해액은 '재해연보'를 근거로 도시유형별 침수면적-피해액 관계식을 설정하여 피해액을 산정한다.

4 간편법과 다차원법의 피해액 산정 시 동일한 방식으로 산정하는 항목은?

5 연평균 편익의 현재가치가 141억 원, 연평균 비용의 현재가치가 95억 원일 때 B/C, NPV는 각각 얼마인가?

6 연평균 편익의 현재가치가 24,400백만 원, 연평균 비용의 현재가치가 14,500백만 원일 때, B/C, NPV는 각각 얼마인가?

7 할인율이 7.5%이고 해당 년이 20년일 때 현가계수는 얼마인가?

해설

5. - B/C = $\dfrac{연평균\ 편익의\ 현재가치}{연평균\ 비용의\ 현재가치}$ = $\dfrac{141억\ 원}{95억\ 원}$ = 1.48

- NPV = 연평균 편익의 현재가치 - 연평균 비용의 현재가치
  = 141억 원 - 95억 원 = 46억 원

6. - B/C = $\dfrac{연평균\ 편익의\ 현재가치}{연평균\ 비용의\ 현재가치}$ = $\dfrac{24,400\ 백만\ 원}{14,500\ 백만\ 원}$
  = 1.683

- NPV = 연평균 편익의 현재가치 - 연평균 비용의 현재가치
  = 24,400백만 원 - 14,500백만 원 = 9,900백만 원

7. 현가계수 = $\dfrac{1}{(1+할인율)^{년}}$ = $\dfrac{1}{(1+0.075)^{20}}$ = 0.235

답

1. 순현재가치, 내부수익률, 비용편익비 2. 순현재가치, 내부수익률, 비용편익비 3. 개선법
4. 인명 피해액 5. B/C=1.48, NPV=46억 원 6. B/C=1.683, NPV=9,900백만 원 7. 0.235

8 공공투자사업의 편익을 산정할 때 해당되는 종류를 3가지만 작성하시오.

9 최적규모 결정의 제1원칙은?

10 내부수익률에 대해 설명하라.

11 할인율에 대해 설명하라.

12 직접 편익에 해당되는 항목을 2가지만 작성하시오.

13 간편법의 편익 산정 항목을 2가지만 작성하시오.

14 다음은 간편법을 활용한 연평균 편익 산정 항목이다. 절차에 맞는 순서로 나열하라.

> ① 홍수빈도율 산정
> ② 총 편익 산정
> ③ 항목별 편익 산정
> ④ 현가계수 산정 및 연평균 편익의 현재가치 산정
> ⑤ 설계빈도에 따른 도시유형별 침수면적 산정

15 자연재해저감 종합계획에서 방재사업의 투자우선순위 결정 시 기본적 고려 항목을 3가지만 작성하시오.

16 자연재해저감 종합계획에서 방재사업의 투자우선순위 결정 시 부가적 고려 항목 3가지를 작성하시오.

17 자연재해저감 종합계획의 최종 투자우선순위 결정을 위한 부가적 항목 중 사업의 시급성 및 지방자치단체의 정비사업 추진의지를 평가하는 것은?

18 자연재해저감 종합계획에서 투자우선순위 결정의 부가적 항목 중 지속성에 해당되는 것은?

19 방재사업 시행계획에 대한 설명 중 맞는 것을 모두 고르시오.

> ① '자연재해저감종합계획' 수립 후 향후 10년을 목표 기간으로 사업을 추진
> ② 사업은 1단계, 2단계로 구분하여 시행
> ③ 1단계 사업은 5년 이내에 추진 가능한 사업
> ④ 재원은 국비, 지방비, 민자로 구분

20 자연재해저감 종합계획에서 투자우선순위 결정의 부가적 항목 중 준비성에 해당되는 것은?

답

8. 직접편익, 간접편익, 유형편익, 무형편익   9. 사업규모에 따른 순편익이 최대가 되는 규모
10. 수익률과 시장 이자율과의 비교·평가를 위해 사용되는 기법
11. 미래에 발생하는 편익과 비용을 현재의 가치로 환산한 것   12. 침수피해 감소, 인명손실 감소, 공공시설의 피해 감소
13. 농경지, 농작물, 인명 손실   14. ⑤ → ① → ③ → ② → ④
15. 비용편익비, 피해이력지수, 재해위험도, 주민불편도, 지구지정 경과연수   16. 정책성, 지속성, 준비성   17. 정책성
18. 주민참여도, 민원 우려   19. ①, ②, ③, ④   20. 지자체설계 추진여부

21 방재사업 추진계획 수립 시 검토사항에 대한 설명 중 맞는 것을 모두 고르시오.

> ① 정비사업의 투자우선순위
> ② 타 사업과의 중복성 및 연계성 여부
> ③ 지역주민 의견 수렴 및 사업 효과
> ④ 재원확보 대책 및 연차별 투자계획

22 다음은 방재사업의 단계별 시행 항목이다. 계획의 순서대로 나열하시오.

> ① 위험지구 단위
> ② 수계 단위
> ③ 전 지역 단위

23 다음은 위험지구단위 저감대책의 시행계획이다. 수립 순서대로 나열하시오.

> ① 투자우선순위 결정
> ② 사업비 산정
> ③ 저감대책 시행주체와의 조정

24 연차별 사업비 투입계획이 다음과 같을 때 잔존가치를 고려한 연평균 유지관리비는? (단, 잔존가치비율은 축제공 80%, 호안공 10%, 용지보상비 100%이며, 유지관리비 비율은 2%이다.)

(단위: 백만 원)

구분	1차 연도	2차 연도	3차 연도
축제공	0	1,400	3,570
호안공	0	100	200
구조물공	0	10	50
용지보상비	1,800	800	0
기타	65	65	65

25 연차별 사업비 투입계획이 다음과 같을 때 잔존가치를 고려한 연평균 유지관리비는? (단, 잔존가치 비율은 축제공 85%, 호안공 10%, 구조물공 10%, 용지보상비 100%이며, 유지관리비 비율은 2%이다.)

(단위: 백만 원)

구분	1차 연도	2차 연도	3차 연도
축제공	0	1,500	4,570
호안공	100	200	300
구조물공	0	30	70
용지보상비	1,800	800	0
기타	65	70	85

해설

24. - 연평균 유지관리비=(총 사업비-잔존가치)×
유지관리비 비율
- 총 사업비=1,865+2,375+3,885=8,125
- 잔존가치=0.8×축제공+0.1×호안공+1×용지보상비
=0.8×4,970+0.1×300+1×2,600
=6,606
- 연평균 유지관리비=(8,125-6,606)×0.02=30.38

25. - 연평균 유지관리비=(총 사업비-잔존가치)×2%
- 잔존가치=0.85×축제공 사업비+0.10×호안공 사업비
+0.10×구조물 사업비+1.00×용지보상비
- 총사업비=축제공(1,500+4,570)
+호안공(100+200+300)
+구조물공(30+70)
+보상비(1,800+800)
+기타(65+70+85)=9,590 백만 원
- 잔존가치=0.85×6,070+0.1×600
+0.1×100+1×2,600=7,829.5 백만 원
- 연평균 유지관리비=(9,590-7,829.5)×0.02
=35.2 백만 원

답 **21.** ①, ②, ③, ④ **22.** ③ → ② → ① **23.** ② → ③ → ① **24.** 30.38 백만 원 **25.** 35.2 백만 원

26 인명손실 피해액은 침수면적당 손실 인명수를 기준으로 다음과 같이 산정한다. ( )에 공통으로 들어갈 용어는?

- 인명피해액 = 사망자 피해액 + 부상자 피해액
- 부상자 피해액 = 침수면적당 손실 인명수 × ( ) × 침수면적 × 홍수빈도율
- 사망자 피해액 = 침수면적당 손실 인명수 × ( ) × 침수면적 × 홍수빈도율
- ( )의 근거: 「재난 및 안전관리 기본법 시행령」 제70조제4항

27 이재민 발생 시 근로 곤란으로 인한 기회비용이 존재하므로 다음과 같이 이재민 피해액을 산정한다. 여기서, 대피일수는 평균 며칠로 적용하는가?

이재민 피해액 = 침수면적당 발생 이재민 × 대피일수 × 일최저임금 × 침수면적 × 홍수빈도율

28 농작물 피해액은 조사된 지구별, 전, 답의 경지면적 및 수확량을 지구별로 침수시간 등을 감안하여 유량규모별 농작물 피해액을 산정한다. 이때 농작물 피해액을 논작물과 밭작물로 구분하여 침수시간에 따른 피해율로 적용하는 최소 침수시간은?

29 「자연재해위험개선지구 관리지침」에서 제시한 투자비용은 총공사비(보상비, 공사비, 실시설계비)와 연평균 유지관리비의 합으로 산정하는데 연평균 유지관리비는 총공사비의 (①)% or (총사업비 – 잔존가치)의 (②)%이다." 빈칸을 채우시오.

30 붕괴 및 침수 등의 우려는 낮으나 기후변화에 대비하여 지속적으로 관심을 갖고 관리할 필요성이 있는 위험등급으로 타당성 평가점수 산정 시 평가 대상에서 제외하는 자연재해위험개선지구 지정등급은?

31 「자연재해위험개선지구 관리지침」에서 제시한 타당성 평가항목 중 부가평가 항목으로 기초지자체 등에서 정비사업의 조기추진이 가능하도록 지자체설계 추진여부로 타당성을 평가하는 항목은?

32 「자연재해위험개선지구 관리지침」에서 제시한 타당성 평가기준은 투자우선순위를 정함에 있어 과거와는 달리 비용편익비의 배점(15점)이 높지 않고 기본계획수립현황, 주민불편도, 지구지정 경과연수, 행위제한 여부 등(5~10점)의 평가항목 등을 종합적으로 검토하여 보다 효율적인 투자 및 합리적인 결정을 유도하고 있다. 이와 같은 「자연재해위험개선지구 관리지침」에서 제시한 타당성 평가항목 중 배점이 가장 높은 평가항목과 배점은 얼마인가?

답 **26.** 손실원단위 **27.** 10일 **28.** 8시간 **29.** ① 0.5, ② 2 **30.** 라 등급 **31.** 사전설계 **32.** 재해위험도, 30점

부록

방재기사실기
국가자격시험
완벽풀이

제1회 방재기사실기

1 다음 비용/편익분석 공식에서 Bi, Cj, r이 의미하는 것은?

$$\frac{Bi}{Cj} = \frac{\displaystyle\sum_{t=0}^{n} \frac{B_{it}}{(1+r)^t}}{\displaystyle\sum_{t=0}^{n} \frac{C_{jt}}{(1+r)^t}}$$

2 RUSLE 공식과 그 인자들을 기술하시오.

3 진원의 깊이에 따른 지진의 분류는 진원깊이가 70km 미만이면 (①), 70~300km 사이이면 (②), 300km 이상이면 (③)이라 한다.

4 구조에 따른 방파제의 종류 3가지를 기술하시오.

5 방재사업 투자우선순위 평가항목 5개를 작성하시오.

6 "방재기술"이란 자연재해의 예방·대비·대응·복구 및 기후변화에 신속하고 효율적인 대처를 통하여 인명과 재산피해를 최소화시킬 수 있는 자연재해에 대한 (①), (②), (③), (④) 및 방재 관련 제품생산·제도·정책 등에 관한 모든 기술을 말한다.

7 우수저류시설을 사용용도, 설치위치 및 연결형태에 따라 구분하시오.

답

1. - Bi : 총 편익(주어진 기간(n) 동안 발생한 피해저감액 등 투자이익에 대한 현재가치)
   - Cj : 총 비용(주어진 기간(n) 동안 발생한 공사비 등 투자비용에 대한 현재가치)
   - r : 할인율(미래에 발생하는 편익과 비용을 현재의 가치로 환산하는 인자)
2. A=R K LS C P
   =R K LS VM
   A: 토양침식량, R: 강우침식인자, K: 토양침식인자, LS: 지형인자(사면경사길이인자),
   C: 토양피복인자(지표관리인자), P: 토양보전(대책)인자, VM: 토양침식조절인자
3. ① 천발지진, ② 중발지진, ③ 심발지진   **4.** 경사제, 혼성제, 직립제, 특수방파제
5. 재해위험도, 피해이력지수, 기본계획 수립현황, 정비율, 주민불편도, 지구지정 경과연수, 행위제한 여부, 비용편익비
6. ① 예측, ② 규명, ③ 저감, ④ 정보화
7. - 사용용도: 침투형 저류시설, 전용 저류시설
   - 설치위치: 지역내(On-site)저류시설, 지역외(Off-site)저류시설
   - 연결형태: 하도내(On-line)저류시설, 하도외(Off-line)저류시설

8 재현기간 20년의 강우강도를 구하시오.
(유입시간 5분, 우수관길이 1,200m, 유속 2m/s일 때, 재현기간 20년 강우강도식 $I = \dfrac{5,500}{t+40}$ 이다.)

9 재난 및 안전관리 기본법에 의해 작성·운용하여야 하는 재난분야 위기관리 매뉴얼의 종류 3가지를 쓰시오.

10 호우주의보는 3시간 강수량이 (①) 이상 예상되거나, 12시간 강수량이 (②) 이상 예상일 때 발령한다. 호우경보는 3시간 강수량이 (③) 이상 예상되거나, 12시간 강수량이 (④) 이상 예상일 때 발령한다.

11 다음의 인공 및 자연사면의 급경사지 기준을 작성하시오.

> • 인공사면: 높이 (①) 이상이고 경사도 (②) 이상이며 길이가 20미터 이상
> • 자연사면: 지면으로부터 높이가 (③) 이상이고 경사가 (④) 이상

12 재난관리책임기관의 장이 재난의 수습활동을 위해 비축·관리하여야 하는 자원(장비, 물자 및 자재)은? (5가지)

13 내진보강기본계획 수립 시 포함되어야 할 사항 5가지를 작성하시오.

14 재난관리 4단계 중 복구단계에서 시행하는 주요 활동 3가지를 작성하시오.

해설

8. – 도달시간(t, min) = 유입시간+유하시간

$$= 5\text{min} + \frac{1,200\text{m}}{120\text{m/min}} = 15\text{min}$$

– 강우강도식: $I = \dfrac{5,500}{t+40} = \dfrac{5,500}{15+40} = \dfrac{5,500}{55}$

$$= 100\text{mm/hr}$$

답

8. 100mm/hr 9. 위기관리 표준매뉴얼, 위기대응 실무매뉴얼, 현장조치 행동매뉴얼

10. ① 60mm, ② 110mm, ③ 90mm, ④ 180mm

11. ① 5m, ② 34도, ③ 50m, ④ 34도

12. 포대류·묶음줄 등 수방자재, 시멘트·철근·하수관 및 강재 등 건설자재, 전기·통신·수도용 기자재, 자재·인력 등을 운반하기 위한 수송장비 및 연료, 불도저·굴삭기 등 건설장비, 양수기 등 침수지역 복구장비, 손전등·축전지·소형발전기 등 재난응급대책을 위하여 필요한 소형장비

13. 내진보강대책에 관한 기본방향, 내진성능평가에 관한 사항, 내진보강 중·장기계획에 관한 사항, 내진보강사업 추진에 관한 사항, 내진보강대책에 필요한 기술의 연구·개발

14. 피해조사 보고 및 복구계획, 특별재난지역선포 및 지원, 재정 및 보상

15 다음 조건의 성토량을 구하시오.

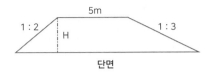

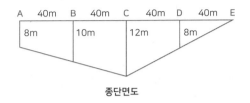

16 RUSLE 방법으로 면적 1.5ha인 유역의 단일호우에 의한 토사유출량을 산정하시오.
(R=765(10^7J/ha mm/hr), K=0.23(tonnes/ha/R), LS=2.63, VM=0.017, 퇴적토 단위중량=1.5tonnes/m³, 유사전달율=55% 적용)

17 급경사지 준공 시 제출하여야 되는 항목을 작성하시오.

18 자연재해저감종합계획(구 풍수해저감종합계획)은 시장·군수는 자연재해의 예방 및 저감을 위하여 (①)를(을) 기준으로 시행한 날부터 (②)마다 수립하여야 한다.

19 화산폭발 시 화산재가 날릴 것으로 예상되어 주의보가 발령되었을 때 위기단계는?

---

20 제3종 시설물 안전등급 평가방법에서 토목·건축 시설영역별 평가결과가 아래의 표와 같이 평가되었을 때 종합상태점수는 몇 점인지 구하시오.

구분	평가 항목	평가결과			
		양호 (10)	주의 (7)	불량 (0)	해당 없음
주요 시설 (x)	x1		○		
	x2	○			
	x3		○		
	x4		○		
일반 시설 (y)	y1			○	
	y2			○	
	y3		○		
	y4				○
부대 시설 (z)	z1		○		
	z2				○
	z3	○			
	z4		○		

해설

20. 주요시설(x)= $\dfrac{7+10+7+7}{4}$ ×60% = 4.65

  일반시설(y)= $\dfrac{0+0+7+0}{3}$ ×20% = 0.47

  부대시설(z)= $\dfrac{7+0+10+7}{3}$ ×20% = 1.60

  종합상태 점수= x + y + z = 4.65 + 0.47 + 1.80 = 6.72

답

20. 6.72점

제2회 방재기사실기

1 복합재해 발생가능 지역 중 하천-내수재해 및 토사-하천재해 발생가능지역과 발생원인을 각각 작성하시오.

3 자연재해대책법 시행령에 따른 재해지도의 종류를 작성하시오.

2 하천설계기준에 제시된 하천제방의 홍수량에 따른 둑마루 폭 기준에서 계획홍수량 5,000m³/s 이상 ~ 10,000m³/s 미만일 때, 둑마루 폭은 몇 m인가?

해설

2. 하천제방의 계획홍수량에 따른 둑마루 폭(하천설계기준)

계획홍수량	둑마루 폭
200m³/s미만	4.0m 이상
200m³/s 이상 ~ 5,000m³/s 미만	5.0m 이상
5,000m³/s 이상 ~ 10,000m³/s 미만	6.0m 이상
10,000m³/s 이상	7.0m 이상

답

1. • 하천 및 내수재해 발생지역
  - 인접한 하천의 계획 홍수위보다 지반고가 낮아 하천의 수위 상승에 따라 내수의 자연배제가 어려운 지역
  - 방류되는 하천의 계획 홍수위보다 낮은 기점수위 조건으로 빗물펌프장, 고지배수로 및 우수관로 등의 내수배제시설이 설치된 지역
 • 하천 및 내수재해 발생원인
  - 방류되는 하천의 계획 홍수위보다 낮은 기점수위 조건으로 내수배제시설이 설계된 경우
    하천의 계획 홍수위 발생에 따른 내수배제시설의 성능 저하
  - 방류되는 하천의 교량 경간장 부족, 토사퇴적, 하천정비사업 미시행 등에 의해
    하천의 이상홍수위(계획홍수위 보다 높은 수위) 발생에 따른 내수배제시설의 성능저하
 • 토사 및 하천재해 발생지역
  - 급경사 유역을 관류하는 하천 구간
  - 피복 상태가 불량하거나 사방시설이 미설치된 산지하천 구간
 • 토사 및 하천재해 발생원인
  - 산지 침식 등으로 인하여 침식된 토사가 하류지역의 하천에 퇴적되어 하천의 통수면적 감소
  - 토석류의 발생에 의한 하천 기능 상실
2. 6m 이상
3. - 침수흔적도
  - 침수예상도(홍수범람위험도, 해안침수예상도),
  - 재해정보지도(피난활용형 , 방재정보형, 방재교육형)

4 재난 및 안전관리 기본법 시행령에 따른 특정관리대상지역 등의 정기안전점검 시기에 대하여 작성하시오.

등급	정기안전점검
A	(①)회 이상
B	(②)회 이상
C	(③)회 이상
D	(④)회 이상
E	(⑤)회 이상

5 하천횡단구조물 파괴의 위험요인 5가지를 작성하시오.

6 방재시설의 현장점검계획서에 포함되어야 할 주요 포함항목을 4가지 작성하시오.

7 항만공사 중 계류시설(중력식 안벽, 잔교식 안벽, 돌핀)의 항타공 공종 시 안전점검항목 5가지를 작성하시오.

해설

4. 재난 및 안전관리기본법 시행령에서 다음과 같이 안전점검 실시에 관한 사항을 규정

• 정기안전점검
  - A등급, B등급 또는 C등급에 해당하는 특정관리대상지역: 반기별 1회 이상
  - D등급에 해당하는 특정관리대상지역: 월 1회 이상
  - E등급에 해당하는 특정관리대상지역: 월 2회 이상
• 수시안전점검: 재난관리책임기관의 장이 필요하다고 인정하는 경우

답

4. ① 반기별 1회, ② 반기별 1회, ③ 반기별 1회, ④ 월 1회, ⑤ 월 2회
5. 교량 경간장 및 형하여유고 부족, 기초세굴 대책 미흡으로 인한 교각 침하 및 유실
   만곡 수충부에서의 교대부 유실, 교각부 콘크리트 유실, 날개벽 미설치 또는 길이 부족 등에 의한 사면토사 유실
   교대 기초세굴에 의한 교대 침하, 교대 뒤채움부 유실·파손, 유사 퇴적으로 인한 하상 바닥고 상승
6. 시설명, 점검반 편성, 점검 일정, 점검 항목 및 착안사항(내적·외적 환경변화), 점검 결과 조치계획,
   안전사고 유의사항(추락, 추돌, 감전, 익사, 독충, 붕괴 등), 유사시 비상 대응 및 연락망 구축 등
7. 말뚝(파일)의 적치상태, 재료의 품질 및 규격의 적정성, 항타계획, 말뚝선단 및 두부보강, 말뚝의 이음,
   소음 및 진동측정과 대책, 말뚝의 항타 기록, 시공의 허용오차

8 도시 기후변화 재해취약성분석 및 활용에 관한 지침에 제시된 재해취약성 분석절차를 기준으로 주어진 분석항목을 순서대로 나열하시오.

ⓐ 재해취약성분석 결과(안) 검증
ⓑ 재해관련 기초조사
ⓒ 분석대상재해 제외 검토
ⓓ 재해취약성분석 결과 반영
ⓔ 현장조사 및 등급조정
ⓕ 재해취약성분석 자료구축 및 분석

해설

8. "도시 기후변화 재해취약성분석 및 활용에 관한 지침"에 제시된 재해취약성분석의 절차

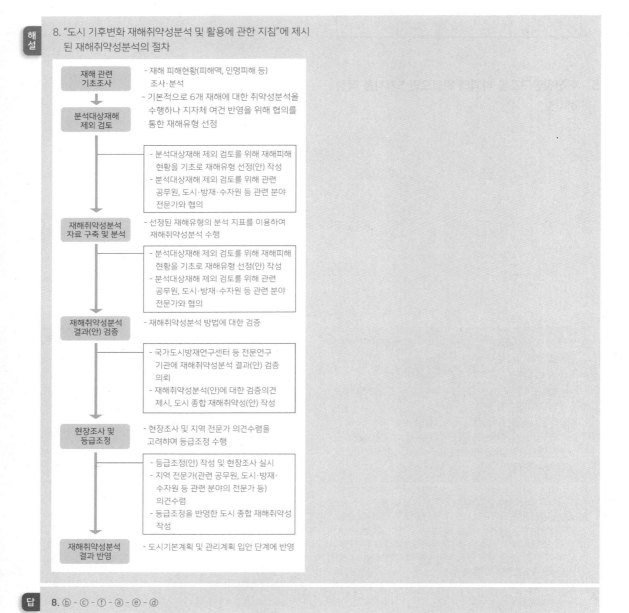

재해 관련 기초조사
- 재해 피해현황(피해액, 인명피해 등) 조사·분석
- 기본적으로 6개 재해에 대한 취약성분석을 수행하나 지자체 여건 반영을 위해 협의를 통한 재해유형 선정

분석대상재해 제외 검토
- 분석대상재해 제외 검토를 위해 재해피해현황을 기초로 재해유형 선정(안) 작성
- 분석대상재해 제외 검토를 위해 관련 공무원, 도시·방재·수자원 등 관련 분야 전문가와 협의

재해취약성분석 자료 구축 및 분석
- 선정된 재해유형의 분석 지표를 이용하여 재해취약성분석 수행
- 분석대상재해 제외 검토를 위해 재해피해현황을 기초로 재해유형 선정(안) 작성
- 분석대상재해 제외 검토를 위해 관련 공무원, 도시·방재·수자원 등 관련 분야 전문가와 협의

재해취약성분석 결과(안) 검증
- 재해취약성분석 방법에 대한 검증
- 국가도시방재연구센터 등 전문연구 기관에 재해취약성분석 결과(안) 검증 의뢰
- 재해취약성분석(안)에 대한 검증의견 제시, 도시 종합 재해취약성(안) 작성

현장조사 및 등급조정
- 현장조사 및 지역 전문가 의견수렴을 고려하여 등급조정 수행
- 등급조정(안) 작성 및 현장조사 실시
- 지역 전문가(관련 공무원, 도시·방재· 수자원 등 관련 분야의 전문가 등) 의견수렴
- 등급조정을 반영한 도시 종합 재해취약성 작성

재해취약성분석 결과 반영
- 도시기본계획 및 관리계획 입안 단계에 반영

답 8. ⓑ - ⓒ - ⓕ - ⓐ - ⓔ - ⓓ

9 재난 및 안전관리 기본법에 따른 위기경보의 발령 단계를 순서대로 나열하시오.

10 Manning의 평균유속공식을 이용하여 수로폭 5m의 직사각형 수로에 수심이 1.5m인 경우의 유량(m^3/s)을 산정하시오.(단, 수로 조도계수 = 0.023, 경사 = 0.003)

11 IPCC(기후변화에 관한 정부 간 협의체)에 따른 위험도(Risk) 산정지표 3가지를 작성하시오.

12 옹벽 안정성 검토항목 3가지를 작성하시오.

13 자연재해위험개선지구의 투자우선순위 결정을 위한 비용-편익 분석방법 3가지를 설명하시오.

14 개발사업에 따른 불투수면적이 6,000m^2 증가한 지역에 개발로 인하여 증가되는 우수유출량을 저감할 수 있는 폭 8m, 길이 7.5m의 우수저류조를 설치하는 경우 저류조의 최소 높이를 산정하시오. (단, 저류조는 직사각형으로 가정한다.)

해설

9. 위기경보 수준
- 위기경보 단계: 관심(Blue) → 주의(Yellow) → 경계(Orange) → 심각(Red)
- 관심: 위기징후와 관련된 현상이 나타나고 있으나 그 활동수준이 낮아서 국가 위기로 발전할 가능성이 적은 상태
- 주의: 위기징후의 활동이 비교적 활발하여 국가 위기로 발전할 수 있는 일정 수준의 경향이 나타나는 상태
- 경계: 위기징후의 활동이 활발하여 국가 위기로 발전할 가능성이 농후한 상태
- 심각: 위기징후의 활동이 매우 활발하여 국가 위기의 발생이 확실시되는 상태

10. $Q=A \times V$, $V=\dfrac{1}{n}R^{\frac{2}{3}}S^{\frac{1}{2}}$

n=0.023, S=0.003, $R=\dfrac{A}{P}=\dfrac{5 \times 1.5}{5+1.5 \times 2}=0.938m$

$V=\dfrac{1}{0.023} \times 0.938^{\frac{2}{3}} \times 0.003^{\frac{1}{2}}=2.282m/s$

$Q=A \times V=7.5m^2 \times 2.282m/s=17.12m^3/s$

13. 자연재해위험개선지구, 자연재해저감종합계획 등의 재해위험지구별 투자우선순위 결정에 적용되는 경제성 분석방법은 비용-편익비(B/C) 방법으로, 편익의 산정방법에 따라 간편법, 개선법 및 다차원법으로 구분할 수 있다.

※ 문제 지문에서 단순히 경제성 분석방법을 묻는 경우 비용-편익비(B/C), 순현재가치(NPV), 내부수익률(IRR) 등도 정답이 될 수 있음.

14. 불투수면적 증가에 따른 우수의 직접유출증가량(V)
= 불투수면적 × 0.05m
V = 6,000m^2 × 0.05m = 300m^3
저류조 면적 = 8m × 7.5m = 60m^2

저류조 깊이 = $\dfrac{300m^3}{60m^2}$ =5m

답

9. 관심, 주의, 경계, 심각 10. 17.12m^3/s 11. 위해성(hazard), 노출성(exposure), 취약성(vulnerability) 12. 활동, 전도, 지지력
13. - 간편법(원단위법) : 편익을 구성하는 직접피해액을 산정함에 있어 농경지 피해액, 공공시설물 피해액, 기타 피해액, 간접 피해액 등을 사업지구의 농산물 피해액과 관련시켜 산정하는 방법
- 개선법(회귀분석법) : 인명피해, 이재민피해, 농작물 피해액에 대하여는 간편법에서 사용하는 원단위법을 활용하고, 건물피해액, 농경지 피해액, 공공시설물 피해액, 기타 피해액은 재해연보를 근거로 도시유형별 침수면적-피해액 관계식을 설정하여 피해액을 산정하는 방법
- 다차원법 : 다차원 홍수 피해액 산정법(MD-FDA)은 예상피해지역의 일반자산조사[건물, 건물내용물, 농경지, 농작물, 사업체 유형(재고 자산)]을 통해 대상지역의 100% 피해규모를 산정 후 침수심 조건에 따라 피해율을 적용하여 예상 홍수 피해액을 산정하는 방법
14. 5m

15 자연재해위험개선지구 종류 5가지를 작성하시오.

16 우수유출저감시설 중 저류시설의 정류를 5가지 작성하시오.

17 주요 시설물의 지진가속도 계측과 관련하여 지진가속도 계측을 실시한 자가 행정안전부장관에게 통보해야 하는 정보 5가지를 작성하시오.

18 조위 분석에 활용되는 프로그램인 POM(Princeton Ocean Model)의 입력 매개변수 3가지를 작성하시오.

19 제방의 유실, 변형 및 붕괴의 원인과 저감대책을 각각 3가지 작성하시오.

20 토사방재시설물인 침사지를 구성하고 있는 4가지를 기술하시오.

답

15. 침수위험지구, 유실위험지구, 고립위험지구, 붕괴위험지구, 취약방재시설지구, 해일위험지구, 상습가뭄재해지구

16. 쇄석공극 저류시설, 운동장저류, 공원저류, 주차장저류, 단지 내 저류, 건축물저류, 공사장 임시저류지, 유지·습지 등 자연형 저류시설

17. 자료 획득 일자와 시간, 자료획득시의 특이사항, 자료를 획득한 지진가속계측 장비의 제조회사, 일련번호 및 위치, 지반조건에 대한 정보, 계측위치에 대한 정보, 시설물에 대한 정보

18. 대상유역의 지점별 관측자료, 격자간격, 외부모드 및 내부모드의 시간간격, 수평 확산 계수

19. - 원인: 파이핑 및 하상세굴, 세굴 등에 의한 제방 기초 유실, 곡부의 유수나 유송잡물 충격, 소류력에 의한 제방 유실, 제방과 연결된 구조물 주변 세굴, 하천시설물과의 접속 부실 및 누수, 하천횡단구조물 파괴에 따른 연속 파괴, 제방폭 협소, 법면 급경사에 의한 침윤선 발달, 제체의 재질 불량, 다짐 불량, 하천범람에 의한 제방 붕괴
　 - 저감대책: 홍수량, 홍수위를 고려한 제방의 재평가, 천변저류 등 홍수량 저류공간조성으로 첨두홍수량 경감, 차수벽 설치, 제체 확폭, 재질의 균등화 및 시공다짐 철저, 세굴깊이를 고려하여 깊게 설계 및 시공, 침윤선을 고려한 제방법면 완화, 시공 시 다짐 철저, 구조물 근입깊이 길게, 하천을 횡단하여 설치된 교량 중 교량 연장, 여유고 및 경간장이 부족한 교량의 재가설 또는 철거, 하천의 만곡부에 대해서 과도하게 축소된 하폭의 구간 확폭

20. 유입조절부, 침전부, 퇴사저류부, 유출조절부

1 아래 보기 중 하천재해 위험요인 3가지를 선택하시오.

> • 호안의 유실
> • 하상안정시설물의 유실
> • 하천횡단구조물의 피해
> • 하천의 통수능 저하
> • 우수관거 통수능 부족
> • 과도한 사면 절개

2 다음은 자연재해위험개선지구 지정기준을 설명한 것이다. 해당하는 지구를 쓰시오.

> ㉠ 하천을 횡단하는 교량 및 암거 구조물의 여유고 및 경간장 등이 하천기본계획의 시설 기준에 미달되고 유수소통에 장애를 주어 해당 시설물 또는 시설물 주변 주택·농경지 등에 피해가 발생하였거나 피해가 예상되는 지역
> ㉡ 하천의 외수범람 및 내수배제 불량으로 인하여 인명 및 건축물·농경지 피해를 유발하였거나 침수피해가 예상되는 지역

> [보기]
> • 침수위험지구 ··· • 유실위험지구
> • 고립위험지구 ··· • 붕괴위험지구
> • 취약방재시설지구 ··· • 해일위험지구
> • 상습가뭄재해지구

3 내구연한 25년인 하천구조물이 내구연한 기간 동안에 붕괴되지 않을 확률이 90%가 되는 설계빈도를 계산하시오. 단, 소수점은 반올림하여 정수로 쓰시오.

해설

1. 하천재해의 피해원인: 호안의 유실, 제방의 붕괴, 유실 및 변형, 하상안정시설의 유실, 제방도로의 피해, 하천 횡단구조물의 피해

3. $R = 1 - (1 - \frac{1}{T})^n$
여기서, R은 위험도(%), n은 설계수명기간(년), T는 설계재현기간(년)
위험도(R) = 1-0.9 = 0.1, 설계수명기간(n)=25년
설계재현기간(T) = $\dfrac{1}{1-(1-0.1)^{\frac{1}{25}}}$
= 237.78 = 238(년)

답 1. 호안의 유실, 하상안정시설물의 유실, 하천횡단구조물의 피해 **2.** ㉠ 유실위험지구, ㉡ 침수위험지구 **3.** 238년

4 다음은 「미세먼지 저감 및 관리에 관한 특별법」에 규정된 미세먼지의 정의에 관한 기준이다. 괄호 안에 들어가는 숫자를 쓰시오.

⊙ 미세먼지는 ( )㎛ 이하	
ⓒ 초미세먼지는 ( )㎛ 이하	

[보기]

2.5   5.5   10   20

5 위기경보는 재난 피해의 전개 속도, 확대 가능성 등 재난상황의 심각성을 종합적으로 고려하여 구분된다. 재난상황의 심각성이 작은 것부터 순서대로 쓰시오.

6 설계침투강도가 10mm/hr이고 침수면적이 0.32ha인 유역의 설계침투량(m^3/hr)을 구하시오.

7 다음은 붕괴위험지구의 설명이다. 괄호 안에 들어갈 말을 쓰시오.

피해위험구역은 급경사지의 하단으로부터 해당 비탈면 높이의 (⊙)배 정도이며, 50m 초과 시 (ⓒ)m로 제한한다.

[보기]

1   2   4   5   20   50   100

4. 「미세먼지 저감 및 관리에 관한 특별법」(미세먼지법)에서 다음과 같이 규정
"미세먼지"란 「대기환경보전법」에 따른 먼지 중 다음의 흡입성 먼지를 말한다.
- 입자의 지름이 10마이크로미터 이하인 먼지: 미세먼지
- 입자의 지름이 2.5마이크로미터 이하인 먼지: 초미세먼지

5. 「재난 및 안전관리기본법」에서 위기경보의 발령에 관하여 다음과 같이 규정
위기경보수준
- 위기경보 단계: 관심(Blue) → 주의(Yellow) → 경계(Orange) → 심각(Red)
- 관심: 위기징후와 관련된 현상이 나타나고 있으나 그 활동 수준이 낮아서 국가 위기로 발전할 가능성이 적은 상태
- 주의: 위기징후의 활동이 비교적 활발하여 국가 위기로 발전할 수 있는 일정 수준의 경향이 나타나는 상태
- 경계: 위기징후의 활동이 활발하여 국가 위기로 발전할 가능성이 농후한 상태
- 심각: 위기징후의 활동이 매우 활발하여 국가 위기의 발생이 확실시되는 상태

6. 침투시설의 규모는 계획 내 토지이용여건, 토양 및 토질 조건, 지하시설물 현황 등을 고려하여 집수면적을 결정하고, 최소설계침투강도(10mm/hr)를 고려하여 설계침투량을 산정
설계침투량(m^3/hr) = 설계침투강도(mm/hr)×집수면적(ha)×10
- 0.32ha×10mm/hr×10=32m^3/hr

7. 「자연재해위험개선지구 관리지침」에서 편익 분석을 위한 피해위험구역은 급경사지의 하단으로부터 해당 비탈면 높이의 2배 정도이며, 50m 초과 시에는 50m로 제한토록 규정

〈피해위험구역 범위기준〉

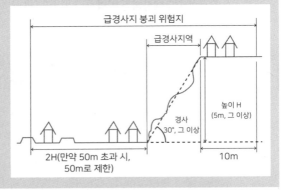

답 **4.** ⊙ 10, ⓒ 2.5 **5.** 관심 - 주의 - 경계 - 심각 **6.** 32m^3/hr **7.** ⊙ 2, ⓒ 50

8 다음 보기 중에서 지구단위종합복구계획을 수립할 수 있는 지역을 모두 고르시오.

> ㉠ 산사태 또는 토석류로 인하여 하천 유로변경 등이 발생한 지역으로서 근원적 복구가 필요한 지역
> ㉡ 피해재발 방지를 위하여 기능복원보다는 피해지역 전체를 조망한 예방·정비가 필요한 지역
> ㉢ 도로·하천 등의 시설물에 복합적으로 피해가 발생하여 일괄복구보다는 시설물별 복구가 필요한 지역
> ㉣ 두 개의 행정구역에 걸쳐 피해가 발생하고 일괄복구가 필요한 도로
> ㉤ 복구사업을 위하여 국가 차원의 신속하고 전문적인 인력·기술력 등의 지원이 필요하다고 인정되는 지역

9 자연재해위험개선지구 관리지침에 따라 다음은 재해위험도 등급분류기준이다. 재해위험도에 해당하는 기호를 쓰시오.

> ① 기반시설(공업단지, 철도, 기간도로)의 피해가 발생할 우려가 있는 지역
> ② 건축물(주택, 상가, 공공건축물)의 피해가 발생하였거나 발생할 우려가 있는 지역
> ③ 인명피해 발생우려가 매우 높은 지역
> ④ 붕괴 및 침수 우려는 낮으나 기후변화에 대비하여 지속적으로 관심을 갖고 관리할 필요성이 있는 지역

10 해안재해위험지구 후보지 선정기준에 대한 설명이다. 괄호 안에 알맞은 것을 고르시오.

> • (㉮)보다 지반고가 낮은 저지대 주거지역
> • 자연재해위험개선지구 중 (㉯)
> • (㉰), (㉱)의 내수배제용량이 현재 시설기준에서 정하는 기준에 미달하는 지역

> [보기]
> 약최고만조위, 대조평균만조위, 해일위험지구, 빗물펌프장, 우수관거, 역류방지시설, 내수재해위험지구

8. 「자연재해대책법」에서 지구단위종합복구계획을 수립할 수 있는 지역을 다음과 같이 규정
   - 도로·하천 등의 시설물에 복합적으로 피해가 발생하여 시설물별 복구보다는 일괄 복구가 필요한 지역
   - 산사태 또는 토석류로 인하여 하천 유로변경 등이 발생한 지역으로서 근원적 복구가 필요한 지역
   - 복구사업을 위하여 국가 차원의 신속하고 전문적인 인력·기술력 등의 지원이 필요하다고 인정되는 지역
   - 피해 재발 방지를 위하여 기능복원보다는 피해지역 전체를 조망한 예방·정비가 필요하다고 인정되는 지역
   - 자연재해저감 종합계획에 반영된 시설의 일괄 복구가 필요한 지역
   - 2개 이상의 지방자치단체에 걸쳐 있는 도로, 교량, 하천 등의 일괄 복구가 필요한 지역 등

10. 해당 문제는 과거 자연재해저감 종합계획 세부수립기준의 내용으로 현재 자연재해저감 종합계획 세부수립기준에는 해당 내용이 변경 및 삭제됨(본 교재 본문에 수록된 자연재해 위험지구 예비후보지 선정기준 참고)

답 8. ㉠, ㉡, ㉣, ㉤ **9.** ① 다 등급, ② 나 등급, ③ 가 등급, ④ 라 등급 **10.** ㉮ 대조평균만조위, ㉯ 해일위험지구, ㉰ 빗물펌프장, ㉱ 우수관거

11 다음의 사고에 해당하는 재난관리주관기관을 보기에서 골라 쓰시오.

> ⊙ 적조현상: ( )
> ⓒ 가스 수급 및 누출 사고: ( )
> ⓒ 정보통신 사고: ( )
> ② 내륙에서 발생한 유도선 등의 수난 사고: ( )
> ⑩ 수질분야 대규모 환경오염 사고: ( )

> [보기]
> 해양수산부, 산업통상자원부, 환경부, 행정안전부, 과학기술정보통신부, 소방청, 해양경찰청, 국토교통부

12 다음의 우수유출저감시설 중 침투시설과 저류시설의 종류를 각각 2가지 쓰시오.

13 다음은 우면산 산사태에 관한 내용이다. 보기에서 골라 재해유형과 원인을 적으시오.

> 서울특별시 서초구 우면동에 위치한 우면산 주위에 300mm 이상의 강우로 인해 산사태가 발생, 형촌마을과 전원마을 등에서 18명이 사망했다. 산사태로 인해 남부순환로 방배동 구간이 이틀 이상 통제되기도 했다.

> [보기]
> 하천재해, 내수재해, 사면재해, 지반활동으로 인한 붕괴, 도시지역 내수침수 피해, 빗물펌프장 용량부족

14 괄호 안에 해당하는 단어를 쓰시오.

> ⊙ ( )안전점검: 시설물의 상태를 판단하고 시설물이 점검 당시의 사용요건을 만족시키고 있는지 확인할 수 있는 수준의 외관조사를 실시하는 안전점검
> ⓒ ( )안전점검: 시설물의 상태를 판단하고 시설물이 점검 당시의 사용요건을 만족시키고 있는지 확인하며 시설물 주요부재의 상태를 확인할 수 있는 수준의 외관조사 및 측정·시험장비를 이용한 조사를 실시하는 안전점검

11. 「재난 및 안전관리 기본법 시행령」 별표에서 재난 및 사고의 유형별 재난관리주관기관을 다음과 같이 규정
- 해양수산부: 조류 대발생(적조에 한정), 조수, 해양 분야 환경오염 사고, 해양 선박 사고
- 산업통상자원부: 가스 수급 및 누출 사고, 원유수급 사고, 원자력 안전사고(파업에 따른 가동중단으로 한정), 전력 사고, 전력생산용 댐의 사고
- 환경부: 수질분야 대규모 환경오염 사고, 식용수 사고, 유해화학물질 유출 사고, 조류 대발생(녹조에 한정), 황사, 환경부가 관장하는 댐의 사고, 미세먼지

- 행정안전부: 정부중요시설 사고, 공동구 재난(국토교통부가 관장하는 공동구는 제외), 내륙에서 발생한 유도선 등의 수난 사고, 풍수해(조수는 제외)·지진·화산·낙뢰·가뭄·한파·폭염으로 인한 재난 및 사고로서 다른 재난관리주관기관에 속하지 아니하는 재난 및 사고
- 과학기술정보통신부: 우주전파 재난, 정보통신 사고, 위성항법장치(GPS) 전파혼신, 자연우주물체의 추락·충돌

14. 시설물의 안전 및 유지관리에 관한 특별법 시행규칙에서 안전점검을 정기안전점검 및 정밀안전점검으로 구분

11. ⊙ 해양수산부, ⓒ 산업통상자원부, ⓒ 과학기술정보통신부, ② 행정안전부, ⑩ 환경부
12. - 저류시설: 쇄석공극 저류시설, 운동장 저류, 공원 저류, 주차장 저류, 단지 내 저류, 건축물 저류, 공사장 임시저류지, 유지·습지 등 자연형 저류시설
    - 침투시설: 침투통, 침투측구, 침투트렌치, 투수성 포장, 투수성 보도블록
13. 재해유형: 사면재해, 원인: 지반활동으로 인한 붕괴   14. ⊙ 정기, ⓒ 정밀

15 괄호 안에 해당하는 단어를 쓰시오.

> 자연재해위험개선지구 정비사업의 편익 산정 시 피해액 산정은 「자연재해대책법 시행령」 제18조에 따라 재해지도 중 (   ), (   )을 기준으로 산정한다.

16 재난 및 안전관리 기본법에 정의된 자연재난의 종류를 5가지 쓰시오(단, 그 밖에 행정안전부령은 제외한다).

17 육상에서 강풍에 대하여 발령하는 주의보와 경보 기준에 대하여 괄호에 들어갈 숫자를 순서대로 쓰시오(단, 산지에 대한 내용은 제외).

> 강풍 주의보: 육상에서 풍속 (㉠)m/s 이상 또는 순간풍속 (㉡)m/s 이상이 예상될 때
>
> 강풍 경보: 육상에서 풍속 (㉢)m/s 이상 또는 순간풍속 (㉣)m/s 이상이 예상될 때

> [보기]
>
> 14   16   18   20   21   26   28   30

18 재해복구사업 평가기준 중 재해분석평가에 해당하는 분석평가기법 3가지를 고르시오.

> [보기]
>
> 재해저감성 평가, 지역주민생활 쾌적성 평가, 지역경제 발전성 평가, 재해원인분석

 해설

15. 자연재해위험개선지구 관리지침 에서 피해액 산정기준에 활용하는 침수면적의 산정방법을 보기와 같이 제시함

17. 기상특보의 발표기준 에서 강풍에 대한 특보 발표기준을 다음과 같이 규정함
    - 강풍 주의보
      - 육상에서 풍속 14m/s 이상 또는 순간풍속 20m/s 이상이 예상될 때
      - 다만, 산지는 풍속 17m/s 이상 또는 순간풍속 25m/s 이상이 예상될 때
    - 강풍 경보
      - 육상에서 풍속 21m/s 이상 또는 순간풍속 26m/s 이상이 예상될 때
      - 다만, 산지는 풍속 24m/s 이상 또는 순간풍속 30m/s 이상이 예상될 때

18. 재해복구사업의 분석·평가 시행지침 에서 분석 평가방법을 다음과 같이 규정
    - 재해저감성 평가
      - 단일 또는 중복되는 재해복구사업 시행지구에 대하여 수계·유역 및 배수구역별로 복구사업 시설물과 기존 시설물에 대한 통합방재 성능을 종합평가
      - 내수침수지구는 지역별 방재성능목표 강우량을 적용하여 복구 전·후의 재해저감 효과 평가
      - 재해유발 원인과 개선방안 제시
    - 지역경제 발전성 평가
      - 경제적 측면에 대한 평가
      - 평가항목: 지역 생산성 향상, 지역산업의 활성화 정도, 지역 경제적 파급효과, 낙후지역 개선효과 등
    - 지역주민생활 쾌적성 평가
      - 재해복구사업의 주거환경, 인문·사회·환경 등 지역주민 생활환경 개선과 향상에 기여도 평가

답

15. 침수흔적도, 침수예상도
16. 태풍, 홍수, 호우, 강풍, 풍랑, 해일, 조수, 대설, 한파, 낙뢰, 가뭄, 폭염, 지진, 황사, 조류대 발생, 화산활동, 소행성·유성체 등 자연우주물체의 추락·충돌 등
17. ㉠ 14, ㉡ 20, ㉢ 21, ㉣ 26   **18.** 재해저감성 평가, 지역주민생활 쾌적성 평가, 지역경제 발전성 평가

19 다음의 보기 중에서 재난방지시설 두 가지를 고르시오(단, 행안부장관이 정하는 시설은 제외한다).

[보기]
하수관로, 공공하수처리시설, 하수저류시설, 개인하수처리시설, 역류방지시설, 분뇨처리시설

20 다음은 개선법에서 사용하는 인명 손실액과 이재민피해손실 산정방법이다. 보기에서 골라 기호로 쓰시오.

- 인명손실액=침수면적당 손실인명수(명/ha) × (가) × (나)
- 이재민피해손실=침수면적당 발생이재민(명/ha) × (다) × (라) × (마)

[보기]
㉠ 손실원단위(원/명)
㉡ 침수면적(ha)
㉢ 대피일수(일)
㉣ 일평균소득(원/명, 일)
㉤ 수확량(물량/ha)
㉥ 농작물단가(원/물량)

19. 재난 및 안전관리 기본법 시행령 에서 재난방지시설의 범위
- 소하천부속물 중 제방·호안·보 및 수문
- 하천시설 중 댐·하구둑·제방·호안·수제·보·갑문·수문·수로터널·운하 및 수문조사시설 중 홍수발생의 예보를 위한 시설
- 하수도 중 하수관로 및 공공하수처리시설
- 농업생산기반시설 중 저수지, 양수장, 우물 등 지하수이용시설, 배수장, 취입보, 용수로, 배수로, 웅덩이, 방조제, 제방
- 사방시설, 항만시설, 재난 예보·경보시설
- 유람선·낚시어선·모터보트·요트 또는 윈드서핑 등의 수용을 위한 레저용 기반시설
- 도로의 부속물 중 방설·제설시설, 토사유출·낙석 방지 시설, 공동구, 터널·교량·지하도 및 육교

20. 자연재해위험개선지구 관리지침 에서 개선법(회귀분석법)에 적용되는 공식 및 적용내용 참조

답 **19.** 하수관로, 공공하수처리시설 **20.** (가), (나): ㉠, ㉡, (다), (라), (마): ㉡, ㉢, ㉣

1 재난 및 안전관리 기본법상 재난대비훈련 기본계획 수립 시 포함하여야 할 사항을 쓰시오.

2 재난 및 안전관리 기본법상 재난 예보·경보체계 구축 종합계획 수립 시 반영하여야 할 사항을 쓰시오.

3 재난 및 안전관리 기본법상 재난방지시설을 고르시오.

> ㉠「소하천정비법」 제2조 제3호에 따른 소하천 부속물 중 수문
> ㉡「국토의 계획 및 이용에 관한 법률」 제2조 제6호 마목에 따른 방재시설
> ㉢「농어촌정비법」 제2조 제6호에 따른 농업생산기반시설 중 저수지
> ㉣「어촌·어항법」 제2조 제5호 다목(4)에 따른 윈드서핑 등의 수용을 위한 레저용 기반시설
> ㉤「항만법」 제2조 제5호에 따른 항만시설

 해설

1. 「재난 및 안전관리 기본법 시행령」의 재난대비훈련 기본계획 수립에 관한사항 참조
2. 「재난 및 안전관리 기본법 시행령」의 재난 예보·경보체계 구축 종합계획의 수립 등에 관한 사항 참조
3. 「재난 및 안전관리 기본법 시행령」에서 재난방지시설의 범위는 다음과 같음
   - 「소하천정비법」 제2조 제3호에 따른 소하천부속물 중 제방·호안(기슭·둑 침식 방지시설)·보 및 수문
   - 「하천법」 제2조 제3호에 따른 하천시설 중 댐·하구둑·제방·호안·수제·보·갑문·수문·수로터널·운하 및 「수자원의 조사·계획 및 관리에 관한 법률 시행령」 제2조 제2호에 따른 수문조사시설 중 홍수발생의 예보를 위한 시설
   - 「국토의 계획 및 이용에 관한 법률」 제2조 제6호 마목에 따른 방재시설
   - 「하수도법」 제2조 제3호에 따른 하수도 중 하수관로 및 공공하수처리시설
   - 「농어촌정비법」 제2조 제6호에 따른 농업생산기반시설 중 저수지, 양수장, 우물 등 지하수이용시설, 배수장, 취입보, 용수로, 배수로, 웅덩이, 방조제, 제방
   - 「사방사업법」 제2조 제3호에 따른 사방시설
   - 「댐건설 및 주변지역지원 등에 관한 법률」 제2조 제1호에 따른 댐
   - 「어촌·어항법」 제2조 제5호 다목(4)에 따른 유람선·낚시어선·모터보트·요트 또는 윈드서핑 등의 수용을 위한 레저용 기반시설
   - 「도로법」 제2조 제2호에 따른 도로의 부속물 중 방설·제설시설, 토사유출·낙석 방지 시설, 공동구, 같은 법 시행령 제2조 제2호에 따른 터널·교량·지하도 및 육교
   - 법 제38조에 따른 재난 예보·경보시설
   - 「항만법」 제2조 제5호에 따른 항만시설
   - 그 밖에 행정안전부장관이 정하여 고시하는 재난을 예방하기 위하여 설치한 시설

 답

1. 재난대비훈련 목표, 재난대비훈련 유형 선정기준 및 훈련프로그램, 재난대비훈련 기획, 설계 및 실시에 관한 사항, 재난대비훈련 평가 및 평가결과에 따른 교육·재훈련의 실시 등에 관한 사항
2. 종합계획의 타당성, 재원확보 방안, 민방위시설 등 다른 사업과의 중복 또는 연계성 여부, 사업의 수혜도 등 평가 분석, 지역주민의 의견수렴 결과, 대피계획 등과 연계한 재해 예방활동, 그 밖에 여건변동 등의 반영여부
3. ㉠, ㉡, ㉢, ㉣, ㉤

4 우수유출저감대책을 수립해야 하는 사업을 고르시오.

> ㉠ 「고등교육법」 제2조에 따른 학교를 설립하는 경우의 건축공사
> ㉡ 「관광진흥법」 제2조 제6호 및 제7호에 따른 관광지 및 관광단지 개발사업
> ㉢ 「농어촌정비법」 제2조 제10호에 따른 생활환경정비사업
> ㉣ 「도시 및 주거환경정비법」 제2조 제2호 나목에 따른 재개발사업
> ㉤ 「온천법」 제10조의 온천개발계획에 따른 개발사업
> ㉥ 「체육시설의 설치·이용에 관한 법률」 제2조 제1호에 따른 체육시설 중 골프장 사업

5 비용편익비를 계산해서 투자우선순위를 나열하시오.

구 분	A	B	C	D
비 용	200	200	100	100
편 익	250	230	95	150

6 자연재해저감 종합계획에 따른 재해유형을 5가지 적으시오.

7 확률강우량 80mm인 강우관측소의 티센면적비 50%, 확률강우량 65mm인 강우관측소의 티센면적비 20%, 확률강우량 70mm인 강우관측소의 티센면적비 30%인 지역의 방재성능목표를 구하시오(단, 지역별방재성능목표 산정방법을 적용하며, 지속기간은 1시간, 할증율은 8%로 한다).

8 재난관리주관기관 중 국토교통부에서 소관하는 재난 및 사고 유형을 모두 고르시오.

> ㉠ 육상화물운송 사고
> ㉡ 항공운송 마비 및 항행안전시설 장애
> ㉢ 도로터널 사고
> ㉣ 고속철도 사고
> ㉤ 식용수 사고
> ㉥ 해양선박 사고

 해설

4. 「자연재해대책법 시행령」의 우수유출저감대책의 수립 등에 관한 규정 참조
5. A: 250/200=1.25, B: 230/200=1.15, C: 95/100=0.95, D: 150/100=1.50
7. - 면적확률강우량: (80mm×0.5)+(65mm×0.2)+(70mm×0.3) =74mm
   - 할증률 8% 고려: 74mm×1.08=79.92mm
   - 5mm 단위 올림: 79.92mm → 80mm
   여기까지는 기존 기준이며, 최신 기준에 의하면 아래와 같음
   - 면적확률강우량: (80mm×0.5)+(65mm×0.2)+(70mm×0.3) =74mm
   - 할증률 8% 고려: 74mm×1.08=79.92mm
   - 1mm 단위 절상: 79.92mm → 80mm

8. 「재난 및 안전관리 기본법 시행령」에 따라 국토교통부가 주관하는 재난 및 사고의 유형
   - 국토교통부가 관장하는 공동구 재난
   - 고속철도 사고
   - 도로터널 사고
   - 육상화물운송 사고
   - 도시철도 사고
   - 항공기 사고
   - 항공운송 마비 및 항행안전시설 장애
   - 다중밀집건축물 붕괴 대형사고로서 다른 재난관리주관기관에 속하지 아니하는 재난 및 사고

 답

4. ㉠, ㉡, ㉢, ㉣, ㉤, ㉥ 5. D → A → B → C
6. 하천재해, 내수재해, 사면재해, 토사재해, 해안재해, 바람재해, 가뭄재해, 대설재해, 기타재해
7. 80mm 8. ㉠, ㉡, ㉢, ㉣

9 다음 중 토양유출 프로그램을 고르시오.

> ULSE, RUSLE, MUSLE, FOM, WEPP,
> FVCOM, ADCIRC

10 우수유출저감시설의 종류·구조·설치 및 유지관리 기준에 따른 빈 칸에 들어갈 말을 순서대로 쓰시오.

> - (　　)이란 평상시 빈 공간으로 유지되며, 강우 시 우수를 저장하기 위한 목적으로 인위적으로 설치된 시설을 말한다.
> - (　　)이란 평상시 일반적인 용도로 사용되나 폭우 시 우수가 차오르도록 고안된 시설을 지칭한다. 공원, 운동장, 주차장 등 상대적으로 저지대에 배치된 공공 시설물이 이에 해당할 수 있다.
> - (　　)이란 해당지역에서 발생한 우수유출량을 해당지역에서 저류할 수 있는 시설을 지칭한다.
> - (　　)이란 해당지역 및 해당지역 외부에서 발생한 우수유출량을 해당지역에서 저류할 수 있는 시설을 지칭한다. 관거와의 연결 형식에 따라 관거 내(On Line) 저류시설, 관거 외(Off Line) 저류시설로 구분할 수 있다.

11 다음 중 재해의 종류와 발생 원인이 맞게 연결된 것을 고르시오.

> - ㉠ 하천재해: 외수위 상승으로 인한 하천범람
> - ㉡ 내수재해: 제방붕괴로 인한 침수
> - ㉢ 사면재해: 절개지, 경사면 등의 배수시설 불량에 의한 사면붕괴
> - ㉣ 토사재해: 우수유입시설 문제로 인한 피해
> - ㉤ 해안재해: 월파에 의한 제방의 둑마루 및 안쪽 사면 피해

12 사면안정해석이 필요한 사면의 붕괴형태 5가지를 쓰시오.

13 자연재해위험개선지구의 투자우선순위 결정을 위한 비용편익 분석방법 중 개선법에서 침수면적-피해액 관계식을 이용하여 산정하는 항목을 모두 고르시오.

> - ㉠ 인명 손실액　　　㉡ 이재민 피해액
> - ㉢ 농경지 피해액　　　㉣ 농작물 피해액
> - ㉤ 공공시설 피해액　　㉥ 건물 피해액
> - ㉦ 기타 피해액

해설 11. 제방붕괴로 인한 침수: 하천재해,
　　　 우수유입시설 문제로 인한 피해: 내수재해

답 9. ULSE, RUSLE, MUSLE, WEPP
10. 전용 저류시설, 침수형 저류시설, 지역 내 저류시설, 지역 외 저류시설　**11.** ㉠, ㉢, ㉤
12. 토사사면의 붕괴형태: 붕락, 활동(회전활동, 병진활동, 복합적 활동, 유동),
　　 암반사면의 붕괴형태: 원형파괴, 평면파괴, 쐐기파괴, 전도파괴　**13.** ㉢, ㉣, ㉥, ㉦

14 안전등급이 D·E등급인 구조물의 정기안전점검, 정밀안전점검, 정밀안전진단, 및 성능평가의 실시시기 주기를 ( ) 안에 쓰시오.

정기 안전 점검	정밀안전점검		정밀 안전 진단	성능 평가
	건축물	건축물 외 시설물		
(㉮)년에 3회 이상	(㉯)년에 1회 이상	(㉰)년에 1회 이상	(㉱)년 1회 이상	(㉲)년에 1회 이상

15 연속방정식과 Manning의 평균유속 공식을 이용하여 유속과 유량을 산정하시오.

> 밑변 5m, 사면경사는 1:1, 하도경사=0.001, 조도계수(n)=0.032, 수심 1m

16 재난상황의 보고자가 보고하여야 하는 재난의 종류와 규모를 고르시오.

> ㉠ 「산림보호법」 제36조에 따라 신고 및 보고된 산불
> ㉡ 법 제26조에 따라 지정된 국가핵심기반에서 발생한 화재·붕괴·폭발
> ㉢ 단일 사고로서 부상 10명 이상의 재난
> ㉣ 「문화재보호법」에 따른 지정문화재의 도난
> ㉤ 「지진 화산재해대책법」 제2조 제1호에 따른 지진재해의 발생

17 도시 기후변화에 따른 재해 취약성분석에서 잠재취약지역 분석지표를 채우시오.

폭염	주거불량지역
폭설	급경사지역, ( ), 고립위험지구
강풍	해안변( )지역
해수면 상승	해안변( ) 저지대 지역

14. 「시설물의 안전 및 유지관리에 관한 특별법 시행령」 별표의 안전점검, 정밀안전진단 및 성능평가의 실시시기 참조

15. Manning의 평균유속공식 $V = \frac{1}{n}R^{\frac{2}{3}}S^{\frac{1}{2}} = \frac{1}{n}(\frac{A}{P})^{\frac{2}{3}}S^{\frac{1}{2}}$

$Q = AV = A\frac{1}{n}R^{\frac{2}{3}}S^{\frac{1}{2}} = A\frac{1}{n}(\frac{A}{P})^{\frac{2}{3}}S^{\frac{1}{2}}$

여기서, Q는 유량(m^3/s), A는 유수의 단면적(m^2), V는 유속(m/s), n은 관거의 조도계수, R은 경심(m), P는 윤변(m)
- A = 6.0m^2
- P = $5 + \sqrt{2} + \sqrt{2}$ = 7.828m

$V = \frac{1}{0.032}(\frac{6}{7.828})^{\frac{2}{3}}0.001^{\frac{1}{2}} = 0.828 m/s$

Q = 6×0.828 = 4.968m^3/s

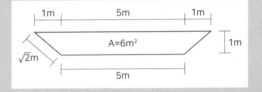

16. 「재난 및 안전관리 기본법 시행규칙」의 재난상황의 보고 대상 참조
- 단일 사고로서 사명 3명 이상(화재 또는 교통사고의 경우에는 5명 이상을 말한다) 또는 부상 20명 이상의 재난
- 「문화재보호법」에 따른 지정문화재의 화재 등 관련 사고

17. 「도시 기후변화 재해취약성분석 및 활용에 관한 지침」 참조

답 **14.** ㉮ 1, ㉯ 2, ㉰ 1, ㉱ 4, ㉲ 5 **15.** V=0.828m/s, Q=4.968m^3/s **16.** ㉠, ㉡, ㉤ **17.** 상습설해지역, 500m, 10m 이하

18 유수지 시설계획에 따른 빈 칸에 들어갈 말을 쓰시오.

> 펌프용량은 유역의 유출특성과 유수지 규모 등에 따라 결정되며, 대당 용량은 계획(   ), 내수유출특성, 홍수 시 조작 가동시간, 펌프설비에 연결된 수로의 특성, 제내지의 침수형태 등을 고려하여 결정한다. 또한 펌프의 배수량은 양정에 따라 변하므로 실양정은 본류의 (   ) 변동과 (   ) 변동 간의 관계, 펌프의 특성 등을 검토하여 결정해야 한다.

19 방재교육형 재해정보지도 표준기재 항목을 모두 고르시오.

> ㉠ 위험물 저장소
> ㉡ 비가 내리는 정도
> ㉢ 방재정보의 전달경로
> ㉣ 홍수 발생 특성
> ㉤ 과거 피해 상황

20 계곡부 산지하천 주변 토석류 유출로 인한 퇴적으로 하천이 범람하였다면 어떤 유형의 복합재해가 발생하였는지 적으시오.

해설

18. 「지구단위 홍수방어기준」에서 유수지 시설계획에 관한 사항
- 유수지는 외수위가 높을 때는 수문을 닫아 계획 내수유입량을 충분히 저류할 수 있어야 하고, 외수위가 낮아진 후에는 수문을 열어 내수유입량을 전량 배제시키도록 한다.
- 유수지-펌프용량 곡선 상에서 적절한 값을 선택하여 가장 경제적인 규모가 되도록 유수지 용량과 펌프용량을 결정한다. 펌프용량은 유역의 유출특성과 유수지 규모 등에 따라 결정하며, 대당 용량은 계획 배수량, 내수유출특성, 홍수 시 조작 가동시간, 펌프설비에 연결된 수로의 특성, 제내지의 침수형태 등을 고려하여 결정한다.
- 펌프의 배수량은 양정에 따라 변하므로 실양정은 본류의 외수위 변동과 내수위 변동 간의 관계, 펌프의 특성 등을 검토하여 결정해야 한다.
- 펌프는 원칙적으로 수중펌프를 사용하고, 수배전반은 방재성능목표 기준강우량(시우량 및 3시간 연속강우량 등)에 의한 침수위보다 높게 설치하거나 침수위를 고려한 보호조치를 마련해야 하며, 그 밖의 사항은 「하수도시설기준」 또는 「하천설계기준」에 따른다.

19. 「재해지도 작성 기준 등에 관한 지침」에서 방재교육형 재해정보지도 표준기재 항목
- 방재대책 현황
- 과거 피해 상황
- 비가 내리는 정도
- 방재정보의 전달경로
- 홍수 발생 특성
- 평상시, 홍수 시의 마음가짐
- 피난활용형 재해정보지도 보는 법
- 피난활용형 홍수재해지도의 사용법

---

18. 배수량, 외수위, 내수위 **19.** ㉡, ㉢, ㉣, ㉤ **20.** 토사재해-하천재해

581
부록: 방재기사실기 국가자격시험 완벽풀이

1 하천에 설치되는 제방의 기능별 종류 5가지를 작성하시오.

2 재난 및 안전관리 기본법에 따른 위기경보의 발령 단계를 순서대로 나열하시오.

3 다음은 「도시·군계획시설의 결정·구조 및 설치기준에 관한 규칙」상 방풍설비의 결정기준이다. 해당하는 시설을 보기에서 고르시오.

> ㉠ 주로 대규모 구역을 대상으로 하는 방풍설비
> ㉡ 소규모 구역 또는 독립된 단위시설을 대상으로 설치하는 방풍설비

> [보기]
> • 방풍림
> • 방풍담장
> • 방풍망

4 다음은 재해예방을 위한 고지배수로 운영관리지침에서 정의한 내수배제시설의 설명이다. 각 설명에 해당하는 배수방식을 작성하시오.

> • (㉠)은 배수유역이 상류측 고지대에 위치하여 중력에 의한 자연배수가 가능할 때 설치하는데 주로 고지배수로를 사용한다.
> • (㉡)은 배수유역이 하류부나 하천연변에 위치하고 기존시설이 밀집되어 있어 빗물펌프장 인근에 유수지를 설치할 수 없거나 경제성 검토 등에서 유수지 설치가 불리한 소규모 유역인 경우 등 자연적으로 외수측으로 방류할 수 없는 경우에 설치한다.
> • (㉢)은 내·외수조건 등에 따라 배수문, 유수지(하도)저류, 펌핑으로 홍수를 배제시키는 방식으로 대표적인 시설로 유수지 및 빗물펌프장을 사용한다.

 해설

1. 하천제방의 기능별 분류: 본제, 부제, 윤중제, 분류제, 도류제, 놀둑, 고규격 제방, 역류제, 월류제, 횡제

답

1. 본제, 부제, 윤중제, 분류제, 도류제 2. 관심-주의-경계-심각
3. ㉠ 방풍림, ㉡ 방풍담장 4. ㉠ 자연배수방식, ㉡ 강제배수방식, ㉢ 혼합배수방식

5 우수유출저감시설의 종류·구조·설치 및 유지관리 기준 에 따른 지역외(Off Site) 저류시설의 구조형식 3가지를 작성하시오.

6 보기에 주어진 우수유출저감시설 분류 중 저류시설의 사용용도 및 설치위치별 구분에 맞는 것을 고르시오.

[보기]
• 전용저류시설
• 지역내(On Site)저류시설
• 지역외(Off Site)저류시설
• 하도내(On Line)저류시설
• 하도외(Off Line)저류시설
• 침수형 저류시설

㉠ 사용용도 (,   )
㉡ 설치위치 (,   )

7 보기의 항목을 활용하여 침사지의 퇴사저류부 용량(m^3) 산정 계산식을 작성하시오.

• 단위면적당 토양손실량(tonnes/ha)
• 유사전달률(%)
• 침사지의 유사포착률(%)
• 퇴적토의 단위중량
• 면적(ha)

8 자연재해위험개선지구 관리지침 상 비용편익 분석방법 중 개선법(회귀분석법)을 적용하려고 한다. 개선법 적용항목 중 이재민 피해액 산정 공식을 작성하시오.

9 자연재해저감종합계획 수립 시 투자우선순위 결정을 위한 기본적 평가항목 3가지만 작성하시오.

해설

5. 지역외 저류시설의 구조형식에 따른 분류

형식	구조의 개념	특성
댐식 (제고 15m 미만)		주로 구릉지를 이용해 설치하는 방법으로 방재조절지나 유말조절지에서 댐식을 많이 이용한다.
굴착식		평탄한 지역을 굴착하여 우수를 저류하는 형식으로 계획수위고(HWL)는 주위 지반고 이하이다.
지하식		지하저류조, 매설관 등에 우수를 저류시키는 것으로써 연립주택의 지하에 설치한다.

7. - 퇴적대상 토사유입량(m^3) = 단위면적당 토양손실량 × 면적 × 유사전달률 / 퇴적토의 단위중량
   - 퇴저저류부 용량 결정 = 퇴적대상 토사유입량(m^3) × 침사지의 유사포착률

8. 이재민 피해액 산정항목 중 대피일수는 평균 10일로 산정

답

5. 댐식, 굴착식, 지하식
6. ㉠ 침수형 저류시설, 전용저류시설 ㉡ 지역내(On Site)저류시설, 지역외(Off Site)저류시설
7. 단위면적당 토양손실량 × 면적 × 유사전달률 × 침사지의 유사포착률 / 퇴적토의 단위중량
8. 이재민 피해액 = 침수면적당 발생 이재민(명/ha)×대피일수(일)×일평균 국민소득(원/명·일)×침수면적(ha)
9. 비용편익분석, 피해이력지수, 재해위험도, 주민불편도, 지구지정 경과연수

10 「자연재해위험개선지구 관리지침」상 자연재해위험개선지구 정비계획을 위한 타당성 평가의 평가항목 5가지만 작성하시오.

11 다음 보기 중 사면재해 발생 위험요인을 3가지 고르시오.

> ㉠ TTP 이탈 등 방파제 및 호안 등의 유실
> ㉡ 집중호우 등에 따른 지반포화로 사면 약화 및 활동력 증가
> ㉢ 토양침식에 따른 유출률 증가 및 도달시간 감소
> ㉣ 외수위로 인한 내수배제 불량
> ㉤ 토사유출이나 유실·사면붕괴에 따른 도로 여유 폭 부족
> ㉥ 사면의 절리 및 단층 불안정

12 다음의 보기에 주어진 특정 지방하천유역의 홍수량산정 항목을 이용하여, 홍수량을 산정하고 홍수량에 따른 제방여유고를 결정하시오(단, 홍수량산정방법은 합리식 적용).

> • 유역면적: 18.0km²
> • 유출계수: 0.6
> • 강우강도: 100mm/hr

13 다음은 「지구단위종합복구계획 수립 기준」에서 정의한 용어의 뜻이다. 빈칸에 알맞은 용어를 작성하시오.

> • (㉠)이란 피해가 복합적으로 발생된 일정 지역을 지구단위지역으로 획정하고 시설물 간 연계를 고려하여 종합적으로 복구할 수 있도록 수립하는 계획을 말한다.
> • (㉡)이란 「자연재해대책법」 제46조에 따라 중앙재난안전대책본부장이 복구계획을 중앙재난안전대책본부회의에 상정하여 심의·확정하는 것을 말한다.

14 「자연재해저감 종합계획 수립기준」에서 제시한 자연재해 유형 중 5가지를 작성하시오.

15 「자연재해위험개선지구 관리지침」상의 자연재해위험개선지구 지정 유형 5가지를 작성하시오.

 해설

11. ㉠ 해안재해 위험요인, ㉢ 토사재해 위험요인, ㉣ 내수재해 위험요인

12. - 합리식 Q=0.2778×C×I×A
= 0.2778×0.6×I00×18=300.0m³/s

- 계획홍수량에 따른 제방 여유고

계획홍수량(m³/sec)	여유고(m)
200 미만	0.6 이상
200 이상 ~ 500 미만	0.8 이상
500 이상 ~ 2,000 미만	1.0 이상
2,000 이상 ~ 5,000 미만	1.2 이상
5,000 이상 ~ 10,000 미만	1.5 이상
10,000 이상	2.0 이상

 답

10. 재해위험도, 피해이력지수, 기본계획 수립현황, 정비율, 주민불편도, 지구지정 경과연수, 행위제한여부, 비용편익비, 부가평가(정책성, 지속성, 준비도)

11. ㉢, ㉣, ㉤ **12.** 홍수량: 300.0m3/s, 제방여유고: 0.8m 이상

13. 지구단위종합복구계획, 중앙복구계획 수립

14. 하천재해, 내수재해, 사면재해, 토사재해, 바람재해, 해안재해, 가뭄재해, 대설재해

15. 침수위험지구, 유실위험지구, 고립위험지구, 취약방재시설지구, 붕괴위험지구, 해일위험지구, 상습가뭄재해지구

16 특정 하천의 계획홍수량이 5,000m²/s 이상 10,000m²/s 미만일 때 제방여유고 및 둑마루 폭은?

17 「자연재해위험개선지구 관리지침」상 자연재해위험개선지구 정비사업의 투자우선순위 결정에 적용되는 비용-편익 분석방법 2가지를 나열하시오.

18 재난 및 안전관리 기본법에서 재난관리자원의 비축·관리는 다음의 재난관리 4단계 중 어느 단계에 해당하는가?

• 예방 • 대비 • 대응 • 복구

19 재난 및 사고 유형에 따른 재난관리주관기관을 보기에서 고르시오.

[보기]
• 환경부   • 해양수산부
• 행정안전부   • 해양경찰청

• 조수: (㉠)
• 조류대발생(녹조): (㉡)

20 어느 지역에 100년 동안 4번의 홍수가 발생했다면, 평균재현기간(T) 및 앞으로 5년 동안 1번 이상 홍수가 발생할 확률을 산정하시오.

---

16. - 계획홍수량에 따른 제방 여유고

계획홍수량 (m³/sec)	여유고(m)
200 미만	0.6 이상
200 이상 ~ 500 미만	0.8 이상
500 이상 ~ 2,000 미만	1.0 이상
2,000 이상 ~ 5,000 미만	1.2 이상
5,000 이상 ~ 10,000 미만	1.5 이상
10,000 이상	2.0 이상

- 계획홍수량에 따른 둑마루 폭(하천)

계획홍수량 (m³/sec)	둑마루 폭(m)
100 미만	2.5 이상
100 이상 ~ 200 미만	3.0 이상
200 이상 ~ 500 미만	4.0 이상

18. - 재난의 대비: 재난관리자원의 비축·관리, 재난현장 긴급통신수단의 마련, 국가재난관리기준의 제정·운용, 기능별 재난대응 활동계획의 작성·활용, 재난분야 위기관리 매뉴얼 작성·운용, 다중이용시설 등의 위기상황 매뉴얼 작성·관리 및 훈련, 안전기준의 등록 및 심의, 재난안전통신망의 구축·운영, 재난대비훈련 기본계획 수립, 재난대비훈련 실시

19. 재난 및 안전관리 기본법 시행령」 별표에서 재난 및 사고의 유형별 재난관리주관기관을 다음과 같이 규정
- 해양수산부: 조류 대발생(적조에 한정), 조수, 해양 분야 환경오염 사고, 해양 선박 사고
- 산업통상자원부: 가스 수급 및 누출 사고, 원유수급 사고, 원자력 안전사고(파업에 따른 가동중단으로 한정), 전력사고, 전력생산용 댐의 사고
- 환경부: 수질분야 대규모 환경오염 사고, 식용수 사고, 유해화학물질 유출 사고, 조류 대발생(녹조에 한정), 황사, 환경부가 관장하는 댐의 사고, 미세먼지
- 행전안전부: 정부중요시설 사고, 공동구 재난(국토교통부가 관장하는 공동구는 제외), 내륙에서 발생한 유도선 등의 수난 사고, 풍수해(조수는 제외)·지진·화산·낙뢰·가뭄·한파·폭염으로 인한 재난 및 사고로서 다른 재난관리주관기관에 속하지 아니하는 재난 및 사고
- 과학기술정보통신부: 우주전파 재난, 정보통신 사고, 위성항법장치(GPS) 전파혼신, 자연우주물체의 추락·충돌

20. - 평균재현기간(T) = $\dfrac{100년}{4}$ = 25년

- 5년 동안 1번 이상 홍수가 발생할 확률(R)

$= 1 - (1 - \dfrac{1}{T})^n = 1 - (1 - \dfrac{1}{25})^5 = 18.46\%$

답 **16.** 여유고: 1.5m 이상, 둑마루폭: 6.0m 이상 **17.** 간편법, 개선법, 다차원법
18. 대비 **19.** ㉠ 해양수산부, ㉡ 환경부 **20.** 평균재현기간(T)= 25년, 홍수 발생 확률(R) = 18.46%

1 우수유출저감시설은 저감방법에 따라 저류시설 및 침투시설로 구분된다. 여기서 저류시설은 사용용도, 설치위치 및 연결형태에 따라 구분할 수 있다. 각 분류에 맞는 저류시설을 보기에서 고르시오.

> [보기]
>
> 천변저류시설, 전용 저류시설, 지역외(Off Site) 저류시설, 하도내(On Line)저류시설, 쇄석공극 저류시설, 침수형 저류시설, 지역내(On Site)저류시설, 하도외(Off Line)저류시설, 자연형 저류시설

ㄱ 사용용도:
ㄴ 설치위치:
ㄷ 연결형태:

2 다음의 각 지정기준에 맞는 자연재해위험개선지구의 유형은 무엇인가?

> 지정기준 ①
> • 「저수지·댐의 안전관리 및 재해예방에 관한 법률」에 따라 지정된 재해위험 저수지·댐
> • 기설치된 하천의 제방고가 하천기본계획의 계획홍수위보다 낮아 월류되거나 파이핑 현상으로 붕괴위험이 있는 취약구간의 제방
> • 배수문, 유수지, 저류지 등 방재시설물이 노후화되어 재해발생이 우려되는 시설물
> • 자연재해저감종합계획에 따라 침수, 붕괴, 고립 등 복합적인 위험요인으로 인해 종합적인 정비가 필요한 지역내 시설물

> 지정기준 ②
> • 집중호우 및 대설로 인하여 교통이 두절되어 지역주민의 생활에 고통을 주는 지역 단, 우회도로가 있는 경우와 섬 지역은 제외한다.
> • 집중호우 및 대설로 인하여 교통 두절이 발생되었거나, 우려되는 재해위험도로 구역

> 지정기준 ①: (   )
> 지정기준 ②: (   )

---

1. ㄱ 사용용도: 침수형 저류시설, 전용 저류시설
　ㄴ 설치위치: 지역내(On Site)저류시설, 지역외(Off Site)저류시설
　ㄷ 연결형태: 하도내(On Line)저류시설, 하도외(Off Line)저류시설
2. 지정기준 ①: 취약방재시설지구, 지정기준 ②: 고립위험지구

3. 다음의 재난 및 사고유형별 재난관리주관기관을 보기에서 고르시오.

[보기]
원자력안전위원회, 소방청, 해양수산부, 행정안전부, 산업통상자원부, 농림축산식품부, 환경부, 한국농어촌공사

㉠ 내륙에서 발생한 유도선 등의 수난 사고
㉡ 해양 분야 환경오염 사고
㉢ 원자력안전 사고(파업에 따른 가동중단으로 한정한다)
㉣ 저수지 사고

4. 도시 기후변화 재해취약성분석 및 활용에 관한 지침에 제시된 재해취약성분석 절차를 기준으로 보기에 주어진 분석항목을 순서대로 나열하시오.

ⓐ 재해취약성분석 결과(안) 검증
ⓑ 재해관련 기초조사
ⓒ 분석대상재해 제외 검토
ⓓ 재해취약성분석 결과 반영
ⓔ 현장조사 및 등급조정
ⓕ 재해취약성분석 자료구축 및 분석

5. 자연재해대책법에 따른 재해정보지도의 종류 3가지를 작성하시오.

해설

3. 원자력안전 사고의 경우 파업에 따른 가동중단 여·부에 따라 재난관리주관기관 구분
- 산업통상자원부: 원자력안전 사고(파업에 따른 가동중단으로 한정한다)
- 원자력안전위원회: 원자력안전 사고(파업에 따른 가동중단은 제외한다)

4. "도시 기후변화 재해취약성분석 및 활용에 관한 지침"에 제시된 재해취약성분석의 절차(p. 556. 8번 문제 해설 참고)

5. 재해지도의 종류

재해지도	- 침수흔적도	
	- 침수예상도	- 홍수범람위험도
		- 해안침수예상도
	- 재해정보지도	- 피난활용형 재해정보지도
		- 방재정보형 재해정보지도
		- 방재교육형 재해정보지도

답
3. ㉠ 행정안전부 ㉡ 해양수산부 ㉢ 산업통상자원부 ㉣ 농림축산식품부
4. ⓑ - ⓒ - ⓕ - ⓐ - ⓔ - ⓓ
5. 피난활용형 재해정보지도, 방재정보형 재해정보지도, 방재교육형 재해정보지도

6 다음 표는 자연재해위험개선지구 정비계획수립 타당성 평가항목 중 피해이력지수 평가사항이다. 주어진 피해규모에 따른 피해이력지수를 산정하고, 이를 이용해 평가점수를 산정하시오.

구분	단위	지원기준지수	피해물량	재난지수	가중치	피해이력지수
계						
주택파손 (전파)	동	15,600	1		4.0	
주택침수	동	2,000	30		2.0	
농경지 유실	m²	1.35	20,000		0.5	
농약대 (일반작물)	m²	0.01	100,000		0.5	

7 해안방제시설물 중 방파제의 종류 3가지를 작성하시오.

8 다음에서 설명하는 사방댐 설치 목적 및 종류에 맞는 사방댐 유형을 보기에서 고르시오.

> [보기]
> 버팀식 사방댐, 중력식 사방댐, 복합식 사방댐

> ㉠ 목적: 토석 차단
>   종류: 콘크리트댐, 전석댐, 블록댐
> ㉡ 목적: 유목 차단
>   종류: 버트리스댐, 스크린댐, 슬릿트댐, 그리드댐
> ㉢ 목적: 토석 및 유목 동시 차단
>   종류: 다기능댐, 빔크린댐, 쉘댐, 철강재틀댐, 에코필라댐

9 다음 보기에서 우수유출저감대책을 수립해야 하는 사업을 모두 고르시오.

6.

구분	단위	지원기준지수 (a)	피해물량 (b)	재난지수 (c=a×b)	가중치 (d)	피해이력지수 (e=c×d)
계						88,400
주택파손 (전파)	동	15,600	1	15,600	4.0	62,400
주택침수	동	2,000	30	60,000	2.0	12,000
농경지 유실	m²	1.35	20,000	27,000	0.5	13,500
농약대 (일반작물)	m²	0.01	100,000	1,000	0.5	500

피해이력지수= 88,400

$$평가점수 = \frac{피해이력지수}{100,000} \times 20점(최대\ 20점\ 적용)$$

$$= \frac{88,400}{100,000} \times 20점 = 17.68점$$

7. -직립제: 콘크리트 덩어리로 직립벽을 쌓은것
  - 경사제: 사석·블록 등을 경사지게 쌓은 것
  - 혼성제: 아랫부분은 경사제로 윗부분은 직립제로 쌓은 것
  - 소파블록 피복제: 직립제 또는 혼성제의 전면에 소파블록을 설치한 것

9. 「자연재해대책법 시행령」의 우수유출저감대책의 수립 등에 관한 규정 참조
  - ㉢, ㉤은 재해영향평가등의 협의 대상 계획임

---

6. 피해이력지수 : 88,400, 피해이력지수의 평가점수 : 17.68점
7. 직립제, 경사제, 혼성제, 소파블록 피복제, 중력식 특수방파제
8. ㉠ 중력식 사방댐, ㉡ 버팀식 사방댐, ㉢ 복합식 사방댐 9. ㉠, ㉡, ㉢, ㉤

[보기]

ㄱ「고등교육법」제2조에 따른 학교를 설립하는 경우의 건축공사

ㄴ「관광진흥법」제2조 제6호 및 제 7호에 따른 관광지 및 관광단지 개발사업

ㄷ「농어촌정비법」제2조 제10호에 따른 생활환경정비사업

ㄹ「국토기본법」제12조에 따른 국토종합계획

ㅁ「도시 및 주거환경정비법」제2조 제1항 제2호 나목에 따른 재개발사업

ㅂ「택지개발촉진법」제3조에 따른 공공주택지구의 지정

10 자연재해대책법에 따라 특별시장·광역시장·특별자치시장·특별자치도지사 및 시장·군수는 관할구역의 지역특성 등을 고려하여 우수의 침투, 저류 또는 배수를 통한 재해의 예방을 위하여 우수유출저감대책을 5년마다 수립하여야 한다. 이때 수립하는 우수유출저감대책에 포함되어야 할 사항을 3가지 이상 나열하시오.

11 다음은 재해예방을 위한 고지배수로 운영관리 지침 에서 정의한 내수배제시설의 설명이다. 각 설명에 해당하는 시설명칭을 보기에서 고르시오.

[보기]

방수로, 승수로, 고지배수로

ㄱ 강의 흐름의 일부를 분류하여 호수나 바다로 방출하기 위해 굴착한 수로로 분수로 또는 홍수로라고도 하는데 치수공사에서 유량을 조절하기 위해 설치하는 수로

ㄴ 상류유역이 방류하천의 계획홍수위보다 높으나 배수로 및 관거가 계획홍수위보다 낮은 저지대를 통과하거나 우회하여 본류하천에 합류하는 경우 재해예방을 위해 계획홍수위보다 높은 유역의 자연유출량만을 직접 본류하천에 자연배수하기 위해 설치하는 수로 및 관거이며, 말단부에 수문이 설치되지 않는 것이 일반적인 시설

ㄷ "유역내 홍수량의 일부를 구역 밖으로 직접 배제시키기 위하여 고부위에 설치하는 수로"로, 일반적으로 간척 및 경지정리를 통해 부지를 조성할 경우 상류의 배수로와 소하천 등을 본류하천이나 바다까지 연결하는 수로

10. 자연재해대책법 제19조에 우수유출저감대책 수립대상, 수립권자 및 수립 시 포함되어야 할 사항이 명시되어 있음

답 10. ① 우수유출저감 목표와 전략, ② 우수유출저감대책의 기본 방침,
③ 우수유출저감시설의 연도별 설치에 관한 사항, ④ 우수유출저감시설 설치를 위한 재원대책,
⑤ 재해의 예방을 위한 우수유출저감시설 관리방안, ⑥ 유휴지, 불모지 등을 이용한 우수유출저감대책,
⑦ 그 밖에 특별시장·광역시장·특별자치시장·특별자치도지사 및 시장·군수가 필요하다고 인정하는 사항
11. ㄱ 방수로, ㄴ 고지배수로, ㄷ 승수로

12 시설물의 안전 및 유지관리 실시 등에 관한 지침에 따라 안전등급이 A등급인 구조물의 안전점검 및 정밀안전진단, 성능평가 실시주기를 ( )안에 쓰시오.

안전등급	정기안전점검	정밀안전점검		정밀안전진단	성능평가
		건축물	그 외 시설물		
A 등급	반기에 1회 이상	(㉠)년에 1회 이상	(㉡)년에 1회 이상	(㉢)년에 1회 이상	(㉣)년에 1회 이상

13 내수침수지역의 배수를 위해 설치된 빗물펌프의 토출관거 직경이 600mm일 때, 2m³/s 유량을 배출하기 위한 유속을 산정하시오(단, π=3.14, 소숫점 셋째 자리에서 반올림하라).

14 재난 및 안전관리 기본법상 재난방지시설을 고르시오.

> [보기]
> ㉠ 「소하천정비법」제2조 제3호에 따른 소하천 부속물 중 수문
> ㉡ 「하수도법」제2조 제3호에 따른 하수도 중 하수관로
> ㉢ 「농어촌정비법」제2조 제6호에 따른 농업생산기반시설 중 배수장
> ㉣ 「사방사업법」제2조제3호에 따른 사방시설
> ㉤ 「어촌·어항법」제2조 제5호 다목(4)에 따른 유람선 등의 수용을 위한 레저용 기반시설

15 암반사면의 붕괴형태 4가지를 쓰시오.

 해설

12. 「시설물의 안전 및 유지관리에 관한 특별법 시행령」별표의 안전점검, 정밀안전진단 및 성능평가의 실시시기 참조

안전등급	정기안전점검	정밀안전점검		정밀안전진단	성능평가
		건축물	그 외 시설물		
A등급	반기에 1회 이상	4년에 1회 이상	3년에 1회 이상	6년에 1회 이상	
B·C 등급		3년에 1회 이상	2년에 1회 이상	5년에 1회 이상	5년에 1회 이상
D·E 등급	1년에 3회 이상	2년에 1회 이상	1년에 1회 이상	4년에 1회 이상	

13. 유량(Q) = 유수의 단면적(A) × 유속(V)

$$A = \frac{\pi \times D^2}{4} = \frac{3.14 \times 0.6m^2}{4}$$

$$V = \frac{8m^3/s}{3.14 \times 0.6m^2} = 7.08m/s$$

14. 「재난 및 안전관리 기본법 시행령」에서 재난방지시설의 범위는 다음과 같음
- 「소하천정비법」제2조 제3호에 따른 소하천부속물 중 제방·호안(기슭·둑 침식 방지시설)·보 및 수문
- 「하천법」제2조 제3호에 따른 하천시설 중 댐·하구둑·제방·호안·수제·보·갑문·수문·수로터널·운하 및 「수자원의 조사·계획 및 관리에 관한 법률 시행령」제2조 제2호에 따른 수문조사시설 중 홍수발생의 예보를 위한 시설
- 「국토의 계획 및 이용에 관한 법률」제2조 제6호 마목에 따른 방재시설
- 「하수도법」제2조 제3호에 따른 하수도 중 하수관로 및 공공하수처리시설
- 「농어촌정비법」제2조 제6호에 따른 농업생산기반시설 중 저수지, 양수장, 우물 등 지하수이용시설, 배수장, 취입보, 용수로, 배수로, 웅덩이, 방조제, 제방
- 「사방사업법」제2조 제3호에 따른 사방시설
- 「댐건설 및 주변지역지원 등에 관한 법률」제2조 제1호에 따른 댐
- 「어촌·어항법」제2조 제5호 다목(4)에 따른 유람선·낚시어선·모터보트·요트 또는 윈드서핑 등의 수용을 위한 레저용 기반시설
- 「도로법」제2조 제2호에 따른 도로의 부속물 중 방설·제설시설, 토사유출·낙석 방지 시설, 공동구, 같은 법 시행령 제2조 제2호에 따른 터널·교량·지하도 및 육교
- 법 제38조에 따른 재난 예보·경보시설
- 「항만법」제2조 제5호에 따른 항만시설
- 그 밖에 행정안전부장관이 정하여 고시하는 재난을 예방하기 위하여 설치한 시설

답 **12.** ㉠: 4, ㉡: 3, ㉢: 6, ㉣: 5 **13.** 7.08m/s **14.** ㉠, ㉡, ㉢, ㉣, ㉤ **15.** 원호파괴, 평면파괴, 쐐기파괴, 전도파괴

16 자연재해위험개선지구 정비사업의 투자우선순위 결정에 적용되는 비용-편익(B/C) 분석방법의 종류 3가지를 나열하시오.

17 RUSLE 방법으로 면적 1.5ha인 유역의 단일호우에 의한 토양침식량 및 토사유출량을 산정하시오(R=1,200(107J/ha mm/hr), K=0.23(tonnes/ha/R), LS=0.63, VM=0.7, 퇴적토 단위중량=1.5tonnes/m3, 유사전달률=55% 적용).

18 다음 조건의 성토량을 구하시오.

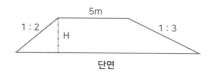

단면

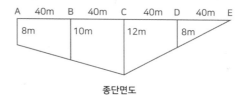

종단면도

19 재현기간 20년의 강우강도를 구하시오(유입시간 5분, 우수관길이 1,200m, 유속 2m/s일 때, 재현기간 20년 강우강도식 $I = \dfrac{5,500}{t+40}$ 이다).

해설

17. - 단위면적당 토양침식량 = R×K×LS×VM
= 1200×0.23×0.63×0.7 = 121.716 tonnes/ha
- 토양침식량 = 121.716 tonnes/ha×1.5ha/1.5tonnes/m³
= 121.716 m3/storm
- 토사유출량 = 121.716 m3/storm×0.55
= 66.944m³/storm

18. 양단면평균법으로 성토량 산정
① A 단면 조건: H=8m, 윗변길이=5m,
아랫변길이=8×2+5+8×3=45m
사다리꼴로 면적 구하기
A 단면 면적 = (5+45)×8×$\frac{1}{2}$ = 200m²
② B 단면 조건: H=10m, 윗변길이=5m,
아랫변길이=10×2+5+10×3=55m
B 단면 면적 = (5+55)×10×$\frac{1}{2}$ = 300m²
③ C 단면 조건: H=12m, 윗변길이=5m,
아랫변길이=12×2+5+12×3=65m
B 단면 면적 = (5+65)×12×$\frac{1}{2}$ = 420m²
④ D 단면 조건: H=8m, 윗변길이=5m,
아랫변길이=8×2+5+8×3=45m
D 단면 면적 = (5+45)×8×$\frac{1}{2}$ = 200m²

⑤ E 단면 조건: H=0m, 윗변길이=5m, 아랫변길이=0
E 단면 면적 = 0
성토량 구하기
$\frac{A+B}{2}$×40m+ $\frac{B+C}{2}$×40m+ $\frac{C+D}{2}$×40m+ $\frac{D+E}{2}$×40m
= $\frac{200+300}{2}$×40m+ $\frac{300+420}{2}$×40m+ $\frac{420+200}{2}$×40m
= 10,000 + 14,400 + 12,400 + 4,000 = 40,800m³

19. - 도달시간(t, min) = 유입시간+유하시간
= 5min+$\frac{1,200m}{120m/min}$ = 15min
- 강우강도식: I = $\frac{5,500}{t+40}$ = $\frac{5,500}{15+40}$ = $\frac{5,500}{55}$
= 100mm/hr

답 **16.** 간편법, 개선법, 다차원법 **17.** 토양침식량: 121.716 m³/storm, 토사유출량: 66.944m³/storm
18. 40,800m³ **19.** 100mm/hr

20 내수재해의 피해 원인 중 우수유입시설 문제의
원인 2가지를 고르시오.

[보기]

- 역류방지시설 미비
- 지하공간 출입구 빗물유입 방지시설 미흡
- 우수관거 및 배수통관의 통수단면적 부족
- 빗물받이 시설 부족 및 청소 불량
- 외수위로 인한 내수배제 불량
- 철도나 도로 등의 하부 관통도로의 통수단면적 부족
- 지하수 침입에 의한 지하 침수